普通高等院校地理学系列教材

时空统计分析

陆地表层系统研究的实践工具

程昌秀　编著

图书在版编目（CIP）数据

时空统计分析：陆地表层系统研究的实践工具/程昌秀编著. —北京：商务印书馆，2022
普通高等院校地理学系列教材
ISBN 978-7-100-20578-8

Ⅰ. ①时… Ⅱ. ①程… Ⅲ. ①地理信息系统-高等学校-教材 Ⅳ. ①P208.2

中国版本图书馆 CIP 数据核字（2021）第 276931 号

权利保留，侵权必究。

普通高等院校地理学系列教材
时空统计分析
——陆地表层系统研究的实践工具
程昌秀 编著

商 务 印 书 馆 出 版
（北京王府井大街 36 号邮政编码 100710）
商 务 印 书 馆 发 行
北 京 新 华 印 刷 有 限 公 司 印 刷
ISBN 978 - 7 - 100 - 20578 - 8
审图号：GS 京（2022）0921 号

2022 年 12 月第 1 版 开本 787×1092 1/16
2022 年 12 月北京第 1 次印刷 印张 32

定价：198.00 元

前　言

随着物联网技术和空间技术的飞速发展，数据获取能力大幅度提升。地理数据呈几何级数增长，构建了表征地理现象的多种数据类型和不同密度的综合支撑体系。针对不同类型和不同密度数据的分析能力成为认识地理现象与地表过程的关键。开发和完善数据分析工具、恰当地使用跨学科的数据分析工具是理解地理“格局—过程—机制”的核心环节。本书基于对地理学基本问题的认识，推荐适于地理学时空过程的研究方法，并辅以地理学实证的研究案例，介绍各类方法的特征、功能及地表过程研究中的实践工具与应用。本书可作为地理学本科生、研究生及相关学科专业时空统计分析的学习教材。

本书从理论上系统梳理了解译陆地表层“格局—过程—机制”的时空分析方法脉络，在实践上总结了分析方法、工具软件以及实践案例，旨在服务于地理学相关专业的教学工作。本书共五章。第一章系统阐述了解译陆地表层自然社会现象时空格局与过程的思想体系、地理研究常用的数据类型与特点、时空分析的方法体系，论述了地理研究中“问题—数据—方法”三位一体的关系，剖析了三者之间的联系与约束。第二章、第三章、第四章分别针对空间分析方法、时间序列分析方法、时空集成分析方法，按照“测量—探测—推断—归因”的逻辑，系统梳理了各种方法的分类体系与发展脉络，详细阐述了各种方法所能解决的科学问题、基本原理、适用范围及特点等。第五章重点选择典型分析方法，结合研究实践案例，详细给出了科学问题、实验步骤和结果解译等过程。为了便于理解和使用，本书提供了第五章学习实践所需的数据、软件和代码，请读者扫描二维码查看。

本书隶属于普通高等院校地理学系列教材。作为专著，本书是作者开展相关科学研究后，取得创新成果的凝练，是对已发表和未发表的相关成果的再升华、再分析、再思考，进而撰写的研究成果总结。作为教材，本书是作者教授相关课程的实践总结，并尽可能吸收了本领域国内外的最新成果。从读者角度出发，尽可能做到通俗易懂，便于读者学习地理时空分析的知识、方法与技术，并熟练应用于地理研究的广阔实践中。

感谢为本书撰写的师生们。感谢毛睿副教授提供的经验正交函数分解章节的部分内容，感谢研究组沈石博士、吴晓静博士、宁立新博士、杨静博士、张婷硕士、张湘雪、邹芷潇、陈小强等学生在地理时空分析等方面开展的相关实践案例，感谢贾铎和张天媛在制图和校对方面付出的辛勤劳动。

特别感谢王劲峰研究员对作者团队的大力支持与帮助。书中关于地理探测器和空间抽样的部分直接引用了王劲峰研究员的相关成果。此外，本书的部分思想也启发于同行间的交流与分享，感谢周成虎、周尚意、李新、陆锋、裴韬、葛咏、杜云艳、刘瑜、高剑波、柏延臣、严泰来、朱德海等老师的帮助与指导，在此一并表示衷心感谢。

作者能力有限，书中难免存在疏漏与不足，请广大读者批评指正！

作　者

草于 2020 年新冠疫情隔离期

扫描二维码查看配套资料

目 录

第一章 基本概念与理论 …… 1

第一节 认识地理研究 …… 2

第二节 认识地理数据 …… 30

第三节 认识地理数据分析方法 …… 51

第二章 空间统计分析方法 …… 77

第一节 经典统计与空间统计 …… 78

第二节 空间全局自相关性的度量 …… 104

第三节 空间局部异质性度量与探测 …… 156

第四节 空间分层异质性度量与探测 …… 181

第五节 空间归因分析 …… 237

第三章 时间序列分析方法 …… 269

第一节 时间序列分析方法简介 …… 270

第二节 趋势分析 …… 273

第三节 周期分析 …… 285

第四节 时间的分层异质性 …… 300

第五节 格兰杰因果检验 …… 301

第六节 其他方法简介 …… 306

第四章 地理时空集成分析方法 …… 317
第一节 时空快照法 …… 318
第二节 时空局部异质性探测 …… 320
第三节 时空分层异质性探测 …… 323
第四节 时空过程分解 …… 338
第五节 时空回归模型 …… 346
第五章 时空统计分析工具与实践 …… 355
第一节 GeoDa …… 355
第二节 SaTScan …… 390
第三节 GWR …… 418
第四节 GeoDetector …… 430
第五节 Tilia 时间分层（分段） …… 437
第六节 EViews 格兰杰检验 …… 444
第七节 MATLAB 小波分析 …… 458
第八节 MATLAB 高维、多向聚类分析 …… 463
第九节 WinBUGS 贝叶斯层次分析 …… 475
第十节 *R* 收敛交叉映射 …… 482
参考文献 …… 488
常用主题词对照表 …… 503

第一章　基本概念与理论

地理研究是地理问题、地理数据、分析方法的综合体。科学问题是研究驱动，翔实数据是研究基础，合理方法是研究抓手。有问题、有数据、无方法的研究缺乏科学性，难以探究问题本质；有问题、有方法、无数据的研究如同空中楼阁，缺乏科学基础；有数据、有方法、无恰当的问题，则难以推动科学的实质进步或满足应用的实际需求（图 1–1）。高质量的科学研究是问题、数据和方法的有机结合。

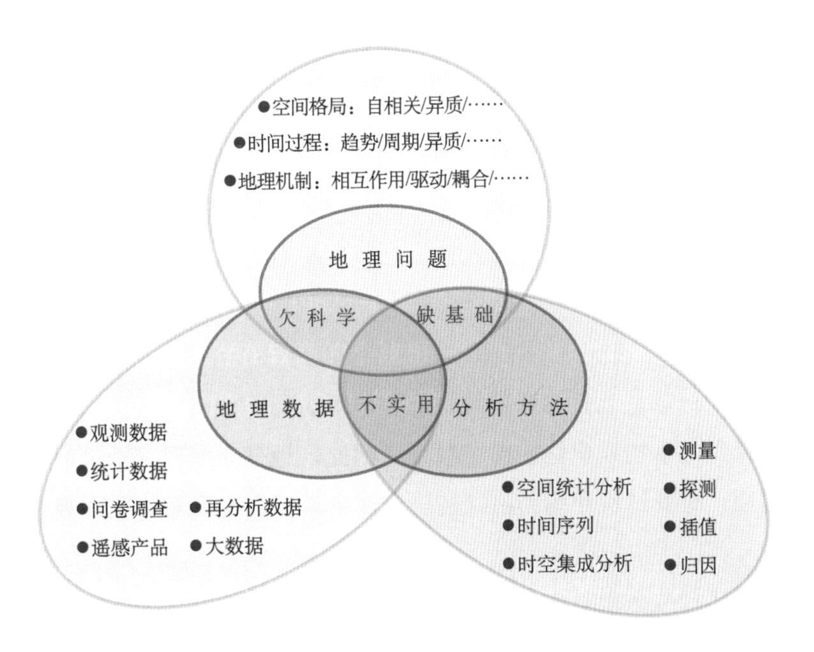

图 1–1　地理研究三要素

本章重点介绍如何认识地理研究（第一节），认识地理数据（第二节），认识地理数据分析方法（第三节），然后界定后续各章介绍的地理分析方法的范畴，并建立分析方法、地理问题与地理数据三者之间的关系，便于深入理解后续各章内容。

第一节　认识地理研究

无论是自然科学还是社会科学，其核心任务是探索、认识、理解自然现象和社会现象的发生、发展、变化规律、动力机制及演化趋势，并将其成果形成概念、理论、方法和技术为中心的知识体系。长期的知识积累形成了别具特色的学科。众多学科构成了人类知识体系不同的特定单元。学科在长期发展过程中不断完善，成为认识自然和社会的重要工具。不同的学科以其固有的特征在认识自然和社会过程中起到不可替代的作用，并使其经久不衰、流传至今（宋长青等，2018）。人类以其智慧创造了现有的学科体系。每个学科在认识世界的过程中都有其各自的任务。例如：数学是解决研究对象的数量关系，并通过数量关系表达研究对象变化规律的学科。数学以其特有的抽象刻画能力、本质揭示能力、规律表达能力成为自然科学的哲学。物理是研究物理状态和物质运动规律的学科。化学是研究物质结构的学科。生物是研究在生物酶催化下的生物有机体演化过程的学科。

地理学作为认识世界的重要工具之一，有何与众不同的特征？

一、地理学

“地”是指地球，或者地球表面，或者地球表层，或者一个区域。“理”是指事理、规律，或者是事物规律性的内在联系。因此，地理学是研究地理要素或者地理综合体空间格局、时间过程和驱动机制的一门学科，是自然科学与人文科学的交叉（傅伯杰，2017）。

地理学主要有三个学科分支，分别是自然地理学、人文地理学、地理信息科学。自然地理学是研究地理环境特征、结构及其地域分异规律形成和演化规律的学科。其研究对象是地球表面的自然地理环境，包括大气对流层、水圈、生物圈和岩石圈上部。人文地理学是研究地球表面人类各种社会经济活动的空间结构与变化，以及与地理环境之间关系的学科，即人—地关系。按研究对象的不同，人文地理学可分为社会文化地理学、经济地理学、政治地理学、城市地理学。自然地理学和人文地理学是地理学的两个基本学科。地理信息科学是以地图的形式综合表达某地区自然地理学和人文地理学知识的学科，属于技术性、方法性学科，同地理学各分支学科都有着密切的联系。地理信息科学在促进地理学发展与实际应用中起着重要的作用。总的来说，地理学的研究对象是地球表层——由岩石圈、水圈、大气圈、生物圈和人类智慧圈等相互作用、相互渗透形成的自然—社会—经济综合体（傅伯杰，2017）。地理学的研究方法和技术在某种程度上依赖于地理信息科学的发展。

地球表层是地球上最复杂的一个界面，是物质三态相互作用、有机与无机相互转化的场所，又是地球内营力、外营力、人类活动共同作用的场所。内营力是地壳运动产生的强大水平挤压力，来自地球内部。内营力可以导致地表隆起、坳陷和断裂等，也可以引发岩浆活动、火山喷发和地震等，从而改变地表形态和岩石特征。外营力是来自地球外部的改变地球表面形态的力量。其主要来源于太阳辐射能及其通过大气、水、生物等产生的各种能量，还可来源于日月引力能以及重力能等。例如，阳光、空气、水、生物等因素可不断破坏、分解地球表面的岩石，使岩石变成碎石、沙子、泥土；在流水、风力等影响下，又产生侵蚀、搬运、堆积作用。内营力通常使地面变得高低不平；外营力通常使地面趋向平坦。自18世纪英国工业革命开始，人与自然的相互作用加剧，人类成为了影响环境演化的重要力量，尤其在20世纪，城市化的速度增加了十倍。更为可怕的是，几代人正把几百万年形成的化石燃料消耗殆尽。保罗・克鲁岑提出的人类世[①]概括的正是从这一时期开始的地质变化，其特征是从南极冰层中捕获到大气中二氧化碳和甲烷的含量呈全球性增高。因此人类活动对地球系统造成的各种影响将在未来很长的一段时间内存在。甚至在未来五万年内人类仍然会是一个主要

---

① 诺贝尔化学奖得主保罗・克鲁岑（Paul Crutzen）认为，人类已不再处于全新世，已经到了人类世的新阶段。也就是说，他提出了一个与更新世、全新世并列的地质学新纪元——人类世。 从地质学的角度看，自260万年前以来是第四纪。第四纪又分为更新世和全新世。更新世是从260万年前到一万多年前的地质年代；而从一万多年前直到现在的叫全新世。人类生活的地质时期是第四纪中的全新世。全新世是在一万多年前最近的一个冰川期结束后来临的，与其他的地质世动辄百万年甚至千万年的跨度相比，这似乎是一个刚刚开始的地质时期。 但是在过去的两百多年中，人类已经成为了主导的地质学因素。因此，保罗・克鲁岑提出了人类世的概念。

的地质推动力。

地球表层系统（简称地表系统[①]）是人类社会赖以生存的环境。维持人类的可持续发展必须要保护地球表层系统，尤其是受人类活动影响最为深刻的陆地表层系统（简称陆表系统[②]）。陆表系统是地理学研究的核心范畴。陆表系统可以解构为构建出陆地表面的若干相对独立完整的核心个体单元，例如，植物个体、小流域等。陆表系统中的个体系统通常被称为地理研究的基本单元。地理学的研究不仅涉及物质和能量在垂直方向上的延伸，还涉及物质和能量在水平方向上的延伸；既包括对自然过程的刻画，也涵盖对人文和社会经济过程的辨析，更包括人地系统的耦合。面对资源、生态、环境等众多复杂的综合性问题，地理学需要找到一条综合性的途径和方法来应对众多挑战，为人类可持续发展奠定学科基础。

二、地理学研究的基础：地理要素

在客观世界中存在着许多复杂的地物、现象和事件。它们可能是有形的，如山脉、水系河道、水利设施、土木建筑、港口海岸、道路网系、城市分布、资源分布等；也可能是无形的，如气压分布、流域污染程度、环境变迁等。地球表面在一定时间内，分布着复杂地物、现象和事件的空间位置。这些地物、现象和事件之间还有着相互联系。有着类似的空间形态、现象和机制的同类地物的抽象表达称为地理要素。

从地表各圈层的角度看，地理要素可分为水、土、气、生、人五大要素。从地理分支学科的角度看，地理要素可分为自然地理要素和人文地理要素。自然地理要素是指涵盖制图区域的地理景观和自然条件，如地质、地球物理、地势、地貌、水文、江湖、海洋、气象、气候、土质、土壤、植被、动物、自然灾害等。自然地理要素相对稳定，变化较小；其种类和数量是衡量该区域开发前景的重要因素。人文地理要素（或称社会经济要素）是指由人类活动所形成的经济、文化，以及与之相关的各种社会现象，如居民

---

① 地表系统是由岩土圈、大气圈、水圈、生物圈和人类圈所构成的地表自然社会综合体，是人类圈与地球相互作用的复合物质系统，是地球圈层结构中的特定部分，与其周围的地球圈层存在物质能量交换关系，是一个开放的复杂的巨系统。地表系统的研究关注地球表层状态、过程和行为，尤其聚焦海洋与陆地相互作用的状态过程和行为。

② 陆表系统是地表系统中陆地表层的各要素所构成的综合体，包含陆表各要素的状态、过程和机制，以及自然和人类行为的相互作用过程。

地、交通网、行政境界线、人口、历史、文化、政治、军事、企事业单位、工农业产值、商务、贸易、通信、电力、环境污染、环境保护、疾病与防治、旅游设施等。人文地理要素的状况深刻地反映了该区域发展水平和社会文明的程度。

回顾地理学发展过程不难发现：地理学经历了从单一自然和人文要素，到多种自然和人文要素，再到把陆地表层作为一个完整系统开展全要素研究的发展历程（图1–2），其中包括：单要素（如水文）研究、多要素（如生态—水文）研究和全要素（如流域系统）研究。早期的单要素研究主要以某地理要素的属性特征测量为基础，开展要素空间分异规律的研究，如土壤地理学是以土壤本身的物理、化学和生物属性特征测量为基础，开展土壤分区研究。单要素研究的目的是理解某要素的陆地表层行为，并把研究要素视为因变量，把其他地理要素和非地理要素视为解释变量，建立因果关系。多要素研究是将陆地表层的自然和人文多个要素作为整体开展研究，例如，土壤—水文、生态—水文、社会—文化、生态—水文—经济等过程的研究。多要素研究更多强调陆地表层多个要素相互作用的过程，采用地理区域要素耦合的理念，通过模型模拟实现对多要素相互作用过程的认知。例如，生态—水文模型的目的是刻画生态—水文两个要素相互作用的行为，及其各自要素的时空行为过程。事实上，陆地表层是一个由全要素构成且无法分割的有机整体，即陆表系统。陆表系统与其他的机械系统存在本质区别。它是一个开放系统，无法简单地用动力学方程加以描述。因而，可以

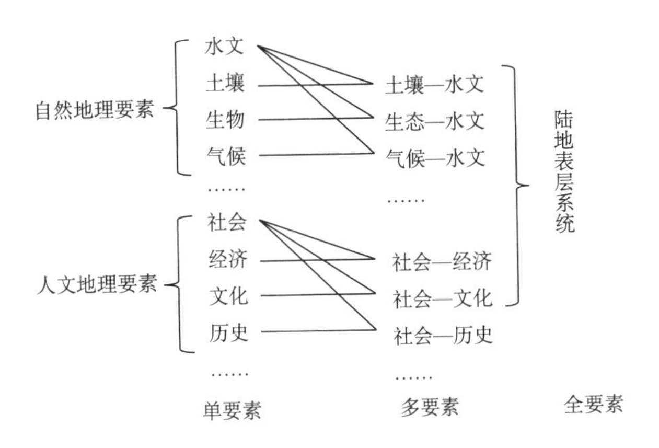

图 1–2　地理学多层级研究对象的构成

资料来源：宋长青等，2020a。

认为陆表系统是一个多尺度耦合、组织结构复杂、驱动关系交织、演化具有高度不确定性的复杂巨系统。从系统的视角开展地理学研究是地理科学观的一次革命。地理学将开启以认识区域整体行为为目标，采用系统科学以及复杂性方法探索地理世界的新征程（宋长青等，2018；程昌秀等，2018）。

三、地理学的认识逻辑：格局—过程—机制

第一个把“格局—过程—机制”这三个词组合到一起的无疑是天才，其应该很了解地理学的特征及其与其他学科、现实问题的关系（叶超，2019）。“格局—过程—机制”不仅体现了地理学理论体系的完善程度，也体现了学科基本问题的独特性和系统性。下面分别介绍地理学逻辑中的几个概念。

（一）格局

地理学中的格局主要是指空间格局。广义地讲，空间格局包括地理要素或地理现象在区域和空间结构上的空间分布与配置，也包括地理系统组成单元的类型、数据以及空间分布与配置。格局揭示了地理要素变化在空间上的分异特征，是地理学研究的重要问题（郑度，1998）。

早期的研究中，空间格局的研究主要集中在地理分区上，即对地理要素或现象的空间分布与空间结构的划分（如气候区划、植被区划、土壤区划等），力图表达地理要素在地理区域和空间上的稳定状态。因此，格局与地理学第一特征“区域性”有着必然的联系。随后，地理要素或现象在空间上随机、均匀、聚集的分布。地理要素或现象的空间相关程度，以及景观生态学关注的各组成单元的形态、分布与配置等都成为格局研究的重要内容。

时空统计与景观生态学提供了一些可以定量刻画空间格局的方法。

（二）过程

与格局不同，过程强调事件或现象的发生、发展的动态特征，即时间过程。地理学时间过程的研究则关注地理要素或现象随着时间的发生、发展的动态特征与规律。目前常见时间过程研究如下：（1）单要素（单指标）的变化趋势、幅度、周期以及可持续性等。例如，气温随四季的变化，全球变化情景下温升的变化。（2）多要素（多

指标）随季节变化的相互作用和影响。例如，气温、降雨、蒸散发对土壤湿度的影响及其相互作用关系；南方涛动系统中南太平洋塔希提站气压与澳大利亚达尔文站气压之间的遥相关关系。

时空统计与时间序列分析提供了一些可以定量刻画时间过程的方法。

（三）机制

机制是研究地理要素或现象之间相互作用与相互影响的关系。为了准确刻画地理学家所理解机制的不同形式和程度，通常把机制分为：相互作用机制、驱动机制、响应机制、协同机制、耦合机制等。机制是对地理现象或系统的空间格局、时间过程的规律和成因进行科学描述和合理的动力学解释。

陆地表层自然地理和人文地理现象的格局与过程均受控于内营力、外营力和人类活动的驱动（图 1–3）。由于传统地理学研究的时间尺度集中在千年、百年和年季尺度，空间尺度集中在地方和区域尺度，所以长期以来地表格局与过程研究通常以外营力解析为主，来解释陆地表层水、土、气、生和人的行为，以及各要素的相互作用关系。随着地理学研究时空尺度的拓展，地球内营力对地表过程的影响也成为认识地表过程不可缺少的重要动力因素。例如，地震地质灾害的研究就需要从岩石性质、构造运动等方面加以理解。因此，地理机制研究逐渐从单一外动力源向内外混合动力源转变，为解释地理过程的驱动机制创造更加合理、科学的逻辑基础。但自人类社会进入工业化以来，人类活动对地表状态、变化过程的影响越来越大，也已成为陆地表层变化过程的又一新动力源。今天的人类活动已经成为与地球内营力和外营力同等重要的改造地表过程的强大营力之一。由于内营力、外营力和人类活动驱动力作用的范围、强度、方式、尺度存在着明显差异，针对不同的地表过程从特定的角度研究和理解其动力学机制是地理学发展的时代需求。地球内营力、外营力和人类活动驱动力存在复杂的叠加效应，使得地表状态和变化过程更加复杂，因而科学理解陆地表层的动力驱动方式是认识陆地表层变化规律的科学基础（宋长青等，2020a）。

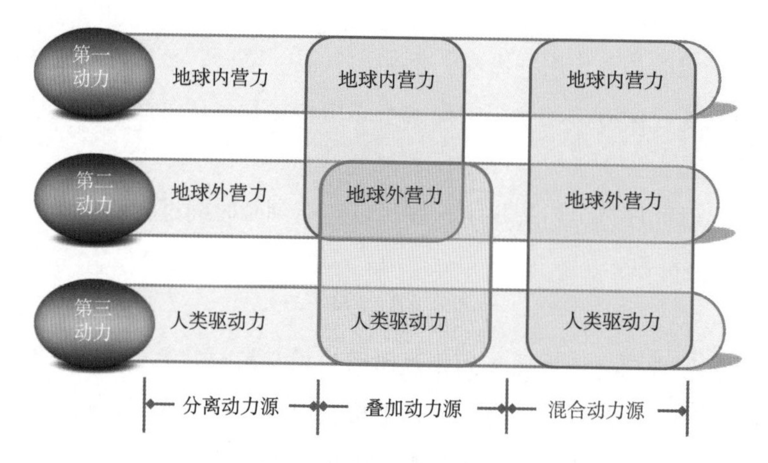

图 1–3　地理格局与过程的驱动机制构成示意

资料来源：修改自宋长青等，2020a。

机制的解释与系统论（科学）的发展有着密切的联系，加之陆地表层是个开放、复杂的巨系统，因此地理机制的理解不仅要依托传统还原论①哲学体系，未来更应该引入整体论②的思维方式，从复杂系统视角对地理现象的空间格局、时间过程的规律及成因进行科学描述和合理的动力学解释（程昌秀等，2018）。

---

① 还原论（Reductionism）：是一种哲学思想，认为复杂的系统、事物、现象可以将其化解为各部分之组合加以理解和描述。还原论认为，系统可以通过它各组成部分的行为及其相互作用加以解释。还原论是迄今为止自然科学研究最基本的方法。人们习惯于以“静止、孤立”的观点考察组成系统诸要素的行为和性质，然后将这些性质“组装”起来形成对整个系统的描述。例如，为理解陆表系统，首先将其分解为水、土、气、生、人等五大要素，然后再考察各部分的功能和作用。现代科学的高度发达表明：还原论是比较合理的研究方法，寻找并研究物质最基本构件的做法是有价值的。

② 整体论（Holism）：与还原论相反。整体论认为：将系统打碎成各组成部分的做法是受限的。对于系统，这种做法有时行不通，因此我们应该以整体的系统论观点来考察事物。比如考察一台机器，还原论者可能会立即拿起螺丝刀和扳手将机器拆散成几千、几万个零部件，并分别进行考察。这显然耗时费力，效果还不一定很理想。整体论则采取比较简单的办法，不拆散机器，而是试图启动这台机器，输入一些指令性的操作，观察机器的反应，从而建立起输入与输出之间的联系，从而了解整台机器的功能。整体论基本上是功能主义者。他们试图了解的主要是系统的整体功能，但对系统如何实现这些功能并不过分操心。这样做可以将问题简化，但当然也有可能会丢失一些重要的信息。

（四）格局—过程—机制的相互联系与渗透

尽管格局、过程、机制有着不同的概念体系，但在绝大多数的地理研究中，它们三者也是相互渗透、难以严格分割的。一是因为格局和过程是地理现象的表现，机制是格局与过程的科学描述和合理解释；二是因为格局和过程通常相伴而生，地理现象复杂的时空变化通常依赖于格局与过程的联合解译。

1. 空间格局与时间过程的相互渗透

传统的空间格局研究多用地理要素多年平均值表达一个特定区域地理要素的空间分异特征，可以理解为静态格局或稳态格局。经典地理学格局研究建立了一系列区域研究的标准、规范，为认识地理区域特征提供了扎实的基础。

随着科学研究的深入发现，自然界在不同时间尺度上的格局变化呈现出多周期的复杂变化特征，尤其是在人类活动的胁迫之下，地理格局的演化表现出强烈的非线性趋势性变化特征。地理格局处在不断的变动状态中。当今地理学除研究稳定的地理格局特征外，还需要捕捉地理格局变化的规律，而不是简单地通过多年观测数值的平均化而忽略掉那些格局变化的特征。例如，史培军等（2014）利用 1961～2010 年气温和降水量的变化趋势值、波动特征值定量识别了中国气候变化的格局特征，并结合中国地形特点，以县级行政区划为单元，实现了中国气候变化分区（图 1–4）。这种空间格局与时空过程一体的研究，通常在时间上更加强调理解地理对象的变化幅度、周期和频率；在空间上更加强调理解地理对象的空间变化梯度、尺度效应以及区际联系（宋长青等，2020a）。

2. 时空格局演变与驱动机制之间的相互渗透

通常来说，时空格局是表现形式，驱动机制是导致这种表现形式的原因。时空格局演变是“象”，驱动机制是“理”，但在有些地理现象中不能简单地套用常规的驱动机制。原本为时空格局的“象”，也可能成为驱动的“理”。例如，受气候驱动的影响，植被呈现明显的地带性分布规律，但某些河谷受地形、山谷风环流的影响，导致河谷干旱，即焚风效应显著，使河谷中呈现“倒置的垂直地带性”景观。因此，地理研究需要从多要素相互作用、相互耦合的系统视角，辩证地剖析因果关系。

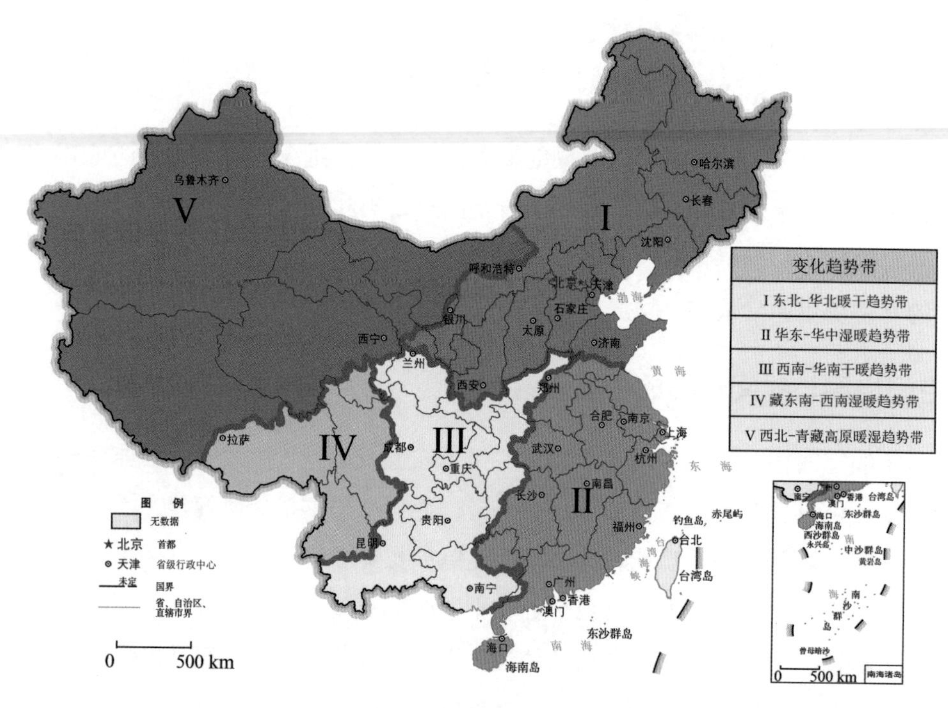

图 1–4　中国气候变化一级区划（1961～2010 年）

资料来源：史培军等，2014。

四、地理时空研究的重要概念：尺度

（一）尺度研究的多学科性

科学研究是指利用科研手段和装备，为了认识客观事物的内在本质和运动规律而进行的调查研究、实验、试制等一系列的活动，为创造发明新产品和新技术提供理论依据。

不同的学科位于科学体系的不同环节，大致决定了其尺度的范围。地学研究中地质学、气象学、地理学也存在各自所关注的时空尺度。例如，传统地理学关注的时间尺度集中在千年、百年和年季尺度；空间尺度集中在地方和区域尺度。

在同一学科中，主体（研究者）对关注问题的层次不同，测量、实验、分析的手段不同，对研究尺度的定义也有差异。因此，尺度是自然科学和社会科学各学科领域首先必须面对、必须解决的一个基本问题。图 1–5 给出了人文地理领域不同的地理问题所对应不同空间尺度的例子，当然这些研究也存在尺度间的叠加、耦合关系（宋长青等，2020b）。尺度除受限于问题以外，还受限于观测的仪器或手段。以犯罪研究为例，数据来自于公安局还是统计局，可能直接决定了问题研究的尺度。若犯罪数据来自于公安局，每起犯罪事件都可能有精确的时空定位，故可以做区县内部更精细的地理研究；若犯罪数据来自于统计局，则可能是以区县为单位，针对犯罪事件的统计数据，此时只能以区县为最小研究单元开展犯罪研究。

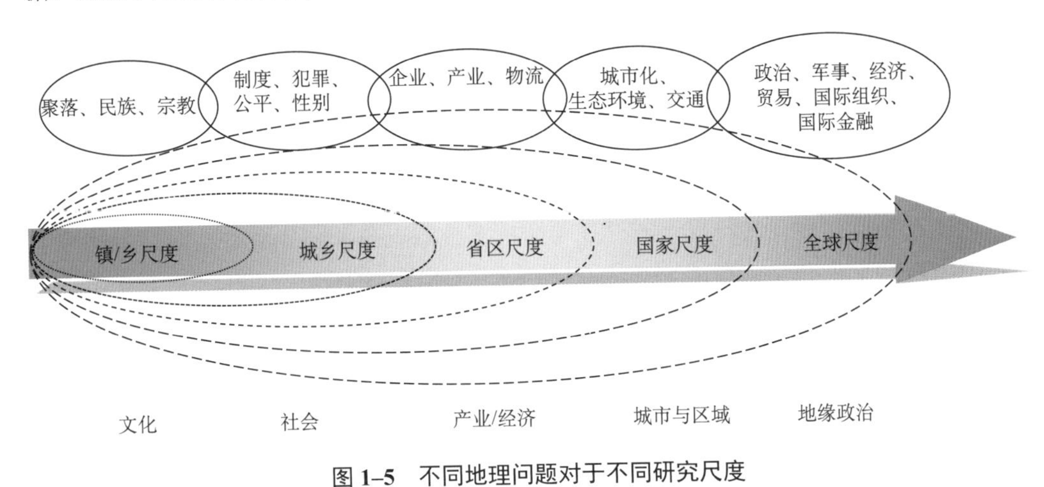

图 1–5　不同地理问题对于不同研究尺度

资料来源：宋长青等，2020b。

（二）尺度概念的辨析

长期以来，“尺度”一直是地理学的核心问题。尺度问题的研究可追溯到两千多年前，古希腊学者希罗多德（Herodotus）就把地理学看成一个建立在尺度变化之上的学科。古罗马区域地理学也把区域的尺度变化作为方法论的核心。但是，在很长一段时期内，尺度只是被看作一个客观的概念。20 世纪 60 年代（1965），地理学家皮特·哈格特（Peter Haggett）研究发现：同样的地理现象和事物，在某一尺度上的特征和规律放在另一尺度上就可能不存在，并提出了“尺度问题长期困扰地理学家”的著名论断。大量研究证实，地理学研究对象格局与过程的发生、时空分布、相互耦合等特性都是尺度依赖的（李双成等，2005）。自然地理学家和生态学家也从不同视角和层次对研究对象进行了多尺度研究。

美国《科学》(*Science*)杂志主编、美国科学院前院长布鲁斯·阿尔贝茨(Bruce Alberts)也指出，地理学是从地域、空间和尺度的视角对人类社会和环境进行研究。可见尺度对当今地理研究非常重要。尺度在认识论意义上，用于表述观察的范围和细致程度；而在本体论意义上，是社会和自然界中复杂互动过程的固有属性(李双成，2005)。尺度对于地理学不仅是个非常复杂的概念，也是非常复杂的问题(张娜，2006；邬建国，2007)。尺度在地理学中是个非常玄妙的话题。在不同的论文或报告中，可能都用“尺度”一词，但其涉及的内涵可能完全不同。有趣的是，科学家们通过对论文或报告中语境的理解及上下文的辨析，通常都能取得较为默契、一致的理解。既然如此，对于尺度这个概念的理解一定存在一种理解体系，或是科学家们潜意识里的规则。下面试图辨析这些体系和规则，使初学者尽快进入科学家们关于尺度的话语体系。

尺度不是孤立存在的。尺度的存在与研究客体的现象、客体运动的时空范围或间隔以及主体所采用的测量分析工具等密切相关。地球表面动态变化的特点决定了地理学必须用动态的观点进行研究，既注重空间的变化，也注重时间的变化，既需要确定研究客体的最小单元，也考虑主体的感受——人的感受。这种时间、空间、客体、主体相统一的理念，在地理学研究中集中体现在“尺度”这一概念以及运用尺度的方法上。下面主要从以下几方面辨析地理学对尺度的内涵和外延的理解。

1. 客体：本征尺度

所谓本征尺度是指自然本质存在的，隐匿于自然实体单元、格局和过程中的真实尺度(李双成，2005)。在陆表系统中，不同的格局和过程在不同尺度上发生；不同的分类单元或自然实体也属于不同的空间、时间或组织层次。本征尺度一般可分为空间尺度、时间尺度和组织尺度(李双成，2005)(表 1–1)。

表 1–1 地学中时间和空间的本征尺度分类

	划分依据	尺度类型
空间尺度	空间范围	全球尺度、区域尺度、地方及以下尺度
	空间周期	长程型、中程型、短程型、非重现型
时间尺度	时间长短	地质尺度、历史尺度、年际尺度、年际以下
	时间特征	周期型、阵发型、随机型

续表

划分依据	尺度类型
组织尺度	研究对象的组织层次（如个体、种群、群落、生态系统和景观等）在等级系统中的相对位置（如种群尺度、景观尺度等） 组织尺度通常存在于等级系统之中，以等级理论为基础 尽管组织尺度不等同于通常意义上的时空尺度，但是它们却可以通过某些特定的时空尺度来刻画

资料来源：修改自李双成，2005。

对于客观存在的地理现象，我们（主体）需要采用调查、实验、分析等一系列科学活动对其内在本质和运动规律进行认识。受观测、分析、表达技术的限制，科学研究过程中也需要主体（研究者）对运动客体的取样单元大小、形状、间隔距离及取样幅度进行确定。此类人为确定或定义的尺度统称为非本征尺度。根据尺度所处的不同科学研究阶段，我们将非本征尺度分为观测尺度、分析模拟尺度和表达尺度。

非本征尺度的设计和选择需要与本征尺度相匹配。如果非本征尺度与本征尺度不匹配，则难以揭示真正的自然规律。

2. 主体：非本征观测尺度

多数情况下，自然的本征尺度并不存在，需要在观测或实验中人为确定。在自然详细观测环节，科学家需要结合主体关注的科学问题、客体的本征现象以及设备（渠道）获取数据的能力，设计或选择观测单元的大小、形状、间隔距离及取样覆盖的范围。其中，观测单元的大小、形状、间隔距离及取样覆盖的范围，统称为“观测尺度”，有时也称取样尺度和测量尺度。

在观测尺度的设计过程中，需要注意两点：（1）综合考虑主体关注的科学问题、客体的本征现象以及设备（渠道）获取数据的能力；（2）观测尺度的设计内容主要包括：研究单元的大小和形状、取样间隔、取样单元覆盖范围。在景观生态学中，研究单元的大小和形状称为粒度，取样间隔称为间隔，取样单元覆盖范围称为幅度。由于取样可以从研究客体、时间、空间三个维度进行；故不同的维度上粒度、间隔、幅度含义不同（表 1–2）。

表 1–2　客体、时间、空间中粒度、间隔、幅度含义的差异

	客体（组织层次）	空间	时间
粒度	观测的最小客体单元	观测的最小空间单元	观测的最小时间单元
间隔	观测客体之间的层级间隔	观测最小空间单元之间的空间间隔	观测最小时间单元之间的时间间隔
幅度	观测客体覆盖的层次范围	观测覆盖的空间范围	观测覆盖的时间范围

图 1–6 给出了一些观测尺度设置与本征尺度不匹配的案例以强调观测尺度与本征尺度相配的重要性。图 1–6(a)给出的是观测时间间隔大于本征周期的例子。这样会导致取样太少，观测结果是噪声而非信号，最终造成对变化的低估。图 1–6(b)中虽然观测的时间间隔小于本征周期，但其取样幅度太小（尚不能覆盖一个周期），会造成取样频繁、不能观测到真实的客体规律，导致真正的变化趋势难以把握，造成对变化的错误估计。图 1–6(c)表示若取样单元粒度与本征周期越接近，时间过程就会越平滑。

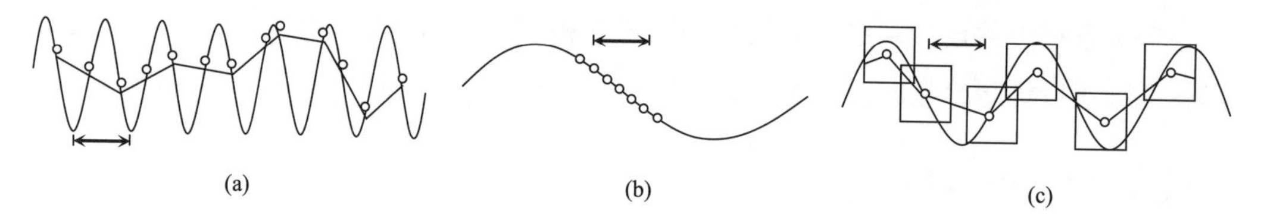

图 1–6　观测尺度设置与本征尺度不匹配的案例

资料来源：李双成，2005。

除时间上存在图 1–6 提及的问题外，空间以及客体组织层次上也存在类似的问题。因此，观测尺度的设计对科学研究的发现有重要意义。

3. 主体：非本征分析模拟尺度

地理研究的分析模拟环节也涉及一些与尺度相关的概念。分析模拟尺度主要包括两类：一类与观测环节类似（表 1–2），分析模拟的研究对象也可以从单元、空间、时间或粒度、间隔、幅度两组维度进行定义。此部分与观测环节类似，上节已介绍得比较充分，这里不再赘述。另一类是分析模拟环节较为独特，涉及尺度推绎、尺度依赖、尺度不变性等尺度分析的相关概念。下面重点介绍这些特有的概念。

（1）地理数据的尺度推绎

尽管观测环节已经定义了观测单元及其在时空中的粒度、间隔、幅度，但在遇到不同的科学问题时，分析环节可能还需要将观测的尺度进行转换。例如，在气温随季节变化的研究中，基于小时观测的气温数据可能被转换为日均值参与分析模拟。此时，观测的时间间隔是小时，而分析的时间间隔则变成了天。分析模拟环节的尺度转化也称为尺度推绎。有关尺度推绎的详细内容见后文。

（2）格局与过程的尺度依赖性

从古至今，尺度问题长期困扰着地理学家。尽管有时采用限定尺度的方法掩盖问题，但并不能回避地理现象随分析尺度变化而变化的问题。地理现象随分析尺度变化的问题，通常被称为可塑性面积单元问题（Modifiable Areal Unit Problem，MAUP）。MAUP 主要涉及尺度效应和区划效应。关于 MAUP 的来龙去脉详见后文。

尺度效应是指统计分析结果随空间分析单元大小的改变而发生变化的现象。通常研究尺度效应的方法有：图示法、谱分析、空间相关分析、半方差分析、小波分析等。图示法是尺度域最为常用的方法。它是将表征尺度变化的各种变量和特征值以不同空间和时间的取样单位表现在图上，通过检视其中的曲线规律获得尺度信息。一般而言，曲线中明显拐点可认为是两个尺度域的分界点。谱分析是一种视频分析技术，其中傅立叶变换、小波分析、经验模态分解是经典且实用的频谱分析手段。该方法的基本原理是拟合实际观测数据与确定波谱特性数据。当有意义的匹配出现时，格局或过程就会被检视出来。谱分析尤其适合于分析具有周期性结构的时空数据。

区划效应则是指在相同尺度下，统计分析结果随统计单元形状变化而变化的现象。关于区划效应可追溯至 19 世纪，如西方政治选举中选区的划分对选举结果产生的影响问题（邬建国，2007）。

对于格局与过程而言，是否存在可以表征的时间和空间尺度？不同尺度的格局和过程是如何相互作用？如何耦合？都是地理学尺度研究的重要科学问题。

（3）格局与过程的尺度不变性

除尺度依赖性外，随着复杂性科学[①]兴起、分形[②]思想理论的成熟，地理学家也尝试发现隐藏在地理现象背后的一些尺度无关（Scale Free）规律，即尺度不变性。例如，海岸线长度明显依赖测量尺度，即精度越高的尺子测得的海岸线越长。图 1–7 分别展示了用尺码（*L*）为 10km、5km 和 2.5km 的尺子，测量某海岸线需要经历的步数（*N*）分别为 18、52 和 132。随着测量精细程度（尺度）的缩小，海岸线的长度呈非线性增加。原则上，只要测量精度不断缩小，海岸线长度将无限扩大，即海岸线长度表现出强烈的尺度依赖性。但是，这个具体且独一无二的海岸线是否存在某种不随尺度而变化的性质？如果将 *N* 和 *L* 取对数后，不难发现不同尺度及其不同测量结果之间可以拟合出一条直线（图 1–7(d)），即 *L* 与 *N* 之间符合 $\mathrm{Log}N=-1.437\mathrm{Log}L+2.702$ 的关系，其中斜率绝对值（1.437）是海岸线的分形分维数——一个尺度无关量，即该数值不随测量精度（尺度）的不同而不同。通常分维数越大海岸线的形态越复杂。直线的分维数为 1，曲线越复杂分维数越接近 2。

在自然界中，地震领域的古登堡—理查德[③]定律中的 *b* 值、水文领域的赫斯特（Hurst）指数都是尺度无关量。地震中的 *b* 值（斜率）不受地震级大小的影响（图 1–8(a)），水文中的赫斯特值不受窗口大小的影响。在社会计算中，无标度统计量也备受关注。例如，根据 18～74 岁 4 781 位瑞典人的性伴侣调查（响应率为 59%）数据，按

---

① 复杂性科学兴起于 20 世纪 80 年代，是系统科学发展的新阶段，也是当代科学发展的前沿领域之一。复杂性科学的发展，不仅引发了自然科学界的变革，而且也日益渗透到哲学、人灾社会科学领域。在某种意义上，可以说复杂性科学带来的首先是一场方法论或者思维方式的变革。虽然目前人们对复杂性科学的认识不尽相同，但是可以肯定的是“复杂性科学的理论和方法将为人类的发展提供一种新思路、新方法和新途径，具有很好的应用前景”。英国著名物理学家霍金称“21 世纪将是复杂性科学的世纪”。

② 分形理论的重要原则是自相似和迭代。它表征分形在通常的几何变换下具有的不变性，即尺度无关性。分形形体中的自相似性可以是完全相同，也可以是统计意义上的相似。标准的自相似分形是数学上的抽象，迭代生成无限精细的结构，如科契（Koch）雪花曲线、谢尔宾斯基（Sierpinski）地毯曲线等。这种有规分形只是少数，绝大部分分形是统计意义上的无规分形。

③ 古登堡—理查德定律（Gutenberg–Richter Law）最早由古登堡（Gutenberg）和理查德（Richter）于 1956 年提出，表达了在给定的区域和时间时，震级和大于该震级地震总数（或互补累计概率函数，CCDF）的关系：$\mathrm{Log}N=a-bM$ 或 $N=10^{a-bM}$。其中，*N* 是震级大于 *M* 的地震总数，*a*,*b* 是常数。*b* 值（对数形式的斜率）是研究地震灾害的重要参数，*b* 值大小通常与应力状态有关，*b* 值较大（大量微小地震）可能与地下流体作用相关。

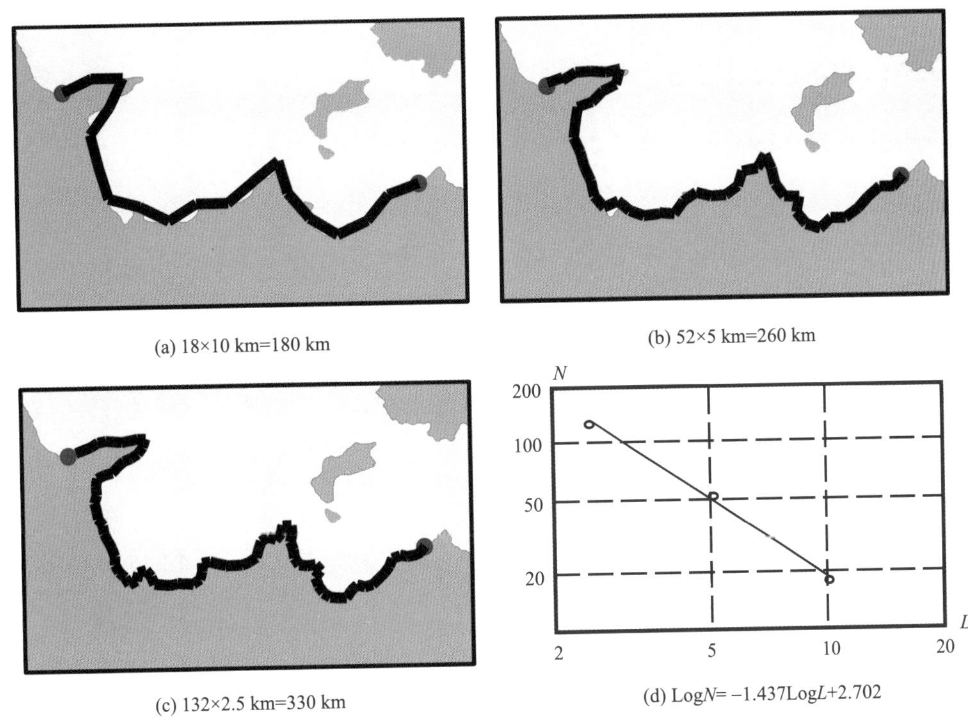

(a) 18×10 km=180 km　(b) 52×5 km=260 km

(c) 132×2.5 km=330 km　(d) Log*N*= −1.437Log*L*+2.702

图 1–7　新西兰海岸线分维数的尺度不变性

性别不同生成两个社交网络。网络的节点是人；链接关系为是否为性伴侣。根据两张社交网络，也可生成网络度的累计概率密度函数（图 1–8(b)），可知男性与女性性伴侣网络的度是尺度无关的。男性的性伴侣数普遍高于女性。这些尺度无关指标目前基本上都遵循幂率分布。复杂性科学的任务之一是揭示支配复杂现实世界背后的简单规则（例如，尺度不变性），而地理大数据为此类研究提供机遇（程昌秀等，2018）。

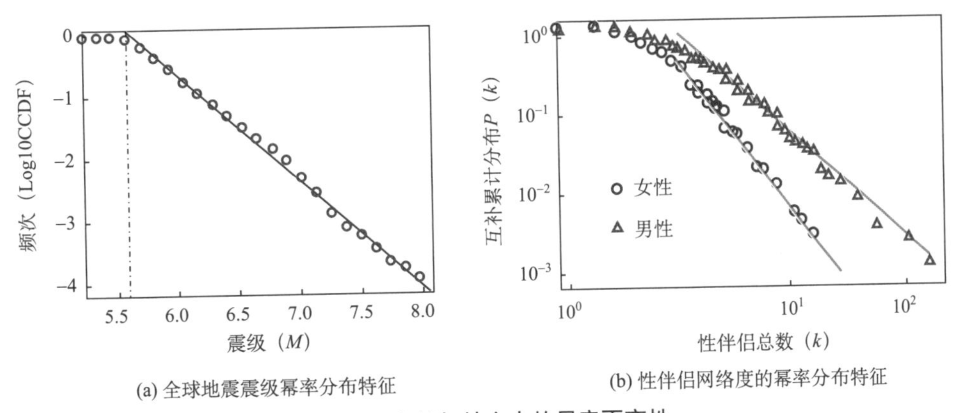

(a) 全球地震震级幂率分布特征　(b) 性伴侣网络度的幂率分布特征

图 1–8　自然与社会中的尺度不变性

4. 主体：非本征表达尺度

所谓表达尺度可理解为用图或语言表达研究结果的过程中用到的尺度。图的表达常用到的尺度有比例尺、分辨率等。比例尺是地理学和地图学中常用的概念。比例尺是表示图上一条线段长度与地面相应线段实际长度之比。一般来讲，大比例尺地图，内容详细，几何精度高，可用于图上测量；小比例尺地图，内容概括性强，不宜于图上测量。分辨率是计算机领域常用的概念，通常用于描述图像细节的精细程度。图像的分辨率越高，所包含的像素就越多，图像就越清晰，印刷的质量也就越好。自然语言也是表达结果的一种手段，表达时应注意避免出现生态学谬误（Ecological Fallacy）。有关生态学谬误的详情参见后文。

5. 小结

在地理研究中，有时不会精细地区分上述概念，而是笼统地简称为“尺度”，例如，大（小）尺度、粗（细）尺度。大尺度通常是指大空间范围或时间幅度，往往对应于小比例尺和低分辨率；小尺度则通常指小空间范围或时间幅度，往往对应于大比例尺和高分辨率。可见，此时尺度的用法往往不同于比例尺，并且通常表现为相反的含义。大尺度和小尺度似乎更强调研究区的幅度，而忽略了粒度。为了全面描述尺度的概念，有时也用粗尺度、细尺度的概念。粗尺度用来表示较大的面积、较低的分辨率和较少的细节；细尺度用来表示较小的面积、较高的分辨率和较多的细节（张娜，2006）。无论如何，建议在论文或报告的表述中如含义确切，尽量用粒度、间隔、幅度、比例尺、分辨率等词表达，而不要笼统地称为“尺度”。

（三）尺度推绎

尺度推绎分为尺度上推和尺度下推。所谓尺度上推就是将精细尺度上的观测、试验以及模拟结果外推至较大尺度的过程。所谓尺度下推则是将较大尺度上的观测、试验以及模拟结果内推至精细尺度的过程。从采样的角度看，空间和时间尺度的上推相当于采样点的舍弃，是一种数据聚合过程；空间和时间尺度的下推则是一种数据解聚过程（图 1–9）。

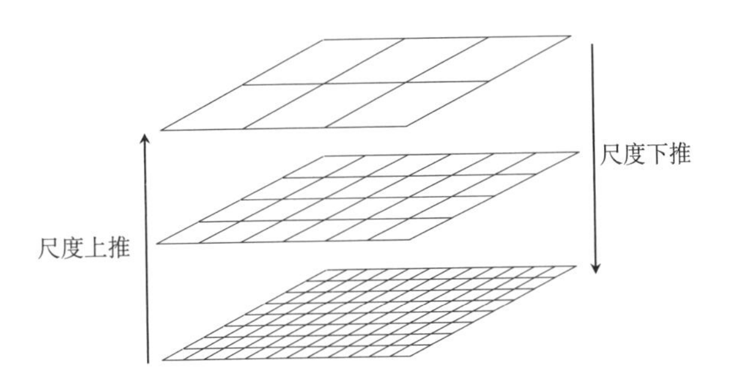

图 1-9　尺度上推与下推示意

关于数据尺度的推绎存在以下几个关键问题：什么情况下简单的聚合或解聚对于尺度上推或下推是可信的？过程研究中速率变量是如何随尺度改变的？敏感性是如何随尺度改变的？空间异质性是如何随尺度改变的？可预测性是如何随尺度改变时？如何避免 MAUP？（李双成，2005）

对于“尺度能否推绎”其实存在两种截然不同的观点。一种观点以奥尼尔（O'Neill）的等级理论为代表。他们认为属于某个尺度的系统过程和性质受限于该尺度。每个尺度都有其约束体系和临界值。尺度外推不能超越这些约束体系和临界值。如果超越，外推获得的结果很难理解。另一种观点是以金（King）为代表。他们认为上层系统是由下层系统组合构成的。不同层次系统间存在物质、能量和信息交流，构成了等级间相互联系的纽带。而这条纽带使尺度推绎成为可能。

邬建国综合上述两类观点认为：在一个尺度中，由于过程的相似性尺度推绎比较容易。而当跨越多个尺度域时，由于不同过程在不同尺度上起作用，且又有相互间的作用，尺度推绎必然复杂化。在尺度域间的过渡带多出现混沌、灾变或其他难以预测的非线性的复杂性变化（邬建国，2007）。

（四）可塑性面积单元问题

在地理研究中，许多数据（如遥感数据、土地利用数据）是与面积相联系的。这些数据被称为面数据。在分析这些数据时，常常出现其结果随面积单元（栅格细胞或粒度）定义的不同而变化。这就是所谓的 MAUP（Openshaw *et al.*，1981）。MAUP 包括尺度效应和划区效应两方面。尺度效应是指当空间数据经聚合而改变其粒度或栅格细胞大小时，分析结果也随之变化的现象。划区效应是指在同一粒度或聚合水平上由于不同聚合方式（即划区方案）而引起分析结果的变化。图 1–10 给出了不同尺度和不同区划方案在概念上的区别。

以某地理现象的自变量和因变量观测值及其空间分布（图 1–11(a)）为例，研究不同区划方案中回归方程和确定系数 R^2 是否存在 MAUP。对于原始观测数据，我们可建立自变量、因变量间的回归方程（图 1–11(a)），其相关系数为 0.754 3，R^2 为 0.690 2。若分别采用图 1–11(b)区划方案 1 和图 1–11(c)区划方案 2 与分别对观测数据用均值方法进行聚合，再建立不同方案下自变量与因变量间的回归关系，可以发现：原始观测数据、区划方案 1 与区划方案 2 的回归方程和确定系数 R^2 都存在明显不同；即该分析方法受 MAUP 影响，存在区划效应。虽然许多空间分析方法都受 MAUP 影响，但有些方法也不受 MAUP 影响，如图 1–11 中三种情况下的自变量、因变量均值不变，不受 MAUP 影响。

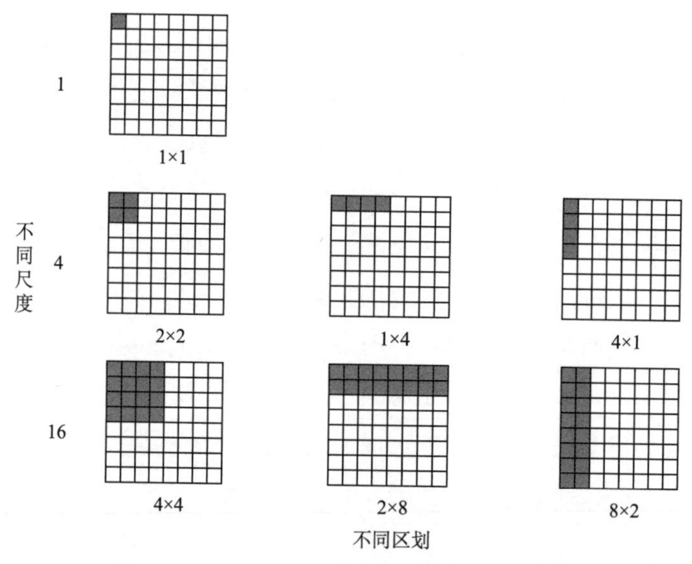

图 1–10　不同尺度、不同区划在概念上的区别

资料来源：邬建国，2007。

有记载的可塑性面积单元问题可追溯至 19 世纪，如西方政治选举中的选区划分对选举结果的影响。但长期以来该问题并未引起学术界重视，直到 20 世纪 30 年代，数据聚合问题才出现在统计学和地理学的相关文献中。格尔基和比尔（Gehlke and Biehl，1934）从统计学角度研究了尺度效应。他们发现，统计数据在空间上连续聚合时其相关系数也随之增加。尤尔和肯德尔（Yule and Kendall，1950）认为空间资料的分析结果对其所采用的面积单元特征具有依赖性。20 世纪 70 年代以后，可塑性面积单元问题研究进入一个新时期。奥彭肖（Openshaw，1979）在相关性的研究中发现，相关系数可以随着尺度和区划方式的改变而改变。阿姆海因和弗劳尔迪（Amrhein and Flowerdew，1992）研究发现，尺度效应具有临界性，而区划效应则在许多尺度上均非常明显。帕特曼和丘恩（Putman and Chung，1989）发现，空间作用模型中的最适参数会随着划区方式的改变而发生变化。福廷汉姆和黄（Fotheringham and Wong，1991）发现，小尺度下的弱负相关会随尺度增大而转换成适度的正相关。生态学的研究也表明，尺度改变对格局和过程分析结果的影响十分显著。

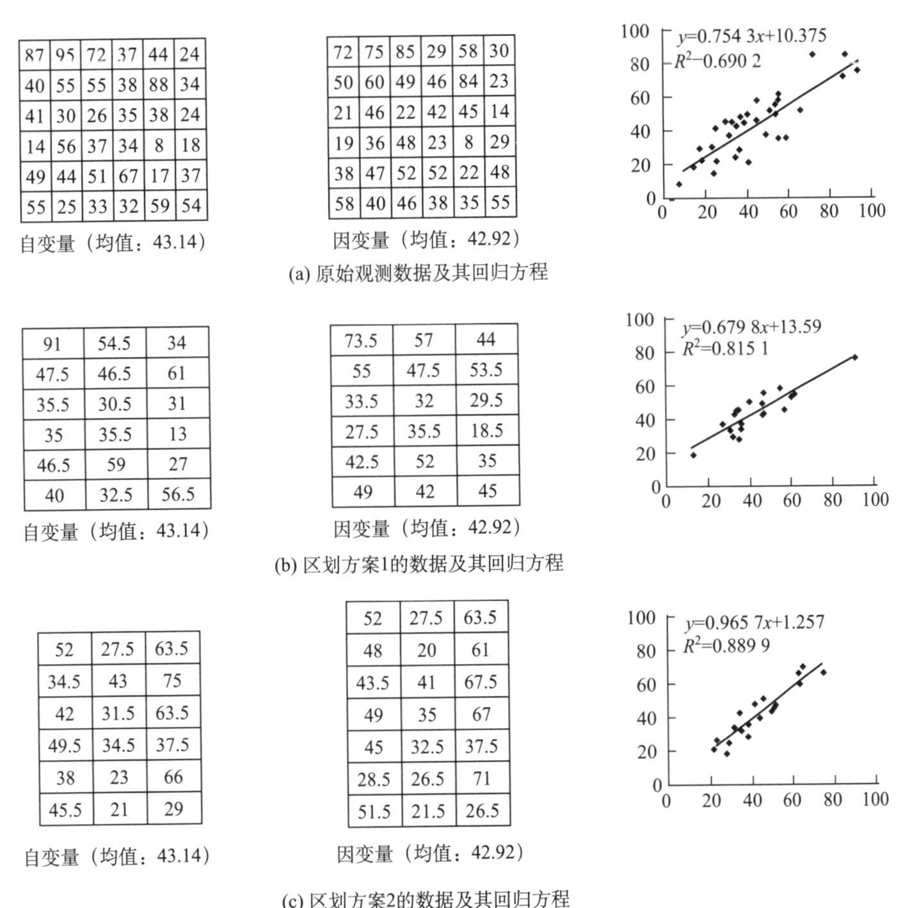

87	95	72	37	44	24
40	55	55	38	88	34
41	30	26	35	38	24
14	56	37	34	8	18
49	44	51	67	17	37
55	25	33	32	59	54

自变量（均值：43.14）

72	75	85	29	58	30
50	60	49	46	84	23
21	46	22	42	45	14
19	36	48	23	8	29
38	47	52	52	22	48
58	40	46	38	35	55

因变量（均值：42.92）

(a) 原始观测数据及其回归方程

91	54.5	34
47.5	46.5	61
35.5	30.5	31
35	35.5	13
46.5	59	27
40	32.5	56.5

自变量（均值：43.14）

73.5	57	44
55	47.5	53.5
33.5	32	29.5
27.5	35.5	18.5
42.5	52	35
49	42	45

因变量（均值：42.92）

(b) 区划方案1的数据及其回归方程

52	27.5	63.5
34.5	43	75
42	31.5	63.5
49.5	34.5	37.5
38	23	66
45.5	21	29

自变量（均值：43.14）

52	27.5	63.5
48	20	61
43.5	41	67.5
49	35	67
45	32.5	37.5
28.5	26.5	71
51.5	21.5	26.5

因变量（均值：42.92）

(c) 区划方案2的数据及其回归方程

图 1–11　不同数据区划方案对回归方程的影响

资料来源：David and David，2010。

总之，系统格局、过程和特性的尺度效应研究已有一定进展，但对许多问题还未能给出明确的结论。尺度效应可能在以下三种情况下发生：仅改变粒度、仅改变幅度、同时改变粒度和幅度。通常粒度变化带来尺度效应的研究更受关注，而幅度变化影响的研究较少。幅度变化的方向和起始位置不同，结果可能迥然不同，但这种对比研究更少（张娜，2005）。目前地理格局与过程中仍缺乏对这两类 MAUP 的定量理解。

（五）生态学谬误

生态学研究是以各个不同情况的个体“集合”而成的群体（组）为观察和分析的单位。这种混杂因素易造成研究结果与真实情况不符。

所谓的生态学谬误是将一个尺度上的结果直接外推到另一个尺度。这一问题的要害是混淆了不同层次主体的行为模式。在研究设计中，分析单元是一个很重要的概念。从宏观到微观之间可能存在不同层次的分析单元。比如在生育研究中，微观行为模式（如夫妇或家庭）可能与宏观行为模式（如省和国家的汇总资料）有重大区别。例如，从宏观来说，在人口控制已经成为公共利益的情况下，个人、家庭却不一定能够自觉按照公共利益要求行动，因为宏观利益并不完全与微观利益一致。因此如果用宏观汇总资料中所发现的变量关系直接解释微观主体的行为，便有可能产生生态学谬误。例如，教育和经济水平越发达的地区生育水平越低这一结论，并不一定能够引申为个人受教育水平越高、收入越多，生育数量就越低的结论。这是因为，以宏观汇总数据进行分析时，真正行为主体（如育龄妇女）各方面特征在汇总时丧失了直接联系。这就是说，我们已经不可能知道生育多的妇女是否真的是那些受教育程度低、收入少的妇女；所以并不能彻底排除，实际上还存在着另一种可能性，即也许正是高教育程度、高收入的妇女生育较多。因此，从严格的意义上讲，宏观分析得到的统计结果只说明宏观情况，并不能用宏观情况直接引申到微观情况。

如果引申，就意味着其中必须借助一个假设条件，即宏观行为与微观行为的模式相同。而这一假设在很多实际情况中并不能普遍成立，所以用宏观环境解释微观行为在方法论上要冒生态学谬误的危险。

纵观国内有关统计分析文献，这一问题并没有被研究人员普遍意识到。很多研究论文完全不讨论宏观行为与微观行为是否存在差异，是否可以假设其相同，就简单地将宏观汇总数据的分析结果直接引申到微观行为模式。

（六）小结

许多研究领域都涉及尺度问题，但不同领域对尺度问题的研究和应用途径不尽相同，很难说哪种途径更适合某领域，但可以从尺度研究和应用的薄弱环节入手，开拓该领域新的研究方向和生长点，促进尺度科学理论和应用的发展。尺度科学的发展仍然任重道远。尺度概念和尺度分析仅是基础，而尺度推绎的方法和理论则更加关键。有关尺度问题的解决仍然非常棘手，需要多方面的突破。在方法上，需要综合应用遥感和地理信息系统（Geography Information System，GIS）技术、空间统计和分析方法、景观模型等来刻画大尺度的格局。在理论上，需要提出尺度推绎的机制或假说，发掘不同尺度格局与过程之间关系的一般规律，并检验理论或假说。尺度问题本身的复杂性决定了多学科交叉研究的必要性和重要性。它的真正解决将有赖于信息技术、数学以及相关专业学科（包括生态学）的紧密合作。这也将是现代科学发展的必然结果。

五、地理问题

理解学科问题是学科发展的基础；解决学科问题是学科进步的标志。地理学作为一门区域特色明显、对象结构复杂、尺度变异多样的学科，形成了特有的学科问题体系。从研究对象上看，有侧重地理环境的“单要素”，有侧重相互作用的“多要素”，还有侧重陆表系统的“全要素”。从研究尺度上看，有侧重分子水平、地方、年季的小尺度研究；有侧重自然和人文个体水平、区域、十年至百年的中尺度研究；有侧重陆地表层不同复杂程度的区域、全球、千年至万年的大尺度研究。从学科问题上看，有侧重陆地表层格局的研究；有侧重陆地表层时空过程的研究；有侧重陆地表层演化动力机制的研究。

开展地理研究前应该先定义研究的论域。通常从要素、尺度、问题三个维度定义地理问题（图1–12）。首选需要明确研究涉及的要素包含哪些，属于单要素研究（如水文）、多要素研究（如生态—水文），还是全要素研究（如流域系统）。其次，需要明确研究的尺度，主要包括研究区域的范围和最小研究单元。尺度又被分为大、中、小三个层次。最后，需要明确研究的问题是空间格局、时间过程、驱动机制，还是上述问题的排列组合。

上述每个维度上都有一些前沿问题尚未突破，值得研究。例如，全要素的研究、多尺度以及跨尺度的研究、驱动机制的研究等。因此，在确定自己的地理研究时，需要根据研究工作和项目大小与级别设计合理的论域，切忌在小型研究项目中把论域设计得过大，否则会导致项目级别与论域的失衡。

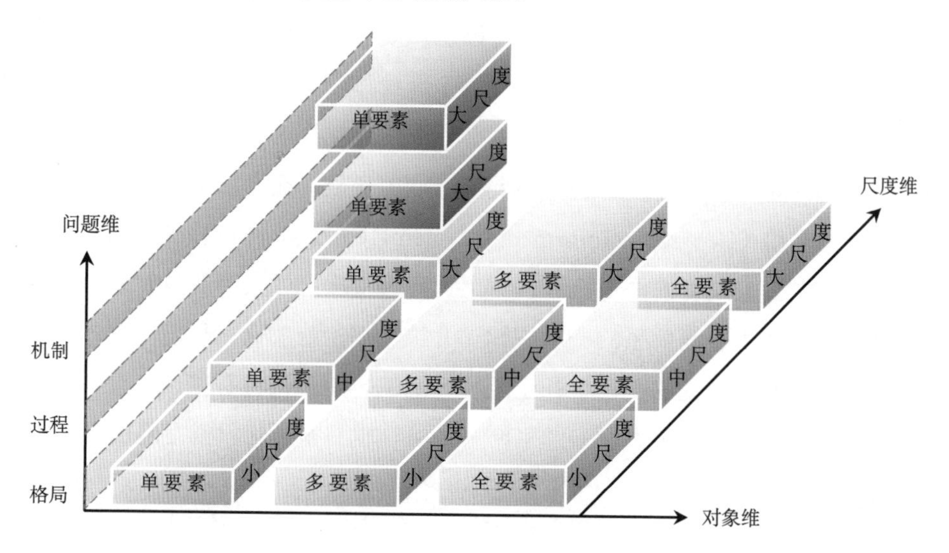

图 1–12　地理问题的三个维度

资料来源：宋长青等，2020a。

六、地理学的研究范式

科学研究范式是开展科学研究、建立科学体系、运用科学思想的坐标参照系与基本方式，是科学体系的基本模式、基本结构与基本功能；是常规科学所赖以运作的理论基础和实践规范；是从事某一科学的研究群体所共同遵从的世界观和行为方式；是科学家集团所共同接受的一组假说、理论、准则和方法的总和；是在心理上形成科学家的共同信念。

简而言之，研究范式就是科学群体在开展特定领域研究时所共同遵守的准则。学科是科学发展过程中不断深化的产物，是人类知识体系中的基本单元。作为一个成熟的学科应具备明确的研究对象，基本的理论、技术和方法体系。地理研究范式则是地理学科与不同哲学思维所结合的产物。

地理学是一门历史悠久的学科，主要关注陆地表层环境要素多时空尺度分异规律；既关注自然要素也关注人文要素；既关注空间过程也关注时间过程；既关注局地尺度也关注全球尺度；既关注格局也关注过程和机制。虽然地理学是一门内容涉猎广泛、问题类型多样的学科，但有其所共同遵循的一些基本的假设、理论、准则和方法。目前，地理学处于几种典型研究范式并存的状态，在实际研究工作中各自发挥着不可替代的作用。根据地理学的研究目的、理论假设和方法论特点，可将地理学研究范式划为经验科学范式、实证科学范式、系统科学范式和大数据研究范式。每种范式都有各自的数据需求、分析原理、取得的成果和存在的不足。表 1–3 从不同角度归纳了地理研究范式的主要特点（宋长青，2016）。

表 1–3 地理研究的发展范式

	经验科学（范式）	实证科学（范式）	系统科学（范式）	大数据科学（范式）
盛行年代（中国）	《水经注》至今	1900 年至今	1980 年至今	2010 年至今
数学基础	定量描述	经典牛顿理学（还原论）	仿真与模拟	复杂性与系统科学（整体论）
目的	定义区划指标，刻画区域类型和区域差异	刻画格局与过程的联系，探求动力学解释	刻画地理类型区和地域综合体多要素（个体）协同演化规律	刻画地理事件与地理要素的时空联系，揭示其发生本质
假设	地理空间不重复，具有绝对的差异和相对的近似	封闭环境下，地理现象的演化严格遵守物质能量守恒定律	共存同一封闭系统中地理要素（个体）相互依存，协同演化	开放复杂的陆地表层巨系统中地理要素相互作用与耦合机制
方法	归纳、概括	实验、统计和模型模拟方法	模型模拟、集成方法	大数据分析科学、计算科学、地理科学方法
数据特点	简单	精确	种类丰富	数据量大，数据科学意义的指征性不足①
分析原理	区域时空差异分析	中观、宏观尺度区域差异分析	多尺度地理类型和地域综合体的变化分析	通过关联分析，推理内在的因果②
取得成果	建立地带性规律，地理区划	在一定程度上理解地理要素演化的动力过程	地理类型和地域综合体变化机制与调控	探测地理事件发生耦合关系，预测未来

① 数据科学意义的指征性不足可能成为区分大数据与小数据的核心特征。小数据可理解为是针对某个科学问题，利用科学仪器，通过科学采样收集而成的数据用于证明某科学猜测，因此数据科学意义的指征性强；而大数据在收集时没有明确的科学问题指向，因此科学意义的指征性不强，大数据明显存在质量差的特点。在缺少优良科学的小数据情况下，大数据也可以用于科学研究。小数据在收集时往往需要采样设计，而大数据基本可视为（准）全样本的收集。

② 大数据分析的基本特征是通过关联推理内在因果。

续表

	经验科学（范式）	实证科学（范式）	系统科学（范式）	大数据科学（范式）
存在缺陷	小尺度缺陷	封闭环境的理想假设与现实地理环境不符	封闭系统的假设、要素（个体）的规则不清、方法欠成熟	本体特征模糊
知识结构	地理学	地理+物理+化学	地理+物理+系统	地理逻辑+计算机+统计

资料来源：宋长青，2016。

（一）经验范式

“经验”是在社会实践中产生的客观事物在人们头脑中的反映，是人类认识的开端。因此，基于经验的认识是由表观而直接的大量事实积累而产生。因此，基于经验认识总结的规律缺乏深层次的理论解释。地理学作为一门古老的学科，可以追溯到郦道元《水经注》出品的年代。当时的地理学还不具备自然科学的实验特征，以自然和人文现象记述、地方志等特有的文学、历史形态而存在。作为对自然事物、人文现象的描述，通过大量事实的直观感受、累积，总结形成对地理区域的认识。古往今来，这种思维方式一直存在，而且在我们的现实生活中发挥着重要作用。由于地理学的重要学科任务之一是刻画地理空间的差异性，因此基于经验科学的地理研究范式具备其独特的研究特点。地理经验科学研究范式的内在假设是地理空间绝对的差异性。这是地理分异的基础，也是地理学科存在的必要条件。同时地理空间存在相对的近似性，这是地理分区的基础，也为地理学科的存在提供了可能。多年来，基于经验科学的地理学以刻画区域要素和区域差异为目标，根据大量的自然和人文要素的空间特征，采用定性和定量相结合的方法，定义了地理区域划分的指标体系。在实现上述目标时，基于经验科学的地理学采用野外调查、实地测量、多比例尺制图等方法，所使用的数据种类相对简单，数量相对稀少。经验范式从中观、宏观尺度上分析了地理区域的时空差异，建立了地理地带性规律和地理区划的规则。考虑到现代地理学发展的需求，基于经验科学的地理学在针对小尺度地理现象的描述与解释方面存在相对的局限性。

（二）实证范式

实证主义认为，科学的两大支柱是观察和逻辑（或理性）。换言之，对任何事务合乎科学的理解必须有意义并且同实际观察相符，两者缺一不可。建立科学的理论描述世界万物间的逻辑，并通过观察进行证实是其方法论的核心。地理客观事实告诉我们，地理区域存在着绝对差异。一个区域的特征、状态、过程和形成机制无法在另外一个区域得到完全的重复验证，这给实证研究理论假设提出了严峻的挑战。为了证明其存在，同时证明其存在的本质，实证科学的地理学目的是力求科学准确刻画地理要素的空间格局与时空变化特征，并探求其动力学解释。但由于自然地理要素和人文地理要素多种多样，其格局、过程及变化机制的解释具有多解性，因此实现其目的的难度非常大，一般采用动力学和统计学相结合的方法加以解决。基于实证的地理学研究范式的理论假设为自然地理要素时空变化过程遵守物质能量守恒定律。在此基础上，通过经典物理学的方法刻画地理要素的演变。在刻画人文要素时，其假设人文要素之间、人文要素与自然要素之间存在固有的本质联系，并选择恰当的统计学方法加以解决。地理实证科学研究范式特征为：通过实验获取相对准确的数据，利用其刻画地理事实过程从而减少偏差。通过动力学、统计学的方法，构建逻辑科学、参数适合的模型，实现模拟结果的真实逼近。在此基础上，实现中观、宏观尺度区域差异和区域联系的本质解释，进而理解地理要素时空演化的动力学驱动过程。

（三）系统范式

“系统”是由相互作用、相互依赖的若干组分结合而成的具有特定功能的有机整体。系统不仅是具有层次的有机整体，还是从属于更大系统的组分。地理学关注陆地表层自然和人文要素的研究。这些具有地理空间属性的自然和人文要素可视为系统的组成部分。毋庸置疑，它们具有相互作用和相互依赖的属性特征。同时，不同地理尺度的有机整体构成了陆地表层系统的层次结构。从系统的理念出发，研究陆地表层系统的行为特征、演化规律、功能结构是基于系统科学的地理学研究范式的重要特点。从这个意义出发，地理系统科学研究范式的主要目标是刻画地理类型区和地域综合体多要素（个体）协同演化规律。这一地理科学研究范式的科学假设为：共存于同一封闭系统中的地理要素（个体）具有相互作用、相互依存、协同演化的特征。宏观地理区域时空行为演化特征影响微观区域变化进程；微观区域的特征改变也会传递到宏观区域。当变化积累到一定程度会改变陆表系统的整体行为，并导致其原有功能退化。地理系统科学研究范式在很大程度上改变了人们以往认识自然和社会地理现象的路径。应用的实验数据种类丰富，采用统计分析、动力分析、模型模拟、要素集成、层次集成等方法才能实现对系统的理解和认识。地理系统科学研究范式着重分析多尺度地理类型和地域综合体的时空变化规律，并探讨整体系统演化的驱动机制，理解系统多重临界状态的外在表现形式，以及陆地表层的组成、层次相互反馈的过程。只有对上述事实充分理解才能真正对陆地表层系统、人类赖以生存的环境采取真正有效的调控措施。如今，中国在不同区域面临各种环境问题，要想真正地、有效地加以治理，基于系统科学的地理学研究范式认识地表过程是解决问题的前提。诚然，地理系统科学研究范式很重要，但是方法、技术、理论尚不成熟，需要进行长期探索。

（四）大数据范式

“大数据”源于信息科学提出的概念，到目前为止尚无统一的定义。但是，从信息领域、商业领域和其他自然科学领域都给出了自己的理解。在此介绍麦肯锡全球研究所给出的定义：“一种规模大到在获取、存储、管理、分析方面超出了传统数据库软件工具能力范围的数据集合，具有数据规模海量、数据流转快捷、数据类型多样和价值密度低四大特征”。目前，大数据广泛应用于商业管理、行业管理以及公共决策等方面。在科学研究中如何应用大数据解释自然现象，发现自然规律则是一个全新问题。简单利用“小数据”的思维模式应用到大数据研究中是对大数据的一种误读。从地理学的研究出发，传统“小数据”的获取是针对不同的地理事实设计的数据采集方法和技术。所获取的数据对地理事实具有较强的指示意义。从数据本身的变化可以直接地理解地理事实的变化特征。大数据则不然，数据产生带有“自发性”，并非针对理解地理事实而设计。数据本身与地理事实相去甚远。大数据是公共财富，用好了事半功倍，用不好谬以千里。当前，充分利用大数据为地理学研究的深化和从地理学的视角解决社会需求问题提供了一种新的思路和模式。在应用大数据研究中应注意两个问题：首先是数据挖掘。数据挖掘的核心要义是通过数据分析产生知识。这与大数据的意义完全相同，只是从大数据中挖掘知识的难度更大，需要创建新方法、新技术以期从大数据中获取更多有益的地理知识。其次是加强多尺度聚类分析。传统聚类分析是根据数据的亲疏关系聚类，以期获取同一地理现象的空间认识。由于大数据与地理事实的内在联系较“疏”，因此在寻求地理相似性的同时，更应强调多源数据、空间关系的特征，力求分析结果更加贴近事实。

（五）小结

第一范式是经典，奠定了地理学的基本性质，形成了地理学的本质。第二范式是潮流。格局过程的研究是地理学成就的标志。第三范式是前沿，是全面认识理解地表系统的关键，是实现区域资源环境调控的基础。第四范式是尝试，是人文特征和物流空间分析的有效方法，是实现区域公共管理决策的重要手段。

由于人类对地球系统的研究还有许多未能触及，针对不同类型的问题应有不同范式来解决。科学研究范式在科学研究过程中是相互联系，共存并用的。由于地球科学的复杂性，这一特点更明显。理解科学研究范式有助于评价科学问题和科学成果。

从以上论述可知，大数据的地理学研究范式的主要目的是刻画地理事件与地理要素的时空联系，进而揭示其发生的本质。其理论假设是地理事件与要相关的地理要素有内在联系。在研究中应注意与信息科学、计算科学和地理科学方法的结合。对地理大数据科学范式的研究有望为短时间尺度地理事件发生的监测和预测提供有力的科学与技术支持。诚然，尽管大数据在地理学界“炒”的如火如荼，但是作为一个全新的科学范式，其本体特征尚未达成广泛共识。从地理科学发展的历史与现状来看，地理经验科学研究范式奠定了地理学的基本性质，形成了地理学的本源特征。地理实证科学研究范式是当今地理学研究的潮流，使地理格局、过程研究不断深化，是地理学成就的标志。地理系统科学研究范式是前沿，是全面认识陆地表层系统行为，促使地理学从“好看”到“好用”的关键环节。地理大数据研究范式则是探索，有可能为地理学尤其是人文地理学的定量研究提供全新的路径。由于人类对地球系统的研究还有许多未能触及，针对不同的问题应采用不同的研究范式加以解决。

第二节 认识地理数据

一、地理数据的基本特征

地理数据是直接或间接关联于地球某地点或区域的数据，用于表征地理圈或地理环境固有要素或物质的数量、质量、分布特征、联系和规律。例如，陆地表层系统各要素的状态、特征、分布与演化等，以及人们对地理系统的利用、管理、规划情况等。常见的地理数据有土地覆被、数字高程、地形地貌、土壤类型、水文水资源、植被类型、居民地、河流湖泊、行政边界及社会经济等。

地理数据是各种地理特征和现象间关系的数量化、符号化表示。地理数据通常由空间位置、属性特征以及时态特征三部分组成。空间位置数据（空间数据）描述地理对象所在的地理位置。这种位置既包括地理要素的绝对位置（如大地经纬度坐标），也包括地理要素间的相对位置关系（如空间上的相邻、包含等）。属性数据有时又称“非空间”数据，是描述特定地理要素特征的定性或定量指标数据，如公路的等级、宽度、起点、终点等。时态特征数据是记录地理数据在某个时刻或时段地理现象发生的过程。时态特征数据对理解地理过程非常重要，受到越来越多地理学者的重视。空间位置、属性特征以及时态特征构成了地理数据三大基本要素。还有一种提法是：尺度、空间、时间、属性被认为是空间数据的四大要素。关于尺度的理解在第一节已详细介绍过，这里不再论述。

（一）空间位置特征

地理要素总是存在于地球表面的某个位置，并具有一定的空间形态和几何分布。这些特征称为地理要素的空间位置特征，通常把地球表面抽象成一定的坐标系，在其中表达地理要素的空间位置。地理要素的空间位置即是其位于坐标系中的位置。由地球表面抽象出来的坐标系可以是经纬度坐标系、空间直角坐标系、平面直角坐标系或极坐标系等。空间位置特征有时候也称为地理要素的几何图形特征，包括地理要素的位置、形状、大小和空间分布状况等。基于空间位置信息可以推演出各种地理要素之间的空间关系。例如，拓扑关系、顺序关系和度量关系等。

（二）属性特征

描述地理要素本身性质的、非空间的、专题内容的资料和记录数据称为地理要素的属性特征。每个地理要素都具有自身的属性特征。属性特征主要记录地理要素的数量、质量、名称、类型、特性、等级等。地理要素的属性通常分为定性属性和定量属性两种。定性属性包括名称、类型、特性等；定量属性包括数量、等级等。

（三）时间特征

地理要素存在于地球表面有一定的时间过程，即地理要素的空间位置、属性和相互关系与时间密切相关。这种特征称为地理要素的时间特征。地理要素的空间位置和属性值可能会随时间的变化而同时变化，如道路网系的修改扩建、土地利用类型的变化。地理要素的空间位置和属性值也可能随着时间的变化而分别变化，如建筑物的空间位置不变而用途发生变化，学校的整体搬迁而属性没有变化。

二、基于地理数据来源的分类

针对不同的地理问题、地理现象、地理过程以及地理数据采集与分析工具，需要采用不同的数据采集、测度、存储、描述、分析方法，这就产生了不同类型的地理数据。深入理解各类地理数据的来源、采集方法、测度方法及其优势与缺点是地理数据分析师必备的基本素质，正如厨师需要懂得食材的属性一样。特别是在当今快节奏的情况下，对数据的品味和理解不容忽视。

根据数据的来源不同，地理数据通常可分为观测数据、统计数据、问卷调查数据、遥感产品数据、再分析产品数据、地理大数据。

（一）观测数据

本书中的观测数据特指在未被控制的条件下通过仪器观测或人工观察自然获得的原始一手数据。以图 1–13 为例，观测数据包含某气象站观测到的某地点每 6 小时的温度、蒸发量等数据；水文站观测的河流上某点的水位、流速等数据；实地采集的水、大气、土壤、农产品等样品，需要通过实验仪器分析解析采样点水质、大气质量、土壤属性、农作物品质等数据；通过量测胸径、树高、钻取树芯后获得森林蓄积量、树龄数据。

- ✓ 气象观测：风速、风向、雨雪、温度、湿度、雨量、气压、光照
- ✓ 大气环境观测：$PM_{2.5}$、PM_{10}、CO_2、SO_2
- ✓ 地表辐射观测：总辐射、散射辐射、直接辐射、长波辐射
- ✓ 水文观测：水位、流速、流向、波浪、含沙量、水温、冰情、地下水、水质
- ✓ 土壤环境观测：土壤水分、水势、盐分、温度、热通量、呼吸、土壤污染
- ✓ 植被观测：植物发育期、高度、密度、生长量、产量结构、叶面积、地上（地下）生物量、光合作用、蒸腾作用

} 生态系统观测

图 1–13　地理野外观测示意与分类

观测数据通常是针对点的观测，是专业人员采用专业仪器测量的结果，因此数值较为精确。但由于仪器损坏、观测点变更等问题，可能存在某时间段上观测数据的缺失。“如何内插出缺失时空范围内的观测值”是开展研究需要解决的首要问题。此外，观测数据大多表征地理空间中点的状态。地学、生态学等学科长期以来需要通过在有限、分散点上的要素观测，推算宏观、区域的要素变化状况，因此，如何将点上的观测值推算到面上，也是开展地理研究需要解决的核心科学问题。例如，基于站点的降水量需要经过转换得到流域尺度上的降水量，或通过水量平衡方程推算流域出口断面的径流量等。当然推算过程中无形增加了客观认识的不确定性。

在研究中，观测数据通常被视为“真值”。对于原地测量的观测值被视为“原位真值”。采样后回实验室测得的值被视为“非原位真值”。

（二）统计数据

统计数据是统计工作活动过程中收集的反映国民经济和社会现象的数字资料以及与之相联系的其他资料的总称。统计数据是对现象进行测量后的统计结果，属于二手数据。在地理研究中，统计数据通常用于表示地理区域的自然经济要素特征、规模、结构、水平等情况，是定性、定位和定量统计分析的基础数据。从统计工作过程来看，统计数据要“符合标准”，要准确地反映客观现实。

年鉴数据和统计调查（普查、调查、抽查）数据是地理研究中常用的统计数据。年鉴是各级行政机构或各行业全面、系统、准确地记述上一年度事物运动和发展状况的资料性工具书（图 1–14），具有资料权威、反应及时、连续出版、功能齐全的优点。统计调查是运用科学的调查方法，有计划、有组织地搜集统计信息资料的工作过程。由于上述工作可能存在投入精力有限，时间跨度过长、统计环节众多以及统计人员理解差异等问题，有时会导致统计数值不准长。当某些数据出现严重偏差时，需要提前进行数据纠正或剔除。此外，年鉴和普查数据基本以行政区为统计单元，而行政区位置或边界有时会发生变化。例如，2010 年国务院批准撤销北京市、宣武区，设立新的北京市西城区，以原西城区、宣武区的行政区域为新的西城区的行政区域。2017 年原河北省雄县、容城县、安新县等三个县及周边部分区域变成了雄安新区。对于行政区边界的变化将影响不同年度统计数据的可比性，即 2009 年北京市西城区的统计数据与 2011 年北京市西城区的统计数据在指征的空间范围上有很大差异。为了便于统计数据在空间上的可比性，通常会将行政单元的统计数据通过空间化技术降尺度到格网上形成格网数据[①]。例如，常用的人口公里格网数据，就是根据人口普查的统计数据降尺度到公里格网后的结果。

---

① 公里格网数据是将研究区域按照统一的标准划分为若干 1 千米×1 千米的像元。每个像元被赋予一个标识和一个属性值。其中标识值表示该像元的空间位置，属性值表示该格网的专题属性值。是一种对专题数据进行格网化表达的空间数据，能够直观准确地反映专题数据在区域内的空间分布特征。常用的网格数据有人口公里格网数据、社会经济公里格网数据、建筑物公里格网数据、气候干燥度/湿润度格网数据、土壤侵蚀格网数据、年平均降水量格网数据、温度格网数据、滑坡泥石流风险等格网数据。数据网格化的基本流程如下：a. 数据准备及预处理；b. 对研究区域进行格网化，并根据数据分布模型对原有统计数据进行合理的空间分配；c. 格网数据修正；d. 对研究区域数据抽样调查，进行格网数据的验证。

图 1–14　纸质版年鉴示例

（三）问卷调查数据

问卷调查是通过制定详细周密的问卷，要求被调查者据此进行回答以收集资料的方法。其实质是为了收集人们对于某个特定问题的态度、行为特征、价值或信念等信息。通过问卷调查获得的数据通常称为问卷调查数据。人文地理领域通常借助问卷调查方法对社会活动过程进行准确、具体地测定，再用社会学统计方法进行定量地描述和分析。

根据载体的不同，问卷可分为纸质问卷和网络问卷。纸质问卷就是传统的调查问卷。调查公司通过雇佣工人来分发、回收这些纸质问卷。这种形式的问卷存在一些缺点，分析统计比较麻烦，成本较高。网络问卷调查是依靠一些在线调查问卷网站。这些网站提供设计问卷、发放问卷、分析结果等一系列服务。这种方式的优点是无地域限制，成本相对低廉；缺点是答卷质量无法保证。此外，网络受众多为使用电子产品的群体，可能不能覆盖所有群体，代表性不足。

（四）遥感产品数据

遥感（Remote Sensing，RS）是通过探测电磁波谱、重力或电磁场扰动，在不直接接触物体的条件下对物体进行观测（吴炳方、张淼，2017）。根据搭载传感器的平台不同，可分为航天遥感和航空遥感（图 1–15）。遥感观测从最初获得的电磁波信号，经过处理和分析后才能转换为可直接应用的数据产品。这一过程通常需要经历辐射定标、大气纠正、几何纠正等预处理过程。这些预处理过程是生成遥感数据产品的重要基础，然而更重要的是从多源、多角度、多时相、多光谱、主被动协同的遥感观测数据出发，挖掘可重复、易于处理且能够反映陆表地理要素的物理、化学、地学、生态学、生物学意义的指标，生成有价值的地理数据产品，如植被结构参数、生理生化参数、河流湖泊水质、水循环与水资源管理、地物类型、植被生长状况、生物多样性等。地理研究中常用到的是遥感产品数据，而非原始的遥感观测数据（吴炳方、张淼，2017）。

(a) 航天遥感

(b) 航空遥感

图 1–15　航天遥感与航空遥感示意

遥感作为一种观测手段，与其他观测方法相同的是为了获取有价值的数据产品，也需要对观测获取的信号/样品进行处理。不同点在于遥感不接触物体便能够实现对物体的观测，观测方法更加灵活。以像元为观测单元的信息获取方式是遥感观测与传统观测方法最大的不同。遥感通过全覆盖观测，获取细至厘米、粗至千米级的长期、持续性的观测数据，极大地克服了以点带面的观测弊端。因此遥感产品具有覆盖范围广、持续性高、分辨率丰富的优势，为全球变化研究、地球系统科学研究等提供了独特的观测手段（吴炳方、张淼，2017）。

由于遥感是在不直接接触物体的情况下，通过探测电磁波谱、重力或电磁场扰动对物体进行观测，因此可测量的地理要素指标有限。此外，从遥感观测到遥感产品，不仅经历辐射定标、大气纠正、几何纠正等预处理过程，还经历从电磁信号到各类地理要素物理、化学、地学、生态学、生物学意义指标的推算和反演过程，再加上地理现象区域的异质性、地理过程与驱动机制的复杂性，致使部分遥感产品的生成方法极其复杂。相同的处理方法常常因原始遥感观测数据的不同、研究区域的转变、专家知识的差异，导致产生截然不同的结果。以作物种植面积遥感监测为例，不同分辨率遥感产品，即使采用相同方法估算的作物种植面积受尺度影响也可能存在较大差异；植被叶面积遥感估算的方法多种多样，但都只能适用于特定区域与特定环境。从观测数据到数据产品的这些不确定性极大地妨碍了遥感走出象牙塔（吴炳方、张淼，2017）。

如果观测数据被视为“真值”，遥感数据则可被视为“半真值”。原因在于：遥感数据也是对地理要素的直接观测，但由于电磁信号到地理指标的过程太复杂，不确定性较高。

（五）再分析产品数据

目前，地理研究中再分析产品数据主要集中在大气、海洋领域。随着上述领域观测资料的积累和日益丰富，基于动力学模型并利用同化技术将时空分布不均匀的观测资料与数值模式的格点数据相结合，通过再分析得到大气或海洋的状态场，最终得出充分反映系统各要素长时间序列、多时空尺度的变化特征，以及多要素物理关联的再分析产品。再分析产品为多时空尺度的海洋、大气过程研究提供了不可替代的资料基础。目前，全球地表逐月气温和高空温度、湿度再分析数据有 NCEP[①]、ERA20C[②]、ERA–Interim[③]、JRA55[④]、20CR[⑤]、MERRA[⑥]和 CFSR[⑦]等。国外早期开发的海洋再分析资料

---

① NCEP（National Centers for Environmental Prediction）：是美国气象环境预报中心的全球大气再分析数据产品。

② ERA20C（ECMWF Atmospheric ReAnalysis of the 20th Century）：是欧洲中期天气预报中心（European Centre for Medium-Range Weather Forecasts，ECMWF）的大气再分析数据产品。

③ ERA–Interim（ECMWF Atmospheric ReAnalysis Dataset）：是 ECMWF 的大气再分析数据产品。

④ JRA55（the Japanese 55 Years ReAnalysis）：是日本的一套最新的大气再分析资料。

⑤ 20CR（20th Century ReAnalysis Version 2）：美国能源部（United States Department of Energy，DOE）和国家大气海洋局（National Oceanic and Atmospheric Administration，NOAA）联合发布的再分析资料。

⑥ MERRA（The Modern Era Retrospective–Analysis for Research and Application）：是由美国国家航空航天局（National Aeronautics and Space Administration，NASA）的戈达德地球科学数据和信息中心提供的卫星再分析资料。

⑦ CFSR（Climate Forecast System ReAnalysis）：NCEP 使用了 GEOS–5（Goddard Earth Observing System）大气模式与资料同化系统。资料同化应用的是 NCEP 发展的以 6 小时为周期的格点统计插值系统。CFSR 资料使用的是 NCEP 耦合预报模型。它同样地利用 GSI 数据同化系统得到大气同化资料。数据广泛利用了 NCEP 的美国国家大气研究中心（National Center for Atmospheric Research，NCAR）的再分析资料。CFSv2 是 CFSR 资料的延续产品。

有 SODA[①]、ECCO[②]。自“十五”计划以来，国家海洋信息中心研制了中国海洋再分析产品 CORA[③]。

全球大气再分析资料计划得到了世界气候研究计划（World Climate Research Programme，WCRP）和全球气候观测系统（Global Climate Observing System，GCOS）的大力支持，是 WCRP 的重要组成部分之一。同时，它也为 WCRP 下的气候变率和可预报性研究计划（Climate Variability and Predictability Programme，CLIVAR）以及全球能量和水循环试验研究计划（Global Energy and Water Cycle Experiment，GEWEX）等的顺利开展提供了重要的基础和保障。在几次 WCRP 再分析资料国际会议上，再分析资料在气候变化研究领域中的应用，尤其是在年际变率、模式检验以及区域气候模拟方面的应用都得到了肯定和认同，而且强调指出再分析资料在大气—海洋—陆地相互作用、气候监测和季节预报、气候变率和变化、水分循环和能量平衡等诸多研究领域中都具有十分广泛的应用价值。因此，全球大气再分析数据为深入理解大气环流及其在气候形成中的作用提供了长期而连续的、覆盖全球的四维资料集，极大地促进了对地球大气的系统性研究（赵天保等，2010）。然而，再分析资料毕竟不是真正的观测资料，也不能完全取代观测资料来真实地描述大气的三维状态和气候的长期变化趋势。作为一种观测资料和模式预报产品的融合产物，再分析产品的质量在不同时空尺度内都必然会受到观测系统的改变（包括观测手段变更、观测区域变更和观测方法变更等）、预报模式和同化方法等系统所携带误差的影响。首先，观测系统的不断更新和变化对再分析产品质量的影响主要体现在其会引入虚假的气候变化趋势。其次，虽然在很多区域再分析资料与观测资料都具有较好的一致性，能为年际

---

① SODA（Simple Ocean Data Assimilation）：美国马里兰大学于 20 世纪 90 年代初开始开发。SODA 是较早开始的全球海洋再分析资料研究计划，得到了美国国家科学基金委员会（National Science Foundation，NSF）的支持。其目的是为气候研究提供一套与大气再分析产品相匹配的海洋再分析产品。

② ECCO（Estimating the Circulation and Climate of the Ocean）：ECCO 计划作为世界大洋环流实验计划的组成部分，得到了美国国家海洋合作项目资助，并由 NSF、NASA 和海军研究署联合提供支持。该计划始于 1998 年，基于美国麻省理工学院的海洋环流模式（Massachusetts Institute of Technology general circulation model，MITgcm），旨在将大洋环流模式与各种海洋观测数据相结合，得到对时空变化海洋状态的定量描述。

③ CORA（China Ocean ReAnalysis）：中国近海及邻近海域海洋再分析产品。

和较短时间尺度的气候变率和变化提供非常有价值的信息，而且对十年际气候变率也提供了一些有用的信息，但是对更长时间尺度的气候变率和变化的研究所提供的信息却非常少。

未来全球大气再分析资料发展可能主要包括三个方面：（1）增加更多观测数据源，特别是增加对卫星遥感资料同化，提高观测资料质量；（2）改进资料同化的技术方案，如 4–Dvar；（3）改进数据预报模式的物理过程。在此基础上，利用全球再分析资料研制高分辨率区域的再分析资料，或利用多个全球大气再分析资料研制新的全球或区域大气再分析资料，都是未来再分析资料发展的重要方向（赵天保等，2010）。

再分析资料的优势是全球覆盖，提供了模型场中各地理要素的全套指标值；缺点是受观测系统、模式的影响，数据的不确定性较大。目前，对自然要素的观测精度，大家普遍认为观测数据最准、遥感产品数据次之、再分析数据再次之。根据这个数据质量的排序，再分析数据可被视为“伪真值”。

（六）地理大数据

随着互联网、物联网、移动互联网技术的不断发展，计算机存储计算技术与基础设施的不断完善，手机、社交媒体、智能刷卡、搜索引擎、手机 APP 等应用不断记录着用户的活动数据（图 1–16），带来了全社会井喷式的数据增长。上述数据通常会与地球上的某空间位置相关，为人文社科类的研究带来福音。社会计算（Social Computing）

◆ 手机轨迹

◆ 网上商城、娱乐与APP签到

◆ 行为轨迹（百度地图）

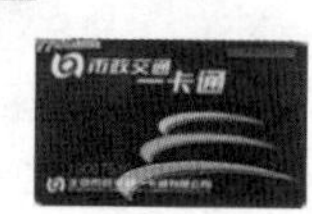

◆ 社交媒体

图 1–16　大数据类型示意图

再次成为人们关注的热点（孟小峰等，2013）。大数据时代，越来越多的人类活动在各种数据库中留下痕迹，产生了关于人类行为的大规模数据。这些数据为社会研究提供了新的可能。通过对这些数据的分析，可以获得人类行为和社会过程的模式。

以往人文社科类的研究，多依靠问卷调查的方式获取数据。源源不断的地理大数据为人文地理研究带来新机遇。此类数据通常具有以下特征：（1）仅是对现实世界的客观记录，数据的科学指征意义不足；（2）尽可能收集所有的样本数据；（3）数据生产者不具备特殊的专业背景，提供的数据允许存在不精准或模糊表达。因此，大数据研究面临的首要问题是如何证明数据对总体的代表性。

三、基于地理数据其它视角的分类

（一）地理要素的视角

根据数据所描述的要素类型，地理数据可分为自然地理和社会经济两大类。

1. 自然地理数据

自然地理数据通常描述水土气生的自然状况，例如：土壤、地形、地貌、气候、水文、生物、资源等相关数据。

2. 社会经济数据

社会经济数据通常用于描述与人相关的各种社会经济活动，包括人口、民族、宗教、农业、工业、交通、商业、城市、科技等领域的相关数据。

（二）空间数据存储和管理的视角

地理数据是各种地理特征和现象间关系的数量化、符号化表示，是地理实体空间排列方式和相互关系的抽象描述。为了实现从地理世界到计算机世界的转换，从数据存储和管理的视角，将地理数据分为矢量数据和栅格数据。

1. 矢量数据

矢量数据是通过记录地理对象的坐标及空间关系来表达空间对象位置的一种数据组织形式，如图 1–17(a)。空间对象上也关联着其属性信息。矢量数据中的点对应地理空间中的一个坐标点；线是多个点组成的弧段；面是多个弧段组成的封闭多边形。由于矢量的坐标空间是连续的，因此理论上，矢量数据能够给出任意位置、任意长度和任意面积的精确描述。这种数据组织方式能最好地逼近地理实体的空间分布特征。数据精度高、冗余度低，便于进行地理实体的网络分析，但对于多层空间数据的叠加分析难度较大。矢量数据可以通过全站仪、全球定位系统（Global Positioning System，GPS）等定位设备采集，也可通过地图数字化的方式得到，或间接地从栅格数据转换、空间分析（叠加、缓冲区等）操作产生的成果数据。常见的矢量数据有行政边界数据、河网水系网络、观测站点的位置数据等。矢量文件格式众多，典型的矢量文件格式有美国环境系统研究所（Environmental Systems Research Institute，ESRI）的 Shapefile 格式、AutoCAD 软件的 DXF/DWG 格式、开放地理空间信息联盟（Open Geospatial Consortium，OGC）的 KML/KMZ 格式、SuperMap 软件的 SDB/SDD 格式等。

2. 栅格数据

栅格数据是指将空间分割成有规则的网格（即栅格单元），在各个栅格单元上给出相应的属性值来表示地理实体的一种数据组织形式，如图 1–7(b)。格网中的格子又称为细胞或像素（尤其当属性为数值时）。格子的位置可用行号和列号确定。与矢量数据结构相比，其表达地理要素比较直观，容易进行多层数据的叠加操作。但当数据精度提高（边长缩小）时，网格数量会呈几何级数递增，使储存空间成本迅速增加。此外，栅格数据在进行网络分析时难度较大。随着遥感技术广泛的应用，以及数据压缩与计算机性能的提高，栅格数据结构存储量大的缺点越来越不显著。栅格数据可以是遥感数据，可以是数字高程数据，也可以通过矢量数据转换而成或手工输入。常见的栅格数据有数字高程模型（Digital Elevation Model，DEM）数据、遥感影像数据。典型的栅格文件格式有 TIFF、IMG、LRP、DAT 等。

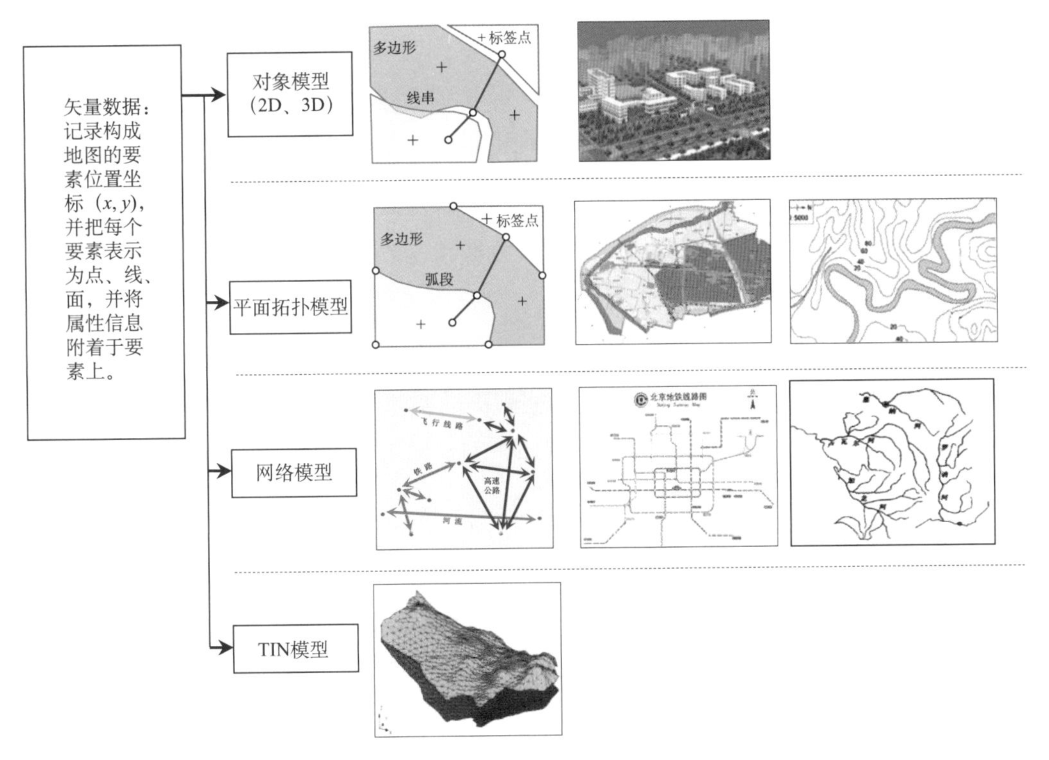

（a）矢量数据

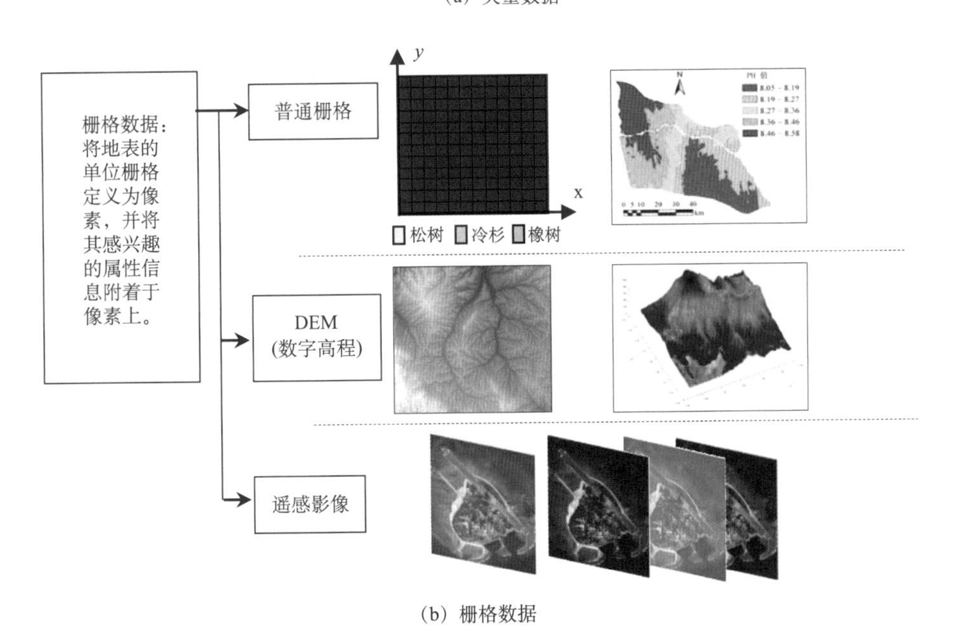

（b）栅格数据

图 1–17　矢量数据与栅格数据

（三）认识地理现实世界的视角

对地理现实世界的认知，最早可追溯到古希腊对地理现实世界本质的哲学辩论。现实空间是一个充满不同实体的容器？还是现象的连续变化场？由于认识地理视角的不同，形成了不同的地理数据分类，即对象数据和场数据。

1. 对象数据

在对象观点中，地理现实世界是一个盛满不同实体的容器。例如图 1–18(a)中的现实世界可以视为一个盛满草地、森林、沼泽、湖泊和河流等实体的容器。在这里，我们先区分几个重要而基础的概念——实体、对象、实例。

（1）实体

实体通常是真实存在的、可以触摸的、可以移动的某类地理要素的统称。例如，湖泊。

（2）对象

对象是对实体进行抽象数字表达时用到的概念。根据空间实体的维度，分为点对象、线对象、面对象。例如，根据图 1–18(a)中湖泊的大小和形态，可将其定位为面对象。当然，在粗尺度中，湖泊可能被视为点对象；在中尺度视中，湖泊可能被简化为面对象；在精尺度视中，湖泊可能被视为一个非常复杂的嵌套的对象，即湖泊可能是由水面嵌套着若干季节性的小岛或陆地组成。

（3）实例

实例是对象在具体应用中实例化的结果。例如，图 1–18(b)名为 A 的湖泊就是湖泊对象的一个实例。

对象数据的优势是能较好地保持实体的完整性，也可以较好维护实例随时间变化的连续性。例如，点对象可以记录观测值在空间与时间上的变化过程；行政区对象可以记录其本身及其过去几十年系列普查结果；轨迹对象可以记录某人一天之内的行为位置变化信息。

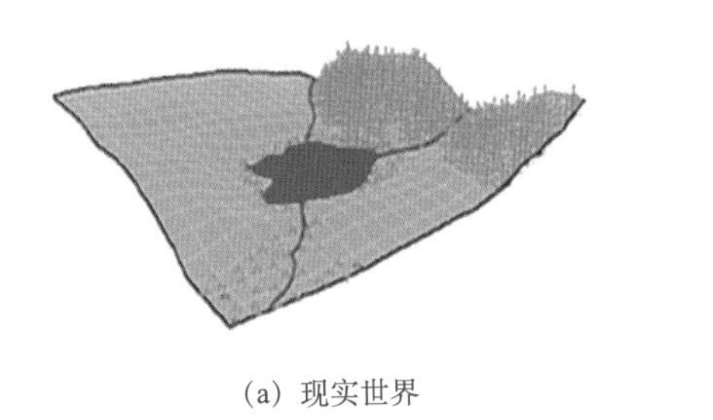

(a) 现实世界

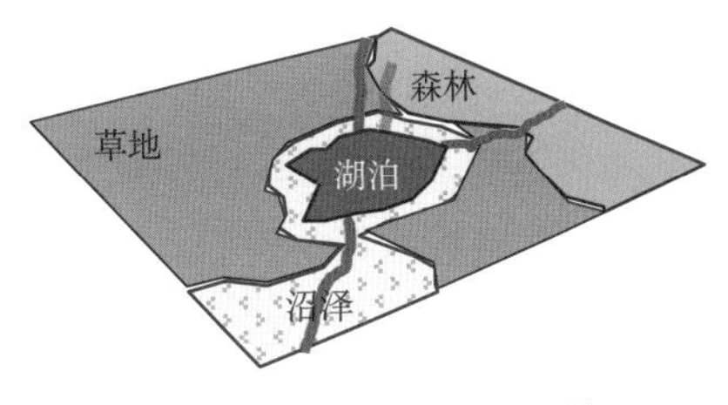

(b) 对象数据（对象模型）

图 1–18　现实世界的对象视角

2. 场数据

在场的观点中，地理现实世界是由跨越空间的连续变化的属性组成。栅格、不规则三角网（Triangulated Irregular Network，TIN）、等高线、Coverage 是以场视角表达实世界的常见模型：

（1）栅格：用完全相同的、形状规则的像元表示属性场的地理变化。例如，数字高程模型，如图 1–19(b)所示的土地覆被数据。

（2）TIN：用不重叠的三角网形的面对象表示属性场的地理变化。TIN 中每个三角形的顶点都被赋予了该位置上场的值，如图 1–19(d)所示。

（3）等高线：早期地图中常见的一种记录高程场的地理变化形式。

（4）Coverage：在平面拓扑模型的基础上，用类别变量连续覆盖地理空间的一种类别场表达方法，有时也称类别覆盖数据，如图 1–19(c)所示。

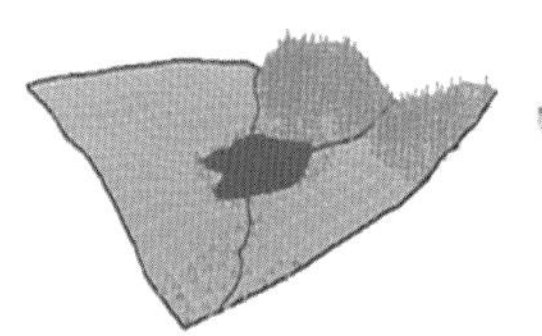

(a) 现实世界

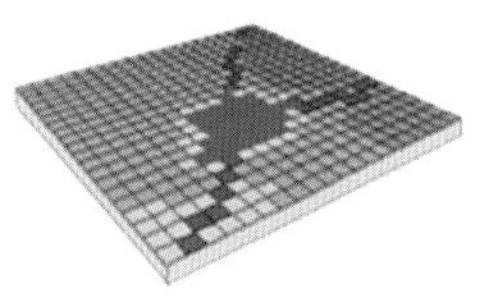

(b) 土地覆被类型的场数据（栅格模型）

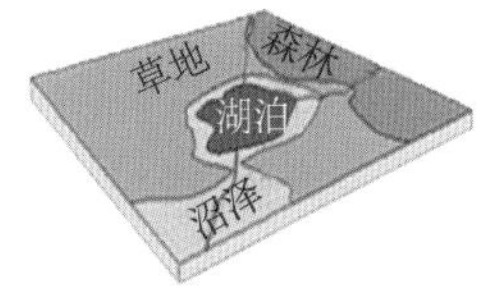

(c) 土地覆被类型的场数据（Coverage模型）

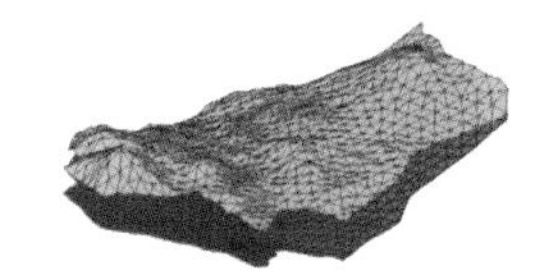

(d) 数字高程的场数据（TIN模型）

图 1–19　现实世界的场视角

上述模型表达的数据都秉承着地理空间属性全覆盖、连续变化的特点。不同类型的数据是可以相互转换的。例如，根据表达和分析的需要，DEM、等高线、TIN 之间可以相互转换。此外，要注意 Coverage 模型与对象模型的区别。Coverage 模型与对象模型都是矢量数据，但它们对地理现实世界的理解存在一些本质上的不同：（1）Coverage 模型要求数据在空间上是连续覆盖的，即不应该出现没有属性值的空白区域；而对象模型没有这个要求，因此采样设计的观测点只能用对象模型表达；（2）Coverage 模型不仅要求每个空间位置上有属性，且同一个空间位置的属性值是唯一的，即不允许存在属性信息重叠，而对象数据则没这个要求，即可以允许实例间存在叠置的现象。

盲目地建立对象数据与矢量数据、场数据与栅格数据之间等同关系是错误的。矢量数据、栅格数据是从数据存储和管理的视角对地理数据的分类。而对象数据和场数据则是从地理现实世界认知的视角进行分类。他们之间有联系，但却是两组完全不同的概念。矢量与栅格对从事数据存储与管理的人员更有意义。而对象数据和场数据对从事空间分析的人员更有意义。长期以来空间统计领域，基本就是通过场和对象的视角，对空间统计分析方法进行分类。

（四）属性测定级别的视角

矢量数据、栅格数据是依据空间数据的存储形式或结构进行分类的。除空间数据外，属性数据也是地理数据重要的组成部分。无论在矢量数据中、还是栅格数据中，属性数据都依附于空间实体存在，只是空间部分在矢量或栅格中的表现形式不一样而已。

属性是根据研究需求选择的用来表征空间实体特征的变量。例如，可以选择高度、颜色、建筑风格来描述建筑物的特征，也可以选择年代、用途、租金、所有者来描述建筑物的特征。本小节将介绍一种根据属性测定级别的理解属性类型的方法。

1964 年，史蒂文（Steven）提出按属性测定级别从低到高的顺序，可以把属性分为名义量、次序量、间隔量和比率量，详见表 1–4。

表 1-4 根据测量尺度的属性数据分类案例

测 度	点（P）	线（L）	面（A）	栅 格（R）
名义量 （=）	房屋 （盗窃/否）	道路 维修中/否	普查片区的生活方式分类	土地利用类型
次序量 （≥; ≤）	城市宜居性排名	道路分类 （A 类，B，…）	普查片区的收入分级	土壤纹理 （粗/中/细）

续表

测 度	点（P）	线（L）	面（A）	表 面（S）
间隔量（≥; ≤; ±）	城镇的汤森指数[①]	以格林威治子午线为参考的长度	病房的汤森指数	地面温度
比 率 量（≥;≤;±;×; / ）	工厂的年产量	每年的货运吨数	区域的人均收入	降雪量（cm）

资料来源：Hainin，2004。

1. 名义量

名义量是史蒂文分类中最低层次的属性度量级别。名义量的每个值用于标记或命名地理现象不同的类别。例如，我们可以为地球上不同的地块赋予不同的土地利用类型（例如，耕地、园地、林地、牧草地、居民点、工矿用地、交通用地、水域、未利用地）。从科学的角度讲，类别的分类体系至少具备互斥性和完备性两个原则。所谓互斥性是指各类别之间应该是互斥的，没有交叉和覆盖现象，即每个地理实体的属性仅属于某一类。所谓完备性是指分类体系能够包含对象所有可能的情况，即每个地理对象都能被分配到定义的类中。由于名义量中的数据仅是对某类现象的标记或命名，故只能做等于（=）的比较操作，不能做其他任何更高级类型的数据操作。即使名义量被赋予了数字，但这些数字也仅作为符号存在，不能以有意义方式进行数学操作。尽管名义量数据的运算能力有限，但是它还可以做统计频率分布及其相关的简单运算。

2. 次序量

对于名义量，类之间除了互斥关系外没有其他的隐含关系。而次序量则在完备性和互斥性上，增加了次序度量的要求；但仅表征等级的顺序，不表征顺序间的差异。以耕地质量的分等定级数据为例，我们知道耕地等级的顺序，但不知道是第一类和第二类间的差异更大，还是第五类与第六类间的差异更大。因此，次序量仅能做比较操作（例如：大于、小于、等于），不能做加减法操作。当然统计的频率分布及其相关的

① 汤森（Townsend）指数用于测量区域环境与居民的被剥夺水平，涵盖区域失业率、无私家车家庭数据、租赁房屋居住百分比、每室居住人口数系指标。

操作不受限。

由于名义量和次序量都遵循分类体系中互斥性和完备性的两个基本原则，因此他们都属于分类数据。

3. 间隔量

间隔量是用固定、等间隔的类间差异（距离）方式测度属性。例如，温度计就是等间隔测度的。其中，25℃和50℃之间的差异与100℃和125℃之间的差异是相同的。间隔量可以做比较运算和加减运算。由于间隔量无真零值（绝对的零值），因而仅能用于测量差异，不能做除运算。若A地的年均温为10℃（50℉），B地的年均温为20℃（68℉），我们不能说B地是A地的两倍热。因为比值依赖于测度单位，用摄氏温度时，20/10=2；用华氏温度时，68/50=1.36。

4. 比率量

比率量也是用固定、等间隔的类间差异（距离）方式测度的属性，但其有真零值（有绝对的零值），故比例有意义。例如，0m确实意味着没有距离，但0℃并不意味着没温度。例如，从A到B的距离是10km（6.213 7英里）、A到C的距离是20km（12.427 4英里），不管用什么测度单位，A到C的距离都是A到B距离的2倍，20/10=2、12.427 4/6.213 7=2。因此距离从根本上说是一个比率量。

尽管间隔量和比率量存在这种差异，但他们通常可以用类似的方法进行数学与统计上的处理，因此有时把它们统称为“数量数据”。

5. 小结

名义量、次序量、间隔量、比率量本质是对属性数据进行定性、定序、定距、定比的测定过程。通常来说不同测定级别的数据应用范围不同。高等级数据，可以兼有低等级数据的功能，并可以向低等级数据转换；而低等级数据，则不能兼有高等级数据的功能，也不能向高等级数据转换。除逻辑与运算方式外，名义量、次序量、间隔量、比率量在统计中的中间趋势与离散趋势的计算方法也有不同，在常用的统计方法上也有差异，详见表1–5。

表 1–5　名义量、次序量、间隔量、比率量的对比分析

名称	别名	特点	举例	可用的逻辑与数学运算方式	中间趋势的计算	离散趋势的计算
名义量	名目量 类别量	定性	二元名目：性别（男、女） 二元名目：出席状况（出席、缺席） 二元名目：真实性（真、假） 多元名目：语言（中、英、日、法、德文等） 多元名目：上市公司（苹果、美孚、中国石油、沃尔玛、雀巢等）	等于、不等于	众数	无
次序量	顺序量 序列量 等级量	定序	多元次序：服务评等（杰出、好、欠佳） 多元次序：教育程度（小学、初中、高中、学士、硕士、博士等）	等于、不等于、大于、小于	众数、中位数	分位数
间隔量	等距量 区间量	定距	温度、年份、纬度等	等于、不等于、大于、小于、加、减	众数、中位数、算术平均数	分位数、全距
比率量	等比量 比例量	定比	价格、年龄、高度、绝大多数物理量	等于、不等于、大于、小于、加、减、乘、除	众数、中位数、算术平均数、几何平均数、调和平均数等	分位数、全距、标准差

（五）空间统计方法的视角

在地理研究中，空间统计方法与地理数据特征有密切联系。首先，要甄别空间对象的类型和测量级别；然后，甄别空间对象覆盖的地理范围，例如，有些地理现象可以用点表示，也可以用区域表示；最后，甄别空间对象及其属性值是确定性的还是随机过程的结果。表 1–6 给出了从空间统计方法视角的空间数据分类。该表使用本章的术语，但也与克雷西（Cressie，1993）对空间统计模型分类的术语进行了关联。在描述空间数据的性质时，必须区分测量变量的空间是离散的还是连续的，以及测量变量值本身是离散的还是连续的。

表 1–6 空间数据的类型

数据类型		模型或模式		示例	
GIS	Cressie	变量值	空间索引	变量	空间
对象数据（点或面）	Lattice	变量是离散取值或连续取值的；变量是随机值的	变量依附的点或面对象是固定的	犯罪率 土地利用 疾病率 价格	县 市 调查区 零售点
连续取值的场数据	Geostatistical（地统计）	变量是连续的；变量是基于位置的函数	在二维研究区中，任何地方定义变量	土壤的 pH 值 地表温度	流域 水面
随机定位的点对象	Point Pattern（点模式分析）	指定属性；随机变量	研究区随机定位的点对象	树/山地要塞 病态或非病态的树/不同类型的山地要塞	林区/考古区
随机面对象数据	Object（对象）	每个面对象的空间范围是随机变量	研究区域面对象的位置（如中心或原点）是随机变量	苔藓地块 植被群落	沼泽地 原野

资料来源：Cressie，1993。

四、地理数据的五度

地理数据也可以从粒度、广度、密度、精度、丰度五个方面进行理解。不同的地理问题对地理数据五度的要求也有差异。

（一）粒度

粒度是用于描述承载地理信息的最小时空单元。空间粒度对应承载信息的最小地理空间单元的特征形态、长度、面积或体积。在栅格数据中，空间粒度代表栅格的大小或遥感影像的像元或分辨率大小。在矢量数据中，空间粒度根据应用问题的大小各有差异。例如，在地籍数据中承载信息的最小地理空间单元是宗地；导航道路数据中承载信息的最小地理空间单元是车道；人口普查统计数据中承载信息的最小地理空间单元是街道。时间粒度是描述承载信息的最小地理时间单元的大小。例如，地籍数据中承载信息的最小时间单元是天，人口普查统计数据的最小时间单元是年。

（二）广度

广度是地理数据所描述的地理对象或现象在空间或时间上的覆盖范围。以1980～2018年全球6小时0.25度格网的气温数据为例，该数据的空间广度是全球，时间广度是1980～2018年，空间粒度是0.25度格网，时间粒度是6小时。在对地观测中，理论上希望广度尽可能大，粒度尽可能小；但实际应用中往往需要对观测的广度和粒度进行权衡（裴韬等，2019）。首先，空间范围大的事件往往不需要观察的那么精细；其次，观测粒度与广度的快速响应是一对矛盾，若想获得高分辨率的数据，广度越宽观测时间就越长；最后，受信息获取手段和成本的限制，需要结合地理问题对观测的广度、粒度进行权衡。

（三）密度

由于成本的原因，地理现象的观测除需要权衡广度、粒度的关系外，还需考虑观测密度的问题。与尺度中“间隔”的概念类似。在有限样本基础上地理现象的刻画通常需要借助空间估计和推断。密度和粒度也是相辅相成的关系，通常观测的密度越高，承载地理信息的粒度就越小。对于观测数据而言，密度反映观测点的稠密。对于已处理好的全覆盖数据（如栅格数据），可用粒度反映数据的稠密度；通常粒度越小，数据稠密度越高。

（四）精度

精度表示观测值与真值的接近程度，通常可用误差大小来表示精度。误差小则精度高，误差大则精度低。误差常用三种方式来表征：（1）最大误差占真实值的百分比，如测量误差 3%；（2）最大误差，如测量精度±0.02mm；（3）误差正态分布，如误差0%～10%占比例65%，误差10%～20%占比例20%，误差20%～30%占10%，误差30%以上占5%。由于真值只有上帝知道，普通人只能假定真值等同于多次测量的平均值。因此，前两种表达方式反映的是数据的偏度；最后一种则反映了数据的有效性。数据无偏性与有效性的含义示意如图1–20所示。

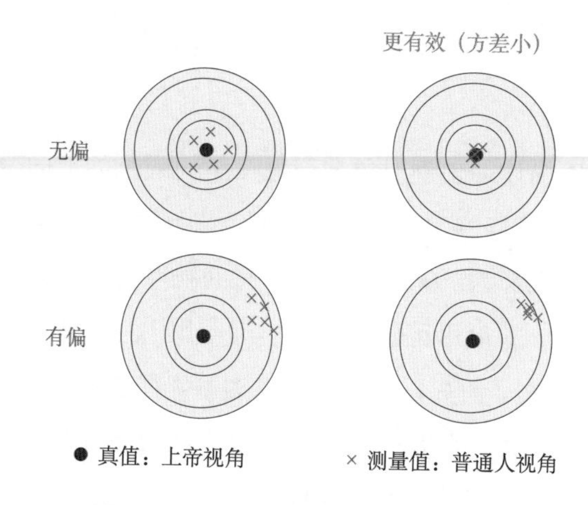

图 1–20　数据的无偏性与有效性示意

地理数据中往往充斥着各种类型的误差。这种误差同样会存在于空间、时间以及属性中。精度问题在地理数据中普遍存在，而地理大数据的精度问题尤为突出，有时甚至会影响到计算结果的可信度。此外，注意区分本节中提到的精度与监督分类中正确率、错误率、准确率和召回率的区别。

（五）丰度

本书的“丰度”专指地理数据所覆盖的指标、要素的种类。若覆盖的指标、要素的种类越多，则丰度越高；反之数据丰度越低。例如，再分析数据的丰度相对较高，因为它是反映状态场中各要素。

五、地理问题对地理数据五度的对应关系

地理问题对数据广度、粒度和丰度的对应关系如表 1–7 所示。对于宏观问题，通常要求数据有较大的时空广度，此时承载信息的时空粒度通常偏粗。对于微观问题的研究，通常要求数据有较小的时空广度，此时承载信息的时空粒度通常偏细。对于中观问题的研究，要求数据的时空广度和时空粒度居中。对于空间格局的研究，通常要求承载信息的空间单元较多，而且它们在空间上有较好的连续性。对于时间过程的研究，则通常要求承载信息的时间单元较多，且在时间上有较好的连续性，即时间序列数据。对于单要素或单指标的研究，对数据丰度要求较低；但对于多要素或多指标的互作用关系的研究，则对数据丰度的要求较高。

表 1–7　地理问题对数据粒度、广度、密度、丰度、精度的基本要求

地理问题（现象）	广度		粒度		密度		精度			丰度
	空间	时间	空间	时间	空间	时间	空间	时间	属性	属性
宏观问题	偏大	偏大	偏粗	偏粗	*	*	*	*	*	*
中观问题	居中	居中	居中	居中	*	*	*	*	*	*
微观问题	偏小	偏小	偏细	偏细	*	*	高	高	高	*
空间格局问题	*	*	*	*	高（空间连续性好）	*	*	*	*	*
时间过程问题	*	*	*	*	*	高（时间连续性好）	*	*	*	*
单要素/指标研究	*	*	*	*	*	*	*	*	*	单一
多要素/指标的作用机制①	*	*	*	*	*	*	*	*	*	丰富

①：如作用、驱动、响应、协同、耦合等

*：无特殊需求，但尽可能提高数据质量。

表 1–7 给出了地理问题对数据粒度、广度、密度、丰度、精度的对应关系，同时也给出了不同广度、粒度和丰度的地理数据可以参与解译的地理问题。这里需要注意，表 1–7 给出的是基本关系，但并不仅限于此。例如，在宏观研究中，数据在丰度上有较好的表现也是极好的。此外，当研究涉及上表第 1–7 列的多个问题时，则先根据各问题找到对应的数据要求，然后求要求的并集，该并集则是相关研究对数据的具体要求。例如，对于微观的空间格局与时间过程研究，则对应表 1–7 中第 3、4、5 行，此时要求数据的时空广度小、时空粒度细、承载信息的时空单元多且有较好的连续性。

第三节　认识地理数据分析方法

一、地理分析方法的发展历程

过去近百年，地理学一直都需要为自己的合法性而斗争。地理分析方法的发展历程就是地理学不断面临危机、并在危机中发现先机的历史（图 1–21）。后续章节对图 1–21 中的内容有更细致的解释。

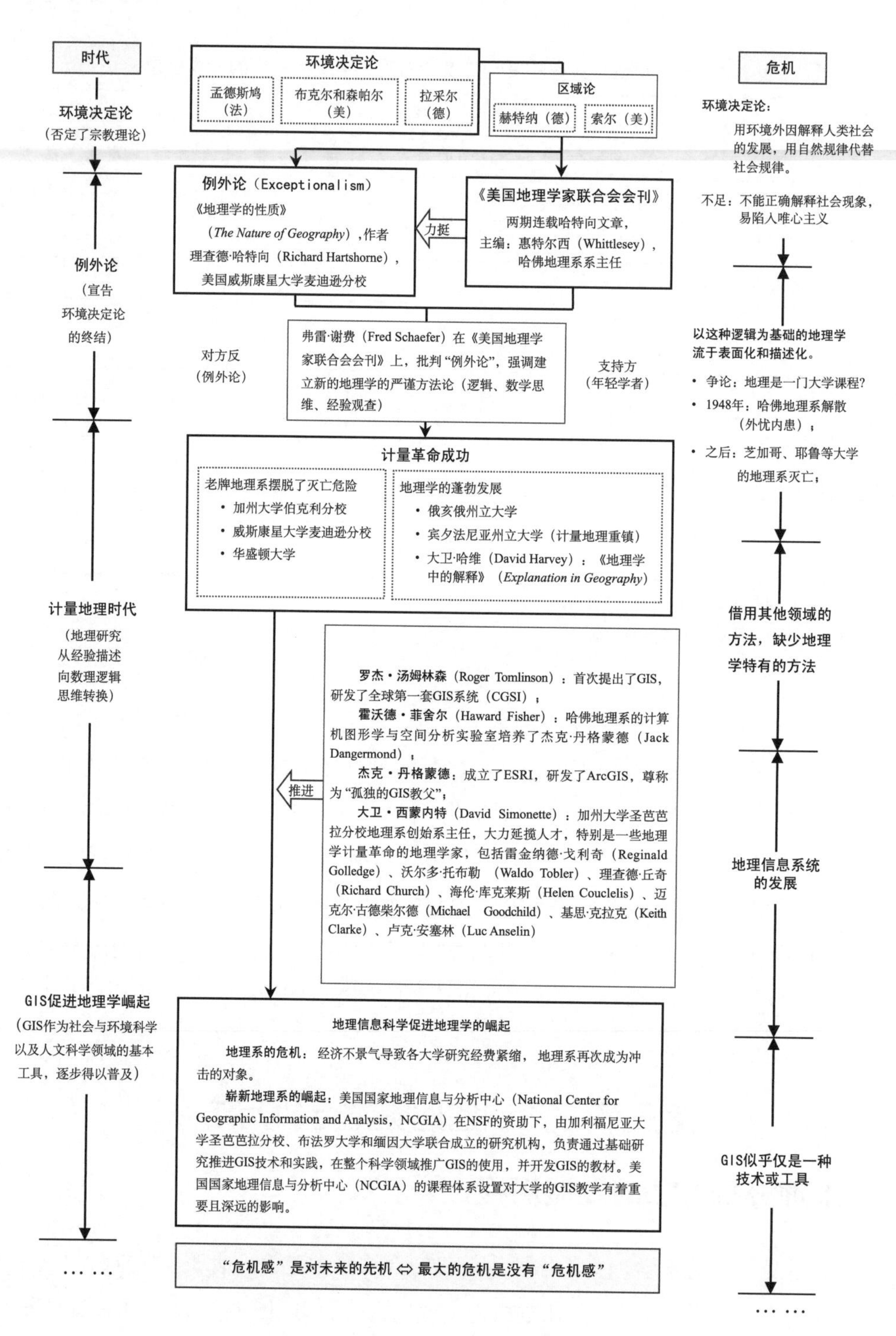

图 1–21　地理学危机及分析方法的发展

（一）哈佛大学地理系的消亡

哈佛大学是世界级的高等学府，其一言一行对全世界都具有标杆作用。哈佛大学地理系创立于 1904 年，由地貌学大师威廉·戴维斯（William Davis）创建，在美国地理学界有非常高的地位。不幸的是，辉煌的哈佛大学地理系在 1948 年解散。同样遭此厄运的还有芝加哥、耶鲁等大学的地理系。

哈佛地理系的倒下某种程度上反映了地理学界长期以来的痼疾——地理科学的本质是认识论，而方法论模糊，天生营养不良，缺乏极具号召力的主题，从而使地理学逐步被排挤出科学的圈子。哈佛地理系灭亡于地理学界例外论盛行之时。美国威斯康星大学麦迪逊分校地理系教授理查德·哈特向因其于 1939 年出版的《地理学的性质》[①]名满学界。哈特向继承了传统地理学的区域观点，总结了德国赫特纳及美国索尔的理论，是区域地理学理论的继承者。《地理学的性质》明确提出地理学的研究主题是地域分异。当时，哈佛大学地理系主任惠特尔西时任美国地理界权威期刊《美国地理学家联合会会刊》（Annals of American Association of Geographers，AAAG）的主编，鼓励哈特向完成了这部著作，并提供了整整两期会刊连载哈特向的文章。哈特向的文章立即被奉为经典。地理界的权威们纷纷表态支持，包括哈佛的惠特尔西、伯克利的索尔等。认为他彻底地宣告了“环境决定论”[②]的终结，标志着地理学走向新的时期（张晓祥，

---

① 《地理学的性质》：自 1939 年问世以来，盛誉始终不衰。它用区域差异描绘具体区域的变化和解释的经验，宣称地理学家的任务就是用空间来描述和分析现象的相互作用加以综合。《地理学的性质》对地理学的性质、研究对象及其方法，西方近代地理学思想的发展和演变，地理学与历史学的发展和演变，地理学与历史学的关系，地理学在科学中的地位等方面，都作了系统、细致、深刻的论述，是地理学的经典著作。

② 地理环境决定论是一种西方社会学理论。地理环境指存在于人类社会周围，包括作为生产资料和劳动对象在内的各种自然要素的总和，如地质、地貌、气候、水文、土壤、矿藏、生物等。地理环境决定论者认为，地理环境、自然条件对社会发展起决定作用，是决定社会发展的根本因素。他们认为人同植物一样，是地理环境的产物。人的生理和心理、人口分布、种族优劣、文化高低、国家强弱、经济与社会发展等，无不听命于地理环境和自然条件的支配。这种理论产生于资产阶级的上升期，当时对否定封建社会关于“神的意旨决定社会发展”的观念起了一定的进步作用。但是，这种用地理环境外因来解释人类社会的发展、用自然规律代替社会规律的理论，不仅不能正确解释社会现象，而且必然会陷入唯心主义。这种理论的主要代表人物有法国的孟德斯鸠、美国的布克尔和森帕尔、德国的拉采尔等。

2016）。

然而这个新时期却是地理学面临衰落的时期。哈佛地理系在惠特尔西时期之初还是经历了一段辉煌。学科有所扩张，并且把持着许多领域的领先地位。著名人物包括城市地理学家爱德华·乌尔曼（Edward Ullman）、地貌学家鲍曼（Bowman）等。但在这种区域主义的大环境下，地理学在以严谨闻名的哈佛遭到了怀疑。越来越多的人攻击以这种逻辑为基础的地理学流于表面化和描述化。四十年代哈佛的校长詹姆斯·科南特（James Conant）更是在多种场合下表示“地理学不是一门大学学科”。地理学面临一次“学术战争”。在这场战争中，地理学确实有着先天的不足，在与其他学科的较量中处于不利地位。如乌尔曼在 20 世纪 60 年代回忆：“我当时感到非常孤独，因为我们实在拿不出好的成绩来支持自身……没有做出什么，却要为它而战，实在太难了”。于是 1948 年哈佛地理系的敌人以各种借口终于取得了胜利；校董会宣布了地理系的解散（张晓祥，2016）。

哈佛地理系的倒下立即引起了地理界的震动。要知道即使是在它最后的几年，哈佛地理系仍然是领域内的权威。从地理界的眼光来看，它绝对是一流的强系。它的衰亡，说明了地理学面临着被科学界清扫出门的危机。正如简·戈特曼所说，“简直是一场可怕的冲击，美国地理学界永远也不可能完全从中恢复过来”（张晓祥，2016）。

这场危机至少反映了两点：一是哈特向派的先天不足，二是地理学内部的不和。但哈特向派此时仍然把持着领域内的要职，权威们坚持既有观点。新生代则陷入了悲观、失望与迷惑之中。与此同时，各大学地理系的地位不断下降，许多大学大有效法哈佛之意。不少地理学者纷纷另谋出路（张晓祥，2016）。

（二）从例外论到计量革命

计量革命的诞生始于理查德·哈特向和美国艾奥瓦大学德裔地理系教授弗雷·谢费在 20 世纪 50 年代的论战。1953 年 9 月，谢费教授在 *AAAG* 上发表“地理学中的例外论”一文，批判了哈特向的“例外论”这一当时主流的学术思想。谢费认为地理学应当与其他自然科学一样，研究客观规律，而非仅停留在描述地理现象上。这也是逻辑实证主义地理学的开端。逻辑实证主义者抛掉了形而上学，认为人类知识是由逻辑、数学思维和谨慎的经验观察组成的。

然而，谢费在文章发表前突然因心脏病去世，文章最后的修改是其好友——艾奥瓦大学哲学系实证主义哲学家伯格曼（Bergman）代为完成。因此，虽然谢费给传统地理学一个重大的批判和建构，但他已无法完成批判后方法论的重构，更没有机会回应哈特向等人读到此文后的愤怒和反弹。哈特向致函 *AAAG* 主编和编委在内的各大权威学者，认为谢费的文章是“对学科的犯罪”，必须极力反对。凭借他如日中天的声望，学术界立马一片打杀之声。据说，谢费死后地理界的许多同僚都拒绝为他作悼词（张晓祥，2016）。

面对地理系在各大学面临灭亡的现实，以年轻一代为主的新生力量在谢费偏激的文章中找到了希望。1953～1960 年，开始了哈特向阵营和以年轻一代地理学家为主的谢费阵营（又称“计量派”）的大辩论。最终计量派取得了胜利。原因很简单，计量化使地理系在许多领域获得了新生，计量革命的影响也使很多老牌地理系摆脱了灭亡的危险，如加州大学伯克利分校、威斯康星大学麦迪逊分校、华盛顿大学等。而俄亥俄州立大学、宾夕法尼亚州立大学地理系都在此时崛起，成为计量地理学的研究重镇。戴维·哈维曾有五年时间在宾夕法尼亚州立大学讲授计量方法，其后写成了《地理学中的解释》[①]，从逻辑实证主义哲学立场上总结了地理学计量革命的方法论，也是理论地理学发展史上的重要里程碑。而美国俄亥俄州立大学更是出版了《理论地理学》（*Theoretical geography*，现名 *Geographical Analysis*）的期刊专门宣传计量地理。

美国华人地理学家马润潮先生也指出，谢费和他的这篇论文引发的计量革命“最主要的意义并不在于它将计量方法带进了地理学，而在于它是一场大型、猛烈及影响深远的思想革命”。谢费最终被奉为计量革命的英雄。

计量革命挽救了地理学的性命，其价值是不可低估。但是因此计量派其实没有提出任何地理学原理，对地理学理论没有本质性的贡献。将计量方法与索尔、哈特向和哈维等地理学家的理论有机结合，才是推动地理研究的正确途径。故哈维的《地理学中的解释》和哈特向的《地理学性质的透视》仍是目前美国地理系的必读教材。

---

① 正如哈特向的《地理学的性质》总结了地理学区域派的哲学和方法论一样，哈维的《地理学中的解释》总结了作为空间组织研究的新地理学哲学和方法论。哈维指出：“寻求解释就是寻求理论。理论的发展是一切解释的核心”。如何构筑理论，哈维认为：第一，要有科学方法；第二，要建立地理学的法则和抽象命题，只有在恰当抽象的基础上，数量化、模型化才有地理意义，才不会背离地理学的主旨；第三，要打破地理学方法论的孤立主义，把当代科学哲学思想系统地引进地理学的方法论；第四，要借助模型建构途径进行理论建设。

（三）地理信息科学的兴起与发展

在计量革命发展的过程中，GIS 悄然诞生，并引发了地理学的变革性研究。罗杰·汤姆林森被视为创建 GIS 的关键人物。汤姆林森分别在英国、加拿大获得了地理学双学士学位；在麦吉尔大学获得了硕士学位，研究方向是冰川地貌。他先后在航空摄影企业、加拿大政府工作。在担任政府公务员期间，构思了第一个 GIS 软件，并与国际商业机器（International Business Machines，IBM）公司合作，研发成功。他在早期的报告和出版物中多次提及术语“GIS”，并在 1968 年出版的《区域规划地理信息系统》（*A Geographic Information System for Regional Planning*）一书中正式提出该术语（程昌秀等，2021）。

汤姆林森研发的第一个 GIS 软件（加拿大地理信息系统，CGIS[①]）最初是为了解决加拿大政府的一个技术问题，即如何根据加拿大土地调查绘制的地图来准确估计土地面积，由于已有方法是劳动密集型的且结果不准确。汤姆林森推测，如果能解决地图数字化与计算机存储等问题，计算和报告面积将是快速且准确的。当时，利用计算机来操纵地图内容的想法很奇怪，因为扫描地图的技术必须从零开始发明。CGIS 最具创新性的方面是使用计算机来分析地图内容。正是这一想法使 GIS 作为地理科学中一种有用且具有变革性的工具被初步采用（程昌秀等，2021）。

GIS 的发展在很大程度上归功于汤姆林森，同时至少还有几位其他功臣：霍沃德·费舍尔、杰克·丹格蒙德、大卫·西蒙内特以及美国人口调查局的研究团队（程昌秀等，2021）。

（1）霍沃德·费舍尔：在哈佛大学地理系灭亡后，建立了计算机图形学实验室（Laboratory for Computer Graphics，LCG），后更名为计算机图形学与空间分析实验室（Laboratory for Computer Graphics and Spatial Analysis，LCGSA），开发用于绘图的计算机软件。1960 年这个实验室培养出了 GIS 的第二位功臣杰克·丹格蒙德。1979 年，霍沃德·费舍尔去世，哈佛地理信息系统研究逐渐走向下坡。1991 年 LCGSA 撤销。

---

① 第一个 GIS 软件出现于 1967 年，创始人是罗杰·汤姆林森，被称为 GIS 之父。当时被称为加拿大地理信息系统（CGIS），用于存储、分析和利用加拿大土地统计局（CLI）的数据。CGIS 存储了 1∶50 000 比例尺的土壤、农业、休闲、野生动物、水禽、林业和土地利用的地理信息数据，以确定加拿大农村的土地能力，并增设了等级分类因素来进行分析。

此时，美加等其他一些高校的 GIS 却方兴未艾、蓬勃发展。

（2）杰克 • 丹格蒙德：在哈佛大学研究生院设计专业学习和计算机图形实验室工作之后，于 1969 年成立了商业公司 ESRI。目前，ESRI 以其 ArcGIS 系列软件产品主导了商业、政府和学术 GIS 市场。杰克 • 丹格蒙德先生成为全球 GIS 业界的先驱和技术领导者，并以思想深邃、精力充沛、我行我素著称，被尊称为“孤独的 GIS 教父”。

（3）大卫 • 西蒙内特：1974 年担任美国加州大学圣芭芭拉分校地理系创系主任，大力延揽人才，特别是一些支持计量革命的地理学家，例如，雷金纳德 • 戈利奇、沃尔多 • 托布勒（地理学第一定律）、理查德 • 丘奇（空间优化）、海伦 • 库克莱斯、迈克尔 •古德柴尔德（为地理信息科学的科研、教育、社会传播作出了重大贡献）、基思 •克拉克、卢克 • 安塞林（空间回归）等都是西蒙内特时期引进的 GIS 专家。

（4）美国人口调查局的研究团队：在 1970 年人口普查工作中开发了包括地理基础文件/双独立地图编码（GBF/DIME）在内的地理数据库。这些数据库后来公开了访问权限，给地理科学家带来了巨大便利，使得他们可以很容易地使用绘图软件和人口普查数据来发现有关人文地理学的新知识。拓扑集成地理编码和参考（Topologically Integrated Geographic Encoding and Referencing，TIGER）[①]作为 GBF/DIME 针对 1980 年美国人口普查的升级版，增加了路径搜寻服务，并最终成就了学术界和公众当今使用的在线地图服务。

20 世纪 80 年代地理学危机再次出现，经济不景气导致各大学研究经费紧缩，地理系再次成为冲击对象。地理学迫切需要某些新的变革。与上次危机相反，这次变革是以一个崭新的地理系崛起为标志，即加州大学圣芭芭拉分校地理系。圣芭芭拉分校助力于美国国家地理信息与分析中心（National Center for Geographic Information and Analysis， NCGIA），再加上该校地理系在遥感方面的教授也是英才辈出，很快就成为世界一流的地理学系。但近年来，随着老教授年事已高，以及一些教授的离开，特别是迈克尔 •古德柴尔德于 2012 年退休，圣芭芭拉分校地理系的种子在全美遍地开花。目前有原圣芭芭拉分校地理系教授、美国科学院院士卢克 • 安塞林（康奈尔大学区域

① TIGER 是美国人口调查局的一个 GIS 产品，主要包含街道名称、街道编号、人口普查信息、邮政编码、县州编码以及这些要素的地理坐标值，也包含其他类型的数据，如行政边界、铁路和水系等。

经济学大师沃尔特·伊萨德（Walter Isard）教授的学生）在就职于美国亚利桑那州立大学时，领衔开发了国际知名的空间计量分析软件 GeoDa，现就职于芝加哥大学空间数据科学中心；圣芭芭拉分校全盛时期的毕业生珍妮特·富兰克林院士（Janet Franklin）（1988 年毕业，导师大卫·西蒙内特），塞尔吉·雷（Sergie Rey）（1994 年毕业，导师卢克·安塞林），艾米莉·塔伦（Emily Talen）（1995 年毕业，导师海伦·库克莱斯），艾伦·默里（Alan Murray）（1995 年毕业，导师理查德·丘奇）等也分别就职于美国多所高校。目前，美国亚利桑那州立大学地理系空间分析中心（Spatial Analysis and Research Center, SRARC）由福廷汉姆院士任主任。其代表性成果为地理加权回归。直到如今，圣芭芭拉分校地理系仍在地理人工智能（GeoAI）等领域引领 GIS 的研究潮流。

在地理系出现危机的大环境下，成就圣芭芭拉分校崛起的重要原因是：当时许多学术型地理学家都是早期采用 GIS 的人群。他们认识到 GIS 作为地理科学工具的潜力。与此同时，其他学科的学者也迅速跟进。考古学和林学是早期 GIS 的主要使用者，其次是生态学、犯罪学和公共卫生及其它领域。可见，GIS 作为技术驱动工具，推动了地理学变革性研究。

后来，GIS 作为环境科学以及人文社会科学领域的基本工具，逐步得以普及。1992 年前后，GIS 也遭遇了一场危机——越来越多的学者开始质疑 GIS 的学术意义。对许多人而言，GIS 像遥感、制图学、甚至是文字处理等一样，是一种工具或技术，但其自身很难称为意义深远的创新。用美国地理学家联合会一位主席的话来说，GIS 是非智力型的专业技能。相关辩论在讨论是否资助建立 NCGIA 时就已经很多，但这些辩论最终因 1992 年发表的一篇论文而结束。该论文的作者定义了地理信息科学（Goodchild，1992），即可以通过实证或理论研究而获得的，奠定了 GIS 基础的知识和理论。“GIS 到底是工具还是科学”的争论（Wright *et al.*，1997）仍然不时浮现，但目前地理信息科学已被公认为是一个重要的知识领域，并拥有自己的期刊、项目和会议（程昌秀等，2021），因此 GIS 中 S 的含义已从“系统”（System）的概念转化成“科学”（Science）的概念。

（四）“危机感”是对未来的先机

过去近百年，地理学一直都需要为自己学科的合法性而斗争。从地理学的现实状况来看，地理学需要学科的合法性。人文地理比自然地理更加迫切需要学科的承认与尊重。因此，过去近百年地理学在面临学科合法性受到质疑时，都不断在危机中发现先机，在先机中求得生存、发展。

目前，地理学的另一个合法性困境是综合性。综合性是地理学合法性的证据，还是地理学自生的内虚？哈特向认为地理学的合法性源自于其综合性，这是流传于国内20 世纪 80 年代后关于地理学存在的必要性的主要理论支撑。然而这个说法具有很大的可疑性。到底综合性是什么？它的可操作性和标准是什么？地域综合理论有多大程度是需要地理学的专门训练才能获得的？尽管哈特向的论述看起来面面俱到，参考书目卷帙浩繁，但是此后有些地理学者们对它的合法性还是半信半疑（Sxbx，2004）。从另一个视角看，地理学孕育了很多学科，如水文学、土壤学、气象学、地质学、植物学等。这些学科日益专业化，最后独立成新的专门学问。甚至于现在的环境科学、旅游科学、城市规划等这些综合性很强的学科都有着深深的地理学烙印（Sxbx，2004）。但问题是：由地理学衍生而来的各学科都获得其存在的合法性后，地理学独立存在的合法性在哪里？地理学的合法性对人文地理学的意义更为重要，因为自然地理学者一般都可以在其他领域找到落脚点。近年，自然地理学者慢慢开始向美国地球物理学会（American Geophysical Union，AGU）靠拢，而对于同样出色的人文地理学者来说，不退化为二流学者的唯一方法是守卫住地理学的合法性。这也是为什么史上所有的地理学保卫战，人文地理学者都不遗余力，而自然地理学者反应相对冷淡（Sxbx，2004）。谢费认为地理学的精华在于系统化的人文地理，虽有失偏激，但仍有些道理，否则地理学可能的确没有作为一个学科存在下去的价值了。

目前，地理信息科学类专业就业渠道良好，受到高校热捧。其作为地理学二级科学，对地理学贡献何在，近年来也不断遭到质疑。首先，正如前面所述，GIS 是科学还是工具？其次，GIS 专业的学生越来越缺少理科的地学思维，而受工科的测绘学思维的影响越来越重。最后，地理信息科学领域的学者在研究中自觉或不自觉地慢慢向其他合法性较强的学科靠拢。例如，遥感走向电子、光学、计算机图像处理等领域；GIS 也分别走向计算机软件、测绘等领域；还有些地理专业背景较强的 GIS 学者直接从事地理问题的研究，忽视了地理分析方法的研究和发展。地理信息科学如何走出技术化、工具化的困境，并发展相关理论方法是影响地图学与 GIS 专业合法性的最大危机。

在当今信息爆炸的时代，无论是地理学，还是地理信息科学，必然面临更多合法性的危机。当然同时也会带来一些机遇。如何接受时代的挑战、如何从危机和焦虑中发现先机，是后续地理学、地理信息科学生存与发展的必经之路。丰富、完善、发展地理数据分析与建模方法可能是大数据时代背景下地理信息科学发展其合法性的重要路径。未来会怎样我们不知道，只有把答案留给时间。

二、地理数据分析的目的与过程

（一）地理数据分析的目的

地理学是研究地理要素或地理系统发生、发展、变化规律、动力机制和演化趋势的学科。地理研究提出问题，而地理数据分析方法是解决这些问题的工具。因此地理数据分析的对象是地理要素或地理系统。输入是与地理问题相适应的地理数据；输出是地理现象或事件的静态空间格局、动态时间过程。同时发现地理现象或事件的时空分异规律，找到要素间的相关关系、驱动关系、耦合关系、机制关系、系统关系，实现地理现象或事件的动力机制，预测地理现象或事件的演化趋势（图 1–22）。

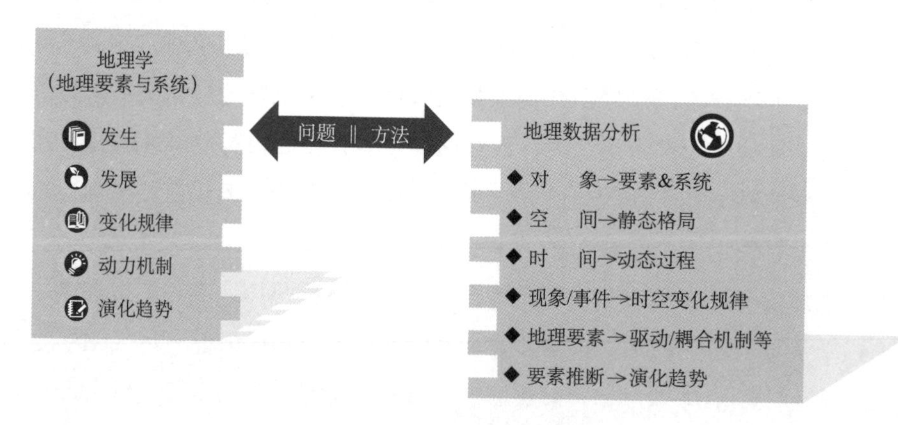

图 1–22　地理数据分析的目标

（二）地理数据分析过程：从数据到智慧

在介绍地理数据分析方法的体系与过程前，先介绍四个概念：数据、信息、知识、智慧。

1. 数据

数据是反映事物运动状态的原始数字和事实，包括文本、事实、有意义的图像，以及未经解释的数字编码等。例如，企业中一系列记录在案的、分散的及客观的事实。这些数字和事实除了存在以外没有任何意义。

2. 信息

信息是经过处理并排列成有意义的格式化数据。信息中的数据是有意义的，其上下文间有联系。例如，企业的财务报表数据，经过简单处理，可以利用数据回答“谁（who）？干什么（what）？在哪（where）？什么时候（when）？”等问题。

3. 知识

知识是对原始信息进行加工提炼，综合分析内在联系，发现可发挥作用的信息。知识体现了信息的本质、原创和经验，能够积极地指导任务的执行和管理，问题的解决和决策。知识是数据和信息的应用，可以回答“怎么（how）？”的问题。

4. 智慧

智慧是激活的知识。其主要表现为收集、加工、应用、传播信息和知识的能力，以及对事物发展的前瞻性看法，包括高效地创造产品、服务与专门知识的能力。智慧是一种推测的、不确定的和非随机的过程。

广义上讲，地理数据分析包括了从数据到智慧的全过程（图 1–23），是知识工作者对客观事物感知和认识的四个连续阶段：（1）地理数据的收集与组织。数据是一种将客观事物按照某种测度感知而获取的原始记录。它可以直接来自测量仪器的实时记录，也可以来自人的认识，但是大量的数据是借助于数据处理系统自动地采集、整合、集成而来。（2）地理信息的创造。信息是根据一定的发展阶段及其目的进行定制加工（例如，统计、报表、报告、可视化、数据服务）而生产出来的。地理信息系统就是用于加工和创造信息产品的人机系统。根据对象、目的和加工深度的不同，可以将信息产品分为一次信息、二次信息直至高次信息。（3）地理知识的发现。地理知识是地理工作者对获取或积累的信息进行系统化的提炼、研究和分析的结果，能够精确地反映地理现象或地理事件的科学本质。常用的分析方法有机器学习、数据挖掘等。（4）地理智慧的预测。收集、加工、应用、传播信息和知识，实现对地理现象或事件发展的前瞻性预测与分析。

图 1–23 "数据—信息—知识—智慧"金字塔

从数据到信息，再到知识，最终到智慧，四个阶段是螺旋上升的循环周期。人们运用信息系统对信息和相关的知识进行规律性、本质性和系统性的思维活动，创造新的知识。之后，新的知识又开辟了需要进一步认识的对象领域，然后要求人们补充获取新的数据和信息，进入新一轮的上升式循环周期。

三、地理数据分析方法分类

根据不同数学理论基础，本书把地理学数据分析方法分为六类：基于几何学的方法、基于运筹学的方法、基于空间统计的方法、基于时间序列的方法、基于时空集成的方法、基于机器学习与深度学习的方法。

（一）基于几何学的方法

"Geometry"（几何学）一词是从希腊语演变而来的，其原意是土地测量，后被明朝的徐光启翻译为“几何学”。埃及人在尼罗河两岸耕地的丈量和金字塔的建造中创建了几何学。地理数据中的空间位置是典型的几何数据。GIS 空间数据的分析离不开几何学的基础。常用的几何学分支有：平面几何、立体几何、计算几何、拓扑学等。

常见的空间分析方法包括：叠加分析、缓冲区分析、数字高程分析和网络分析等。其中，叠加分析对地理信息的综合以及地理学的综合研究有重要意义；缓冲区分析对研究地理现象的空间扩散过程有重要意义；数字高程分析对工程上的填挖方量计算、剖面分析、通视分析以及水文分析有重要意义；网络分析对网络测度指标、最短路径，以及可达性分析有重要意义。

上述分析方法是 GIS 的常见方法，在地理信息系统的课程中有详细介绍。本书不再赘述。

（二）基于运筹学的方法

1. 空间优化分析的工程学传统

运筹学是 20 世纪 30 年代初发展起来的一门新兴学科，其主要目的是在决策时为管理人员提供一种量化的科学方法，以便在其帮助下做出有效的管理运行决策，实现正确决策和现代化管理。查尔斯 • 雷维尔（Charles ReVelle）[①]、理查德 • 丘奇、艾伦 • 默里三代教授创造性地将空间约束引入经典的运筹学模型，并组建了联合方程，统一求解，取得了意想不到的效果，开创了空间优化分析的工程学传统，且逐步发展成为地

① 查尔斯 • 雷维尔教授是国际知名的区位论与空间优化专家。他的博士工作是针对国际疾病防治问题，讨论如何进行最佳的药物和资源配置。该工作成功地用于发展中国家抗结核药物和资源的最佳分配。1971 年，雷维尔开始在美国约翰 • 霍普金斯大学地理学与环境工程系任教授。他的同事有出版《地理学中的解释》（1969）等著作的戴维 • 哈维以及现美国卡耐基 • 梅隆大学校长贾里德 • 科洪（Jared Cohon）等杰出人物。雷维尔的论文不但数量多、质量高，而且其多样性和影响力都极为卓著。他的研究主题非常广泛，覆盖从优化粮食存储到建模环境的广泛领域。其研究最多的主题是位置和交通网络分析，论文多达 106 篇。其他研究主题包括自然保护区设计、森林管理科学、水资源、人口建模、流行病建模、粮食模型、军备控制等。这些论文发表在数十种国际一流的期刊上，其中在著名地理学期刊 *Geographical Analysis*、*Environment and Planning*（*EPA*）、*Environment and Planning B*：*planning and design*（*EPB*）等期刊上发表的论文超过 20 篇。

理数据分析的一个重要分支。空间优化实际上与地理学有着千丝万缕的联系。在经典的经济地理学研究中，杜能（Thunen）的地租关系理论（农业区位论）、韦伯（Weber）的耗费最小化（工业区位论）理论、克里斯塔勒（Christaller）和廖士（Losch）的中心地理论等区位论的研究都迫切需要空间优化模型，以解释和理解地理格局，并设定最佳位置。空间优化建立在丰富的学科传统和现实意义基础上，可以用运筹学的理论对地理格局进行评价、调控和决策。

空间优化问题包括三个组成部分：目标函数、所要做出的决策、空间约束。这三者在某种程度上有时混杂在一起，或明确或隐含地反映感兴趣的地理问题。具体求解可以采用精确或近似解。目标函数通常与问题的背景相关，需要满足一定的要求，例如确保费用最小或收益最大通常以一个或多个函数来表达。决策变量与决策本身密切相关，需要根据实际问题确定参加求解的决策变量。空间约束实际上把空间关系和空间属性作为显式条件加入原优化方程，以共同组成方程求解。优化问题的建模不是一项简单的工作，尤其是在空间背景下的建模更为困难。空间优化并不总能得到精确解，优势近似解也是可以接受的，因而启发式算法在空间优化领域有着广泛应用（Tong *et al.*，2019）。

在实际应用中，空间优化对于交通建模、位置建模、商业地理学、医学地理学、政治地理学、学区划分、土地利用规划、城市规划、经济社会发展规划等有重要的应用价值，可用于区域空间综合评价、资源空间优化配置、突发事件优化管理以及空间决策支持等。例如，雷维尔等利用上述模型帮助确定水库、污水处理厂、自然保护区、配电站以及各类应急服务设施的理想选址，并确定最佳规模。比较有影响力的研究案例产生在 20 世纪 70 年代，雷维尔的模型被用来帮助美国巴尔的摩市（Baltimore）科学地做出关闭冗余消防局的决定。在工程优化领域，他的空间优化算法还成功地应用于交通和电网的有效选线。雷维尔教授研究视野开阔，他与合作者一起甚至大胆地将优化模型应用于历史问题研究，成功地应用于古罗马帝国的军事分布分析。另外，在战略层面，雷维尔成功地将优化模型应用于现代核军备控制问题。在可持续发展与自然保护方面，他开发的数学模型用于实现森林物种保护和林木砍伐的生态效益与经济效益的平衡。近年来，空间优化仍是富有挑战性和积极性的话题。王少华等人将多目标空间优化方法应用于交通路径的优化与规划领域（Wang *et al.*，2018）。曹凯等人将多目标空间优化用于土地利用优化与规划领域（Cao *et al.*，2011；Cao *et al.*，2012），取得了令人瞩目的成绩。

2. 资源分配和设施选址模型

基于运筹学的空间分析方法主要起源于运筹学的资源分配或选址问题。关于资源分配和设施选址的研究相对成熟，形成了多种多样的模型，并形成了相应的工具软件，有着广泛应用。不同的模型适用于不同的问题与应用情景，因此选择工具前应充分了解模型的应用情况。目前，资源分配与选址模型大概可分为如下三类。

距离覆盖模型：该类模型主要涉及下面三类问题：（1）集合覆盖问题（Location Set Covering Problem，LSCP），研究如何在满足覆盖所有需求点顾客的前提下使服务站（设施点）的建站个数最少。这些服务站的资源是按照一定空间规则进行扩展的。（2）最大覆盖问题（Maximum Covering Location Problem，MCLP），也称 *P*—覆盖问题，研究如何在服务站的数目和服务半径已知的条件下设立 *P* 个服务站，使得可接受服务的需求量最大（Church and ReVelle，1974）。（3）*P*—中心问题（P–Center Problem）：如何选择 *P* 个设施的区位，使所有需求点得到服务，并且每个需求点到其最近设施的最大距离最小，主要应用于设立基地台。基地台发送电波，地点距离越远，就需要越多能量、耗费越多电能，而与地点的个数无关。

ρ 分散模型：距离覆盖模型考虑了需求点和设施之间的关系，忽略了设施与设施之间的关系。ρ 分散模型则在考虑需求点和设施之间关系的同时，使设施间的距离达到最大。

全距离（或平均距离）模型：综合考虑了设施与需求点之间的综合里程。这类模型已经具备了适应于供应链管理的一些思想。它有以下几类基本模型：（1）*P*—中值问题（*P*–Median Problem，也称 *P*—中位问题）的目的是确定给定数量的设施点，使得各需求点到所分配设施点的距离或时间之和最小。*P*—中值问题 1964 年由海克米（Hakimi）提出，此后雷维尔和斯温（ReVelle and Swain，1970）把 *P*—中值问题描述为线性整数规划，并用分支定界法求解模型。由于 *P*—中值存在所有设施选点固定、费用相同、供应能力无限、被选择设施数已知等假设，与现实情况不符，因此又发展了后续模型。（2）固定费用模型就是针对实际应用 *P*—中值模型的假设往往与实际情况不符的问题提出的改进。（3）中心选址问题考虑的不是某个节点的需求，而是节点间的流量。

空间优化分析属于工程学方法，主要用于解决管理与工程领域的问题。对于属于理学的地理学不具普适性不强，后续也将不再介绍。

（三）基于空间统计的方法

统计学是通过搜索、整理、分析、描述数据等手段，以推断所测对象的本质，甚至预测对象未来的一门综合性科学。

空间统计学是以区域化变量理论为基础，以计量分析和地理计算为手段，研究具有地理空间位置特征的事物或现象的空间相互作用及变化规律。由于地理事物或现象空间效应的特殊性，打破了经典统计随机抽样假设和同方差（二阶平稳）的假设，使得传统统计方法不再适用。因此必须发展一套设定、估计、检验和运用区域科学模型的方法和技术，以有效处理这种空间效应或空间特征，使得模型的设定与估计是无偏且有效的（Anselin，1988a）。空间统计的研究范畴：（1）空间依赖性的作用；（2）空间异质性的作用、空间关系的非对称性；（3）来自其他空间单元解释性因素的重要性；（4）将空间或拓扑变量线性地纳入统计模型。关于空间统计分析与经典统计的详细区别如表 1–8 所示。

表 1–8　经典统计、空间统计分析、时间序列分析的辨析

	经典统计	空间统计分析	时间序列分析
研究对象	变量之间的关系	变量之间的空间关系	变量之间的时间关系
假设及限制	经典高斯—马尔可夫假设； 极限法则（大数定律和中心极限定律）	地理事物或现象空间效应的特殊性，打破了经典统计随机抽样假设和同方差（二阶平稳）假设	时间序列数据的非平稳性和序列相关性破坏了随机抽样假设和同方差（二阶平稳）假设
模型类型	参数模型、随机模型	对空间相关性和异质性进行检验，建立空间插值与回归模型	对时间序列进行平稳性检验（单位根检验），对存在均衡关系的非平稳时间序列进行协整检验，建立长期均衡模型和描述两联关键短期非均衡关系的误差修正模型
模型导向	以先验的理论为向导	以数据关系为导向	以数据关系为导向

续表

	经典统计	空间统计分析	时间序列分析
模型结构	线性模型或可线性化模型、因果分析模型，模型具有明确的形式和参数	加入外生的空间权重矩阵，纳入空间效应	参数或非参数模型、线性或非线性模型
数据类型	服从正态分布的连续随机变量	非平稳的空间数据	非平稳的时间序列数据
估计方法	仅利用样本信息、采用最小二乘法或最大似然法估计	最小二乘法、最大似然法、广义矩估计	最小二乘法、最大似然法、广义矩估计
模型应用逻辑	实证分析、经验分析、归纳	归纳与演绎相结合、探索性分析与确证性分析相结合	归纳与演绎相结合、探索性分析与确证性分析相结合
模型应用功能	结构分析、预测、理论的验证与发展	空间探索、空间解释与结论验证、空间模型与预测	时间探索、时间解释与结论验证、时间模型与预测
模型应用实例	传统宏观经济领域，例如生产、需求、消费、投资、货币需求以及宏观经济等	研究区域经济系统普遍存在的空间关系、空间结构问题，特别是空间外部性（空间溢出）及其影响因素和效应	宏观经济领域各经济要素随时间的演变以及它们之间的动态平衡结构，包括生产、消费、经济均衡和经济周期等研究

资料来源：修改自沈体雁，2019。

空间统计分析方法主要针对某时刻的空间快照数据，常用于空间格局、空间推断、空间归因等研究，可以探究地理现象的空间溢出效应、扩散效应、空间相互作用等问题。第二章将详细介绍关于空间统计分析方法的分类、原理及适用范围。第五章给出相关的工具软件、实验案例及实验步骤。

（四）基于时间序列的方法

时间序列是按时间顺序观测到的一系列数据，广泛出现在医学、金融、经济学、社会学等领域。时间序列分析通过引入相邻观测间的相关性，打破了传统方法对数据独立同分布的依赖，带来了统计建模和推理方面的新问题。关于时间序列分析与经典统计的详细区别见表 1–8。

时间序列分析方法主要针对观测单元的时间序列数据，常用于地理过程的时间趋势、时间周期、时间推断、时间归因等研究，以探究地理现象的演变过程，探寻地理过程的机理，推测地理过程的未来。第三章将先介绍时间序列分析方法的分类、原理及适用范围，然后重点介绍几种常见的、在地理认知上有扩展的时间序列分析方法。第五章给出相关的工具软件、实验案例及实验步骤。

（五）基于时空集成的方法

时间与空间是地理数据的两个重要的特征。在地理研究中，空间格局与时间过程不是割裂的，而是相互依存和渗透的。时空一体化分析则是综合认知地理格局与过程的重要手段。

常见的时空一体数据包括：地理参考的时间序列数据（Geo-referenced Time Series Data）和时空轨迹数据（Tractory Data）。地理参考的时间序列是空间位置不变属性观测值随时间变化的系列数据。例如，某地面环境观测站对大气污染物长时间序列的观测，遥感图像的时间序列等。轨迹数据则是在时空环境下，通过对一个或多个移动对象运动过程的采样所获得的数据，包括采样点位置、采样时间、速度等。这些采样点数据根据采样先后顺序构成了轨迹数据。轨迹挖掘是时空数据挖掘的一个新兴分支。目前轨迹数据的分析方法尚不成熟，本书暂不涉及相关方法。

目前，本书的时空一体化分析主要针对地理参考的时间序列数据属于空间统计、时间序列分析、机器学习算法的集成或扩展。其主要用于度量或探测时空格局与过程，进行时空推断与归因，探究地理时空过程的机制。第四章将介绍几种常见的、在地理认知上有扩展的时空一体化分析方法。第五章给出相关的工具软件、实验案例及实验步骤。

（六）基于机器学习与深度学习的方法

人工智能（Artificial Intelligence，AI）亦称智械、机器智能，指由人制造出来的机器所表现出来的智能。通常人工智能是指通过普通计算机程序来呈现人类智能的技术。未来随着医学、神经科学、机器人学及统计学等发展，人类无数职业逐渐将被人工智能取代。图 1–24 展示了人工智能的各分支学科，包括机器学习、计算机视觉、图像处理、模式识别、数据挖掘、演化计算、知识表示和自动推理、自然语言处理、机器人学。

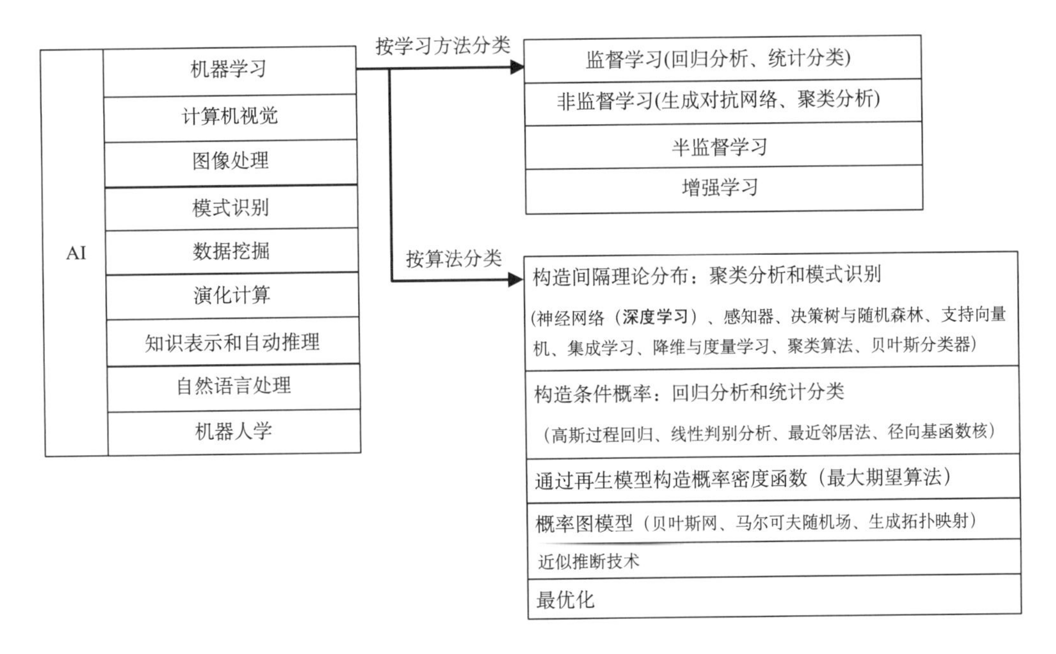

图 1–24　人工智能的各分支

“人工智能”的概念于 1956 年由几个计算机科学家相聚在达特茅斯会议上提出，即用当时刚出现的计算机来构造复杂的、拥有与人类智慧同样本质特性的机器。随后，人工智能一直萦绕于人们的脑海之中，并在科研实验室中慢慢孵化。2012 年之前，关于人工智能的理解存在两种声音：或被视为“人类文明耀眼未来”，或被当成“技术疯子的狂想”。2012 年后，得益于数据量的上涨、运算力的提升和机器学习（深度学习）的出现，人工智能开始大爆发。目前 AI 的科研工作大多集中于弱人工智能（即让机器具备观察和感知的能力，并可以做到一定程度的理解和推理），借助机器学习（深度学习）方法有希望取得重大突破。而电影里描绘的多是强人工智能（即让机器获得自适应能力，解决一些之前没有遇到过的问题）。强人工智能在目前的现实世界里难以真正实现。

1. 机器学习

机器学习是人工智能的一个分支。人工智能的研究史有着一条从以“推理”为重点，到以“知识”为重点，再到以“学习”为重点的自然、清晰的脉络。机器学习是实现人工智能的一个途径，即以机器学习为手段解决人工智能中的问题。

机器学习在近 30 多年已发展为一门多领域交叉学科，涉及概率论、统计学、逼近论、凸分析、计算复杂性理论等多门学科。机器学习理论主要是设计和分析一些让计算机可以自动“学习”的算法。机器学习算法是一类从数据中自动分析获得规律，并利用规律对未知数据进行预测的算法。因为学习算法涉及了大量的统计学理论，机器学习与推断统计学联系尤为密切，也被称为统计学习理论。在算法设计方面，机器学习关注的是可实现的且行之有效的算法。而很多推论问题属于无程序可循，所以部分机器学习研究的是开发容易处理的近似算法。

（1）按学习方法分类

机器学习按学习方法可以分为：监督学习、非监督学习、半监督学习、增强学习，如图 1–24 所示。

监督学习是从给定的训练数据集中学习出一个函数。当给出一个新数据，则可以根据该函数得到预测结果。监督学习的训练集包括输入和输出，也可以说是特征和目标。训练集中的目标是由人标注的。常见的监督学习算法包括回归分析和统计分类。回归分析（Regression Analysis，RA）是统计学上常见的分析数据的方法，目的在于了解两个或多个变量是否相关，并建立数学模型，以便观察特定变量来预测研究者感兴趣的变量。具体地说，回归分析可以帮助人们了解在只有一个自变量发生变化时因变量的变化情况。一般来说，回归分析可以给出由自变量估计因变量的条件期望。统计分类是机器学习非常重要的一个组成部分。其目标是根据已知样本的某些特征，判断新样本属于哪种已知的样本类。分类是监督学习的一个实例，根据已知训练集提供的样本，通过计算选择特征参数，创建判别函数以对样本进行分类。

非监督学习是一种自组织的学习类型，在没有预先标注目标的情况下找到数据中先前所未知的模式。常见的非监督学习算法有生成对抗网络、聚类分析。生成对抗网络（Generative Adversarial Network，GAN）通过让两个神经网络相互博弈的方式进行学习。该方法由伊恩·古德费洛等人于 2014 年提出。生成对抗网络由一个生成网络与一个判别网络组成。生成网络从潜在空间中随机取样作为输入，其输出结果需要尽可能模仿训练集中的真实样本。判别网络的输入则为真实样本或生成网络的输出。其目的是将生成网络的输出从真实样本中尽可能分辨出来。而生成网络则要尽可能地欺骗判别网络。两个网络相互对抗，不断调整参数，最终目的是使判别网络无法判断生成网络的输出结果是否真实。聚类分析亦称为群集（Cluster）分析，是对于统计数据分析的一门技术。聚类是把相似的对象通过静态分类的方法分成不同的组别或者更多的子集，且让在同一个子集中的成员对象都有相似的一些属性。

监督学习和非监督学习的差别就是训练集目标是否有人为标注。半监督学习介于监督学习与非监督学习之间。增强学习用于机器为了达成目标，随着环境的变动，而逐步调整其行为，并评估每一个行动之后所得到的回馈是正向的或负向的。

（2）按算法分类

根据具体的学习算法，机器学习可分为以下几类，如图 1–24 所示。第一，构造间隔理论分布，主要用于聚类分析和模式识别。其主要算法包括：神经网络、感知器、决策树、随机森林、支持向量机、集成学习、降维与度量学习、聚类、贝叶斯分类器。第二，构造条件概率，主要用于回归分析和统计分类。其主要算法包括：高斯过程回归、线性判别分析、最近邻法、径向基核函数法。第三，通过再生模型构造概率密度函数，如最大期望（Expectation Maximum，EM）算法。第四，概率图模型。其主要算法包括：贝叶斯网、马尔可夫随机场、生成拓扑映射（Generative Topographic Mapping，GTM）。第五，近似推断技术。其主要算法包括：马尔可夫链蒙特卡洛方法、变分法。第六，最优化技术，如遗传算法、模拟退火算法等。

（3）小结

在过去几十年中，以决策树与随机森林、贝叶斯分类、支持向量机、期望最大化算法、神经网络等为代表的机器学习算法极大提升了地理数据的分析与挖掘、遥感图像的处理与模式识别的技术水平。监督学习（分类问题）、非监督学习（聚类问题）、半监督学习等思路也广泛指导着地理问题的研究（Murzintcev and Cheng，2017；Murzintcev *et al.*，2017；苏凯等，2019；Cheng *et al.*，2019）。机器学习在地理科学及相关工程领域有着广泛的应用和长足的发展。但是，机器学习算法大多较为通用，针对地理研究的特殊性，在分析方法方面的改进不多。当然，也有学者结合地理问题的特殊性对机器学习方法进行了改进或扩展，例如，宋晓眉等（2010）、裴等（Pei *et al.*，2013，2015）、程昌秀等（2015，2020b）对传统的聚类方法进行系列改进；安塞林（Anselin，1995，2006，2010）、福廷汉姆等和布伦斯顿（Fotheringham *et al.*，1998，2015，2017；（Fotheringham and Brunsdon，2001）对回归方法进行了系列改进。本书第二章、第三章和第四章将介绍这些改进的聚类与回归方法，以及如何用于它们解决空间分层异质性、空间回归、基于时间约束的分段、时间序列回归、时空分异规律与归因等问题。

2. 神经网络

生物神经网络一般指由生物的神经元、细胞、触点等组成的网络，用于产生生物意识，帮助生物进行思考和行动。人工神经网络（Artificial Neural Network，ANN），简称神经网络（Neural Network，NN）或类神经网络，在机器学习和认知科学领域，是一种模仿生物神经网络（动物的中枢神经系统，特别是大脑）的结构和功能的数学模型或计算模型，用于对函数进行估计或近似。神经网络由大量人工神经元联结进行计算。

通俗地讲，神经网络是由一系列简单计算节点（神经元）构成的网络（图 1–25(a)）。网络中每个节点都是一个简单函数模型。节点内包含了建模需要的系列参数。对于节点前端的输入变量，经过节点后，可得到简单的函数模型（图 1–25(b)）。系列简单函数模型经多次输入输出后，最终形成一个接近我们需要的复杂函数（如图 1–25(a)中的 $h_{w,b}(x)$）。以机器学习的分类问题为例，神经网络的层数、各层节点间的连接关系以及各节点的函数等需要我们根据问题的理解进行设计。完成神经网络设计后，可通过大量人工标记的分类训练样本（即已知系列 x, y），对各个层函数的参数进行校正。训练的最终目的是得到各节点的参数（即求解函数参数 a，b），使得由该套参数生成的复杂函数（分类器）的分类结果与训练人工标记结果基本一致。

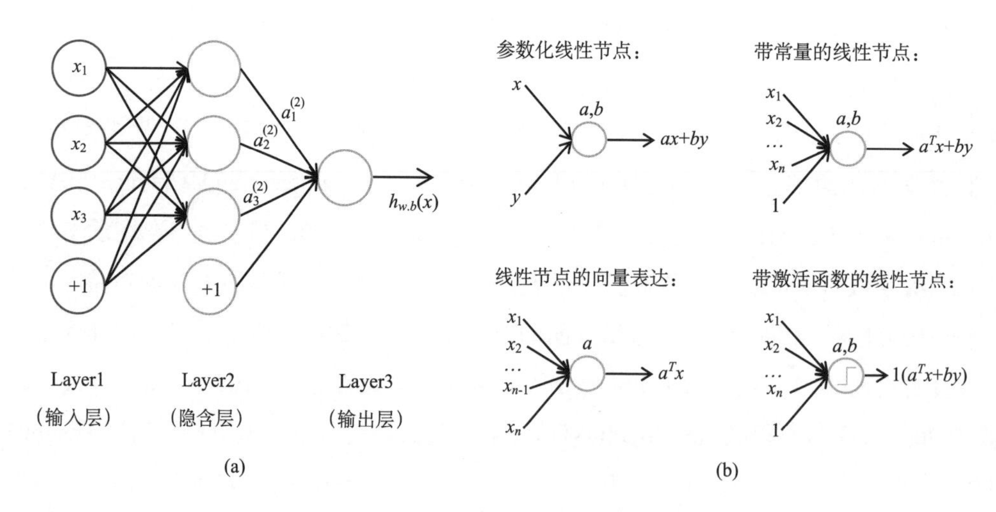

图 1–25　神经网络与节点函数模型示意

人工神经网络能在外界信息的基础上改变内部结构，是一种自适应系统。通俗地讲就是具备学习功能。神经网络是一种非线性统计数据建模工具。神经网络一方面通过统计能够得到大量函数，用于表达的局部结构空间。另一方面，通过数理统计可以来做人工感知方面的决定问题（也就是说通过统计学的方法，人工神经网络能够类似人一样具有简单的决定能力和简单的判断能力）。这种方法比起正式的逻辑学推理演算更具有优势。

根据网络中各层节点的输入关系和反馈关系，神经网络可分为前馈神经网络、循环神经网络、强化式架构等。具体选择哪种类型的网络，由研究者视问题选定。

神经网络是目前最热的研究方向（深度学习）的基础。神经网络在系统辨识、模式识别、智能控制等领域有着广泛而吸引人的前景。特别在智能控制中，人们对神经网络的自学习功能尤其感兴趣，并且把神经网络这一重要特点看作是解决自动控制中控制器适应能力的关键钥匙之一。

3. 深度学习

深度学习不是一种独立的学习方法，其本身也会用到监督和非监督的学习方法来训练深度神经网络。深度神经网络不是一个全新的概念，大致可理解为是包含多个隐含层的神经网络结构。为了加大深度神经网络的训练效果，人们对神经元的连接方法和激活函数做出相应的调整。其实关于深度学习早年间也曾有过不少想法，但由于当时训练数据量不足、计算能力落后，最终的效果不尽如人意。近几年该领域发展迅猛，一些特有的学习方法相继提出（如残差网络），越来越多的人将深度学习看作一种单独的学习方法。

目前，典型的深度学习模型有四类。（1）深度神经网络（Deep Neural Networks，DNN）：是一种判别模型，可用反向传播算法进行训练，至少具备一个隐层。与浅层神经网络类似，深度神经网络也能够为复杂非线性系统提供建模，但多出的层次为模型提供了更高的抽象能力。（2）卷积神经网络（Convolutional Neural Networks，CNN）：由一个或多个卷积层和顶端的全连通层（经典的神经网络）组成，同时还包括关联权重和池化层。（3）深度置信网络（Deep Belief Networks，DBN）：神经网络的一种。既可用于非监督学习，类似于一个自编码机，也可用于监督学习，作为分类器使用。（4）循环神经网络（Recurrent Neural Networks，RNN）：是一类以序列数据为输入，在序列的演进方向进行递归且所有节点（循环单元）按链式连接的递归神经网络。

近年来，随着大数据的不断积累、计算能力的不断提升，上述深度学习模型在搜索技术、数据挖掘、机器学习、机器翻译、自然语言处理、多媒体学习、语音识别、推荐和个性化技术等领域都取得了很多成果。有些模型在人口调查统计、传染病识别（Zhang *et al.*，2019）、遥感数据融合（Jia *et al.*，2020）、城市内涝积水深度识别（Jiang *et al.*，2020）等地学领域中也取得了重要成绩，推动了地理学研究方法的进步。

过去几年，深度学习受到热捧，但这种意识可能是错误的。这种意识的产生可能与当下深度学习在计算机视觉、自然语言处理领域的应用远超过传统的机器学习方法有关，可能也与期刊、媒体对深度学习进行了大肆夸大的报道有关。深度学习作为目前最热的机器学习方法，并不意味着它就是机器学习的终点。深度学习起码目前存在以下问题：（1）需要大量的训练数据以及训练样本的标注，但地理研究往往存在样本量不足，或样本难以准确标注等问题，导致深度学习难以入手；（2）有些问题采用传统的简单机器学习就可以解决，因此没必要用复杂的深度学习；（3）深度学习源于人脑结构的启发，但绝不是人脑的模拟。例如，仅给一个三四岁孩子看一辆自行车，之后尽管再让他去看另一辆外观差异较大的自行车，孩子十有八九能推断出那是一辆自行车。也就是说，人类的学习过程往往不需要大规模的训练数据，而目前的深度学习方法显然不是对人脑的模拟。

> 科学不是战争而是合作，任何学科的发展从来都不是一条路走到黑，而是同行之间互相学习、互相借鉴、博采众长、相得益彰，站在巨人的肩膀上不断前行。机器学习的研究也是一样，你死我活那是邪教，开放包容才是正道。
>
> ——约书亚·本吉奥（Yoshua Bengio）在 Quora 论坛上的回贴

在地理研究中，深度学习也会遇到上述提到的（1）和（2）的问题，然而更重要的是如何将地理异质性等概念结合到深度学习算法或应用中（程昌秀等，2021）。深度学习更强调方法的通用性，期待发现的是“放之四海皆准”的理论和知识。而地理学更重视理论和知识的差异性，即弄清地球表层区域的差异性，而不是共同性。地理学不同于其他科学。追求法则以及规律的普遍科学范式，即例外于科学普遍的方法论，也就是追求个性的方法论。这种本质上的差异阻碍了“深度学习”在地理领域的深化和应用（程昌秀等，2021）。正是由于地理学重视差异性、人工智能重视寻找共性规律的特点，才使得地理研究仍然需要人工干预，不会被机器智能所替代。

总体来看，无论是机器学习还是深度学习，针对地理研究的特殊性，对其进行改进和扩展的研究还是相对较少。后续应该重视地理研究的特殊性，发展有地理特殊性的机器学习方法，提升地理数据分析的理论水平（程昌秀等，2021）。我们应当学习前人从统计学领域中扩展出的地统计、空间统计、空间计量经济学等具有地理思维的分支学科的经验，在提升地理数据分析理论水平的同时，扩展地理思维对其他领域的影响。

（七）后续

后续章节分别从“地理数据类型”“地理问题”“统计主题”三个维度，对相应的分析方法进行归类，便于读者根据其所需解决的科学问题和统计主题，选择合适的分析方法。其中，地理问题维主要包括：格局、过程、机制；而统计主题维主要包括：度量、探测、插值、归因（图 1–26）。对于格局—过程—机制的概念在第一章中已经

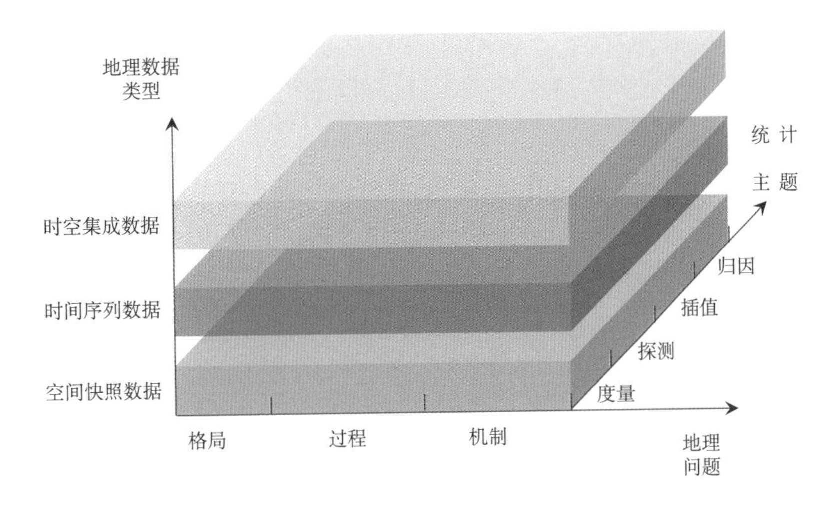

图 1–26　地理时空统计分析方法的分类框架

介绍，这里不再赘述。本书中，度量是指通过一些统计量定量刻画各类时空现象的总体特征、性质或模式。而探测可以帮助我们检测和定位这些特征、形式或模式的时空位置；插值则是通过已知观测点的数据推测未知点数据的过程；归因是用样本回归关系（Sample Regression Function，SRF）估计总体回归关系（Population Regression Function，PRF），为格局或过程进行的因果解释和推论。

第二章　空间统计分析方法

空间统计分析方法主要针对某时刻的空间快照数据，常用于空间格局、空间推断、空间归因的研究，可以探究地理现象的空间溢出、空间扩散、空间相互作用等效应。图 2–1 分别从地理问题和统计主题两个维度对常见的空间统计分析方法进行了归类，便于读者根据其所需解决的科学问题和统计主题，选择合适的分析方法。

<table>
<tr><td rowspan="3">地理问题
统计主题</td><td colspan="4">空间格局</td><td rowspan="3">时间过程</td><td rowspan="3">机制</td></tr>
<tr><td colspan="2" rowspan="2">全局自相关</td><td colspan="2">空间异质性</td></tr>
<tr><td>局部异质（局部相关）</td><td>分层异质</td></tr>
<tr><td rowspan="2">度量</td><td>点模式</td><td>定尺度：样方VMR；最近邻指数
多尺度：Ripl y's K函数；L函数</td><td rowspan="3">焦点检验；
GAM；
SaTScan；
LISA；
Moran's I散点图；
G^*</td><td rowspan="2">SSHq</td><td rowspan="6">第三章</td><td rowspan="6">空间统计
+
地理逻辑
⇔
解译机制</td></tr>
<tr><td>面模式
Lattics</td><td>定尺度：Moran's I；Geary's C
多尺度：半变异函数；自协方差函数</td></tr>
<tr><td>探测</td><td colspan="2"></td><td>SCHc;Skater;
Max-p</td></tr>
<tr><td rowspan="2">插值</td><td colspan="3">克里金系列插值方法</td><td>三明治插值</td></tr>
<tr><td colspan="4">MSN、B-Shade、SPA</td></tr>
<tr><td>归因</td><td colspan="2">SLM、SEM、SDM、SDEM</td><td>GWR & MGWR</td><td>地理探测器</td></tr>
</table>

图 2–1　空间统计方法讨论的地理问题与统计主题

图 2–1 的地理问题主要涉及全局自相关性、局部异质性与分层异质性等空间格局。从统计主题上来看，主要包括上述性质的度量、探测、插值、归因。最后，结合相关地理逻辑，解译形成该格局的机制。

本章第一节重点介绍空间统计与经典统计的区别。第二节介绍空间全局自相关性的度量方法。第三节介绍空间局部异质性的度量与探测。第四节介绍空间分层异质性的度量与探测。第五节介绍空间归因分析。这里需要注意，克里金系列的空间插值方法在其他地统计的书中已有大量介绍，本书不再介绍。空间插值中的三明治插值、分层非均质区域均值无偏最优估算（Mean of Surface with Non-homogeneity，MSN）、B-Shade、单点统计模型（Single Point Area Estimation，SPA）方法可参见王劲峰团队的相关论文，本书也不再介绍。

第一节　经典统计与空间统计

统计学是通过收集数据和分析数据来认知未知现象的一门科学。经典统计被称为传统统计，在社会学、政治学、医学和工程学等领域得到广泛运用。为适应不同领域的研究特点，经典统计会拓展出新的统计分支，例如，空间统计、经济计量统计、心理计量统计、生物统计等。

本节首先介绍空间统计与经典统计的差别；然后，重点辨析地理现象的两个核心特性，即空间自相关性（地理学第一定律）和空间异质性（地理学第二定律）；接下来介绍空间统计分析的基本框架与空间抽样的基本知识；最后，介绍几种典型的空间邻近量化表达方法。本节是深入理解空间分析方法的重要基础。

一、空间统计的侧重点

为了解、解释、估计或预测发生在我们身边的事件或现象，通常需要对相关信息进行简化。目前人们已构造出多种统计量以简化信息，以试图了解事件或现象，形成简洁明了的印象。统计量按功能可分为描述性统计量和推断性统计量。描述性统计量是从一组数据中计算出来、用于描述各数值在这组数据中分布情况的指标，例如，最大值、最小值、均值、极差等。推断性统计量是从样本数据中计算出来的，用于推知总体，或是对两组数据进行比较。有了统计量就可以进行分析，以了解各数据在特征值附近的集中或离散情况，了解他们相互之间或与另一组数据之间的对比情况。

在对比分析两组数据时，经典统计推断的基本假设是：两组数据是独立同分布

（Independent Identical Distribution，i.i.d）。在概率统计理论中，随机过程的变量在任何时刻的取值都是随机的。若这些随机变量服从同一分布且互相独立，则这些随机变量就是独立同分布的。随机变量 X_1 和 X_2 独立意味着 X_1 的取值不影响 X_2 的取值，X_2 的取值也不影响 X_1 的取值；随机变量 X_1 和 X_2 同分布意味着 X_1 和 X_2 具有相同的分布规律或相同的概率密度函数[①]。以抛骰子的实验为例，所谓的独立是指每次抽样之间是没有关系的，不会相互影响，即抛骰子每次抛到几就是几。但如果要求两次抛的和大于 8，其余的不算，那么第一次抛和第二次抛就不是独立的，因为第二次抛的结果与第一次相关。所谓同分布是指每次抽样，样本都服从同样的一个分布与地理现象相关。抛骰子每次得到任意点数的概率都是 1/6，这就是同分布的。但如果第一次抛的是个 6 面的骰子，第二次抛的是个正 12 面体的骰子，就不再是同分布了。

独立同分布的假设是为了避免不同观测单元的观测值间相互依赖或关联，从而使历史抽样数据具有总体的代表性，使统计推断结果具有推广效果。遗憾的是，与地理现象相关的数据通常会违反这一假设。受空间相互作用和空间扩散的影响，一个地点所发生的地理事件或现象往往与其周围发生的事件或现象高度依赖或关联。考虑到地理数据这一特征，空间统计修改和拓展了一些统计量，以使其适用于分析这种空间效应或空间特征（Anselin，1988a）。

介绍完独立同分布的概念后，再回到利用统计量分析数据或现象的思路上来。统计量通常可以回答我们关心的事件是否由随机过程产生。在科学研究中，很少基于一个或少数几个观测单元的数据而得出结论。例如，如果某位农场主今年的收成低于去年，那么是否能说明该农场的土壤失去了肥力？产量的下降会不会是一次性事件或短期波动？明年还会发生这种情况吗？土壤肥力是否是决定庄稼产量的唯一因素？在下结论之前，我们应该去了解这些事件的性质。换句话说，待定现象的发生既可能由随机过程引起，也可能由系统过程引起，我们必须判断相关过程是随机过程还是系统过程。若某事件或现象由随机过程引发，则很难确定其根本原因，也很难对相关情况进行解释。但如果它是某系统过程引起，其数据特征和空间模式值得研

---

① 在数学中，连续型随机变量的概率密度函数（Probability Density Function，PDF）是描述这个随机变量的输出值在某个确定取值点附近的可能性的函数。而随机变量的取值落在某个区域之内的概率则为概率密度函数在这个区域上的积分，即累积分布函数（Cumulative Distribution Function，CDF）。当概率密度函数存在的时候，累积分布函数是概率密度函数的积分。

究。通常，经典统计可以帮我们确定问题的前半部分，即是否由随机过程引起，但难以确定由什么样的系统过程引起。空间统计则更关注数据的特征和空间模式及其隐藏的系统过程。

二、地理系统过程

地理研究通常关注如下三种过程或效应。

空间扩散：依循一定的媒介，透过时间和空间，传播地理事物的过程。

空间相互作用：地表上任何要素都不可能孤立存在。为保障生产、生活的正常运行，各要素之间总是不断地进行着物质、能量、人员和信息的交换。这些交换可称为空间相互作用。正是这种相互作用，才把空间上彼此分离的要素集结为具有一定关系、结构和功能的有机整体。

溢出效应：一个组织在进行某项活动时，不仅会产生活动所预期的效果，而且会对组织之外的人或社会产生的影响。溢出效应源自经济学。例如，通信基础设施的建设会加快信息的流动，同时对经济增长也有一定促进效应。地理研究更关注空间上的溢出效应。空间溢出效应与空间扩展、空间相互作用有一定的关系，但又有其特殊的经济学含义。

三、空间一阶和二阶效应：统计视角

现实世界中地理现象受空间扩散和相互作用影响。往往一个地点发生的情况与其周围发生的情况不是相互独立的。它们之间有高度依赖和关联。这种空间上的依赖和联系被称为空间一阶效应和二阶效应。

第一，所谓空间一阶效应是指研究区域上对事件接纳性的变化，意味着每一面积上接纳所研究事件的等概率假设不成立，即不随机。例如，如果研究事件是某种类型的植物的出现，那么几乎肯定它们应该偏爱某种特定类型的土壤，结果是这些植物将可能聚集于所偏好的土壤。类似地，在健康地理学的研究中，如果研究事件是某种疾病的发生，则该事件将自然地趋向于聚集在人口密度更大的区域。有些学者也将一阶效应理解为大尺度的趋势，用于描述某参数的总体变化性。

第二，由于空间事件之间相互独立的假设通常站不住脚。有抑制和群集两种偏离独立性的可能。所谓空间二阶效应是描述空间上邻近位置上的数值相互趋同或压制的倾向。中心地理论所预测的城市趋于均匀分布的趋势为例。在这种情况中，点对象趋于压制附近的事件，降低另一个点向它接近的概率，即相互压制的二阶效应。在现实世界的过程中，除压制附近事件外，也存在一种聚集或群集的二阶效应，即某特定位置上某事件的发生促进了附近另一事件的发生概率。例如，在传染病、牛口蹄疫病和人类肺结核病的扩散中，或者一个农业团体中的新技术扩散中，如果它们的邻域已经应用新技术且成功，则其农户更可能采用新技术。有些学者也将二阶效应理解为局部效应。

空间一阶效应和二阶效应都意味着事件发生的可能性在空间上有变化，意味着过程不再是平稳的。平稳性不是一个简单的概念，而是对于控制过程和实体放置规则非常重要。为使问题进一步深入，我们也可以从一阶平稳①和二阶平稳②方面进行思考。如果强度在空间上没有变化，那么空间过程是一阶平稳的，并且如果空间点之间没有相互作用，过程就是二阶平稳的。独立随机过程（Independent Random Process，IRP）是一阶平稳和二阶平稳的。另一种可能的强度变化类型是过程随空间方向而变化，这种过程称为各向异性的。它与没有方向性影响的各向同性过程形成鲜明对比。所谓各向异性是指在空间扩散过程中，可能存在中间介质的化学物理性质随着方向的改变而变化，也可能受外力的影响导致扩散过程随着方向的改变而改变，从而可能导致样本位置之间的空间自相关性在不同方向上表现出不均匀的特征。以图 2–2 的工厂烟囱污染物的排放为例，受西风影响的污染物浓度在南北向、东向、西向呈现出不同距离衰减规律的各向异性。

空间一阶效应和二阶效应都可以导致地理现象的均匀或聚集。空间统计可以探测地理现象的偏离程度，但不能准确分辨这种偏离是由哪些环境变化或事件的相互作用引起。因此研究中需要基于空间统计分析的探测结果，同时辅之以相关地理逻辑开展解译。

---

① 一阶（均值）平稳假设：均值不变且与位置无关。

② 二阶（协方差）平稳假设：亦称弱平稳假设，即具有相同距离和方向的任意两点的协方差相同。由于二阶平稳假设在实际研究中难以满足，因此，放松了二阶平稳假设的要求，形成了内蕴平稳假设。内蕴平稳假设是具有相同距离和方向的任意两点方差（变异系数）相同。

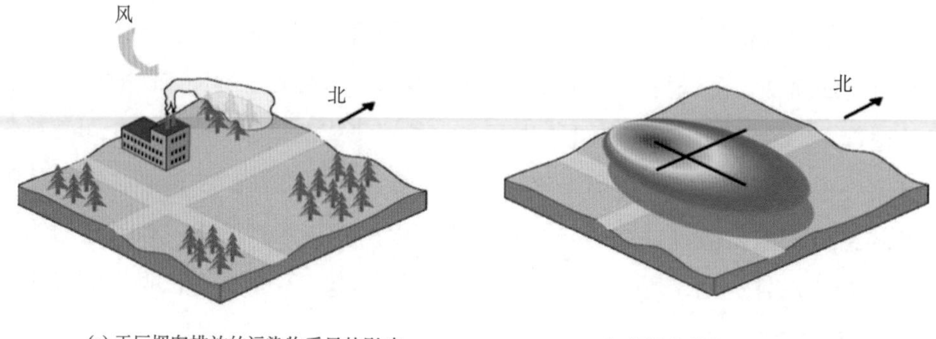

(a) 工厂烟囱排放的污染物受风的影响　　(b) 污染物扩散的各向异性

图 2–2　空间自相关的各向异性及刻画方案

四、空间的自相关性与异质性：地理视角

对于空间一个地点所发生的情况往往与其周围发生的情况相互依赖或关联的现象，地理学家通常用空间自相关性、空间异质性来表达。地理学第一、第二定律对这两个性质给出了很好的诠释。空间自相关性、空间异质性是空间统计研究的两个重要问题。安塞林（Anselin，1998b）把空间自相关性、空间异质性排在了空间统计研究范畴的头两位，其次是空间关系的非对称性（各向异性）、空间单元解释性因素的重要性（一阶效应和二阶效应）以及将空间或拓扑变量线性地纳入统计模型中。空间自相关性、空间异质性也将作为空间格局问题的主线贯穿于后续章节地理数据分析方法分类体系中。

（一）空间自相关性：地理学第一定律

空间自相关（Spatial Auto Correlation，SAC）是指相距较近的位置之间，或是发生在这些位置的事件之间具有某种程度的相似性。如果某分布中存在显著的正空间自相关，则说明在这一分布中，特征相似的点离得较近。反之，如果空间自相关性较弱或不存在空间自相关，则说明相邻的点不存在相似或相异性，或者说该分布呈随机模式。空间自相关性也称为空间依赖性。地理数据受空间相互作用和空间扩散的影响，彼此之间可能不再相互独立而是相关的。例如，将空间上互相分离的许多市场视为一个集合，若市场间的距离近到可以进行商品交换与流动，则商品的价格与供应在空间上可能是相关的，而不再相互独立。实际上，市场间距离越近，商品价格就越接近且越相关。美国加州大学圣芭芭拉分校的地理学家托布勒（1930～2018 年）在 1969 年举行的国际地理联合会数量方法专业委员会议上首次提出这一概念，关于 1970 年发表在《经济地理》（*Economic Geography*）杂志上——任何事物都与其他事物相联系，但邻近的事物比较远事物联系更为紧密（Everything is related to everything else，but near things are more related than distant things），当时被称为托布勒第一定律（Tobler's First Law of Geography，TFL）（Tobler，1970）。2004 年，该观点发表在 *AAAG* 上，至此被称为地理学第一定律（Tobler，2004）。

托布勒第一定律提出以后，在地理学界引起了巨大的反响。当时正值 GIS 和遥感刚进入地理学之初，能引起这么巨大的反响不足为怪。但是如何定量刻画距离，如何比较其远近，成为 TFL 实践者面临的问题。托布勒自己"狡猾"地说，当年用"远近"表达是有意含糊其词，因为地理学家在不同的场合已经定义了太多的距离。他一口气举出了 14 种，还加了一个"等"字（李小文等，2007）。TFL 不仅在地理学定量化研究中起到了指导性、方向性的作用，而且在地理相关学科（如考古学、社会学等）也得到了应用，但"远近"概念的含糊性则要求具体问题具体分析，也限制了 TFL 的广泛应用。近来不少学者（包括托布勒自己）都倾向于用"邻近度"来定量描述远近。此外，TFL 中"任何事物"一词也必须放在地理学这个大背景中去理解（李小文等，2007）。

TFL 构成了地统计领域的概念基础。代表性的成果有克里金插值，即用半变异函数度量观测数据的空间自相关性，再利用这种相关性进行插值。克里金插值常用于推断温度、矿石储量、地下水的资源量等。事实上，克里金插值的前提是观测数据的空间自相关性是有效且普遍存在的，否则插值结果将是无稽之谈。此外，TFL 解释了地理现象为什么可以使用等值线表示曲面；还解释了空间插值、重采样、等高线图以及根据有限分布的测量点推断完整曲面的过程（如图 2–3）。

（二）空间异质性：地理学第二定律

2004 年，古德柴尔德在 *AAAG* 上发表了一篇题为"地理信息科学与地理学定律的有效性和可用性"（The Validity and Usefulness of Laws in Geographic Information Science and Geography）的文章（GoodChild，2004）。文章认为 TFL 基本符合人们对地理现象的认知经验，是有效且有用的。如果地理学还有其他定律的话，应该就是戴维·哈维提出的空间异质性（Spatial Heterogeneity）原则。空间异质性是指地理属性或现象在不同空间位置之间超出随机变异的差异（Haining，2003；Anselin，2010；Wang *et al.*，2010a；Dutilleul，2011）。空间异质性即统计学术语中的非平稳（Non-Stationarity），即地理变量表现出不受控制的差异。由于空间中存在不受控制的方差，因此，任何分析的结果都取决于分析的边界，即不同的研究区域分析结果可能会发生变化。

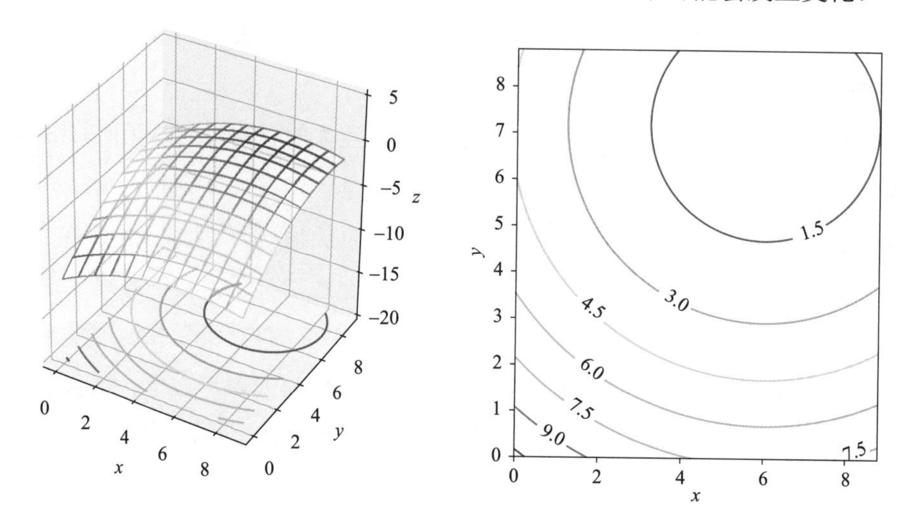

图 2–3　地理学第一定律描述的空间

空间异质性用来解释在不同的区域某些地理现象或观测值的分异规律。相比空间自相关性，空间异质性对地理学的意义更为重要。自然环境和人类活动特征空间存在异质性，是地理学存在的基本条件。如果自然环境和人类活动特征各地都一样，地理学就失去了存在的价值。因此，空间异质性是地理学研究的一个本源问题。根据前文的内容不难发现，最早提出这个观点是德国区域学派的赫特纳（1927）。他提出“地理学的基本思想是，根据空间的差别性，将空间划分为大陆、地方和地点来理解地表”；后来哈特向（1939）进一步将区域论发展为例外论，他提出“地理学的关系是提供地球表面各种性质精确的、有条理的和合理的描述与解释”；最近强调空间异质性重要性的是“地理经验科学研究方式的内在假设是地理空间绝对的差异性。这是地理分异的基础，也是地理学科存在的必要条件”（宋长青，2016）。近年来随着 AI 的发展，许多行业都陷入了被 AI 替代的危机。AI 容易替代那些共性特征强的行业，由于地理学是研究异质性的科学，决定了地理工作者不会被 AI 替代。从空间异质性对地理学的重要性来看，空间异质性似乎更应被称为第一定律，而非第二定律。

空间异质性主要分为空间局部异质性和空间分层异质性（王劲峰等，2019）。

1. 空间局部异质性

空间局部异质性（Spatial Local Heterogeneity）是指某点或某区域的属性值与周围属性存在显著的差异，或指地理现象在空间上的热点（区）或冷点（区）。例如，某种疾病死亡的集中分布区，某类犯罪事件常发生的地点，某类植物经常生存的位置空间，购物场所中有很少被光顾到店铺的位置等。空间局部异质性可用 LISA 算法、Gi 和 SaTscan 来检验。

2. 空间分层异质性

空间分层异质性（Spatial Stratified Heterogeneity）是指层内方差小于层间方差的现象。例如地理分区、气候带、土地利用图、地貌图、生物区系、区际经济差异、城乡差异以及主体功能区等。层（Strata）是统计学概念，大体对应地理上的类或子区域。空间分层异质性是地理数据的一种重要特征，可用地理探测器中的 *q*–Statistic 来检验。

（三）空间自相关性与异质性在地理空间中的表现形式

根据空间自相关与异质性在地理空间上的作用范围不同，可以分为全局空间自相关性、局部空间自相关性、全局空间异质性和局部空间异质性四类（表 2–1）。在复杂的地理现实世界中，空间自相关性与异质性在多数情况下是并存的，在不同尺度上的地理现象可能表现出不同的性质，因此上述四类性质可以并存，甚至有时是可以相互转换的。虽然上述特性在地理现象中交替出现，但不存在一种统一的方法同时解读地理现象上述各类特征。针对不同的地理逻辑或地理问题，空间统计分析尝试从不同侧面、不同角度，测量、探测、推断、归因上述特性。

表 2–1　地理性质与作用区域的关系

作用区域 性质	全局	局部
空间自相关	全局自相关	局部自相关
空间异质性	全局异质（如分层异质）	局部异质（如局部自相关）

关于表中列出的四类地理特性的关系，目前暂无权威的定义和描述。为了方便后续章节方法的理解，这里简单描述一下本书对这些概念的简单理解，暂不能视为科学的定义。

1. 全局自相关

全局自相关可以理解为地理现象在研究区的全局范围内存在的自相关特征。

2. 局部自相关

局部自相关可以理解为某种地理现象在局部区域内存在的自相关特征。存在全局自相关的情况下，也可能存在局部自相关。当然，若全局自相关性不强，也可能存在局部自相关，即部分区域表现出极强的空间自相关性，而其他区域不存在这种特征。

3. 局部异质性

局部异质性是讨论空间中某区域显著有别于其他区域的现象。局部自相关性其实也是局部异质性的一种表现形式，即某些区域在局部表现出一种很强的空间自相关。

4. 全局异质

全局异质是讨论地理特征在全局空间上表现出的一种分异规律。空间分层异质性可以视为全局异质性的一种表现。地理研究中异质性是比自相关更重要的一种特征，但关于异质性的研究方法相对较少，有待探索和发展。

五、空间推断

根据样本信息对总体做出判断的过程称为推断。这种推断包括对区域总量或均值进行估计、对区域未抽样点进行估计（空间插值）、用样本回归关系估计总体回归关系等。从空间数据的特征上讲，空间推断应充分遵守和运用地理学的两大定律。

（一）空间推断的概念框架

从统计学角度讲，空间推断基本遵循图 2–4 所示的概念框架。这个框架，可以回答：一组特定的观测是否可能由某假设的系统过程导致。用统计术语来说，我们的原假设或零假设（H_0）是：观测模式是由某特定的地理过程产生。根据这个假设，可以用数据公式或计算机模拟出满足 H_0 假设的空间统计量的期望和分布，如图 2–4 左侧所示。对于一组空间抽样得到的观测样本数据，也可以计算观测样本的空间统计量，如图 2–4 右侧所示。最后，检验观测样本数据表达的模式在多大程度上符合上述 H_0 假设。如果可信度较高，则接受 H_0 假设，否则拒绝 H_0 假设。

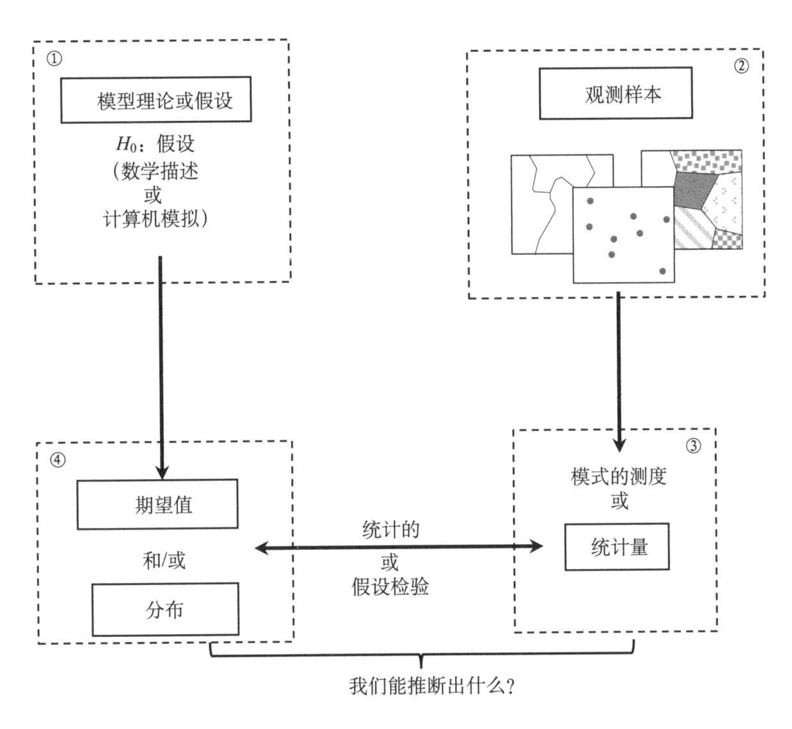

图 2-4　空间推断的概念框架

图 2–4 中实线部分是经典统计推断概念框架。虚线框中①～④标记的地方则是地理空间推断需要扩展的部分。首先，在经典统计中，H_0 假设通常是随机分布假设。在地理研究中随机分布的零假设通常不能回答地理问题。若以随机假设作为零假设，如果结论接受 H_0 假设，即该过程为随机过程，则该地理现象不值得研究；如果拒绝 H_0 假设，仅说明该地理现象不是随机过程产生，而是由系统过程产生，然而并没有回答是由什么样的系统过程产生的。具体是由什么样的系统过程产生才是地理学关注的内容。为了回答地理学关注的问题，需要扩展零假设，即可以将我们怀疑可能存在的某种空间模式或空间系统过程 H_0 假设，即图 2–4 中①处。例如，将空间随机过程扩展为

具有空间一阶或二阶效应的过程之后，如何根据问题假设设计合理的空间采样方案，是地理空间推断中需要解决的第二个问题，即图 2–4 中②处。最后，如何根据问题假设选择、扩展或设计相应的空间统计量，并推断样本符合哪种空间模式或空间系统过程，是地理空间推断中需要解决的第三个问题，即图 2–4 中③处。

但是当遇到许多复杂的地理问题时，在利用计算机模拟生成符合 H_0 空间模式或空间系统过程的空间统计量的期望和分布时，可能会遇到困境，详见下节。更严重的是，在许多研究中，我们很难有个预先的假设，而是希望方法告诉我们它是什么样的，而不是我们给它个假设，让它回答是否满足这个假设。

（二）计算机模拟地理过程的困境与解决方案

1. IRP/CSR 过程

空间统计中最简单的一种过程是没有空间约束条件的独立随机过程（Independent Random Process，IRP）/完全空间随机过程（Complete Spatial Randomness，CSR）。IRP/CSR 有两个假设条件：（1）等概率条件。它表明任何事件具有相同的概率被放置在任何位置，或者等价地图上的每一块小子区域接收一个事件的机会相等。（2）独立性条件。它表明任何事件的放置独立于其他任何事件的放置。空间上的 IRP/CSR 属于泊松分布[①]。

目前，计算机能较好地模拟 IRP/CSR 过程，通过对比图 2–4 左侧和右侧的统计量，可以较好地判断观测模式是否由 IRP/CSR 过程产生。如果 IRP/CSR 被证实，研究人员会很失望，因为地理学关注的是空间自相关性和异质性而非随机性。如果 IRP/CSR 被拒绝，那么关于模式背后的空间过程是什么？因此随机性的检验只为地理研究开启了第一步。空间数据特征和空间模式中隐藏的系统过程才是地理研究关注的重点。

---

① 泊松分布的概率函数为：$P(k)=\frac{\lambda^k e^{-\lambda}}{k!}$，其中，$k$ 是样方内的事件数，λ 是每个样方的平均强度，即 λ= 总事件数/样方数。泊松分布适合于描述单位时间、空间内随机事件发生的次数。

2. 用复杂过程模型替代 IRP/CSR 过程①

为了探究隐藏在空间数据特征和模式中的具体系统过程，研究者尝试用一些复杂的过程模型替代 IRP/CSR 过程参与统计推断，即图 2–4①处的扩展。由于 IRP/CSR 是一个理想的零假设过程模型，不能表征空间的一阶或二阶效应。考虑地理现象的本质特征，替代过程模型可以引入空间一阶效应或二阶效应。区分数据中的一阶效应和二阶效应是困难的，但设计出一种符合某类空间一阶效应和二阶效应的过程模型是可行的。一阶效应是描述大尺度的趋势，描述某个参数的总体变化性。这种变化可以是连续的，也可以是异质性的；而二阶效应则需要描述空间邻近点相互作用的压制和促进。

以空间流行病为例，其一阶效应首先表现为流行病的发病率在空间上会随着风险人群密度的变化而变化。当然，与疾病相关的风险因子还有很多。我们可以在上述一阶效应中进一步引入非均质性，例如，不同的人口组成、家庭类型等。以植物物种分布为例，由于物种的适应性与自然条件（海拔、坡度等）、气候条件（降雨、太阳辐射等）、土壤类型（酸度、化学成分、粒度等）密切相关，故物种空间分布的大趋势上受自然条件、气候条件、土壤类型的影响，即一阶效应。在局部范围内，流行病与物种分布还有其二阶效应。流行病主要表现为得了疾病的某个体常常更容易传染给在某局部区域内的其他个体。同时，物种分布也不总是遵循上面的原则。由于种子飘散和植物扩散（如通过根系传播）的局部过程，通常会在某地方发现某一物种的单独个体。我们期望将会在那里发现更多此类物种。那么，如何把这些二阶效应包含到过程模型中去？

通常我们采用非齐次（Inhomogeneous）泊松分布来表达一阶效应。非齐次泊松分布是齐次泊松过程（IRP/CSR）的一个简单扩展。它假设强度（λ）在空间上不是均匀的，而是允许强度随空间位置而变化。图 2–5 的第一幅图是 $\lambda=100$ 时，模拟的齐次泊松过程。图 2–5 的后两幅图在 λ 中引入了空间变化，用阴影和强度变化的等值线表示。后两幅 λ 的取值范围是 100～200；等值线的取值范围为 110～190，间隔为 10。值得注意的是，尽管区域中有两种强度变化，但两者与齐次情况都没有非常明显的不同。可见，除非有很显著的强度变化，否则难以代表更复杂的过程。

---

① 本节大部分内容引自 David and David，2010。

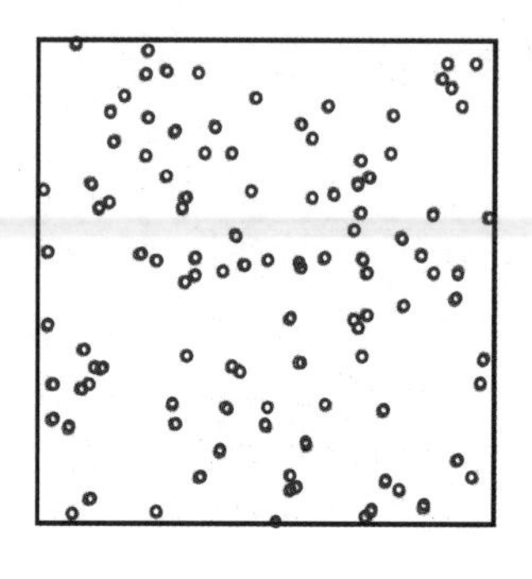
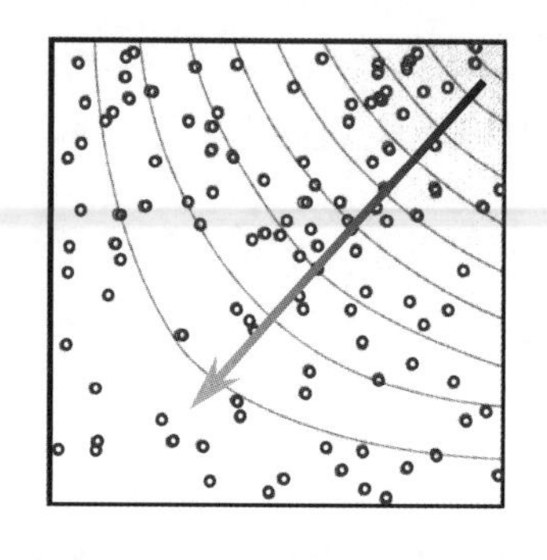
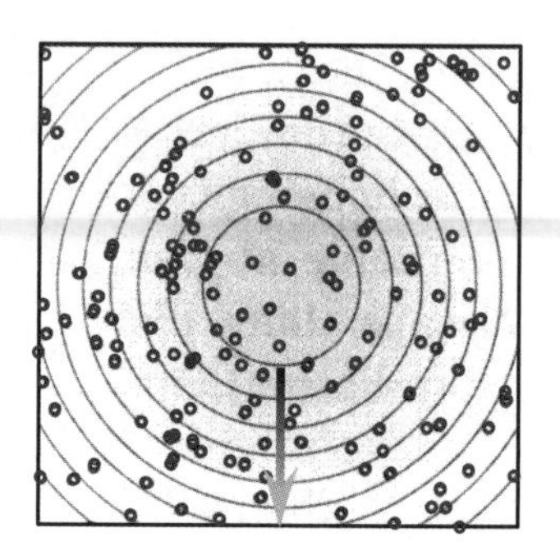

图 2–5　三个泊松过程的实现

资料来源：修改自 David and David，2010。

托马斯过程（Thomas Process）或泊松聚集过程可以表达空间二阶效应。其过程是用一个简单的泊松过程（可以是齐次的）产生母事件，然后在每一个母事件附近产生随机数量的子女，即子女围绕母事件随机放置，再移去母事件就得到最终聚集模式。图 2–6 显示了三个空间二阶效应的分布。设定该过程需要三个参数：初始母事件分布的强度（λ），每个母事件的子女数量（μ，其本身也是泊松分布的平均强度）和子女围绕母事件位置的散布特征（σ）。最后一步依据一个高斯核函数将子女放置于离母事件不远处，并且必须设定核的标准差。值得注意的是，图 2–6(a)的模式似乎与 IRP/CSR 没有明显差别，至少目视情况是这样的。

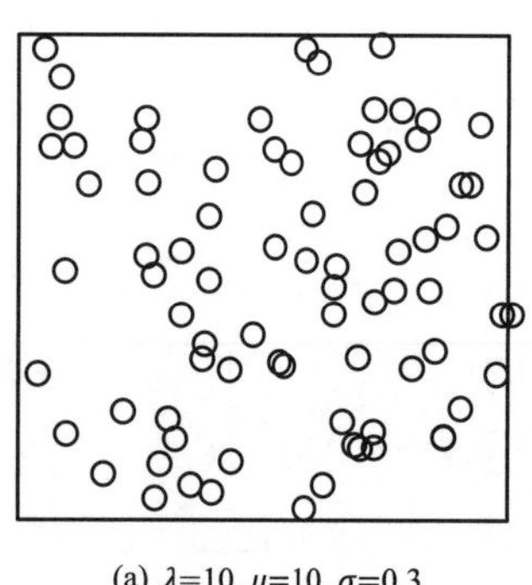

(a) λ=10, μ=10, σ=0.3

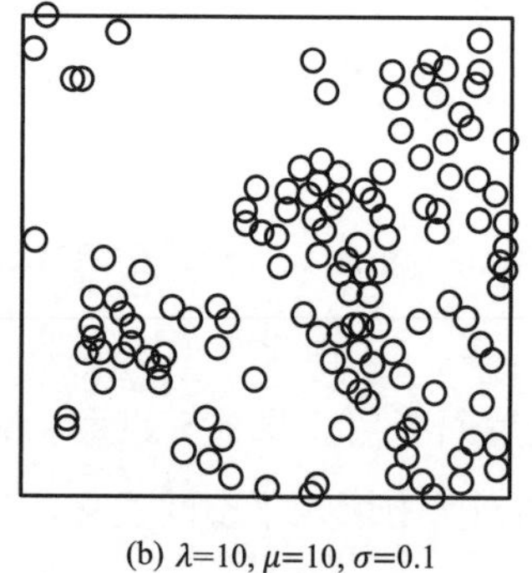

(b) λ=10, μ=10, σ=0.1

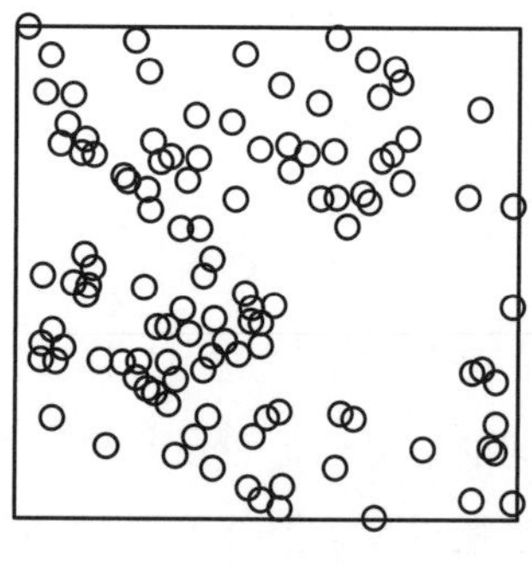

(c) λ=20, μ=5, σ=0.1

图 2–6　托马斯过程的三个实现

资料来源：David and David，2010。

选择适当的参数，托马斯过程可以产生非常显著，甚至可用肉眼观察到的聚集模式。而其他的过程模型可应用堆积约束或抑制，使得事件间相互靠近的距离不可能比某一最小的限制距离更小。这就产生了空间均匀或分散的模式。

但在实际应用中很少有人这样做。一是因为这种模拟参数的确定比较复杂而且效果似乎不尽人意；二是其结论的用处依然有限。即若检验结果匹配，验证了先验知识，也可能与数据的选择有关；若检验不匹配，只能说明更加聚集或更加分散。该结论可能有用，但在许多实际情况中它的用处依然有限。

后续介绍的方法大多不会用到这种复杂的模拟，但有时也会基于这个思路思考问题，例如点模式分析方法基本是沿袭经典空间统计的框架开展研究。

3. 似然推断

一种应用越来越广并使我们取得更大进展的方法是似然推断（Edwards，1993）。其基本思想是用模式测度的统计分析方法，评价许多可供选择的过程模型，判断哪种过程模型最可能产生观测模式。粗略来说，对于一个观测模式，需要评价它最能体现出哪一种替代过程模型的特征。对于给定观测数据，常规统计推断是依据假设过程对数据赋予一个概率，而似然统计量则是对许多可能的过程赋予一种可能性。对于许多科学家而言，这是一种基于证据提出理论评价问题的更令人满意的解决方案。

似然统计量的技术细节相当复杂，超出了本书范围。概略地说，该方法首先估计所选择类型（基于观测模式）的替代过程模型参数，然后确定每个拟合的过程模型产生观测数据的可能性大小。这就要用到计算机模拟。似然方法的魅力在于，不仅给我们是否拒绝 IRP/CSR 的结论，同时可以告诉我们哪个模型与观测模式最吻合。

应用似然方法需要谨慎设定要考虑的替代模型。当选择到一个最可能的模型时，还不能排除其他可能性，即替代模型中没有一个是更好的或者替代模型之间的差异不足够显著，从而不能证明该模型比其他模型更好。就此而论，采用可视化方法不失为明智之举，可以避免被数值统计输出和过分强调“最好”的模型选择而弄得忘乎所以。

最后，当以往研究或先验知识强烈建议的一个具体空间过程时，很多人主张用贝叶斯方法（Bolstad and William，2007）。其思想是应用观测数据，完善一个已经存在的过程的统计模型。虽然贝叶斯方法的哲学基础吸引了很多科学家，但迄今为止，该方法在模式分析中没有得到广泛采用。

采用似然方法或贝叶斯方法并结合可视化与常规假设检验，可以让我们避免经典统计的局限性，避开皮特・古尔德（Peter Gould）[①]和戴维・哈维[②]对经典统计的批评。

六、空间抽样：数据的收集

（一）空间抽样的意义

收集数据是数据分析的起点。例如，为了检验前述案例中某地块粮食产量与肥力关系的假设，则需要收集此地块土壤的信息和数据。除了考察农场中此地块，还需要考察周边地块的土壤肥力。在更加严格的研究中，可能还要在这块地的不同位置钻孔，收集土壤样本，以在实验室中对土壤进行化学分析。当在这块地上不同位置钻孔时，我们实际上是在收集土壤样本以做进一步考察，而不是考察土壤总体，因为要考察土

---

① 皮特・古尔德在《统计推断是徒劳无功的地理称谓吗?》（*Is statistic Inference the geographical name for a wild goose*）的文章中对在地理学中应用推断统计提出了若干重要的批评。古尔德提出如下论述：（1）地理数据集不是样本；（2）地理数据几乎从来不是随机的；（3）因为存在空间自相关，地理数据不是独立随机的；（4）因为n总是很大，所以我们几乎发现统计结果总是显著的。（5）真正重要的是科学意义，而不是统计显著性。 看过上面的论述后，希望你能或多或少地回应这些论述：（1）过程实现方法使得我们用一种特殊方式，把地理数据视作样本；（2）地理数据的确不是随机的，但可看作是对一个随机过程的结果进行分析，这在科学上是有用的；（3）虽然数据不是独立随机的，但若我们能够发展出比 IRP/CSR 更好的模型，就不能阻止我们用统计学；（4）n 通常比较大，但不总是如此，因此这一点不能令人信服，尤其是当应用一种常识性方法去解释统计推断时。（5）赞同古尔德的这一观点。科学意义是最重要的事情。

② 在多年前刊出的两篇文章中，戴维・哈维也讨论了一些问题（Harvey，1966，1968）。他的观点简单、无可辩驳，但非常重要，即常规统计方法有内在矛盾与因果效应。通常，在检验某过程模型时，需要从数据中估计出关键参数（对于点模式分析往往估计强度λ），但该估计参数对我们的结论有强烈影响，以致通过改变参数估计值往往可以得到任何想要的结论，而这常常可以通过改变研究区域来完成。现代模拟方法不太容易出现此类问题，但研究区域的选择仍然至关重要。必须认真对待哈维关于空间分析方法解释地理现象的失望和沮丧。重要的是我们要承认，空间分析方法证明任何事情的能力归根结底是有限的。这是科学哲学中的一种观点，即在科学理论的发展与建立过程中，如何评价科学依据。哈维的批评指向对观测数据进行解释的理论的重要性。然而，在“确定地理过程的任何特定理论在多大程度上能够很好地拟合观测数据”的证据中，空间分析可以发挥重要作用。

壤总体，就必须考察这块地的每一处。所考察的每个地点，都是样本中的一个观测单元或者说一个样本。所选择的观测单元的个数称为样本容量。类似地，如果我们在不同的时间考察这块地上的同一地点，并把对这一地点的每次考察当成一个观测单元。那么我们就可以时间为维度从总体中收集观测单元。最后，来自观测单元的测度值通常称为观测值。一组这样的值则称为数据集。

从不同位置收集好土壤样本后，便可进行化学分析，评估样本中不同化学成分（如磷、氮、钾）的含量。通过考察样本中的所有观测单元，可以得到各化学成分的测度值。比如平均每千克土壤含 30 毫克氮。该测度值就是“统计量”，因为它来自样本中的所有观测单元。如果数据的收集涵盖了整个总体，那么所得到的类似测度值便称为参数。例如，在十年一度的人口普查中，普查人员原则上要向所有人提出某些问题（我们知道有些人会被漏掉，因为无法联系上他们，即所谓的“少计”）。从这些问题中得到的测度值便为“参数”。

在上面有关土壤的例子中，我们根本不可能为了进行全面考察而去评估地块中每立方英尺土壤的肥度，因为这样做耗资耗时。此外，如果每处都钻孔以获取土壤，那么这块地将无法剩下任何土壤。因此，人们通常会进行抽样，而不是考察整个总体。正是因为这个原因，研究统计量就显得十分必要。

从土壤样本中得出的有关化学成分含量的统计量可以为这块地的土壤状况（包括化学成分含量的分布）提供描述性信息。因此，这些统计量被称为“描述性统计量”。这些统计量对整块地化学成分含量的描述或者说对总体的描述准确程度，取决于许多因素。我们知道这些统计量不可能百分之百精确（因为它们不是对农场每寸土壤进行全面考察而得出）。它们的精确程度取决于样本的代表性。

研究中我们当然更愿意考察总体，但实际上，我们通常考察的是样本而不是总体。这主要是因为（1）总体太大，列举不完；（2）列举整个总体，成本十分高昂；（3）研究需要尽快得出结论，而研究总体耗时过长；（4）列举时必须毁坏观测单元，因此进行全面列举会毁坏整个总体。故如何设计一个高效的抽样方案，即用较少的样本量获取较准确的统计估计值是地理研究中的一个重要科学问题。

虽然有些情况下很难对所研究的空间对象或特征进行抽样（甚至只能被动地接受已获得的数据），例如，国民生产总值（Gross Domestic Product，GDP）、人口等，但我们仍然需要了解应当如何进行空间进行抽样。一方面抽样可以使我们对已有数据进行评估和考量，从而为模型设定、统计推断等提供帮助；另一方面随着大数据时代的到来，样本量越大，计算时间越长，需要我们抽取部分有代表性的数据进行计算。简单的随机抽样是草率的，因为空间具有依赖性和异质性。总之，空间抽样之所以值得关注是因为我们希望空间数据尽可能代表空间的真实情况，同时抽样可能影响后续包括建模、统计推断等一系列的理论，因此与数据收集相关的空间抽样至关重要。

（二）空间抽样的方法

1. 经典抽样方法

简单随机抽样（Random Sampling）、系统抽样（Systematic Sampling）和分层抽样（Stratified Sampling）是三种常见的抽样方法。

随机抽样是指不依据任何事先确定的结构或规则，随机地从总体中选择样本。我们经常会利用随机数进行随机抽样。对于一组有序的对象，可抽取序位与计算机所产生的随机数相对应的个体作为样本。另一种可供选择的方法是在抽样之前，将该组对象中的所有个体随机混合在一起。

与随机抽样相反，系统抽样是指按一定原则制定的特定规则来选取样本，具体原则视研究目的而定。一般来说，所采用的抽样原则应能覆盖总体的整个连续谱，例如在一组有序的对象中，每隔 14 个选取一个作为样本。再比如将城市中每个街区西北角的家庭作为样本。但有时一些研究可能要强调总体中的某一个或某几个部分，比如总人口中的少数民族。为此，可设定特定的抽样方法，以更多地对特定的少数民族进行抽样。但在这样做时，必须慎重考虑样本所代表的是什么，以及会对结果产生怎样的影响，因为在这种情况下，相关群体可能会被过度抽样。

有时随机抽样和系统抽样也存在着一些变异形式。比如，我们可以根据样本的特征进行分层，将具有某种共同特征的样本归入同一层，然后再对各层中的个体分别进行随机或系统抽样。这种抽样方法就称为分层抽样。例如，从俄亥俄 164 个城市中选取 20 个城市的方法可以有很多种。在随机抽样中，可以先按人口规模对 164 个城市进行排序，然后选取那些序号与随机数表中前 20 个随机数相同的城市；也可以进行系统抽样，每隔 7 个城市选取 1 个城市，直到从 164 个城市中选出 20 个。此外，还可以采用分层抽样法，先按照其位置是在俄亥俄东北部、西北部、东南部还是西南部，将这

164 个城市分成 4 组，然后随机或系统地从各组中分别抽取 5 个城市，以确保样本城市能较好地代表整个俄亥俄区域。

2. 空间抽样方法

为配合地理空间样本的选取而设计的抽样方法称为空间抽样（Spatial Sampling），即图 2–4②处的扩展。空间抽样的核心任务是确定抽样的位置、确定样本量大小。前者是在样本量确定的情况下考虑如何制定抽样方案。其目的是让样本最大程度上反映变量总体的空间变异，即最大化抽样效率。而后者则出于节约费用、减少耗时的考虑，样本量大小与研究问题和目的密切相关。空间抽样可以基于经典抽样理论扩展而来。由于抽样对象与地理空间有关，空间抽样需要在抽样过程中加入地理维度的思考并进行调整。空间随机抽样、空间系统抽样、空间分层抽样、空间三明治抽样是目前常见的抽样方法。

（1）空间随机抽样

空间随机抽样是指在地理空间上等概率地抽取若干样本单元。样本单元可以是点，也可能是行政单元，也可能是样方。以点样本为例，在计算机环境下或在 GIS 中，可以通过随机生成 x 和 y 坐标值来确定观测点，如图 2–7(a)所示。如果 x 和 y 坐标值均是随机确定的，那么就认为由坐标值对所确定的点是随机分布的。

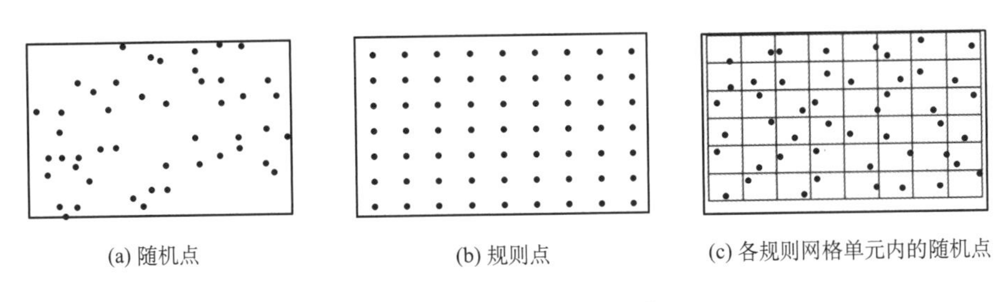

图 2–7 空间抽样方法示意

资料来源：David *et al.*，2005。

空间随机抽样中，样本数量通常不少于 30 个。当然仍需要结合具体问题具体分析。由于空间相关性，空间抽样的均值方差（$\{\sigma^2 - E[C(i,j)]\}/n$）比传统抽样的均值方差（$\sigma^2 n^{-1}$）小，因此，当用户给定期望抽样方差不大于 V 时，空间样本量 n 的计算过程如下所示：

$$V \geqslant \{\sigma^2 - E\left[C(i,j)\right]\} / n; \Rightarrow$$

$$n \geqslant \{\sigma^2 - E\left[C(i,j)\right]\} / V = \sigma^2 / V - E\left[C(i,j)\right] / V$$

$$= \left(\sigma^2 / V\right)\left(1 - E\left[C(i,j)\right] / \sigma^2\right) = n_0(1-\gamma);$$

其中，$n_0 = \sigma^2 / V$ 为传统简单随机抽样根据用户期望调查估计方差V计算的样本量；σ^2 为离散方差；$\gamma = E[C(i,j)] / \sigma^2$ 为空间自相关系数。空间自相关系数越高，空间随机抽样数 n 越少。根据上面的公式，相同情况下，空间随机抽样的样本量可以比传统随机抽样的样本量少一些（David *et al.*，2005；王劲峰等，2019）。

（2）空间系统抽样

空间系统抽样可选取规则分布的地点，以确保覆盖整个研究区域，如图 2–7(b)所示。图中观测点与其周围沿 x 轴和 y 轴方向四个相邻观测点间的距离相等或大致相等，但与它周围沿对角线方向四个相邻观测点间的距离不等。若希望样本规则分布且与周边各观测点的距离相等，则可用图 2–7(a)所示的六边形格网划分空间。稍复杂些的空间系统抽样可以先对地理空间进行系统划分，然后在分割开的各子区域中分别进行随机抽样。当然，划分出的各子区域必须互相独立，并且合在一起要能覆盖整个总体。图 2–7(c)就是先将整个区域划分成若干子区域，然后在各子区域内进行随机抽样。

空间系统抽样的样本均值方差与空间随机抽样的样本均值方差较为接近，但后者的计算要简单的多。因此，空间系统抽样的样本量估算可以采用空间随机抽样的样本量估算方法。对于稍复杂空间系统抽样，首先根据经典随机抽样模型的样本量 n_0 再乘上（$1-\gamma$）得到新的样本量 n；然后根据样本量 n 和抽样区域面积及形状计算样本布设抽样间隔；最后按照抽样间隔，在抽样区域中随机选择样点为中心，在 x 轴和 y 轴两个方向上按照抽样间隔放置样本，直到所有样本布设完毕。

与空间随时抽样相比，空间系统抽样在空间覆盖度方面更高、更均匀，因此能较好地度量到研究对象的空间变化特征。空间插值的结果也会有更高的精度。

（3）空间分层抽样

所谓空间分层抽样是先根据调查对象的空间特征进行分层，将具有某种共同待征的空间样本归入同一层，然后再对各层中的个体分别进行空间随机或系统抽样。

由于抽样不是本书的重点，对于空间分层抽样总样本量的估算方法以及各层样本量的分配方法详见（王劲峰等，2019）。这里需要注意，若分层在地理空间上比较破碎时，分层抽样的效果不一定优于空间随机抽样或空间系统抽样。

（4）空间三明治抽样

上述三种抽样方法都是针对一个报告单元设计的方法。若要报告中国近 3 000 个县的 GDP 分布，按照过去的方法，需要在每个县抽取至少 2 个样本单元，则需要至少 2×3 000=6 000 个样本。可见，当报告单元较多时，采用上述方法会产生样本量大、费用高等问题。

王劲峰等（Wang *et al.*，2002，2013）提出的空间三明治抽样，可以解决总体分异条件下用较少的样本量实现多报告单元报告的问题。抽样过程如下：首先，对研究对象按照层内方差最小、层间方差最大的方式进行分层，形成知识层；然后，样本按知识层进行分配，计算出各层的样本均值和方差；之后，将报告单元的图层与知识层叠加，将知识层的均值及方差推算到各报告单元中，得到各报告单元的及均值方差。可见，空间三明治抽样与统计推断实际上是两次空间分层抽样统计：第一次从对象层到知识层；第二次从知识层到报告层。

空间三明治抽样是两次空间分层抽样，因此其总体误差和总样本量的计算同空间分层抽样。

3. 总结

优秀的空间抽样方案是指用较小的样本得到较高精度的统计结果。为了实现这个目标，抽样设计者应该对地学对象的性质有较好的理解。当地学对象独立同分布时，简单的空间随机抽样和系统抽样就能达到恰当的效果。当地学对象空间分异性较强时，空间分层抽样和三明治抽样是较为恰当的方法。

七、空间权重矩阵

地理学第一定律中远近的概念比较含糊。而空间统计要求定量刻画远近并将结果纳入统计模型中。空间权重矩阵是定量刻画远近的重要方法之一。空间权重表示了空间观测样本之间的相互作用强度或依赖强度。通常样本距离越近，它们之间的相互作用越强。

（一）基于距离的空间权重矩阵

距离通常用来衡量空间实体之间的远近。在小研究区域中可以忽略地球曲率的影响，通常使用简单的欧几里得距离（$d_{ij}=\sqrt{(x_i-x_j)^2+(y_i-y_j)^2}$）。其中，$(x_i,y_i)$和$(x_j,y_j)$是二维空间中的两坐标点。而在大的区域上，可能需要考虑地表曲率，进行更复杂的距离计算。

除欧几里得直线距离外，还有许多其他计算距离的方法。例如，涉及相互交织的公路、铁路、河流或航空运输网络时，可以考虑用交通过程中的网络距离、时间距离、费用距离等更为广泛的距离概念。这些非传统的距离可以表征现实世界中一些特有性质。例如，在现实世界中，不乏从A地到B地比从B地到A地需要更长时间的情况。在一个城市中交通网络结构可能影响距离，使得他们在一天的不同时间或在不同方向上确实不同。另一个例子是，飞机在北纬跨越大西洋飞行时，在相同的盛行风情况下，向东飞行比向西飞行的时间短。

最简单的基于距离的空间权重（相互作用强度）可用由某种形式的距离反比加权确定。其一般形式如下：

$$w_{ij}\propto 1/d^k \qquad \text{（公式 2–1）}$$

其中，w_{ij}是空间距离为d的两个实体i和j之间相互作用的权重；距离指数k控制权重衰减的比率。使用逆幂律保证互相靠近的实体比互相远离的实体具有更强的相互作用。

以图2–8(a)所示的空间情景为例，其距离矩阵如图2–8(b)中的矩阵所示。其中，第一行表示对象A与对象B、C、D、E、F之间的距离分别是66米、68米、68米、24米和41米。值得注意的是：(1) 矩阵中行与列的顺序是相同的，都是ABCDEF的顺序；(2) 矩阵包含每个对象到其自身的距离，所以矩阵从左上到右下的主对角线上所有元素都为0。

若用距离反比（$1d^{-1}$）规则，空间矩阵如图2–8(c)所示。注意，通常忽略主对角线上为无穷大的那些元素，因为无穷大是难以处理的。此外，应用中通常使用标准差标准化后的权重矩阵W^*（图2–8(d)），即调整权重矩阵使每行的和等于1。

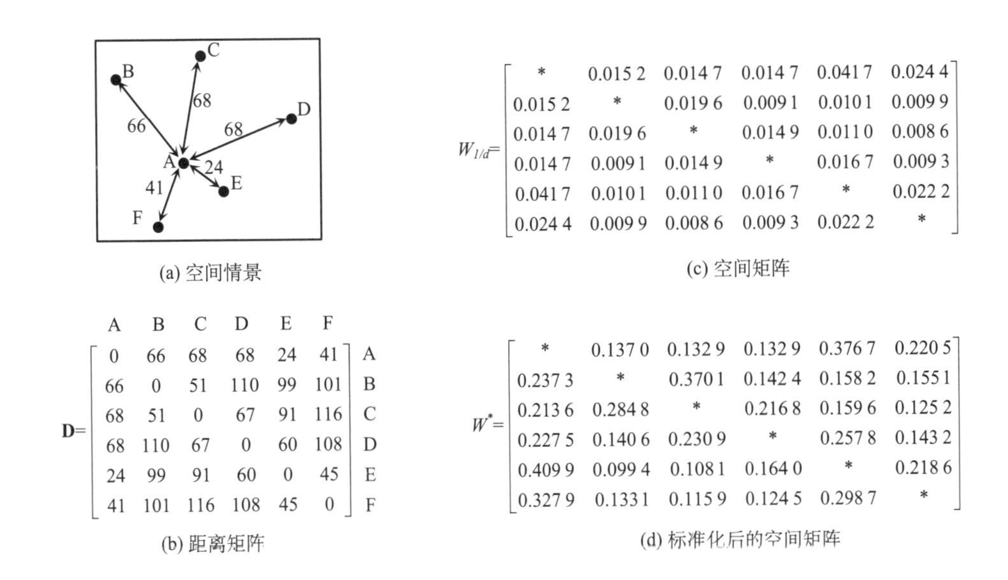

图 2–8 空间情景及其权重矩阵示意

资料来源：修改自 David and David，2010。

通常，两个实体间的相互作用也可以用实体的某种属性进行修正加权。通常是用实体的大小进行测度，例如表示人口数量的 p_i 和 p_j；得到一种修正的相互作用权重：

$$w_{ij} \propto \frac{p_i p_j}{d^k} \qquad \text{（公式 2–2）}$$

如果采用实体纯粹的空间特性作为权重，两个面单元间的相互作用可用它们各自的面积之积除以它们之间的中心距离进行加权。在不同情况下，可以考虑采用除中心距离之外的其他量测方式，例如，可以把两个区域或国家之间的贸易量的倒数作为距离的量测。

（二）基于邻接的空间权重矩阵

邻接可以认为是距离的名义量或二值等价量。在空间中，两个实体要么邻接，要么非邻接。在数学上，可以把空间邻接实体的相互作用强度视为 1.0（强相互作用），不邻接实体的相互作用强度视为 0.0（无相互作用）。在面单元的空间自相关性测度和空间插值时，邻接是常用的版权方法。下面介绍几种基于邻接的空间权重定义方法。

1. 基于一阶邻接的空间权重矩阵

（1）基于公共边或公共点的邻接

对于一组多边形，最简单邻接是公共边、公共点的邻接。常见的邻近方式有车（Rook）式、象（Bishop）式、后（Queen）式三种。图 2–9 以栅格形式展示了上述三种邻近关系。车式邻接只能横走和直走，象式邻接共能斜着走，而后式邻接除了横走直走，还可以斜走。在车式标准下，若两区域单元有长度大于 0 的公共边界，则两区域单元相互邻接；在象式标准下，仅当两区域单元边界上有公共点时，两区域单元相互邻接；在后式标准下，若两区域单元有长度大于 0 的公共边界，或边界上有公共点，则两区域单元相互邻接。

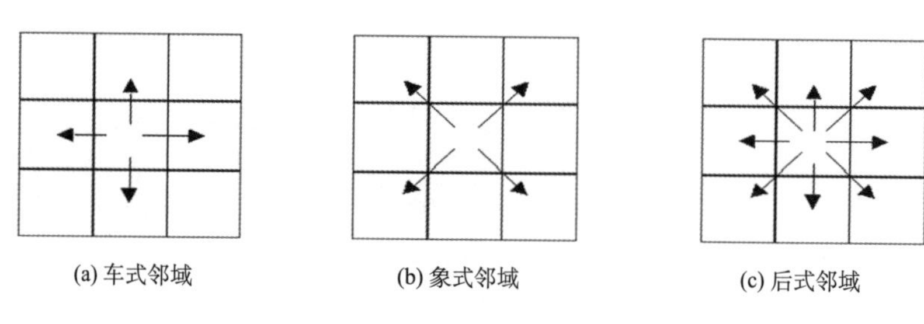

图 2–9　三种邻域关系示意

（2）基于距离的邻接

常见的基于距离的邻接关系定义有两种。一种是阈值法，即距离小于某固定阈值（如 100 米）的两个实体是相互邻接的，否则为非邻接。另一种是最近邻法，即某实体与最近邻的 n 个实体是邻接的，否则为非邻接。这里需要注意阈值法的邻接关系是相互的，但最近邻法得到的邻接关系不一定是相互的。

以图 2–8(a)为例，若采用阈值法且距离阈值为 50 时，则其空间权重矩阵如图 2–10(a)所示。阈值法的邻接矩阵也是对称的。如果对任意行或列求和，就得到相应对象的邻接对象总数。例如，矩阵第一行的和为 2，表示对象 A 有两个邻接对象。注意，图2–10(a)在对角线上放置了符号*，表示不清楚对象本身是否是其邻接。在具体应用中，可以根据需求定义对象自身是否邻接。

$$W_{d\leqslant 50}=\begin{bmatrix} * & 0 & 0 & 0 & 1 & 1 \\ 0 & * & 0 & 0 & 0 & 0 \\ 0 & 0 & * & 0 & 0 & 0 \\ 0 & 0 & 0 & * & 0 & 0 \\ 1 & 0 & 0 & 0 & * & 1 \\ 1 & 0 & 0 & 0 & 1 & * \end{bmatrix}$$

(a) 距离阈值为 50 的空间权重矩阵

$$W_{k=3}=\begin{bmatrix} * & 1 & 0 & 0 & 1 & 1 \\ 1 & * & 1 & 0 & 1 & 0 \\ 1 & 1 & * & 1 & 0 & 0 \\ 1 & 0 & 1 & * & 1 & 0 \\ 1 & 0 & 0 & 1 & * & 1 \\ 1 & 1 & 0 & 0 & 1 & * \end{bmatrix}$$

(b) 最邻近对象数为 3 的空间权重矩阵

图 2–10　距离邻接权重矩阵示意

资料来源：David and David，2010。

若采用最近邻法且将最近邻对象数设为 3，则其空间权重矩阵如图 2–10(b)所示。注意，该矩阵不再对称，因为最近邻域规则使得该关系不对称。以图 2–8(a)中的 B 和 E 为例，E 是 B 的邻接但不保证 B 是 E 的邻接。从这个矩阵中可以看到，对象 A 实际上是其他所有对象的邻接。这是由于它处在研究区域的中心位置。

（3）基于泰森多边形的邻接

泰森多边形（Voronoi Diagram）是基于样点对空间平面的一种剖分。图 2–11(a)表示了一组样点，图 2–11(b)、(c)给出了根据样点生成狄洛尼（Delaunay）三角网（浅色），再生成泰森多边形（深色）的过程。其特点是多边形内的任何位置距该多边形内的样点最近，且每个多边形内包含且仅包含一个样点。由于泰森多边形在空间剖分上的等分性特征，可用于解决最近点、最小封闭圆等许多空间分析问题。在泰森多边形的区域划分中，具有共享边的点是相互邻接的。图 2–11(d)展示了基于泰森多边形的空间平面剖分以及在这种剖分下的邻接关系，即具有共享边的点是相互邻接的。

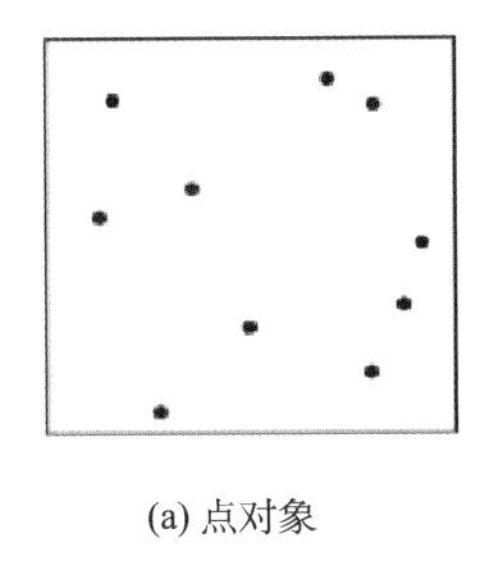

(a) 点对象

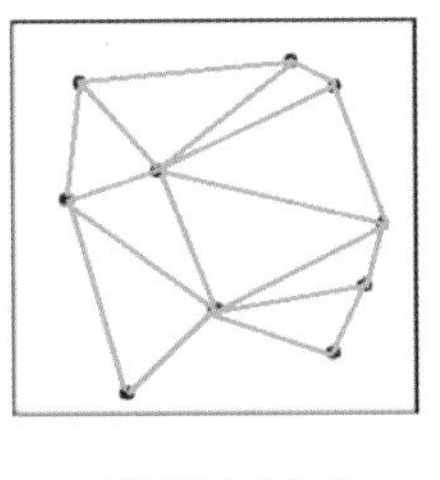

(b) 狄洛尼三角形

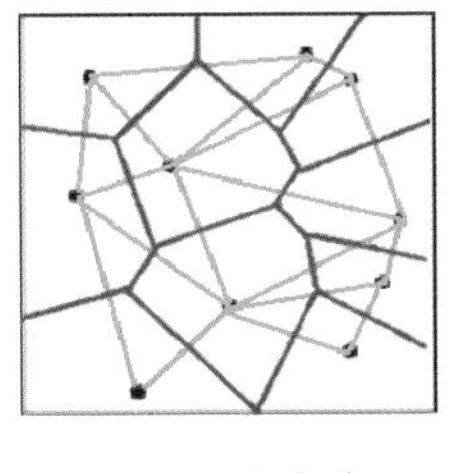

(c) 泰森多边形

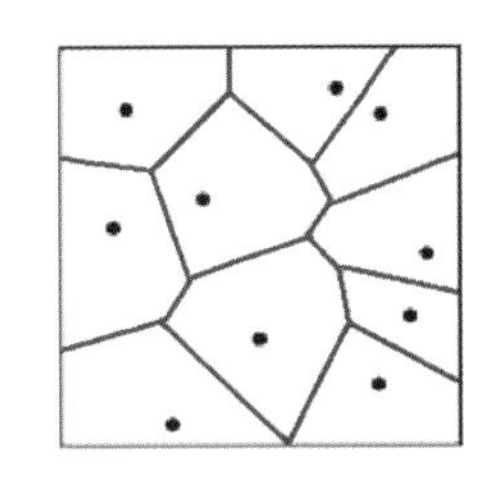

(d) 泰森多边形解读邻接关系

图 2–11　泰森多边形的生成示意

（4）其他邻接关系

在应用中，可以根据应用需要定义邻接关系。以城市间的固定航线为例，伦敦与都柏林、伦敦与贝尔法斯特之间有固定航班，但都柏林与贝尔法斯特之间无固定航班。若将有固定航班连接的两个城市视为有邻接关系，尽管伦敦与贝尔法斯特、伦敦与都柏林之间相距 500 千米，但因存在固定航班，它们之间是互相邻接。尽管都柏林与贝尔法斯特同属爱尔兰、相距 136 千米远，但因无固定航班，它们之间也不互相邻接。

2. 基于高阶邻接的空间权重矩阵

上面我们讨论的是一阶邻接的规则，即直接邻接的关系。其实邻接可以延伸到间接邻接的关系，例如，二阶邻域甚至是高阶邻域。尽管高阶邻域的计算有困难，但当邻接矩阵是二元矩阵时，高级邻接矩阵则可以通过低阶邻接矩阵自乘得到。

所谓二元矩阵具有以下特征：(1) 各单元值要么为 0（不相邻），要么为 1（相邻）。(2) 主对角线（从左上到右下）上的所有单元值都为 0，因为我们假设任一单元都不是它自己的邻域。当然，在某些特定的情况下，对角线上的元素也可以等于 1。(3) 二元矩阵为对称矩阵，即以主对角线为界，矩阵右上方的三角阵是左下方三角阵的镜像。

在二元邻接矩阵的前提下，高阶邻接矩阵（C^n）通常可以通过低阶邻接矩阵（C^{n-1}）的自乘得到。以图 2–12(a)俄亥俄东北部七县的空间分布为例，根据后式邻接法，其一阶邻接矩阵如图 2–12(b)。将一阶矩阵自乘后，可得到其二阶邻接矩阵如图 2–12(c)。二阶邻接关系矩阵单元中的 n 大于 1 表示对应两对象通过两次后邻接能建立邻接关系，n =0 表示对应两对象通过两次后邻接仍无法建立邻接关系。若两对象通过两次后邻接能建立邻接关系，n 表示有 n 条路径可以实现这种二阶邻接。例如莱克和波蒂奇之间的二阶邻接矩阵单元的值为 2，表示从莱克和波蒂奇有两条路径可以实现他们之间的后式二阶邻接。一条路径是“莱克→吉奥格→波蒂奇”，另一条是“莱克→库雅荷加→波蒂奇”。

尽管有时不会用到二阶邻接矩阵，但是有必要了解这种简单、直观的二元邻接矩阵的威力。

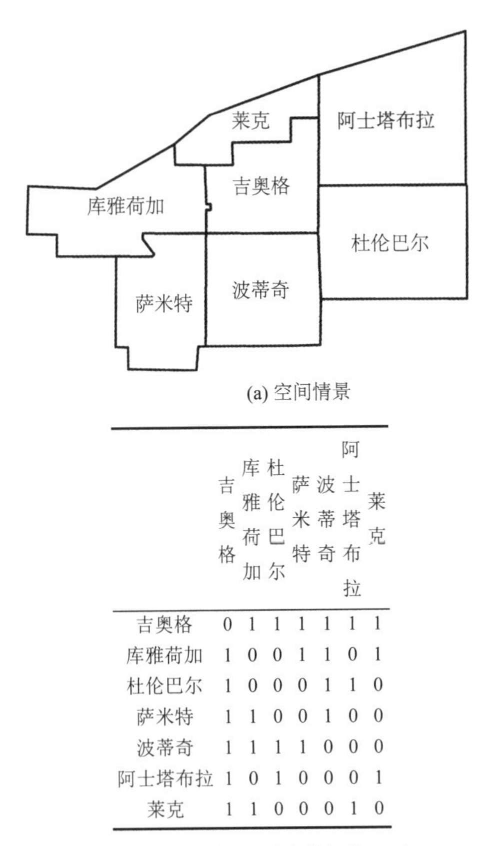

(a) 空间情景

	吉奥格	库雅荷加	杜伦巴尔	萨米特	波蒂奇	阿士塔布拉	莱克
吉奥格	0	1	1	1	1	1	1
库雅荷加	1	0	0	1	1	0	1
杜伦巴尔	1	0	0	0	1	1	0
萨米特	1	1	0	0	1	0	0
波蒂奇	1	1	1	1	0	0	0
阿士塔布拉	1	0	1	0	0	0	1
莱克	1	1	0	0	0	1	0

(b) 后式（8 领域）一阶邻接矩阵（C^1）

	吉奥格	库雅荷加	杜伦巴尔	萨米特	波蒂奇	阿士塔布拉	莱克
吉奥格	6	3	2	2	3	2	2
库雅荷加	3	4	2	2	2	2	1
杜伦巴尔	2	2	3	2	1	1	2
萨米特	2	2	2	3	2	1	2
波蒂奇	3	2	1	2	4	2	2
阿士塔布拉	2	2	1	1	2	3	1
莱克	2	1	2	2	2	1	1

(c) 后式（8 领域）二阶邻接矩阵（C^2）

图 2–12　高阶二元邻接矩阵

资料来源：修改的 David *et al.*，2005。

第二节　空间全局自相关性的度量

空间自相关是地理现象的重要特征之一，即相距较近的位置之间或是发生在这些位置的事件之间具有某种程度的相似性。本节介绍不同地理数据类型常用的度量空间自相关程度的方法。

一、点模式的自相关性度量

所谓的点模式数据是在指定属性或没指定属性的情况下，研究区内随机定位的点对象。例如，在林区随机采样的树的位置或在林区随机采样的病态和非病态树的位置。点模式数据的属性通常是确定的。其空间自相关性表现在这些具有相同属性的点事件在空间上通常离得较近，即点对象在空间上的聚集特征。下面介绍一系列用于度量同类点事件的空间聚集程度的方法。

本节将介绍基于密度和距离的方法，并给出区分空间聚集、随机、规则三种状态的系列空间统计量，即对图 2–4③处的扩展。对于任意一组观测样本，可计算观测样本的空间统计量，并与 H_0 假设的统计量期望进行对比，从而推断观测样本所属的分布模式。至此空间统计对经典统计的所有扩展如图 2–13 所示。这里需要注意，根据前文可知，图 2–13①处的扩展基本以失败告终，所以基本还是以 IRP/CSR 为 H_0 假设。在对比 IRP/CSR 和观测点模型的空间统计量的关系后，得出是否显著拒绝 H_0 假设的结论。若接受 H_0 假设，则观测模式为 IRP/CSR 分布；若拒绝 H_0 假设，再根据空间统计的大小，判断观测模式更接近集聚还是分散。由于点模式分析基本还是遵从经典统计的推断框架，因此也称经典点模式分析。

空间随机模式（IRP/CSR）：从统计学的角度看，地理现象或事件是随机的（出现在空间任意位置都是有可能的）。如果没有某种力量或者机制来安排事件的出现，那么分布模式可能是随机分布的。从数据的角度看，空间随机是一种符合 IRP/CSR 假设的理论模式。其中，CSR 是指研究区域任何地方只有同等的机率接受点，也即区域是均质的。IRP 是指一个点区位的选择不会影响另一个点区位的选择，即点是相互独立。

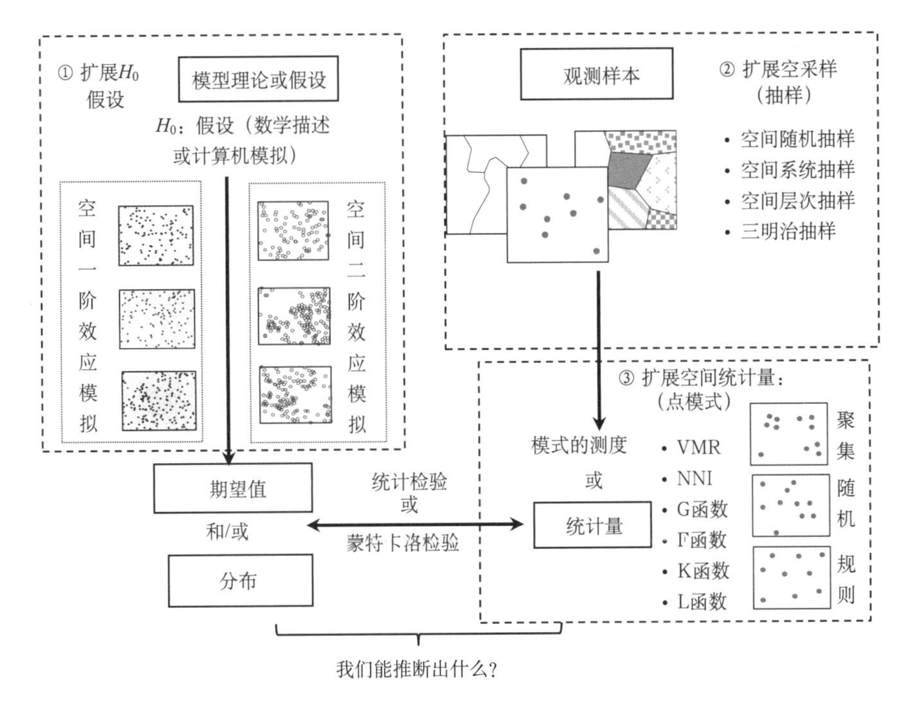

图 2–13　空间推断框架的扩展与点模式分析的空间统计量

由于地理世界中的事物可能存在某种联系，因此空间分布可能存在空间聚集模式（Cluster Pattern，CP）或空间均匀模式（Ruler pattern，RP）。空间聚集模式比随机模式更聚集，说明某些地区有较强的吸引能力或事件之间有较强的吸引力，呈现扎堆出现的情况。而空间均匀模式则比随机模式更分散，说明相邻观测单元之间有较强的互斥关系。通常，分散模式也可以理解为均匀模式。

现实世界中的大部分模式都介于随机与分散模式或随机与聚集模式之间，极少能遇到极端聚集、极端分散、极端随机的模式。

既然现实模式很难轻易归入随机、聚集、分散型，那么对于某种空间观测模式，需要考虑它与随机、聚集、分散的接近程度。如果接近，那么这种接近是由偶然因素还是由系统过程造成的？本节将讨论如何判断观测模式与随机模式的接近程度及其置信程度。

经典点模式分析基于密度和距离的两种基本的度量方法发展了一系列空间统计量，如表 2–2 所示。结合这些统计量和推断方法，可以判断观测对象属于哪类空间分布并给出置信度。

表 2–2 用于点模式分布检验的空间统计量

方法分类	空间统计量	尺度
基于密度的点模式分析	方差均值比	固定尺度
	样方分析	固定尺度
基于距离的点模式分析	最邻近指数	固定尺度
	G 函数	尺度效应
	F 函数	尺度效应
	K 函数	尺度效应
	L 函数	尺度效应

（一）样方分析法：方差均值比

1. 样方分析法简介

样方分析法（Quadrat Analysis，QA）是通过考察点密度（用每个样方内点的数量表示）的空间变化来研究点的分布特征，然后将用样方分析测度的点分布密度与理论上随机模式的点分布密度进行比较，以判断所考察的点分布与随机模式相比是更加聚集还是更加分散。

样方分析法相对来说比较简单和直观。首先，将研究区划分为若干规则的正方形网格。再统计落入每一个网格中点的数量。由于点在空间上分布的疏密性，有的网格中点的数量多，有的网格中点的数量少，还有的网格中点的数量为零。然后，统计出包含不同点数量的网格数的方差均值比或频率分布。最后，将观测数据的方差均值比或频率分布与空间随机分布（如泊松分布）作比较，判断观测点模式属于哪种类型。分析中所使用的网格被称为样方，其实也是空间统计学中所说的抽样单元。样方法是用样方作为抽样单元来确定研究区域不同位置点的分布密度。

样方法可用方差均值比（Variance/Mean Ration，VMR）比较观测分布与空间随机分布的差异。下面以 VMR 空间统计量为例。图 2–14 给出了均匀、随机、聚集三种情况的 VMR 的计算过程，其值分别为 0、1、8；即均匀分布时，VMR 值为 0；随机分布时，VMR 值为 1；聚集分布时，VMR 值大于 1，且分布越聚集 VMR 值越大。

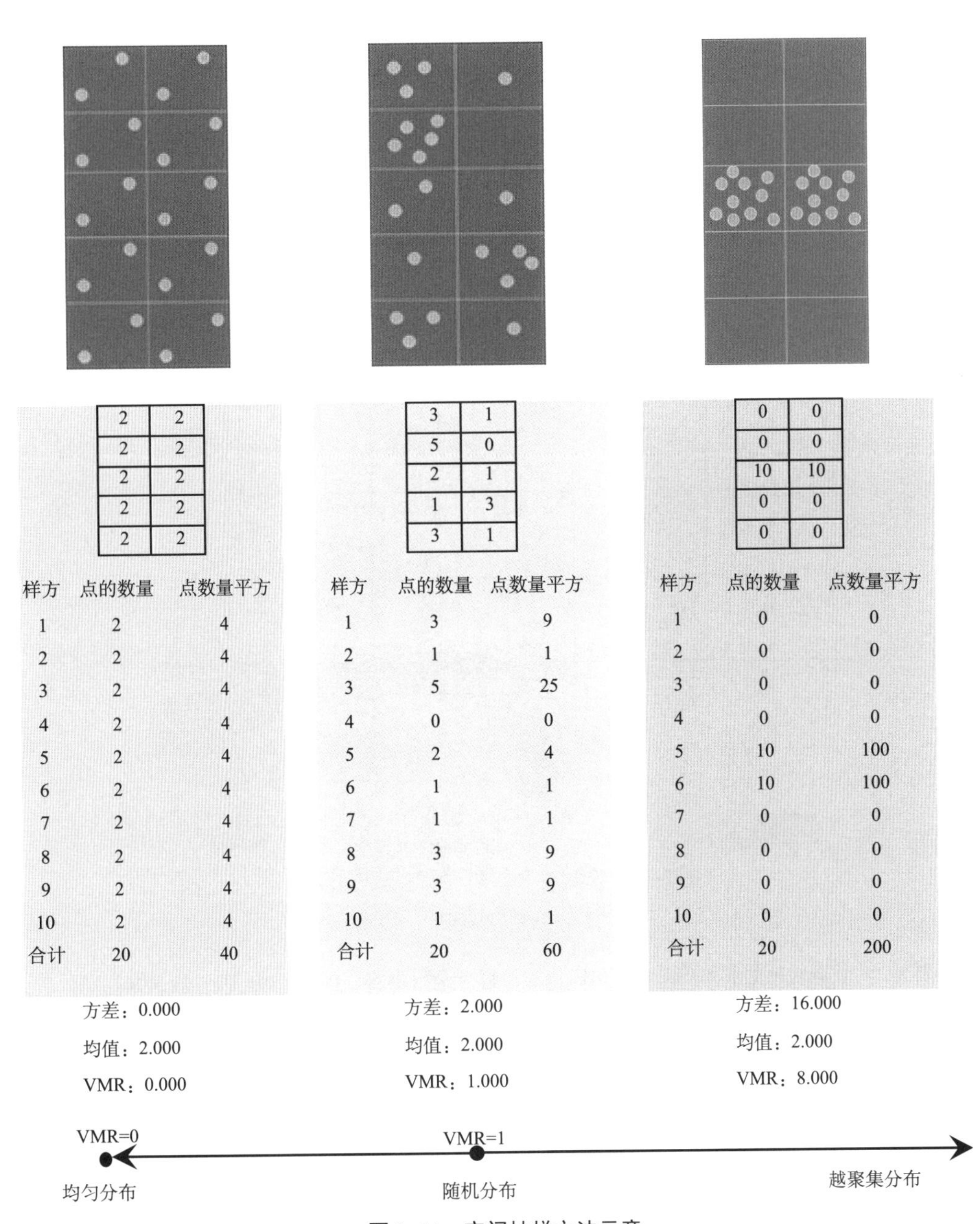

图 **2–14**　空间抽样方法示意

2. 应用案例

（1）伦敦市中心 47 个咖啡店分布的聚集程度

以 2000 年底伦敦市中心 47 个咖啡店分布（如图 2–15）为例，研究者期望知道这些咖啡店是随机分布还是聚集分布。我们将研究区划分为规则的正方形网格，并统计落入格网的咖啡店数量，如图 2–15 中格网左上角的数字所示，经统计格网咖啡店的频率分布及其空间统计量 VMR 的计算过程，如表 2–3 所示。结果表明，VMR>1 表示咖啡店的分布趋近于聚集。这一点从有三个样方包含 5 个咖啡店的统计中似乎也可以感受到。

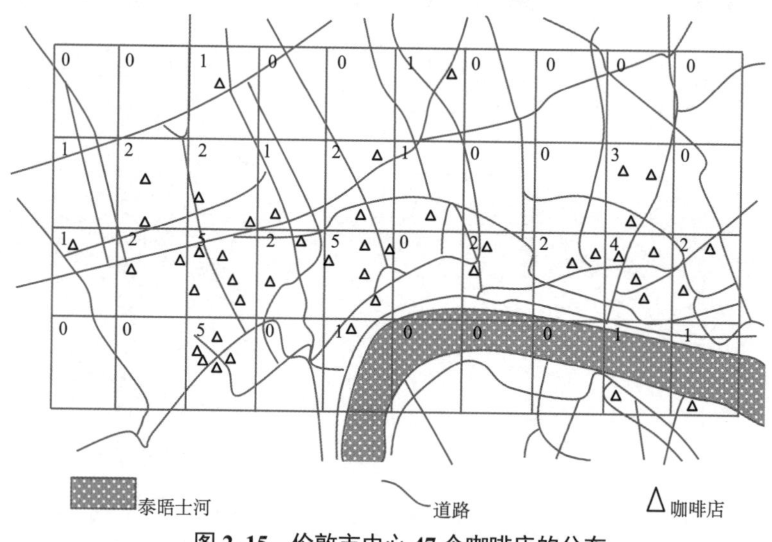

图 2–15　伦敦市中心 47 个咖啡店的分布

资料来源：David and David，2010。

表 2–3　观测对象的频率分布与 VMR 值的计算（资料来源：David and David，2010。）

样方内的事件数（k）	观测到的样方数量（x）	$k-\mu$	$(k-\mu)^2$	$x(k-\mu)^2$
0	18	–1.175	1.380 625	24.851 250
1	9	–0.175	0.030 625	0.275 625
2	8	0.825	0.680 625	5.445 000
3	1	1.825	3.330 625	3.330 625
4	1	2.825	7.980 625	7.980 625
5	3	3.825	14.630 625	43.891 875
总计	40			85.775 000

注：样方总数(N)：40；　方差（Variance）：$x(k-u)^2/(N-1)$=85.775/(40–1)≈2.199 36；
均值（μ）：47/40=1.175；　VMR= Variance/u=1.871 8；

（2）VMR 统计量显著性检验

在科学上，VMR 的聚集特性有多大的可信度，还需经历显著性检验。根据空间随机分布数学模型（泊松分布）：

$$P(k)=\frac{\lambda^k e^{-\lambda}}{k!}$$ （公式 2–3）

其中，k 是样方内的事件数，λ 是每个样方事件的平均强度。泊松分布有一个非常独特且十分有用的性质就是每个样方事件强度的均值和方差均为 λ。换句话说，若某分布是由像泊松过程那样的随机过程生成，则其均值就应该等于方差。因此，在 IRP/CSR 模式下，VMR 应该十分接近于 1。

VMR 最常见的显著性检验方法是卡方检验。卡方检验把该问题作为一个拟合优度检验问题进行处理，即观测的总体分布是否服从某一个分布函数为 $F(x)$（该问题中 $F(x)$ 为随机分布，如泊松分布）。表 2–4 概括了卡方检验的过程。我们按照样方内事件数将总体划分成 6 个区间，此时在 IRP/CSR 的零假设成立的情况下服从自由度为 6–1=5 的卡方分布，得到的卡方值约为 32.261（p<0.000 01），即在 99%的置信水平下拒绝原假设（IRP/CSR 的零假设），即咖啡店不是随机分布的。

表 2–4　图 2–15 咖啡店例子的卡方分析

样方内的事件数（k）	观测到的样方数量(O)	泊松概率	期望值(E)	卡方$[(O–E)^2E^{-1}]$
0	18	0.308 819	12.352 76	2.581 7
1	9	0.362 862	14.514 48	2.095 1
2	8	0.213 182	8.527 28	0.032 6
3	1	0.083 496	3.339 84	1.639 3
4	1	0.024 527	0.981 08	0.000 4
≥5	3	0.007 114	0.284 56	25.912 3
总计：	40	1.000 00	40.000 00	32.261 4

资料来源：David and David，2010。

另一个等价检验是统计评价样方计数的 VMR。对于泊松过程，VMR 的期望值为 1，乘积（$n-1$）VMR 是自由度为（$n-1$）的卡方分布，其中 n 是样方数量。在这种情况下，得到的卡方检验统计量为 1.871 8×39≈73.0。该值相关的 p 值为 0.000，意味着如果观测模式由 IRP/CSR 产生，那么在 1 000 次观测中，出现图 2–15 这种情景的模式不到 1 例。该置信水平让我位再一次拒绝 IRP/CSR 的零假设。事实上卡方拟合优度检验通常要求单位样方内的平均事件数量为 10 或更多，否则认为该方法不可靠。这要求我们在很多情况下要有足够的样本量。

因此，虽然可以把假设检验用于样方数据，但除非我们处理的点数据集非常大，并且单位样方平均事件密度足够大，否则它是不可靠的。

3. 样方的设计

QA 对分布模式的判别产生影响的因素有样方的形状，采样的方式，样方的起点、方向、大小等。这些因素会影响到点的观测频次和分布。目前，样方分布的设计有两种（图 2–16）：一种是随机抽样法，在研究区内随机放置样方；另一种是枚举普查法，完全覆盖研究区且不重叠地进行枚举。

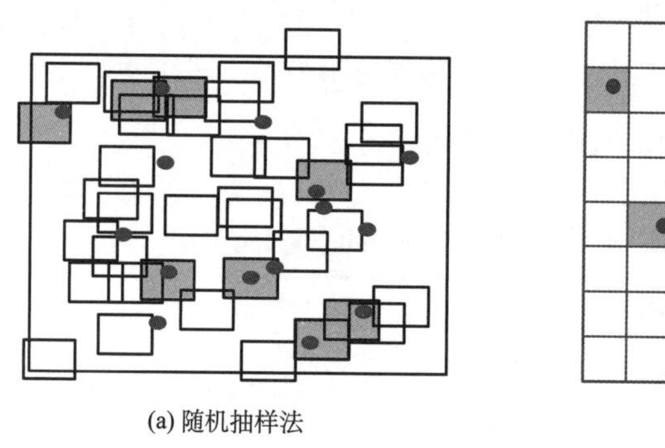

(a) 随机抽样法

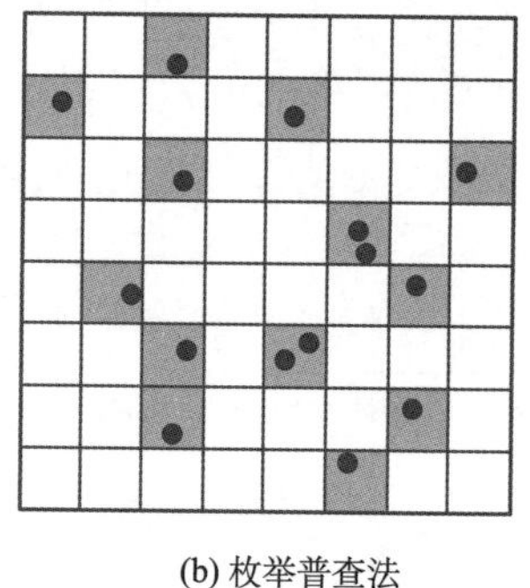

(b) 枚举普查法

图 2–16　两种样方设计方法

资料来源：David and David，2010。

随机抽样方法在野外工作中更常用，如植物生态学中的植被调查。许多样方测度的统计理论都与抽样方法有关。该方法的优点是允许使用不完全分割平面的形状（如圆）。对于随机抽样，也可以通过添加更多四边形来增加样本大小。对于相对稀疏的模式，通常需要用大的样方去“捕捉”事件。然而随机采样可能仅需少量的样方就会很快覆盖一个研究区域。随机采样有利于稀疏模型。抽样方法可以在不具有整个模式的情况下描述点模式。值得注意的是，抽样方法可能会漏掉模式中的一些事件，如图 2–

16(a)中的几个事件就没有被所示的样方进行计数，而一些事件则被计数两次。重要的是，任意样方内的所有事件都要计数。而抽样方法实际上是通过随机抽样，试图估计样方区域内可能的事件数量。

基于枚举普查的方法在地理应用中更为常用，如空间流行病学或犯罪学，其中所测度的事件数据是我们所拥有的全部数据，从而没有机会对模式进行抽样。样方的起点和方向的选择会影响观测值的频率分布。样方大小的选择也有影响。大的样方得到的模式是一个非常粗糙的描述，但当样方减小时，许多样方将不包含事件，且仅有少数样方包含多于一个的事件，因此有时样方的集合不能有效描述模式的变化。注意，虽然枚举普查法样方的形状常选四边形，但在有些应用中也会选择六边形或三角形，如图 2–17 所示。

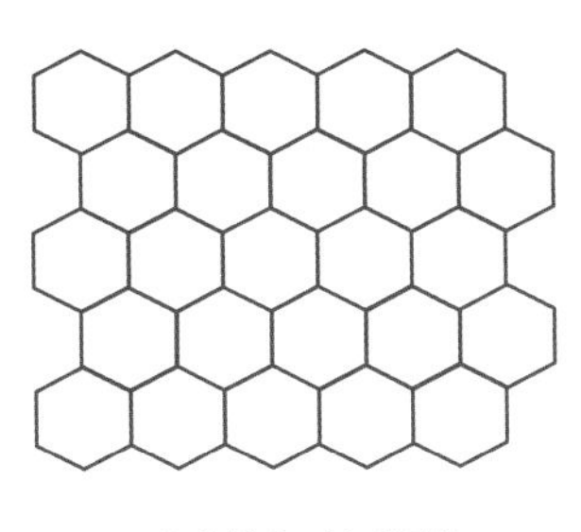

(a) 枚举样方（六边形）

(b) 枚举样方（三角形）

图 2–17　样方调查中可供选择的样方形状

资料来源：David and David，2010。

除抽样方式和样方形状外，样方的尺度也会对点模式分析结果产生影响。根据格雷格 • 史密斯（Greig Simth）于 1952 年的实验以及泰勒（Taylor）、格里菲斯（Griffith）、阿姆河（Amrhein）等人的研究，最好的样方尺寸可根据区域的面积和分布于其中的点的数量确定（David *et al.*，2005）。

$$Q = \frac{2A}{n} \qquad （公式 2–4）$$

其中，Q 是样方的尺寸（面积），A 为研究区域的面积，n 是研究区域中点的数量。也就是说，若样方选正方形，最优样方的边长取 $\sqrt{\frac{2A}{n}}$ 。

4. 样方分析法存在的问题

理论上可以将观测点模式和任何已知特征的点模式作比较。通常先采用视觉观察的方法，假设点的分布模式和哪一种特征分布相似，然后进行统计量的计算和检验。然而样方技术存在一定的限制。样方方法只能获得点在样方内的信息，却忽略了样方之间点的信息，其结果是样方分析不能充分区分点分布模式。以图 2–18 所示的两个点模式为例，均含四个网格八个点，且每个网格都有两个点。但这两个模式看上去显然是不同的。图 2–18(a)是较为分散的模式，而图 2–18(b)则显然为聚集模式。然而用样方法分析，这两个模式得到的分析结果相同。因此，为了区分与图 2–18 中的情况类似的模式及其他一些模式，在对特定的点模式进行区分时，仅仅使用样方分析法是不够的，有必要引入最近邻法。

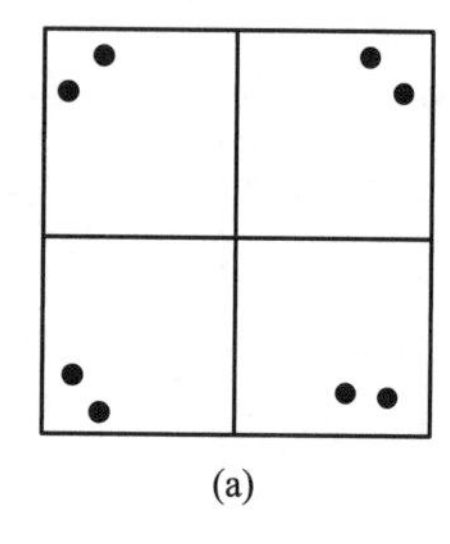

(a)

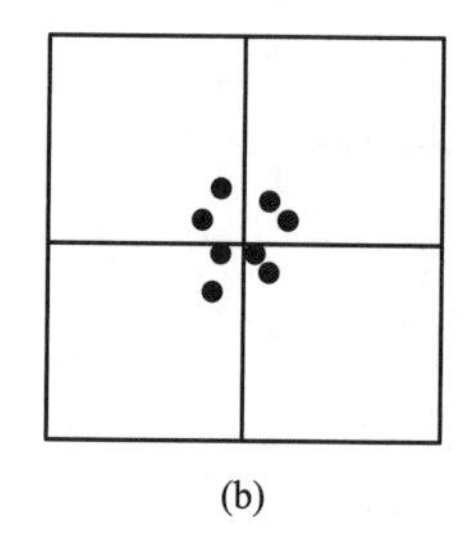

(b)

图 2–18　引入最近邻点统计量的必要性的假设模式

资料来源：David *et al.*，2005。

样方法不能计算样方内点之间的空间关系信息。当样方格网划定后，可能人为地割裂了点之间的空间关系。下面介绍一种用点模式的识别方法，即最近邻方法。

（二）最近邻法：最邻近指数

1. 最近邻法介绍

与基于密度的样方法不同，最近邻法是一种基于距离的点模式分析方法。它更为直观地描述了模式中的二阶特性。基于距离的点模式分析是我们研究中更常用的方法。

模式中的一个点事件的最近邻距离是模式中该点事件到其最近点事件之间的距离。点事件 s_i 的最近邻距离记为 $d_{min}(s_i)$ 。在点模式中，点事件间的最近邻不是相互的。

以图 2–19 给出的俄亥俄州七个最大的城市分布为例，托莱多的最近邻城市是克利夫兰，而克利夫兰的最近邻城市是阿克伦。根据考克斯（Cox）于 1981 年的研究，在 IRP/CSR 模式中超过 60%的最近邻是相互的近邻。

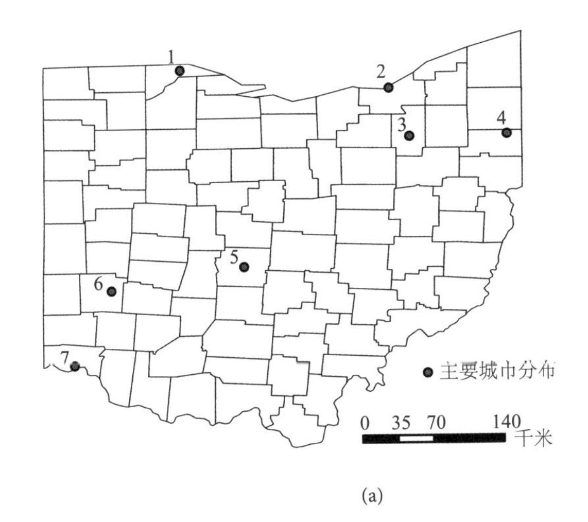

(a)

编号	城市	最近邻城市	最近邻距离(英里)
1	托莱多	克利夫兰	99.43
2	克利夫兰	阿克伦	28.73
3	阿克伦	克利夫兰	28.73
4	杨斯顿	阿克伦	45.69
5	哥伦布	代顿	65.94
6	代顿	辛辛那提	47.12
7	辛辛那提	代顿	47.12

平均最近邻距离：51.82英里

(b)

图 2–19　俄亥俄七个最大城市的分布及城市间距离

资料来源：David *et al.*，2005。

基于最近邻距离，我们可以用最近邻指数判断点模式的分布情况。最近邻指数（Nearest Neighbor Index，NNI）最早由克拉克（Clark）和埃文斯（Evans）两位植物学家于 1954 年提出。首先，计算观测样本中任意点事件（s_i）到其最近邻点的距离（$d_{min}(s_i)$）。然后，对于观测样本总体，可以计算其平均最近邻距离 $\bar{d}_{min}=\sum_{i=1}^{n}d_{min}(s_i)n^{-1}$，其中，$s_i$为研究区的点事件，$n$是事件的数量。然后，对 ICP/CSR 模式，从统计学角度可以推导出其 $E(\bar{d}_{min})=1/2\sqrt{\lambda}$ 且 $\lambda=\frac{n}{A}$；其中，A为研究区面积，n为研究区事件数，则 $E(\bar{d}_{min})=0.5\sqrt{\frac{A}{n}}$。最后，用观测点事件的 $\bar{d}_{min}$ 比随机点模式的 $E(\bar{d}_{min})$ 得到最近邻统计量。由于该统计量是比率关系，有时该统计量也称为 R 比率或 R 统计量，有些著作也称之为最近邻指数（NNI）。

基于最近邻指数，通过对比观测模式和 ICP/CSR 模式，可以做出推断：（1）若 $\bar{d}_{min}=E(\bar{d}_{min})$ 或者 R=1，说明观测事件过程完全来自于 ICP/CSR 的模式，属于空间随机分布；(2) 若 $\overline{d}_{min} < E\left(\overline{d}_{min}\right)$ 或者 $R<1$，说明观测事件过程不完全来自于 ICP/CSR 的模式，且大量事件点在空间上呈现相互接近的状态，属于空间聚集模式；(3) 若 $\overline{d}_{min} > E\left(\overline{d}_{min}\right)$ 或者 $R<1$，说明观测事件过程不完全来自于 ICP/CSR 的模式，且大量事件点在空间上呈现相互远离或排斥的状态，属于空间均匀分布。图 2–20 给出了三种模拟状态的 R 值推算过程。

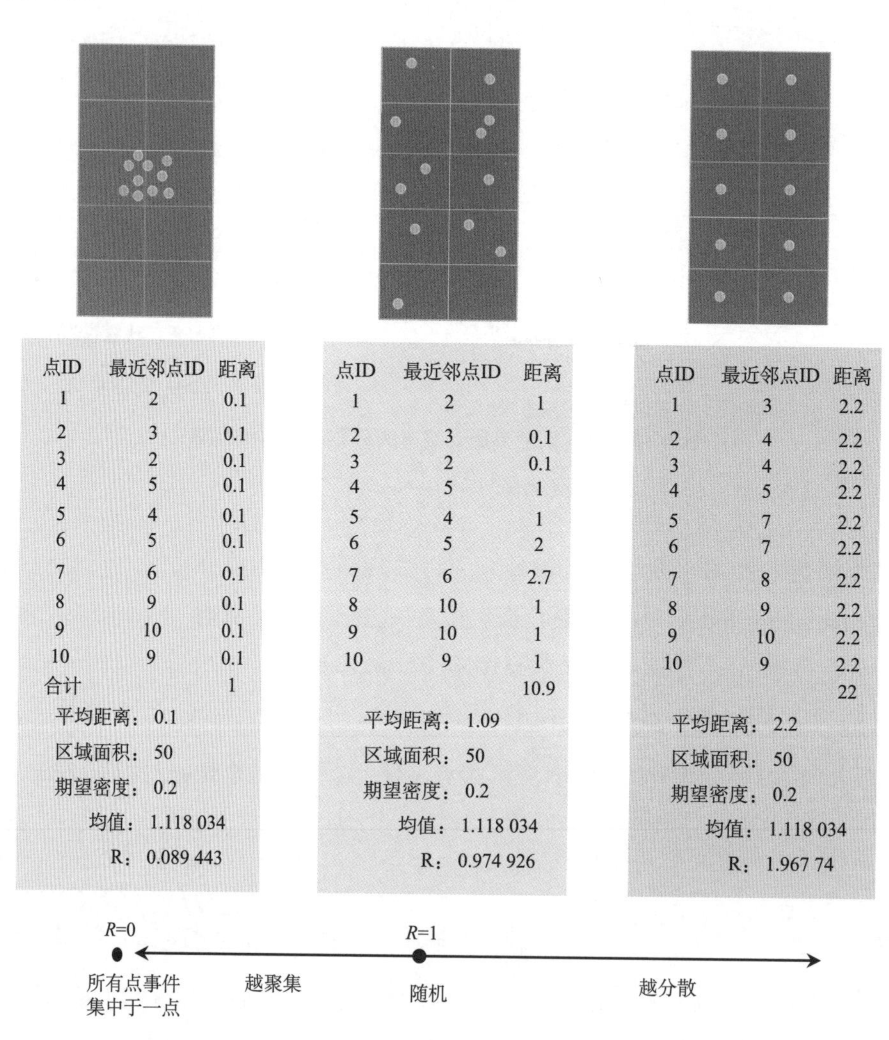

点ID	最近邻点ID	距离
1	2	0.1
2	3	0.1
3	2	0.1
4	5	0.1
5	4	0.1
6	5	0.1
7	6	0.1
8	9	0.1
9	10	0.1
10	9	0.1
合计		1

平均距离：0.1
区域面积：50
期望密度：0.2
均值：1.118 034
R：0.089 443

点ID	最近邻点ID	距离
1	2	1
2	3	0.1
3	2	0.1
4	5	1
5	4	1
6	5	2
7	6	2.7
8	10	1
9	10	1
10	9	1
		10.9

平均距离：1.09
区域面积：50
期望密度：0.2
均值：1.118 034
R：0.974 926

点ID	最近邻点ID	距离
1	3	2.2
2	4	2.2
3	4	2.2
4	5	2.2
5	7	2.2
6	7	2.2
7	8	2.2
8	9	2.2
9	10	2.2
10	9	2.2
		22

平均距离：2.2
区域面积：50
期望密度：0.2
均值：1.118 034
R：1.967 74

图 2–20　用来说明引入最近邻点统计量的必要性的假设模式

虽然样方法与最近邻法都可以用来考察点分布模式，但是两者依据的空间概念不同。样方法以样方为抽样单元，依据单位面积内点数（或密度）；而最近邻法则依据是点最近邻距离。样方法考察点分布中密度的空间变化情况，以便将所考察的点模式与理论上构建的随机模式进行比较。而最近邻法则将观测点间最近邻的平均距离与随机模式进行比较。

2. 应用案例

（1）俄亥俄七个最大城市的聚集程度

以俄亥俄七个最大的城市分布（如图 2–19(a)）为例，根据图 2–19(b)可知七大城市的平均最近邻距离为 51.82 英里。俄亥俄的面积大约为 41 193 平方英里。理论上七个城市在随机模式下，平均最近邻距离的期望 $E\left(\bar{d}_{min}\right)=0.5\sqrt{\frac{A}{n}}=0.5\sqrt{41\ 193/7}\approx 38.36$。因此，$R$ 统计量= 51.82/38.36 ≈ 1.35。R 大于 1，因此我们可以说由这七座城市构成的点模式比随机模式更分散。

现在我们已经知道了 R 统计量的计算方法，并且掌握了如何判断观测模式与随机模式相比是更加聚集还是更加分散。通过考察 R 统计量，可以得出许多有关上例中七个城市间相互关系的结论。但我们仍然无法确定相对于随机模式来说，由这七个城市构成的分布模式的分散程度有多大，是分散得多，还是稍显分散？图 2–21 给出了一系列假设的分布模式及对应的 R 值。它可以帮助我们理解 R 统计量的不同值所代表的含义。图 2–21 表明，点模式的聚集程度越高，对应的 R 值就越小；分散程度越高，对应的 R 值就越大。该图有助于我们对 R 值的大小与各种模式的关系形成大致印象，但是要想定量地测度观测模式与随机模式之间的差异，仅仅知道这些是不够的，还需要显著性检验。

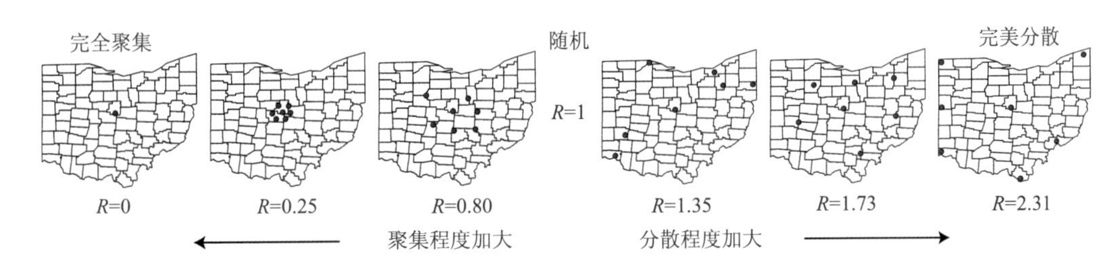

图 2–21　*R* 值与聚集程度的关系

资料来源：David *et al.*，2005。

（2）显著水平检验

在使用最近邻法时，一种衡量观测的平均最近邻距离与随机分布的平均最近邻距离期望之间差异程度的方法是将它们的差异与随机分布最近邻观测的平均最近邻距离的标准误差（SE_r）进行比较。标准误差的大小能够揭示观测模式与随机模式之间的差异是否由纯粹的偶然因素造成的。如果观测值与期望值之间的差异相对于标准误差来说较小，就说明此差异在统计上不显著；反之，如果差异较大，就说明此差异具有统计显著性，也就是说它不是偶然出现的。

按照经典统计理论，在正态分布中，当被比较的两个总体事实上不存在任何差异时，根据 3σ 原则，偶然出现一个介于一个负标准误差与一个正标准误差之间的差值可能性大约为 68%。用公式表示就是：

$$\text{Probabitity}(<68\%)=\left(0-SE_r,0+SE_r\right)$$

我们可以仅将计算出的差值与 $\pm SE_r$ 进行比较，如果大于 SE_r 或小于 $-SE_r$，则认为具有统计显著性。或者如果想更严格一点，也可以将差值与 $\pm 1.96SE_r$ 进行比较，并且只在差值小于 $-1.96SE_r$ 或大于 $+1.96SE_r$ 时，认为具有统计显著性，因为出现这样大的一个差值的概率不超过 5%：

$$\text{Probabitity}(<95\%)=\left(-1.96SE_r,+1.96SE_r\right)$$

当概率<95%时，可以认为显著性水平为 5%。显著性水平一般用 a 表示，这里 a 等于 0.05。有时我们也将 a 称为显著性水平，有时也用 p 值表示。标准误差前面的系数称为临界值，有时也称为 z 值或 z 得分。临界值、显著性水平及 H_0 假设之间的关系，如图 2–22 所示。

我们可以利用下式来计算俄亥俄七个城市平均最近邻距离的观测值与期望值之间差值的标准误差：$SE_r=0.261\,36\sqrt{A/n^2}=0.261\,36\sqrt{41\,193/7^2}\approx 7.58$，其中，$n$ 和 A 的含义与前面相同。下面我们便可通过计算标准化 z 值来检验差值与其标准误差之间的比较情况：

$$Z=\frac{R_{obs}-R_{exp}}{SE_r}=\frac{51.82-38.36}{7.58}=\frac{13.46}{7.58}=1.775\,7<1.96$$

根据图 2–22，通常如果 $z>1.96$ 或 $z<-1.96$，我们就可以认为：在 $a=0.05$ 的显著性水平下，所计算出的观测模式与随机模式之间的差值具有统计显著性；反之，如果 $-1.96<z<1.96$，则认为尽管观测模式看上去更加聚集或更加分散，但实际上，它

与随机模式之间不存在显著差异，因此我们不能拒绝零假设。

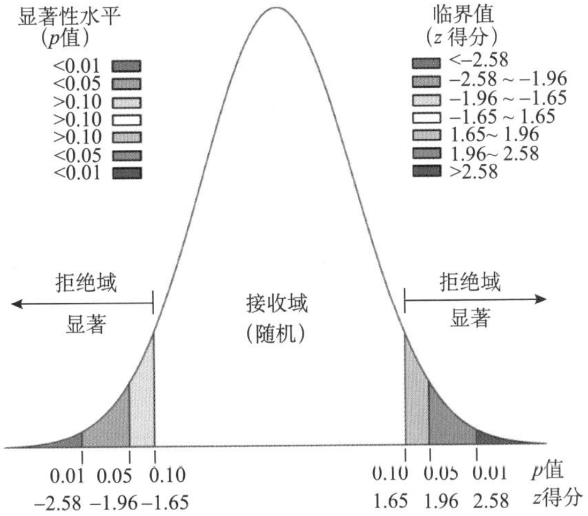

$\|z\|$	p值	差异程度	结论
>2.58	<0.01	非常显著	拒绝H_0
>1.96	<0.05	显著	
<1.96	>0.05	不显著	接受H_0

图 2–22　临界值、显著性水平及 H_0 假设之间的关系

由于此标准化值（1.775 7）小于 1.96，因此虽然七个城市在一定程度上呈分散趋势，但是我们仍然无法推翻这七个城市的分布模式与随机模式之间不存在显著差异的零假设。换句话说，对于一个点模式，即便它看上去较为聚集或分散，甚至计算出的 R 值也表明它呈聚集或分散趋势，我们也不能轻易认为它就是聚集或分散模式，除非通过统计显著性检验。我们必须利用 z 确认所计算出的 R 统计量值的含义，以确保其统计显著性。

注意，在俄亥俄七大城市的例子中，z 的计算结果表明最近邻距离的观测值与期望值之间的差异不显著。然而 z 为正，说明观测模式的点距离大于期望值且具有分散趋势。换句话说，如果 z 值表明最近邻点距离的观测值与期望值之间的差异具有统计显著性，那么 z 的符号就能表明观测模式是聚集还是分散的。于是，根据假设检验的逻辑，我们就可以进行单尾检验，看 z 值是实际为负（小于 $a=0.05$ 的显著性水平下的 –1.645）还是实际为正（大于1.645）。最终，我们可以通过单尾检验来判断观测模式与聚集或分散模式之间是否存在显著差异。

3. 最近邻法存在的问题

最近邻法考虑了事件点之间的距离关系，不会遇到样方分割方案和尺寸问题

（MAUP）的影响，避免了样方法的不足。但最近邻指数法也存在一定的问题。它用最近邻距离的平均值描述样本总体，用一个单独的值概括所有最近邻距离，看起来简洁，但实际上它丢弃了模式中的大量信息。例如，两种模式最近邻距离的平均值可能一样，但其最近邻距离频率分布可能完全不同。为了克服最近邻法的缺陷，先后扩展了 *G* 函数、*F* 函数。

（三）*G* 函数

样方法和最近邻指数都是在一个既定的尺度上，对点模式的整体分布特性进行描述，不涉及这种特性随尺度变化的过程。本节介绍的各类函数法不仅能刻画点模式分布的特征，还能刻画这种特性的尺度效应，因此其表达形式是统计量与距离的函数。函数反映了统计量随距离的变化。

G 函数是对最近邻指数法最简单的改进。*G* 函数利用最近邻距离的累计频率分布描述模式，而不是用单一的平均值概括模式。G 函数定义为：

$$G(d)=\frac{\#(d_{min}(s_i)<\mathrm{d})}{n} \qquad \text{（公式 2–5）}$$

因此，对于任意距离 d，*G* 表示在模式中所有小于 d 的最近邻距离的占比。以图 2–23(a)的点模式为例，各点事件 s_i 的最近邻距离 $d_{min}(s_i)$ 如图 2–23(b)所示，并按 $d_{min}(s_i)$ 从小到大的顺序排序，则其 *G* 函数如图 2–23(c)所示，*x* 轴为距离，*y* 为最近邻距离小于 d 的事件占总事件数的比例。例如，$d=16$ 时，最近邻距离小于 16 的事件点共 3 个，占总事件数的比例为 $3/12\times100\%=25\%$。随着 d 的增加，所有最邻近距离小于 d 的比例在增加，直到 $G(d)$ 趋近于 1。

该函数的形状可以告诉我们点模式中事件分布的很多信息。如果事件紧密聚集在一起，则 *G* 值在短距离内会出现快速上升，如图 2–23(c)中的虚线圈所示。如果事件趋于均匀分布，则 *G* 值会缓慢地上升到大多数事件被隔开的聚类范围后才快速上升。图 2–23(c)中 *G* 值在 1～2 内增加最快，反映了该模式中的许多最近邻距离在这个范围内。由于事件样本量较少，图 2–23(c)的曲线不够平滑。通常情况下 *n* 比较大时，可以观测到 *G* 值的平滑变化。

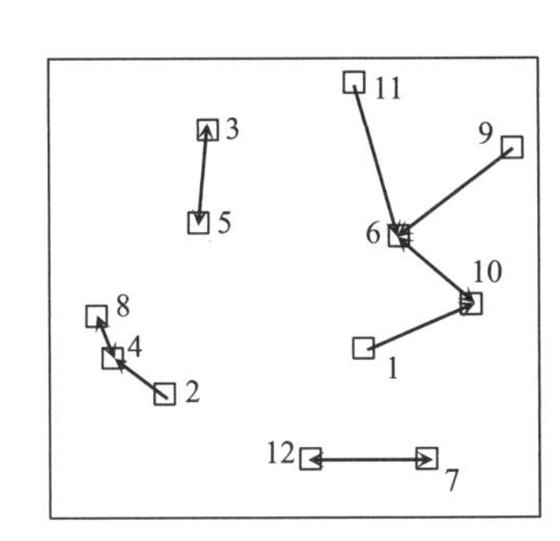

事件 (s_i)	x	y	最近邻事件	$d_{\min}(s_i)$
4	9.47	31.02	8	9.00
8	8.23	39.93	4	9.00
2	22.52	23.39	4	15.64
3	31.01	81.21	5	21.11
5	30.78	60.10	3	21.14
6	75.21	58.93	10	21.94
10	89.78	42.53	6	21.94
7	79.26	7.68	12	24.81
12	54.46	8.48	7	24.81
1	66.22	32.54	10	25.59
9	98.73	77.17	6	29.76
11	65.19	92.08	6	34.63

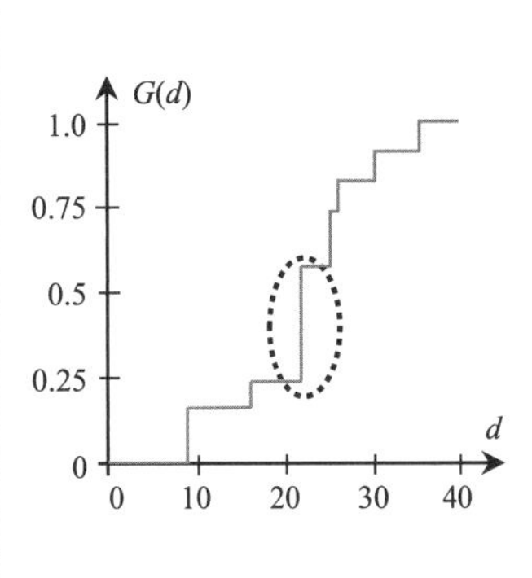

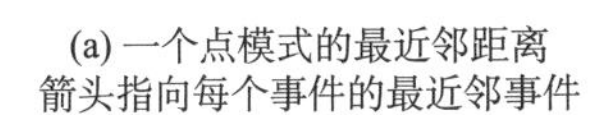
(a) 一个点模式的最近邻距离
箭头指向每个事件的最近邻事件

(b) 最近邻距离计算

(c) G函数

图 2–23　点模式与其 G 函数曲线

资料来源：修改自 David and David，2010。

由于 G 值能反映点模式中事件分布的特点，因此不同空间分布模式 G 值曲线是有明显差异的。图 2–24 给出了聚集、随机、均匀分布的三种 G 函数曲线形态。我们可以通过函数曲线的形态判断点事件的分布特征

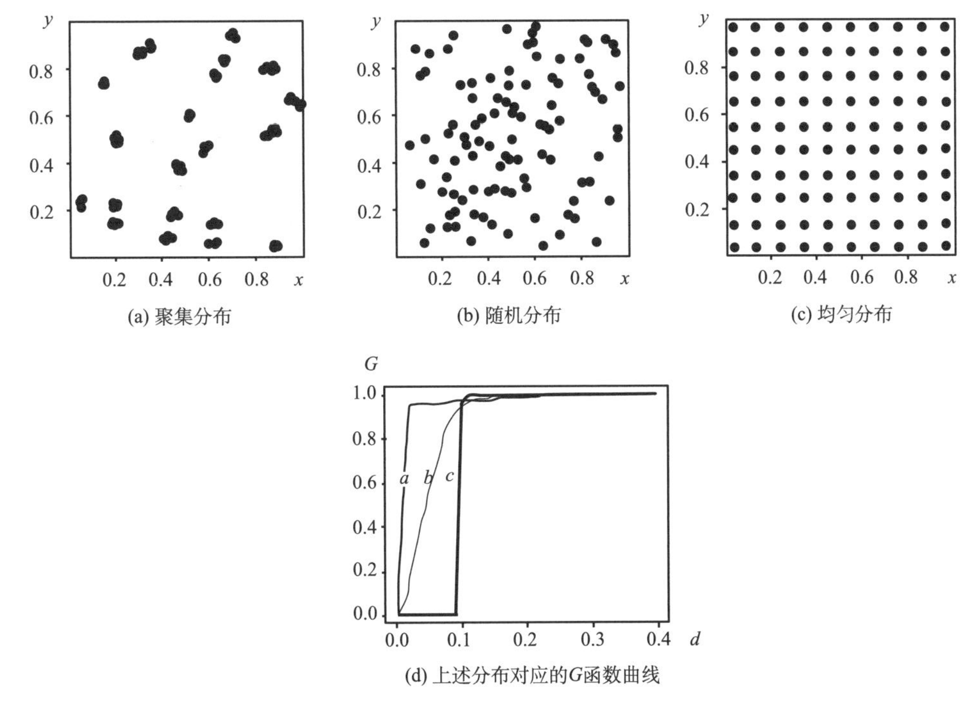

(a) 聚集分布　(b) 随机分布　(c) 均匀分布

(d) 上述分布对应的G函数曲线

图 2–24　不同分布及其 G 函数曲线

G 函数是后续系列函数最原始的版本。此节介绍 G 函数曲线是为了更好理解后面的系列函数。G 函数在实践中不常用，因此我们不再给出相关的应用实例。

（四）F 函数

F 函数与 G 函数关系密切，但它揭示了模式其他方面的信息。F 函数不是事件间最近邻距离的累计分布，而是随机点与事件之间最近邻距离的累计分布。对于某点事件分布，先在研究区域中随机选择任意位置，并确定从这些位置到模式中事件的最短距离。F 函数是这个新距离集合的累计频率分布。如果 $\{p_1,\cdots,p_i,\cdots,p_m\}$ 是用于确定 F 函数的一组随机选择的 m 个位置，则 F 函数定义为：

$$F(d)=\frac{\#(d_{min}(p_i,\ S)<d)}{n} \quad \text{（公式 2–6）}$$

其中，$d_{min}(p_i,\ S)$ 是从随机选择的位置 p 到点模式 S 中任意事件的最短距离。对于图 2–25(a)中的点模式，在研究区随机选择的一组位置（如图 2–25(a)中“+”所示），其 F 函数如图 2–25(b)所示。可见，随着随机点数目的增加，F 函数在平滑方面具有更好的表现。

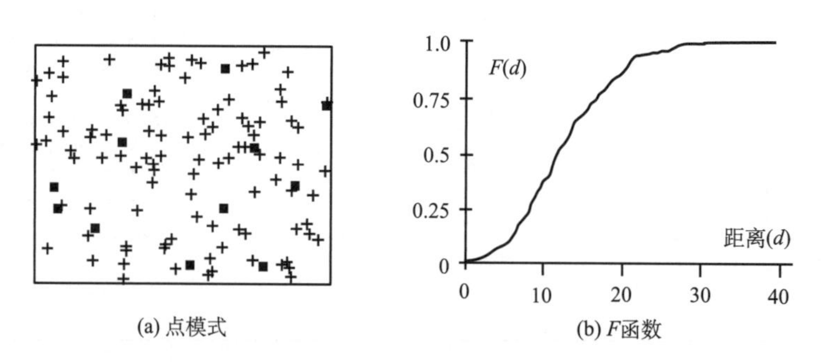

(a) 点模式　　(b) F函数

图 2–25　前述例子的随机点及其 F 函数

资料来源：David and David，2010。

区分 F 函数和 G 函数之间的差异很重要，因为容易把它们两个混淆，也因为它们对聚集和均匀分布模式的描述不同。这是因为 G 函数表示模式中的事件是如何得近，而 F 函数表示从研究区域中任意位置到事件是如何得远。因此，如果事件在研究区某地方聚集，G 函数在较短的距离内迅速上升，因为许多事件具有非常近的最近邻距离。

而 F 函数可能首先缓慢上升，但在较大的距离上会快速上升，因为研究区大部分区域相当空，因此许多随机选择位置到模式中最近事件的距离相当长。对于均匀分布的模式，它们正好相反。由于 RP 中的大多数位置相对于事件点较近，因此 F 在小的 d 值上快速上升。但由于事件之间的相互距离相对较远，因此 G 函数前期上升缓慢，而在较大的距离上快速上升。图 2–26 说明了两函数间可能的关系。其中，图 2–26(a)显然是聚集的，大多数事件（大约其中的 80%）具有较小的最近邻距离，因此 G 函数在大约 0.05 的短距离上快速上升。相比之下，F 函数则在一个较大的距离范围内稳定上升。图 2–26(b)是均匀分布的，G 函数在大约 0.05 的短距离内不上升，之后则快速上升，在 0.1 的距离上几乎达到 100%。相比之下，F 函数再次平滑上升。

至此，已介绍过的最近邻距离、G 函数和 F 函数都有共同缺陷：仅利用了模式中每个事件或位置的最近邻距离。最近邻距离相对于模式中的其他距离非常少，掩盖了模式中的其他距离的信息。解决该问题的一种相对简单的方法是寻找第一、第二、第三等最近邻事件的距离。高阶最近邻分析可以在一定程度上解决上述问题，但高阶统计量的计算相对烦琐。下面介绍一种更加简洁且顾及不同距离统计量的 K 函数。

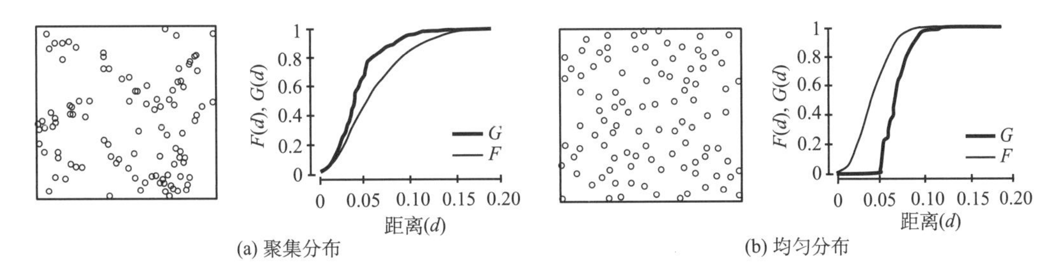

图 2–26　聚集和均匀分布数据的 F 函数与 G 函数比较

资料来源：David and David，2010。

（五）K 函数

K 函数由里普利（Ripley）于 1976 年提出，所使用的统计量被称为 Ripley's K 统计量。Ripley's K 统计量是多阶邻近点统计量的扩展。我们可以用它来分析某点分布在不同空间尺度上所表现出的点模式。对于区域中的一组点事件，K 函数是将中心依次放在每个事件点上，以中心为圆心，形成系列距离为 d 的圆，并计算每个半径为 d 的圆内的事件数量，并对所有事件计算其平均值，用该平均值除以整个研究区域的事件密度，即得到$K(d)$，如图 2–27 所示。K 原函数定义为：

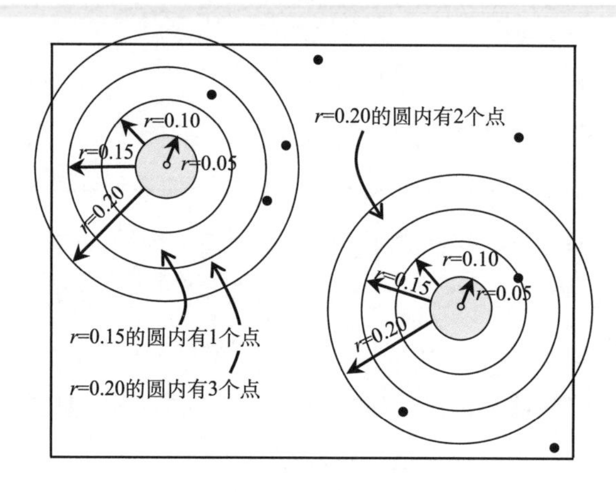

图 2–27 $K(d)$算法图解

$$K(d)=\frac{\sum_{i=1}^{n}\#\left[S\in C\left(s_i,d\right)\right]}{n\lambda}=\frac{A}{n^2}\sum_{i=1}^{n}\#\left[S\in C\left(s_i,d\right)\right] \qquad \text{（公式 2–7）}$$

其中，$C(s_i, d)$是一个中心在s_i，半径为d的圆，n为研究区点事件数，A为研究区面积。

K 函数利用了事件之间的所有距离，所以它比 G 函数、F 函数提供了更多关于模式的信息。图 2–28 给出了聚集和均匀两种分布模式及其 K 函数曲线。其中，聚集模式曲线的水平部分表示在其覆盖的距离范围内没有相匹配的任何一对事件。这一范围的下限（$\approx$0.2）对应模式中聚集的规模，上限（$\approx$0.6）对应模式中聚集的分离。在

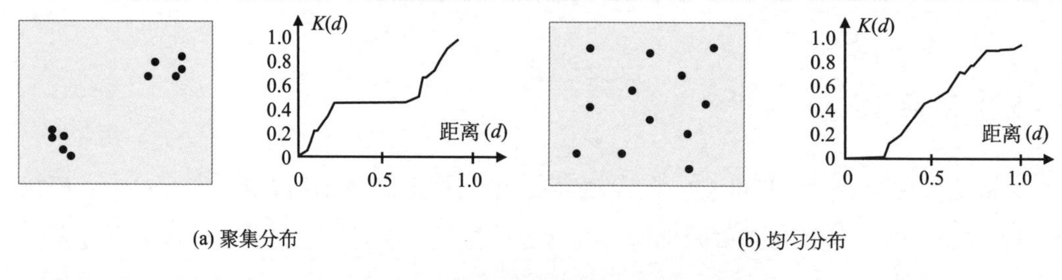

(a) 聚集分布　　(b) 均匀分布

图 2–28 聚集均匀分布的 K 函数曲线

资料来源：David and David，2010。

实践中，因为通常在全部距离范围上都有事件的分离，所以 K 的解释通常没有这么明显，但当与 IRP/CSR 的期望函数对比时，点模式在不同距离下的集聚与均匀分布就相对明显了。

IRP/CSR 随机分布模式 $K(d)$ 函数的理论期望是 πd^2，即抛物线。假设基于观测得到的 K 函数为 $\hat{K}(d)$，通过对比 $\hat{K}(d)$ 与 πd^2 的关系，可通过如下判别准则分析点模式在不同空间尺度上所表现出的分布特点。判别准则如下：（1）$\hat{K}(d)=\pi d^2$ 表示在距离 d 上的观测模式与来自 IRP/CSR 过程事件的期望值相同，故距离 d 上的点是随机的。（2）$\hat{K}(d)>\pi d^2$ 表示在距离 d 上的点数量比期望的数量更多，故距离 d 上的点是聚集的。（3）$\hat{K}(d)<\pi d^2$ 表示在距离 d 上的点数量比期望的数量更少，故距离 d 上的点是均匀的。在图 2–29(a)的聚集分布情况下，其观测 K 函数曲线在不同距离 d 上都高于期望的 K 函数曲线，故呈聚集分布。在图 2–29(b)的均匀分布情况下，其观测 K 函数曲线在不同距离 d 上都低于期望的 K 函数曲线，故呈均匀分布。对于图 2–29(c)的分布，在 1 号、3 号椭圆对应的距离 d 上，观测曲线高于期望的 K 函数曲线，故呈聚集分布，在 2 号椭圆对应的距离 d 上，观测曲线低于期望的 K 函数曲线，故呈均匀分布。

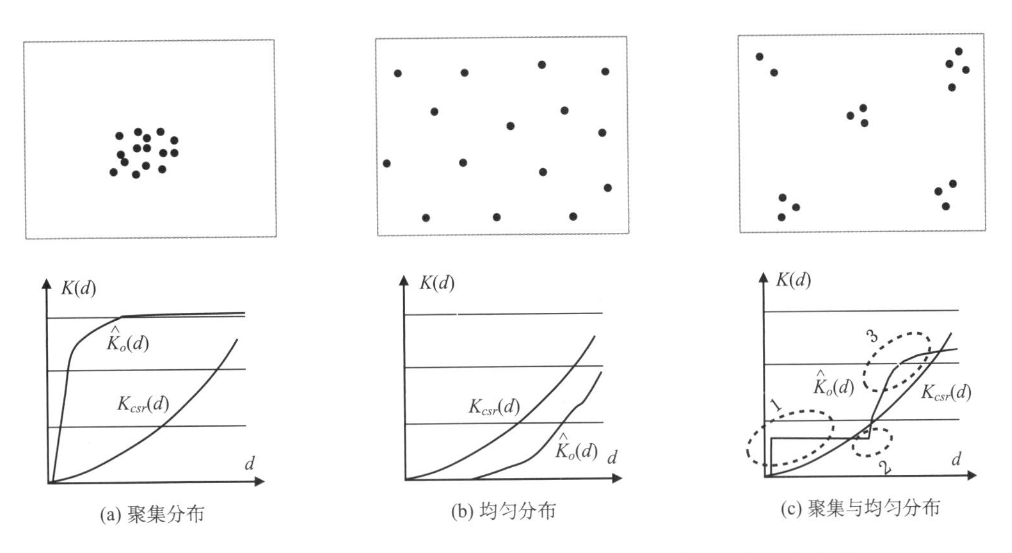

图 2–29　不同空间分布下期望 K 函数曲线和观测 $\hat{K}$ 函数曲线的关系

由于 K 函数依赖于距离 d 的平方，所以当 d 增大时，IRP/CSR 的期望函数和观测对象的 K 函数都变大。当把他们绘制在任何尺度的坐标轴上时，都没有消除 d 对期望值与观测值之差的非线性影响。为了解决这个问题学者提出了 L 函数。此外，近年来出现了 Ripley's $K(d)$函数的变体，例如，O 环统计量（Wiegand and Moloney，2004）、点对相关函数或称邻域密度函数（Perry *et al.*，2006）。对有些模式它们可以提供更多的信息。

（六）L 函数

为消除 d 对期望与观测差值的非线性影响，可以用 $K(d)$ 导出其他函数来表征。为了把导出函数与期望之间的差值转换为零附近，可以用 $K(d)$ 除以 π、取平方根后，再减去 d，如公式 2–8 所示。该函数称为 L 函数。

$$L(d)=\sqrt{\frac{K(d)}{\pi}}-d \quad （公式 2–8）$$

对于 L 函数，可通过如下判别准则分析点分布在不同空间尺度上所表现出的模式特点。判别准则如下：（1）在 $L(d)$ 大于零的地方，相应的空间距离上具有比 IRP/CSR 更多的事件且呈聚集分布；（2）在 $L(d)$ 等于零的地方，事件呈随机分布；（3）在 $L(d)$ 小于零的地方，事件数量比 IRP/CSR 期望值少且呈均匀分布。

以乌干达火山弹坑点事件的 L 函数（如图 2–30）为例，可知观测模式随着尺度 d 的变化而变化；弹坑在小尺度上表现出均匀性，在较大尺度上表现出的是聚集性；在 L 函数图中，正的峰值表示点在这一尺度上聚集或吸引，负的峰值表示点在这一尺度上均匀分布或空间上的排斥。

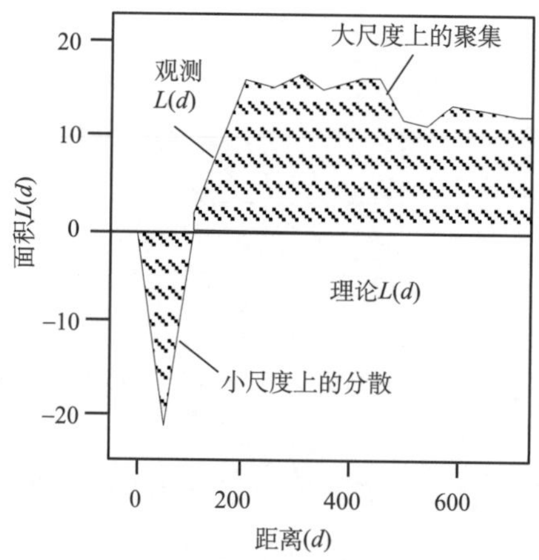

图 2–30　乌干达火山弹坑观测点的 $L(d)$ 函数曲线

以图 2–31(a)所示的日本松树观测数据（Numata，1961；Diggle，2003）为例，介绍基于 $L(d)$ 函数的树木点模式分析与显著性检验。图 2–31(a)观测数据的 $L(d)$ 函数曲线如图 2–31(b)所示，其中简单的 L 函数曲线没有考虑边界效应，校正后的 L 函数曲线考虑了边界效应。关于边界效应的介绍见下节。根据图 2–31(b)中校正后的 $L(d)$ 函数曲线，其实我们还不清楚 $L(d)$ 函数应该偏离零多远才算是偏离了空间随机分布。为了检验观测偏离随机空间分布的显著程度，更常用更直接的方法是应用计算机进行蒙特卡洛检验。

所谓蒙特卡洛检验是先利用计算机模拟 999 次空间随机分布，对于每次得到的空间随机分布都能生成一条矫正后的 $L(d)$ 函数曲线，并在图 2–31(c)中用灰色线条画出经过 999 次空间随机模拟后的 $L(d)$，画完后，这些灰色线条的包络区如图 2–31(c)中灰色区域所示。根据空间随机分布的 $L(d)$ 函数曲线的包络区，不难发现：松树的 $L(d)$ 函数曲线（图 2–31(c)中的黑线）完全落入随机分布的包络区内，故认为该松树为随机分布，不能拒绝零假设。

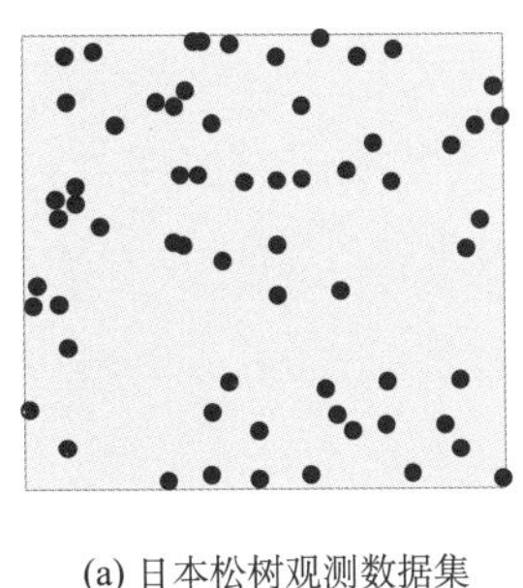

(a) 日本松树观测数据集

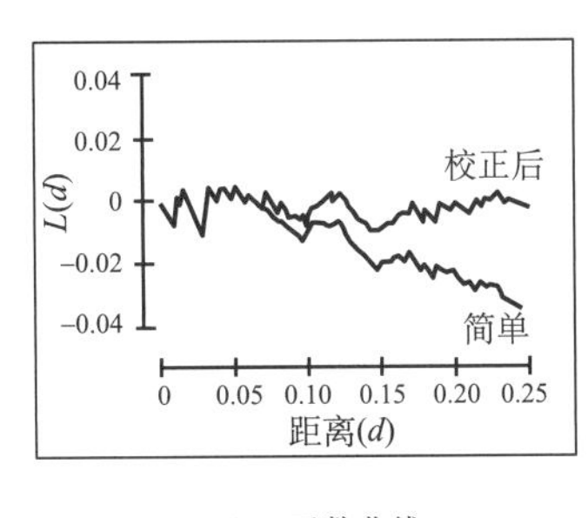

(b) L函数曲线

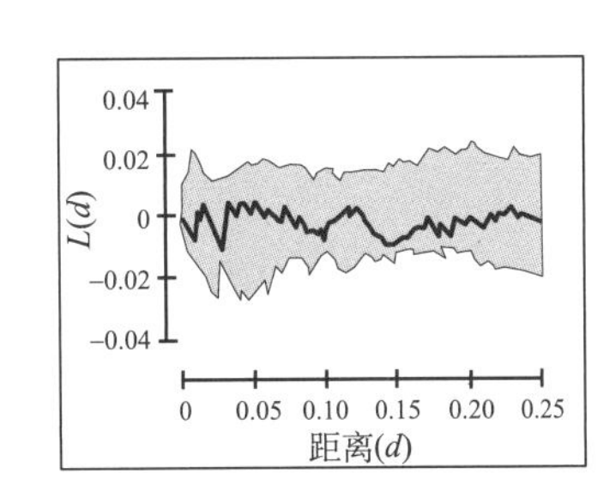

(c) 校正后L函数曲线的蒙特卡洛检验

图 2–31　日本松树观测数据集的点模式分析

资料来源：Numata，1961。

下面以斯特劳斯（Strauss，1975）的红杉树幼苗观测数据集（图 2–32(a)）为例，其 $L(d)$ 函数曲线及其蒙特卡洛检验结果分别如图 2–32(b)和图 2–32(c)所示。根据图 2–32(c)可知，红杉树幼苗在 d 大约为 0.05～0.20 的空间距离上，具有比 IRP/CSR 期望值更多的事件，呈现显著的聚集特征。

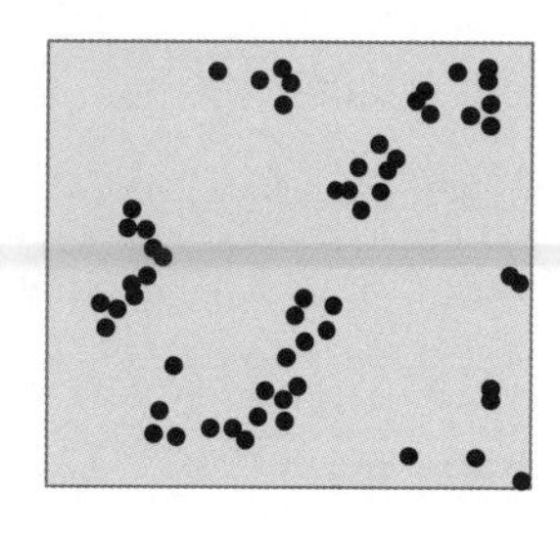

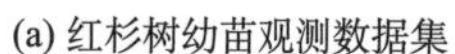

(a) 红杉树幼苗观测数据集

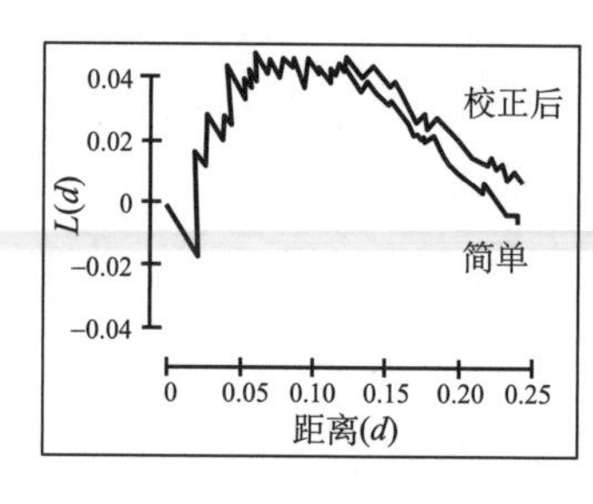

(b) L函数曲线

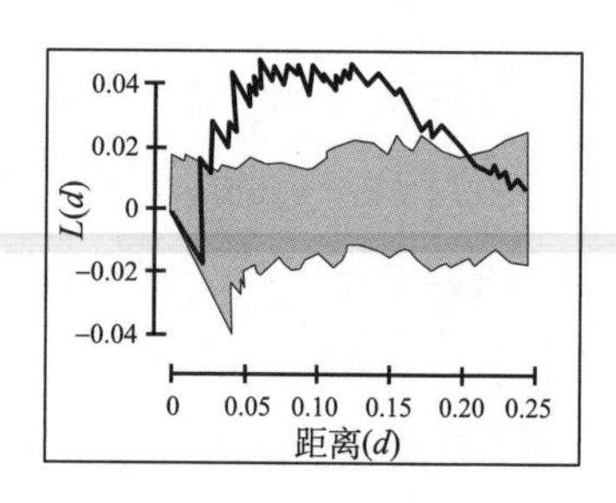

(c) 校正后L函数曲线的蒙特卡洛检验

图 2–32　红杉树幼苗观测数据集的点模式分析

资料来源：Strauss，1975。

（七）边界效应

边界效应是所有距离函数都会遇到的问题，尤其是在模式中事件数量较少的情况下。边界效应产生于这样一个事实，即使靠近研究区域边界的事件（或点的位置）到研究区域之外邻域点的距离比到研究区域之内任何邻域点的距离都近，它们也趋向于具有较大的最近邻距离，且距离 d 越大边界效应越严重。

处理边界效应的最简单方式是围绕研究区域的边界设立一个警戒区，如图 2–33 所示。研究区域中的实心黑点是点模式的一部分。在确定 G 函数事件之间，或 F 函数随机点与事件间的距离时，会考虑警戒区中的白点，但不认为它是模式的一部分。图 2–33 显示了三个事件的最近邻事件位于警戒区之内。

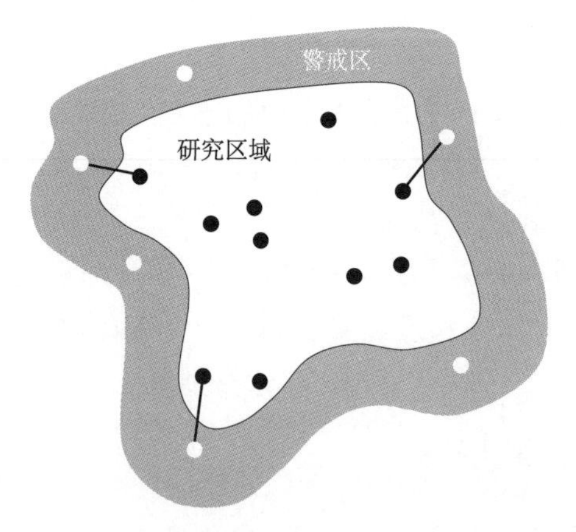

图 2–33　在基于距离的点模式测度中应用警戒区

资料来源：David and David，2010。

应用警戒区的缺点是需要收集些后续分析中用不到的数据。为了应用所有可用的数据，里普利（Ripley，1977）提出一种加权边界校正方法。另一种方法是环形包法。山田和罗格森（Yamada and Rogerson，2003）讨论了这些不同校正方法对 K 函数影响的经验研究。结果表明：如果分析主要是描述性的，且分析的目的是探测和描述观察到的模式特性，而不是估计一个具体设定的点过程参数，那么应用任何这些校正方法都没有意义。

（八）蒙特卡洛检验

上述样方法和最近邻法给出了一些经典统计学的显著性检验的应用案例。L 函数的案例给出了用蒙特卡洛模拟显著性检验的应用。

蒙特卡洛方法（Monte Carlo Method），也称统计模拟方法，是 20 世纪 40 年代中期由于科学技术的发展和电子计算机的发明而被提出的一种以概率统计理论为指导的一类非常重要的数值计算方法。所谓蒙特卡洛检验就是利用计算机强大的计算能力，足够多次（通常成百上千次）地模拟 H_0 假设的过程，计算每次模拟结果下统计量的值，从而产生符合 H_0 假设的该统计量的概率分布，然后检查观测的统计量与 H_0 假设的统计量关系，从而确定分析结果的显著性。可以对观测统计量和 H_0 假设的成百上千次模拟的统计量进行排序，根据观测统计量在排序中的位置可以表示是否接受 H_0 假设的置信水平。当然也可以和图 2–30 和图 2–31 中的包络线法判断聚集的显著程度。

同样，我们可以模拟一个点模式以确定一个简单统计量的分布，如平均最近邻距离；当然也可以模拟确定更复杂的测度，如 $K(d)$ 或 $L(d)$ 函数的分布。其程序完全相同，即用计算机产生模拟模式并计算感兴趣的量，得到其值的一个期望分布。该方法也允许我们通过限定研究区域的方法，巧妙地处理边界效应的问题。因为每一次模拟都遇到与观测数据相同的边界效应，所以不需要进行复杂的计算调整。我们观测到的抽样分布自动地解释边界效应。蒙特卡洛方法在现代统计学中广泛应用。

Crimestat 是最常用的点模式分析软件之一，其中就嵌入了这种模拟功能。类似地，R 统计软件包及其点模式分析库 Spatstat（Baddeley *et al.*，2005）也可以模拟产生许多不同点模式测度方法的包络线。考虑到解析地处理许多点模式测度存在的困难，该方法的应用正变得越来越普遍。

蒙特卡洛方法具有如下优点：（1）没必要对边界和研究区域面积的影响进行复杂

的校正，但是注意，只要对观测和模拟数据采用相同的测度计算方法，就可以纳入任何所需的校正方法。(2) 虽然模拟过程中使用与原观测模式中相同的事件数量n，但与基于包含的λ模拟相比，它对此不太敏感。这很容易通过改变模拟模式中的n来判定这一假设的重要性。(3) 理论上可以方便地研究出IRP/CSR之外的空间过程模型。即理论上符合任何可描述过程的观测模式都可以用计算机模拟，但是目前复杂的空间一阶和二阶效应模拟效果可能并不理想。

二、基于连接数统计量的自相关度量

上面介绍了点模式（给定属性、空间随机定位的）数据的自相关度量方法。下面介绍一种面向多边形且属性为二元类型变量地理数据的自相关性度量方法——连接数统计量。二元数据是指那些只有两个可能值的数据，比如可耕/非可耕地块、高/低收入群体、位于城市/乡村的县等。

虽然连接数统计方法仅适用于类型变量，但其他类型的数据可以很容易地降格或转化为二元形式。对于一组定序数据，我们可以将某一等级设为分界点，然后将所有高于分界点的等级归为一类，低于分界点的等级归为另一类。例如，在按人口规模对美国主要城市进行排序的情况下，给那些等级高于克利夫兰市的城市分配一个值，而给那些等级低于克利夫兰市的城市分配另一个值。类似地，对间隔量、比率量的数据也可进行转化，也只需设置一个分界点，然后分别给高于和低于分界水平的数据分配两个不同的值。以平均家庭收入为例，我们可以考虑将平均家庭收入高于全国平均水平的城市归为一类，而将这一指标低于全国平均水平的城市归为另一类。因此，使用连接数统计量的两个基本条件就是：(1) 空间以区域（多边形）或栅格单元呈现；(2) 属性以二元形式计量（即只存在两个可能的值）呈现。需要指出的是，尽管我们可以将间隔量、比率量数据转化为二元数据，但这种转化同时会减少数据所含的信息量。一般我们会尽量避免这种转化，尤其是在将间隔量或比率量数据转化为定类数据时，原始数据的精确性便会丧失。在不损失间隔量、比率量的信息的情况下，可以用本书后续章节介绍到的空间自相关系数法。

（一）连接数统计量计算方法

在连接数统计中，我们习惯用黑和白来表示二元属性值。有了这两种可能的属性值，我们就可以按黑或白对多边形进行分类。在连接数统计中，我们将两个多边形之间的共享边界视为一个连接。因此，所有共享边界便可归类为代表两个相邻多边形属性值的黑—黑（BB）、白—白（WW）或黑—白（BW）连接。我们统计 BB、WW 和 BW 连接的数量。计算方法如下：

1. 如果多边形 i 为黑，则令 $x_i = 1$；如果 i 为白，则令 $x_i = 0$。

2. 对于 BB 连接数：$O^{BB} = \sum_{i=1}^{n}\sum_{j=1}^{n}\left(w_{ij}x_i x_j\right)/2$；

3. 对于 WW 连接数：$O^{WW} = \sum_{i=1}^{n}\sum_{j=1}^{n}\left[w_{ij}(1-x_i)(1-x_j)\right]/2$；

4. 对于 BW 或 WB 连接数：$O^{BW} = \sum_{i=1}^{n}\sum_{j=1}^{n}\left[w_{ij}\left(x_i - x_j\right)^2\right]/2$；

其中，权重 w_{ij} 既可以是二元的，又可以是经过行标准化的空间权重矩阵。以上三个统计量是描述实际分布模式的连接数观测值。

简单地说，对于聚集模式，即白色多边形聚集在一定的区域，黑色多边形聚集在另外的区域，那么我们得到的 WW、BB 连接之和将比 WB 连接多，即空间正自相关。对于分散模式，不同的值往往会聚在一起，则 BW 连接就比 BB、WW 连接之和多，即空间负自相关。对于随机模式，我们预期各种类型连接的实际数量将十分接近拥有相同数量多边形的典型随机模式中各种连接的数量。但是，要想得出确实存在正的空间自相关的结论，就必须证明所观测到的模式不同于随机模式，并且这种不同并非偶然或碰巧发生的。

（二）连接数统计量的检验方法

对于连接数统计量的显著性检验可以使用图 2–13 的概念框架。我们对观测点的空间分布可以给出原假设 H_0。对于观测值可放回的情形，H_0 通常被定义为自由抽样假设（正态分布），通常用下标 N 表示；对于观测值不可放回的情形，H_0 通常被定义为非自由抽样假设（随机分布），通常用下标 R 表示。根据 O^{BB}、O^{WW}、O^{BW} 计算公式，可以分别推算出不同 H_0 假设下的 O^{BB}、O^{WW}、O^{BW} 期望方差及 z 值，如表 2–5 所示。

表 2–5　不同 H_0 假设下的 O^{BB} 、O^{WW} 、O^{BW} 期望方差及 z 值

H_0	均值	方差	z 值
自由假设（N）	$E_N\left(O^{BB}\right)=Jp^2$	$VAR_N\left(O^{BB}\right)=\sqrt{Jp^2+Kp^3-(J+K)p^4}$	$Z_N\left(O^{BB}\right)=\dfrac{O_{obs}^{BB}-E_N\left(O^{BB}\right)}{\sqrt{VAR_N\left(O^{BB}\right)}}$
	$E_N\left(O^{WW}\right)=Jq^2$	$VAR_N\left(O^{WW}\right)=\sqrt{Jq^2+Kq^3-(J+K)q^4}$	
	$E_N\left(O^{BW}\right)=2Jpq$	$VAR_N\left(O^{BW}\right)=\sqrt{J2pq+Kpq-(J+K)4p^2q^2}$	…
			…
随机假设（R）	$E_R\left(O^{BW}\right)=\dfrac{2Jn_B(n-n_B)}{n(n-1)}$	$VAR_R\left(O^{BW}\right)=\sqrt{E_N\left(O^{BW}\right)+\dfrac{Kn_Bn_W}{n(n-1)}+\dfrac{4\left[J(J-1)-K\right]n_B^{(2)}n_w^{(2)}}{n^{(4)}}-[E_N\left(O^{BW}\right)]^2}$	$Z_R\left(O^{BW}\right)=\dfrac{O_{obs}^{BW}-E_R\left(O^{BW}\right)}{\sqrt{VAR_R\left(O^{BW}\right)}}$
	…	…	…

注：$J:O^{BB}+O^{ww}+O^{Bw}$ 为研究区域的总连接数；

$p:A_B/A$ 为某个区域为黑色的可能性，q 或 $(I-p)$ 为某个区域为白色的可能性；

$K=\sum_{i=1}^{n}L_i\left(L_i-1\right)$，其中，$L_i$ 为多边形 i 与所有与其相邻的多边形之间连接的数量之和，n 为多边形总数。

根据 O_{BB}、O_{WW}、O_{BW} 计算公式，不难计算出观测样本点的连接统计量，分别记为 O_{BB}^{obs}、O_{WW}^{obs}、O_{BW}^{obs}，同时也可计算出零假设情况下上述变量的期望和方差，然后计算各观测统计量 z 值（即标准差的倍数）和其对应的 p 值。z 值、p 值的差异程度与结论的对应关系如图 2–22 所示。通常若 p 值小于 0.05（$z\geqslant1.96$ 或 $z\leqslant-1.96$），则拒绝原 H_0 假设，表示研究区域内的区域单元的属性值之间存在空间自相关性，否则接受原假设。当然，也可以用蒙特卡洛模拟方法对统计量的显著性进行检验。

（三）俄亥俄东北部七县城市人口的空间自相关性度量

以俄亥俄东北部七县为例（图 2–34），深色代表城市人口增加，浅色代表城市人口减少。假设空间上呈现了图 2–34(a)～(c)的三种分布模式，视觉上，图 2–34(a)深色聚集在七县的西侧，而东侧剩下的县均为浅色，表现为聚集模式。图 2–34(c)中深色的县看上去分布得比较均匀，并且彼此离得较远，表现为分散模式。这种模式说明相邻地理对象在某一现象上可能存在互斥关系。这样的现象可能是由对两个不同政党的偏爱造成的。俄亥俄这几个邻县可能刚好偏爱不同的党派。这种西洋跳棋盘似的分布模式，属于典型的极端分散模式，因为黑白单元刚好相间分布。这种分布模式表现了相

邻单元之间互斥的空间关系。在特定的情况下，分散模式也可以理解为均匀模式。图2–34(b)既不聚集，也不分散，更加接近于我们通常所说的随机模式。如果某空间模式是随机的，那就表明可能不存在控制这些多边形分布方式的系统性结构或机制/过程。这时便无法观测到可以识别的模式。

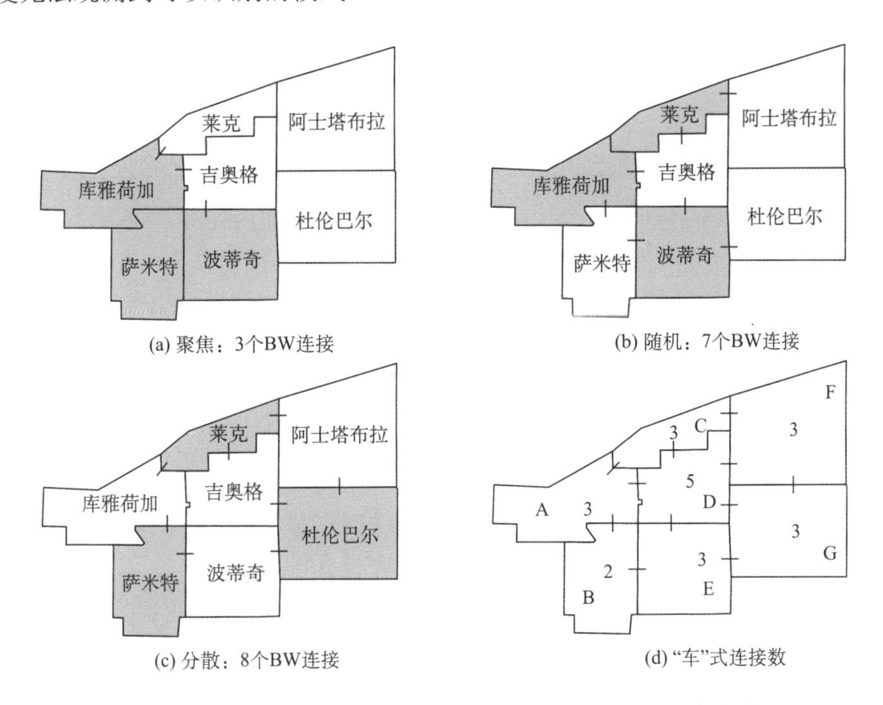

(a) 聚焦：3个BW连接　(b) 随机：7个BW连接

(c) 分散：8个BW连接　(d) "车"式连接数

图 2–34　俄亥俄东北部七县人口变化的三种模式与连接关系

资料来源：修改自 David *et al.*，2005。

接下来，我们需要回答这三种分布是不是我们从视觉上感受到的分布模式？要想得出确实存在各类空间自相关的结论，就必须证明所观测到的模式不同于随机模式，并且这种不同并非偶然或碰巧发生的。

如果选车式邻接规则，所有连接数如图 2–34(d)所示，其中三种观测数据的 BW 连接数分别为 3、7、8。若 H_0 是随机分布，根据表中的公式，随机分布下 BW 连接数的期望和方差如下：

$$E_R\left(O^{BW}\right)=\frac{2Jn_B\left(n-n_B\right)}{n\left(n-1\right)}=\frac{2\times 11\times 3\times 4}{7\times 6}=\frac{264}{42}=6.286$$

$$VAR_R\left(O^{BW}\right)=\sqrt{E_N\left(O^{BW}\right)+\frac{Kn_Bn_W}{n(n-1)}+\frac{4\left[J(J-1)-K\right]n_B^{(2)}n_w^{(2)}}{n^{(4)}}-[E_N\left(O^{BW}\right)]^2}$$

$$=\sqrt{6.286+\frac{52\times3\times4}{7\times6}+\frac{4\times[11\times10-52]\times3\times2\times4\times3}{7\times6\times5\times4}-6.286^2}$$

$$=\sqrt{6.286+14.857+19.886-39.514}=\sqrt{1.515}=1.23$$

其中，K 为 $\sum L_i\left(L_i-1\right)$，其计算过程如表 2–6 所示，合计为 52。

表 2–6　$\sum L_i\left(L_i-1\right)$ 的计算过程

	L_i	L_i-1	$L_i(L_i-1)$
A	3	2	6
B	2	1	2
C	3	2	6
D	5	4	20
E	3	2	6
F	3	2	6
G	3	2	6

图 2–34(a)的 $z=(3-6.286)/1.23=-2.67$；图 2–34b 的 $z=(7-6.286)/1.23=-0.58$；图 2–34(c)的 $z=\left(8-6.286\right)/1.23=1.39$。给定这些 z 值和单尾情况下 $a=0.05$ 的临界值 1.645，我们可以得出：图 2–34 中没有任何一个模式存在显著的负空间自相关。这是因为这些负空间自相关连接数统计量（O^{BW}）的 z 值均小于临界值。

三、空间自相关系数

上面介绍了点模式、二元类型变量数据的自相关度量方法。下面介绍一种空间位置随机、测量的属性变量是间隔量或比率量的全局自相关度量方法。针对此类数据，我们需要从空间与属性两个角度联合评价地理现象的空间自相关程度，即刻画位置接近的观测点的属性变量值接近程度。

本节所述的吉尔里指数（Geary's C；Geary，1954）和莫兰指数（Moran's I；Moran，1948）两种空间自相关系数中，空间位置的接近程度均用空间权重矩阵（W）刻画。不同之处在于，对于属性变量的接近程度的刻画，Geary's C 用变量差的平方（距离）

刻画，而 Moran's I 用属性变量的协方差刻画。

（一）空间自相关系数（SAC）

空间自相关是指相距较近的位置之间或是发生在这些位置的事件之间具有某种程度的相似性。以空间是点数据、测量的属性变量是间隔量或比例量为例，并沿用古德柴尔德曾经使用过的一些符号来讨论上述两种空间自相关系数的定义。我们可以将空间自相关系数（Spatial Autocorrelation Coefficient, SAC）定义为如下：

$$SAC \approx \frac{\sum_{i=1}^{n}\sum_{j=1}^{n} s_{ij} w_{ij}}{\sum_{i=1}^{n}\sum_{j=1}^{n} w_{ij}} \qquad \text{（公式 2–9）}$$

其中，s_{ij} 表示位置 i 与位置 j 之间观测属性值的相似性，w_{ij} 是权重指标，表示位置 i 与位置 j 之间位置的空间接近性。对于所有点，$w_{ii}=0$。x_i 表示位置 i 的属性观测值。n 表示样点的总数。除以分母（$\sum_{i=1}^{n}\sum_{j=1}^{n} w_{ij}$）是为了总体消除 n 的大小以及位置邻近权重 w_{ij} 大小对相关系数的影响，实现不同地理数据集的空间自相关系数的可比性。该公式是后续构建 Geary's C 和 Moran's I 的重要基础。

（二）Geary's C 和 Moran's I 指标的定义

对于位置 i 与位置 j 的观测属性的相似性 s_{ij}，Geary's C 用位置 i 与位置 j 的观测属性值距离的平方除以样本方差表示：

$$s_{ij} = \frac{\left(x_i - x_j\right)^2}{S^2} \qquad \text{（公式 2–10）}$$

其中，分子是两位置属性距离的平方，分母则是样本方差 $S^2 = \sum_{i=1}^{n}\left(x_i - \bar{x}\right)^2 (n-1)^{-1}$。分母的作用在于标准化分子的数值，同时消除分子中属性的量纲。因此，Geary's C 的公式如下：

$$C = \frac{\sum_{i=1}^{n}\sum_{j=1}^{n} w_{ij}\left(x_i - x_j\right)^2}{2 \times S^2 \sum_{i=1}^{n}\sum_{j=1}^{n} w_{ij}} = \frac{(n-1)\sum_{i=1}^{n}\sum_{j=1}^{n} w_{ij}\left(x_i - x_j\right)^2}{2 \times \sum_{i=1}^{n}\left(x_i - \bar{x}\right)^2 \sum_{i=1}^{n}\sum_{j=1}^{n} w_{ij}} \qquad \text{（公式 2–11）}$$

其中，在分母中加入 2，是为了将 C 控制在某个数值范围之内。

对于位置i与位置j的观测属性的相似性s_{ij}，Moran's I则用位置i与位置j的观测属性值的协方差除以总体方差表示：

$$s_{ij}=\frac{(x_i-\bar{x})(x_j-\bar{x})}{\sigma^2} \quad （公式 2–12）$$

其中，分子是两位置属性协方差，分母则是总体方差$\sigma^2=\sum_{i=1}^{n}(x_i-\bar{x})^2 n^{-1}$。分母的作用在于标准化分子的数值，同时消除分子中属性的量纲。因此，Moran's I的公式如下：

$$I=\frac{\sum_{i=1}^{n}\sum_{j=1}^{n}w_{ij}(x_i-\bar{x})(x_j-\bar{x})}{\sigma^2\sum_{i=1}^{n}\sum_{j=1}^{n}w_{ij}}=\frac{n\sum_{i=1}^{n}\sum_{j=1}^{n}w_{ij}(x_i-\bar{x})(x_j-\bar{x})}{\sum_{i=1}^{n}(x_i-\bar{x})^2\sum_{i=1}^{n}\sum_{j=1}^{n}w_{ij}} \quad （公式 2–13）$$

Moran's I的分子中的协方差结构是以皮尔逊相关系数[①]为基础，但与其又有不同。Moran's I计算公式中的协方差是空间中相邻区域单元之间的协方差，只有当i和j两个区域单元相邻时，我们才会计算此协方差。此外，皮尔逊相关系数涉及两个变量x和y，而 Moran's I只涉及一个变量x。

对于上述从 SAC 到 Geary's C 和 Moran's I 的演变过程可以用图 2–35 所示。

由于 Geary's C、Moran's I 计算s_{ij}的方法不同，导致两指数具有不同的值域和不同的统计性质。其中 Moran's I 的统计性质更加理想。表 2–7 列出了两种空间自相关系数在聚集、随机、分散三种模式下可能的取值范围。

需要指出，Geary's C 的取值范围为（0，2），与传统相关系数的取值范围$(-1,1)$不同，Geary's C 值越小表示邻近观测点属性值的距离越短，空间自相系数强。而 Moran's I 的取值范围更加接近传统相关系数的含义，Moran's I 越接近 1 表示邻近观测点属性的相似性越强，空间自相关性越强。但需注意：（1）空间随机分布时，Moran's I 的值不是零，而是$-1/(n-1)$；（2）从某些实证研究的结果来看，Moran's I 的取值范围并不局限于$(-1,1)$，尤其是上限不局限于1。

---

① 皮尔逊相关系数的计算公式为：$\gamma=(x_i-\bar{x})(y_i-\bar{y})(n\delta_x\delta_y)^{-1}$。式中测度的是$x$，$y$两个变量分布之间的相似程度。对于给定的观测样本$i$，如果$x$和$y$均大于它们各自的均值，乘积将为较大的正值。如果$x$和$y$小于它们各自的均值，结果也是正值。只有当其中一个变量的值大于均值，而另一个变量的值小于均值时，相关性才会为负。

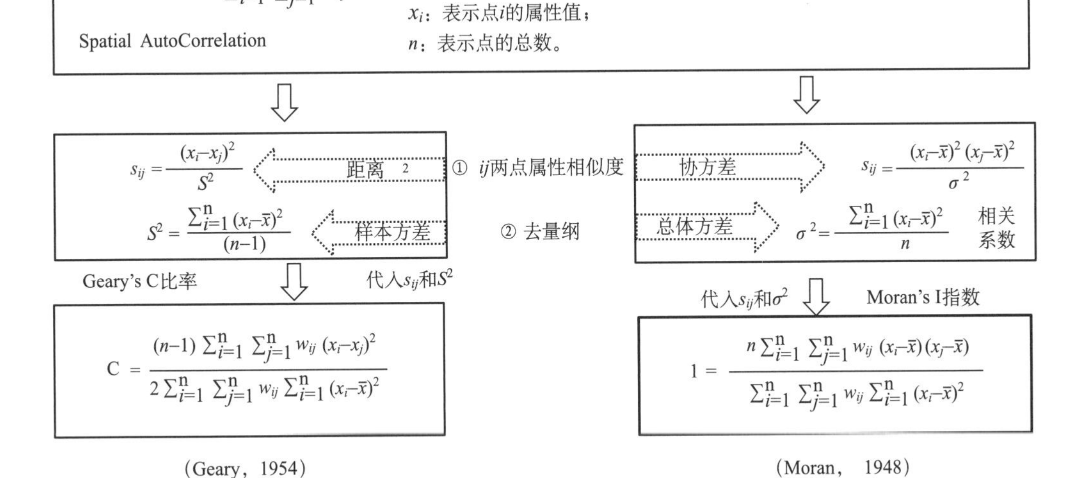

图 2–35　从 SAC 到 Geary's C 和 Moran's I 的演变过程

表 2–7　Geary's C 与 Moran's I 指数的取值区间

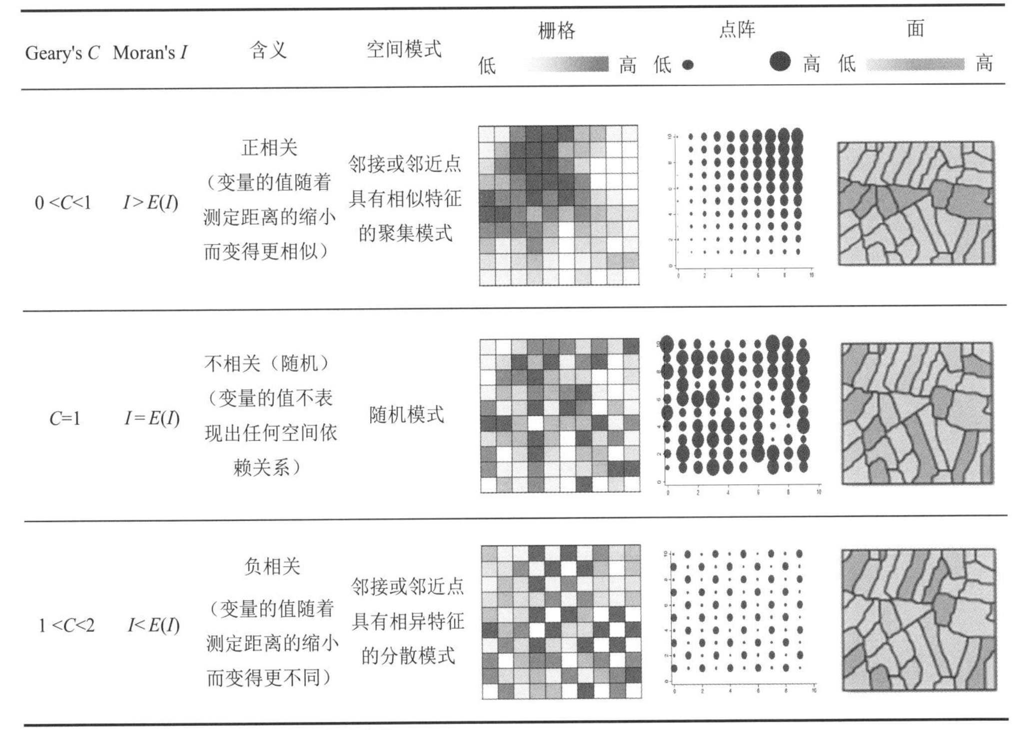

Geary's C	Moran's I	含义	空间模式	栅格（低—高）	点阵（低—高）	面（低—高）
$0<C<1$	$I>E(I)$	正相关（变量的值随着测定距离的缩小而变得更相似）	邻接或邻近点具有相似特征的聚集模式			
$C=1$	$I=E(I)$	不相关（随机）（变量的值不表现出任何空间依赖关系）	随机模式			
$1<C<2$	$I<E(I)$	负相关（变量的值随着测定距离的缩小而变得更不同）	邻接或邻近点具有相异特征的分散模式			

注：$E(I)=-1/(n-1)$，n 表示点的总数。

区域单元的数量（n）越多，随机分布的 Moran's I 期望值 $E(I)$ 就越接近于零。但 Moran's I 的期望值始终为负。当 n 较小时，随机分布的 Moran's I 期望值是个绝对值较大的负值。因此，当 n 较小时，负的 Moran's I 有时并不意味着一定是负的空间自相关或分散模式。仅当观测的 Moran's I 小于 $E(I)$ 时，我们才能认为可能存在负的空间自相关。另一方面，当观测的 Moran's I 大于 $E(I)$ 时，通常存在聚集模式，即相邻或邻近的点拥有相似的观测属性特征。

（三）Geary's C 和 Moran's I 指标的显著性检验

Geary's C 和 Moran's I 的显著性检验仍可以使用图 2–4 的概念框架。我们对观测点的空间分布可以给出原假设 H_0。对于观测值可放回的情形，H_0 通常被定为自由抽样假设（正态分布），通常用下标 N 表示。对于观测值不可放回的情形，H_0 通常被定为非自由抽样假设（随机分布），通常用下标 R 表示。根据 Geary's C 和 Moran's I 的计算公式，可以分别推算出不同 H_0 假设下的 Geary's C 和 Moran's I 期望方差及 z 值的计算公式，如表 2–8 所示。

表 2–8　不同 H_0 假设下的 Geary's C 和 Moran's I 期望方差及 z 值

指标	H_0	均值	方差	z 值
Geary's C	自由假设（N）	$E_N(C)=1$	$VAR_N(C)=\frac{\left[(2S_1+S_2)(n-1)-4W^2\right]}{2(n+1)W^2}$	$Z_N(C)=\frac{C_{obs}-E_N(C)}{\sqrt{VAR_N(C)}}$
	随机假设（R）	$E_R(C)=1$	$VAR_R(C)=\frac{(n-1)S_1\left[n^2-3n+3-(n-1)k\right]}{n(n-2)(n-3)W^2}-\frac{(n-1)S_2\left[n^2+3n-6-(n^2-n+2)k\right]}{4n(n-2)(n-3)W^2}+\frac{W^2\left[n^2-3-(n-1)^2k\right]}{n(n-2)(n-3)W^2}$	$Z_R(C)=\frac{C_{obs}-E_R(C)}{\sqrt{VAR_R(C)}}$
Moran's I	自由假设（N）	$E_N(\mathrm{I})=\frac{-1}{n-1}$	$VAR_N(I)=\frac{(n^2S_1-nS_2+3W^2)}{(n^2-1)W^2}$	$Z_N(I)=\frac{I_{obs}-E_N(I)}{\sqrt{VAR_N(I)}}$
	随机假设（R）	$E_R(\mathrm{I})=\frac{-1}{n-1}$	$VAR_R(I)=\frac{n\left[(n^2-3n+3)S_1-nS_2+3W^2\right]-k\left[(n^2-n)S_1-2nS_2+6W^2\right]}{(n-1)(n-2)(n-3)W^2}$	$Z_R(I)=\frac{I_{obs}-E_R(I)}{\sqrt{VAR_R(I)}}$

注：$W=\sum_{i=1}^{n}\sum_{j=1}^{n}w_{ij}$；

$S_1=\frac{1}{2}\sum_{i=1}^{n}\sum_{j=1}^{n}(w_{ij}+w_{ji})^2$；$S_2=\sum_{j=1}^{n}(w_{i.}+w_{.j})^2$；　$w_{i.}=\sum_{j=1}^{n}w_{ij}$，表示空间权重矩阵 w_{ij} 的第 i 行元素之和；

$k=\sum_{i=1}^{n}(x_i-\bar{x})^4/\left(\sum_{i=1}^{n}(x_i-\bar{x})^2\right)^2$，表示 x 的峰度；　$w_{.j}=\sum_{i=1}^{n}w_{ij}$，表示空间权重矩阵 w_{ij} 的第 j 列元素之和。

根据公式 2–11 和公式 2–13，不难计算出观测样本点的 Geary's C 和 Moran's I 指数，分别记为 C_{obs} 和 I_{obs}。根据表 2–8 中最后一列的公式，不难计算出各指数不同 H_0 分布下的 z 值（即标准差的倍数）和其对应的 p 值。通常若 p 值小于 0.05（$z \geqslant 1.96$ 或 $z \leqslant -1.96$），则拒绝原 H_0 假设，表示研究区域内的区域单元的属性值之间存在空间自相关性，否则接受原假设。关于 z 值、p 值及不同差异程度下，可推断的结论和关系如图 2–22 所示。当然，我们也可以用蒙特卡洛模拟方法对指标的显著性进行检验，例如，第五章中很多案例均采用蒙特卡洛模拟方法进行检验。

（四）广义 G 统计量与显著性检验

Moran's I 和 Geary's C 可用于测度研究区是否具有相对较高的空间自相关水平，但有些时候 Moran's I 和 Geary's C 的测度值相同，其代表的空间自相关模式却有所不同。例如，图 2–36 中的两种模式其 Moran's I 和 Geary's C 的值相同，但图 2–36(a)呈现低值聚集、而图 2–36(b)则呈现高值聚集。将 Geary's C 的公式 2–11 与 Moran's I 的公式 2–13 进行比较，最明显的区别在于分子。Moran's I 的计算公式中分子是两个相邻值与均值的差之积，若 x_i 和 x_j 相似，则分子为正，否则分子为负。而 Geary's C 的分子两相邻值 x_i 和 x_j 差的平方，若 x_i 和 x_j 相似，则分子为 0，否则分子为正数。两指标在很大程度上并不关心 x_i 与 x_j 是高值，还是低值，而只关心这两个相邻值的相似程度，因此，无法区分 H–H 与 L–L 这两种不同类型的空间自相关。

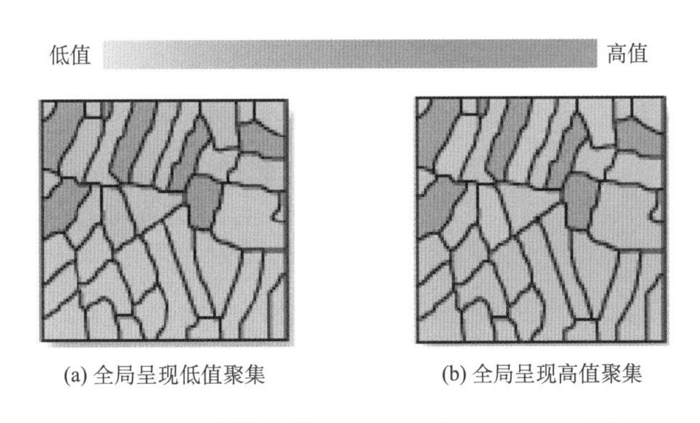

(a) 全局呈现低值聚集　　(b) 全局呈现高值聚集

图 2–36　两种模式的 Moran's *I* 和 Geary's *C* 相同

为了区分图 2–36 中的两种不同形式的全局自相关，引入了广义 G 统计量。

1. 广义 G 统计量

广义 G 统计量（Getis and Ord，1992）是一个全局空间自相关统计量，与 Moran's I 和 Geary's C 相比，其优势在于不仅能够探测整个研究区域是否存在空间自相关，若相关，还能回答呈现高值聚集还是低值聚集。这些不同的聚集方式可以看成是特定现象的空间集中，比如空气污染物（臭氧）、化学物质（二氧化碳）和收入水平等。

与 Moran's I 和 Geary's C 类似，广义 G 统计量也是一个基于叉积的统计量。叉积常被称为空间关联指标。广义 G 统计量的计算公式为：

$$G(d)=\frac{\sum\sum w_{ij}(d)x_i x_j}{\sum\sum x_i x_j}, i\neq j \qquad \text{（公式 2–14）}$$

在 G 统计量的分子中，权重 $w_{ij}(d)$ 是通过距离函数或者说距离标准为 d 的邻接函数来确定的。如果区域单元 i 与 j 之间的距离小于 d，则权重就等于 1，否则就等于 0。也就是说，如果两个区域单元之间的距离小于 d，我们就认为它们相邻。因此，该权重矩阵实质上是一个二元对称矩阵。只有当 i 与 j 之间的距离小于 d 时，x_i 与 x_j 的乘积才会对 G 统计量的计算结果有贡献。

如果 i 和 j 为点对象，判断 i 与 j 是否相邻就比较简单，但如果 i 和 j 为面状要素，那么根据距离判断它们是否相邻就比较复杂。当我们根据距离来定义面状要素的邻接性时，我们既可以使用质心距离，也可以使用最近距离。当然，具体如何定义，则取决于所研究的区域单元和现象的实际情况。

权重矩阵的权重之和为 $W=\sum_i\sum_j w_{ij}(d)$，其中 $i\neq j$。G 的分子受权重矩阵 W 的影响，仅包含部分 (x_i,x_j) 组合。例如，如果 i 和 j 之间的距离超过 d，分子便不包含 x_i与x_j 乘积，而分母则包含了所有 (x_i,x_j) 的组合。这样一来，分母便始终大于等于分子。

一般来说，相邻观测单元的属性值越大，则 $G(d)$ 统计量的分子就相对越大，其值也越大；相邻观测单元的属性值越小，分子就越小，其值也越小。这是广义 G 统计量特有的性质。大的 $G(d)$ 值反映高值与高值的空间聚集，而相对较小的 $G(d)$ 值则表明低值与低值空间聚集。

2. 广义 *G* 统计量的显著性检验与推断

与其他空间自相关指标一样，要想更深入地对广义 G 统计量的值进行解释，就必须知道 H_0 假设下的期望值和标准化值（z）。为了得到 z 值并对广义 G 统计量的显著性进行检验，我们必须知道 H_0 假设下 $G(d)$ 的期望值及方差。$G(d)$ 的期望值为：

$$E(G)=\frac{W}{n(n-1)} \qquad \text{（公式 2–15）}$$

因此，$G(d)$ 的期望值是空间系统规模 n 的函数，空间系统中邻接区域的格局由 d 定义并由 W 描述。

根据格蒂斯（Getis）和奥德（Ord）（1992）的文献，$G(d)$ 的方差为：

$$\begin{aligned}Var(G)&=E\left(G^2\right)-\left[E(G)\right]^2\\&=\frac{1}{(m_1^2-m_2)^2 n^{(4)}}\left[B_0m_2^2+B_1m_4+B_2m_1^2m_2+B_3m_1m_3+B_4m_1^4\right]\end{aligned} \qquad \text{（公式 2–16）}$$

其中，m 和 n 的定义与上相同。其他系数的定义如下：$B_0=\left(n^2-3n+3\right)S_1-nS_2+3W^2$，$B_1=-\left[\left(n^2-n\right)S_1-2nS_2+3W^2\right]$，$B_2=-\left[2nS_1-(n+3)S_2+6W^2\right]$，$B_3=4(n-1)S_1-2(n+1)S_2+8W^2]$，$B_4=S_1-S_2+W^2$，$S_1$ 和 S_2 的定义与上相同。

显著性检验的 z 值计算方法如下：

$$z(G)=\frac{G_{obs}-E(G)}{\sqrt{VAR(G)}} \qquad \text{（公式 2–17）}$$

当观测 G 值高于 $E(G)$ 且 z 值显著时，观测值之间呈现高值集聚。当观测 G 值低于 $E(G)$ 且 z 值显著时，观测值之间呈现低值集聚。当观测 G 趋近于 $E(G)$ 时，观测值在空间上随机分布。

3. 广义 *G* 统计量与 Moran's *I* 取值范围与含义的差异

Moran's I 和 G 值的表示含义的差异如图 2–37 所示。Moran's I 与 Geary's C 相同，用于推断地理数据的空间分布是均匀的、随机的还是聚集的。而 G 值不仅用于判别地理数据的空间分布是否空间自相关，若相关，还可以回答是高值聚集或低值聚集的。

4. 广义 G 统计量是全局统计量

尽管广义 G 统计量可以回答是否存在高值聚集或低值聚集，但它本质上还是个全局统计量，即全部研究区域对应一个广义 G 统计量。广义 G 值也只能回答研究区上是存在高值聚集还是低值聚集，无法回答高值聚集（热点）区或低值聚集（冷点）区具体在哪里。关于空间上热点区、冷点区具体在哪里，需要后续介绍的相关方法探测。当然，由于广义 G 值的特殊性，基于其衍生出来的局部 G 和 G^* 统计量，也是探测与识别局部异质性的重要方法。

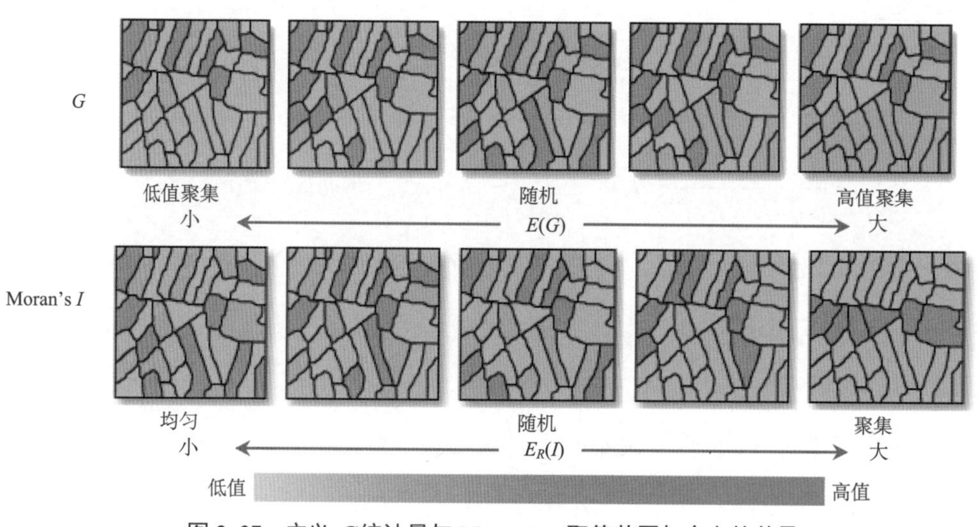

图 2–37 广义 G 统计量与 Moran's I 取值范围与含义的差异

（五）俄亥俄七县中值居民收入的空间自相关性与显著性检验

1. Moran's I

以图 2–38 所示的 1999 年俄亥俄七县中值居民收入（以下简称“收入”）为例，科学问题是判断俄亥俄中值居民收入是否存在空间自相关现象。

以后式标准定义相邻区域，并用二元连接矩阵来计算 Moran's I。表 2–9 显示了中间步骤的计算结果。表 2–9(a)给出了居民收入的各值与均值离差及离差的平方。其中，

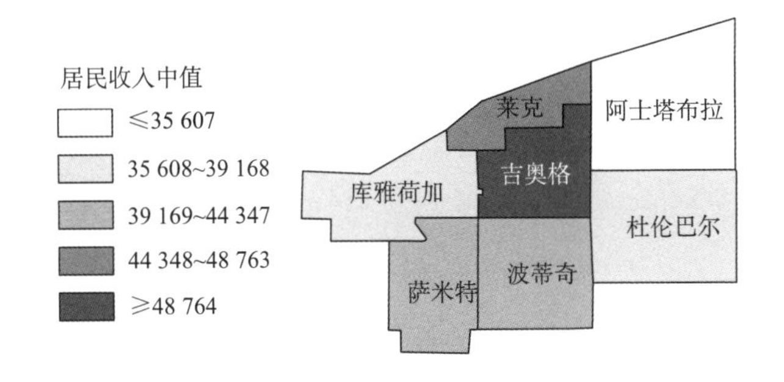

县	中值居民收入(x_i)
阿士塔布拉	35 607
库雅荷加	39 168
吉奥格	60 200
莱克	48 763
波蒂奇	44 347
萨米特	42 304
杜伦巴尔	38 298

图 2–38　1999 年俄亥俄七县的中值居民收入

资料来源：修改自 David *et al.*，2005。

居民收入的均值为 44 098.14 美元，表中第三列利用此均值计算了各值与均值的离差；表中第四列给出了离差的平方。离差平方和 $\sum\left(x_i-\bar{x}\right)^2=414\,359\,046$ 是 Moran's *I* 分母的一部分。分母的另一部分为空间权重之和 $\sum_{i=1}^{n}\sum_{j=1}^{n}w_{ij}$。由于我们使用的是图 2–11(b)的一阶后式矩阵，其所有权重之和为 $2\times13=26$。对于分子，我们必须针对每一对 i 和 j 计算 $w_{ij}\left(x_i-\bar{x}\right)\left(x_j-\bar{x}\right)$。表 2–9(b)给出了相应的计算过程，$\sum_{i=1}^{n}\sum_{j=1}^{n}w_{ij}\left(x_i-\bar{x}\right)\left(x_j-\bar{x}\right)=-533\,787\,046$。因此，Moran's *I* 的计算过程如下：

表 2–9　Moran's *I* 的中间步骤的计算结果

(a) 与均值的离差及离差的平方

县	收入(x_i)	$x_i-\bar{x}$	$\left(x_i-\bar{x}\right)^2$
阿士塔布拉	35 607	–8 491.14	72 099 458.50
库雅荷加	39 168	–4 930.14	24 306 280.42
吉奥格	60 200	16 101.86	259 269 895.46
莱克	48 763	4 664.86	21 760 918.82
波蒂奇	44 347	248.86	61 931.30
萨米特	42 304	–1 794.14	3 218 938.34
杜伦巴尔	38 298	–5 800.14	33 641 624.02

x_i 合计：308 687　　　　x_i 均值：44 098.14

(b)权重乘以离差叉积

		吉奥格	库雅荷加	杜伦巴尔	萨米特	波蒂奇	阿士塔布拉	莱克	合计
	$x_i-\bar{x}$	16 102	–4 930	–5 800	–1 794	249	–8 491	4 665	
吉奥格	16 102	0	16 102×(–4 930)	16 102×(–5 800)	16 102×(–1 794)	16 102×249	16 102×(–8 491)	16 102×(4 665)	–259 258 302
库雅荷加	–4 930	–4 930×(16 102)	0	0	–4 930×(–1 794)	–4 930×249	0	–4 930×(4 665)	–94 764 460
杜伦巴尔	–5 800	–5 800×(16 102)	0	0	0	–5 800×249	–5 800×(–8 491)	0	–45 588 000
萨米特	–1 794	–1 794×(16 102)	–1 794×(–4 930)	0	0	–1 794×249	0	0	–20 489 274
波蒂奇	249	249×(16 102)	249×(–4 930)	249×(–5 800)	249×(–1 794)	0	0	0	890 922
阿士布拉	–8 491	–8 491×(16 102)	0	–8 491×(–5 800)	0	0	0	–8 491×(4 665)	–127 084 797
莱克	4 665	4 665×(16 102)	4 665×(–4 930)	0	0	0	4 665×(–8 491)	0	12 506 865

资料来源：修改自 David ***et al.***，2005。

总合计：–533 787 046

$$I=\frac{n\sum_{i=1}^{n}\sum_{j=1}^{n}w_{ij}(x_i-\bar{x})(x_j-\bar{x})}{\sum_{i=1}^{n}(x_i-\bar{x})^2\sum_{i=1}^{n}\sum_{j=1}^{n}w_{ij}}=\frac{7\times(-533\ 787\ 046)}{(414\ 359\ 046\times 26)}\approx -0.346\ 8$$

Moran's I 的计算结果似乎表明存在负的空间自相关。但是正如前面提过的，Moran's I 的期望值为 $-1/(n-1)$，始终是个负值，且 n 越小，此负值的绝对值越大。

若 H_0 采用随机假设，随机假设下的期望和方差如下所示，其中，n=7，S_1=52，S_2=416，$W=26$，$k=-3$。

$$E_R(\mathrm{I})=\frac{-1}{n-1}=\frac{-1}{7-1}\approx -0.166\ 67$$

$$VAR_R(I)=\frac{n\left[\left(n^2-3n+3\right)S_1-nS_2+3W^2\right]-k\left[\left(n^2-n\right)S_1-2nS_2+6W^2\right]}{(n-1)(n-2)(n-3)W^2}$$

$$=\frac{7\left[\left(7^2-3\times 7+3\right)\times 52-7\times 416+3\times 26^2\right]+3\left[\left(7^2-7\right)\times 52-2\times 7\times 416+6\times 26^2\right]}{(7-1)(7-2)(7-3)\times 26^2}\approx 0.047\ 4$$

由于我们计算出（观测到）的 Moran's I 值（ –0.346 8 ）比空间随机模式 Moran's I 的期望值（ –0.166 67 ）小，似乎可以得出俄亥俄七县居民收入存在负相关的结论。但观测值与 H_0 期望值之间的这种差异是偶然发生的还是由系统过程造成的，需要进行 z 检验。根据表 2–8 的公式，$z=[-0.346\ 8-0.166\ 67](\sqrt{0.047\ 4})^{-1}=-0.827$。

由于 z 值并未位于 $(-1.96, 1.96)$ 区间之外，故不足以让我们得出俄亥俄七县居民收入存在显著负空间自相关的结论，即负的 Moran's I 值可能是偶然出现的，而不是由系统过程造成。

2. Geary's *C*

与 Moran's I 类似，Geary's C 也含有叉积项（Getis，1991），也适用于所有类型的空间权重矩阵，尽管最常用的是二元矩阵和距离矩阵。

同样以俄亥俄七县为例，根据 Geary's C 的公式，分母中的 $\sum_{i=1}^{n}(x_i-\bar{x})^2$ 和 $\sum_{i=1}^{n}\sum_{j=1}^{n}w_{ij}$ 已在上述 Moran's I 的计算过程中得到，详见表 2–9。目前，仅剩分子中的 $\sum_{i=1}^{n}\sum_{j=1}^{n}w_{ij}\left(x_i-x_j\right)^2$ 这一项，计算过程详见表 2–10，因此，Geary's C 的结果如下：

$$C=\frac{(n-1)\sum_{i=1}^{n}\sum_{j=1}^{n}w_{ij}\left(x_i-x_j\right)^2}{2\times\sum_{i=1}^{n}\left(x_i-\bar{x}\right)^2\sum_{i=1}^{n}\sum_{j=1}^{n}w_{ij}}=\frac{6\times 5\ 158\ 108\ 600}{2\times 414\ 359\ 046\times 26}=1.436\ 4$$

表 2–10　计算 Geary's C 的分子（相邻值之差的平方乘以权重）

		吉奥格	库雅荷加	杜伦巴尔	萨米特	波蒂奇	阿士塔布拉	莱克	
	x_i	60 200	39 168	38 298	42 304	44 347	35 607	48 736	合计
吉奥格	60 200	0	$(60\ 200-39\ 168)^2$	$(60\ 200-38\ 298)^2$	$(60\ 200-38\ 298)^2$	$(60\ 200-44\ 347)^2$	$(60\ 200-35\ 607)^2$	$(60\ 200-48\ 736)^2$	2 229 247 671
库雅荷加	39 168	$(39\ 168-60\ 200)^2$	0	0	$(39\ 168-38\ 298)^2$	$(39\ 168-44\ 347)^2$	0	$(39\ 168-48\ 736)^2$	571 065 586
杜伦巴尔	38 298	$(38\ 298-60\ 200)^2$	0	0	0	$(38\ 298-44\ 347)^2$	$(38\ 298-35\ 607)^2$	0	523 529 486
萨米特	42 304	$(42\ 304-60\ 200)^2$	$(42\ 304-39\ 168)^2$	0	0	$(42\ 304-44\ 347)^2$	0	0	334 715 161
波蒂奇	44 347	$(44\ 347-60\ 200)^2$	$(44\ 347-39\ 168)^2$	$(44\ 347-38\ 298)^2$	$(44\ 347-38\ 298)^2$	0	0	0	318 903 900
阿士塔布拉	35 607	$(35\ 607-60\ 200)^2$	0	$(35\ 607-38\ 298)^2$	0	0	0	$(35\ 607-48\ 736)^2$	785 137 466
莱克	48 736	$(48\ 736-60\ 200)^2$	$(48\ 736-39\ 168)^2$	0	0	0	$(48\ 736-35\ 607)^2$	0	395 949 330

总合计：5 158 108 600

资料来源：David *et al.*，2005。

Geary's C 的值域在 0 到 2 之间。与直觉相反的是，Geary's C 的值为 0 表明存在完全正空间自相关。这时所有相邻的属性值均相同，因此分子等于 0。而 Geary's C 的值为 2 则表明存在完全负空间自相关。与 Moran's I 不同，Geary's C 的期望值不受样本容量的 n 影响，始终为 1。

由于观测模式的 Geary's C 值（1.436 4）比空间随机模式 Geary's C 的期望值（1）大，似乎可以得出俄亥俄七县居民收入存在负相关的结论。但观测值与 H_0 假设的期望值之间的这种差异是偶然发生的，还是由系统过程造成的，仍然需要进行 z 检验。关于检验思路和过程同 Moran's I。不同之处仅在于期望和方差的计算方法，详见表 2–8，这里不再赘述。

（六）全局自相关的实践

关于全局自相关性的计算软件 GeoDa 及其实验步骤详见第五章。

四、半变异函数与自协方差函数

下面继续介绍一种空间位置随机，测量属性变量是间隔量或比率量的全局自相关度量方法，同样适用于栅格、点阵、点对象等数据。本节方法与上节方法的不同之处在于：（1）仅适用于二维连续的场空间；（2）用距离或距离带刻画观测单元的空间位置接近程度；（3）可以刻画空间自相关性随距离变化的尺度效应。

半变异函数用两点观测属性值差的平方的一半刻画两点属性变量的接近程度，自协方差函数则用两点观测属性值的自协方差刻画两点属性变量的接近程度。在二维连续的地理场空间中，半变异函数或协方差函数的 x 轴是距离或距离带，用于刻画观点点空间上的相近程度。y 轴是基于观测属性的半变异函数值或协方差函数值，用于刻画观测点属性值的相近程度。观测点在上述坐标空间中绘制的散点图，通常被称为点云。基于点云回归出的曲线用于刻画二维连续空间中的地理数据的自相关程度。

以采样观测点数据为例，空间关系是根据距离或距离带定义。假设对于任何一对点 i 和 j，其距离为函数，设标记$[(i,\ j)|d(i,\ j)=h\pm\Delta]$表示假如选择 j 作为条件，从 j 到 i 的距离是 h 这个条件也可能会被放宽，以便选择的 j 落入 i 的距离带 $h\pm\Delta$ 内，如图 2–42(a)所示。距离带的作用是重要的，它允许数据点位置存在不精确性，并保证有足够的点对数量进行可靠的统计计算。但在一些带中可能有很多点对，其他带中则很少，因此造成估计精度的变化，实际应用中应该考虑在不同带之间进行比较。

接下来以基于简化的$[(i,\ j)|d(i,\ j)=h]$事例介绍半变异函数和协方差函数，当然

它可以很容易推广到分带或分段的情况。

（一）半变异函数

半变异函数中，点事件空间位置的相似性用$[(i,\ j)|d(i,\ j)=h]$刻画。测量属性的相似性用差的平方$[z(i)-z(j)]^2$刻画。如果$z(i)$和$z(j)$相似，则差的平方小，否则差的平方大。基于这两个量，对于任何给定距离h，$\gamma(h)$定义如下：

$$\gamma(h)=\frac{1}{2N(h)}\sum_{[(i,\ j)|d(i,\ j)=h]}\sum_{i}\sum_{j}\left[z(i)-z(j)\right] \qquad \text{（公式 2–18）}$$

其中，$N(h)$表示距离为h的点对数。$\gamma(h)$是距离为h的点对测量属性值差的平方的均值。若观测点具有空间自相关性，则h越小，测量值差的平方的均值$\gamma(h)$也越小。随着h值的增大，测量值差的平方的均值$\gamma(h)$增大。

半方差函数是$\{\gamma(h),\ h\}$的二元散点图。它提供了在不同距离上数据的相关性结构的图形描述。这里的半方差指的是差的平方和计算了一半，即除以 2。值得注意的是半方差函数其实也是前面 Geary's C 的基础。图 2–39 是一个典型的半方差函数的例子，在短距离上空间相关性强。随着距离的增加，两个观测样本值的差距逐步增大，即空间自相关性逐步减弱。直到超过一定的距离时，函数值基本稳定在一个常数上，即基台值。函数起始处的截距是块金值，也称块金方差，反映的是最小抽样尺度以下变量的变异性及测量误差。理论上当采样点的距离为 0 时，半变异函数值应为 0，但由于存在测量误差和空间变异，使得两采样点非常接近时，它们的半变异函数值不为 0。基台值减去块金值的部分为部分基台值，用于反映结构方差。

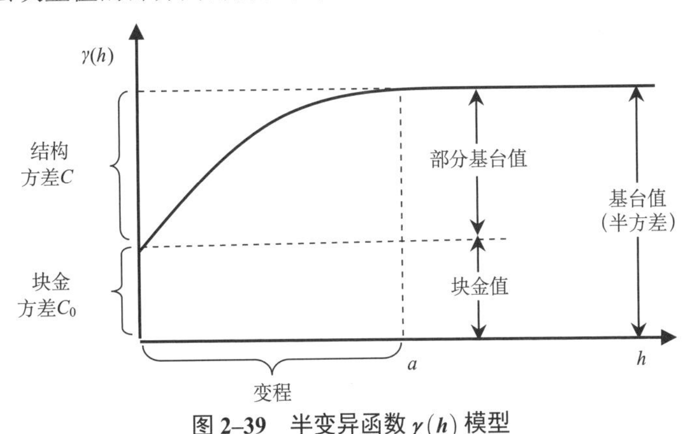

图 2–39　半变异函数 $\gamma(h)$ 模型

通常块金值与基台值的比值用 C 表示。C 为空间相关度，表示可度量空间自相关的变异所占的比例，表明系统变量的空间相关性的程度。如果比值<25%，说明系统具有强烈的空间相关性。如果比值在 25%～75%之间，表明系统具有中等的空间相关性。如果比值>75%说明系统空间相关性很弱。块金值与基台值的比值表示随机部分引起的空间异质性占系统总变异的比例。如果该比值高，说明样本间的变异更多地是由随机因素引起的。

（二）自协方差函数

自协方差函数中，点事件空间位置的相似性仍然用$[(i,\ j)\mid d(i,\ j)=h]$刻画，而测量属性的相似性则用差积$(z(i)-\overline{z})(z(j)-\overline{z})$刻画。如果$z(i)$和$z(j)$相似，差积为正，否则为负。基于这两个量，对于任何给定距离h，$C(h)$定义如下：

$$C(h)=\frac{1}{N(h)}\sum_{\substack{i\ \ j\\ [(i,\ j)\mid d(i,\ j)=h]}}\sum\left(z(i)-\overline{z}(i)\right)\left(z(j)-\overline{z}(j)\right) \qquad （公式 2–19）$$

其中，$N(h)$表示距离为h的点对数。$C(h)$表示在距离h处的双测属性值自协方差（或空间协方差）的估计。它是叉积的平均值，并且当数值相似时，它的值大（叉积的值可能趋于正或负）。当数值不相似时，它接近 0（因为正值和负值将相互抵消）。值得注意的是自协方差函数中计算叉积值也是前面 Moran's I 的基础（Moran，1948）。图 2–40 是一个典型的自协方差函数的例子，在短距离上空间相关性强。随着距离的增加，空间自相关性逐步减弱。图 2–40 中各部分的理解同图 2–39。

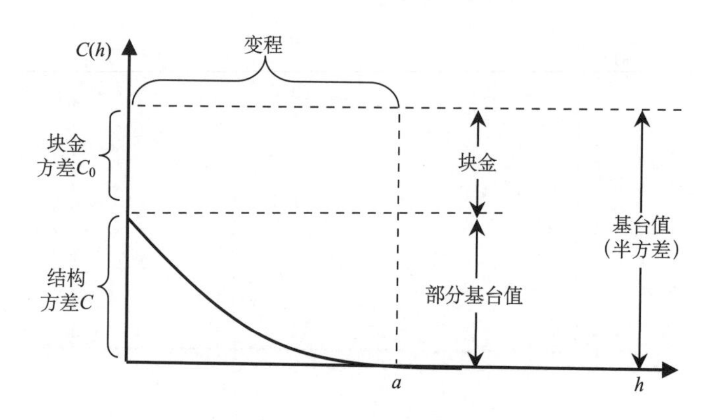

图 2–40　自协方差函数（C(h)）模型

与$\gamma(h)$不同，对应于自协方差函数$\{C(h),h\}$的图点，将会随着h的增加而减少，因为空间相关性随着距离的增加而减弱。因此，$C(h)$与$\gamma(h)$之间的关系，如图2–41所示；正好也对应着Moran's I和Geary's C的取值范围关系。

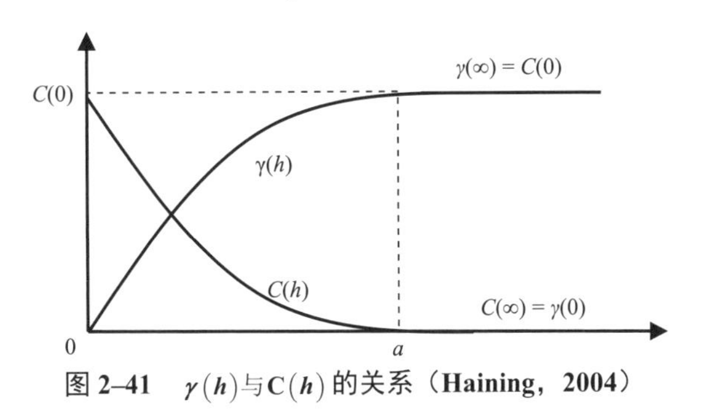

图2–41　$\gamma(h)$与$C(h)$的关系（Haining，2004）

（三）函数中各向异性

在空间扩散过程中，中间介质的化学物理性质可能存在随着方向改变而改变的情况，也可能因外力影响导致扩散过程随方向改变而改变，从而导致样本位置之间的空间自相关性在不同方向上表现出不均匀的特征。以图2–2(a)工厂烟囱污染物的排放为例，受西风影响污染物浓度在南北向、东向、西向呈现出不同距离的衰减规律，如图2–2(b)。因此，不同的方向应该对应不同的变异函数。无论是对于半变异函数，还是协方差函数，在采样点数据充足的情况下，我们可以建立不同方向上的函数曲线。我们可以使选择的j落入距离带$h\pm\Delta$内和在i的东部半圆的k段中。这样我们可以记为：$[(i,\ j)|\ d_k(i,\ j)=h\pm\Delta]$。图2–42(a)使用了30°分段来解释这个表达式。基于上述思想，污染物在各方向上的空间自相关变化情况，如图2–42(b)所示。北向的空间自相关性的变程短，东向的空间自相关性的变程长。

（四）典型应用

1. 克里金插值

半变异函数与自协方差函数最常用于空间插值。目前，空间插值方法有两类：一类是以反距离加权法（Inverse Distance Weight，IDW）和样条函数法为代表的确定性插值方法。该类方法直接基于周围的测量值或确定地生成表面的指定数学公式。另一类是以克里金法为代表的地统计插值方法。该类方法基于包含自相关（即测量点之间的统计关系）的统计模型。因此，地统计方法不仅具有产生预测表面的功能，而且能够对预测的确定性或准确性提供某种度量。

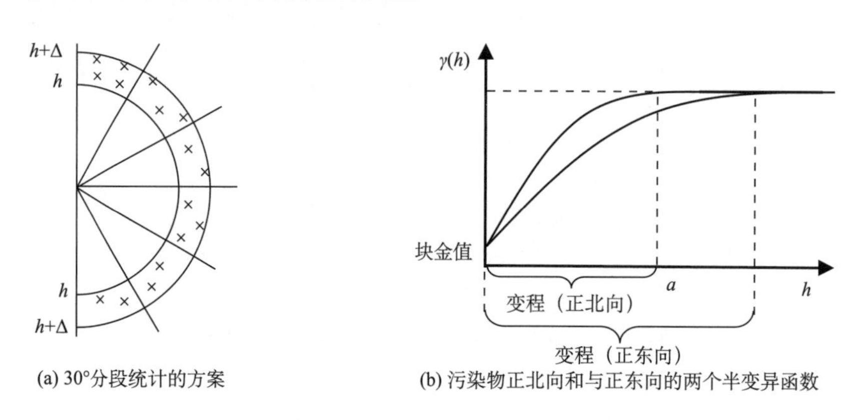

(a) 30°分段统计的方案　(b) 污染物正北向和与正东向的两个半变异函数

图 2–42　空间自相关的各向异性及刻画方案

半变异函数与自协方差函数的建模是克里金插值的重要基础和关键环节。克里金法假定采样点之间的距离或方向可以反映用于说明表面变化的空间相关性。克里金法可将数学函数与指定数量的点或指定半径内的所有点进行拟合，以确定每个位置的输出值。克里金法是一个多步过程。它包括数据的探索性统计分析、变异函数建模和创建表面，还包括研究方差表面。当您了解数据中存在空间相关距离或方向偏差后，便会认为克里金法是最适合的方法。

由于克里金法可对周围的测量值进行加权以得出未测量位置的预测，因此它与反距离权重法类似。这两种插值的常用公式均由数据的加权总和组成。在反距离权重法中，权重 λ_i 仅取决于预测位置的距离。但是，使用克里金方法时，权重不仅取决于测量点之间的距离、预测位置，还取决于基于测量点的整体空间排列。要在权重中使用空间排列，必须量化空间自相关。因此，在普通克里金法中，权重 λ_i 取决于测量点、预测位置的距离和预测位置周围的测量值之间空间关系的拟合模型。

$$\hat{z}(s_0)=\sum_{i=1}^{n}\lambda_i z(s_i)\qquad（公式 2–20）$$

其中，$z(s_i)$ 是第 i 个位置的测量值，λ_i 是第 i 个位置处的测量值的未知权重，s_0 是预测位置，n 是测量值的数量。

下面介绍克里金法如何运用半变异函数估算数据的空间自相关。以图 2–43(a)所示的空间随机采样点及其观测数据为例，计算两两观测点的距离（如图 2–43(b)所示），建立观测点距离和观测值的回归曲线（如图 2–43(c)所示）。在半变异函数的拟合中可以有球体模型、线性模型、指数模型、高斯模型等多种选择。

半变异函数为克里金插值提供了必要的空间自相关的信息。由于地理数据中空间自相关性广泛存在，基于空间自相关的克里金插值可以对未观测点给出最优无偏估计，而且能同时提供估计值的误差和精度。该方法通常用于土壤和地质要素的空间推断中。

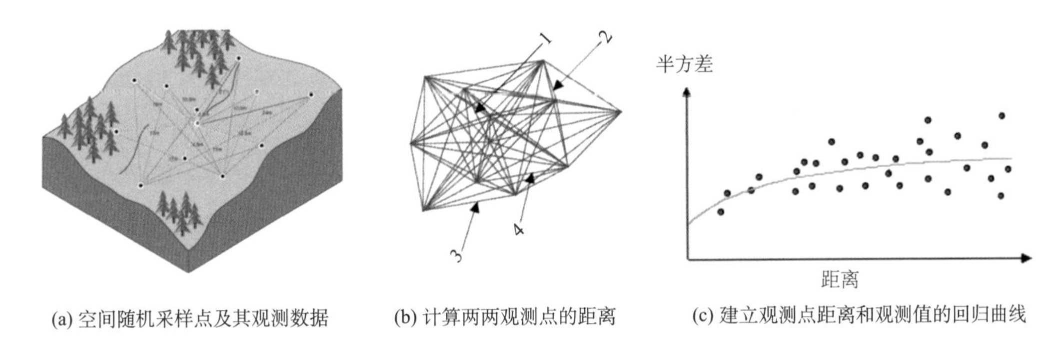

(a) 空间随机采样点及其观测数据　(b) 计算两两观测点的距离　(c) 建立观测点距离和观测值的回归曲线

图 2–43　空间自相关的各向异性及刻画方案

2. 根据半方差函数图解释空间结构特征

半变异函数反映了不同距离下，测量属性变量值差异的特征。根据半变异函数的曲线，也可以估计区域变量在空间上分布的结构特征。图 2–44 给出了观测变量在空间上的三种典型分布结构对应的曲线形状。

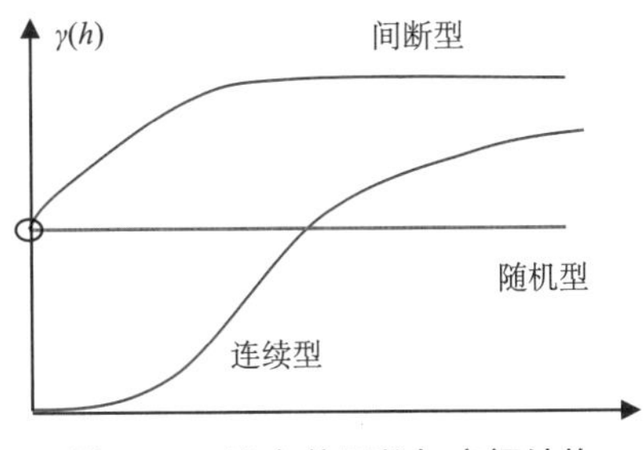

图 2–44　半方差函数与空间结构

资料来源：邬建国，2007。

伯勒对半方差图与景观空间结构的对应关系做了非常细致的划分，如图 2–45 所示（Jongman *et al.*，1995）。图 2–45(a)表示斑块边界明显、过渡骤然，而且变化距离较规律的一种空间结构。其半方差图表现出半方差随抽样间距的增加而线性增加，直至达到基台值。其自相关阈值反映了斑块的平均大小。显然，拟合这种半方差图最合适的理论模型应该是含基台值模型中的线性模型。假如图 2–45(a)中所表示的空间异质性的变化不具有空间上的规则性，而陡然变化出现在不同距离上，这时的半方差表现为非线性增加，渐渐达到基台值，因此以球体模型拟合最好（图 2–45(b)）。如果陡然变化出现在所有尺度上（设想一个由许多大小不同的斑块组成的景观），且这些变化的距离符合泊松分布，那么，半方差将开始迅速增加，然后逐渐缓慢增加（图 2–45(c)）。指数模型最适合拟合这种半方差图。此时的自相关阈值定义为对应于半方差值达到基台值 95%的抽样间隔距离（Goovaerts，1997）。线性空间变化趋势（如环境梯度）导致半方差随抽样间距而不断增加，而且增加的速率越来越快（图 2–45(d)）。在实际景观中的空间周期性变化相应地反映在半方差图中（图 2–45(e)）。当所研究的现象或特征无空间依赖性（或自相关性）时，半方差随抽样间隔距离的增加表现出随机变化。此时的基台值等于块金方差（图 2–45(f)）。

罗伯逊和格罗斯（Robertson and Gross，1994）指出，半方差图可以揭示景观空间格局的等级结构特征（Palmer，1988）。但也有研究表明，半方差分析在研究具有多尺度空间结构特征的景观时，并不很有效（Bradshaw and Spies，1992；Meisel and Turner，1998）。罗伯逊和格罗斯假设，从植物个体、种群、群落及区域景观以至到全球，空间自相关性表现出等级结构，从而使半方差表现出随间隔距离增加而呈阶梯式上升的趋势（图 2–46(a)）。图 2–46(b)显示了一块 42 公顷的农田中土壤 PH 的半方差图表现出的巢式结构，即土壤 PH 在两个尺度上表现出空间自相关性，因此具有两个基台值（Robertson and Gross，1994）。虽然这一假设很有趣，但其真实性和普遍性尚待进一步研究。

在现实景观中，虽然随机空间结构是存在的，但不是普遍的。这是因为各种生态学过程往往导致景观特征在空间上的非随机分布。半方差分析已经被广泛地应用到景观生态学的研究中，用来描述景观中植被、土壤养分、生物量分布及其他生态学特性的空间格局，并且监测和定量化这些格局出现的尺度（Phillips，1985；Palmer，1988；Bian and Walsh，1993；Meisel and Turner，1998）。

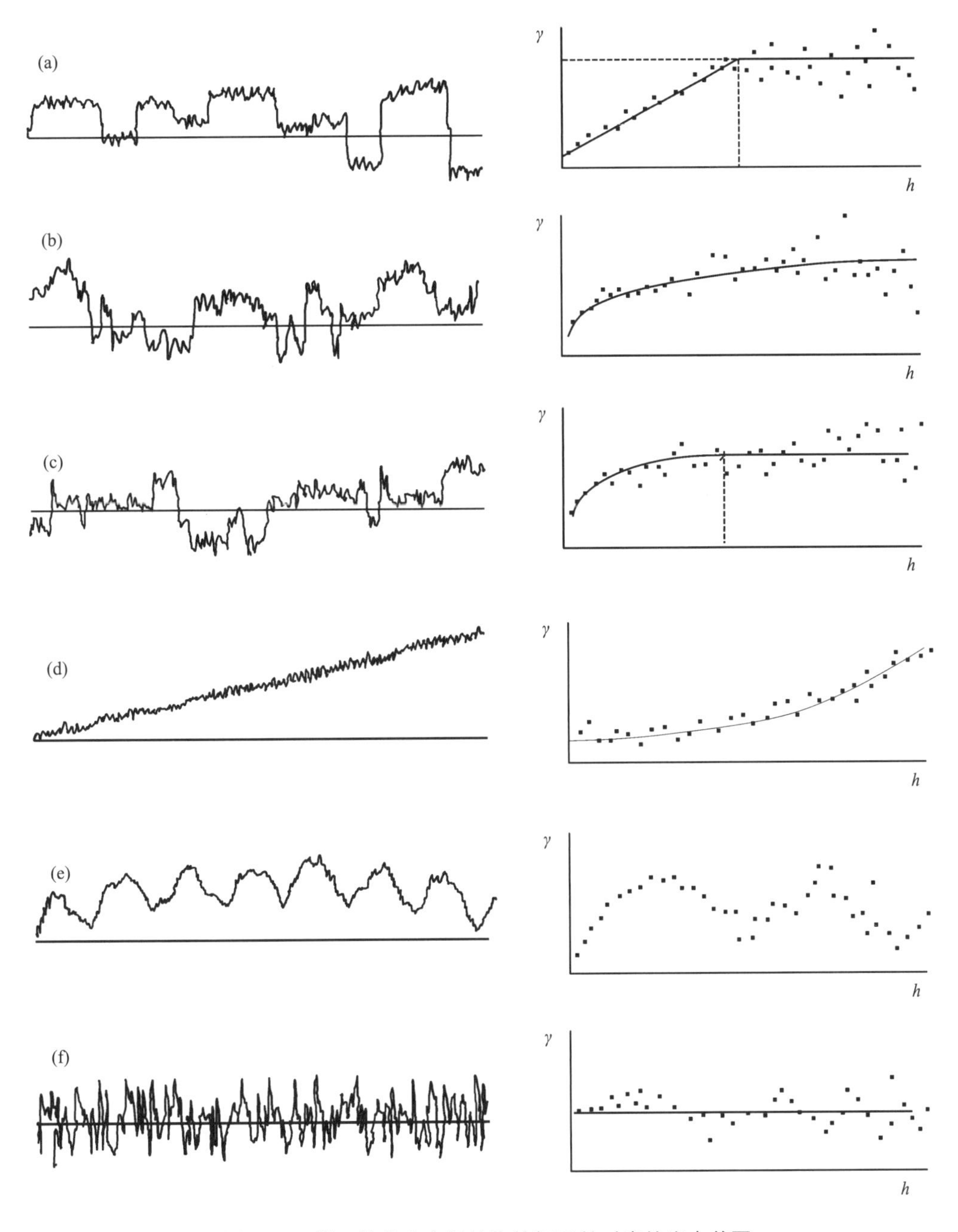

图 2–45 常见的集中空间结构特征及其对应的半方差图

资料来源：Jongman *et al.*，1995。

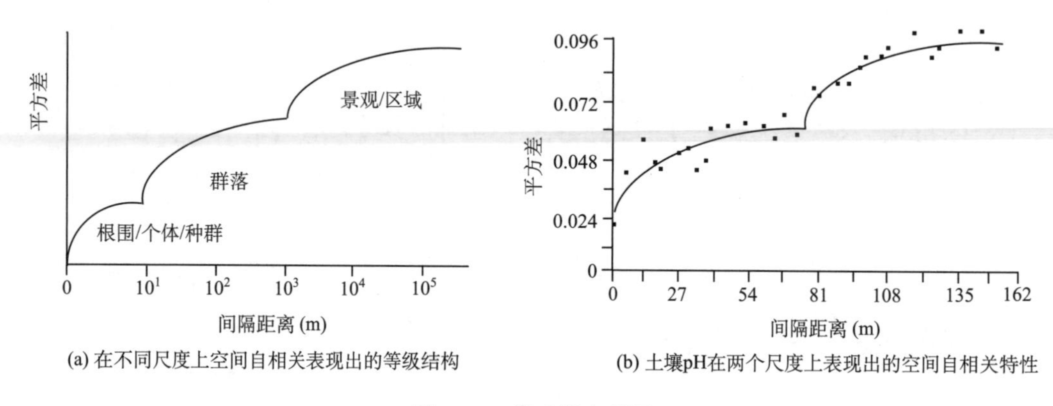

(a) 在不同尺度上空间自相关表现出的等级结构

(b) 土壤pH在两个尺度上表现出的空间自相关特性

图 2–46　巢式半方差图

资料来源：Robertson and Gross，1994。

五、双变量空间自相关

到目前为止，我们讨论的所有空间自相关指标都只能评估一个变量各观测值的空间相关性或空间依赖性。关于构建多个变量（多变量情形）空间依存性测度指标的研究进展不大。沃滕伯格（Wartenherg，1985）提出了一个对多变量情形中的空间自相关的度量方法，但遗憾的是，该方法难以实施。李相日（Lee，2001）结合了皮尔逊相关系数和 Moran's I 的特征提出了一个评估两个变量（双变量情形）空间自相关性的指标。

本节将介绍两个变量空间自相关性的基本测度方法。首先，让我们回顾一下皮尔逊相关系数的计算公式：

$$\gamma_{x,y}=\frac{\sum_{i=1}^{n}\left(x_i-\bar{x}\right)\left(y_i-\bar{y}\right)}{\sqrt{\sum_{i=1}^{n}\left(x_i-\bar{x}\right)^2}\sqrt{\sum_{i=1}^{n}\left(y_i-\bar{y}\right)^2}} \qquad \text{（公式 2–21）}$$

其中，分子为协方差，表明 x 和 y 共同变化的程度。为了得到协方差，我们将每个 x_i 与 x 的均值进行比较，同时将每个 y_i 与 y 的均值进行比较。如果 x 和 y 高度相关，那么较大的 x 值将与较大的 y 值相关联，反之亦然。这样，分子便会是一个较大的正数。如果对于某个观测单元，一个变量的值较大，另一个变量的值就较小，那么情况就刚好相反。

将皮尔逊相关系数和 Moran's I 进行比较，我们可以看出它们的分子有一个共同特征，即都将各值与均值的离差作为比较的基础。但是，Moran's I 的离差来自于相邻观测单元的同一个变量，而对于皮尔逊相关系数的离差来自于同一个观测单元的两个不同变量。将这两个相关性指标结合起来，便可得到双变量空间自相关统计量：

$$L_{x,y}=\frac{n}{\sum_i\left(\sum_j w_{ij}\right)^2}\times\frac{\sum_i\left[\left(\sum_j w_{ij}\left(x_j-\bar{x}\right)\right)\left(\sum_j w_{ij}\left(y_j-\bar{y}\right)\right)\right]}{\sqrt{\sum_i\left(x_i-\bar{x}\right)^2}\sqrt{\sum_i\left(y_i-\bar{y}\right)^2}} \qquad \text{（公式 2–22）}$$

式中的第一部分可以视为换算系数；第二部分的分母由 x 的离差之和与 y 的离差之和构成，类似于这两个变量的标准差；第二部分分子中，区域单元 j 的 x 及 y 的离差都要先乘以 j 与 i 之间的空间权重 w_{ij} 。如果 w_{ij} 为二元权重，那么分子就是 x 与 y 离差和的乘积之和。

因此，$L_{x,y}$ 第二部分的分子用来评估 i 的邻接区域 j 中 x 值与 y 值两组变量的相似程度，而不是区域单元 i 中 x 和 y 值的相似程度。换句话说，两个变量的相似性是以邻接区域比较为基础的，而邻接区域是通过空间权重 w_{ij} 的类型来定义的。由于双变量空间关联统计量相对较新，因此其统计性质尚未得到充分研究，所以我们尚难检验其显著性。

利用图 2–47 中假设的格局和数值，我们可以对皮尔逊相关系数和双变量空间关联指标 $L_{x,y}$ 进行对比。若不考虑各单元邻接单元观测值，仅比较各区域单元 i 的 x 值与 y 值，则图 2–47 中三种情景的皮尔逊相关系数分别为 1，–1 和–1。当考虑空间邻接单元双变量相似程度时，$L_{x,y}$ 表明，第一种情景中双变量存在高度正空间自相关，第二种情景中的变量存在高度负空间自相关。这样的结论很合理，因为这两种情景 x 和 y 的空间格局分别都存在高度空间自相关，但第一种情景中两个变量具有相同的空间趋势，导致 $L_{x,y}$ 为较高的正值；而第二种情景中两个变量具有相反的趋势，导致 $L_{x,y}$ 为较高的负值；第三种情景中两个变量都存在负的空间自相关，但两个变量的空间分布模式稍有变化，导致其双变量空间关联指标 $L_{x,y}$ 为一个较低的负值。

再次以俄亥俄七县为例，除了前面用到的中值居民收入外，再将 2000 年普查的中值房屋价格作为第二个变量。图 2–48 显示了关于这两个变量的空间分布。可见两种空间模式几乎一模一样，只有很小的差别。

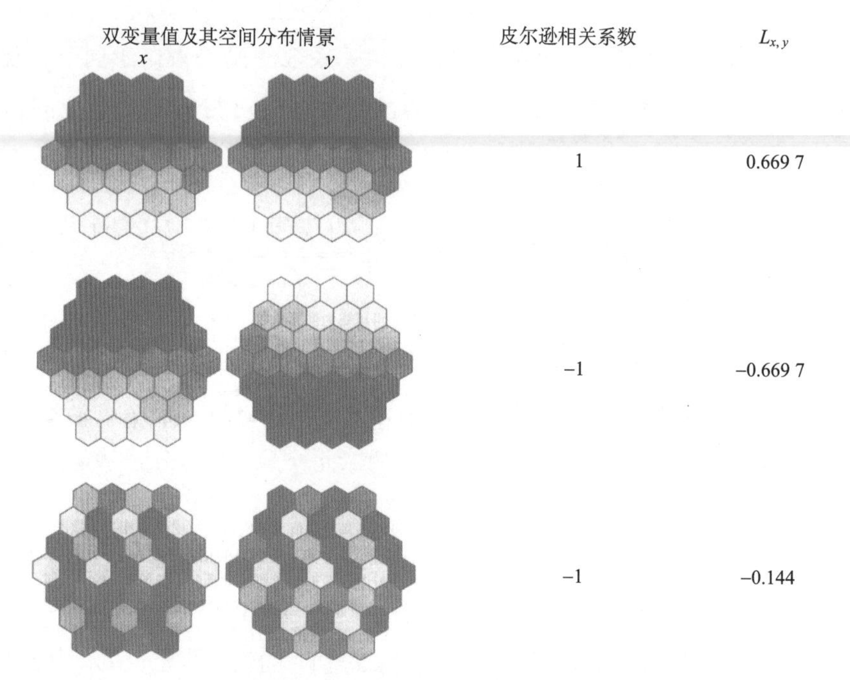

图 2–47 Moran's *I* 散点图示意

资料来源： David *et al.*，2005。

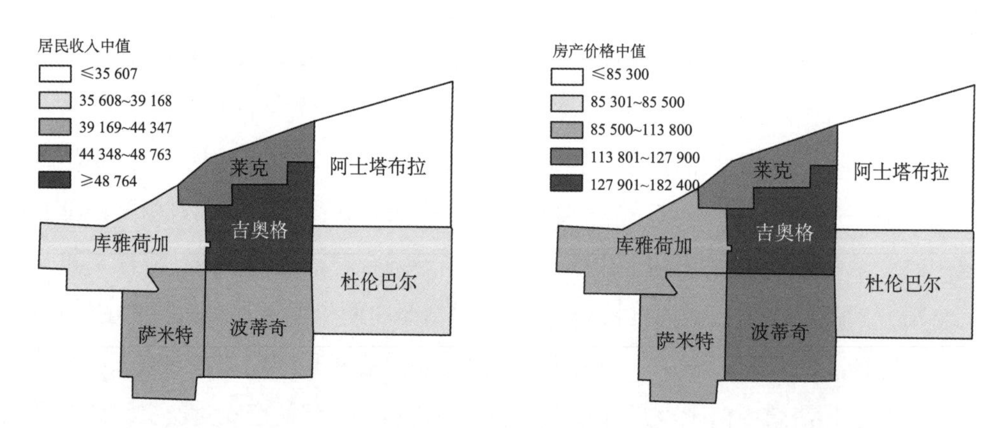

图 2–48 来自 2000 年普查概要文件的俄亥俄州七县中值居民收入和中值房屋价值

资料来源：修改自 David *et al.*，2005。

正如所预期的，两个变量的皮尔逊相关系数非常大，为0.967 7。中值居民收入和中值房屋价格分别存在中等程度的负空间自相关。空间自相关系数分别为−0.346 8 和−0.298 9，但双变量空间关联指标 $L_{x,y}$ 是一个较小的正值 0.170 7。在不考虑空间分布的情况下，两个变量高度正相关，但是这种正向关系在空间分布上并未表现出来，故无法克服两个变量各自存在的负空间自相关性。所以，这两个变量只存在较弱的正空间关联性。

六、小结

（一）全局自相关度量方法

在地理研究中，因为空间的连续性和不同种类地理过程的作用，空间自相关是地理要素的内在特性。即相距较近的位置之间或是发生在这些位置的事件之间具有某种

表 2–11　各种全局自相关度量方法的对比分析

<table>
<tr><th>适用数据的特征</th><th colspan="2">空间自相关性度量方法</th><th>空间邻近程度</th><th>变量相关度</th><th>尺度效应</th><th>推断思路</th><th>应用情景</th><th>工具软件</th></tr>
<tr><td rowspan="4">变量类型确定、位置随机</td><td>密度法</td><td>样方分析</td><td>密度的方差均值比</td><td rowspan="4"></td><td>改变样方尺度</td><td rowspan="7">①计算观测样本的空间统计量（不同方法对应不同的统计量），根据统计量的取值范围及其对应的聚集、随机、均匀模式，初步观测模式可能属于哪种分布；
②显著性检验：设定 H_0 通常为空间随机，检验观测统计量与 H_0 统计量的关系，推断所观测到的模式是否有别于随机模式，或是否为偶然或碰巧发生</td><td rowspan="4">点模式分析</td><td>ArcView</td></tr>
<tr><td rowspan="3">距离法</td><td>最近邻法</td><td>平均最近邻距离</td><td>改变最近邻距离的阈值</td><td>ArcView
ArcGIS</td></tr>
<tr><td>G/F 函数</td><td>最近邻距离的分布</td><td>最近邻距离的累计密度函数</td><td>—</td></tr>
<tr><td>K/L 函数</td><td>不同半径圆内样本数</td><td>不同半径的累计密度函数</td><td>ArcView
ArcGIS</td></tr>
<tr><td>二元类型变量（类型量、间隔量、比例量可根据某种规则转为二元类型量）</td><td colspan="2">连接数统计量</td><td rowspan="3">空间权重矩阵</td><td>BB、WW、BW 的连接数量</td><td rowspan="3">不同阶的近邻对应不同的 W，不同的 W 统计量；
建立不同阶邻近下的统计量函数</td><td rowspan="3">适用于大多数地理数据的空间自相关性评估</td><td>ArcView
ArcGIS</td></tr>
<tr><td rowspan="2">空间位置随机、测量变量是间隔量或比率量</td><td rowspan="2">自相关系数</td><td>Geary's C</td><td>观测值差的平方</td><td rowspan="2">GeoDa
ArcGIS</td></tr>
<tr><td>Moran's I</td><td>观测值的协方差</td></tr>
<tr><td rowspan="2">二维连续空间位置随机、测量变量是间隔量或比率量</td><td rowspan="2">变异函数</td><td>半变异函数</td><td rowspan="2">距离或距离带（方向）</td><td>观测值差的平方</td><td rowspan="2">建立距离（距离带）与观测值相关性的函数曲线</td><td rowspan="2">解读函数曲线</td><td rowspan="2">克里金插值、空间结构解译</td><td rowspan="2">ArcGIS</td></tr>
<tr><td>自协方差函数</td><td>观测值的协方差</td></tr>
</table>

程度的相似性。空间统计领域在过去近百年的时间里，针对不同类型的地理数据、不同的应用需求，发展了不同的空间全局自相关性度量方法，为后续空间统计的各项研究奠定了相关的概念、理论和方法基础。例如，基于空间自相关的克里金插值可以对未观测点给出最优无偏估计，而且能同时提供估计值的误差和精度，广泛应用于土壤和地质研究的空间推断中。基于空间滞后和空间误差的空间回归模型也是一个有力的实证。

表 2–11 总结了前面介绍的各类方法的分类、所适用的数据特征、空间邻近程度的识别、观测变量相关度的识别、空间自相关尺度效应的识别、空间推断的思路、常见的应用场景以及可以支持该分析的工具软件。

（二）后续应该关注的问题

上述方法大多都在上世纪 80 年代前产生。尽管这些方法推动了一些地理学的研究工作，但由于其自身的局限性很多时候还是难以满足地理学家的需求。古尔德和哈维就对某些方法提出了批评和质疑。这里我们从地理学家关注的问题角度，除了空间自相关性的分析方法外，地理学家还有哪些更深入的需求。例如，经检验，若地理要素存在显著的全局空间自相关，那么造成这种相关性的原因是什么？若不存在显著的全局自相关，那么空间上偏离自相关的程度（空间异质性）如何度量？存在哪些种类的偏离，即发生了局部异质性还是分层异质性？呈现局部异质性或分层异质性的位置在哪里？边界如何划定？导致这些异质的原因是什么？此外，复杂的地理现实世界相关性和异质性有时是相伴存在的，在研究中如何做到自相关与异质性的和谐统一？这些都是空间统计分布方法后续要回答的科学问题。后续各章将陆续介绍回答上述科学问题的常用空间统计分析方法。

第三节　空间局部异质性度量与探测

空间局部异质性是指某点或某区域的属性值与周围属性存在显著的差异或指地理现象在空间上的热点（区）或冷点（区）。本节重点关注空间局部的度量与探测，即发生了什么的偏离？偏离的边界在哪里？与空间自相关性分析方法相比，空间局部异质性的研究起步相对较晚，分析方法体系还不够完善。本节仅针对目前比较常用的一些分析方法，也按照适用的数据类型不同分门别类进行介绍。

一、实用点模式分析

第二节介绍了用于检测点模式数据在空间上是否存在聚集的一些空间统计量和函数，但这种聚集具体发生在哪里？是本节需要回答的问题。上一节的点模式分析常被称为“经典点模式分析”，而本节介绍的点模式分析方法则常被称为“实用点模式分析”，即能回答聚集区在哪里的问题。

（一）焦点检验

焦点检验是判断某地理现象是否围绕着某特定的点或线或面存在着聚集特征。焦点检验的假设是地理现象与某设施点（线或面）相关，接下来是如何检验这种相关是否存在，其中某设施点（线或面）则被称为焦点。

焦点检验的灵感可能来自于 1854 年伦敦霍乱爆发的案例。1854 年伦敦爆发严重霍乱，当时流行的观点是霍乱是通过空气传播的。而约翰·斯诺（John Snow）医生统计每户病亡人数。每死亡一人标注一条横线，分析发现大多数病例的住所都围绕在宽街（Broad Street）水泵（Pump）附近（如图 2–49），结合其他证据验证了该水泵中的饮用水是重要传染源的结论，于是移掉了水泵的把手，切断了居民在此饮水的途径，霍乱最终得到控制。绘制地图已成为医学地理学及传染学中一项基本的研究方法。“斯诺的霍乱地图”成为一个经典案例。

图 2–49 约翰·斯诺的手绘地图

注：1854 年斯诺在伦敦霍乱爆发时研究个案时用的地图。受污染的水泵位于宽街和剑桥街（现列克星敦街）的交汇处。

根据1854年伦敦的霍乱事件，不难得出一个假设：若某地理现象围绕着某特定的点或线或面存在着聚集特征，则地理现象与某设施点（线或面）相关。基于上述假设，针对敦雷（Dounreay）聚集事件，希斯曼等人（Heasman *et al.*，1986）用焦点检验方法探测了苏格兰附近儿童白血病的发生是否与赛拉非尔德核工厂有关。

他们以该核工厂为圆心，按照每个距离带（如<12.5km、12.5～25km 和 225km）对1968～1973年、1974～1978年、1979～1984年三个时期的白血病病例分别进行统计。风险人群采用1971年和1981年最近两个年份的人口普查数据进行估计，并把个体普查区域划分为同样的距离带。图2–50示意性地说明了该思想。

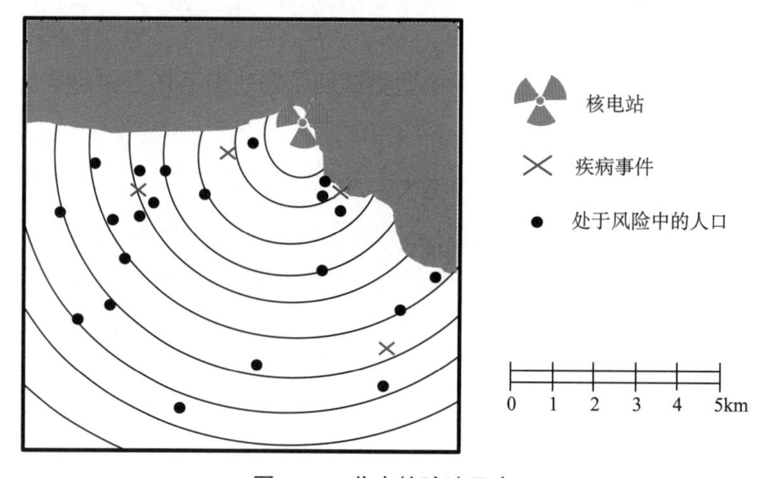

图2–50 焦点检验法示意

资料来源：David and David，2010。

表2–12列出了观测数据和病例的期望值。期望值是根据对应时空区间内的风险人口数乘以该病的平均发病率得到的。该表说明靠近工厂病例聚集的唯一证据发生在1979～1984年12.5km之内的时间区间，因为此时空区间的这种疾病发病率是期望值的近10倍。

表2–12 唐瑞处理工厂周围按距离分带的白血病病例及其期望值

时期	区域	白血病病例	病例的期望值
1968～1973	0～12.5km	0	0.17
	12.5～25.0km	0	0.17
	25.0km～∞	2	0.41

续表

时期	区域	白血病病例	病例的期望值
1974～1978	0～12.5km	0	0.50
	12.5～25.0km	0	0.44
	25.0km～∞	0	1.12
1979～1984	0～12.5km	5	0.51
	12.5～25.0km	1	0.45
	25.0km～∞	1	1.15

资料来源：David and David，2010。

乍一看这似乎有道理，但无论是从地理学还是从统计的角度看都不令人满意。这仅是研究者充分认识到的一个事实。首先，从地理上看，由距离带形成的边界是主观的，并且是可以变化的，因此它们像地图上划定的其他任何边界一样易出现 MAUP。同时计量地理学家也提出：患病风险与距焦点的距离关系密切，不应该简单地用距离带，而应该用某种形式的距离衰减函数（Diggle，1990）。再次，一个更严重的问题是该检验是事后检验。即我们已经大概知道了焦点的位置，但事实上多数情况我们没有先验知识，或对焦点的位置一无所知。

焦点检验是在已知焦点的情况下，检验聚集发生在哪里。然而多数情况下，我们没有先验的已知焦点，还想探测在哪里存在比期望值显著高的聚集区，即聚集探测。下面介绍一种用于聚集探测的地理分析机（Geographical analysis machine，GAM）。

（二）聚集探测

地理分析机在探测点模式显著聚集的区域时，必须具备几个前提条件。第一，存在可以评价点模式特性的途径，据此可以确定是否有聚集发生，并且如果存在聚集，需要回答聚集发生在哪里。第二，需要有对一阶背景值的非齐次性矫正的方法。第三，存在某种形式的评价方法，并能给出评价结果相对于零假设的统计显著性。

奥彭肖等（Openshaw *et al.*，1987，1988）的地理分析机是解决这些前提条件的一种尝试。该方法侧重于 GIS 技术和数据，并应用于苏格兰北部儿童白血病分布的研究。他们在提议该方法时引发了相当多的争论。事后看来其中许多争论没有必要。从根本上讲，GAM 方法是计算密集型的、根植于当时计算机技术和 GIS 技术的发展，而不是纯粹的统计假设检验方法。在大数据、并行计算的时代，这种暴力计算、深度求解的方法近年来逐步得到认可，因此目前看来，当时的反对理由似乎并不中肯。

1. GAM 方法介绍

GAM 是一个自动的点模式聚集分析探测器，它包括地理可视化、简单的变带宽核密度制图和蒙特卡洛显著性检验。最重要的是，它明确地拒绝了焦点检验的理念。GAM 实际上是利用了所有可能的聚集近似中心，对整个研究区域进行彻底搜寻。以苏格兰北部儿童白血病分布研究为例的基本程序如下：

第一步，平铺一个覆盖整个研究区域的二维格网，全部格网的中心被视为可能聚集中心的一种近似。

第二步，把每一个格网中心点看作一系列搜索圆的中心。

第三步，产生一系列半径（如 1 千米，2 千米，4 千米）的圆，得到所有可能带宽的一个近似，由此得出所有距离上潜在聚集的一种近似。

第四步，对每一个圆，计算落入该圆内的儿童白血病死亡事件数量。在奥彭肖等的研究中，0～15 岁儿童的白血病死亡数主要是通过邮政编码定位到 100 米空间分辨率的格网上，再进行圆内统计。

第五步，应用风险人口数和发病率，确定不同地区发病数的期望阈值。这里用 1981 年英国人口普查中普查小区级的统计数据，把 0~15 岁儿童人数放在对应小区的质心上，因而可对每一个圆内的风险人群进行计数。在研究区 2 855 248 个家庭中共有 154 963 名儿童，分布在 16 237 个小区中。而这些小区的质心用英国地形测量局的格网坐标定位到 100 米分辨率的格网上。这些风险人群的分布给出了对一阶背景值的非齐次矫正。

第六步，若某个圆内的发病数显著超过期望阈值，则在图上用粗线画出那个圆。在 99%的置信水平下，具有比期望值高的发病率的 6 个圆被选中，如图 2–51 中粗线圆所示。

由于算法把圆的大小与网格的分辨率进行关联，使得网格大小为 0.2 倍的圆半径，因此邻近的圆相互重叠，结果是研究区域上一系列大小不同圆的密集抽样。图 2–51 显示了一组圆（仅一种半径）的总体分布。由于需要保持图基本上是可读的，这些圆仅是一个实际 GAM 运行中密密麻麻的众多圆的一部分。

该程序的最后结果是一个“显著性圆”地图，如图 2–51 所示。其中在 99%置信水平下，排前 6 的高发病率圆用粗线画出。在 GAM 研究置信水平达 99%的圆有很多，如表 2–13 所示。在更严格的 99.8%显著性水平上的检验结果证实了在塞拉非尔德存在的可能聚集，同时也识别出另一个更大的聚集中心在盖茨黑德（Gateshead），但那里没有已知的致病电离辐射源。

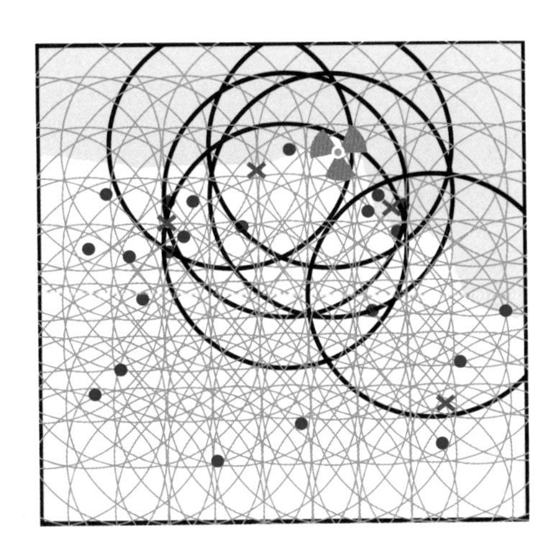

图 2–51 GAM 应用的圆模式（图中凸显了具有高发病率的 6 个圆）

资料来源：David and David，2010。

表 2–13 GAM 扫描的结果——英格兰北部的儿童患白血病的情况

圆半径（km）	画出的圆数量	不同显著水平下圆的数量	
		99%	99.8%
1	510 367	549	164
5	20 428	289	116
10	5 112	142	30
12	2 269	88	27
20	1 280	74	31

资料来源：David and David，2010。

2. GAM 存在的问题与后续发展

GAM 方法存在一些问题。最重要的问题与大量相互关联显著性检验有关。基于显著性检验的逻辑，在 99%的显著性水平上，如果它们没有重叠，我们期望所有圆的 1%

将是显著的。对于 51 000 个圆，不管疾病发生的模式如何，因而期望有 500 个左右的圆标记为显著。因此在小尺度上，GAM 探测出比期望值少的可疑聚集，但在较大尺度上可能探测出比期望值更多的可疑聚集。虽然 GAM 应用的重叠圆使问题变得复杂化，并且对于表 2–13 中列出的较大半径，可以解释产生非常大数量的显著性圆的原因，但不完全清楚在不同尺度上产生比期望值少或比期望值多的聚集的原因。另外，由于重叠圆的显著性检验相互之间是不独立的，因此 GAM 可能给出一种夸大聚集严重性的印象。当然，一种合理的处理方式是不把显著性水平本身看作是统计有效的，而认为它是相对于模拟结果，设定整个研究区域阈值变化的一种方式。该观点促使我们把 GAM 得到的结果仅作为探索性和指示性的初步结果。

也应当注意，该方法是计算密集型的。原 GAM 利用 1987 年的一台超级计算机（Amdahl 5860）对癌症的聚集性探测运算花费了超过 6.5 小时，并且随着圆半径的减小，圆的重叠度增加，运行时间长达 26 小时。从那时起，计算机在速度和灵活性上不断改进，30 年前看起来非同寻常的事情，现在确变得很普通。随着计算能力的增强，研究者产生了在思想上借鉴 GAM 的一系列方法，统称为扫描统计量，加以推广（Kulldorff and Nagarwalla，1995；Kulldorff，1997）。

（三）扫描统计量：SaTscan

时空扫描统计分析理论由约瑟夫 • 诺斯（Joseph Naus）于 1965 年首次提出，主要用于研究空间、时间、时空范围内传染病的发生数是否存在聚集，并检验该聚集是否由随机过程造成的。由于固定的扫描窗口不能描述疾病暴发的动态过程，再加上人口密度不均匀和人口组成不同等问题导致期望发病数的空间异质性，也导致该方法难以广泛推广。

随后，库尔多夫（Kulldorff）对约瑟夫的方法进行了改进，提出利用动态可变的圆形窗口来对研究区域进行空间扫描探测。该方法通过位置和大小不断变化的窗口沿着时间轴、空间轴对样本数据进行扫描探测。通过不断对比扫描窗口内外的疾病发病率差异，识别出最可能存在疾病聚集的区域，并进行统计学意义检验。之后，库尔多夫先后提出了回顾性时空扫描统计分析、前瞻性时空扫描统计分析（Kullforff，2001；裴姣等，2012；周丽君等，2012）和时空重排扫描统计分析，并演化出了不同的扫描统计概率模型。它们分别是离散或连续的泊松分布概率模型、伯努利分布概率模型、指数分布概率模型、正态分布概率模型、离散多元模型、离散排序模型、离散时空重排模型等。该方法目前已经广泛应用于医学、地理学、犯罪学与灾害学等众多领域。下面以回顾性时空扫描分析为例，详细介绍基于泊松模型和伯努利模型的扫描探测分析方法。

1. SaTscan 方法的基本原理

空间聚集性探测方法的基本思想是：

首先，设定一个圆形扫描窗口，窗口的圆心（x，y）可以在研究区内按一定的步长移动。半径 r 也可以按一定的步长增减。图 2–52 给出了圆心不变、半径逐步增大的窗口案例。

其后，对每一个探测窗口，均可以计算出一个理论上的目标事件发生次数。计算探测窗口内外的实际目标事件数和理论目标事件数，得到每个窗口的对数似然比值（Log Likelihood Ratio，LLR）。通过对比每个时空窗口计算 LLR，当该值取最大的时候表示该探测窗口的空间聚集性最强，由此确定最合理的空间聚集区域。由于观测数据的统计方式服从不同的概率分布模型，例如，对于癌症的患病情况，我们可以统计研究单元内患病总数，也可以按是否患病进行统计。不同概率分布模型的 LLR 的计算方法不同。后续章节分别介绍了基于泊松模型和伯努利模型的 LLR 计算方法。

然后，对扫描出的事件聚集区计算其相对风险（Relativie Risk，RR）。RR 用来衡量扫描结果区域相比其他区域发生聚集性的相对程度。当 $RR > 1$ 时，有事件发生聚集的风险。RR 的计算方法也在后续章节中分别给出。

最后，对聚集可能性较大的窗口进行扫描统计量的显著性检验，依次确定聚集区域是否由随机过程产生，并输出较有可能的聚集区。时空扫描探测采用蒙特卡洛假设检验对聚集区域进行非随机性检验，并计算对应的置信水平下的 p 值。用蒙特卡洛法进行模拟数据集测试时，最好 999 次的模拟数据集实验。具体实验方法如下：根据观测的事件数，创建 999 个 H_0 假设（空间随机分布）的模拟数据集计算 LLR 值，然后对观测数据集的 LLR 和模拟数据集的 LLR 进行从小到大排序。如果观测数据集的 LLR 排第 1 位，则 $p = 1/(1+999) = 0.001$。将统计结果的置信度 p 值设置为 0.001，即认为 $p \leqslant 0.001$ 的扫描结果为具有统计意义的可靠提取区域。

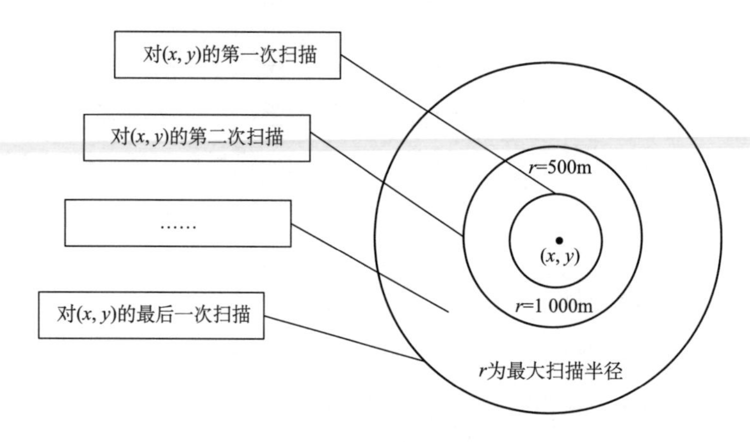

图 2–52　圆心不变、半径逐步增大的扫描窗口

LLR 和 RR 是两个用于判断圆内空间聚集程度的两个空间统计量。LLR 是描述总体的参数化指标，其计算方法与数据服从的具体概率分布相关。正是由于 LLR 的计算与数据的概率分布有关，因此可以用于显著性检验。RR 是非参数化指标，用来评价观测对象的聚集程度，RR 越大表示窗口内的聚集程度越高，不能用于显著性检验。

（1）基于伯努利模型的评价指标计算

对于二项分布的测量值数据（事件与对立事件数据），且包含事件全集，一般选用伯努利模型。常见的对立事件测量值数据记录，如疾病的发病和不发病、灾害的发生和不发生。

①LLR 的计算

原假设 H_0 为：事件空间分布是完全随机的。基于 H_0 假设计算 $E(m)$（扫描窗口内的事件数）的方法如下：

$$E(m)=\frac{N}{M}\times m \qquad \text{（公式 2–23）}$$

其中，N 为研究区事件总数，M 为研究区事件数与对立事件数之和，m 为扫描窗口中事件数与对立事件数之和。H_0 假设下的似然函数 L_0 计算如下：

$$L_0=\prod P(x_i)=\left(\frac{N}{M}\right)^{N}\left(1-\frac{N}{M}\right)^{M-N} \qquad \text{（公式 2–24）}$$

备择假设 H_1 为：事件在探测窗口内存在时空聚集性分布，有似然函数 L_1：

$$L_1 = \prod P(x_i) = p^n (1-p)^{m-n} q^{N-n} (1-q)^{(M-m)-(N-n)} \quad \text{（公式 2–25）}$$

其中，N为研究区事件总数，n为扫描窗口中事件总数，M为研究区事件数与对立事件数之和，m为扫描窗口中事件数与对立事件数之和，$p = n/m$为事件在扫描窗口中的概率，$q = (N-n)/(M-m)$为事件在扫描窗口外的概率。

LLR 是 H_1 假设与 H_0 假设的似然函数之比的对数，计算如下：

$$\begin{aligned} LLR &= \log\left(\frac{L_1}{L_0}\right) \\ &= \ln\left[p^n (1-p)^{m-n} q^{N-n} (1-q)^{(M-m)-(N-n)}\right] - \ln\left[\left(\frac{N}{M}\right)^N \left(1-\frac{N}{M}\right)^{M-N}\right] \end{aligned} \quad \text{（公式 2–26）}$$

具有最大 LLR 的扫描窗口为最可能的时空聚集区。

$$\max \text{LLR} = \max \text{LLR}\ I\left(\frac{n}{m} > \frac{N-n}{M-m}\right) \quad \text{（公式 2–27）}$$

②RR 的计算

RR 是用非参数化的指标定量评价时空窗口的聚集性强弱。RR 本质是观测的窗口内事件与窗口外事件的比值，除以 H_0 假设下的窗口内事件期望与窗口外事件期望之比。具体计算如下：

$$RR = \frac{\dfrac{n}{N-n}}{\dfrac{E(m)}{E(M)-E(m)}} = \frac{\dfrac{n}{E(m)}}{\dfrac{(N-n)}{(E(M)-E(m))}} \quad \text{（公式 2–28）}$$

（2）基于泊松模型的评价指标计算

对于包含事件期望的计数数据一般选用泊松分布模型。且这类数据一般不包含事件全集。常见的计数数据有某疾病的发病人数、灾害的发生次数等。

①LLR 的计算

原假设 H_0 为：事件空间分布是完全随机的。基于 H_0 假设与输入的事件期望分布数据，计算扫描窗口内事件的期望值 $E(s_i)$ 为：

$$E\left(s_i\right)=\frac{N}{S}\times s_i \quad \text{（公式 2–29）}$$

其中，N为研究区事件总数，S为研究区统计单元总数，si为扫描窗口中统计单元的个数。H_0假设的似然函数L_0计算如下：

$$L_0=\frac{e^{-N}}{N!}\left[\frac{N}{E(si)}\right]^N\prod_{x\in Z}E(si_x) \quad \text{（公式 2–30）}$$

其中，Z为整个扫描区域。

备择假设H_1为：事件在探测窗口内存在时空聚集性分布，有似然函数L_1：

$$L_1=\frac{e^{-N}}{N!}\prod_{x\in Z}E(si_x)\left[\frac{ni}{E(si)}\right]^{ni}\left[\frac{(N-ni)}{(E(s)-E(si))}\right]^{N-ni} \quad \text{（公式 2–31）}$$

其中，ni为扫描窗口中的事件总数，N为研究区事件总数。

LLR 表征事件在窗口内聚集的可能性。该指标通过对窗口内外似然函数的比值结果取对数得到：

$$LLR=\log\left(\frac{L_1}{L_0}\right)=\ln\left[\frac{ni}{E(si)}\right]^{ni}+\ln\left[\frac{(N-ni)}{(E(s)-E(si))}\right]^{N-ni} \quad \text{（公式 2–32）}$$

具有最大 LLR 的扫描窗口为最可能的空间聚集区。

$$\text{maxLLR}=\text{maxLLR}I\left[\frac{ni}{E(si)}>\frac{N-ni}{E(s)-E(si)}\right] \quad \text{（公式 2–33）}$$

②RR 的计算

RR 是用非参数化的指标定量评价时空窗口的聚集性强弱。RR 本质是观测数据的窗口内事件与窗口外事件的比值，除以H_0假设下的窗口内事件期望与窗口外事件期望之比。具体计算如下：

$$RR=\frac{\dfrac{ni}{N-ni}}{\dfrac{E(si)}{E(s)-E(si)}}=\frac{\dfrac{ni}{E(si)}}{\dfrac{(N-ni)}{[E(s)-E(si)]}} \quad \text{（公式 2–34）}$$

2. 相关工具软件介绍

拉什顿（Rushton）的 DMAP 分析软件采用了类似的思想，但保持圆的半径为常数，使得研究者可以为聚集设定一个尺度（Rushton and Lolonis，1996）。利兹（Leeds）大学地理计算中心推行的地理计算的观点也采用了类似的思想，应用遗传算法在地图探测者（MAP Explorer，MAPEX）和时空属性创建（SpaceTime Attribute Create，STAC）的工具上一般化了 GAM 的思想。MAPEX 和 STAC 不是盲目地检验所有的选项而采用模糊智能的概念。如果发现了一个聚集，它们就以此作为计算起点继续探测更显著的聚集。基本操作与原 GAM 大体相同，都是应用廉价的算力检验所有可能的选项。

除了最简单和纯粹的问题之外，点模式分析对于严格意义上的局部异质性分析而言不是非常有用。当预计有空间变化时，探测和定位数据中的聚集无论如何都是一个非常困难的问题。为了正确开展科学研究，几乎总是需要应用空间统计学家开发的特殊软件，如 R 语言环境中可用的库，其中包括巴德利的 Spatstat（Baddeley and Turner，2005）。莱文的 Crimestat Ⅲ虽较不灵活，但比 R 语言更友好（Levine，2004）。但是，其结果都是表征大致范围的圆，只能做为探索性或指示性的结果。

本书实验环节，我们介绍库尔多夫团队研发的 SaTScan 扫描统计软件。SaTScan 是一个用于时空扫描统计的软件（https://www.satscan.org）。详细案例参见第五章。相关研究的应用案例可参考张婷等（2019）的研究工作。

3. 伦敦地区乳腺癌发病的聚集性探测

以某年伦敦地区观测到的乳腺癌病例数（图 2–53(a)所示）为例，由于是病例计数数据，因此我们选用泊松模型计算空间聚类统计量指标。如果是伯努利模型，仅输入事件全集即可。如果选泊松模型，除需要输入事件观测数据集外，还需要输入事件的期望数据集（图 2–53(b)所示）。通常期望数据集可以通过一个地区的风险人口乘以发病率得到。根据第五章第二节实验 1 给出的参数，利用 SaTScan 可以探测出的空间聚集区如图 2–53(c)所示。

在整个研究区域中有 5 个癌症事件的空间聚集区。在扫描探测分析中，首先被扫描出来且其 LLR 值最大的圆为一级聚集区，是研究区最不可能随机分布的聚集区。其他具有统计意义的空间扫描结果均为二级聚集区。

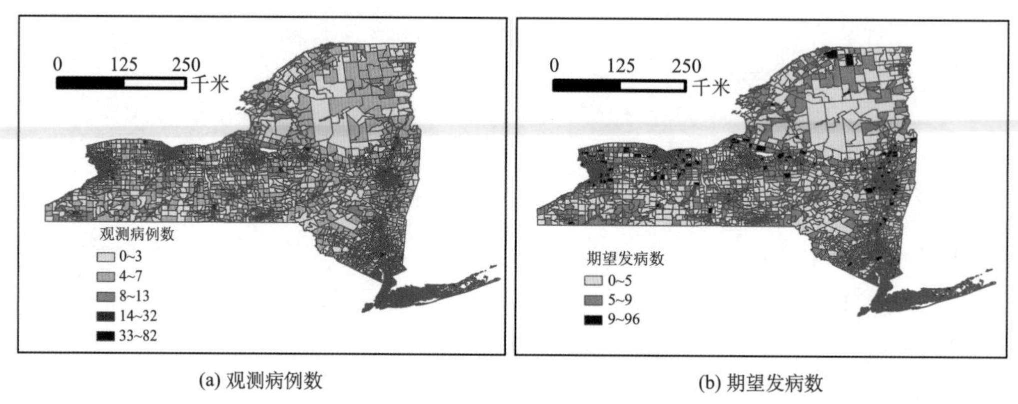

(a) 观测病例数

(b) 期望发病数

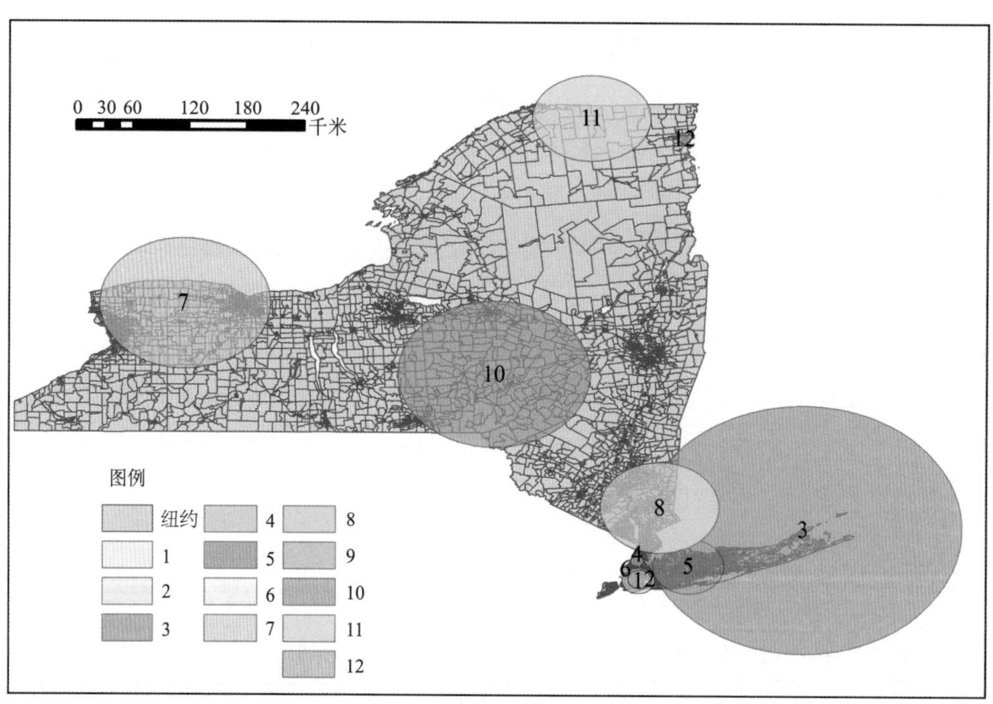

(c) 聚集区探测结果

图 2–53 伦敦地区乳腺癌发病的聚集性探测

二、空间局部异质性分析

上节介绍了系列点事件数据的局部异质性度量和探测方法。下面介绍带有空间位置和测量属性信息的地理数据局部异质性系列分析方法。前面，我们介绍过一些带有位置和测量属性信息的地理数据的空间自相关指标（例如，Moran's I，Geary's C 等），但这些指标都有一个共同的特征，即它们都是全局统计量、是描述整个研究区域的综合指标。我们有理由猜想整个区域的空间自相关水平未必完全一致。换句话说，空间自相关水平很可能在某些子区域较高，而在另一些子区域较低。事实上，我们甚至有可能发现整个区域内的一部分地区存在正的空间自相关，而另一部分地区存在负的空间自相关。由此可见，局部自相关看似在探讨相关性问题，但若能找出局部自相关区域的边界，则就回答了局部哪些区域出现了不一样的现象，即局部异质性。

为了探测空间自相关的空间变异性，我们必须依赖另一组从局部层面描述空间自相关性的方法：局部空间关联指标（Local Indicators of Spatial Association，LISA）（Anselin，1995）和 Moran's I 散点图。它们都是以全局指标（Moran's I、Geary's C 和广义 C 统计量）为基础，但经过了一定的修正后形成的反映局部异质性的统计量，以便从局部层面探测、发现空间自相关或异质性强的区域在哪里。

（一）局部空间关联指标

局部空间关联指标并非特指某个单一的指标值，只要满足以下条件的都可当作 LISA。条件一：研究区域内每个区域单元属性值的 LISA 可以描述本单元与周围单元相似属性值的空间聚集模式；条件二：研究区域内每个区域单元的 LISA 和全局空间自相关指标值成比例。LISA 重要包括：局部 Moran's I、局部 Geary's C、局部 G 统计量以及 G^*统计量

1. 局部 Moran's *I* 统计量

通俗来讲，局部 Moran's I 统计量可以理解为将研究区的全局 Moran's I 摊到各观测单元上，形成各单元的 Moran's I 值，故第 i 个区域单元的局部 Moran's I 可表示为：

$$I_i = \frac{x_i - \bar{x}}{\delta^2} \sum_j w_{ij}(x_j - \bar{x}) \quad \text{（公式 2–35）}$$

其中，n，$\bar{x}$，w_{ij} 的含义同公式 2–13，δ 为样本标准差，$\delta^2 = \frac{\sum_{j=1,\ j\neq i}^{n} x_i^2}{n-1} - \bar{x}^2$

I_i 即为局部 Moran's I 统计量，用于度量研究单元 i 与其周围单元的空间自相关性。与 Moran's I 的含义一样，较高的局部 Moran's I 值意味着相似值的聚集（可能是高值

聚集，也可都低值聚集)；较低的局部 Moran's I 值，则表明相异值的聚集。

w_{ij} 一般是行标准化矩阵，但也可以是其他类型的空间权重矩阵。表 2–14(a)给出了图 2–12(b)的行标准化矩阵。从图 2–12(a)和图 2–12(b)，可以看出吉奥格有 6 个邻县。若采用行标准化矩阵，则吉奥格每个邻县的权重就是 1/6 或 0.17。类似地，库雅荷加每个邻县的权重是 0.25，因为该县有 4 个邻县。表 2–14(b)给出了 7 个县中值居民收入与均值的离差。这里的离差数值不同于表 2–9(a)中计算 Moran's I 时用到的离差数值，因为这里的离差是数据值与均值之差$\left(x_i - \bar{x}\right)$除以标准差后得到的。

表 2–14　俄亥俄七县的局部空间关联指标

(a)行标准化随机矩阵

	吉奥格	库雅荷加	杜伦巴尔	萨米特	波蒂奇	阿士塔布拉	莱克
吉奥格	0	1/6	1/6	1/6	1/6	1/6	1/6
库雅荷加	1/4	0	0	1/4	1/4	0	1/4
杜伦巴尔	1/3	0	0	0	1/3	1/3	0
萨米特	1/3	1/3	0	0	1/3	0	0
波蒂奇	1/4	1/4	1/4	1/4	0	0	0
阿士塔布拉	1/3	0	1/3	0	0	0	1/3
莱克	1/3	1/3	0	0	0	1/3	0

(b)随机权重矩阵乘以离差以及 I_i

	$\frac{x_j-\bar{x}}{\delta}$ ＼ $\frac{x_i-\bar{x}}{\delta}$	吉奥格 2.092 8	库雅荷加 −0.640 8	杜伦巴尔 −0.753 9	萨米特 −0.233 2	波蒂奇 0.032 3	阿士塔布拉 −1.103 6	莱克 0.606 3	合计	I_i
吉奥格	2.092 8	0	−0.640 8×1/6	−0.753 9×1/6	−0.233 2×1/6	0.032 3×1/6	−1.103 6×1/6	0.606 3×1/6	−0.348 8	−0.730 0
库雅荷加	−0.640 8	2.092 8×1/4	0	0	−0.233 2×1/4	0.032 3×1/4	0	0.606 3×1/4	0.624 6	−0.400 2
杜伦巴尔	−0.753 9	2.092 8×1/3	0	0	0	0.032 3×1/3	−1.103 6×1/3	0	0.340 5	−0.256 7
萨米特	−0.233 2	2.092 8×1/3	−0.640 8×1/3	0	0	0.032 3×1/3	0	0	−0.494 8	−0.115 4
波蒂奇	0.032 3	2.092 8×1/4	−0.640 8×1/4	−0.753 9×1/4	−0.233 2×1/4	0	0	0	0.116 2	−0.003 8
阿士塔布拉	−1.103 6	2.092 8×1/3	0	−0.753 9×1/3	0	0	0	0.606 3×1/3	0.648 4	−0.715 6
莱克	0.606 3	2.092 8×1/3	−0.640 8×1/3	0	0	0	−1.103 6×1/3	0	0.116 1	−0.070 4

以俄亥俄七县中的吉奥格县为例，由于吉奥格有 6 个邻县，因此各邻县的权重为 1/6。用此权重乘以吉奥格与各邻县 j 的离差，便可得到表 2–14(b)中第一行的结果。对其他几个县可以重复同样的步骤。表 2–14(b)的倒数第二列给出了各县所有邻县权重与离差的乘积之和。最后一列是将倒数第二列的合计值乘以相应 i 县的离差后得到的结果，即各个县的局部 Moran's I 值统计量。在计算不同县的局部 Moran's I 统计量时，主要区别是权重，它取决于各个县所拥有的邻县数量。

同其他统计量一样，仅仅得到各县局部 Moran's I 统计量的值意义并不大，因为这种局部聚集可能是偶然出现的；所以我们必须将这些值与 H_0 假设的期望值进行比较，并用标准化 z 值回答其显著性。按照安塞林（Anselin，1995）的文献，随机假设下的期望值和方差分别为：

$$E(I_i)=\frac{-w_i}{n-1} \qquad （公式 2–36）$$

$$\mathrm{VAR}(I_i)=w_i^{(2)}\frac{n-\frac{m_4}{m_2^2}}{n-1}+2w_{i(kh)}\frac{2\frac{m_4}{m_2^2}-n}{(n-1)(n-2)}-\frac{w_i^2}{(n-1)^2} \qquad （公式 2–37）$$

其中，$w_i^2=\left(\sum_j w_{ij}\right)^2$；$w_i^{(2)}=\sum_j w_{ij}^2,\ i\neq j$；$m_2=\sum_i\left(\frac{x_i-\bar{x}}{\delta}\right)^2 n^{-1}$；$m_4=\sum_i\left(\frac{x_i-\bar{x}}{\delta}\right)^4 n^{-1}$；$2w_{i(kh)}=\sum_{k\neq i}\sum_{h\neq i}w_{ik}w_{ih},\ k\neq h,\ j\neq i$。这里需要指出 m_2 是二阶矩统计量，m_4 为四阶矩统计量。

表 2–15 给出了 7 个县的局部 Moran's I 及其在 IRP/CSR 下的期望值、方差和 z 值。

表 2–15　7 个县的局部 Moran's I 及其显著性检验

	I_i	$E(I_i)$	$\mathrm{VAR}(I_i)$	$Z(I_i)$
吉奥格	–0.730 0	–0.17	0.05 60	–2.365 0
库雅荷加	–0.400 2	–0.17	0.114 2	–0.6910
杜伦巴尔	–0.256 7	–0.17	0.171 7	–0.217 3
萨米特	–0.115 4	–0.17	0.171 7	0.123 7
波蒂奇	–0.003 8	–0.17	0.114 2	0.504 2
阿士塔布拉	–0.715 6	–0.17	0.171 7	–1.324 6
莱克	–0.070 4	–0.17	0.171 7	0.572 1

需要指出：观测模式下各县均有自己的局部 Moran's *I* 值，随机假设下各县均有其局部 Moran's *I* 值的期望值和方差，根据 *z* 检验就可以得出表征观测模式下局部 Moran's *I* 显著程度的 *z* 值。这是局部 Moran's *I* 统计量的一个优势。根据表 2–15 的结果，图 2–54(a)和图 2–54(b)分别展示了 7 个县的局部 Moran's *I* 统计量和 *z* 值的空间分布。

结合图 2–38 中可看出，吉奥格的中值居民收入最高（60 200 美元），而它的邻县之一阿士塔布拉的中值居民收入最低（35 607 美元）。因此，如图 2–54 所示，吉奥格的局部 Moran's *I* 统计为负且最低，表明了该县与其邻县之间存在负空间自相关关系。结合吉奥格周边的县来看，这一结论也是很明显，因为吉奥格的中值居民收入比其他6个县高得多；第二高的莱克收入为 48 763 美元，仍比吉奥格低得多。由于吉奥格的收入比其他几个邻县高很多，因此其他大部分县的局部 Moran's *I* 统计量均为负。阿士塔布拉的局部 Moran's *I* 统计量倒数第二低，是因为它的收入最低且与周边的县相差很大。

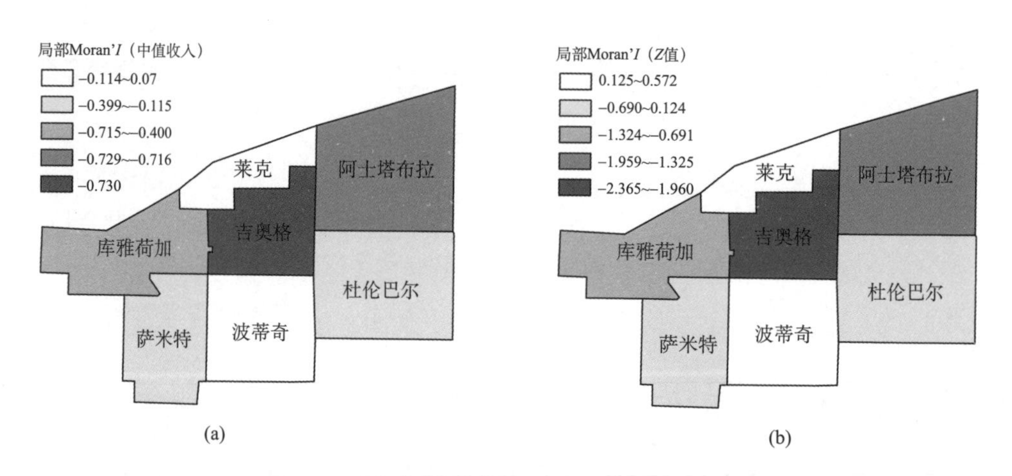

图 2–54　7 个县的局部 Moran's *I* 统计量和 *Z* 值

资料来源：David *et al.*，2005。

只有莱克和波蒂奇这两个县拥有正的局部 Moran's *I* 统计量。虽然它们的 Moran's *I* 值为正，但仍然较低。莱克的局部 Moran's *I* 值为 0.070 4，稍高于波蒂奇。这两个县的局部 Moran's *I* 统计量之所以为较小的正值，主要是因为这两个县拥有全区域第二高和第三高的收入水平，并且均为收入最高的县——吉奥格的邻县；但是由于其他邻县的收入水平相对较低，因此它们的局部 Moran's *I* 也不会太高。

有人可能会说，图 2–54 中的两幅地图显示的模式是相同的。但是，第二幅 Z 值地图能够帮助我们判断哪些县的局部 Moran's I 值显著。以–1.96 为临界值，我们可以看出只有吉奥格的负局部 Moran's I 值是显著的，其 z 值小于–1.96。因此，我们所观测到的吉奥格与其周边邻县之间的负空间关联模式不是由随机过程造成的。

2. 局部 Geary's *C* 统计量

局部 Geary's C 统计量的计算公式如下：

$$C_i = \sum_j w_{ij} \left(\frac{x_i - x_j}{\delta} \right)^2 \qquad \text{（公式 2–38）}$$

与全局 Gcary's C 的计算相似，我们先对相邻单元的值进行比较。由于我们所关心的是与相邻的值是否相似，而不是哪个更大，因此我们对相邻之差求平方以消除方向信息。因此，C_i 值越大，区域单元 i 的属性值与其相邻单元属性值的差异就越大。

遗憾的是，局部 Geary's C 统计量的分布性质不如局部 Moran's I 统计量理想。从数学上看，我们仍然可以像解释全局 Geary's C 那样来解释局部 Geary's C。相似值的聚集会导致相对较低的局部 Geary's C 值，而相异值的聚集将导致相对较高的局部 Geary's C 值。与局部 Moran's I 统计量一样，局部 Geary's C 统计量也是针对各区域单元分别计算的，因此其结果也可以制成地图。

局部 Geary's C 统计量也可以采用标准化后的 z 值进行检验。由于局部 Geary's C 统计量用的不多，这里就不再给出相关检验的公式。

3. 局部 *G* 统计量

还有一个局部空间自相关指标，就是局部层面的广义 G 统计量（Getis and Ord，1992）。局部 G 统计量也是分别针对各区域单元计算，旨在表明所关注各单元的值与其周边以距离 d 定义的相邻单元的值之间关联性。局部 G 统计量的计算公式为：

$$G(d) = \frac{\sum w_{ij}(d) x_j}{\sum x_j}; i \neq j \qquad \text{（公式 2–39）}$$

所有其他项的含义均与前面广义 G 统计量的公式相同。在空间随机假设下为了得到标准化值，我们必须知道该统计量的期望值和方差。期望值的计算公式为：

$$E(G)=\frac{W_i}{(n-1)} \quad \text{（公式 2–40）}$$

其中，$W_i=\sum_j w_{ij}(d)$。方差的计算方法与广义统计量相似，其计算为：

$$\begin{aligned}\mathrm{VAR}(G_i)&=E\left(G_i^2\right)-\left[E(G_i)\right]^2\\&=\frac{1}{\left(\sum_j x_j\right)^2}\left[\frac{W_i(n-1-W_i\sum_j x_j^2}{(n-1)(n-2)}\right]+\frac{W_i(W_i-1)}{(n-1)(n-2)}-\left(\frac{W_i}{n-1}\right)^2\end{aligned} \quad \text{（公式 2–41）}$$

其中，$j\neq i$，即在$E\left(G_i^2\right)$和$E(G_i)$的计算中，当计算上式中的$\left(\sum_j x_j\right)^2$和$\sum_j x_j^2$时，我们将$x_i$排除在外。

基于上面的期望值和方差计算出的$G_i(d)$的标准化z值，可以发现：当较高的属性值聚集在一起时，z值较高；当较低的属性值聚集在一起时，z值较低；若z值接近于 0，则表明不存在显著的空间关联模式。表 2–16 摘自格蒂斯和奥尔德（Getis and Ord，1992）的文献，它归纳了$G_i(d)$统计量的标准化z值的含义。

表 2–16　$G_i(d)$统计量标准化 z 值的含义

情 形	$z(G_i)$
高高相邻	较大的正值
高中相邻	中等大小的正值
中中相邻	0
随机	0
高低相邻	负值
中低相邻	中等大小的负值
低低相邻	绝对值较大的负值

$G_i^*(d)$是与$G_i(d)$相关的另一个统计量。它与$G_i(d)$十分相似，唯一的区别在于它没有排除$j=i$的情况。由于这两个统计量十分相似，但$G_i^*(d)$统计量标准化z值的含义比$z(G_i(d))$的定量化解译能力更强，如表 2–17 所示。若$z\left(G_i^*\right)>1.96$，表示i所在的

区域为显著热点区，即高高值（HH）相邻；若$1.65 < z\left(G_i^*\right) < 1.96$，表示$i$所在的区域为较显著的热点区域，即高中值（HM）相邻；若$-1.65 < z\left(G_i^*\right) < 1.65$，表示$i$所在的区域为空间集聚不显著区域，即随机分布；若$-1.96 < z\left(G_i^*\right) < -1.65$，表示$i$所在的区域为较显著的冷点区，即低中值（LM）相邻；若$z\left(G_i^*\right) < -1.96$，则表示$i$所在的区域为显著的冷点区，即低低值（LL）相邻。

表 2-17　$G_i^*(d)$统计量标准化 Z 值的含义

情 形	$z(G_i*)$
显著的热点区域（HH 相邻）	1.96～∞
较显著的热点区域（HM 相邻）	1.65～1.96
空间集聚不显著的区域（随机）	–1.65～1.65
较显著的冷点区域（LM 相邻）	–1.96～–1.65
显著的冷点区域（LL 相邻）	–∞～–1.96

（二）Moran's *I* 散点图

我们可以采用前面所述的系列局部空间自相关指标（LISA）来探测研究区域的局部空间自相关程度，发现局部异质性的区域，也可以用 Moran's *I* 散点图的方法探测地理数据的局部异质性。

1. Moran's *I* 散点图（单变量）

基于回归思想的 Moran's *I* 散点图是一种从统计可视化和探索性空间分析视角，识别地理数据局部异质性的有效目视诊断工具（Anselin *et al.*，1995）。假设z是z_i的矢量，其中，i是观测样本，$z_i=\left(x_i-\bar{x}\right)\delta^{-1}$是第$i$个样本观测值与均值的离差，$W$为行标准化空间权重矩阵，$W_z$是$W$与$z$的积。若第$i$个观测样本的相邻样本的$z$越大，则第$i$个观测点的$W_i$越大。$z$与$W_z$构成了 Moran's *I* 散点图的横轴与纵轴（如图 2–55 所示）。对于任意观测点根据其z和W_z，对应图 2–55 中的一个点。基于图 2–55 中的若干散点，可以建立一个W_z关于z的回归模型。此模型的斜率表示的是相邻值之间的关联性。换句话说，此回归模型为：

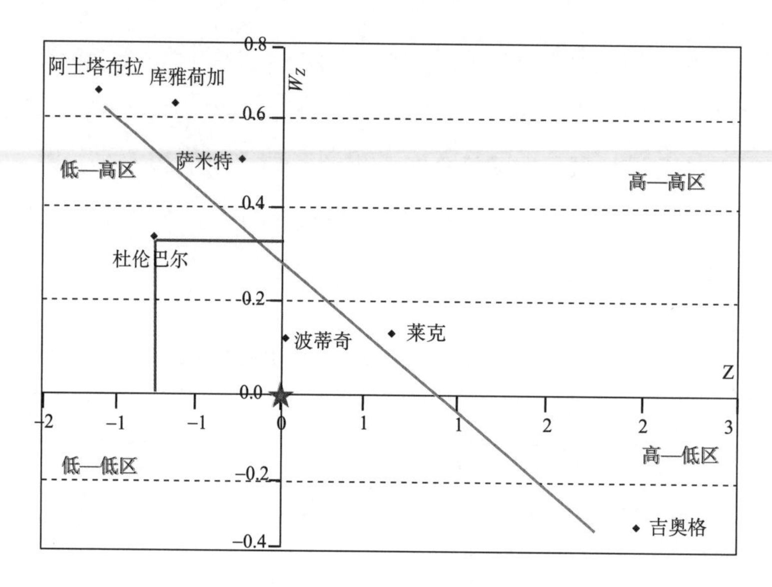

图 2–55　Moran's *I* 散点图示意

$$z = a + IW_z \qquad \text{（公式 2–42）}$$

其中，a 为截距项（常数）的矢量，I 为斜率的回归系数。从理论上讲，如果使用随机权重矩阵，那么此空间回归模型的斜率就是全局 Moran's *I* 的值。该模型有时也称为空间平均模型（Bailey and Gatrell，1995）。

根据 Moran's *I* 散点图中的散点和回归线，可以解译研究区域的空间自关联性、局部相关性及不稳定性等特性：

首先，关于空间相关性的解译：图 2–55 中回归线的斜率，即上述公式中的 *I* 基本上等同于该数据的全局 Moran's *I* 值。而对于任意一个点，其 z 与 W_z 的乘积，则为对应观测点的局部 Moran's *I* 值。

其次，关于局部异质性的解译：z 表征样本点观测值与观测均值的偏离程度，W_z 表征样本点周围样本点观测值的加权平均偏离观测均值的程度。因此，落入第一象限（高—高区）的样本点具有如下特征：样本点的观测值较高（高于观测均值），其周围样本点的观测值也较高，表明这些观测点在空间分布上呈现正相关且属于高值聚集区。落入第二象限（低—高区）的样本点则表示样本点的观测值较低，但其周围样本点的观测值较高，表明这些观测点在空间分布上呈现负相关。落入第三象限（低—低区）的样本点则表示样本点的观测值较低，但其周围样本点的观测值较低，表明这些观测点在空间分布上呈现正相关且属于低值聚集区。落入第四象限（高—低区）的样本点则表示样本点的观测值较高，但其周围样本点的观测值较低，表明这些观测点在空间分布上呈现负相关。

最后，关于稳定性可以从以下三个方面进行理解：（1）若散点图上各点靠近回归线，则所有样本的空间自相关水平与全局 Moran's *I* 水平相似且越稳定；（2）若样本点分布于一、三象限的回归线的两端，则样本与其相邻样本空间自相关性的显著性通常越强；（3）若样本点分布趋于中心点附近，则各样本观测值越接近于均值。

可见，Moran's *I* 散点图的优势是可以发现研究区域单元与周围单元的具体空间关联模式，但不足的是缺少显著性评价。因此，为了补足显著性评价的内容，需要引入 LISA 的显著性评价结果。即用 Moran's *I* 散点图发现聚集区，用各单元的 LISA 显著性程度（如 I_i 的 z 值）表征其结果的不确定性。

2. Moran's *I* 散点图（双变量）

Moran's *I* 散点图也支持双变量的空间局部异质性探测。双变量 Moran's *I* 散点图的横轴是某个变量的 z 值，纵轴则是另一个变量与 W 的积。

单变量 Moran's *I* 散点图反映的是单变量在空间上是否存在滞后过程。例如，某空间位置上的 $PM_{2.5}$ 值可能会对它周围位置 $PM_{2.5}$ 值有影响。而双变量 Moran's *I* 散点图则反映某变量对另一变量在空间上的滞后过程。例如，某以钢铁业为主导的城市可能会影响其周围城市的空气质量。双变量的 Moran's *I* 散点图可以用于度量两个变量空间分布的关系，揭示某变量的高值（低值）是否被另一个变量的高值（低值）所包围。

3. 中国文盲数的单变量 Moran's *I* 散点图分析

以中国各省某年文盲数的调查统计数据为例用等间隔方式制图（图 2–56）。通过可视化我们似乎可以发现文盲数在空间分布上呈现某种局部的异质性。如果要求准确、科学地回答是否确实存在着某种空间异质性，则需要用局部异质性的统计方法进行度量和探测。下面我们利用直观醒目的单变量 Moran's *I* 散点图探测中国各省文盲数的局部异质性，引入局部 Moran's *I* 显著性检验，联合解译中国各省文盲数的局部异质性。

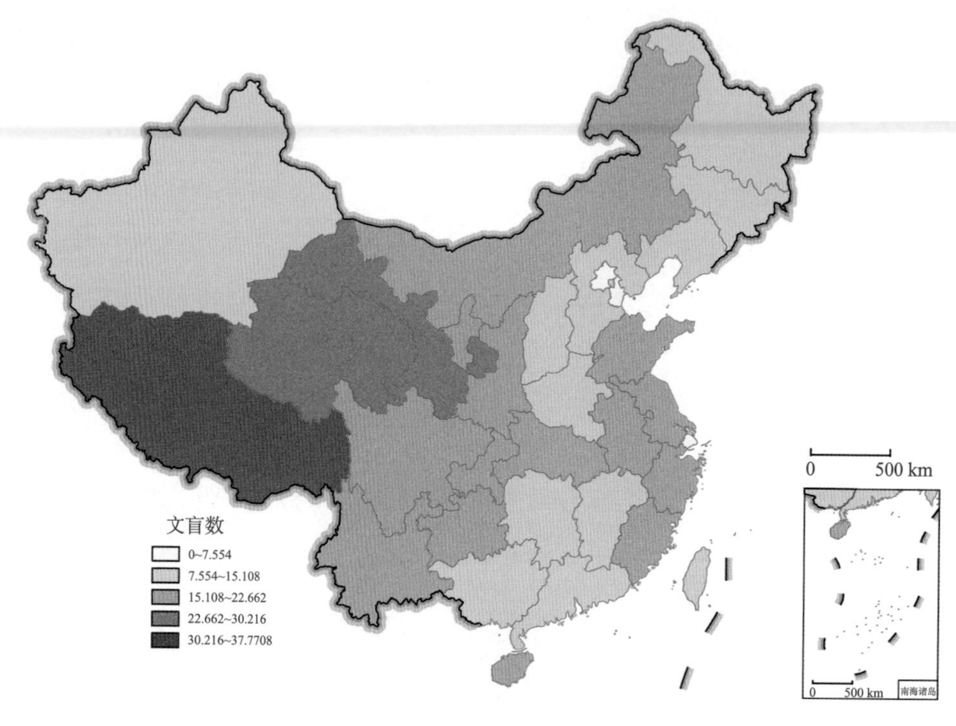

图 2–56　中国各省某年文盲数的等间隔分段

基于文盲数的调查统计数据，得到其 Moran's *I* 散点图如图 2–57(a)所示。图中回归线的斜率（全局 Moran's *I*）为 0.204 7，说明中国各省文盲数全局呈现轻度空间自相关。位于第一象限的省级行政区存在其文盲数高、周围省级行政区文盲数也高的现象。若该省级行政区的局部 Moran's *I* 通过显著性检验，我们才认为这种高—高聚集现象显著。因此，尽管位于第一象限的省级行政区有五个，但图 2–57(b)中仅标出了通过显著性检验的两个省级行政区。其他象限的省级行政区依次经过上述解译和处理后，得到图 2–57(b)的可视化结果。结果表明：青海、云南与其周围省级行政区在文盲数方面存在显著的高—高聚集现象；河北与其周围省级行政区在文盲数方面存在显著的低—低聚集现象；新疆、台湾与其周围省级行政区在文盲数方面存在显著的低—高聚集现象，即新疆、台湾的文盲率较低，但其周围省级行政区的文盲数比它们高；海南与其周围省级行政区在文盲数方面存在显著的高—低聚集现象，即海南的文盲数较高，但其周围省级行政区的文盲数比它们低。其他省份的局部 Moran's *I* 显著没有通过检验。

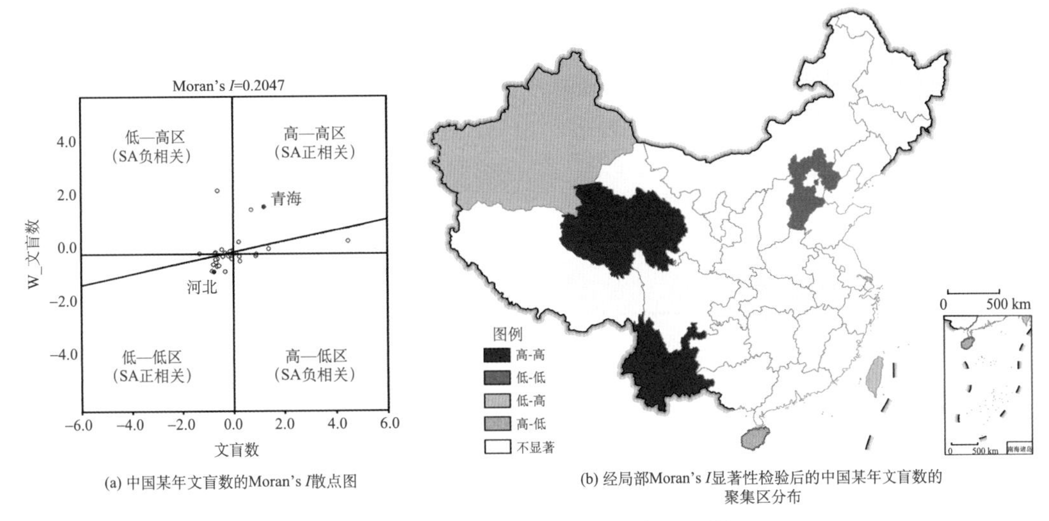

(a) 中国某年文盲数的Moran's I散点图

(b) 经局部Moran's I显著性检验后的中国某年文盲数的聚集区分布

图 2–57　中国某年文盲数的局部异质性

4. 中国某地区第一、第二产业 GDP 占比的双变量 Moran's *I* 散点图分析

以江南（江苏、浙江、安徽、上海）各县第一、第二产业 GDP 占比为双变量，其双变量 Moran's *I* 散点图如图 2–58(a)所示，第一产业 GDP 占比作为核心变量（横轴），第二产业 GDP 占比变量作为空间滞后变量（纵轴）。通过图 2–58(a)可知，该区域的第一产业 GDP 占比与第二产业 GDP 占比存在明显的空间负相关，如图 2–58(b)中深红色、深蓝色的县级单元较少，即存在双变量正相关的县较少。多数县级单元是粉红色、浅蓝色，其中粉红色（高—低区）的县级单元存在第一产业占比高的区域被第二产业占比低的区域包围的现象，即这些县的第一产业占比高，且其空间滞后区域的第二产业占比较低。

（三）Moran's *I* 散点图的实践

关于 Moran's *I* 散点图的工具软件 GeoDa 及其相关实验步骤详见第五章。

三、小结

（一）局部异质性度量方法

空间局部异质性是指某点或某区域的属性值与周围属性存在显著差异不同。本节重点关注空间局部的度量与探测，即发生了什么的偏离和偏离的边界在哪里。与空间自相关性分析方法相比，空间局部异质性的研究起步较晚，分析方法体系还不够完善。

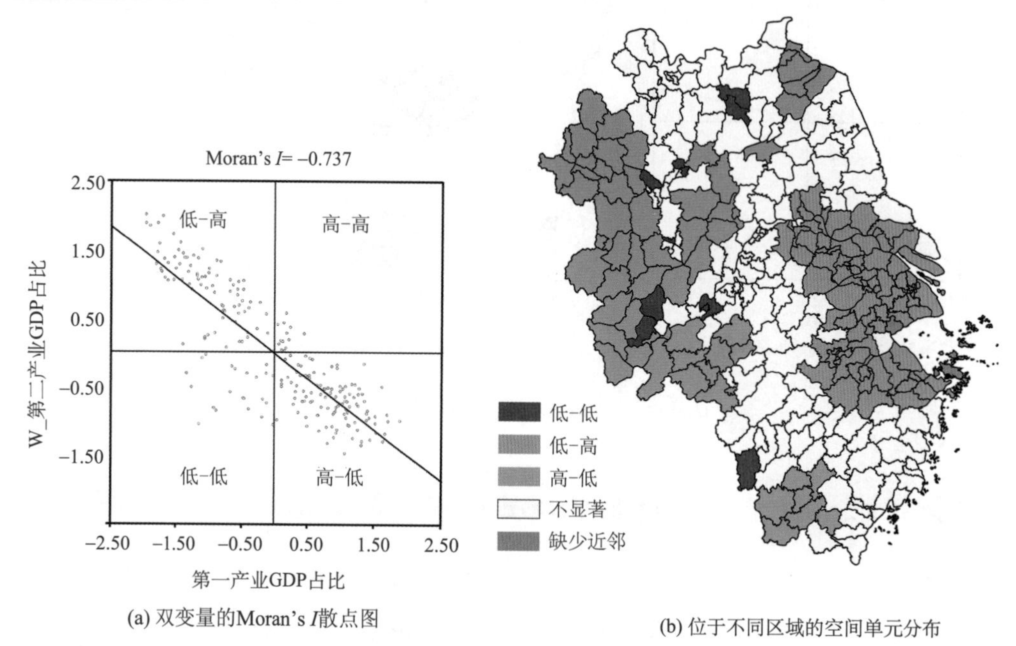

(a) 双变量的Moran's *I*散点图

(b) 位于不同区域的空间单元分布

图 2–58 双变量的 Moran's *I* 散点图应用案例

表 2–18 局部异质性度量方法

<table>
<tr><th>适用数据的特征</th><th colspan="2">空间局部异质性度量与探测方法</th><th>说明</th><th>工具软件</th></tr>
<tr><td rowspan="3">点模式</td><td colspan="2">焦点检验</td><td>假设某事件显然与某设施点（线或面）相关，如何检验这种相关性是否存在</td><td>—</td></tr>
<tr><td colspan="2">GAM</td><td rowspan="2">在不知道焦点的情况下，探测焦点，探测时空聚集区</td><td>—</td></tr>
<tr><td colspan="2">扫描统计量</td><td>SaTscan、CrimeStat III、R（SpatStat）</td></tr>
<tr><td rowspan="4">空间位置随机、测量变量是间隔量或比率量</td><td rowspan="3">局部空间关联指标（LISA）</td><td>局部 Moran's I</td><td rowspan="2">得到各空间单元的空间自相关性及显著程度</td><td rowspan="4">GeoDa</td></tr>
<tr><td>局部 Geary's C</td></tr>
<tr><td>局部 G（G^*）</td><td>发现 HH 聚集区、LL 聚集区及其显著性</td></tr>
<tr><td colspan="2">Moran's I 散点图</td><td>发现 HH 聚集区、LL 聚集区，显著程度需要 LISA 支持</td></tr>
</table>

下表总结了本节介绍的各类局部异质性度量与探测方法、所适用的数据类型以及可以支持该分析的工具软件。

（二）后续应该关注的问题

空间局部异质性是地理研究关注的一种异质性。空间全局异质性是地理研究关注的另一种重要的异质现象。所谓空间分层异质性与地理区划的思想类似，即对地理空间进行分区（类），让区域内尽可能相似，而区域间尽可能不相似。相对于空间局部异质性，关于空间分层异质性的研究相对较少。第四节将介绍一些度量、探测空间分层异质性的分析方法。

第四节　空间分层异质性度量与探测

空间分层异质性是指层内方差小于层间方差的现象。例如地理分区、气候带、土地利用图、地貌图、生物区系、区际经济差异、城乡差异以及主体功能区等。这是地理数据的另一大特性。这里的“层”是统计学概念，大体对应地理上的类或子区域。分层异质性可用 SHHq 统计量进行度量，可用空间聚类和空间分区的方法进行探测。

一、SSHq 统计量：度量分层异质性

SSHq 统计量（Spatial Stratified Heterogeneity q-statistics，SSHq）是王劲峰提出的一种空间异质性的度量方法（Wang *et al.*，2010b，2016；王劲峰等，2017）。SHHq 的核心思想是输入观测变量 Y 的空间分布，输入给定的分层或分类方案 X（如图 2–59 所示），用下面的公式计算 q 值。

$$q = 1 - \frac{\sum_{h=1}^{L} N_h \sigma_h^2}{N\sigma^2} \quad \text{（公式 2–43）}$$

其中，h=1，2，…，L 为分层或分类数；N_h 和 N 分别为层 h 的单元数和研究区的观测单元数；σ^2 表示研究区上 Y 的方差。σ_h^2 是层 h 内的方差，如图 2–59 所示。q 的取值范围为 0 到 1。若 q 值为 1，意味着各层的方差 σ_h^2 都为 0，即分层方案 X 中各层的观测数据无差异，因此 X 能完全刻画 Y 的分层异质性；若 q 值为 0，意味着分层方案 X

中各层内观测数据的差异与研究区的总体差异相等，即公式中分子等于分母，因此 X 完全不能刻画 Y 的分层异质性；若 q 值为 0～1 之间的某个数值时，意味着 X 可以在该数值对应的程度上刻画 Y 的分层异质性。

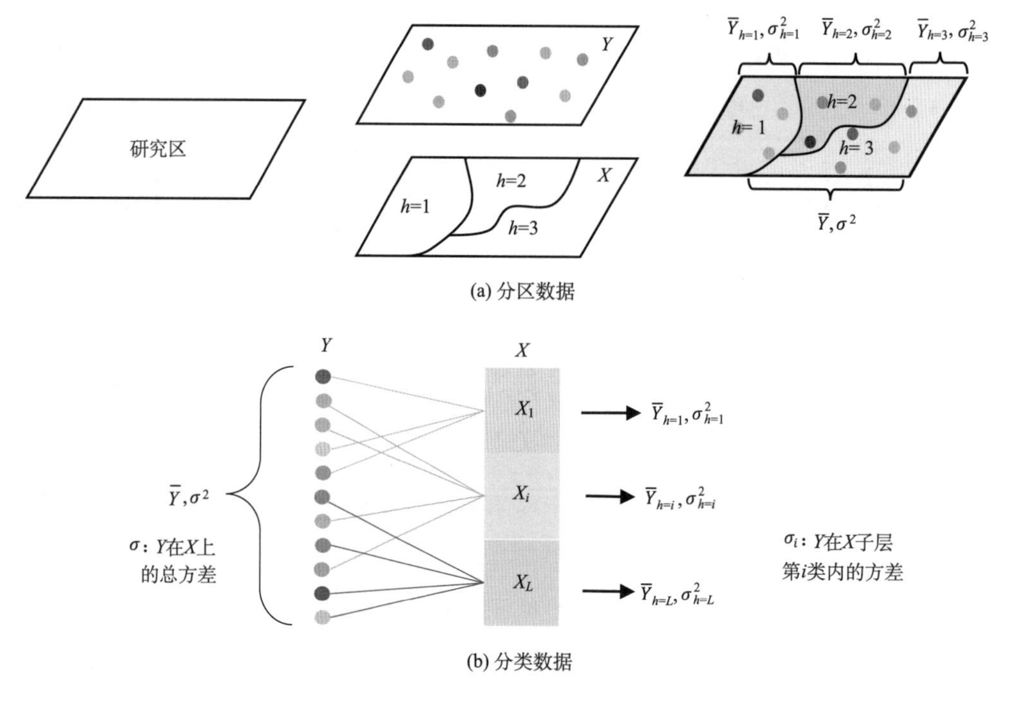

图 2-59　*q* 统计量计算示意

以中国 NDVI 为观测数据（Y），气候区为分层方案（X）（图 2–60），根据上述公式计算出 q 值为 0.53，且有较强的显著性，意味着该气候分区方案能在 53%的程度上刻画 NDVI 的分层异质性。

q 值的本质是用层内方差和全区方差之比来刻画 X 给出的分层方案 X 对观测数据 Y 的适用程度。层内方差和全区方差也是用于评价聚类或分类方案是否准确的常用基础指标。例如，CH（Calinski-Harabasz）准则（公式 2–74）、簇的凝聚度、簇的邻近度等。相比上述指标，q 值的数值有较为清晰的指征意义。首先，q 值有明确的取值范围为 $[0,1]$，0、1 分别具有的具体的物理含义；其次，不同应用中的 q 值是可比的，且能反映它接近于 1 的程度。q 值计算的前提是有个既定的分层方案，因此 q 值无法根据观测数据给出分层方案。空间聚类和空间分区可以在没有先验知识的情况下给出观测数据分层方案。

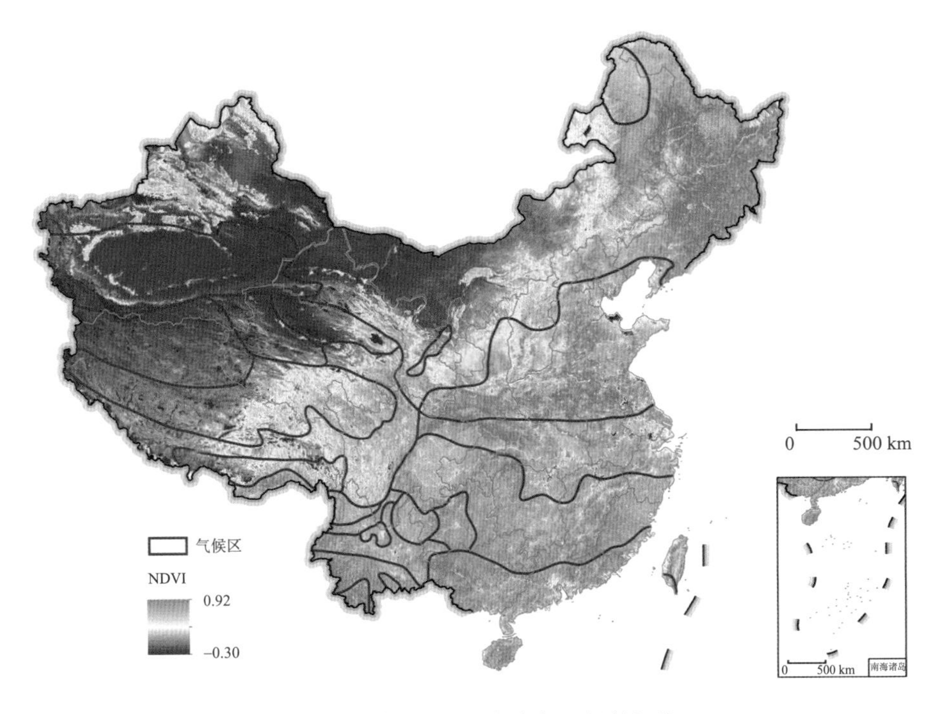

图 2–60　中国 NDVI 与气候区划数据集

二、空间聚类与分区：探测分层异质性

聚类是机器学习的一种方法。所谓聚类是在没有训练的条件下，对大量未知标注的数据集，按数据的内在相似性将数据集划分为多个类别（也称“簇”或“类”，与前面“层”的概念类似），使类内数据相似度较大而类间数据相似度较小。由于是在没有训练的条件下进行分类，因此也称非监督学习。在地理研究中，聚类分析是识别数据集合内部结构与数值分异规律的重要工具，例如，解焱等（2002）用聚类结果开展了中国生物地理区划的实证研究。结果表明：利用聚类结果辅助区划界线的确定可以减少区划对研究者科学知识及经验的依赖，其研究结果更具有客观性。王秀红（2003）、郑度等（2008）、宋辞和裴韬（2012）也分别肯定了聚类在地理时空分异规律研究中的作用。本节重点介绍一些常用的类别相似度判定指标，以及一些常见的空间聚类方法。

在机器学习中，还有个类似的方法是分类。分类有别于聚类。分类是根据一些给定的已知类别标号的样本，训练某种学习机器，得到某种分类判定函数，使它能够对未知类别的样本进行分类，即得到样本属性与类标号之间的关系由于有带有类别标号的样本训练学习机，因此也称监督学习。分类也是一种识别数据集合内部结构与数值分异规律的重要工具，但是由于需要大量训练样本，因此在某种程度上限制了它在地理研究中的应用，目前常用于遥感图像处理与分类。此外，相对于聚类，分类基本还是沿袭计算机、数学领域的思想，与地理关注的距离、空间相关、空间分异等概念和理论融合的尚不充分。由于本书关注的方法为解决地理研究所做的扩展和改进，暂不介绍和讨论分类的方法。相关方法可选择计算机类的书目学习。

（一）相似度/距离判定指标

聚类是使类内数据尽可能相似、类间数据尽可能不相似的方法。如何评价类别间的相似程度是聚类算法面临的首要问题。下面介绍机器学习常用的相似度或距离的判定指标。理解相似度/距离的计算方法与核心特点，对聚类相似度指标的选择、相关参数的设定以及结果的解译，有非常重要的意义。

1. 闵可夫斯基距离

距离是机器学习中评价数据相似性的重要指标。距离的定义可以是多样的，但一般而言，距离函数$D(x, y)$（从x到y的距离）需要满足下面几个准则：

（1）自己到自己的距离为0，即$D(x, x)=0$；

（2）距离非负，即$D(x, y)\geqslant 0$；

（3）距离具有对称性，即$D(x, y)=D(y, x)$，例如，A到B的距离等于B到A的距离；

（4）距离的三角形法则，即$D(x, k)+D(k, y)\geqslant D(x, y)$，满足三角形的两边之和大于第三边。

闵可夫斯基距离是一种常见的衡量数值点间相似度的方法。假设在n维空间中，点A的坐标是$(x_1, x_2, \cdots, x_n)$，点B的坐标是$(y_1, y_2, \cdots, y_n)$，闵可夫斯基距离定义如下：

$$D(A, B)=\left(\sum_{i=1}^{n}\left|x_i-y_i\right|^p\right)^{1/p} \quad \text{（公式 2–44）}$$

闵可夫斯基距离实际上是各类距离的通用公式。当 $p=2$ 时，就是常用的欧几里得距离 $\left(\sum_{i=1}^{n}\left|x_i-y_i\right|^2\right)^{1/2}$；当 $p=1$ 时，就是曼哈顿距离距离。假设在曼哈顿街区乘坐出租车从 A 点到 B 点，白色表示高楼大厦，灰色表示街道，如图 2–61 所示，其中实线表示欧几里得距离，在现实中是不可能的。其他三条虚折线表示了曼哈顿距离。这三条折线的长度是相等的。

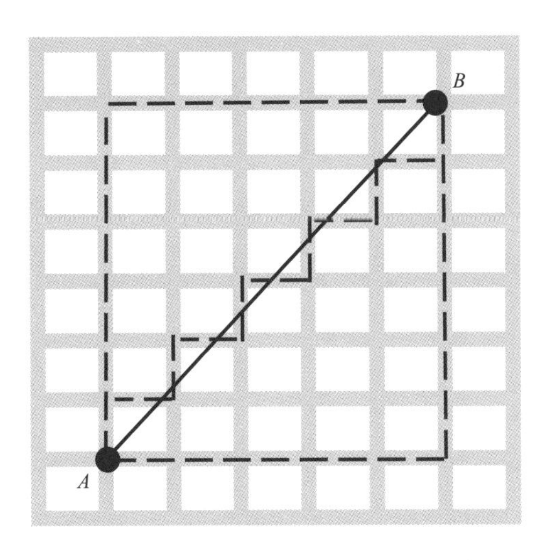

图 2–61　欧几里得距离与曼哈顿距离

当 p 趋近于无穷大时，闵可夫斯基距离则转化为切比雪夫距离：

$$D(A,B)=\lim_{p\to\infty}\left(\sum_{i=1}^{n}\left|x_i-y_i\right|^p\right)^{1/p}=\max_{i=1,\cdots,n}\left|x_i-y_i\right| \qquad \text{（公式 2–45）}$$

我们知道平面上所有与原点（0，0）的欧几里得距离（$p=2$）为1的点，可以组成一个圆。但是，当 p 取其他数值的时候呢？图 2–62 给出了不同 p 值情况下，与原点距离为1的点组成的不同图形。

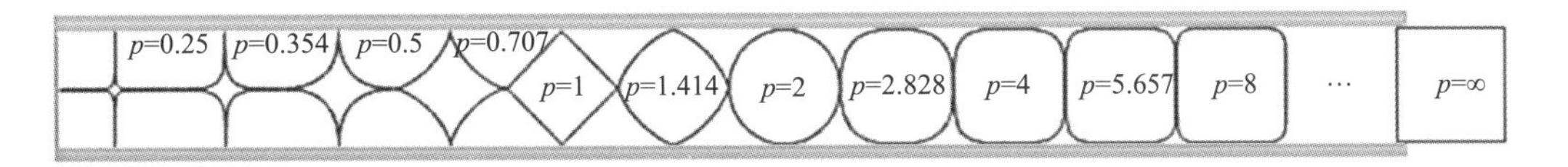

图 2–62　不同 p 值情况下与原点距离为 1 的点组成的不同图形

注意，当 $p<1$ 时，闵可夫斯基距离不再符合距离的三角形法则。例如，当 $p<1$，(0,0)到(1,1)的距离等于 $(1+1)^{1/p}>2$，而(0,1)到这两个点的距离都是 1。

闵可夫斯基距离比较直观，但是它与数据的分布无关，因此具有一定的局限性。例如，如果 x 方向的幅值远远大于 y 方向的值，这个距离公式就会过度放大 x 维度的作用。所以，在计算距离之前，我们可能还需要对数据进行 Z 转换处理，即减去均值，除以标准差：

$$(x_1,\ y_1)\rightarrow\left(\frac{x_1-\mu_x}{\sigma_x},\frac{y_1-\mu_y}{\sigma_y}\right) \quad \text{（公式 2–46）}$$

其中，μ 为该维度上的均值，σ 为该维度上的标准差。

此外，这种方法适用于数据各个维度不相关的情况。如果数据维度之间相互关联（例如：身高较高的信息很有可能带来体重较重的信息），这时候就要用到马氏距离。

2. 马氏距离

马氏距离是由印度统计学家马哈拉诺比斯（Mahalanobis）提出的，表示数据的协方差距离。它是一种有效的计算两个未知样本集相似度的方法。与欧氏距离不同的是它考虑了两种独立测量的特性之间的相互关联。对于一个均值为 $\mu=(\mu_1,\mu_2,\cdots,\mu_n)^T$，协方差矩阵为 Σ 的多变量 $x=(x_1,\ x_2,\cdots,\ x_n)^T$，其马氏距离为：

$$D(x)=\sqrt{(x-\mu)^T\Sigma^{-1}(x-\mu)} \quad \text{（公式 2–47）}$$

马氏距离也可以理解为两个服从同一分布且其协方差矩阵为 Σ 的随机变量 $\vec{x}$ 和 $\vec{y}$ 之间的差异程度。

$$D(\vec{x},\ \vec{y})=\sqrt{(\vec{x}-\vec{y})^T\Sigma^{-1}(\vec{x}-\vec{y})} \quad \text{（公式 2–48）}$$

如果协方差矩阵为单位矩阵，那么马氏距离就简化为欧氏距离。如果协方差矩阵为对角阵，则其也可称为正规化的欧氏距离。

$$D(\vec{x},\ \vec{y})=\sqrt{\sum_{i=1}^{p}\frac{(x_i-y_i)^2}{\sigma^2}} \quad \text{（公式 2–49）}$$

其中，σ 是 x_i 的标准差。

马氏距离优点很多：首先，马氏距离不受量纲的影响，即两点间的马氏距离与原始数据的测量单位无关；其次由标准化数据或中心化数据（即原始数据与均值之差）计算出的二点之间的马氏距离相同；最后马氏距离还可以排除变量之间的相关性干扰。

（1）马氏距离不受量纲影响

如果我们以厘米为单位来测量人的身高，以克为单位测量人的体重。每个人被表示为一个二维向量，如一个人身高 173 厘米，体重 50 000 克，表示为（173，50 000）。根据身高体重的信息可以判断体型的相似程度。已知小明的向量为（160，60 000）；小王的向量为（160，59 000）；小李的向量为（170，60 000）。根据常识可以知道小明和小王体型相似。但是如果根据欧几里得距离来判断，小明和小王的距离要远远大于小明和小李之间的距离，从而得出小明和小李体型相似的结论。这是因为不同特征度量标准间的差异导致错误的判断。以克为单位测量人的体重，数据分布比较分散，即方差大，而以厘米为单位来测量人的身高，数据分布就相对集中，方差小。因此，马氏距离的核心就是把方差归一化，使得特征之间的关系更加符合实际情况。

因此，不同尺度的测量数据参与计算时，不同尺度的变量就会在计算的过程中自动地生成相应的权重。因而，如果两个变量在现实中的权重是相同的话，就必须要先化成相同的尺度，以减去由尺度造成的误差，这就是标准化的由来。

数据的标准化是将数据按比例缩放，使之落入一个小的特定区间。在某些比较和评价的指标处理中经常会用到，去除数据的单位限制，将其转化为无量纲的纯数值，便于不同单位或量级的指标之间的比较。常见的数据标准化的方法有：Min–Max 标准化[①]、Log 函

---

① Min-Max 标准化也叫离差标准化，是对原始数据做线性变换，使结果落到[0,1]区间。转换函数如下：对序列 $x_1, x_2, \cdots, x_n$ 进行变换，$y_i = \left(x_i - \min\limits_{1\leqslant j\leqslant n}\{x_j\}\right)\left(\max\limits_{1\leqslant j\leqslant n}\{x_j\} - \min\limits_{1\leqslant j\leqslant n}\{x_j\}\right)^{-1}$，则新序列 $y_1, y_2, \cdots, y_n \in [0,1]$ 且无量纲。这种方法简单，但缺点是当有新数据加入时，可能导致 max 和 min 的变化，所有数据需要重新标准化。

数转换[①]、Atan 函数转换[②]、*z*-score 标准化[③]、比例法[④]等。

（2）马氏距离排除变量之间的相关性的干扰

根据上述，当计算两点的相似度（距离）时，通常是先标准化成与尺度无关的量，再计算其距离。实际上，标准化只解决了量纲的问题，尚未解决测量变量间的线性相关问题。以图 2–63(a)中黄色的样本点为例，其 x_1 与 x_2 是线性相关的。为了排除变量间相关性的干扰，我们可以根据数据本身的信息引入新的坐标轴，如图 2–63(b)所示，其中黄点依然为样本点。坐标的原点在这些点的中央（根据点的平均值算得）。第一个坐标轴 y_1 沿着数据点的“脊椎”，并向两端延伸，定义为使得数据方差最大的方向。第二个坐标轴 y_2 与第一个坐标轴垂直并向两端延伸。可见，y_1 与 y_2 是线性无关的，因此在线性无关的（y_1，y_2）分量坐标空间中标准化后，再计算距离才是更合理的。经过标准化后，y_1、y_2 方向的等值刻度信息如图 2–63(b)中的椭圆所示。

可见，马氏距离实质是通过旋转坐标轴的方式，相当于对 x 进行线性变换：$Y = PX$，使 Y 里的各变量线性无关。以图 2–64(a)中观测样本点为例，对点 1、2、3 间的距离，若用欧氏距离计算，其位置关系如图 2–64(b)气示，此时 1 与 2 的距离大于 1 与 3 的距离；若用马氏距离计算，则需要排除样本变量间相关性的干扰，且需要根据方差标准化数据，此时点 1、2、3 的位置关系如图 2–64(c)所示，此时 1 与 2 的距离则小于 1 与 3 的距离。若用马氏距离变化后的坐标及其刻度重新绘制样本后，各样本

---

① Log 函数转换通常用 $y_i = \log_{10} x_i \left(\log_{10} \max\limits_{1 \leqslant j \leqslant n} \left\{ x_j \right\} \right)^{-1}$ 的函数转换实现标准化。式中分母的作用是让转换后的结果落在 $[0,1]$ 区间上。

② Atan 函数转换是用反正切函数实现数据的归一化。使用这个方法需要注意的是如果期望映射的区间为 $[0,1]$，则数据都应该大于等于 0。小于 0 的数据将被映射到 $[-1,0)$ 的区间上。

③ *z*-score 标准化是最为常用的标准化方法，也叫标准差标准化。对序列 $x_1, x_2, \cdots, x_n$ 进行变换，$y_i = (x_i - \bar{x}) s^{-1}$。其中，$\bar{x}$ 为序列均值，$s = \sqrt{\frac{1}{n-1} \sum_{i=1}^{n} (x_i - \bar{x})^2}$，则新序列 $y_1, y_2, \cdots, y_n$ 的均值为 0，方差为 1 且无量纲。

④ 比例法是对正项序列 $x_1, x_2, \cdots, x_n$ 进行变换，$y_i = x_i \left(\sum_{i=1}^{n} x_i \right)^{-1}$，则新序列 $y_1, y_2, \cdots, y_n \in [0,1]$ 且无量纲，并且 $\sum_{i=1}^{n} y_i = 1$。

点的等效位置则如图 2–64(d)所示。可见，马氏距离除以协方差矩阵，实际上就是把图 2–64(a)的坐标空间变成了图 2–64(b)的坐标空间。

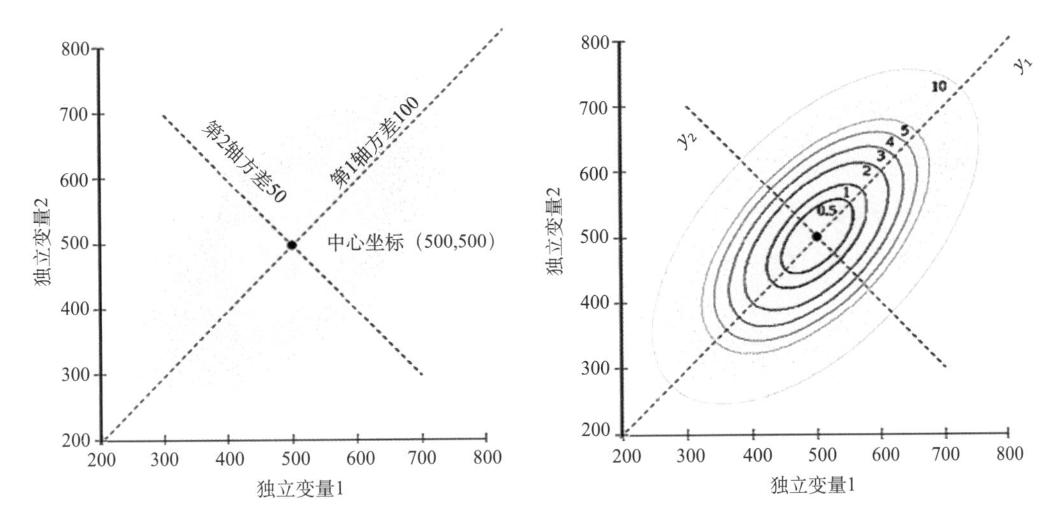

图 2–63　马氏距离坐标转换过程

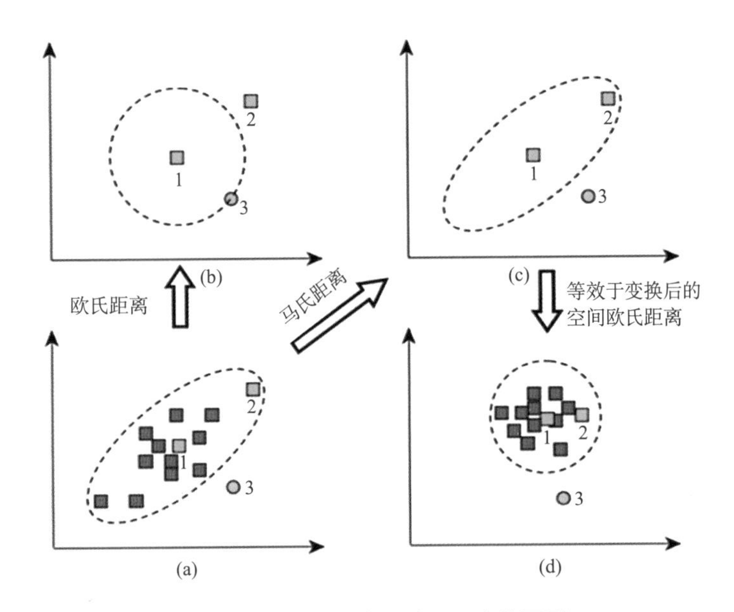

图 2–64　马氏距离与欧氏距离的区别

虽然马氏距离有上述两大优势，但也存在一个不可避免的劣势，即夸大了变化微小的变量的作用。此外，与欧氏距离相比，马氏距离还有如下特点：①马氏距离的计算是建立在总体样本基础上的，这一点可以从上述协方差矩阵的解释中可以得出。也就是说，如果拿同样的两个样本，放入两个不同的总体中，最后计算得出的两样本间的马氏距离通常是不相同的，除非这两个总体的协方差矩阵碰巧相同；②在计算马氏距离过程中，要求总体的样本数大于样本的维数，否则总体样本协方差矩阵的逆矩阵不存在；当然这种情况用欧氏距离计算即可；③还有一种情况，满足了总体样本数大于样本维数的条件，但是总体协方差矩阵的逆矩阵可能仍然不存在，比如三个样本点(3，4)、(5，6)和(7，8)，这种情况是因为这三个样本在其所处的二维空间内共线，此时也采用欧氏距离计算；④实际应用中“总体样本数大于样本维数”条件是很容易满足，而所有样本点出现③中所描述的情况是很少的，所以在绝大多数情况下，马氏距离是可以顺利计算的，但是马氏距离的计算是不稳定的。不稳定的来源是协方差矩阵。这也是马氏距离与欧氏距离的最大差异之处。

3. 杰卡德相似系数

（1）杰卡德系数与杰卡德距离

对于观测值是间隔量、比率量的数据集，可用闵可夫斯基、马氏距离计算相似度。对于观测值是名义量、类型量的数据集，其相似度计算则可用杰卡德系数。所谓杰卡德系数是通过两个集合的交集与并集之比来刻画，用符号 $J(A,B)$ 表示。杰卡德相似系数是衡量两个集合相似度的一种指标。杰卡德系数取值范围为[0，1]，值越大说明相似度越高。

$$J(A,\ B)=\frac{|A\cap B|}{|A\cup B|} \qquad \text{（公式 2–50）}$$

与杰卡德相似系数相反的概念是杰卡德距离，可以用如下公式来表示：

$$J_{\delta}=1-J(A,\ B)=\frac{|A\cup B|-|A\cap B|}{|A\cup B|} \qquad \text{（公式 2–51）}$$

杰卡德距离用两个集合中不同元素占所有元素的比例来衡量两个集合的区分度。

杰卡德相似度的缺点是只适用于二元变量①的集合。

（2）杰卡德相似系数在非对称二元变量中的应用

假设样本 A 和样本 B 是两个 n 维向量，而且所有维度的取值都是 0 或 1。例如，样本 A 为（0, 1, 1, 0），样本 B 为（1, 0, 1, 1）。我们将样本看成一个集合，1 表示集合包含该元素，0 表示集合不包含该元素。M_{11} 表示 A 和 B 对应位都是 1 的属性的数量；M_{10} 表示 A 中为1，B 中对应位为0 的总数量；M_{01} 表示 A 中为 0，B 中对应位为 1 的总数量；M_{00} 表示对应位都为 0 的总数量，如图 2–65(a)所示，则 $M_{11}+M_{10}+M_{01}+M_{00}=n$。那么样本 A 与 B 的杰卡德相似系数与距离计算方法如图 2–65(b)所示。

图 2–65　非对称二元属性的列联表与杰卡德相似度或距离

图 2–65（b）中分母之所以不加 M_{00} 的原因在于：对非对称二元变量而言，两个都取 0 的情况是不重要的，计算时通常忽略。具体来讲，所谓非对称的意思是指状态的两个输出不是同等重要的，如常见与疾病检查相关的阳性和阴性结果。按照惯例，我们通常将比较重要的输出结果（例如，出现几率较小的结果）编码为 1，而将另一种结果编码为 0。给定两个非对称二元变量，认为两个都取 1 的情况（正匹配）比两个都取 0 的情况（负匹配）更有意义。负匹配的数量通常基数很大，也不是我们重点考察对象，因此在计算时常忽略。例如，比如考虑普通人健康状况的属性集合（糖尿病、心脏病、精神病……），糖尿病指标 0 表示没有糖尿病，1 表示患有糖尿病；心脏病指标 0 表示没有心脏病，1 表示患有心脏病。比较两个人的患病情况，我们只关注有病的情况，所以分子和分母中没有 M_{00}。

---

① 二元变量又分为对称二元变量和不对称二元变量。对称二元变量是指两个状态有相同的权重，比如性别中的男性和女性就是一对称二元变量。不对称二元变量是指两个状态的输出不是同样重要的，比如艾滋病阴性和阳性，阳性出现的几率更小。

从表 2–19 所示的三位生病同学各自的特征为例，判断哪一对的病状特征更接近。我们首先将变量用 0、1 表示。这里可用不对称二元变量杰卡德距离判断。根据图 2–65 的列联表和杰卡德距离，可计算出 d（杰克，玛丽）$=(0+1)/(2+0+1)\approx 0.33$，$d$（杰克，吉姆）$=(1+2)/(1+1+2)=0.75$，$d$（玛丽，吉姆）$=(2+2)/(1+2+2)=0.8$，所以杰克和玛丽病状特征更接近。

表 2–19　三位生病同学的特征表

名字	性别	是否发烧	是否咳嗽	测试 1	测试 2	测试 3	测试 4
杰克	M	1	0	1	0	0	0
玛丽	F	1	0	1	0	1	0
吉姆	M	1	1	0	0	0	1

（3）杰卡德系数的扩展

扩展一：给定两个 n 维向量，则杰卡德系数定义如下：

$$J(A,B)=\frac{\sum_i \min(x_i,y_j)}{\sum_i \max(x_i,y_j)} \quad \text{（公式 2–52）}$$

扩展二：给定两个关于 φ 的非负函数 f 和 g，则杰卡德系数定义如下：

$$J(A,B)=\frac{\int \min(f,g)\mathrm{d}\mu}{\int \max(f,g)\mathrm{d}\mu} \quad \text{（公式 2–53）}$$

扩展三：谷本系数也是由杰卡德系数扩展而来，又称为广义杰卡德相似系数，计算方式如下：

$$E_j(A,\ B)=\frac{A\cdot B}{\|A\|^2+\|B\|^2-A\cdot B} \quad \text{（公式 2–54）}$$

其中 A、B 分别表示为两个向量，集合中每个元素表示为向量中的一个维度。在每个维度上，取值通常在[0，1]之间，$A\cdot B$ 表示向量乘积，$\|A\|^2$ 表示向量的模，即 $\|A\|^2=\sqrt{\sum_{i=1}^{n}A_i^2}$。如果取值是二值向量 0 或 1，那么谷本系数就等同杰卡德距离。

谷本系数容易与余弦相似度混淆。在谷本系数计算公式中，如果把分母中的 $A\cdot B$

去掉，并将$\|A\|^2+\|B\|^2$替换为$\|A\|^2\times\|B\|^2$，就转换成了余弦相似度。

（4）杰卡德系数的主要应用场景

杰卡德的应用很广，最常见的应用就是求两个文档的文本相似度，通过一定的办法对文档进行分词，构成词语的集合，再计算杰卡德相似度即可。当然，杰卡德用途还有很多，不过大多需要结合其他的技术。比如：过滤相似度很高的新闻、网页去重、论文查重、计算对象间距离、数据聚类等。

杰卡德相似度评价是适合于稀疏、二元数据集合。对于分类变量可以根据规则转换为类型变量。而闵可夫斯基、马氏距离、余弦相似度都无法处理稀疏数据的相似度评价。

4. 余弦相似度

余弦相似度又称余弦相似性，是将向量根据坐标值绘制到向量空间中，通过计算两个向量的夹角余弦值来评估他们的相似度。给定两个观测向量X和Y，其余弦相似性$\cos\theta$由点积和向量长度给出，如下所示：

$$Sim(X,Y)=\cos(\theta)=\frac{X\bullet Y}{\|X\|\|Y\|}=\frac{\sum_{i=1}^{n}x_i y_i}{\sqrt{\sum_{i=1}^{n}x_i^2}\sqrt{\sum_{i=1}^{n}y_i^2}} \quad \text{（公式 2–55）}$$

余弦值的范围在[–1, 1]之间，值越趋近于1，代表两个向量的方向越接近；值越趋近于–1，他们的方向越相反；接近于0，表示两个向量近乎于正交。

图2–66展示了欧氏距离和余弦相似度的区别：欧氏距离是两点间的空间距离和点所在的空间位置坐标（即各维度的特征数值）密切相关，即距离越小、两向量之间越相似。而余弦相似度是用空间中两向量间的夹角衡量，体现的是方向上的差异，即夹角越小（余弦相似度越大），两向量之间越相似。如果保持A点的位置不变，B点朝原方向延伸，则此时余弦相似度$\cos\theta$保持不变，因为夹角不变。而A、B两点间的距离显然在发生改变，这就是欧氏距离和余弦相似度的不同之处。

由于欧氏距离和余弦相似度各自的计算方式和衡量特征的不同，它们适用于不同的数据分析模型。欧氏距离能够体现个体数值特征的绝对差异，所以常用于需要从维度数值大小中体现差异的分析。如利用用户行为指标判断用户价值的相似性或差异性。

而余弦相似度更关注方向上区分差异，对绝对数值不敏感。如用内容评分判断用户兴趣的相似性或差异性，同时修正了用户间可能存在的度量标准不统一的问题，因为余弦相似度对绝对数值不敏感。

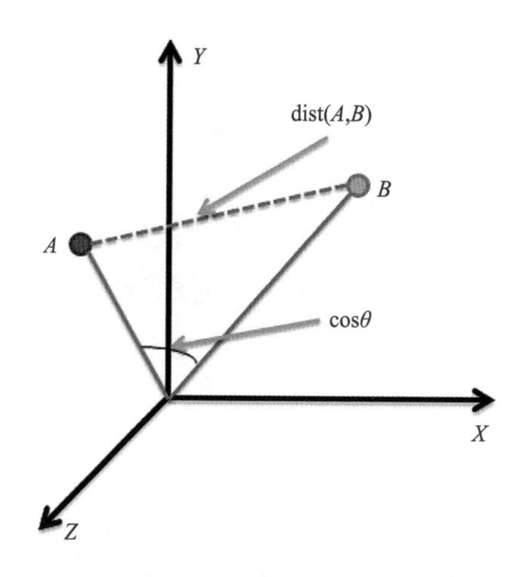

图 2–66　余弦相似度与距离相似度的区别

余弦相似度更关注方向的差异，而非每个维数值的差异。这可能会导致如下情况：如用户对内容按 5 分制评分，A 和 B 两用户对内容 1 和内容 2 的评分分别为（1，2）和（4，5），使用余弦相似度得出的结果是 0.98。两者极为相似，但从评分上看 *A* 似乎不喜欢这两个内容，而 *B* 比较喜欢，因此余弦相似度对数值的不敏感导致了结果的误差。为了修正这种不合理性，就引出了调整余弦相似度，即所有维度上的数值都减去一个均值。比如 *A* 和 *B* 两用户的评分的均值为 3，那么减去均值，调整后两用户对两内容的评分（–2，–1）和（1，2），再用余弦相似度计算，得到–0.8。相似度为负值并且差异不小，但显然更加符合现实。这就是下节要介绍的皮尔逊相关系数。

余弦相似度最常见的应用是计算文本的相似度。将两个文本根据他们各自拥有的词，建立两个向量。计算这两个向量的余弦值，就可以知道两文本在统计学方法中它们的相似度情况。实践证明，这是一个非常有效的方法。对于文本匹配，属性向量 *A* 和 *B* 通常是文档中的词频向量。余弦相似性，可以被看作是在比较过程中把文件长度正规化的方法。在信息检索的情况下，由于词频—逆文本频率（Term Frequency–Inverse Document Frequency，TF–IDF）不能为负数，所以这两个文档的余弦相似性范围从0到

1。并且，两个词的频率向量之间的角度不能大于 90°。

5. 皮尔逊相关系数

正如上节所述，皮尔逊相关系数是综合考虑测量向量值及其方向的相似性评估结果。皮尔逊相关系数的公式如下所示。

$$\gamma_{X,\ Y}=\frac{\sum_{i=1}^{n}\left(x_i-\overline{x}\right)\left(y_i-\overline{y}\right)}{\sqrt{\sum_{i=1}^{n}\left(x_i-\overline{x}\right)^2}\sqrt{\sum_{i=1}^{n}\left(y_i-\overline{y}\right)^2}} \qquad \text{（公式 2–56）}$$

与余弦相似度的公式相比，皮尔逊相关系数是先对向量每一分量减去分量均值，再求余弦相似度。上节通过减去均值，调整两用户对两内容的评分后，得到的–0.8，就用皮尔逊相关系数评价 A 和 B 用户相似度的结果。皮尔逊相关系数一方面考虑了值的影响，另一方面它也可用于某一维度的值缺失情况下的相似度评价，例如，$v_2=\left(3,-1,\text{null}\right)$，其中第三个维度的信息缺失。简单的处理方法是为 null 填充值，使其满足向量所有维度都有值的要求。通常用这个向量已有数据的平均值填充，填充后 $v_2=\left(3,-1,2\right)$，接下来我们就可以计算 $\cos(v_1,v_2)$ 的值。而皮尔逊相关系数的做法是：把 null 处都填上 0，然后让所有其他维度减去这个向量各维度的平均值，即中心化。中心化后所有维度的平均值为 0，也满足余弦计算的要求，然后再用余弦相似度计算得到结果。这种“先中心化再余弦计算”得到的相关系数叫作皮尔逊相关系数。因此，从本质上，皮尔逊相关系数是余弦相似度在维度值缺失情况下的一种改进。

6. 相对熵

熵的概念最早源于热力学。简单地说，熵反映的是一个系统混乱的程度。系统越混乱，熵越大；越整齐，熵越小。熵增原理指的是一个孤立系统内的自发过程都是朝越来越混乱的方向发展，即向熵增加的方向发展。

1948 年，香农提出了“信息熵”的概念，解决了信息的度量问题。对于任意一个随机变量 X，它的熵定义如下：

$$H\left(X\right)=-\sum_{x}P\left(X\right)\log_2\left|P\left(X\right)\right| \qquad \text{（公式 2–57）}$$

随机变量 X 的不确定性越大，熵越大。即 X 包含的可能性越多，信息量也越大。信息熵是一个颇为抽象的概念，在这里不妨把信息熵理解成某种特定信息出现的概率。而信息熵和热力学熵是紧密相关的。根据查尔斯·贝内特（Charles H. Bennett）对麦克斯韦的小妖[①]的重新解释，信息的销毁是一个不可逆过程，所以销毁信息是符合热力学第二定律的。因此系统越有序，信息熵越低；反之，系统越混乱，信息熵越高。信息熵是刻画系统有序化程度的一个度量。

以“明天上午有考试”的二元信源为例，即明天上午考试事件发生的概率为 1，则不发生的概率为 0，那么引号中的句子没有任何信息量，因为大家都知道明天会考试，不会把这句话传得沸沸扬扬，此时 $H(p)=-(1\times\log_2 1+0\times\log_2 0)=0$ 。但若该事件发生的概率为 0.5，这句话的信息量就很大了。大家会把这句话传得沸沸扬扬，此时 $H(p)=-(0.5\times\log_2 0.5+0.5\times\log_2 0.5)=1$，信息量很大，系统很混乱。二元信源的概率 p 和熵 $H(p)$ 的函数关系如图 2–67 所示。对于该事件发生的概率为 0.5 的情况，大家会通过不断打听消息（做功），把这件事的概率由 0.5 向 0 或 1 两端推动，从而降低信息的不确定性，减少信息量。

---

① 麦克斯韦的小妖：热力学第一定律实际上是能量守恒和转换定律。而热力学第二定律则说明，自然界中的热传导总是从高温传到低温，而不可能反过来进行。第一定律较早地为大家所接受，但第二定律在过去不乏质疑者。最著名的例子是著名的物理学家麦克斯韦于 1871 年提出的，他设想一个密闭的容器，分成左右两部分，隔板上有个开口，在开口处有一个“小妖”在这里监视分子的运动，并控制开口的开关。起初两侧温度相同，由分子运动平均率可知，分子之间的速度是有差异的。当速度高于平均值的分子经过开口由左侧进入右侧时或速度低于平均值的分子从右侧进入左侧时，小妖便打开阀门让分子经过，反之，则关闭阀门，不让分子经过。如此一来，经过一段时间之后，容器的右边便是速度较高的分子，而左边则是速度较低的分子。由于温度反映的是分子的平均动能，因此右侧的温度显然比左侧高，如此一来，我们并没有对这个密闭容器中的气体做功，但是这个容器里的气体便自发地分成了高温和低温两个部分，这显然违背了热力学第二定律。当然，日常生活中谁也没有见过这种现象，但是麦克斯韦的小妖又似乎难以驳倒。直到 20 世纪，人们才弄清楚麦克斯韦的小妖并不能推翻热力学第二定律，原因是小妖要想识别分子运动速度的快慢，就需要消耗能量，而且从信息论的角度来说，小妖为此花费的能量将多于它完成这种转移后系统增加的能量。因此从总体的角度来看，要想完成这一过程，外界就必须消耗能量，整个体系的熵还是增加的。热力学第二定律依然未能被打破。直到目前，热力学第二定律依然为人们所广泛接受，尽管后来证明它不能算是一个基本定律，但是还没有发现值得信服的反例来推翻它，即便是神通广大的麦克斯韦的小妖。因此，一切试图制造第二类永动机的行为，恐怕就难以成功了。

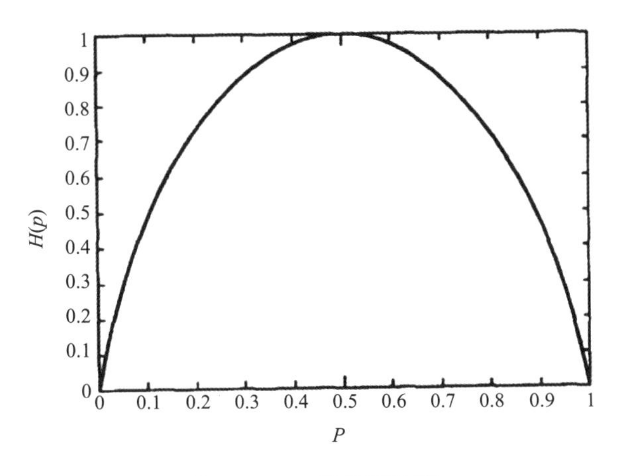

图 2–67　二元信源的熵

KL 散度是库尔贝克–莱布勒差异（Kullback-Leibler Divergence）的简称，也叫做相对熵（Relative Entropy）。它衡量的是相同事件空间里两个概率分布的差异情况。其物理意义是：在相同事件空间里，概率分布 $P(X)$ 的事件空间，若用概率分布 $Q(X)$ 编码时，平均每个基本事件（符号）编码长度增加的比特。我们用 $D(P\|Q)$ 表示 *KL* 散度，计算公式如下：

$$D(P\|Q)=\sum_{x\in X}P(X)\log\frac{P(X)}{Q(X)} \qquad \text{（公式 2–58）}$$

当两个概率分布完全相同时，即 $P(X)=Q(X)$，其相对熵为 0。我们知道，概率分布 $P(X)$ 的信息熵为：

$$H(P)=-\sum_{x\in X}P(X)\log P(X) \qquad \text{（公式 2–59）}$$

其表示概率分布 $P(X)$ 编码时，平均每个基本事件（符号）至少需要的比特编码。通过信息熵的学习，我们知道不存在其他比按照本身概率分布更好的编码方式了，所以 $D(P\|Q)$ 始终大于等于 0。虽然 $D(P\|Q)$ 可以刻画两个分布的相似性，但我们更倾向称其为 *KL* 散度，而非 *KL* 距离，因为它不满足距离定义的后两个条件：对称性和三角不等式。

我们用个例子来说明 *KL* 散度的计算。某字符发射器随机发出 0 和 1 两种字符，真实发出概率分布为 A，假设只有上帝知道 A 的具体分布：$A(0)=1/2$、$A(1)=1/2$；现在通过观察，得到 B 与 C 两种概率分布。其分布的具体情况如下：$B(0)=1/4$，

$B(1)=3/4$；$C(0)=1/8$，$C(1)=7/8$。那么，我们可以计算出得到如下：

$$D(A\|B)=1/2\log\frac{1/2}{1/4}+1/2\log\frac{1/2}{3/4}=1/2\log\frac{4}{3}=1/2\log\frac{16}{12}\approx 0.062$$

$$D(A\|C)=1/2\log\frac{1/2}{1/8}+1/2\log\frac{1/2}{7/8}=1/2\log\frac{16}{7}\approx 0.180$$

即按照这两种方式来进行编码，其结果都使得平均编码长度增加了，且按照概率分布 B 进行编码，要比按照 C 进行编码平均每个符号增加的比特数目少。从分布上也可以看出，实际上 B 要比 C 更接近实际分布 A。

若实际分布同 C，我们用 A 分布来编码这个字符发射器的每个字符，那么同样我们可以得到如下：

$$D(C\|A)=1/8\log\frac{1/8}{1/2}+7/8\log\frac{7/8}{1/2}\approx 0.137$$

我们再次验证了这样的结论：对一个信息源编码，按照其本身的概率分布进行编码，每个字符的平均比特数目最少。

这个例子验证了 KL 散度非负，同时也验证了 KL 散度不满足距离对称性的条件，例如 $D(A\|C)$ 不等于 $D(C\|A)$。当然有时为了使 KL 散度保持对称性，KL 也可以是 $KL(P,Q)$ 与 $KL(Q,P)$ 的值加起来之后取平均。当然也可以检验，KL 散度是否满足三角不等式；经计算，$D(B\|C)=1/4\log 2+3/4\log(6/7)\approx 0.025$，则可以得到 $(D(A\|B)+D(B\|C))-D(A\|C)\approx -0.093$，呈现出两边之和小于第三边的情况，从而验证了 KL 散度不满足三角不等式。

KL 散度适用于数值变量、二元变量、类型变量、次序变量，在信息检索领域和统计自然语言方面有重要的运用。

7. 海林格距离

在概率论和统计理论中，海林格距离也常用来度量两个概率分布的相似度。它是 f 散度的一种（f 散度——度量两个概率分布相似度的指标）。海林格距离被定义成海林格积分的形式。这种形式由恩斯特·海林格（Ernst Hellinger）1909 年引进。海林格距离之所以用“距离”冠名，主要是因为它满足距离定义的三个条件：非负性、对称性和三角不等式。

（1）度量理论

为了从度量理论的角度定义海林格距离，假设P和Q是两个概率测度，并且它们对于第三个概率测度λ来说是绝对连续的，则P和Q的海林格距离的平方被定义为：

$$H^2(P,Q)=\int\left(\sqrt{\frac{\mathrm{d}P}{\mathrm{d}\lambda}}-\sqrt{\frac{\mathrm{d}Q}{\mathrm{d}\lambda}}\right)^2\mathrm{d}\lambda \quad \text{（公式 2–60）}$$

这里的$\frac{\mathrm{d}P}{\mathrm{d}\lambda}$和$\frac{\mathrm{d}Q}{\mathrm{d}\lambda}$分别是$P$和$Q$的拉多·尼科迪姆（Radon—Nikodym）微分。这里的定义与λ无关，因此当用另一个概率测度替换λ时，只要P和Q关于它绝对连续，则上式就不变。为了简单起见，通常把它改写为：

$$H^2(P,Q)=\frac{1}{2}\int\left(\sqrt{\mathrm{d}P}-\sqrt{\mathrm{d}Q}\right)^2 \quad \text{（公式 2–61）}$$

（2）基于勒贝格度量的概率理论

为了在经典概率论框架下定义海林格距离，通常将λ定义为勒贝格（Lebesgue）度量，此时$\frac{\mathrm{d}P}{\mathrm{d}\lambda}$和$\frac{\mathrm{d}Q}{\mathrm{d}\lambda}$就变为了我们通常所说的概率密度函数。如果我们把上述概率密度函数分别表示为f和g，那么可以用以下的积分形式表示海林格距离：

$$\frac{1}{2}\int\left(\sqrt{f(x)}-\sqrt{g(x)}\right)^2\mathrm{d}x=1-\int\sqrt{f(x)g(x)}\mathrm{d}x \quad \text{（公式 2–62）}$$

上述等式可以通过展开平方项得到，注意任何概率密度函数在其定义域上的积分为1。根据柯西·施瓦茨（Cauchy Schwarz）不等式，海林格距离满足如下性质：$0\leqslant H(P,Q)\leqslant 1$。

（3）离散概率分布下海林格距离的平方的定义

对于两个离散概率分布$P=(p1,\ p2,\cdots,\ pn)$和$Q=(q1,\ q2,\cdots,\ qn)$，它们的海林格距离可以定义为：

$$H(P,Q)=\frac{1}{\sqrt{2}}\sqrt{\sum_{i=1}^{k}\left(\sqrt{p_i}-\sqrt{q_i}\right)^2} \quad \text{（公式 2–63）}$$

上式可以被看作两个离散概率分布平方根向量的欧氏距离，如下所示：

$$H(P,Q)=\frac{1}{\sqrt{2}}\left\|\sqrt{P}-\sqrt{Q}\right\|_2 \quad \text{（公式 2–64）}$$

海林格距离的最大值 1 只有在如下情况下才会得到：P 在 Q 为零的时候是非零值，而在 Q 为非零值的时候是零，反之亦然。有时公式前的系数 $\frac{1}{\sqrt{2}}$ 会被省略，此时海林格距离的取值范围变为从 0 到 $\sqrt{2}$ 。

海林格距离可以跟巴式（Bhattacharyya）系数 $BC(P,Q)$ 联系起来，此时它可以被定义为：

$$H(P,Q)=\sqrt{1-BC(P,Q)} \quad \text{（公式 2–65）}$$

海林格距离通常在顺序和渐进统计中使用。

（4）其它分布下海林格距离的平方的定义

两个正态分布 P 和 Q 的海林格距离的平方可以被定义为：

$$H^2(P,Q)=1-\sqrt{\frac{2\sigma_1\sigma_2}{\sigma_1^2+\sigma_2^2}}e^{-\frac{1}{4}\frac{(\mu_1-\mu_2)^2}{(\sigma_1^2+\sigma_2^2)}} \quad \text{（公式 2–66）}$$

两个指数分布 P 和 Q 的海林格距离的平方可被定义为：

$$H^2(P,Q)=1-\frac{2\sqrt{\alpha\beta}}{\alpha+\beta} \quad \text{（公式 2–67）}$$

两个威利分布 P 和 Q（此处 k 是一个形状参数，α 和 β 是尺度系数）的海林格距离的平方可被定义为：

$$H^2(P,Q)=1-\frac{2(\alpha\beta)^{k/2}}{\alpha^k+\beta^k} \quad \text{（公式 2–68）}$$

对于两个具有参数 α 和 β 的泊松分布 P 和 Q，它们的海林格距离可被定义为：

$$H^2(P,Q)=1-e^{-\frac{1}{2}\left(\sqrt{\alpha}-\sqrt{\beta}\right)^2} \quad \text{（公式 2–69）}$$

海林格距离适用于数值变量、二元变量、类型变量、次序变量。

8. 小结

不同的数据类型对应不同的相似度/距离判定指标。不同判定指标表征不同的含义，解译的问题也各异。例如，聚类中面向样品的Q型聚类[①]常用距离测度样品之间的亲疏程度；面向变量的R型聚类[②]则常用相关系数度量属性之间的亲疏程度。因此，聚类前应结合聚类数据的特点与应用需求，选择合适的相似度/距离判定指标，聚类后也应结合不同指标的含义进行科学的解译与分析。

（二）机器学习：聚类分析方法

选择到合适的相似度/距离判定指标后，则需选择合适的聚类分析方法了。聚类分析方法的基本思想：给定一个有n个对象的数据集，构造数据的k个簇，$k \leqslant n$。满足下列条件：（1）每一个簇至少包含一个对象；（2）每一个对象属于且仅属于一个簇；（3）将满足上述条件的k个簇称作一个合理划分。根据上述聚类的概念和基本思想的描述，严格来说仅用于探测数据局部异质性的方法（例如，Moran's I 散点图、G_{ε}*统计量、SaTscan 等）不属于聚类算法，但有些资料会将其视为聚类算法。

聚类分析作为数据挖掘领域方面的一个活跃研究领域，提出了许多聚类算法。传统聚类算法可以分为五类：划分法、层次法、密度法、网格法和模型法（Miller and Han，2009）。

1. 划分法

划分法是首先创建k个划分。k为要创建的划分个数，然后利用循环定位技术通过将对象从一个划分移到另一个划分来帮助改善划分质量。典型的划分方法包括：K均值（K–Means）、K中值（K–Medoids）、CLARA（Clustering LARge Application）、CLARANS（Clustering Large Application based upon Randomized Search）、迭代自组织数据分析（Iterative Selforganizing Data Analysis，ISODATA）等。下面以K均值算法为例，介绍划分方法的基本思想。

---

① 传统聚类分为Q型聚类和R型聚类。Q型聚类是把所有的观测样品进行分类。它把属性相似的观测分在同一类中。性质差别较大的观测样品分在不同的类中。

② R型聚类是把变量作为分类对象。当变量数据较多且相关性较强时，可采用R型聚类。其目的是将性质相似的变量聚类为同一类并从中找出代表变量，从而减少变量个数达到降维的效果。

（1）*K* 均值系列算法

K 均值算法是通过样本间的距离来衡量其相似度。如果两样本距离越远，则相似度越低，否则相似度越高。通常相似度 *S* 可以是距离的倒数或距离平方的倒数，即它们之间成反比。最常用的距离计算方法是曼哈顿距离和欧氏距离，它们的公式分别如下：

$$d_{12} = |x_1 - x_2| + |y_1 - y_2|$$

$$d_{12} = \sqrt{(x_1 - x_2)^2 + (y_1 - y_2)^2} \quad \text{（公式 2–70）}$$

下面以欧氏距离为例介绍 *K* 均值算法。步骤如下：第一步，在 *n* 个观测中随机挑选 *k* 个观测，假设每个观测代表一个簇中心；第二步，计算剩余的每个对象到各个簇中心的欧氏距离，并将他们分配到最近的簇中，然后计算新簇的均值，即中心；第三步，使用新的均值作为新簇的中心，再重新根据第二步的规则分配所有对象，计算簇均值；第四步，重复第二步和第三步，直到分配稳定，形成最终的 *k* 个类。图 2–68 给出了将坐标空间中的点聚成两类的 *K* 均值聚类实现过程；其中，★为簇中心，黑色点是尚未归类的点，棕红色点代表一个簇，蓝灰色点代表另一个簇，（a）～（i）展示了 *K*–Means 算法逐步迭代至稳定的过程。

K 均值是解决聚类问题的一种经典、简单的算法。基于 *K* 均值算法扩展出了系列聚类算法：

①*K*–Mediods 算法（*K* 中值聚类）：*K* 均值是将簇中所有点的均值作为簇的新质心。若簇中含有异常点，将导致均值偏离严重。例如，数组 1、2、3、4、100 的均值为 22，显然中值距“大多数”数据 1、2、3、4 比较远。若将求数组的均值改成求中位数（中值），该实例的中值为 3，以 3 为该数组的质心似乎更为稳妥。这种聚类方式即 *K* 中值聚类。

②*K*-Means++算法和二分 *K*–Means：这两种算法可以解决 *K* 均值算法初值敏感的问题。*K* 均值算法的第一步是随机选取初始的聚类种子。然而不同的种子初值可能导致不同的聚类结果，即初值敏感。以图 2–69 为例，若随机选取图 2–69(a)中四个红点为类的初值，迭代后得到的聚类结果如图 2–69(b)所示。若第一步随机选初值时，图 2–69(a)

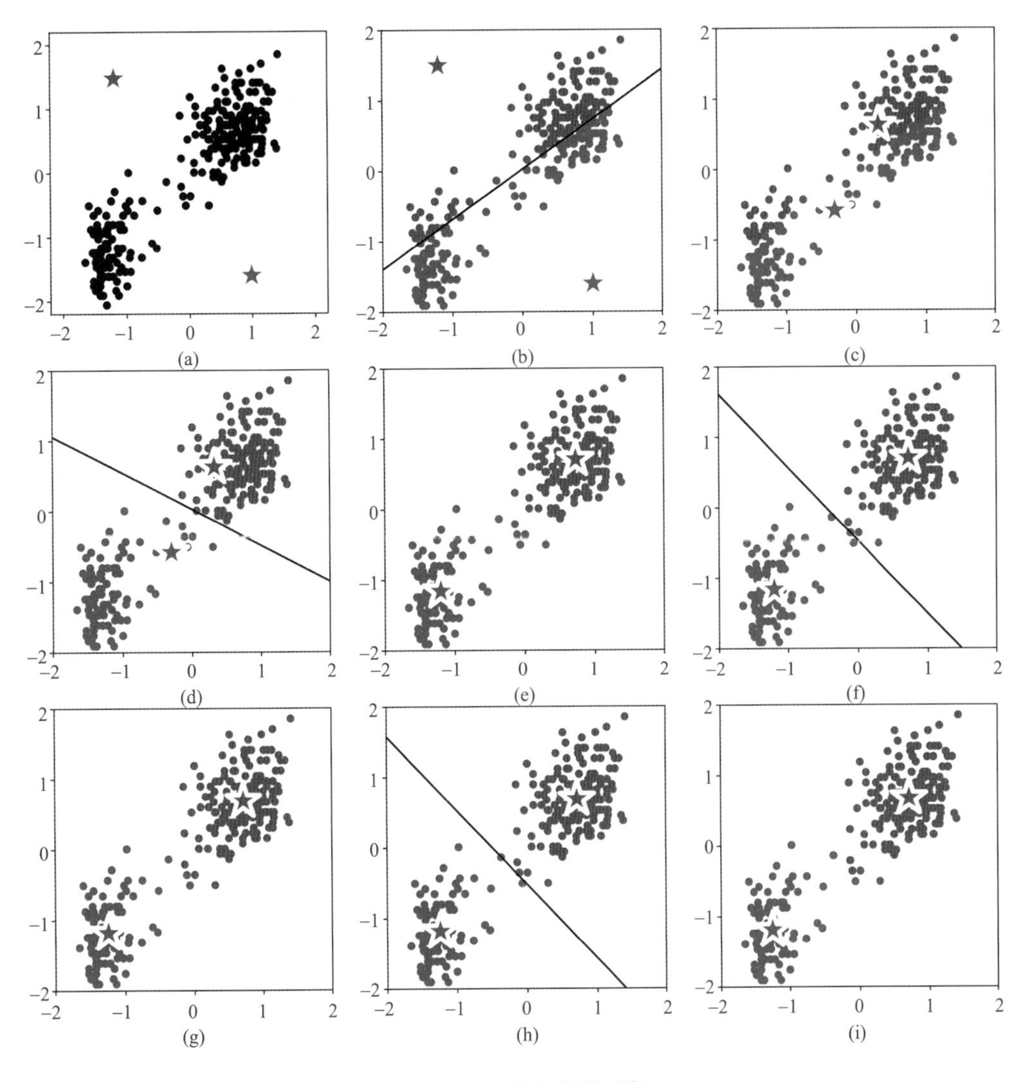

图 2–68　*K* 均值聚类过程

中右上的某个红点落入到左上的那些点中，聚类结果显然会有别于图 2–69(b)。为了避免 *K* 均值算法中初值敏感的问题，*K*–Means++算法则要求在初值选择的时候尽可能远；二分 *K*–Means 采用的策略是：先将所有点作为一个簇，然后将该簇一分为二，最后选择能最大程度降低聚类代价函数（即类的误差平方和见公式 2–71）的簇划分为两个簇。依次进行下去，直到簇的数目等于用户给定的数目 *k* 为止。实际上，为解决初值敏感的问题，还有一种比较好的方法是暴力求解，即生成多个随机聚类方案，然后选择聚类结果中最好的那个划分即类的误差平方和最小。

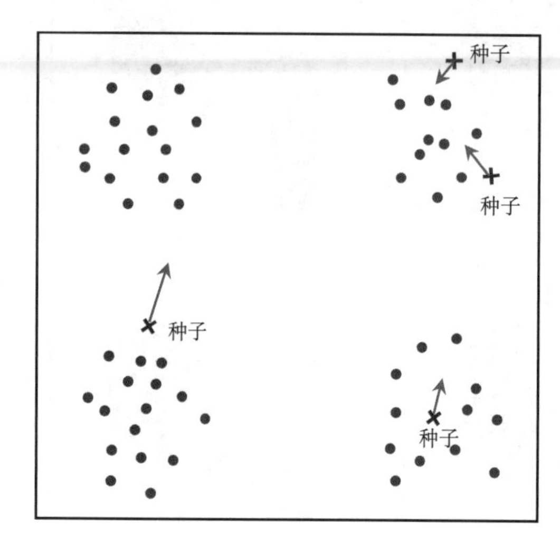

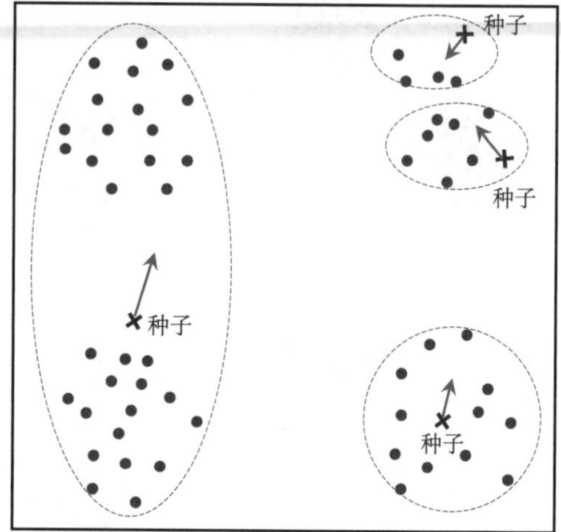

图 2–69 *K* 均值聚类初值敏感问题

③Mini–Batch *K*–Means：是面向大量数据点衍生出的一种 *K* 均值聚类算法的变体。*K* 均值算法是常用的聚类算法，但当参与聚类的点太多时 K 均值聚类的耗时有时难以忍受。为此，基于 *K* 均值的 Mini–Batch *K*–Means 变种聚类算法应运而生。Mini–Batch *K*–Means 使用了一个种叫作 Mini–Batch（分批处理）的方法对数据点之间的距离进行计算。Mini–Batch 的好处是计算过程中不必使用所有的数据样本，而是从不同类别的样本中抽取部分样本来代表各自的簇进行计算。由于计算样本量少，所以会减少运行时间，当然抽样也会带来准确度的降低。图 2–70 是在 3 万个样本点上，分别用 *K* 均值和 Mini–Batch *K*–Means 进行聚类的结果。结果表明：Mini–Batch *K*–Means 的运行时间比 *K* 均值快 2 倍多，但聚类结果差异却很小，仅右侧粉红色点为错误点。因此，Mini–Batch *K*–Means 是一种在尽量保持聚类准确性的前提下能大幅度降低计算时间的算法。实际上，这种思路不仅应用于 *K* 均值聚类，还广泛应用于梯度下降、神经网络和深度学习等机器学习算法。

④近邻传播（Affinity Propagation，AP）聚类：2007 年，布兰登・弗雷（Brendan J.Frey）和德尔伯特・杜克（Delbert Dueck）首次提出了划分型聚类方法。近邻传播聚类算法基于因子图理论构造聚类网络模型，将所有样本点看作潜在的聚类代表点作为

网络中的节点。通过节点间的信息传递，每个点不断累积自己作为代表点的证据，最终找到合适的代表点，得到最优的类代表集合使得网络相似度最大，完成聚类。与传统聚类算法相比，近邻传播聚类算法无需指定初始类中心，有效地解决了常用聚类算法中初始类中心的选取问题，适用范围更广，同时因子图中的信息传播技术的引入，使得其计算效率更高。为了满足不同的应用需求，相应改进和扩展型算法也不断涌现。

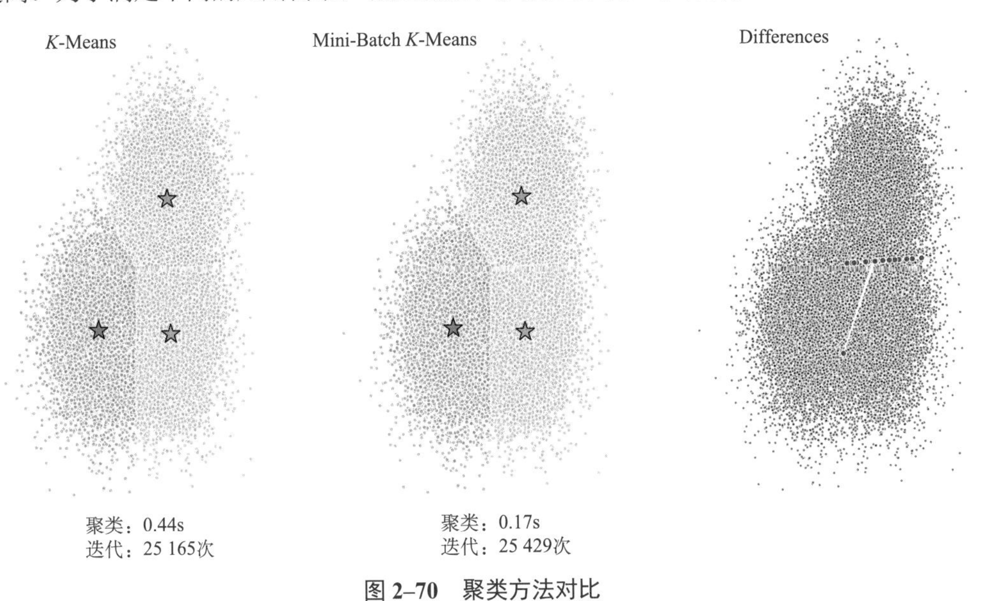

图 2–70　聚类方法对比

⑤谱聚类：K—均值可作为其他聚类方法的基础。谱聚类算法建立在图论中的谱图理论基础上，其本质是将聚类问题转化为图的最优划分问题，是一种点对聚类算法，具有很好的应用前景。谱聚类算法的流程为：先用拉普拉斯特征映射对数据降维（简单地说，就是先将数据转换成邻接矩阵或相似性矩阵，再转换成拉普拉斯矩阵，再对拉普拉斯矩阵进行特征分解，把最小的 k 个特征向量排列在一起），然后再用 K 均值完成聚类。谱聚类是个很好的方法，效果通常比 K 均值好，并且计算复杂度低，这都归功于降维的作用。与传统聚类算法相比，它能在任意形状的样本空间上聚类且收敛于全局最优解。谱聚类算法最初用于计算机视觉、超大规模集成电路设计等领域，最近开始用于机器学习中，并迅速成为国际上机器学习领域的热点。

（2）K—均值系列算法的优势与不足

K—均值系列算法是解决聚类问题的一种简单、快速且经典算法。对处理大数据集，该算法具有可伸缩性、高效率。当簇近似为高斯分布（方差相等）时，效果较好。其缺点是：第一，只有在簇的平均值可被定义的情况下才能使用，因此可能不适用于某些应用；第二，必须事先给出 k（要生成的簇的数目），而且对初值敏感，对于不同的初始值，可能会导致不同结果；第三，不适于发现非凸形状的簇或者大小差别很大的簇；第四，对噪声和孤立点数据敏感。

图 2–71 给出了一个非凸形状的点分布及其 K 均值算法将其聚成了五类。可见，K 均值不适于发现非凸形状的簇，更适合高斯分布（类圆形的点分布）的簇。

图 2–71　K—均值不适合于发现非凸形状的簇

此外，即使点分布是类圆形，但是不同的 k 值也直接影响聚类效果的优劣。例如，对于图 2–72 中的点分布，$k=4$ 的聚类效果优于 $k=5$ 的聚类效果。

（3）最优 k 值的选择

主流的确定聚类数 k 的方法有以下两类。

①手肘法：核心指标是误差平方和（Sum of the Squared Errors，SSE）：

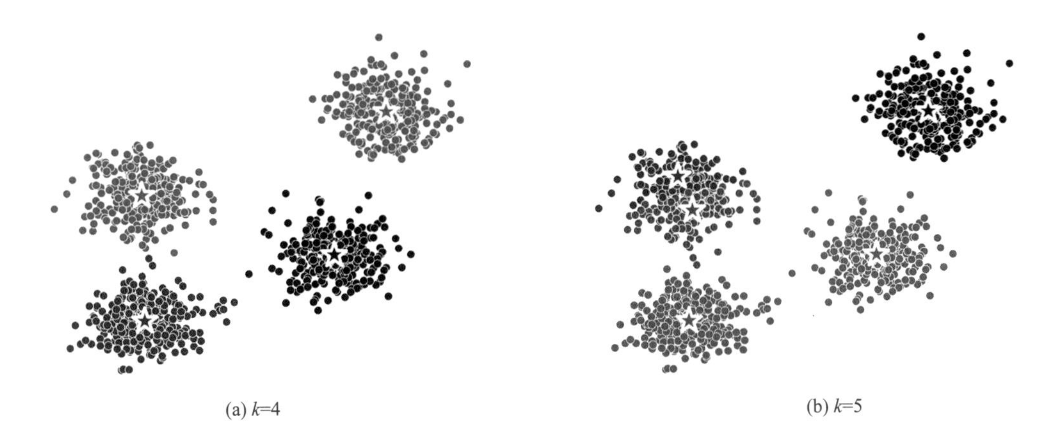

图 2–72　如何选择合适的 k 值

$$SSE=\sum_{i=1}^{k}\sum_{p\in C_i}\left|p-m_i\right|^2 \quad (公式 2–71)$$

其中，C_i 是第 i 个簇，p 是 C_i 中的样本点，m_i 是 C_i 的质心（即 C_i 中所有样本的均值），SSE 是所有样本的聚类误差，代表了聚类效果的好坏。

手肘法的核心思想是随着聚类数 k 的增大，样本划分会更加精细。每个簇的聚合程度会逐渐提高，那么误差平方和 SSE 自然会逐渐变小。当 k 小于真实聚类数时，由于 k 的增大会大幅增加每个簇的聚合程度，故 SSE 的下降幅度会很大，而当 k 到达真实聚类数时，再增加 k 则聚合程度下降幅度会迅速变小，所以 SSE 的下降幅度会骤减。然后随着 k 值的继续增大而趋于平缓，也就是说 SSE 和 k 的关系是一手肘的形状，其中肘部对应的 k 值就是数据的真实聚类数。当然，这也是该方法得名的原因。图 2–73 给出了一个聚类案例的 k 与 SSE 关系图。根据手肘法的思想，显然肘部的 k 值为4，故对于这个数据集而言，最佳聚类数应该选 4。

②轮廓系数法：核心指标是轮廓系数。某样本点 X_i 的轮廓系数定义如下：

$$S=\frac{b-a}{\max(a,b)} \quad (公式 2–72)$$

其中，a 是 X_i 与同簇其他样本的平均距离，称为凝聚度；b 是 X_i 与最近簇中所有样本的平均距离，称为分离度。而最近簇的定义是：

$$C_j=\arg\min_{C_k}\frac{1}{n}\sum_{p\in C_k}\left|p-X_i\right|^2 \quad (公式 2–73)$$

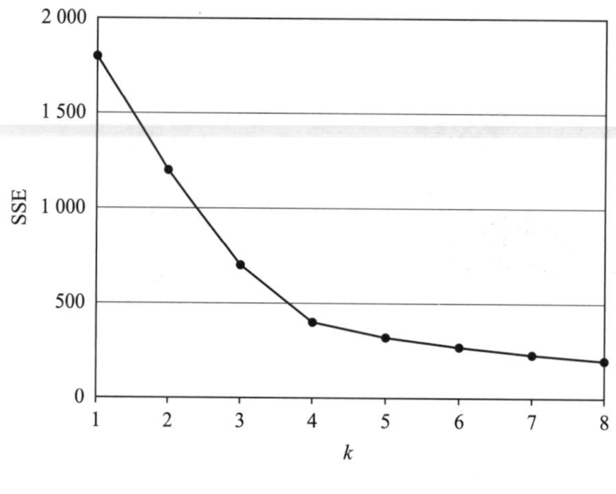

图 2–73　手肘法

其中，p 是某簇 C_k 中的样本。事实上，就是用 X_i 到某个簇所有样本平均距离作为衡量该点到该簇的距离后，选择离 X_i 最近的一个簇作为最近簇。求出所有样本的轮廓系数后再求平均值就得到了平均轮廓系数。平均轮廓系数的取值范围为[–1, 1]，且簇内样本距离越近，簇间样本距离就越远，平均轮廓系数就越大，聚类效果越好。因此平均轮廓系数最大的 k 便是最佳聚类数。

以图 2–73 中的数据集为例，同样考虑 k 为 1 到 8 的情况，对于每个k值进行聚类并且求出相应的轮廓系数，然后做出 k 和轮廓系数的关系图，选取轮廓系数取值最大的 k 作为最佳聚类系数。聚类数 k 与轮廓系数的关系，如图 2–74 所示。可以看到，轮廓系数最大时 k 值是 2，这表示最佳聚类数为 2。但是，值得注意的是，从图 2–74 的手肘图可以看出，当 k 取 2 时，对应图 2–73 中的 SSE 还非常大，所以不是一个十分理想的聚类数，但我们可以退而求其次，考虑轮廓系数第二大的 k 值为 4，此时对应图 2–73 中的 SSE 已经处于一个较低的水平，因此最佳聚类系数应该取 4 而不是 2。

但是，当 $k=2$ 时轮廓系数最大，聚类效果应该非常好，那为什么此时图 2–73 中的 SSE 会这么大？原因在于轮廓系数考虑了分离度 b ，也就是样本与最近簇中所有样本的平均距离。从定义上看，轮廓系数大，凝聚度 a （即样本与同簇的其他样本的平均距离）不一定小，可能是因为 b 和 a 都很大且 b 相对 a 大得多。此时，a 是有可能取得比较大的。a 一大，样本与同簇的其他样本的平均距离就大，簇的紧凑程度就弱，那么簇内样本离质心的距离也大，从而导致 SSE 较大。所以，虽然轮廓系数引入了分

离度 b 而限制了聚类划分的程度，但是同样会带来最优结果 SSE 比较大的问题，这一点是值得注意的。

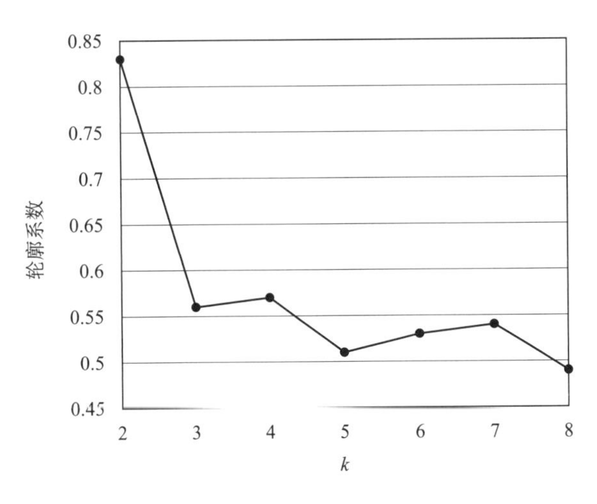

图 2–74　轮廓系数法

③CH 准则：

$$VRC_k = \frac{SSB}{SSW} \times \frac{N-k}{k-1} \qquad \text{（公式 2–74）}$$

其中 SSB 是类间方差，$SSB = \sum_{i=1}^{k} n_i \left\| m_i - m \right\|^2$，$m$ 为所有点的中心点，m_i 为某类的中心点；SSW 是类内方差，$SSW = \sum_{i=1}^{k} \sum_{x \in C_i} \left\| x - m_i \right\|^2$；$\frac{N-k}{k-1}$ 是复杂度；VRC_k 比率越大，数据分离度越大。

2. 层次法

层次聚类法称系统聚类法，即对给定的数据集进行层次分解，直到满足某种条件位置。具体可分为凝聚（AGglomerative NESting，AGNES）算法和分裂（Divisive ANAlysis，DIANA）算法两类。AGNES 算法是一种自底向上的策略，初始时将每个样本点视为单独的一个类簇，接着合并相似度较高的样本点，符合终止条件时则停止合并，确定最终划分。DIANA 算法是一种自顶向下的策略，初始时将所有对象看作一类，再逐步细分，达到终止条件时则停止分裂。

下面以 AGNES 算法为例，介绍其算法实现过程。其核心思想是，把每一个单独的观测都视为一个类，而后计算各类之间的距离；选取最相近的两个类，将它们合并为一个类；这些新类间再继续计算距离，继续合并最近的两个类；如此往复，所有观测都合并为一个类；然后用树状图记录这个过程；这个树状图则包含了我们所需要的信息。

AGENES 算法：（1）计算类与类之间的距离，用邻近度矩阵记录；（2）将最近的两个类合并为一个新的类；（3）根据新的类，更新邻近度矩阵；（4）重复（2）和（3）；（5）直到只剩下一个类的时候停止。以数据 $D=\{a，b，c，d，e\}$ 为例，它们之间的距离矩阵如图 2–75(a)所示。首先，由于 $d(a，b)=0.18$ 距离最近，合并为一类 ab（如图 2–75(b)所示），若用平均距离重新计算 ab 与 c 、d 、e 之间的距离，则 $d(ab,c)=\text{avg}(0.39,0.32)=0.355$，$d(ab,d)=\text{avg}(0.43,0.34)=0.385$，$d(ab,e)=\text{avg}(0.39,0.41)=0.400$，得到第一次聚类后的矩阵（如图 2–75(c)所示）。此时，由于 $d(d,e)=0.21$ 距离最近，合并为一类 de（如图 2–75(d)所示），然后用平均距离重新计算 de 与 ab、c 之间的距离，则 $d(de,ab)=\text{avg}(0.385,0.400)=0.3925$，$d(de,c)=\text{avg}(0.25,0.27)=0.2600$，得到第一次聚类后的矩阵（如图 2–75(e)所示）。再由于 $d(de,c)$ 的聚类最近，合并为一类 cde，不断重复上述两个步骤，最终只剩下一个类时停止，如图 2–75(h)所示。最后聚类结果的类别数量取决于剪裁的位置。

我们用平均距离[①]作为簇间距离。当然，也可以选用最小距离[②]、最大距离[③]、方差距离[④]为簇间距离。不同簇间距离的定义在聚类上也存在不同的问题，应引起注意。最小距离容易使聚类结果中的簇呈现链状结构。若数据中存在异常值，最大距离的结果将不稳定。此外，图 2–76 给出了不同分布形态、有无噪音情况下，不同簇间距离定义的聚类结果的差异。由于选择距离作为相似度评价指标，因此该方法依然不适于发现非凸形状的簇或者大小差别很大的簇，且对噪声和孤立点数据敏感。

---

① 平均距离：两个集合中样本间两两距离的平均值。

② 最小距离：两个集合中最近的两个样本距离。

③ 最大距离：两个集合中最远的两个样本的距离。

④ 方差距离：衡量一组数据的离散程度。它是对一组数据分布情况的度量，而不是其中一个数据到期望距离的度量。

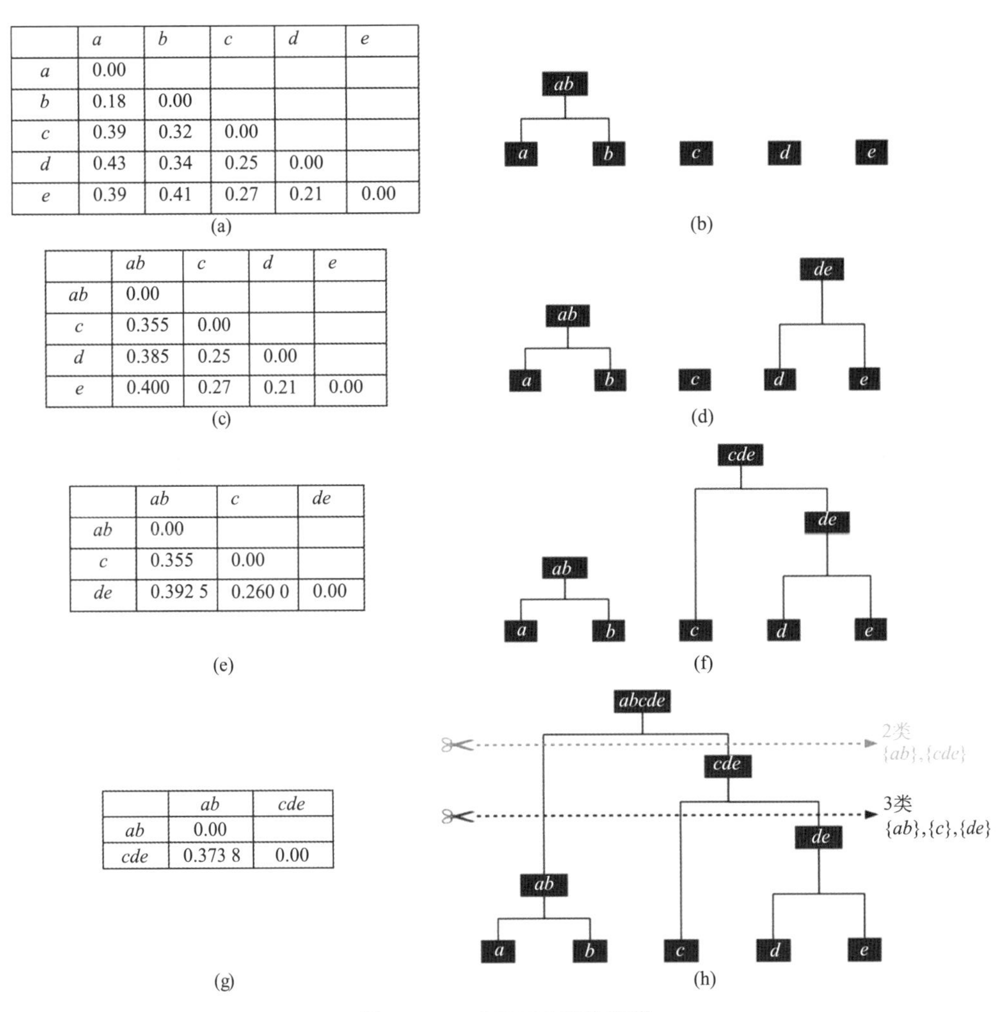

	a	b	c	d	e
a	0.00				
b	0.18	0.00			
c	0.39	0.32	0.00		
d	0.43	0.34	0.25	0.00	
e	0.39	0.41	0.27	0.21	0.00

(a)

	ab	c	d	e
ab	0.00			
c	0.355	0.00		
d	0.385	0.25	0.00	
e	0.400	0.27	0.21	0.00

(c)

	ab	c	de
ab	0.00		
c	0.355	0.00	
de	0.392 5	0.260 0	0.00

(e)

	ab	cde
ab	0.00	
cde	0.373 8	0.00

(g)

图 2–75　AGENES 层次聚类

DIANA 算法是一种自顶向下的策略，是 GENES 聚类的反过程。此外，考虑到大规模数据集的问题，许多改进的层次聚类算法被提出。例如，IRCH（Balanced Iterative Reducing and Clustering using Hierarchies）方法先利用树的结构对对象集进行划分，然后再利用其他聚类方法对这些聚类划分进行优化；CURE（Clustering Using Reprisentatives）方法先利用固定数目代表对象来表示相应聚类，然后对各聚类按照指定量（向聚类中心）进行收缩；ROCK（Robust Clustering Using Links）方法是利用聚类间的连接进行聚类合并；变色龙（CHEMALOEN）方法是在层次聚类时构造动态模型。

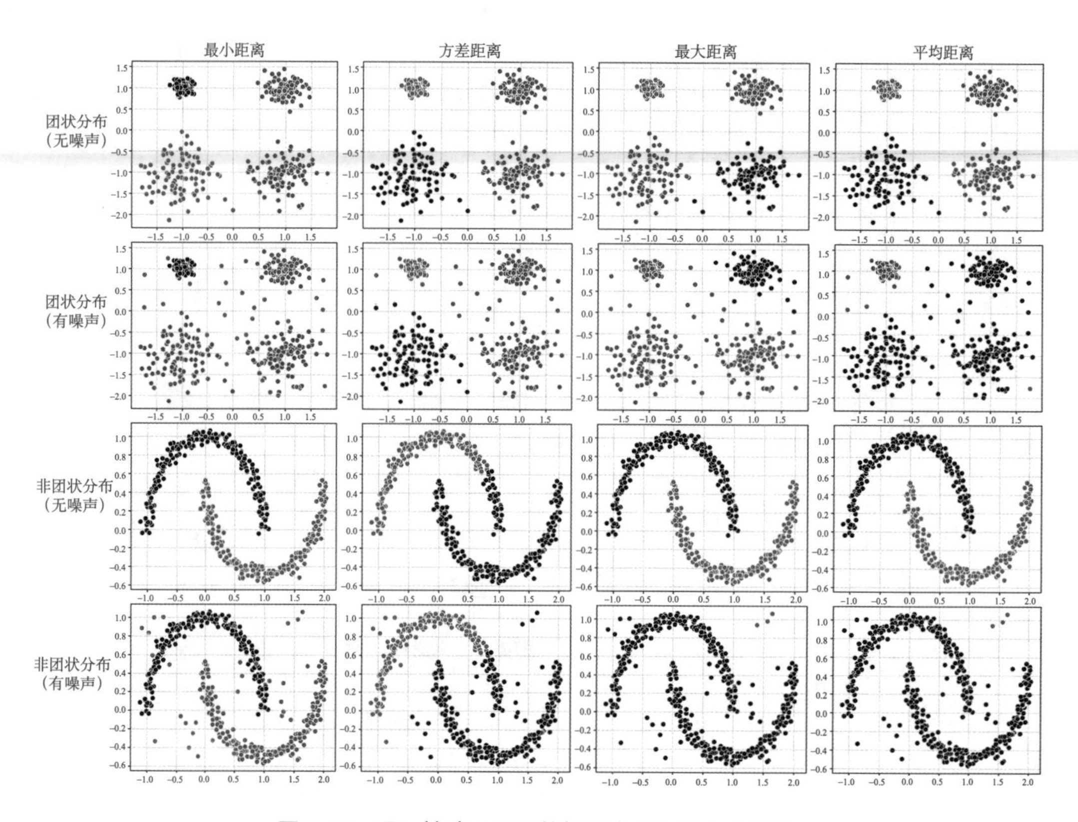

图 2–76　不同情境下不同簇间距离的不同合并策略

3. 密度法

密度法与其他方法的一个根本区别是：它不是基于各种距离度量的，而是基于密度。密度法的指导思想是：若样本点的密度大于某阈值，则将该样本添加到最近的簇中。密度法可以发现任意形状的簇，克服了基于距离算法只能发现“类圆形”簇的缺点；同时，密度法对噪声数据不敏感。但密度法的计算量较大，有时需要建立空间索引来降低计算量。下面介绍 DBSCAN（Densit-based Spatial Clustering of Application with Noise）和 CFSFDP（Clustering by fast search and find of density peaks）两种密度聚类算法。

（1）DBSCAN

与划分法和层次法不同，DBSCAN 将簇定义为密度相连的点的最大集合。

DBSCAN 能够把具有足够高密度的区域划分为簇，并在有噪声的数据中可发现任意形状的聚类。介绍算法前，先弄清几个概念。

①对象的 ε 邻域：给定对象在半径 ε 内的区域。

②核心对象：对于给定的数目m，如果一个对象的 ε 邻域至少包含 m 个对象，则称该对象为核心对象。

③直接密度可达：给定一个对象集合 D，如果 p 是在 q 的 ε 邻域内且 q 是一个核心对象，则从对象 q 出发到对象 p 是直接密度可达的。如图 2–77(a)，$\varepsilon = 1\text{cm}$，$m = 5$，q 是一个核心对象，从对象 q 出发到对象 p 是直接密度可达的。

④密度可达：如果存在一个对象链 $p_1, p_2, \cdots, p_n$，对 $i \in D(1 \leqslant i \leqslant n)$，$p_{i+1}$ 是从 p_i 出发关于 ε 和 m 直接密度可达的，则对象 p_n 是从对象 p_1 出发关于 ε 和 m 密度可达的，如图 2–77(b)所示。

⑤密度相连：如果对象集合 D 中存在一个对象 o，使得对象 p 和 q 是从 o 出发关于 ε 和 m 密度可达的，那么对象 p 和 q 是关于 ε 和 m 密度相连的，如图 2–77(c)所示。

⑥簇：最大的密度相连对象的集合。

⑦噪声：不包含在任何簇中的对象称为噪声。

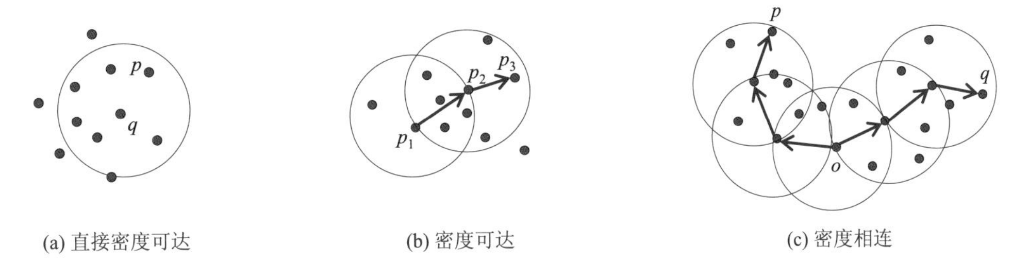

图 2–77　密度法的几个基本概念

DBSCAN 算法流程：①如果一个点 p 的 ε 邻域包含多于 m 个对象，则创建一个 p 作为核心对象的新簇；②寻找并合并核心对象直接密度可达的对象；③没有新点可以更新簇时，算法结束。有上述算法可知：每个簇至少包含一个核心对象；非核心对象可以是簇的一部分，构成了簇的边缘；包含过少对象的簇被认为是噪声。

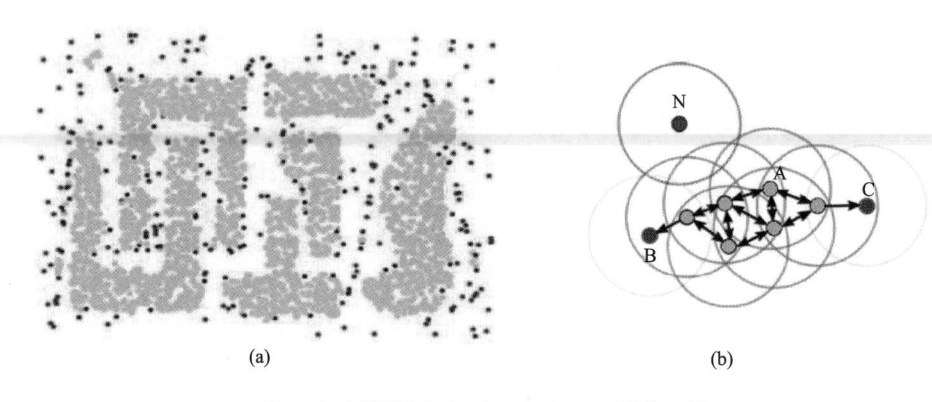

图 2–78 不同的参数下，DBSCAN 聚类结果

注：绿色为核心点，蓝色为边界，红色为噪声点。

根据上述算法，对图 2–78(a)中的点进行聚类后的结果如图 2–78(a)中不同颜色点所示。不同颜色点的几何含义如图 2–78(b)所示。可见，DBSCAN 可以发现任意形状的簇，克服了基于距离的算法只能发现“类圆形”簇的缺点，同时密度法对噪声数据不敏感。直观上来说，核心点对应稠密区域内部的点，边界点对应稠密区域边缘的点，而噪声点则对应稀疏区域中的点，如图 2–78(a)所示。需要注意的是，核心点位于簇的内部。它确定无误地属于某个特定的簇。噪声点是数据集中的干扰数据，它不属于任何一个簇。而边界点是一类特殊的点，它位于一个或几个簇的边缘地带，它可能属于一个簇，也可能属于另外一个簇，其簇归属不明确。

但是 DBSCAN 存在参数选择、结果不稳健等问题。图 2–79 给出了不同参数值下 DBSCAN 聚类的结果。其中，ε半径越大，意味着越多点能被归入到群中；m值越大，意味着对入群点的要求越高。在图 2–79 中，随着参数的变动，聚类的数目发生着明显的变化，其中左下角的两个聚类结果较差。

为使聚类结果相对稳健，可引入层次聚类算法对 DBSCAN 进行改进，形成了 HDBSCAN（Hierarchical Density-Based Spatial Clustering of Applications with Noise）算法。图 2–80 给出了同样数据分布情况下，参数发生变化，但 HDBSCAN 聚类结果相对稳健的情况。

当然，对于密度聚类算法，在聚类前能准确地找到簇中心，也是提高密度聚类稳健性的有效方法。下面介绍 CFSFDP 聚类在发现簇中心方面的良好表现。

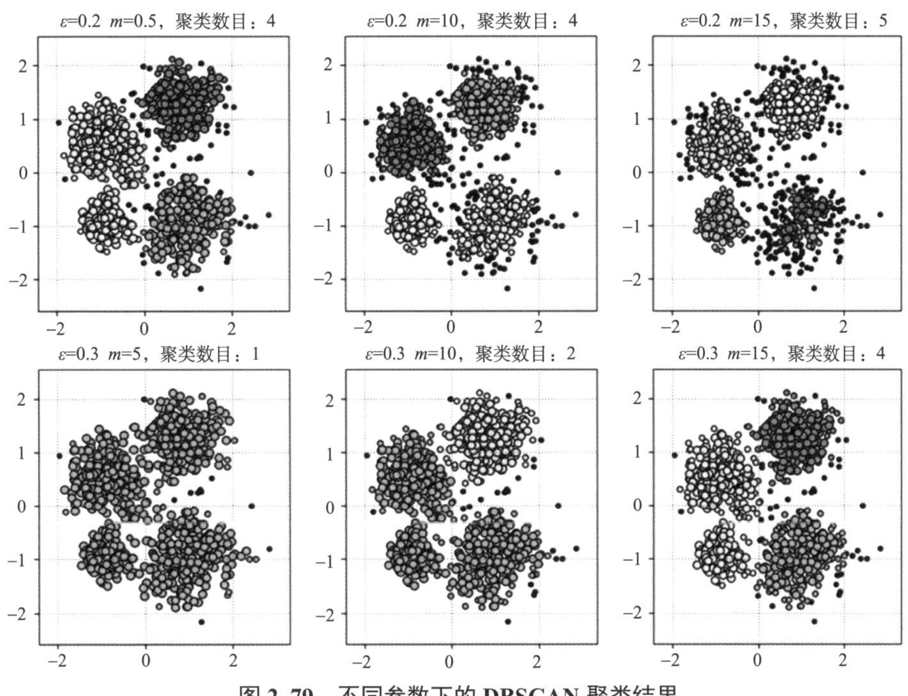

图 **2–79**　不同参数下的 **DBSCAN** 聚类结果

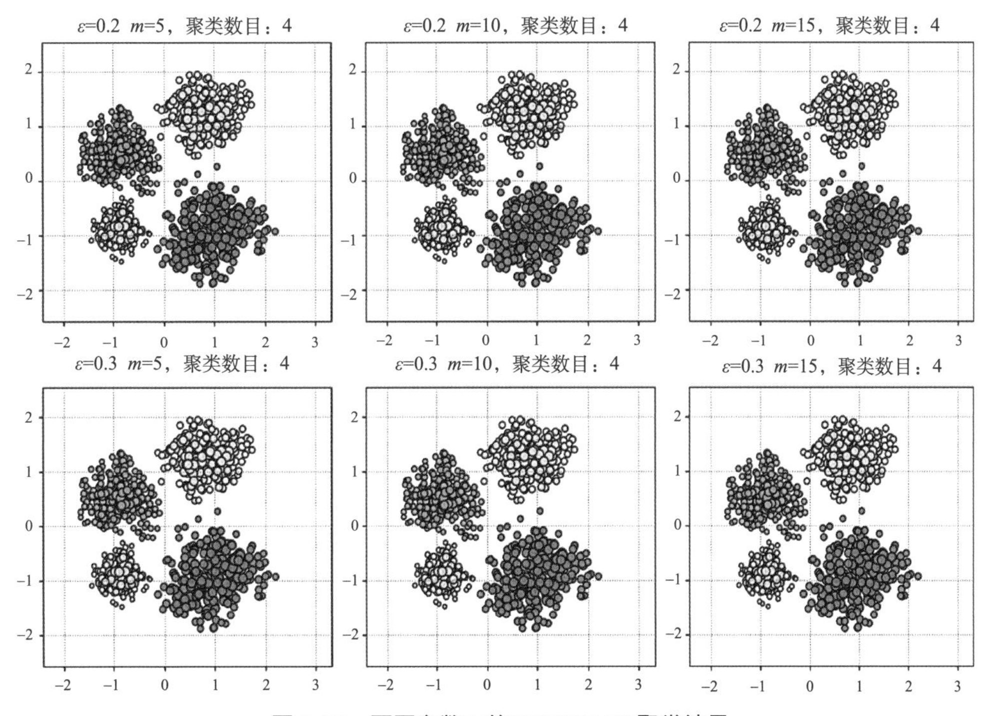

图 **2–80**　不同参数下的 **HDBSCAN** 聚类结果

（2）CFSFDP

CFSFDP（Clustering by Fast Search and Find of Deusity Peaks）聚类是由亚历克斯和亚历山德罗（Alex and Alessandro，2014）在《科学》（*Science*）上刊出的一种新型的基于密度的聚类算法。介绍算法前，首先需要明确局部密度 ρ_i 和高局部密度点距离 δ_i 两个重要概念。

局部密度 ρ_i 定义为：

$$\rho_i = \sum_j X\left(d_{ij} - d_c\right)，其中，X\left(x\right) = \begin{cases} 1, & x < 0 \\ 0, & 其他 \end{cases} \quad （公式 2–75）$$

其中，参数 $d_c > 0$ 称为截断距离，需要在算法启动时显式指定。从该模型公式可看出：局部密度 ρ_i 表示的是样本集 S 中与数据点 x_i 之间的距离小于 d_c 的数据点的数量。这里 d_c 可以理解为一个边界阈值，d_c 设置的越小，表示算法对聚类的敏感度越高，即在尽可能小的区域内发现聚类社区。由于该算法只对 ρ_i 的相对值敏感，故对 d_c 的选择是稳健的。通常选择使得平均每个点的邻居数为所有点的 1%～2%的距离作为 d_c。上面给出的是基于截断距离的 ρ_i 的定义。当然，也可以基于高斯相似度或 K 近邻均值定义 ρ_i，公式如下：

$$\rho_i = \sum_{j \in I_s\{i\}} \exp\left(-\left(\frac{d_{ij}}{d_c}\right)^2\right) \quad （公式 2–76）$$

$$\rho_i = \frac{1}{K}\sum_{i=1}^{K} d_{ij}，其中，d_{i1} > d_{i2} > \cdots > d_{i,k} > d_{i,k+1} > \cdots \quad （公式 2–77）$$

高局部密度点距离 δ_i 定义为：

$$\delta_i = \min_{j:\rho_j > \rho_i}\left(d_{ij}\right) \quad （公式 2–78）$$

点 x_i 的高局部密度点距离 δ_i 是：局部密度高于 ρ_i 且距离 x_i 最近的那个点到 x_i 点的距离。只有那些局部密度最大的点才会有远大于正常值的高局部密度点距离。

CFSFDP 聚类最大的贡献在于对聚类中心的刻画。根据上述两定义，CFSFDP 聚类认为那些有着高局部密度 ρ_i 和高局部密度点距离 δ_i 的点往往是簇的中心，而高局部密度点距离 δ_i 较大但局部密度 ρ_i 较小的点则往往是异常点，即噪声。以图 2–81(a)所示的 28 个二维数据点为例，将其二元对 $\{(\rho_i, \delta_i)\}_{i=1}^{28}$ 在平面上画出来，如图 2–81(b)所示。

我们看到，1 号和 10 号数据点由于同时具有较大的局部密度和高局部密度点距离，于是从数据集中“脱颖而出”，这两个数据点恰好也是左图中数据集的两个聚类中心。此外，26、27、28 这三个数据点左图中是“离群点”，它们在右图中也很有特点，即其局部密度很小，但高局部密度点距离较大。从直观上来理解，图 2–81(b)图对确定聚类中心有重要帮助，因此将这种由(ρ_i, δ_i)生成的图也称为决策图。

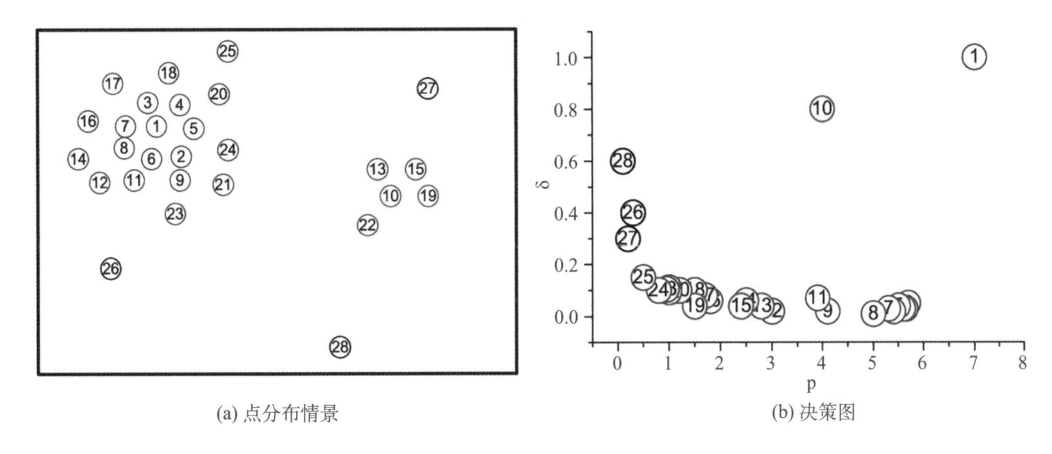

(a) 点分布情景　　(b) 决策图

图 2–81　CFSFDP 确定聚类中心

资料来源：Alex and Alessandro，2014。

聚类中心确定后，剩余点则被分配到与其具有较高密度的最近邻的簇。与其他迭代优化聚类算法不同，该算法簇分配在单个步骤中执行，但通常需要确定每个点划分给某个簇的可靠性。该算法先为每个簇定义一个边界区域，即划分给该簇且距离其他簇的点的距离小于d_c的点；这个区域中的点集可以认为是圈出了聚类中心的整体。然后为算法每个簇找到其区域边界上局部密度最大的点；该簇中所有局部密度大于该点局部密度的点被认为是类簇核心的一部分（亦即将该点划分给该类簇的可靠性很大），其余的点被认为是该类簇的光晕，亦即可以认为是噪音。以图 2–82(a)表示的点分布为例，其中包含非球形点集和双峰点集。图 2–82(b)和图 2–82(c)分别表示 4 000 和 1 000 个点按照图 2–82(a)中模式的分布。其中点根据其被分配的不同类簇着色，黑色的点属于类簇光晕（噪声）。图 2–82(d)和图 2–82(e)是对应的决策图，而图 2–82(f)表示不同点量下不正确聚类点的比率，误差线代表平均值的标准差。

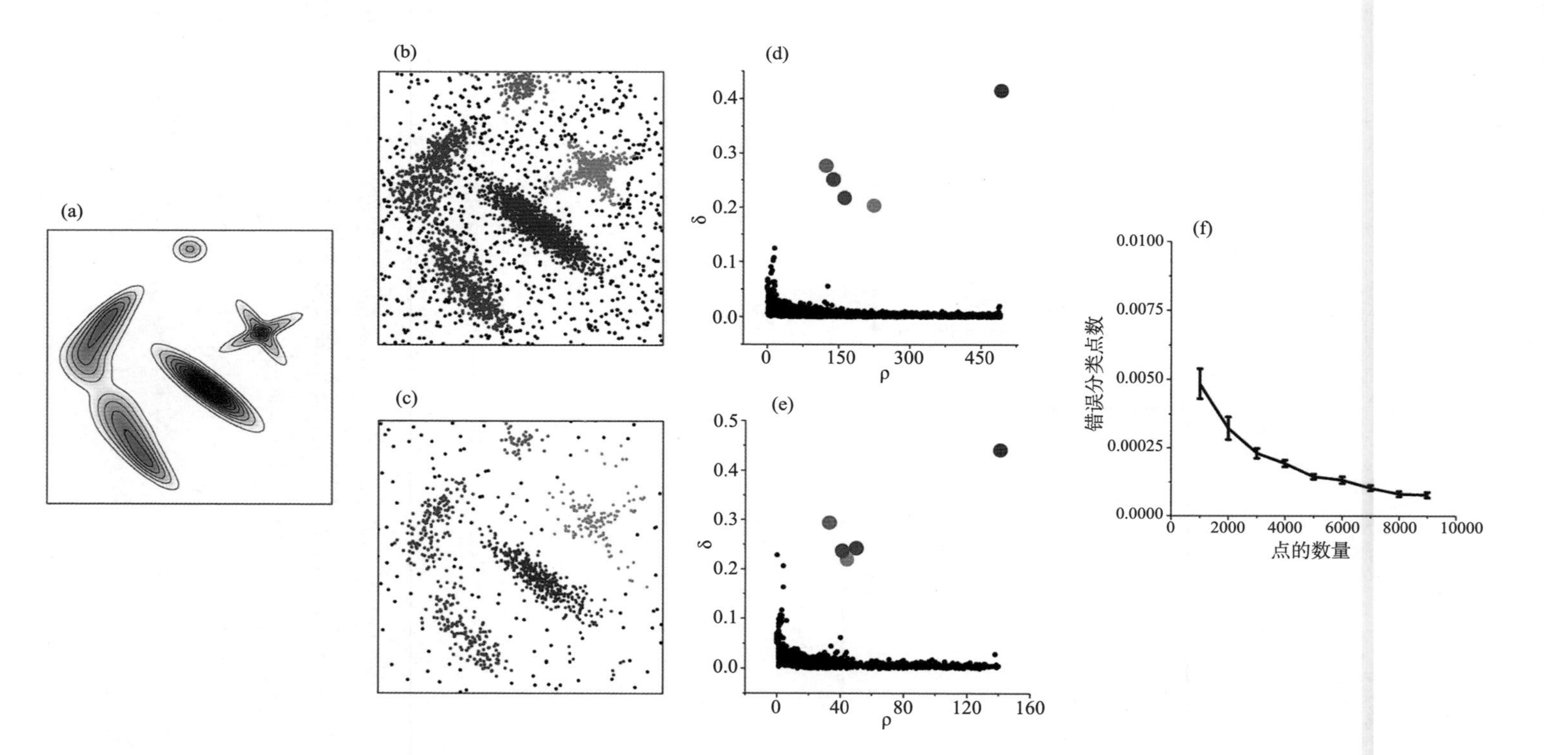

图 2-82 CFSFDP 确定聚类中心

资料来源：Alex and Alessandro，2014。

根据 CFSFPD 对图 2–83 不同分布形状的聚类结果可知：与 DBSCAN 相比，CFSFPD 与参数设置的相关性不大，结果相对稳健；CFSFPD 也可以发现任意形状的聚类，克服了基于距离的算法只能发现“类圆形”簇的缺点，当然它对噪声数据也不敏感。

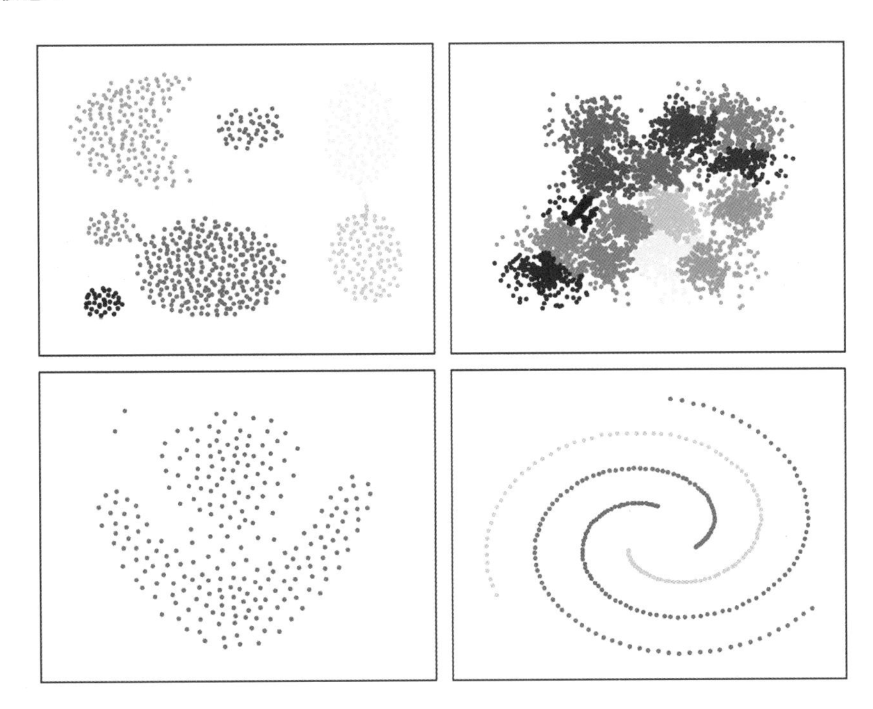

图 2–83　不同分布情况下 CFSFDP 的聚类效果

4. 网格法

网格法先是将对象空间划分为有限个单元以构成网格结构；然后利用网格结构完成聚类。STING（STatistical INformation Grid）就是一个利用网格单元保存的统计信息进行基于网格聚类的方法。CLIQUE（Clustering In QUEst）是一个将网格法与密度法相结合的方法。

（1）STING

STING 的原理是将数据空间划分为网格单元，将数据对象映射到网格单元中，并计算每个单元的密度。根据预设阈值来判断每个网格单元是不是高密度单元，然后由邻近的稠密单元组成“类”。算法步骤为：①将数据空间划分为网格单元；②依照设置的阈值，判定网格单元是否稠密；③合并相邻稠密的网格单元为一类。以图 2–84(a)为例，选择一定宽度的格子来分割数据空间；若阈值设置为 2，将相邻稠密的格子合并形成一个“类”，如图 2–84(b)。

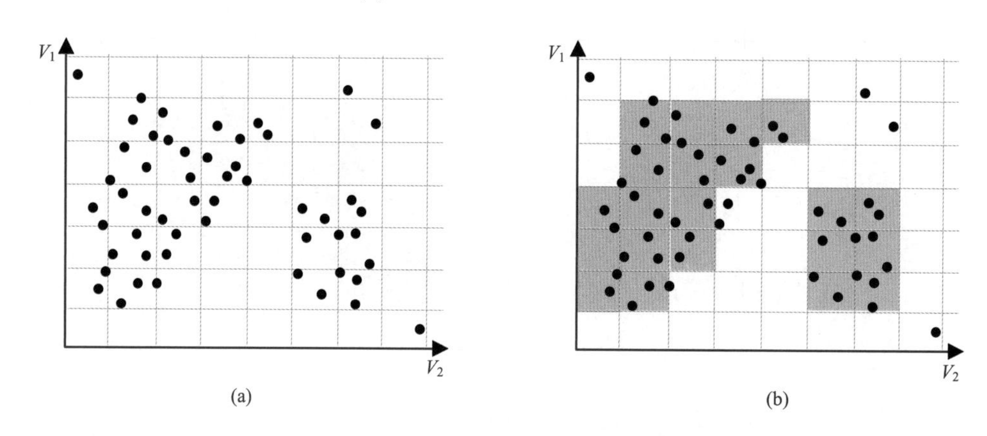

图 2–84　STING 聚类示意

网格法的优点是处理速度快，其处理时间独立于数据对象数，而仅依赖于量化空间中的每一维的单元数。但其缺点是只能发现边界是水平或垂直的簇，而不能检测到斜边界。另外，在处理高维数据时，网格单元的数目会随着属性维数的增加而呈指数级增长，即维灾。例如，在 n 维空间中，若把每个维度等分为几份，将空间划分为 n 个互不相交的单元，并且识别其中的密集单元，则遍历 n^n 个单元并获取每单元的数据点个数，这样的做法很不合实际。假设 $n=10$，那么 10^{10} 就有 100 亿个单元。如果 n 是几十或者上百则单元数呈非线性增加。而 CLIQUE 算法则采用自下而上的扩展识别策略降低了运算的复杂度。

（2）CLIQUE

CLIQUE 算法是基于网格的空间聚类算法，同时也非常好地结合了密度聚类算法，因此既能够发现任意形状的簇，又可以像密度法一样处理较大的多维数据。

CLIQUE 算法核心思想：首先扫描所有网格，当发现第一个密集网格时，便以该网格开始扩展；扩展原则是：若一个网格与已知密集区域内的网格邻接并且其自身也是密集的，则将该网格加入到该密集区域中（密集网格合并），直到不再有这样的网格被发现为止；然后，继续扫描网格并重复上述过程，直到所有网格被遍历。该算法可以自动发现最高维的子空间，并且对元组的输入顺序不敏感，无需假设任何规范的数据分布。其计算复杂度随输入数据的大小线性增大，当数据的维数增加时具有良好的可伸缩性。

高维数据聚类的难点在于：第一，适用于普通集合的聚类算法在高维数据集合中运算效率极低；第二，由于高维空间的稀疏性以及最近邻特性，高维空间中基本不存在数据簇；第三，聚类的目标是将整个数据集划分为多个簇，并使得其簇内相似性最大、簇间相似性最小，但在高维空间中很多情况下距离度量已经失效，这使得聚类的概念失去了意义。另一方面，建立索引结构和采用网格划分方法是很多大数据集聚类算法提高效率的主要策略，但在高维空间中索引结构的失效和网格数随维数呈指数级增长的问题也使得这些策略不再有效。

网格步长和密度阈值是 CLIQUE 算法的两个重要参数。网格步长用于确定空间网格划分；密度阈值用于确定稠密网格，即网格中对象数量大于等于该阈值则为稠密网格。为实现高维数据的高效聚类，CLIQUE 自下而上的具体算法流程为：

第一步，对n维空间进行划分，对每个维度等量划分，将全空间划分为互不相交的网格单元。

第二步，计算每个网格的密度，根据给定的阈值识别稠密网格和非稠密网格，且置所有网格初始状态为“未处理”。

CLIQUE 识别候选搜索空间的主要策略是使用稠密单元关于维度的单调性；即先确定低维空间的数据密集单元，当确定了$k-1$维中所有的密集单元后，k维空间上的可能的密集单元就基本都包含了。这是因为，当某单元的数据在k维空间中是密集的，那么在任一$k-1$维空间中也是密集的。例如，在子空间$\{\text{age, salary}\}$中至少包含 2 个点的二维单元，其分别在age和salary的一维空间中至少包含 2 个点。同样，如果在三维空间中单元至少包含 2 个点，则其每个二维（即分别在{age，salary}和{ salary，vacation }）空间中至少也包含 2 个点。这种算法的缺点在于可能产生大量候选集，并且会频繁使用数据点（实际中会频繁扫描数据库）。虽然这种算法减少了需要验证的密集单元个数，但随着维数的增加，这个数量级依然很大。

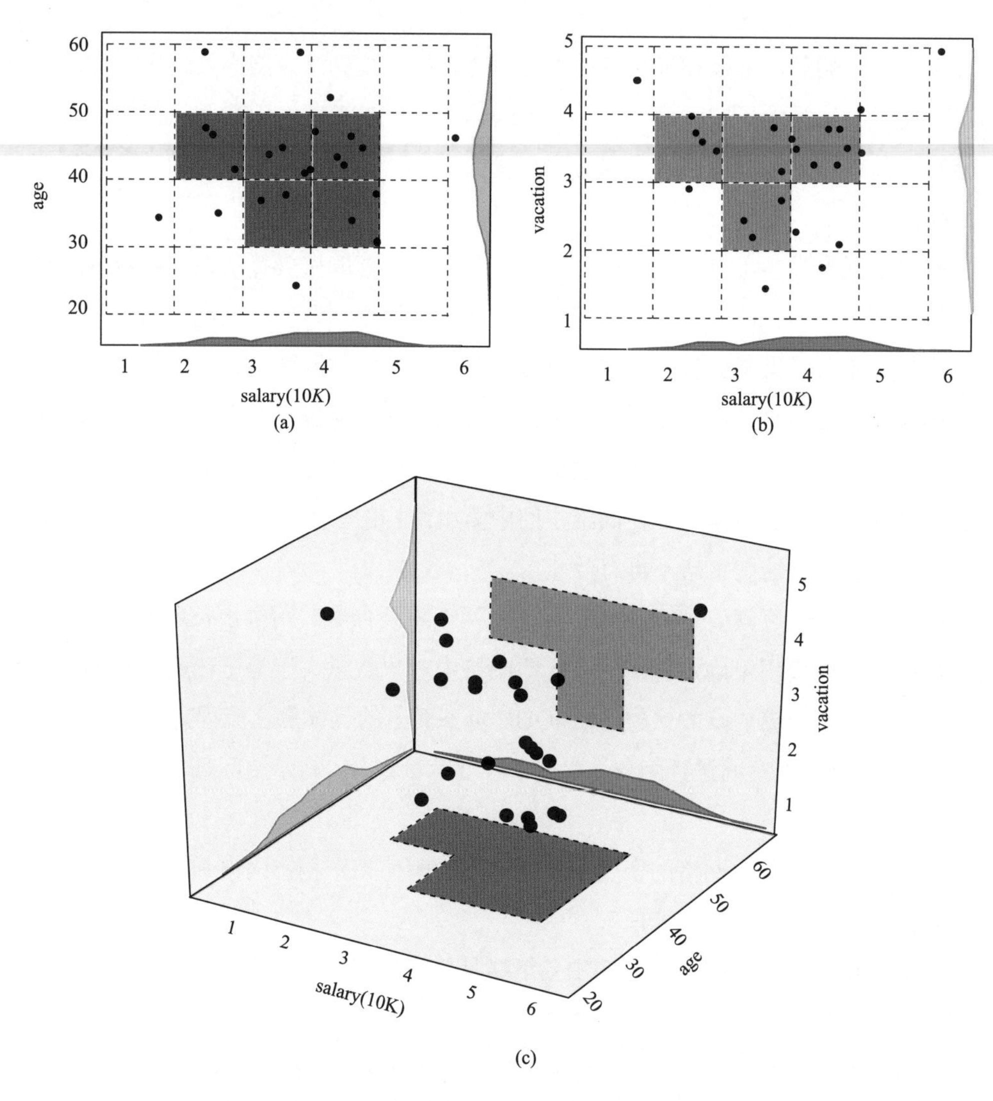

图 2–85　稠密单元关于维度的单调性示意

第三步，遍历所有网格，判断当前网格是否为“未处理”。若不是“未处理”状态，则处理下一个网格；若是“未处理”状态，则进行第四步到第八步的处理，直到所有网格处理完成，转到第八步。

第四步，改变网格标记为“已处理”，若是非稠密网格，则转到第二步。

第五步，若是稠密网格，则将其赋予新的簇标记，创建一个队列，将该稠密网格置于队列中。

第六步，判断队列是否为空，若空则处理下一个网格，转到第二步；若队列不为空，则进行如下处理：首先，取队头的网格元素，检查其所有邻接的有“未处理”的网格；然后更改网格标记为“已处理”；最后，若邻接网格为稠密网格，则将其赋予当前簇标记，并将其加入队列；转到第五步。

第七步，密度连通区域检查结束，标记相同的稠密网格组成密度连通区域，即目标簇。

第八步，修改簇标记，进行下一个簇的查找，转到第二步。

第九步，遍历整个数据集，将数据元素标记为所有网格簇标记值。

图 2–86 给出了密度阈值为 4 的合并结果。

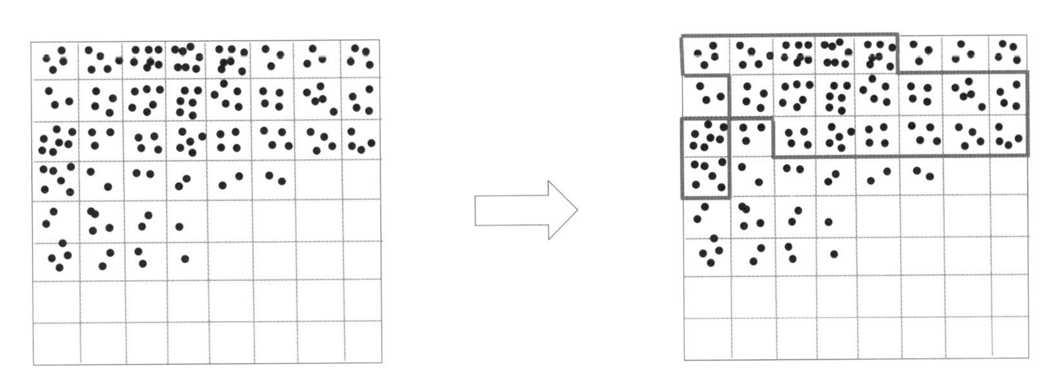

图 2–86 CLIQUE 聚类示意

5. 模型法

模型法是给每个聚类假定一个模型，然后去寻找能很好地拟合该模型的数据集。该模型可能是数据点在空间中的密度分布函数或者其他。该方法通常包含潜在的假设：数据集是由系列潜在的概率分布生成。模型法两种常见的思路是统计学方法和神经网络方法。常见的统计学方法是高斯混合模型（Gaussian Mixture Model，GMM）；常见的神经网络算法是自组织映射（Self Organized Maps，SOM）算法。

模型法不仅可以获得数据集类簇的划分，还可得到各类簇相应的特征描述。图 2–87 对比了划分法和模型法的区别。图 2–87(b)给出了基于距离划分法的聚类结果，核心原则就是将距离近的点聚在一起。图 2–87(c)给出了模型法的聚类结果。这里采用的概率分布模型是有一定弧度的椭圆。图 2–87(a)标出了两个深色填充的实心点。这两点的距离很近，在基于距离的划分法中，它们聚在一个簇中，但在基于概率分布的模型法中，为了满足特定的概率分布，它们会被分在不同的簇中。

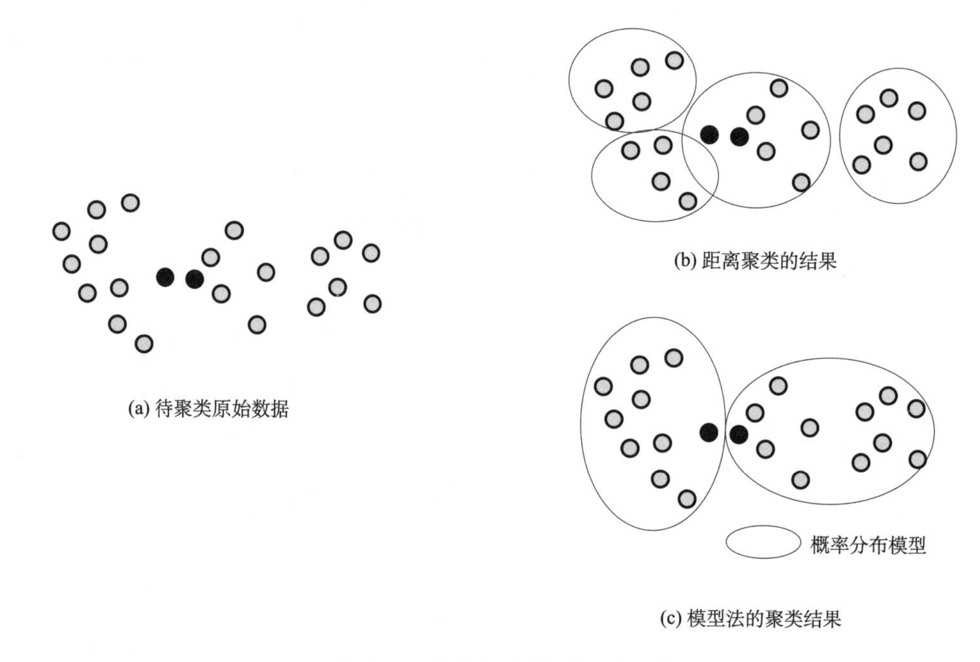

图 2–87 距离法与模型法的区别

模型法中，簇的数目是基于标准的统计指标自动决定的。噪声或孤立点也是通过统计指标来分析的。模型法则试图优化给定的数据和某些数据模型之间的适应性。

（1）高斯混合模型

传统硬分类聚类算法（非概率模型法）存在的如下挑战：①以分类效用公式为驱动的聚类算法，为了避免过度拟合需要人为定义聚类标准差最小值，以避免每个实例成为某聚类特定的截止值。②聚类常用到的增量启发式算法结果存在不确定性，因为其结果一定程度上依赖于实例的输入顺序；此外，合并、分裂等局部重建操作是否足以消除实例初始顺序对结果的影响，最终结果是否代表分类效用的局部最大值，最终的结果离全局最大值到底有多远，结果的层次性等，都不能回避“哪个是最好的聚类”这个问题。③虽然互斥的聚类划分引入了脆弱性，但位于灰色地带的样本很可能会被错误地分到错误的簇中；同时不小心引入的离群点也可能会极大地破坏原本有效的簇划分。

高斯混合模型作为一个更为理论性的软方法，可以克服上述硬聚类的部分缺点。从概率的角度看，聚类的目标是寻找给定数据的最有可能的集合。由于任何有限数量的证据都不足以对某件事做完全肯定的结论，所以实例甚至是训练实例都不能绝对地被分在这个簇或那个簇。应当说实例都以一定的可能性分属于每个簇。这有助于消除那些硬性而快速的判断方案引发的脆弱性。

①概率聚类基本簇

统计聚类的基础是建立在一个称为有限混合的统计模型上。每个簇都有不同的分布，任何具体实例属于且只属于一个簇，但不知道是哪个。最后，各个簇并不是等可能的，而是存在某种反映它们相对总体数量的概率分布。以一维情况为例，最简单的有限混合情况是：在一维坐标上的数值属性，每个簇都是一个高斯分布，但有不同的均值和方差。我们的目标是计算每个簇类的平均值和方差，以及簇之间的总体分布。混合模型将几个正态分布组合起来。它的概率密度函数看起来就像一组连绵的山脉，每座山峰代表一个高斯分布。

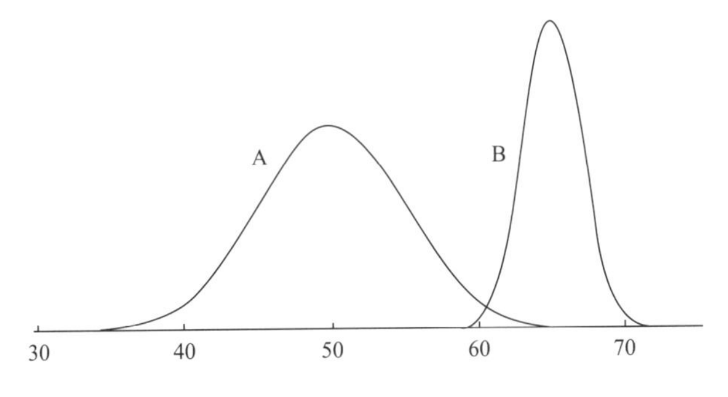

图 2–88　一个二类混合模型

图 2–88 中有两个簇 A 和 B，每个都呈正态分布。簇 A 的均值和标准差分别是 μ_A 和 σ_A；簇 B 的均值和标准差分别是 μ_B 和 σ_B。从这些分布中抽样，簇 A 的抽样概率为 p_A，簇 B 的抽样概率为 p_B，$p_A+p_B=1$。现在，想象所给的数据集没有类值，只有数据，要求确定模型的 5 个参数：（μ_A，σ_A，μ_B，σ_B，p_A），这就是有限混合问题。

②混合模型预测

如果 5 个参数一致，要找出某个给定实例来自每种分布的概率是很简单的。给定实例 x，它属于聚类 A 的概率是：

$$\Pr[A|x]=\frac{\Pr(x|A)\times\Pr(A)}{\Pr(x)}=\frac{f(x;\mu_A,\sigma_A)p_A}{\Pr(x)} \qquad \text{（公式 2–79）}$$

这里，$f(x;\mu_A,\sigma_A)$ 是聚类 A 的正态分布函数，即：

$$f(x;\mu_A,\sigma_A)=\frac{1}{\sqrt{2\pi\sigma}}e^{-\frac{(x-\mu)^2}{2\sigma^2}} \qquad \text{（公式 2–80）}$$

在做比较时，分母 $\Pr(x)$ 会被消除，只要比较分子大小即可。这和朴素贝叶斯分类是一样的，都是简单的贝叶斯定理的应用。

（2）自组织映射

SOM 神经网络是由芬兰神经网络专家科奥宁（Kohonen）教授提出的。该算法假设在输入对象中存在一些拓扑结构或顺序，可以实现从输入空间（n 维）到输出平面（二维）的降维映射。其映射具有拓扑特征保持性质，与实际的大脑处理有很强的理论联系（Kohonen，1982；Kohonen *et al.*，1997）。自组织映射神经网络可以对数据进行非监督学习聚类。它的思想很简单，本质上是一种只有输入层—计算层的神经网络。隐藏层中的一个节点代表一个需要聚成的类，如图 2–89 所示。训练时采用“竞争学习”的方式，每个输入的样例在隐藏层中找到一个和它最匹配的节点，称为它的激活节点或获胜神经元。紧接着，用随机梯度下降法更新获胜神经元的参数。同时，获胜神经元邻近的点也根据它们距离激活节点的远近而适当地更新参数。

具体算法如下：

第一步，建立 SOM 网络并对其进行随机初始化。设定输出层的神经元数目(x,y)，并对输出层的每个神经元随机分配一个 n 维的权值向量。

第二步，根据欧氏距离找寻每个输入向量的获胜神经元，即根据欧氏距离公式计算每个输入向量 $x(t)$ 和输出层的每个神经元 $m(t)$ 之间的距离，距离最小的神经元为获胜神经元。

$$m_c(t)=\min_i\{\|x(t)-m_i(t)\|\} \qquad \text{（公式 2–81）}$$

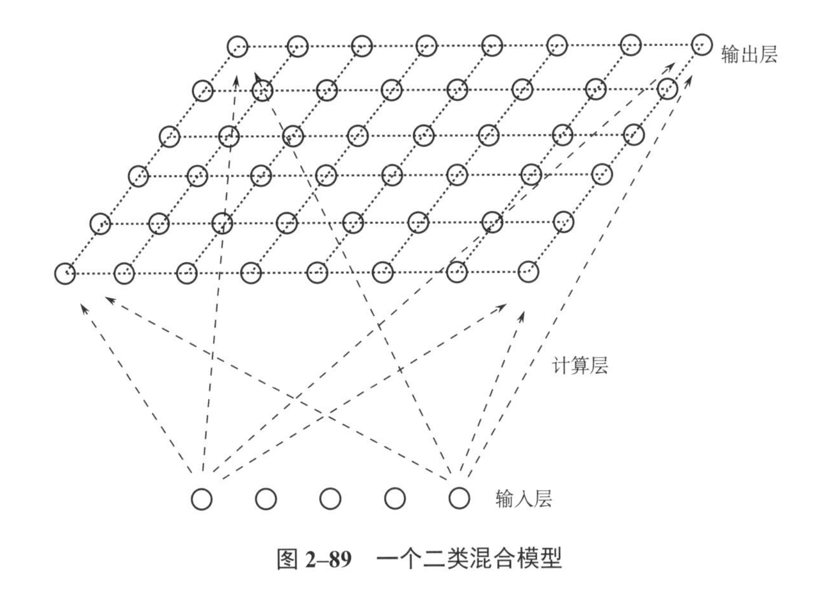

图 2–89　一个二类混合模型

第三步，更新获胜神经元邻域神经元的权值，使他们朝着更接近输入向量的方向移动。权值的更新见公式 2–82。其中，t 为当前迭代变量，h 是一个递减的邻域函数。随着迭代的进行，邻域变窄，获胜神经元附近进行更新的神经元数越来越少。重复第二步直到满足第四步的条件。

$$m_i(t+1)=m_i(t)+h(t)\left[x(t)-m_i(t)\right] \quad \text{（公式 2–82）}$$

第四步，当迭代次数达到预设数目时训练终止，从而实现输入数据在输出层的映射。

SOM 与 K 均值都是非监督聚类方法，但两方法的区别在于：首先，K 均值需要事先确定类的个数，也就是 K 的值，SOM 则不用。隐藏层中的某些节点可以没有任何输入数据属于它。所以，K 均值受初始化的影响要比较大。其次，K 均值为每个输入数据找到一个最相似的类后，只更新这个类的参数。SOM 则会更新邻近的节点。所以 K 均值受噪声数据的影响比较大，SOM 的准确性可能会比 K 均值高（因为也更新了邻近节点）。最后，SOM 的可视化比较好，有优雅的拓扑关系图。具体实践案例参见第五章。

（三）空间约束的聚类和分区方法

上述聚类方法来自于机器学习领域，是相对通用、经典的聚类方法。空间分区是地理学研究的重要基础和研究内容，其目的是使分区结果中某些地理属性在各区内表现出更强的相似性，在不同区之间表现出更强的分异性，同时各分区在空间上保持相对的连续性。空间分区方法多种多样，但空间邻近关系的约束是空间划分的基本规则。因此，空间约束聚类基本是在传统聚类方法上添加空间约束条件，使聚类过程同时考虑属性的相似性和空间的邻近性，最终使得聚类结果既满足属性上的相似性，又保持空间上的连续性。下面介绍空间约束的凝聚层次聚类（Spatially Constrained Hierarchical Clustering，SCHC）、基于剪枝的空间 k 聚类分析（Spatial Kluster Analysis by Tree Edge Removal，Skater）、自动区划过程（Automatic Zoning Procedure，AZP）和最大化 P 分区模型（Max-P regions model，Max-P）等方法。其中，前两种方法是基于传统层次聚类的思想向地理空间领域的扩展，而后两种是基于传统划分法的思想向地理空间领域的扩展。空间聚类可以提供一些初始的地理分区方案，但最终的分区还需要结合专家知识和实地情况，进行判断和修订。

1. SCHC 算法

上节中自下而上的 AGNES 层次聚类能够保证聚类数据的属性相似性，但是对于带有空间位置的地理数据 AGNES 无法确保聚类结果的空间连续性。SCHC 的思想是：在对属性数据进行层次聚类的基础上，增加地理空间坐标的信息，在综合考量属性相似性和空间邻近性的基础上进行聚类，以达到聚类结果空间连续的效果。

SCHC 在选择需要聚类的属性数据（$a_1,a_2,\cdots,a_n$）后，还需要选择参与聚类的空间位置坐标（Geo_x, Geo_y），并给出表征空间位置坐标重要程度的参数：权重 w，至此形成公式 2–83 所示的 $n+2$ 维聚类坐标空间，即任何地理空间单元都对应 $n+2$ 维空间中的一个点，接下来就可以采用 AGNES 的方法自下而上地进行层次聚类。聚类基本过程是：（1）将每个地理单元看作不同的簇，计算两两之间的距离；（2）将距离最小的两簇合并成一个新簇；（3）重新计算新簇与其他所有簇之间的距离；（4）重复（2）（3）步骤，直到所有类别合并成一类。关于上述过程，前文已经进行了详细地介绍，因此这里不再给出具体的案例。

$$D=\left\{\frac{1-w}{n}a_1,\frac{1-w}{n}a_2,\cdots,\frac{1-w}{n}a_n,\frac{w}{2}Geox,\frac{w}{2}Geoy\right\} \qquad (公式 2–83)$$

当然，如果将不同的空间权重融入到凝聚层次聚类算法中，就形成了不同空间约束的凝聚层次聚类方法。例如，宋晓眉等（2010）利用空间单元的 *k* 阶空间邻近关系，对层次聚类方法进行扩展，形成了利用 *k* 阶空间邻近图的空间层次聚类方法。基于类似思想的算法还有很多，这里就不一一列举。

2. Skater 算法

Skater 算法由阿萨恩卡欧等人于 2006 年提出（Assuncao *et al*，2006），可以视为分裂层次聚类算法向空间约束的扩展。它的基本思想是将分区问题转化为图论的分割问题。它利用连通图来表示空间单元的邻接关系。连通图中的节点代表空间单元。节点之间的边表示空间单元的邻接关系。边的权重表示其连接的两个空间单元之间的属性差异性，即可用属性变量间的距离来度量。在连通图的合适位置进行分割，便可得到连续的分区结果，这样就将分区问题转化为最优图的分割问题。由于寻求连通图的最优分割是一个非确定性多项式难题（Non-Deterministic Polynomal Hard, NP-hard）问题，Skater 算法采用最小生成树（Minimum Spanning Tree，MST）对连通图进行分割，通过对最小生成树进行剪枝得到最优的分区结果。

由于上文没有详细介绍分裂层次聚类算法，下面就以图 2–90(a)的情景为例，详细介绍 Skater 算法自上而下的聚类过程。

第一步，假设采用一阶后式邻接矩阵作为空间位置接近的判断依据。根据需要参与聚类的属性，我们可以计算图 2–90(a)中满足一阶后式邻接关系的两个空间单元间属性的距离，结果如图 2–90(b)所示；图 2–90(b)中有数值的单元格表示对应行列上的两个空间对象存在后式邻接关系，其值的大小表示两空间单元属性的距离或差异性。根据图 2–90(b)的距离关系矩阵可生成空间单元的连通图，如图 2–90(c)所示。若两个空间单元相连，则表示单元间存在连通关系，边上的数值则表示两个空间单元属性的距离，也称连接的权。

第二步，基于连通图生成最小生成树。所谓生成树，是指原网络连通图的全部节点以最少的边所构成的连通子图，且该子图无环（回路）。根据上述要求，对于有 *n* 个顶点的连通图，生成树的边必为 *n*–1；若边数小于 *n*–1，则不能覆盖所有节点；两边数多于 *n*–1，则必定会产生回路。网络连通图通常存在多个生成树，以图 2–90(c)中的网络连通图为例，其生成树至少有四个，如图 2–91 所示。在众多生成树中，权值总和最小的生成树称为最小生成树（如图 2–91（b）所示）获取最小生成树的算法主要有普利姆（Prim）算法和克鲁斯卡尔（Kruskal）算法。

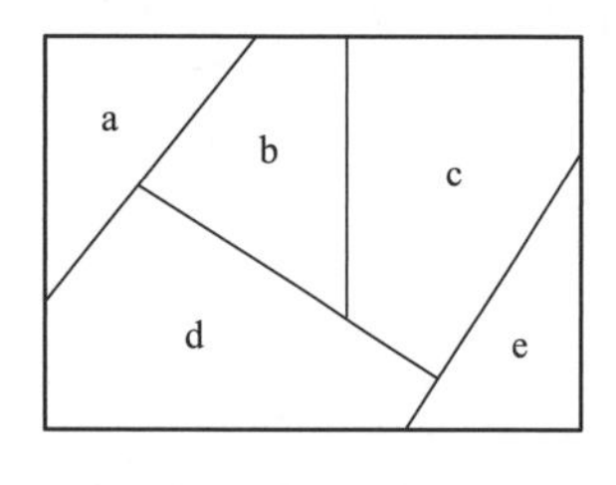

(a) 空间单元情景

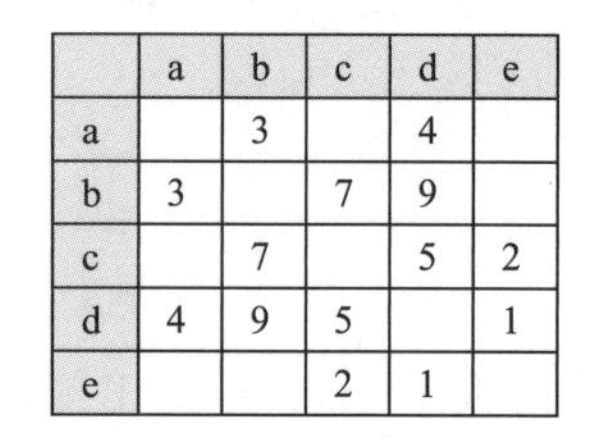

	a	b	c	d	e
a		3		4	
b	3		7	9	
c		7		5	2
d	4	9	5		1
e			2	1	

(b) 邻接空间单元间属性差的异性

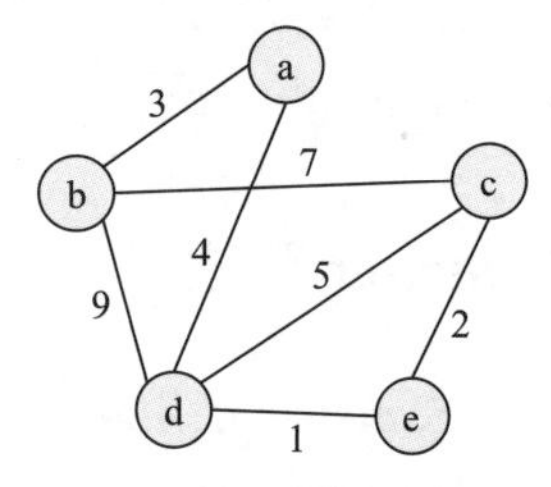

(c) 空间单元的网络连通图

图 2–90　空间数据案例

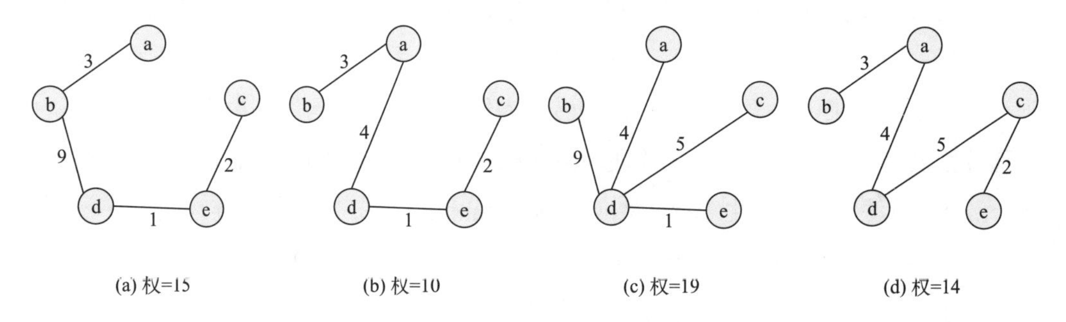

(a) 权=15　(b) 权=10　(c) 权=19　(d) 权=14

图 2–91　生成树

第三步，对最小生成树进行剪枝。得到最小生成树之后，按照一定的原则进行剪枝。剪枝就是减掉一条边，使原来的连通图分成两个子图。剪枝的原则是使剪枝后子图内的相似性增强。公式 2–84 给出了不同分区方案下的属性误差平方和（Sum or Squared Errors，SSE）的计算公式。通常 SSE 越小，子图内的相似性越强。因此，Skater 算法需要计算各个候选方案中剪枝前的 SSE，以及剪枝后形成的 a、b 两子图的 SSE_a、SSE_b，选择 $SSE-(SSE_a+SSE_b)$为正且最大的剪枝方案，即剪枝后极大地增强了子图内的相似性。通过一次次剪枝，直到所有的边都被剪掉，使每个节点成为单独的一类。本例中最小生成树的剪枝过程如图 2–92 所示。这里需要注意，剪枝不是优先选择权值更大的边，而是选择剪除后对子图间属性差异性指标贡献最大的边。当然，有时满足上述两条规则的可能是同一条边，例如图 2–92(b)；有时也不尽然，例如图 2–92(c)。

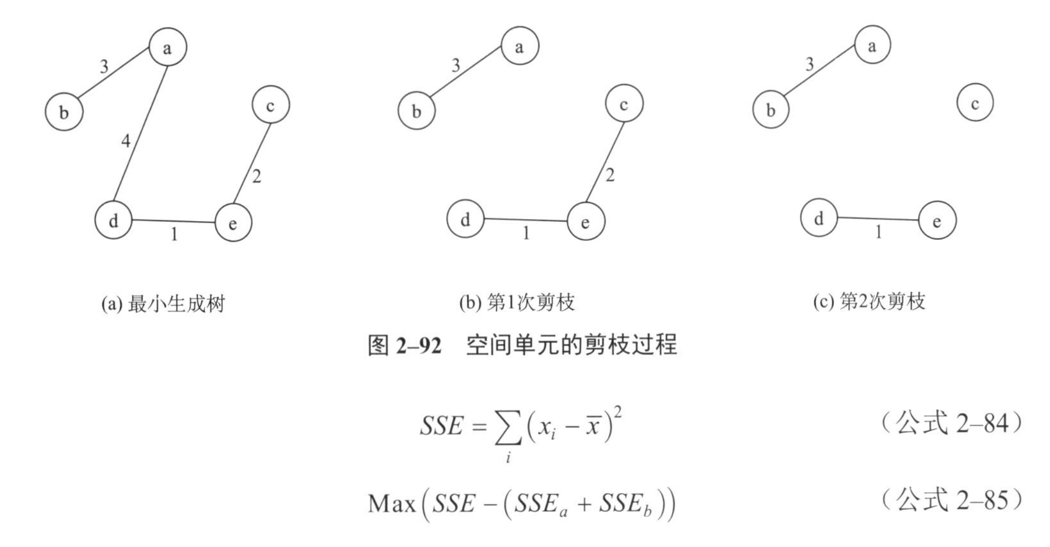

(a) 最小生成树　(b) 第1次剪枝　(c) 第2次剪枝

图 2–92　空间单元的剪枝过程

$$SSE=\sum_{i}\left(x_{i}-\overline{x}\right)^{2} \tag{公式 2–84}$$

$$\text{Max}\left(SSE-\left(SSE_{a}+SSE_{b}\right)\right) \tag{公式 2–85}$$

从理论上，Skater 算法可以通过不断剪枝，最终使得每个节点成为单独的一类。但在实际的分区中，通常会限制剪枝后子区（子图）内所包含的最小空间单元（节点）数，或剪枝后各类（区）中某属性最小值。例如，子区的总人口数不少于两万。因此，在实际应用中可以添加一些空间和属性约束，作为 Skater 算法剪枝的终止条件。

3. AZP 算法

AZP 算法最早由奥普肖（Openshaw，1977）提出。与划分法（例如，*K*—均值）一样，AZP 算法需要预先指定聚类数（*p*），然后使用启发式算法，找到相邻空间单元的最佳组合，形成 *p* 个子区域，同时使得各子区域内的属性尽可能相似，子区域间的属性尽可能相异。启发式算法的基本思想是：首先随机生成一个满足限制条件的初始可行解（空间划分方案），然后根据一定的搜索算法（例如，贪婪算法、禁忌算法、模拟退火算法、蚁群算法、遗传变异算法等），通过不断迭代，找到使区域内部相似性更强的可行解。启发式算法可以在相对较短的时间内得到一个较优的空间划分方案，但由于在寻解过程中可能会陷入局部最优，因此不能保证所得结果为全局最优解。

以图 2–93 所示空间数据及和谐指数为例，我们希望将整个研究区划分为四个子区，且使每个子区内的和谐指数尽可能接近。根据 AZP 算法，首先随机生成一个具有空间连续性的空间划分方案（如图2–94），其中不同的颜色代表不同的子区域。由于每个子区域都是连续的空间单元，因此是一个初步可行的解。根据公式 2–84，可以计算该划分方案的误差平方和，结果为 6.244，计算过程如图 2–94 中表所示。*SSE* 可以作为判断区域内是否相似的指标。通常 *SSE* 的值越小，子区域内部的相似性越强。

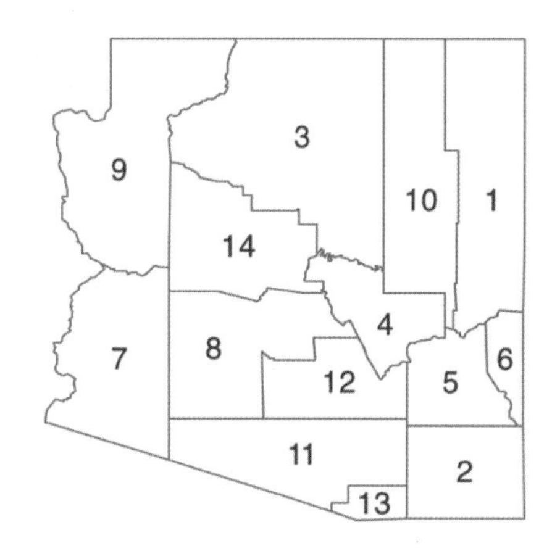

ID	和谐指数	人口数
1	2.744	61 591
2	−0.137	97 624
3	−0.317	96 591
4	−0.032	40 216
5	0.456	26 554
6	−0.392	8 008
7	0.077	207 391
8	−0.946	2 122 101
9	−0.962	93 497
10	1.360	77 658
11	−0.625	666 880
12	−0.288	116 379
13	−0.020	29 676
14	−0.919	107 714

图 2–93　某区域 14 空间单元及其和谐指数

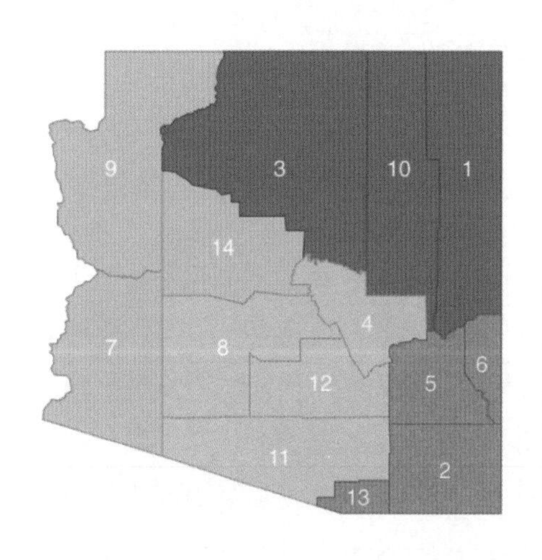

簇	ID	x_i	$(x_i-\bar{x})^2$	*SSE*
a	7	0.077	0.460	
	9	−0.962	0.130	
	14	−0.919	0.101	
	$\bar{x}$	−0.601		0.691
b	1	2.744	2.195	
	3	−0.317	2.494	
	10	1.360	0.010	
	$\bar{x}$	1.262		4.699
c	4	−0.032	0.194	
	8	−0.946	0.224	
	11	−0.625	0.023	
	12	−0.288	0.034	
	$\bar{x}$	−0.473		0.476
d	2	−0.137	0.013	
	5	0.456	0.230	
	6	−0.392	0.136	
	13	−0.020	0.000	
	$\bar{x}$	−0.023		0.379
			合计：	6.244

图 2–94　初始分区方案及其 SSE 的计算过程

下面以贪婪算法为例，展示该算法如何通过不断迭代，找到使区域内部相似性更强的可行解。首先，随机选择一个绿色的 c 区，与其邻接的空间单元列表为{2, 3, 5, 7, 10, 13, 14}。然后，随机选择该邻接列表中的某空间单元，例如 2，考虑将其从当前簇

b 移至簇 c。但这会破坏簇 b 的连续性，因为空间单元 13 将成为孤立的图斑，因此空间单元 2 暂时留在簇 b 中。再随机选择另一个元素，例如空间单元 14，将其从簇 a 移到簇 c。不难看出，这种移动不会破坏簇 a 的连续性，因此初步接受这种交换（如图 2–95 所示）。但是经过计算发现：交换后的 SSE（6.252）大于交换前的 SSE（6.244），即这种交换并未增强簇内部的相似性，所以该交换被拒绝。当随机选择空间单元 3 时，发现 3 从簇 b 移动到簇 c 时，能够保证空间连续性（如图 2–96 所示）。经计算发现：交换后的 SSE（2.522）小于交换前的 SSE（6.244），即这种交换增强了簇内部的相似性，所以接受该交换。然后，对每个邻接单元和聚类重复上述过程，直到收敛。

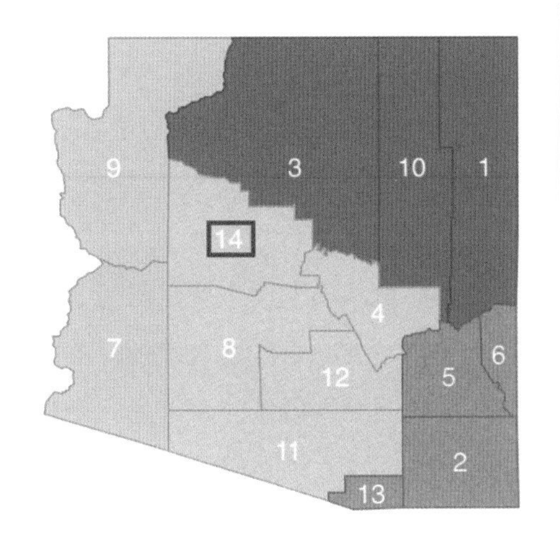

簇	ID	x_i	$(x_i-\bar{x})^2$	SSE
a	7	0.077	0.270	
	9	−0.962	0.270	
	$\bar{x}$	−0.443		0.540
b	1	2.744	2.195	
	3	−0.317	2.494	
	10	1.360	0.010	
	$\bar{x}$	1.262		4.699
c	4	−0.032	0.281	
	8	−0.946	0.147	
	11	−0.625	0.004	
	12	−0.288	0.075	
	14	−0.919	0.127	
	$\bar{x}$	−0.562		0.635
d	2	−0.137	0.013	
	5	0.456	0.230	
	6	−0.392	0.136	
	13	−0.020	0.000	
	$\bar{x}$	−0.023		0.379

合计：6.252

图 2–95　空间单元 14 从 c 簇交换到 a 簇后的图形及 SSE 计算过程

与 AZP 算法类似，程昌秀等（Cheng *et al.*, 2015）基于空间优化的思想，提出了基于约束帝诺尼三角网的启发式空间分区方法。该方法综合考虑各小区入户普查总数、普查点的交通可达性、现有调查员人数、小区的空间连续性等约束条件，提出了北京海淀区学院路街道经济普查小区的划分方案，该方案使得各小区的总普查耗时相当。

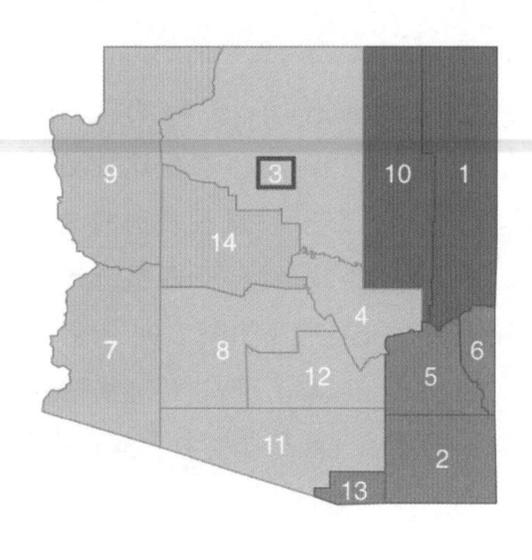

簇	ID	x_i	$(x_i-\bar{x})^2$	SSE
a	7	0.077	0.460	
	9	−0.962	0.130	
	14	−0.919	0.101	
	$\bar{x}$	−0.601		0.691
b	1	2.744	0.479	
	10	1.360	0.479	
	$\bar{x}$	2.052		0.958
c	4	−0.032	0.168	
	8	−0.946	0.254	
	11	−0.625	0.034	
	12	−0.288	0.024	
	3	−0.317	0.016	
	$\bar{x}$	−0.442		0.495
d	2	−0.137	0.013	
	5	0.456	0.230	
	6	−0.392	0.136	
	13	−0.020	0.000	
	$\bar{x}$	−0.023		0.379

合计：2.522

图 2–96 空间单元 3 从 b 簇交换到 c 簇后的图形及 SSE 计算过程

4. Max–*P* 算法

Max–*P* 算发最早由杜凯等人（Duque *et al.*，2012）提出，属于划分聚类算法（例如，*K*-均值）的一种。Max–*P* 算法与 AZP 类似，都采用启发式方法搜索最优解；不同之处是：Max–*P* 算法在执行启发式搜索前，先根据分区的限制阈值条件，生成一个相对可行的初始分区方案，然后再用启发式方法搜索最优解；AZP 则是根据分类数随机生成空间连续的初始分区方案。

Max–*P* 算法得到初始分区方案的基本思想如下：要么将空间单元分配到满足最小阈值条件的子区内；要么找到同时满足最小属性约束阈值和邻接约束条件的子区；然后将各未分配子区域中的图斑，归并到空间邻近的子区内，形成初始分区方案。该方案使初始的子分区数（*p*）尽可能大。以图 2–93 所示空间数据及人口数为例，若以子区人口总数不少于 250 000 为限制阈值条件，其初始分区方案形成过程如下。首先，随机选择一个空间单元，例如图斑 6，并找到它的三个邻居{1, 5, 2}。6 的人口为 8 008，从它的邻居中选择人口最多的一个 2（人口为 97 624），进行合并，形成第一个区域的核心，其总人口为 105 632，没有达到下限；此时再将 2 的邻居{11, 13}添加到邻居列表中。在{1, 5, 11, 13}的邻居列表中，11 的人口最多（666 880），将第一个核心与 11

合并后，总人口达到 764 504，高于限制阈值条件，此时则形成了第一个聚类子分区{6, 2, 11}。然后，再随机选择一个图斑，例如图斑 8，其总人数为 2 122 101，高于限制阈值的下限，则独自构成第二个聚类子分区。之后，又随机选择到图斑 3，邻居为{9, 14, 4, 10}，3 的人口为 96 591，其邻居 14 的人口最多，为 107 714，合并后总人口为 204 305，不满足限制阈值的下限，然后再加入 14 的邻居，形成新的邻居列表{9, 4, 10, 7, 8}，其中 7 的人口最多（120 739），加入聚类，总人口为 325 044，达到了阈值下限。至此完成了增长阶段，并得到 $p = 4$。目前还有{1, 5, 9, 13}四个图斑尚未分配的区中。对于图斑 9 和 13，直接将其分配到其领域所在的子区中；而图斑 1 和 5 有四种情况，逐步归并到邻居单元的子区内即可，至此形成了一个初始的分区方案。后续步骤则与 AZP 算法相同，不断对上述方案进行优化。

与 AZP 算法相比，Max–*P* 算法无需人为指定分区数，它能够根据给定的限制条件自动识别出最优的分区数量。但是，由于 Max–*P* 算法不给定迭代的终止条件，需要人为设定迭代次数。Max–*P* 算法能有效地解决前两种方法中空间单元之间邻域关系约束不明确的问题，但算法复杂度较高。相比 Max–*P* 算法，前两种算法更高效。

（四）空间聚类的实践

关于 SOM、Max–*P*、Skater 等聚类的工具软件及实验步骤详见第五章的若干小节。

三、小结

（一）分层异质性度量与探测方法总结

表 2–20 总结了用于度量和探测分层异质性的系列方法，并对其优缺点以及可供使用的工具软件进行了列举。

表 2–20　分层异质性度量与探测方法总结

分层异质性	具体方法与算法	优点	缺点	工具软件
度量	SSHq 统计量	•简单； •有明确的取值区间，不同取值下物理意义明确。	•只能度量某种分区或分类方案下表征分层异质性的程度，而不能形成分区或分类。	GeoDeodetor

续表

分层异质性	具体方法与算法		优点	缺点	工具软件
探测	通用聚类（机器学习）	划分法： *K* 均值、 *K*-中值、 *K*–Means++、 Mini–Batch K–Means、 AP 聚类、 谱聚类、 CLARA、 CLARANS、 ISODATA、 FCM 等	•是解决聚类问题的一种经典算法，简单、快速； •对处理大数据集，该算法保持可伸缩性、高效率； •当簇近似为高斯分布（方差相等）时，效果较好。	•在簇的平均值可被定义的情况下才能使用，可能不适用于某些应用。 •必须事先给出 k（要生成的簇的数目），而且对初值敏感，对于不同的初始值，可能会导致不同结果； •不适合于发现非凸形状的簇或者大小差别很大的簇； •对噪声和孤立点数据敏感。	Python R MATLAB
		层次法： AGNES、 DIANA、 IRCH、 CURE、 ROCK、 CHEMALOEN 等	•是解决聚类问题的一种经典算法，简单、快速； •对处理大数据集，该算法保持可伸缩性、高效率； •不用事先给出聚类数 k。	•不适合于发现非凸形状的簇或者大小差别很大的簇； •对噪声和孤立点数据敏感。	
探测	通用聚类（机器学习）	密度法： DBSCAN、 CFSFDP 等	•对于任意形状的数据，聚类效果较好； •对噪声和孤立点数据不敏感； •CFSFDP 对参数不敏感。	•除 CFSFDP 外，其他方法对参数比较敏感。	Python R MATLAB
		网格法： STING、 CLIQUE 等			
		模型法： GMM、 SOM 等	•软分类； •不用事先确定分类数 k； •可以获得数据集的类簇划分，还可得到各类簇相应的特征。	•算法相对复杂。	
	空间约束的聚类	SCHC	•效率高。	•空间单元之间邻域关系约束不明确。	Geoda
		Skater			
		AZP、Max–*P*	•空间单元之间邻域关系约束关系明确。	•效率低。	

（二）后续应该关注的问题

目前，关于分层异质性的分析方法相对较少，相关方法仍有待进一步完善、拓展。到此，关于空间格局的度量和探测方法基本介绍完毕。在得到空间格局后，一个更重要的问题是：产生格局的原因是什么？这种格局是否具有可预测性？接下来第五节将介绍相关的一些空间归因分析方法。

第五节　空间归因分析

人们为了有效地控制和适应环境，往往对发生于周围环境中的各种地理现象有意识或无意识地做出一定的解释或者根据地理现象的某种特征或某种行为，推论出其他未知的地理现象或行为，以寻求地理环境与地理现象之间的因果关系。

一、多元回归

在处理观测数据时，经常需要研究变量与变量之间的关系。变量间的关系通常有两种：一种是完全确定关系，即函数关系；一种是相关关系，即变量之间存在着密切联系、但又很难由一个或多个变量的值直接求出另一个变量的值。例如，学生对高等数学、概率与统计和普通物理的掌握程度会对统计物理的学习产生影响。虽然它们存在着密切的关系，但很难从前几门功课的成绩精确推出统计物理的成绩。无论如何对于彼此联系比较紧密的变量，人们还是希望建立一定的公式，以便变量之间互相推测。

回归分析的任务就是用数学表达式来描述自变量（独立变量）与因变量（响应变量）之间的关系。这种关系可能是相关关系、因果关系，也可能是预测关系。因此，根据变量间不同的关系，自变量的称谓有所不同。目前常见的称谓有解释变量（因子）、预报变量（因子）、主导变量（因子）、决定变量（因子）。根据变量自身的特征，有些自变量也有可被称为位置变量（因子）、生物物理变量（因子）社会经济变量（因子）等等。

多元回归特指包括两个或两个以上的自变量的回归。由于科学研究中的自变量通常较多，大多回归都是多元回归。下面以多元回归为例，介绍相关知识。

（一）多元线性回归

相关变量之间的关系可以是线性的，也可以是非线性的。本节先讨论多元线性回归，后续再从线性回归推广到非线性回归。设 $x_1, x_2, \cdots, x_k$ 是 k 个可以精确测量或可控制的变量。如果变量 y 与 $x_1, x_2, \cdots, x_k$ 之间的内在联系是线性的，那么进行 n 次实验可以得到 n 组观测数据 $(y_i, x_{i1}, x_{i2}, \cdots, x_{ik})$，$i$ 从 1 到 n。它们之间的关系可表示为：

$$y_1 = \beta_0 + \beta_1 x_{11} + \beta_2 x_{12} + \cdots + \beta_k x_{1k} + \varepsilon_1$$

$$y_2 = \beta_0 + \beta_2 x_{21} + \beta_2 x_{22} + \cdots + \beta_k x_{2k} + \varepsilon_2$$

$$\cdots\cdots\cdots\cdots\cdots\cdots \qquad （公式 2–86）$$

$$y_n = \beta_0 + \beta_1 x_{n1} + \beta_2 x_{n2} + \cdots + \beta_k x_{nk} + \varepsilon_n$$

其中，$\beta_0, \beta_1, \beta_2, \cdots, \beta_k$ 是 k 个待估参数，ε_i 表示第 i 次试验中的随机因素对 y_i 的影响。ε_i 是独立同分布，且符合均值为 0、标准差为 σ 的正态分布，即 $N(0,\ \sigma^2)$。

为方便起见，多元线性回归的数据模型可以表达为如下三种形式：

①基本表达形式：$y = \beta_0 + \beta_1 x_1 + \beta_2 x_2 + \cdots + \beta_k x_k + \varepsilon;\quad \varepsilon \sim N(0, \sigma^2)$

②样本表达形式：$y_i = \beta_0 + \beta_1 x_{i1} + \beta_2 x_{i2} + \cdots + \beta_k x_{ik} + \varepsilon_i; \varepsilon_i \sim N(0, \sigma^2)$

③矩阵表达形式：$Y = XB + \varepsilon; \varepsilon \sim N_n(0, \sigma^2 I_n)$，其中，$Y = (y_1, y_2, \cdots, y_n)'$ $B = (\beta_1, \beta_2, \cdots, \beta_n)', \varepsilon = (\varepsilon_1, \varepsilon_2, \cdots, \varepsilon_n)'$。

（二）最小二乘估计

在已知 Y 和 X 的情景下，为了求出多元线性回归模型中的参数 B，可采用最小二乘法，即在数学模型所属的函数类中找一个近似的函数，使得这个近似函数在已知的对应数据上尽可能和真实函数接近。

设 $\theta = (\theta_0, \theta_1, \theta_2, \cdots, \theta_p)$ 分别是 $B = (\beta_0, \beta_1, \beta_2, \cdots, \beta_p)$ 的最小二乘估计，则多元回归方程（即近似函数）为：

$$y = \theta_0 + \theta_1 x_1 + \theta_2 x_2 + \cdots + \theta_k x_k + \varepsilon \qquad （公式 2–87）$$

其中，$\theta_0, \theta_1, \theta_2, \cdots, \theta_p$ 称为回归方程的回归系数。对每一组 $X = (x_{i1}, x_{i2}, \cdots, x_{ik})$，由回归方程可确定一个回归值 y。这个回归值预测 y 与实际观测值 y_{obs} 之差，反映了实际观测

值 y_{obs} 与回归直线 $y=\theta_0+\theta_1x_1+\theta_2x_2+\cdots+\theta_kx_k+\varepsilon$ 的偏离程度。若对所有的观测数据（$i=1,2,\cdots,n$），回归值预测 y 与实际观测值 y_{obs} 的偏离越小，则认为回归直线与所有观测点拟合得越好。

全部观测值 y_{obs} 与回归值 y 的离差平方和为：$\sum_{i=1}^{n}\left(X_i\theta^T-y_i\right)$。最小二乘法（Ordinary Least Square，OLS）就是找到一组参数 θ，使得全部观测值 y_{obs} 与回归值 y 的偏差平方和最小；因此 $\sum_{i=1}^{n}\left(X_i\theta^T-y_i\right)$ 就是目标函数 $J(\theta)$，求解 θ 的目标是使 $J(\theta)$ 最小。图 2–97 给出了一元回归与二元回归中通过参数 θ 确定的拟合直线与平面及其与观测值、回归值（预测值）之间的关系示意。

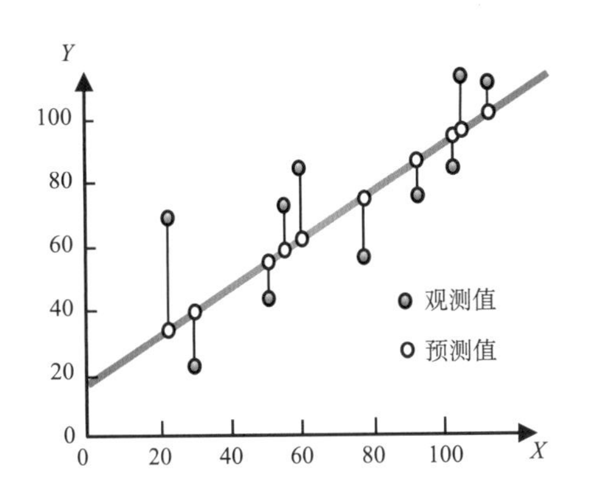

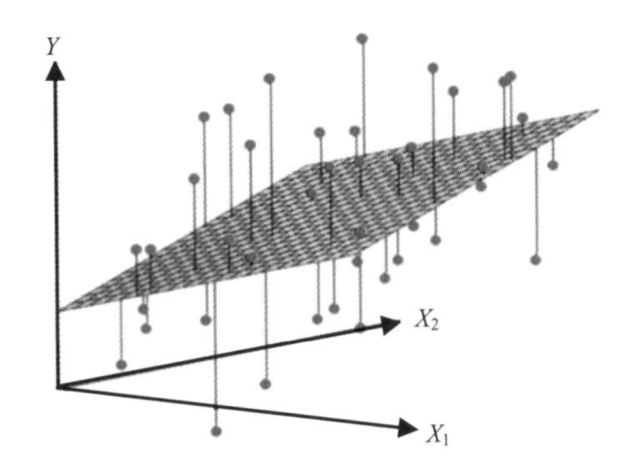

图 2–97 最小二乘示意

1. 参数 θ 的解析解

根据微分学中的极值原理，参数 θ 的解析解就是求 $J(\theta)$ 的偏导数函数 $\nabla_\theta J(\theta)$，并找到一套 θ 使得导函数的最小值趋近于零。$\nabla_\theta J(\theta)$ 的推导过程如下：

$$\nabla_\theta J(\theta)=\nabla_\theta\left[\frac{1}{2}\sum_{i=1}^{n}\left(X_i\theta^i-y_i\right)\right]=\nabla_\theta\left[\frac{1}{2}(X\theta-\mathrm{Y})^T(X\theta-\mathrm{Y})\right]$$

$$=\nabla_\theta\left[\frac{1}{2}\left(\theta^TX^T-\mathrm{Y}^T\right)(X\theta-\mathrm{Y})\right]=\nabla_\theta\left[\frac{1}{2}\left(\theta^TX^TX\theta-\theta^TX^TY-Y^TX\theta+Y^TY\right)\right]$$

$$=\frac{1}{2}\left(2X^TX\theta-X^TY-\left(Y^TX\right)^T\right)=X^TX\theta-X^TY\xrightarrow{\text{求驻点}}0$$

（公式 2–88）

其中，X^T 是 X 的转置矩阵。若 $X^T X$ 满秩，逆矩阵 $\left(X^T X\right)^{-1}$ 存在，为了满足上述条件，可使 $\theta=\left(X^T X\right)^{-1} X^T Y$。$\theta$ 即为回归模型中参数 B 的最小二乘估计。

2. 参数 θ 的数值解

在机器学习中，经常用梯度下降算法求解 θ 的数值解。最简单的梯度下降算法是：第一步，随机生成一套 θ^i；第二步，根据启发式规则，修改为 θ^j；第三步，若修改后的 $J(\theta^j)$ 比 $J(\theta^i)$ 更小，则 $\theta^i=\theta^j$，跳转到第二步。根据上述算法，$J(\theta)$ 将沿着负梯度方向迭代，如图 2–98 中线条所示，直到收敛到最小值。

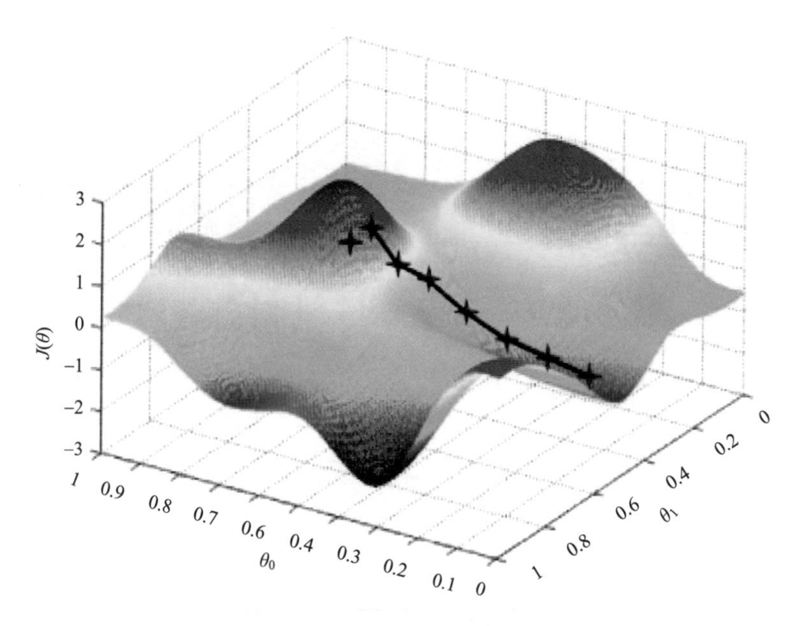

图 2–98　梯度下降求解参数

建立回归方程的目的是要利用它进行预报与控制。在实际问题中，事先并不能断定随机变量 y 与 $x_1, x_2, x_3, \cdots, x_p$ 之间确有线性关系。在求解回归方程前，线性回归模型只是一种假设，故在求出线性回归方程后，还需对其进行统计检验，给出回归方程及系数的不确定性。有关回归方程及系数的显著性检验问题，这里就不介绍了。

（三）多元非线性回归

由于线性回归方程比较简单，所以在遇到非线性模型时，通常都是将其转换为线性模型。

1. 多项式模型

多项式模型为 $y=\beta_0+\beta_1x+\beta_2x^2+\cdots+\beta_kx^k+\varepsilon$。若对方程中变量作如下变换：$x_1=x$，$x_2=x^2$，$x_k=x^k$，则原方程变为 $y=\beta_0+\beta_1x_1+\beta_2x_2+\cdots+\beta_kx_k+\varepsilon$，此时就可用线性模型的方法求解。

2. 指数模型

对于指数模型 $y=ae^{bx}\varepsilon$，将方程两边取对数得 $\ln y=\ln a+bx+\ln\varepsilon$。若令 $y^*=\ln y$，$\beta_0=\ln a$，$\beta_1=b$，$\varepsilon^*=\ln\varepsilon$，则可得线性方程 $y^*=\beta_0+\beta_1x+\varepsilon^*$，此时也可和线性模型的方法求解。

3. 幂函数模型

对于幂函数模型 $y=ax_1^{b_1}x_2^{b_2}\varepsilon$，将方程两边取对数得 $\ln y=\ln a+b_1\ln x_1+b_2\ln x_2+\varepsilon$，令 $y^*=\ln y$，$\beta_0=\ln a$，$x_1^*=\ln x_1$，$x_2^*=\ln x_2$，$\varepsilon^*=\ln\varepsilon$，则幂函数模型就变为线性模型 $y^*=b_0+b_1x_1^*+b_2x_2^*+\varepsilon^*$，此时也可和线性模型的方法求解。

4. 成长曲线模型

成长曲线模型在经济、教育和心理研究中非常有用，其数学表达式为 $y=(\beta_0+\beta_1e^{-x}+\varepsilon)^{-1}$。令 $y^*=1/y$，$x^*=e^{-x}$，则该模型就转化为线性模型 $y^*=\beta_0+\beta_1x^*+\varepsilon$，此时也可和线性模型的方法求解。

（四）应用

回归常用于如下情景：（1）确定几个特定变量间是否存在相关关系，若存在，则找出它们之间合适的数学表达式；（2）根据一个或几个变量的值，预测或控制另一个变量的取值，并且可以知道这种预测或控制能达到什么样的精确度；（3）因素分析，即在共同影响其变量的许多变量（因素）之间，找出主导因素或次要因素，探究这些因素间有什么关系等。

（五）线性回归在地理研究中遇到的问题

传统的统计理论建立在独立观测值假定的基础上。然而，当遇到地理空间观测时，独立观测值并非普遍存在的（Getis，1997），即 ε 不满足 $N(0,\sigma^2)$ 的假设。一般认为离得近的变量之间比在空间上离得远的变量之间具有更加密切的关系。这是由于地区之间的个体活动地理行为之间一般都存在一定程度的空间交互作用、空间效应、空间依赖或空间自相关（Tobler，1979）。

安塞林和格蒂斯（Anselin and Getis，1992）表示，分析中涉及的空间单元越小，离得近的单元越有可能在空间上密切关联。然而，在现实的地理学对象研究中，许多涉及地理空间的数据，由于普遍忽视空间依赖性，其统计与计量分析的结果值得进一步深入探究（邓特等，2013）。

对于这种地理计量统计中常常表现出的空间效应问题，空间回归提供了一系列有效的理论和实证分析方法。一般而言，在空间回归中出现模型不恰当的原因，以及模型假设中所忽略的空间效应主要有两个来源：空间依赖性和空间异质性（Anselin，1988b）。

空间依赖性（也叫空间自相关性）是空间效应识别的第一个来源。它产生于空间组织观测单元间缺乏依赖性的考察（Cliff and Ord，1977）。安塞林和雷伊（Anselin and Rey，2010）区别了真实空间依赖性和干扰空间依赖性的不同。其中，真实空间依赖性反映现实中存在的空间交互作用，比如区域经济要素的流动、创新的扩散、技术溢出等。它们是区域间经济或创新差异演变过程中的真实成分，是确实存在的空间交互影响，如劳动力、资本流动等耦合形成的经济行为在空间上相互影响、相互作用，研发的投入产出行为及政策在地理空间上的示范作用和激励效应。干扰空间依赖性则可能来源于测量问题，比如区域经济发展过程研究中因空间模式与观测单元边界不匹配，造成的相邻地理空间单元出现了测量误差的情况，又如在统计调查中通常是按照省市县等行政单元采集数据，这可能会与研究问题的实际边界不一致，容易产生测量误差。

空间依赖不仅意味着空间观测值缺乏独立性，还可能与地理空间结构有关，即空间相关强度及模式由绝对位置（距离）和相对位置（格局）共同决定。空间相关性表现出的空间效应可以用以下两种回归模型表征和刻画。当变量间的空间依赖性对模型显得非常关键而导致了空间相关时，即为空间滞后模型（Spatial Lag Model，SLM）；当模型的误差项在空间上相关时，即为空间误差模型（Spatial Error Model，SEM）（欧变玲等，2010）。

空间异质性（空间差异性）是空间回归模型识别空间效应的第二个来源。空间异质性或空间差异性，指地理空间上的区域缺乏均质性。如发达地区和落后地区、中心（核心）和外围（边缘）地区等经济地理结构有所不同，从而导致不同地区经济社会发展和创新行为存在较大的空间差异性。空间异质性反映了真实世界中空间观测单元之间观测行为（如增长或创新）的一种普遍存在的不稳定性。例如，区域创新的企业、大学、研究机构等主体在研发行为上存在差异。譬如研发投入的差异导致产出的技术知识的差异。这种创新主体与技术知识的异质性相互耦合将导致创新行为在地理空间上具有显著的异质性，进而可能创新在地理空间上的相互依赖或出现创新局域俱乐部集团等。

对于空间异质性，只要将空间单元的特性考虑进去，大多可以用经典计量经济学方法估计。但是当空间异质性与相关性同时存在时，经典的计量经济学估计方法不再有效。在这种情况下，问题变得异常复杂，区分空间异质性与空间相关性比较困难，而基于空间变系数的地理加权回归模型（Geographical Weighted Regression，GWR）是处理该问题的好方法。

二、空间全局回归模型

早在20世纪70年代欧洲就展开了有关空间回归分析研究，并将其作为一个确定的领域。佩林克和克拉森（Paelinck and Klaassen，1979）定义了这个领域，主要包括空间依赖在空间模型中的任务、空间关系的不对称性、位于其他区域的解释因素的重要性、不同时段空间相互作用的差异、空间模拟等（Gastel and Paelinck，1995）。安塞林（Anselin，1988a）提到空间回归分析可以定义为：处理由区域科学模型统计分析中的空间所引起的特殊性的技术总称。换句话说，空间回归分析的研究重点是考虑空间影响（空间自相关和空间不均匀性）（Anselin，2010）。

将空间依赖性考虑进来以后，在建立空间回归模型前，通常需要对空间相关性进行预检验。若空间效应起作用，则将空间效应纳入模型分析框架，并采用适合的空间回归模型进行估计的。若无空间效应，则直接采用一般估计等常规方法（OLS）估计模型参数。

在引入空间变量或者经过空间过滤的空间计量模型建立之后，其效果的好坏还需要通过空间相关的检验进行判断。常用方法是检验真实值与模型估计值之间的残差是否存在空间相关性，若不存在，则表明模型已经成功处理了空间相关性。对于残差空间自相关性的检验可用前面介绍过的 Moran's *I*、Geary's *C*、Getis 等指数，更科学的检验过程见后续拉格朗日乘子检验。

空间回归在计量经济学中得以广泛应用和发展。空间计量经济学是计量经济学的一个分支，重点关注在横截面数据和面板数据的回归模型中如何处理空间交互作用和空间结构。日益发展的空间统计学和空间回归分析不仅解决了传统统计方法在处理空间数据时的失误，更重要的是为测量这种空间联系及其性质，并在建模时明确地引入空间联系变量以估算与检验其贡献，并提供了全新的手段（应龙根等，2005）。

（一）空间滞后模型

空间滞后模型（Spatial Lag Model，SLM）主要是探讨各变量在某一地区是否有扩散现象（溢出效应）。区域行为受到地理环境及与空间距离有关的迁移成本的影响，具有很强的地域性（Anselin *et al.*，1995）。由于 SLM 模型与时间序列中自回归模型类似，因此 SLM 也被称作空间自回归模型。其模型表达式为：

$$y = \rho Wy + X\beta + \varepsilon \qquad \text{（公式 2–89）}$$

其中，参数 β 反映了自变量对因变量的影响。空间滞后因变量 Wy 是一内生变量，反映了空间距离对区域行为的作用。例如，某个地方的 $PM_{2.5}$ 值（因变量 y ）会受本地的降雨、风速、汽车拥有量、第二产业 GDP 等一系列 X 自变量影响，同时也会受周边其他地区的 $PM_{2.5}$ 值（因变量 y ）的影响，其影响由权重矩阵 W 决定。

SLM 模型的滞后项(ρWy)表达了地理事件的真实空间自相关现象。时间序列数据在时间维上也存在类似的时间自相关，时间序列回归通常也用类似的处理方式，即 SLM 与时间序列中时间滞后模型思想类似。

（二）空间误差模型

空间误差模型（Spatial Error Model，SEM）的数学表达式为：

$$y = X\beta + \mu; \mu = \lambda W\mu + \varepsilon \quad \text{（公式 2–90）}$$

其中，μ 为随机误差项向量，λ 为 $n\times1$ 阶的截面因变量向量的空间误差系数，ε 为正态分布的随机误差向量。

SEM 中参数 β 反映了自变量 X 对因变量 y 的影响。参数（$\lambda W\mu$）衡量了样本观察值中的空间依赖作用，即相邻地区观测值的误差 μ 对本地区观测值的误差 μ 的影响方向和程度，即度量了邻近地区关于因变量的误差冲击对本地区观察值的影响程度。

SEM 模型的滞后项（$\lambda W\mu$）表达了地理事件的干扰空间自相关现象。时间序列数据中在时间维上也存在类似的干扰自相关，时间序列回归通常也用类似的方式处理，即 SEM 模型与时间序列中的时间误差模型的思想类似。

（三）广义空间模型

若真实空间自相关和干扰空间自相关都存在，则 SLM 和 SEM 可综合为如下回归公式：

$$y = \rho W_1 y + X\beta + \mu; \mu = \lambda W_2\mu + \varepsilon \quad \text{（公式 2–91）}$$

该模型被称为广义空间自相关模型（General Spatial Autocorrelation Regression，GSAC）。

（四）空间杜宾模型

空间杜宾模型（Spatial Durbin Model，SDM）是对空间滞后模型（Spatial Lag Model，SLM）的补充，即在 SLM 的基础上加上自变量滞后项（$W_2X\theta$）。SDM 的表达式为：

$$y = \rho W_1 y + X\beta + W_2 X\theta + \varepsilon \quad \text{（公式 2–92）}$$

其中，W 是空间权重。例如，在对某地 $PM_{2.5}$ 浓度的归因研究中，SLM 假定该地的 $PM_{2.5}$ 值（因变量 y），不仅受本地的降雨、风速、汽车拥有量、第二产业 GDP 等系列 X 变量以及周边地区 $PM_{2.5}$ 值 y 变量的影响，还受周边地区降雨、风速、汽车拥有量、第二产业、GDP 等系列 X 变量影响。$W_2X\theta$ 项表达了该地点因变量（y）与附近地点自变量（X）间的滞后关系。

当空间杜宾模型的ρ为0时，SDM则退化为自变量空间滞后模型（Spatial Lag of X Model，SLX），公式如下：

$$y = X\beta + WX\theta + \varepsilon \quad \text{（公式 2–93）}$$

当SLX的θ为0，SLX则退化为经典的线性回归模型。

（五）空间杜宾误差模型

空间杜宾误差模型（Spatial Durbin Error Model, SDEM）是在自变量滞后模型基础上，增加了空间误差的干扰项，SDEM的公式为：

$$y = X\beta + W_1X\theta + \mu; \mu = \lambda W_2\mu + \varepsilon \quad \text{（公式 2–94）}$$

（六）广义空间嵌套模型

若将空间杜宾模型（SDM）、空间杜宾误差模型（SDEM）以及广义空间模型（GSAC）考虑的空间效应综合到一起，则形成了广义空间嵌套模型（Generalizaed Nesting Spatial Model，GNS），公式为：

$$y = \rho W_1 y + X\beta + W_2X\theta + \mu; \mu = \lambda W_3\mu + \varepsilon; \varepsilon \sim N_n\left(0,\ \sigma^2 I_n\right) \quad \text{（公式 2–95）}$$

前文简单介绍了从杜宾模型，到自变量滞后模型，再到线性回归模型的退化过程。图2–99则给出了GNS退化为上述各模型的过程。

（七）空间回归模型的选择方法[①]

1. 根据地理数据产生的过程选择方法

在空间计量实证研究中，研究者通常希望得到一个能够较好描述数据空间特征和经济现象的模型，并把后续分析工作建立在假定这个模型与数据生成过程相符的基础上，因此选择恰当的空间计量模型至关重要。模型选择是数据分析的重要组成部分，是模型建立的基础，也是实证研究的一个关键环节。因此，空间计量模型的选择变成了空间建模必须要解决的问题。

① 本节大部分内容引自沈体雁，2019。

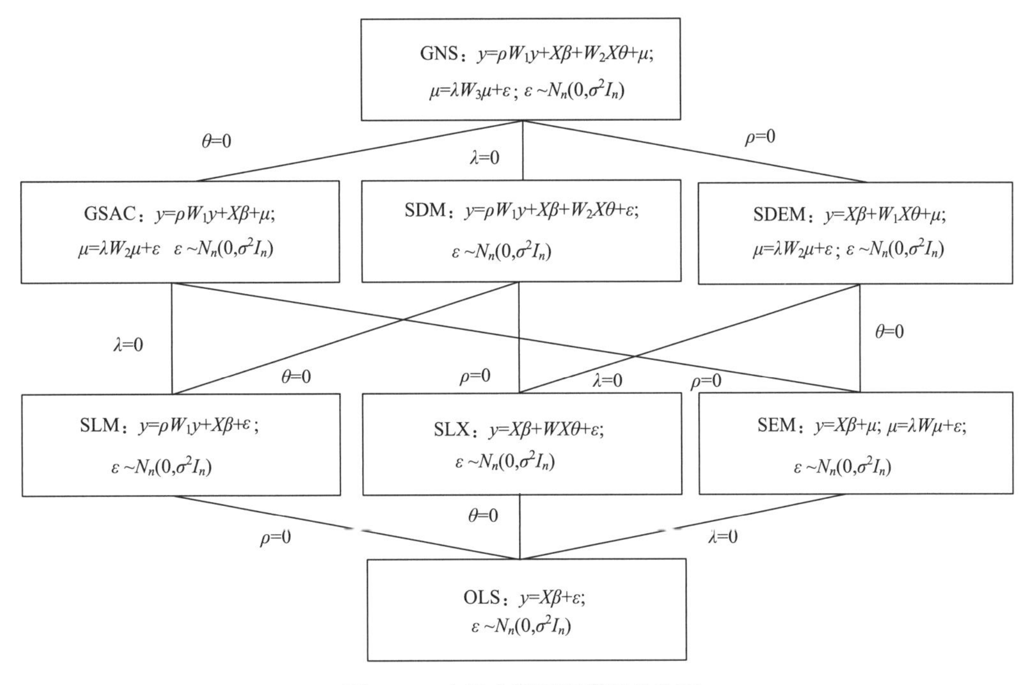

图 2–99　全局空间回归模型的关系

资料来源：修改自沈体雁，2019。

使用不同的模型估计不同的数据生成过程会导致不同的无偏性和有效性，其具体影响如表 2–21 所示。

表 2–21　数据生成过程对模型估计的影响

模型＼数据	SEM	SLM	SDM	GSAC
SEM	无偏，有效	有偏	有偏	有偏
SLM	无偏，无效	无偏，有效	有偏	无偏，无效
SDM	无偏，无效	无偏，有效	无偏，有效	无偏，无效
GSAC	无偏，有效	无偏，有效	有偏	无偏，有效

资料来源：修改自沈体雁，2019。

首先，若模型与数据生成过程恰好对应，则估计是无偏且有效的，即表 2–21 中对角线上的情况。其次，空间杜宾模型含有自变量的空间滞后，若忽略这一项而使用其他模型，将导致估计有偏，原因类似于自变量空间滞后模型与传统线性模型的区别。

再次，对误差项空间滞后的忽略会导致估计的无效，不过实际上，只要无偏并且样本量足够大，无效性的问题并非不可接受，这类似于空间误差模型与传统线性模型的区划。最后，对因变量空间滞后的忽略同样会导致有偏，这类似于空间滞后模型与传统线性模型的区别。综上所述，最难以接受的是忽略因变量和自变量的空间滞后。

2. 拉格朗日乘子检验

由于事先无法根据先验经验推断 SLM 和 SEM 模型中是否存在空间依赖性，有必要构建一种判别准则，以决定哪种空间模型更加符合客观实际。判断地区间行为的空间相关性是否存在，以及 SLM 和 SEM 哪个模型更恰当，一般可通过 Moran's *I* 检验、两个拉格朗日乘子 LM_{λ}（误差）和 LM_{ρ}（滞后）及其稳健的拉格朗日乘子（RLM_{λ}、RLM_{ρ}）等形式实现。安瑟林（Anselin，2006）给出了基于拉格朗日乘子检验的关于选择空间误差模型还是空间滞后模型的流程，如图 2–100 所示。

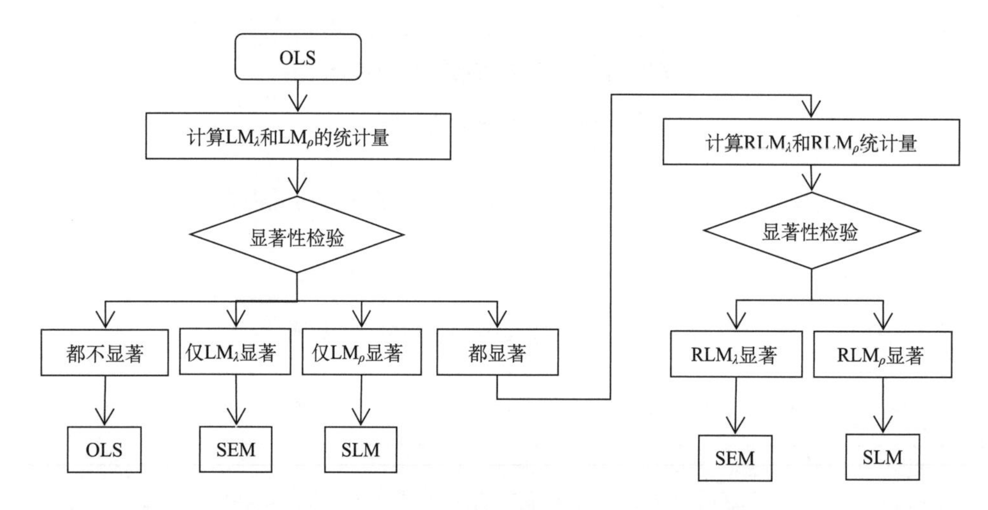

图 2–100　空间滞后模型与空间误差模型的选择流程

首先进行最小二乘回归，得到残差。然后，计算空间滞后模型和空间误差模型的拉格朗日乘子检验统计量，并比较它们的显著性。若两者都不显著，则选择最小二乘回归；若其中之一显著而另一个不显著，则选择显著的统计量对应的模型；若两者都显著，则需再使用稳健的拉格朗日乘子检验，然后选择显著的统计量所对应的模型。安塞林（Anselin，2006）构造的稳健的拉格朗日乘子检验统计量的计算公式如下：

$$\mathrm{RLM}_{\lambda}=\frac{\left(\tilde{\mathrm{d}}_{\lambda}-TD^{-1}\tilde{\mathrm{d}}_{\rho}\right)}{T\left(1-TD\right)}\sim x^{2}\left(1\right)$$ （公式 2–96）

$$\mathrm{RLM}_{\rho}=\frac{\left(\tilde{\mathrm{d}}_{\lambda}-\tilde{\mathrm{d}}_{\rho}\right)^{2}}{D-T}\sim x^{2}\left(1\right)$$ （公式 2–97）

其中，$\tilde{\mathrm{d}}_{\lambda}=e'We/n^{-1}e'e$，$\tilde{\mathrm{d}}_{\rho}=e'Wy/n^{-1}e'e$，$T=tr\left(\left(W+W'\right)W\right)$，$D=T+(WX\tilde{\beta})'(I_n-X(X'X)^{-1}X')(WX\tilde{\beta})(n^{-1}e'e)^{-1}$，$e$ 是最小二乘估计的残差，$\tilde{\beta}$ 是最小二乘估计的系数估计值。

需要注意，稳健的拉格朗日乘子（RLM_{λ}、RLM_{ρ}）必须在非稳健的两个拉格朗日乘子检验都显著的情况下使用。若两稳健的拉格朗日乘子检验仍然都是显著的，一般常见于大样本量的情况，则倾向于选择更为显著的那个统计量对应的模型。

3. 信息准则

除了拟合优度 R^2 检验以外，常用的检验准则还有自然对数似然函数值（Log likelihood，LogL）、似然比率（Likelihood Ratio，LR）、赤池信息准则（Akaike information criterion，AIC）、施瓦茨准则（Schwartz criterion，SC）。对数似然值越大，AIC 和 SC 值越小，模型拟合效果越好。这几个指标也用来比较 OLS 和 SLM、SEM 哪个模型更合适。似然值的自然对数最大的模型最好。

1973 年，日本著名统计学教授赤池弘次（H. Akaike)在研究信息论中时间序列时，提出了综合权衡模型适用性和复杂性的 AIC 准则。对于所建模型，AIC 准则为：

$$\mathrm{AIC}=-2\mathrm{In}\left(L\right)+2k$$ （公式 2–98）

其中，$\mathrm{In}\left(L\right)$ 表示对数似然函数值，k 代表模型中的参数个数。

AIC 信息准则说明应优先考虑 AIC 值更小的模型。AIC 公式中第一项表示模型与真实分布的偏差。通常模型参数越多，估计偏差越小，但当估参数增多，第二项则会增大；反之亦然。当引入不必要的变量时，模型的似然函数值也会降低，但我们不希望选择这种模型，所以 AIC 第二项是参数数量增加的惩罚项。因此若用 AIC 来选择模型，则可以说是同时注重了模型的拟合度和效率。AIC 希望用最少的参数估计出与数据最吻合的模型，这显然比仅依据模型拟合度来选择模型更为合理。尽管 AIC 在实际应用中相对于使用似然函数值来说取得了更好的效果，但也有不足之处。在样本数据具有较高偏度或峰度时，惩罚项是无法弥补最大似然估计在估计参数时的损失。同时，当备选模型具有相同的结构和参数时，AIC 准则就退化成比较最大似然值。在 AIC 准则中，模型参数个数的惩罚项系数始终为 2，与样本容量 n 无关。然而，随着样本容量的增大，模型拟合的误差随之放大，导致当样本容量趋于无穷大时，AIC 准则选择的拟合模型不收敛于真实模型，因此大样本时 AIC 准则选择的模型通常更倾向于比真实模型参数更多的模型。为此，赤池弘次于 1979 年提出贝叶斯信息准则：

$$\mathrm{BIC} = -2\ln(L) + k\ln(n) \quad （公式 2–99）$$

同时吉迪恩 • 施瓦茨（Gideon Schwartz）在 1978 年提出的基于无先验信息的贝叶斯理论的最大后验密度，也得出同样的判别准则。另外还有汉南—奎因准则

$$\mathrm{HQ} = -2\ln(L) + \ln(\ln(n))k \quad （公式 2–100）$$

当然也可以通过基于贝叶斯估计的方法来处理模型选择的问题。

事实上，有的模型选择方法具有很大的局限性，有的会出现一定的误选，而有的需要特殊的处理技巧。这就需要我们对这些方法进行一定的理论探索和模拟分析，给出合理的有效性评判，从而为实证研究中如何选择恰当的模型建立理论基础。在当前空间计量模型的实证研究中，多数文献是基于拉格朗日乘子检验在空间滞后和空间误差模型中进行选择和分析。

4. 上述回归模型存在的问题

上述模型具有一个共同的特点，即模型参数全局统一，也就是不同地点的回归参数是一样的；因此上述模型也称为全局回归模型。全局回归模型假设变量在空间上是平稳的，该假设隐藏了变量之间回归关系在空间上的差异。全局回归模型可以估计响应变量对独立变量在研究区整体的响应强度和显著程度，直接给出研究区各变量之间响应关系的空间平均状态，无法体现不同空间位置上回归关系或回归系数的差异。

全局回归模型无法处理空间非平稳数据的回归。所谓空间非平稳性是指因地理位置的变化而引起的变量间关系或结构的变化。空间呈现非平稳性的原因如下：（1）随机抽样的误差引起的。抽样误差是无法避免的，也是无法观察的，所以统计学通常简单地假定它服从某一分布，忽略了事实上存在的空间上的分异变化。（2）不同地

区自然与人文环境差异所引起的变量间关系随空间位置变化的情况。这种变化反应是数据本身的空间特性，故在空间分析中需要重点关注。（3）分析模型与实际不符或者忽略了模型中一些应有的回归变量而导致空间上的非平稳性。

三、地理加权回归

为了解决空间非平稳性问题，还为了体现回归系数的空间差异，国外有些学者先后提出了三种方案：

第一，分区回归与移动窗口回归。分区回归是先按照一定的规则（通常采用现有行政区划或自然分区）将整个研究区划分为若干区域，再对每个区域分别建立全局回归方程，得到不同区域的回归参数。为了规避分区回归中行政区划或自然分区边界处出现的参数突变情况，又提出移动窗口回归。该方法在每个对象周围定义一个窗口，其形状和大小可以是固定的也可以是变化的，然后对每个窗口内的数据建立回归方程，进行参数估计（覃文忠，2007）。虽然移动窗口回归在某种程度上缩小了不同区域参数突变的程度，但其仍然会出现相邻回归样本参数估计值突变的情况。这两种方法承认样本数据在整个研究区域内是非平稳的；但通过划分子区域后，认为样本在子区域上是平稳的；可见这不能从根本上解决全局回归的弊端。

第二，空间变参数回归模型。空间变参数回归模型是标准线性模型的推广。在该模型中参数是空间对象地理位置的某种函数，使得回归参数随对象空间位置的改变而发生变化。其空间结构由两两差分先验的多元扩展来指定，从而使相邻结构的合并和简单的采样方案成为可能。

第三，地理加权回归（Geographic Weighted Regression，GWR）。地理加权回归是福廷汉姆提出的一种局部加权回归模型。它表达了回归系数随空间位置的变化而变化的情况（Fotheringham，1997）。GWR 是基于地理数据空间自相关的特性，采用数据借用（Borrowing）技术实现空间变参数回归的一种方法，也是普通全局回归模型的拓展。其实质是将空间影响以距离权重的形式加入到模型中，根据地理空间位置不断发生变化的参数估计值进行回归分析，来描述局部区域的空间非平稳性。由于 GWR 是空间自相关性与空间异质性的有机结合，且考虑到了空间对象的局部效应，因此，被广泛应用于空间变量局部相关因果关系的研究（Fotheringham *et al.*，1998；Fotheringham and Brunsdon，2001；Fotheringham and Oshan，2016；Fotheringham *et al.*，2020）。下面重点介绍地理加权回归。

（一）GWR

地理加权回归 GWR 是一种空间分析技术，广泛应用于地理学及涉及空间模式分析的相关学科。GWR 通过建立空间范围内每个点处的局部回归方程，探索研究对象在某尺度的空间变化及相关驱动因素，并对未来结果进行预测。由于它考虑了空间对象的局部效应，因此其估计参数具有更高的准确性。

GWR 是典型的局部回归模型，是对普通线性回归模型的扩展，并将空间位置信息集成到回归参数的估计中。对每个空间位置而言，通过借助邻近空间位置的观测信息，构建单独的局部加权回归模型，逐点估计参数。在借助邻近空间位置观测信息时，其本质是将地理学第一定律应用在回归模型的地理加权中，即接近位置 i 的观测数据比那些远离 i 位置的数据对参数估计有更多影响。最终得到整个研究区所有空间位置的回归模型。不同的回归系数充分刻画了回归关系的空间差异。目前 GWR 及其变体被广泛用于空间变量之间响应关系的空间异质性分析。

GWR 是对普通线性回归模型的扩展，将样点数据的地理位置嵌入到回归参数估计之中。当响应变量类型不同时，需要选择相应的 GWR 模型。

1. 基于连续变量的高斯模型

对每个观测单元均有回归方程：

$$y_i = \sum_{k=1}^{m} \beta_k (u_i, v_i) x_{k,i} + \varepsilon_i; i = 1, 2, \cdots, n \qquad \text{（公式 2–101）}$$

其中，(u_i, v_i) 为第 i 个观测单元的空间位置（这里的空间位置可以为地理坐标或投影坐标），$\beta_k (u_i, v_i)$ 为第 i 个观测单元处的第 k 个独立变量的回归系数。$x_{k,i}$ 为第 i 个观测单元处的第 k 个独立变量。当 $\beta_{1k} = \beta_{2k} = \cdots = \beta_{nk}$ 时，地理加权回归模型则退化为普通线性回归模型。

（1）利用空间权重矩阵 W 实现数据的借用

对于第 i 个观测单元，由于其观测自变量与因变量的数量有限，为了校准第 i 个观测单元的 GWR 模型，需要借用位置 i 周围的观测值。这点与地理学第一定律一致，即相近的事物更相似。周围观测值可按地理加权的方式进入回归方程。具体过程如下：当估计位置 i 的回归系数时，根据一定范围内各观测单元的位置，测量它们与位置 i 的距离。基于特定的距离衰减函数（核函数），代入并计算周围观测单元在局部回归方程里的权重，由周围权重非 0 的观测单元共同估计位置 i 处的回归系数，计算公式如下：

$$\beta(u_i,\ v_i)=\left(X^TW(u_i,\ v_i)X\right)^{-1}X^TW(u_i,\ v_i)Y \qquad （公式 2–102）$$

其中，$W(u_i,\ v_i)$ 为第 i 个观测单元处的权重矩阵。距离越近的观测单元权重越大。X 为独立变量矩阵，Y 为响应变量矩阵。不同位置的回归系数不同，使得 GWR 具有识别空间异质性的能力。

根据地理学第一定律，GWR 模型计算权重的基本原则为"距离越近，赋予的权重值越高；反之，权重值越低"。因此，可通过任意值域为[0,1]，以及关于空间距离的单调减函数实现权重计算，并称之为核函数。图 2–101 给出了 GWR 回归模型中权重计算基于特定的距离衰减函数（核函数），以及借用邻近点观测值参与回归的示意。

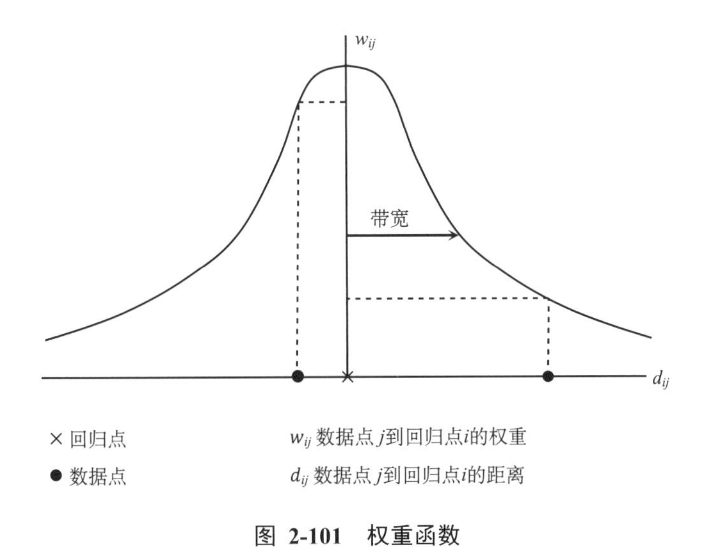

图 2-101　权重函数

距离衰减函数（核函数）一般采用高斯（Gaussian）函数或近高斯函数（Bi–Square 函数）。根据带宽的确定方法分为固定核函数和自适应核函数。带宽设置用于决定每个位置的拟合需要借助周围多少个样本。不同的带宽下回归参数的空间平滑度不同：

①固定高斯核函数：$w_{i,j}=\exp\left(-\dfrac{d_{i,j}^2}{\theta^2}\right)$

②自适应高斯核函数：$w_{i,j}=\exp\left(-\dfrac{d_{i,j}^2}{\theta_{i(k)}^2}\right)$

③固定近高斯函数：$w_{i,j}=\begin{cases}\left(1-\dfrac{d_{i,j}^2}{\theta^2}\right)^2, d_{i,j}<\theta \\ 0, d_{i,j}>\theta\end{cases}$

④自适应近高斯函数：$w_{i,j}=\begin{cases}\left(1-\dfrac{d_{i,j}^2}{\theta_{i(k)}^2}\right)^2, d_{i,j}<\theta_{i(k)} \\ 0, d_{i,j}>\theta_{i(k)}\end{cases}$

其中，$w_{i,j}$表示观测单元j相对观测单元i的距离权重，$d_{i,j}$表示观测单元j相对观测单元i的距离，θ为由距离决定的固定带宽大小，$\theta_{i(k)}$为由第k个最近邻观测单元与相对观测单元i的距离决定的自适应带宽大小。地理加权回归对核函数的选择不是很敏感，但是对于带宽的变化却非常敏感。带宽过大会导致回归参数的偏差过大，带宽过小又会导致回归参数的方差过大。

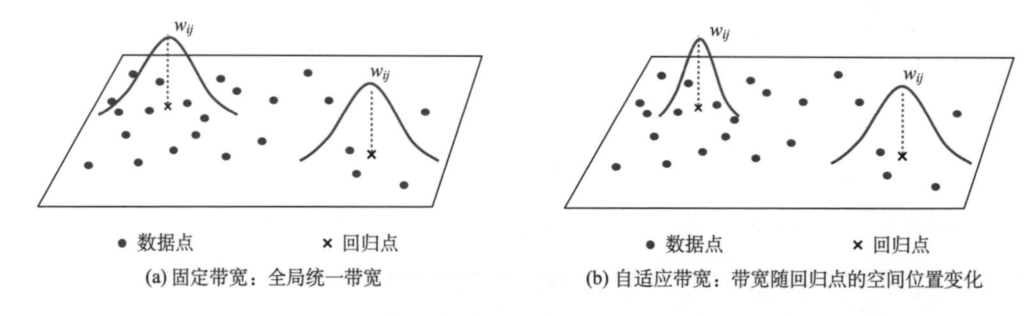

图 2–102　固定带宽与自适应带宽示意

资料来源：Fotheringham, 2019a。

（2）带宽的选择

· CV（交叉验证）

$$\mathrm{CV}=\frac{1}{n}\sum_{i=1}^{n}\left[y_i-\hat{y}_{\neq i}(b)\right]^2 \quad \text{（公式 2–103）}$$

其中，$\hat{y}_{\neq i}(b)$表示在回归参数估计的时候，不包括回归点本身，只根据周边点的数据进行回归的估计值，然后把不同带宽和对应的CV绘制成趋势线，则可以找出最小CV值对应的带宽为最佳带宽。

• AIC（最小信息准则）

$$\mathrm{AIC}=2n\ln(\hat{\sigma})+n\ln(2\pi)+n\left[\frac{n+tr(S)}{n-2-tr(S)}\right] \quad \text{（公式 2–104）}$$

当有可供选择的模型参数时，选择AIC最小的那个。因为AIC的大小由模型的极大似然函数和独立参数的个数两个值决定。参数越少，AIC越小；极大似然函数越大，AIC也越小。参数少表示模型简洁，极大似然函数大表示模型精确。因此AIC在评价模型时兼顾了简洁性和精确性。当两个模型间存在较大差异时，该差异肯定首先出现在模型的极大似然函数上。当这个函数没有出现显著差异时，模型独立参数的个数才起作用，即参数个数越少的模型，表现得越好。这个准则也称为最小信息准则。

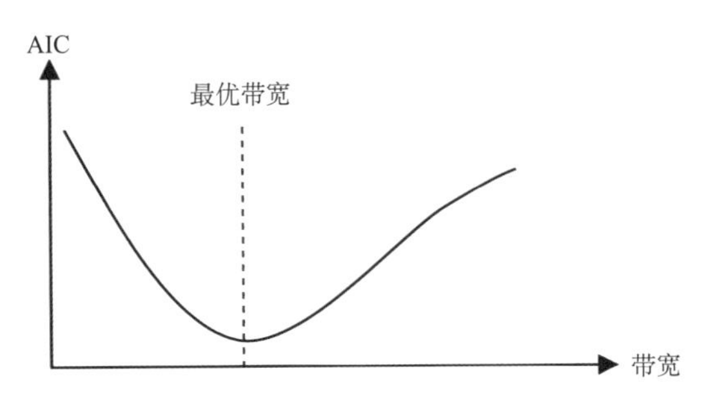

图 2–103　基于 AIC 选择带宽

带宽的选择实质是偏差与方差之间的权衡。带宽太窄导致局部估计的方差过大；带宽太宽导致局部偏差过大。

2. 基于计数变量的泊松模型

对于计数变量（患病人数、犯罪人数、自然灾害的发生次数等）的回归分析要求回归模型只能估计出非负数结果。对每一个观测单元均有回归方程。方程中P_i为偏离项，表示第i个观测单元处的总风险人数或总风险基数：

$$\lambda_i = P_i \exp\left(\sum_k \beta_k(u_i,v_i)x_{k,i}\right) + \varepsilon_i, i=1,2,\cdots,n \qquad \text{（公式 2–105）}$$

其中，(u_i,v_i)为第i个观测单元的空间位置，$\beta_k(u_i,v_i)$为第i个观测单元处的第k个独立变量的回归系数。$x_{k,i}$为第i个观测单元处的第k个独立变量。

3. 基于二元变量的逻辑模型

对于二元变量（事件发生为 1，未发生为 0），例如个体是否患病、地区的饮用水是否污染等。我们定义事件发生的概率为：

$$P(y_i=1)=p_i; \quad P(y_i=0)=1-p_i; \qquad \text{（公式 2–106）}$$

当对这样的数据进行回归分析时，要求回归模型只能给出结果在 0～1 事件的发生概率。对每一个观测单元均有回归方程：

$$p_i = \log it\left(\sum_k \beta_k(u_i,v_i)x_{k,i}\right) + \varepsilon_i, i=1,2,\cdots,n; \qquad \text{（公式 2–107）}$$

$$\log it(z) = \frac{\exp(z)}{1+\exp(z)};$$

其中，(u_i,v_i)、$\beta_k(u_i,v_i)$和$x_{k,i}$的含意同上。

（二）GWR 模型结果的解读

在带宽优选的基础上，可实现 GWR 模型求解。而 GWR 模型结果的解读需要关注两个环节：模型诊断信息和结果可视化分析。

GWR 模型诊断信息主要包括：（1）残差平方和（Residual Sum of Squares，RSS）：反映模型预测精度；（2）R^2或其调整版本：反映模型拟合优度（Goodness of Fit，GoF）；（3）AIC：综合反映 GWR 模型结果的 GoF 和模型的复杂度。

一般情况下，可将 GWR 模型的诊断统计量与一般线性回归分析结果进行对比，观察 GWR 模型是否表现出显著的改进。注意 AIC 值是针对特定建模过程的相对统计量，即只有同一套数据和同一套因变量的 AIC 值才具有可比性。当 AIC 值变化大于 3 时，则认为模型间具有显著不同。

GWR 模型是关于位置的解算，也决定了其最典型的特点：结果可便捷地进行地图可视化。GWR 模型结果的可视化解读是此类研究的关键，即直观展示各自变量回归系数 β 的空间分异，并结合地理逻辑解译可能造成该格局机制。

（三）GWR 模型检验

作为一个特点鲜明的技术，GWR 模型被广泛应用，但相对于一般线性回归分析它是一种复杂度更高的技术。在建模过程中采用 GWR 技术的一个重要假设就是“空间数据关系中存在显著的空间异质性或非平稳性特征”。因此，采用 GWR 技术对空间关系进行建模时，需要进行必要的模型关系异质性特征检验。

早期布伦斯登（Brunsdon）等提出了蒙特卡洛模拟方法，对 GWR 模型中的每一个自变量，检验其是否具有显著的空间异质性。之后梁怡（Leung）提出了系列 F 检验方法，分别提出了对模型整体和单个自变量进行检验的 F 统计量。因此，在正式采用 GWR 技术对模型求解之前，有必要利用上述检验方法确认其空间异质性特征。

与一般线性回归分析类似，对每一个回归分析点的局部模型求解，GWR 也会输出对应的 t 检验结果，以判断对应参数估计的非零显著性特征。t 检验结果可与 GWR 模型参数估计结果进行综合解释，如屏蔽掉不显著的参数估计结果，以更加精确地呈现结论。

（四）GWR 技术问题分析

GWR 在其发展过程中也因为一些问题（如多重共线性）而饱受诟病。多重共线性是回归中的常见问题。由于自变量间存在较强相关关系，导致模型求解结果失真甚至出现非唯一解现象。在 GWR 模型中，由于仅有部分样本有效地参与到局部模型的求解中，故存在更高的多重共线性风险。即使某些变量在全局上线性无关，也可能存在较强的局部共线性。

惠勒（Wheeler）提出了地理加权拉索（Lasso）回归（Geographically Weighted Lasso，GWL）和地理加权岭回归分析（Geographically weighted ridge regression，GWRR）方法。戈利尼（Gollini）等探讨了岭参数局部补偿地理加权回归分析技术，一定程度上缓解了 GWR 模型潜在的共线性风险。福廷汉姆和奥尚利用一系列模拟实验尝试证明 GWR 技术对共线性风险是稳健的。而卢宾宾等人认为多重共线性风险仍然是 GWR 技术的桎梏。除了以上针对性的技术扩展，全面细致的数据分析和变量选择是规避这种风险的有效途径（卢宾宾等，2020）。

GWR 所面临的另一问题是统计推断问题，围绕其相关的检验和推论能否成立一直存在较大的争议。如空间关系异质性检验的结果可能受到变量错误、多重共线性等方面的影响，甚至出现假象误导。而前述 GWR 模型的 t 检验结果，因为带宽选择和模型参数估计的过程中样本不断被复用，也存在典型的多重依赖假设检验问题。针对这个问题学者们也提出了多个 t 检验值纠正算法，值得读者进一步探索与尝试。

（五）GWR 的优势、应用与实践

与空间全局模型相比，GWR 优势如下：（1）全局回归得到的模型参数全空间一致，GWR 针对不同地方得到的模型参数不同；（2）全局回归用于发现研究区中共同存在的一种规则，而 GWR 则寻找研究区中规则的空间分异特征；（3）全局回归得到的模型参数在空间上无差异，GWR 回归得到的参数在空间上有差异，可以进行空间制图。（4）GWR 的残差 ε 小，且没有自相关性。GWR 增加了回归参数的数量。回归结果能较好地拟合观测结果，故 GWR 的残差较小。由于 GWR 的 β 参数能很好地提取出空间自相关性，因此剔除了 ε 项的空间自相关性。图 2–104 展示了分别采用全局模型和 GWR 模型对伦敦房价进行回归后的残差空间分布。很明显 GWR 模型的残差小，且不存在空间自相关。

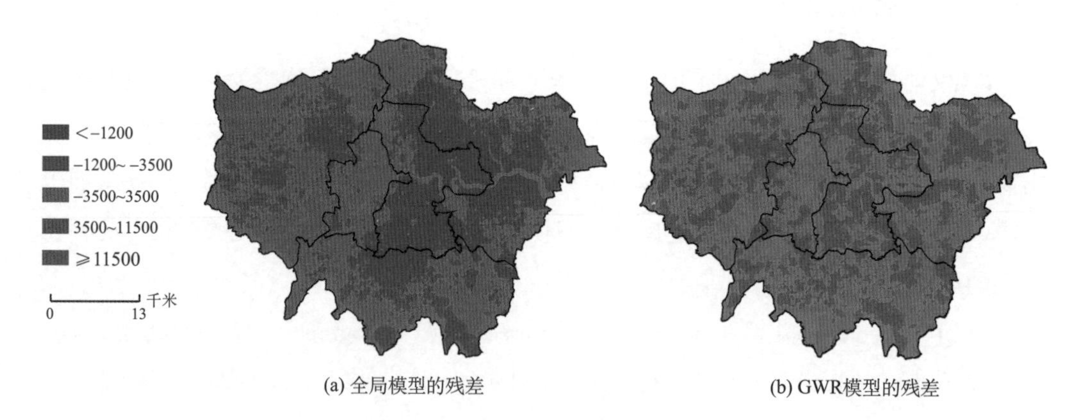

(a) 全局模型的残差　　(b) GWR模型的残差

图 2–104　全局模型与 GWR 模型残差的比较

资料来源：Fotheriugham, 2019b。

GWR 是空间相似性和空间异质性两种思想的综合体现，也被称为“真正的空间技术”。GWR 根据地理学第一定律：空间越邻近观测值越接近的理论，采用空间权重实现了观测数据的借用；同时 GWR 的输出随空间位置而异，制图后可用于探讨地理现象的空间异质性。总之，GWR 是地理研究中常用的一种回归模型。

近年来，很多国内外学者基于 GWR 进行某要素的驱动因素及其空间异质性分析。例如，罗洁琼等（Luo *et al.*，2017）基于 1998～2012 年的 3 年平均 $PM_{2.5}$ 格点数据，收集社会指标、经济指标、自然指标，利用 GWR 模型对 $PM_{2.5}$ 构建多元回归模型，确定影响 $PM_{2.5}$ 的核心变量以及各变量的作用方式及其空间差异，分析各变量对 $PM_{2.5}$ 的影响机理，提出相应的政策建议。吴姗姗等（Wu *et al.*，2017）基于射阳河流域土地利用数据以及 2015 年 6 月采集的 31 个样本点的 7 种重金属浓度数据，借助 GWR 分析了四种土地利用类型（城市用地、农用地、森林、水体）的占比和重金属浓度的回归关系空间分布，确定了各类金属来源及其受不同土地利用的影响强度的空间差异。胡喜生与徐涵秋（Hu and Xu，2019）基于 2016 年 6 月 25 的 Landsat 8 OLI/TIRS 遥感影像，提取了反映地表温度和地表水分的指标以及体现土地利用类型的指标（建筑用地、裸地、植被），采用 GWR 模型分析气候对不同土地利用类型响应的区域差异及其原因。程昌秀等（Cheng *et al.*, 2020）采用地理加权回归，分析了 2020 年新冠疫情期武汉封城前后，中国不同地区应急措施和人口流动对当地疫情严重程度影响的空间分异。

此外 GWR 模型还可以用于某要素的空间插值或空间分布估计。例如，纳泽和比拉尔（Nazeer and Bilal，2018）基于美国陆地卫星系列的第五颗卫星（Landsat 5）专题制图仪（Thematic Mapper，TM）的影像得到香港范围内与盐度相关的反射率数据。同时从香港环境保护部获取 76 个采样点的盐度实测数据，以这 76 个采样点作为盐度回归方程的 Y，采样点空间位置对应的各波段反射率数据作为 X，构建全局 GWR 回归模型。最后基于构建的 GWR 回归模型，借助香港范围的反射率数据估计整个研究区的盐度空间分布。

关于 GWR 相关的软件工具及实验步骤详见第五章。

（六）GWR 的扩展

1. 从 GWR 到多尺度地理加权回归

GWR 在不同区域可以自适应地采用不同带宽，但对同一地方不同的独立变量 (x_1, x_2, x_3, x_4)，其带宽是统一的，如图 2–105(a)所示。而多尺度地理加权回归（Multi–Scale Geographic Weighted Regression，MGWR）是对 GWR 在模型变量带宽上的改进（Fotheringham *et al.*，2017）。由于并非所有变量对响应变量影响的作用范围相同，MGWR 中每个独立变量在不同地方都有其各自的作用范围，即独立带宽。带宽可以反映变量局部作用范围。带宽越大，该变量对响应变量的影响范围更大；带宽越小，则该变量对响应变量的影响范围更小，如图 2–105(b)所示。

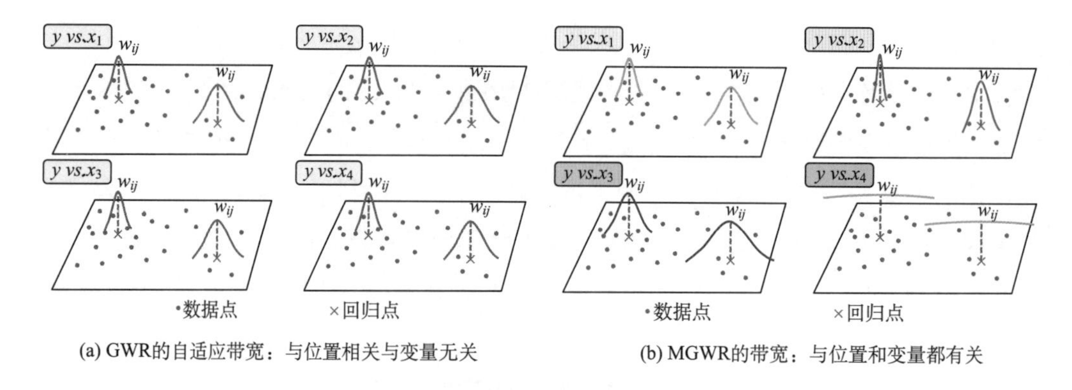

(a) GWR的自适应带宽：与位置相关与变量无关　　(b) MGWR的带宽：与位置和变量都有关

图 2–105　GWR 和 MGWR 带宽选择的区别

资料来源：Fotheriugham, 2019c。

2. MGWR 与多层次回归模型的区别

目前回归中还有多层次（Hierarchical）回归模型，下面介绍多层次回归能解决的科学问题。这里需要体会 MGWR 与多层回归模型的区别。MGWR 是同一层次的数据用不同的带宽进行回归；而参与多层回归的解释变量本身就是不同层次或尺度下的统计结果。

多层次模型则是使用多层次数据阐述不同层级或尺度间关系的统计技术。在过去几十年间，多层次模型的统计基础在各学科内发展起来，并被给予不同的称谓，包括分层线性模型、随机系数模型、混合效应模型、协方差结构模型以及增长曲线模型等。所有这些多层次模型的具体形式都可归纳为两类：多元回归统计和结构方程模型（Structure Equation Model，SEM）[①]。

多层次模型被用于分析阶层结构的数据，所谓层次是指由较低层次的观测数据嵌套在较高层次之内的数据结构所组成。2003 年美国国家科学院医学研究所关于公众健康的报告更清楚地反映了多层次因素的相互依赖性和层级化特征。图 2–106 展示了健康决定因素的社会生态模型。该报告强调，公共健康专家以及研究者必须理解和应用社会生态学路径，以期成功地改善国家整体的健康状况。

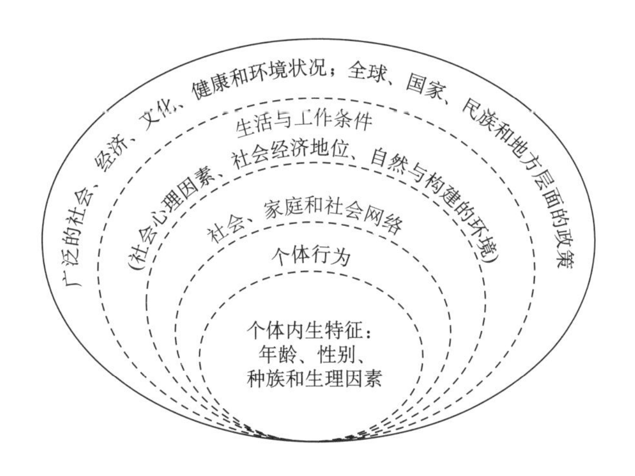

图 2–106 影响健康的决定因素的多层次索引图

如果模型包含了不同层次的测量变量，则被称为多层次模型。在多层次模型中，宏观高层所对应的每组都可以估计出一条低层的直线方程。每条直线方程都有相同的自变量和因变量，但是回归系数不同。所有方程被一个高层模型所联结。在高层次模型中，第一层次的回归系数可以被第二层次的解释变量所解释（例如收入对主观幸福感的效应可以被省份变量所解释）。

多层次模型可以刻画低层变量与高层变量的交互，如学生性格特性与学校特征（教学风格）之间的交互：学生个人性格与学习成绩之间的关系会受到一定类型教学风格

①结构方程模型是一种融合了因素分析和路径分析的多元统计技术。它的强势在于对多变量间交互关系的定量研究。

的强化或者削弱。学生是微观层次，而老师是宏观层次。老师与学生之间的交互作用即微观与宏观的跨层级交互作用。

3. 其他扩展

除了上述扩展外，GWR 在其他方面也在不断演化和改进，如考量异方差特征的 GWR 方法、弱化异常值影响的稳健性地理加权回归分析、将参数估计扩展为空间坐标的线性函数的基于局部线性估计的 GWR 技术、非高斯建模框架下的广义地理加权回归分析、地理加权序数回归分析用于海量数据 GWR 模型求解的高性能解决方案（如 Grid–Based GWR、FastGWR 和 Scalable GWR）等。

四、分层异质的归因

前面章节介绍了用 q 判定某分区方案表征现实观测值异质性的程度；本节介绍如何用 q 进行归因分析。用 q 进行归因分析的工具被称为“地理探测器”。地理探测器探测的是空间分异性并揭示其背后驱动力。其核心思想是基于这样的假设：如果某个自变量对某个因变量有重要影响，那么自变量和因变量的空间分布应该是相互耦合的。地理分异既可以用分类算法来表达，例如环境遥感分类；也可以根据经验确定，例如胡焕庸线。地理探测器擅长分析类型量，而对于顺序量、比值量或间隔量，只要进行适当的离散化，也可以利用地理探测器对其进行统计分析。因此，地理探测器既可以探测数值型数据，也可以探测定性数据。这正是地理探测器的一大优势。地理探测器的另一个独特优势是可以探测两因子交互作用。交互作用一般的识别方法是在回归模型中增加两因子的乘积项，检验其统计显著性。然而，两因子交互作用不一定是相乘关系。地理探测器通过分别计算和比较各单因子q值及多因子叠加后的q值，可以判断因子间是否存在交互作用，以及交互作用的强弱、方向、线性还是非线性等。因子叠加既包括相乘关系，也包括其他关系。

（一）地理探测器原理[①]

空间分异性是地理现象的基本特点之一。地理探测器是探测和利用空间分异性的

① 本节大部分内容引自 Wang *et al.*, 2017。

工具。地理探测器包括 4 个探测器。

1. 分异及因子探测器

地理探测器不仅可以量化单变量的空间分层异质性，也可探测不同解释变量对因变量的解释力（Wang *et al*，2010b；王劲峰等，2017；Yang *et al.*，2018）。即若因变量受某解释变量影响，则二者的时间和空间分布会呈现一定的耦合关系。

每个因子的解释力及其交互作用可通过因子探测器中的 q 值来确定，其输入数据包括一个因变量及各因子的分层信息（王劲峰等，2017）。q 值计算公式如下：

$$q = 1 - \frac{\sum_{h=1}^{L} N_h \sigma_h^2}{N\sigma^2} \qquad \text{（公式 2–108）}$$

$$\mathrm{SSW} = \sum_{h=1}^{L} N_h \sigma_h^2 \text{；} \ \mathrm{SST} = N\sigma^2 \qquad \text{（公式 2–109）}$$

其中，q 表示风险因子的解释力，范围从 0 到 1，即所选因子解释疾病发病率变化的 $q \times 100\%$。q 值越大，因子的解释力就越大。若 q 值为 0，则意味着所选因子与疾病完全无关。相反，若 q 值为 1，则意味着所选因子与疾病完全相关。此外，$h = 1, 2, \cdots, L$ 为变量 Y 或因子 X 的分层或分类；N_h 和 N 分别为层 h 和全区的单元数；σ^2 表示全区 Y 的方差。σ_h^2 是层 h 内疾病发病率的方差。SSW 和 SST 分别为层内方差之和与全区总方差。

2. 交互作用探测器

识别不同风险因子 X_s 之间的交互作用，即评估因子 X_1 和 X_2 共同作用时是否会增加或减弱对因变量 Y 的解释力，或这些因子对 Y 的影响是相互独立的。评估的方法步骤如下：

第一步，分别计算两种因子 X_1 和 X_2 对 Y 的 q 值：$q(X_1)$ 和 $q(X_2)$，如图 2–106 左部和中部所示。

第二步，计算它们交互作用下（即变量 X_1 和 X_2 两个图层叠加而成的新多边形分布）的 q 值：$q(X_1 \cap X_2)$，如图 2–107 右部所示。

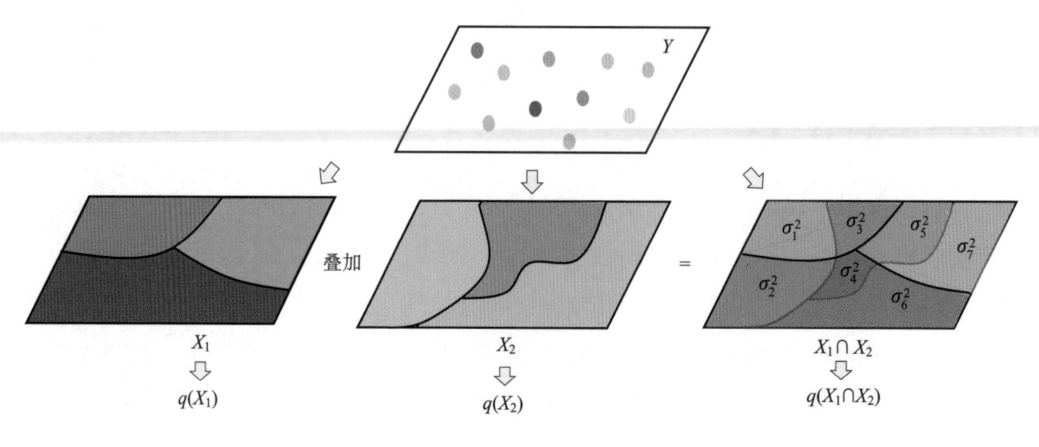

图 2–107　交互作用探测

第三步，根据表 2–22，比较 $q(X_1)$、$q(X_2)$ 与 $q(X_1 \cap X_2)$ 的取值大小，得出变量 X_1 和 X_2 的交互作用类型。

表 2–22　交互作用的类型

类型	交互作用
$q(X_1 \cap X_2) < Min(q(X_1, X_2))$	非线性减弱
$Min(q(X_1, X_2)) < q(X_1 \cap X_2) < Max(q(X_1, X_2))$	单因子非线性减弱
$q(X_1 \cap X_2) > Max(q(X_1, X_2))$	双因子增强
$q(X_1 \cap X_2) = q(X_1) + q(X_2)$	独立
$q(X_1 \cap X_2) > q(X_1) + q(X_2)$	非线性增强

资料来源：王劲峰等，2017。

3. 风险探测器

用于判断两个子区域间的属性均值是否有显著的差别，用 t 统计量来检验：

$$t_{\bar{y}_{h=1}-\bar{y}_{h=2}} = \frac{\bar{Y}_{h=1} - \bar{Y}_{h=2}}{\left[\frac{\mathrm{Var}\left(\bar{Y}_{h=1}\right)}{n_{h=1}} + \frac{\mathrm{Var}\left(\bar{Y}_{h=2}\right)}{n_{h=2}}\right]^{\frac{1}{2}}} \qquad \text{（公式 2–110）}$$

其中，$\bar{Y}_h$ 表示子区域 h 内的属性均值，如发病率或流行率；n_h 为子区域 h 内样本数量，

Var 表示方差。统计量 t 近似地服从 t 分布，其中自由度的计算方法为：

$$\mathrm{d}f=\frac{\dfrac{\mathrm{Var}\left(\bar{Y}_{h=1}\right)}{n_{h=1}}+\dfrac{\mathrm{Var}\left(\bar{Y}_{h=2}\right)}{n_{h=2}}}{\dfrac{1}{n_{h=1}-1}\left[\dfrac{\mathrm{Var}\left(\bar{Y}_{h=1}\right)}{n_{h=1}}\right]^2+\dfrac{1}{n_{h=2}-1}\left[\dfrac{\mathrm{Var}\left(\bar{Y}_{h=2}\right)}{n_{h=2}}\right]^2} \quad \text{（公式 2–111）}$$

零假设 H_0：$\bar{Y}_{h=1}=\bar{Y}_{h=2}$，如果在置信水平 α 下拒绝 H_0，则认为两个子区域间的属性均值存在着明显的差异。

4. 生态探测器

用于比较两因子 X_1 和 X_2 对属性 Y 的空间分布影响是否有显著差异，以 F 统计量来衡量：

$$F=\frac{N_{X_1}\left(N_{X_2}-1\right)SSW_{X_1}}{N_{X_2}\left(N_{X_1}-1\right)SSW_{X_2}} \quad \text{（公式 2–112）}$$

$$\mathrm{SSW}_{X_1}=\sum_{h=1}^{L_1}N_{X_1}\sigma_h^2,\quad \mathrm{SSW}_{X_2}=\sum_{h=1}^{L_2}N_h\sigma_h^2 \quad \text{（公式 2–113）}$$

其中 N_{X_1} 及 N_{X_2} 分别表示因子 X_1 和因子 X_2 的样本量；SSW_{X_1} 表示由因子 X_1 离散化后每一层的方差之和，SSW_{X_2} 同上；L_1 和 L_2 分别表示因子 X_1 和 X_2 分层的数目。其中存在一个零假设 H_0：$\mathrm{SSW}_{X_1}=\mathrm{SSW}_{X_2}$。即在 α 的显著性水平上，若拒绝 H_0，则表明 X_1 和 X_2 这两个因子对响应变量 Y 的影响存在着不容忽视的差异（Yang *et al.*，2018）。

5. 地理探测器的优点

地理探测器是空间数据探索性分析的有力工具。产生空间分异性的原因很多：可能由于各层（类）的机理不同，也可能是由于各层（类）的因子不同或者各层（类）的主导因子不同。这些不同都会导致空间分异性。用全局模型分析具有异质性的地理现象将难以区分其异质性，或被混杂效应所干扰，甚至导致错误的结论。因此，在数据分析前，就应当首先探测是否存在空间异质性，据此确定是使用全局模型还是选取局域模型；是使用全域变量还是选用局域变量；是使用全局参数还是局域参数？

地理探测器的适用条件：（1）擅长自变量 X 为类型量（如土地利用图），因变量 Y

为数值量（碳排放）的分析；（2）当因变量Y和自变量X均为数值量，对X离散化转换为类型量后，运用地理探测器建立的Y和X之间的关系将比经典回归更加可靠，尤其当样本量＜30时。因为统计学一般要求样本单元数＞30；而地理探测器的X为类型量，同类相似，因此样本单元的代表性增加了，或者说地理探测器可以用＜30的样本量达到更大样本量其他模型才能达到的统计精度；（3）对变量无线性假设，属于方差分析（Analysis of Variance，简称：ANOVA）范畴，物理含义明确，其大小反映了X（分层或分类）对Y解释的百分比$100\times q\%$；（4）地理探测器探测两变量真正的交互作用，而不限于计量经济学预先指定的乘性交互；（5）地理探测器原理保证了其对多自变量共线性免疫；（6）在分层中，要求每层至少有 2 个样本单元，样本越多，估计方差越小。

（二）地理探测器的实践

关于地理探测器的工具软件及实验步骤详见第五章。关于地理探测器的相关应用也可参考张等（Zhang *et al.*，2019a）的研究。

五、小结

（一）空间归因方法总结

表2–23总结了本章介绍的系列归因方法及其可能刻画的地理现象，以及对应的工具软件。

表 2–23　空间归因

假设	归因方法	刻画的地理现象机理	工具软件
全局统一	空间滞后模型（SLM）	真实空间依赖性（y的滞后效应）	Geoda
	空间误差模型（SEM）	干扰空间依赖性，即空间误差的干扰项	
	广义空间模型（GSAC）	真实空间依赖性与空间误差的干扰项	
	空间杜宾模型（SDM）	空间滞后模型（x和y的共同滞后效应）	
	空间杜宾误差模型（SDEM）	空间滞后模型（x的滞后效应）与空间误差的干扰项	
	自变量滞后模型（SLX）	空间滞后模型（x的滞后效应）	
	广义空间嵌套模型（GNS）	空间滞后模型（x 和 y 的共同滞后效应）与空间误差的干扰项	

续表

假设	归因方法	刻画的地理现象机理	工具软件
全局&局部	地理加权回归（GWR）	回归系数随空间位置的变化而变化；不同地方可采和不同的回归带宽	GWR（ArcGIS） R（spgwr）
	多尺度地理加权回归（MGWR）	回归系数随空间位置的变化而变化；不同独立变量的不同地方采用的回归带宽不一样	
分层异质	地理探测器	自变量是类型变量的归因与反映因子间的非线性交互作用	Geodetector

（二）空间分析方法在地理研究中的联合运用

空间统计是对空间格局进行度量、推断、归因的系列方法。地理学第一定律与第二定律表明，地理学关注的空间格局方面的性质有三类：空间自相关性、空间局部异质性、空间分层异质性。不同的地理问题需要采用不同的统计方法。同一问题不同的性质也需要不同的统计方法进行度量、推断、归因。下面分别针对空间格局中的空间自相关、空间局部异质性、空间分层异质性给出不同的度量、推断、归因方法。

空间自相关性是指某地理要素或现象在空间中某单元的状态与其周围单元状态的相似性或连续性。对于空间自相关性可采用 Moran's *I*、Geary's *C*、半变异函数、协方差函数、里普利 *K* 函数等方法进行度量或刻画。对于存在空间自相关的地理要素或现象，可以充分基于其空间自相关的度量特征，采用克里金系列插值方法进行空间推断，也可以用广义空间自回归（GSAC）、空间滞后模型（SLM）、空间误差模型（SEM）、空间杜宾模型（SDM）等方法进行归因。

空间局部异质性是指地理要素或现象在局部空间存在的显著差异性。例如，空间中的局部冷热点区域。空间局部异质性可用 *G* 指数（G_i）、局部空间相关性指数（LISA）、莫兰散点图（Moran's *I* Plot）、地理分析机（GAM）、时空扫描统计（SaTScan）等方法进行度量。这种局部异质性存在的原因可以用地理加权回归（GWR）、地理多尺度加权回归（GMWR）、地理探测器（GeoDetector）等方法进行归因。

空间分层异质性可表现为分区异质性，也可表现为分层异质性。所谓空间分区异质性是地理要素或现象在空间区域上存在层内方差小于层间方差的性质。而分类异质性是指地理要素或现象在某分类体系下存在层内方差小于层间方差的性质。空间分区异质性是地理研究的核心问题。关于空间分区异质性可用 q 统计等方法进行度量。其存在的空间分区格局可用 K 均值、SCHC、Skater、AZP、Max–P、SOM 等方法进行探测。对于存在空间自相关的地理要素或现象，可充分基于其空间异质性的度量特征，采用三明治、MSN、B-Shade、SPA 等方法进行空间推断，也可以用 GWR、GeoDetector 等方法进行归因。

关于空间研究中尺度相关研究解译。在空间格局研究中，方差分析函数、里普利 K 函数、核密度分析中的 τ、分维数都提供了对空间尺度问题的解译。在空间回归分析中，多层次贝叶斯模型针对不同尺度的统计数据也提供了相应的集成分析方法。

第三章　时间序列分析方法

时间过程主要关注地理要素或地理现象随时间变化表现出的趋势、周期、非线性的特征和规律。时间序列分析方法可以帮我们定量刻画这些规律，从而服务于时间过程的推断和归因。结合地理问题与统计主题，我们将地理研究中常用的时间序列分析方法进行归类，如图 3–1 所示。在时间序列分析中，对于地理过程单变量的趋势度

<table>
<tr><th rowspan="2">地理问题
统计主题</th><th rowspan="2">格局</th><th colspan="4">时间过程</th><th rowspan="2">机制</th></tr>
<tr><th>趋势</th><th>周期</th><th>非线性特征</th><th>分段</th></tr>
<tr><td>（观测）
度量
&
探测</td><td rowspan="2">详见第二章</td><td>● 趋势特征分析：
移动平均法（MA）
指数平滑法（Exponential Smoothing Method）
MK检验等</td><td>季节周期分析（Season Cycle Analysis）
傅里叶变换（Fourier Transform）
小波交叉/相干分析（Wavelet Cross/CoherenceAnalysis）
经验模态分解（Empirical Mode Decomposition）等</td><td>赫斯特指数（Hurst exponent）
李雅普诺夫指数（Lyapunov exponent）</td><td>时间约束的聚类方法</td><td rowspan="2">时间序列分析
+
地理逻辑
⇔
解译机制</td></tr>
<tr><td>（预测）
插值
&
归因</td><td colspan="4">● 平稳时间序列建模：
自回归模型（AR）
移动平均模型（MA）
自回归滑动平均模型（ARMA）
● 非平稳时间序列建模：
差分自回归滑动平均模型（ARIMA）
● 多维时间序列建模：
向量自回归模型（VAR）
● 非平稳时间序列建模：
隐马尔可夫模型（Hide Markov Model）
● 因果检验：
格兰杰因果检验（Granger Causality）
收敛交叉映射（CCM）</td></tr>
</table>

图 3–1　时间序列分析方法

量（探测）可采用移动平均（Moving average，MA）法、指数平滑（Exponential Smoothing Method，ESM）法、MK 检验等方法。对于地理过程中周期规律的度量（探测），可采用季节周期分析、傅里叶变换（Fourier Transform，FT）、小波分析（Wavelet Analysis，WA）、小波交叉（Wavelet Cross Analysis，XWT）、小波相干分析（Wavelet Coherence Analysis，WTC）、经验模态分解（Empirical Mode Decomposition，EMD）等方法。对于地理过程中非线性特征的度量，可采用赫斯特指数（Hurst exponent，*H*）、李雅普诺夫指数（Lyapunov Exponent）等进行分析。对于地理过程的时间分段，可采用时间约束的聚类方法。

在探测出上述时间过程的特征后，针对探测出来的不同时间特征，可以尝试采用图 3–1 中列出的推断与归因方法，探寻时序变量自身或之间的关系，揭示地理过程的机理，推测地理过程的未来。下面重点介绍图 3–1 常用于地理研究的部分方法。

第一节　时间序列分析方法简介

时间序列是按时间顺序排列的一组数字序列；而时间序列分析则是利用这组数列，应用数理统计方法加以处理，以预测未来事物的发展。时间序列分析是定量预测方法之一。它包括一般统计分析（如自相关分析、谱分析等），统计模型的建立与推断，以及关于时间序列的最优预测、控制与滤波等内容。经典统计分析假设这些与时间有关的邻近样本点是独立同分布的；而时间序列分析则侧重回答一些由时间相关性带来的数学上与统计上的问题。例如，记录了某地区 1 月、2 月、…、*n* 月的降雨量，利用时间序列分析方法，可以对未来各月的雨量进行预报。

时间序列分析的基本原理：一是承认事物发展的延续性，应用过去数据能推测事物的发展趋势；二是考虑到事物发展的随机性，任何事物发展都可能受偶然因素影响，为此要利用统计分析中加权平均法对历史数据进行处理。因此，时间序列分析可以根据系统有限长度的运行记录（观测数据），建立能够比较精确地反映序列中所包含的动态依存关系的数学模型，并借以对系统的未来进行预报。

一、时间序列的不同分类

时间序列是按时间顺序排列的，随时间变化且相互关联的数据序列。分析时间序列的方法构成数据分析的一个重要领域，即时间序列分析。时间序列根据所研究的依据不同，有不同的分类。

（1）按研究变量的多少分类，有一元时间序列和多元时间序列。

（2）按时间的连续性分类，有离散时间序列和连续时间序列。

（3）按序列的统计特性分类，有平稳时间序列和非平稳时间序列。如果一个时间序列的概率分布与时间 t 无关，则称该序列为严格的（狭义的）平稳时间序列。如果序列的一、二阶矩存在且对任意时刻 t 满足：①均值为常数；②协方差为时间间隔 τ 的函数，则称该序列为宽平稳时间序列，也叫广义平稳时间序列。

（4）按时间序列的分布规律分类，有高斯型时间序列和非高斯型时间序列。

二、时间序列分析方法概述

时间序列预测技术就是通过对预测目标自身时间序列的处理来研究其变化趋势。一个时间序列往往是以下几类变化形式的叠加或耦合。我们常认为一个时间序列可以分解为以下四大部分：

（1）长期趋势变动：受某种基本因素的影响，数据随时间变化表现出一种确定倾向，即按某种规则稳步地增长或下降。例如，图 3–2(a)所示的全球气候变化的基林（Keeling）曲线。我们更关心它的趋势而不是季节性周期。

（2）季节变动：一般指时间序列在一年内重复出现的周期性波动。它是气候条件、生产条件、节假日或人们的风俗习惯等各种因素影响的结果。例如，图 3–2(b)所示的某银行每季度的获利。我们不仅关注其趋势，同时也关心叠加在增长趋势里的季节规律。

（3）循环变动：一般指时间序列呈现出的非固定长度（通常 1 年以上）的周期性变动，也称周期不固定的波动变化。循环波动的周期可能会持续一段时间，但与趋势不同。它不是朝着单一方向的持续变动，而是涨落相同的交替波动。例如，图 3–2(c)利用快速傅里叶变换（FFT）可以从干密度（气候）曲线中分离出 2 930a、1 140a、490a、250a 和 220a 等不同尺度的周期成分，可以了解每个周期的幅度、在时间上的分布、变化趋势等。

（4）不规则变动：是时间序列中除去趋势、季节变动和周期波动之后的随机波动，也称随机性变化。不规则波动通常夹杂在时间序列中，致使时间序列产生一种波浪形或震荡式的变动。只含有随机波动的序列也称平稳序列。

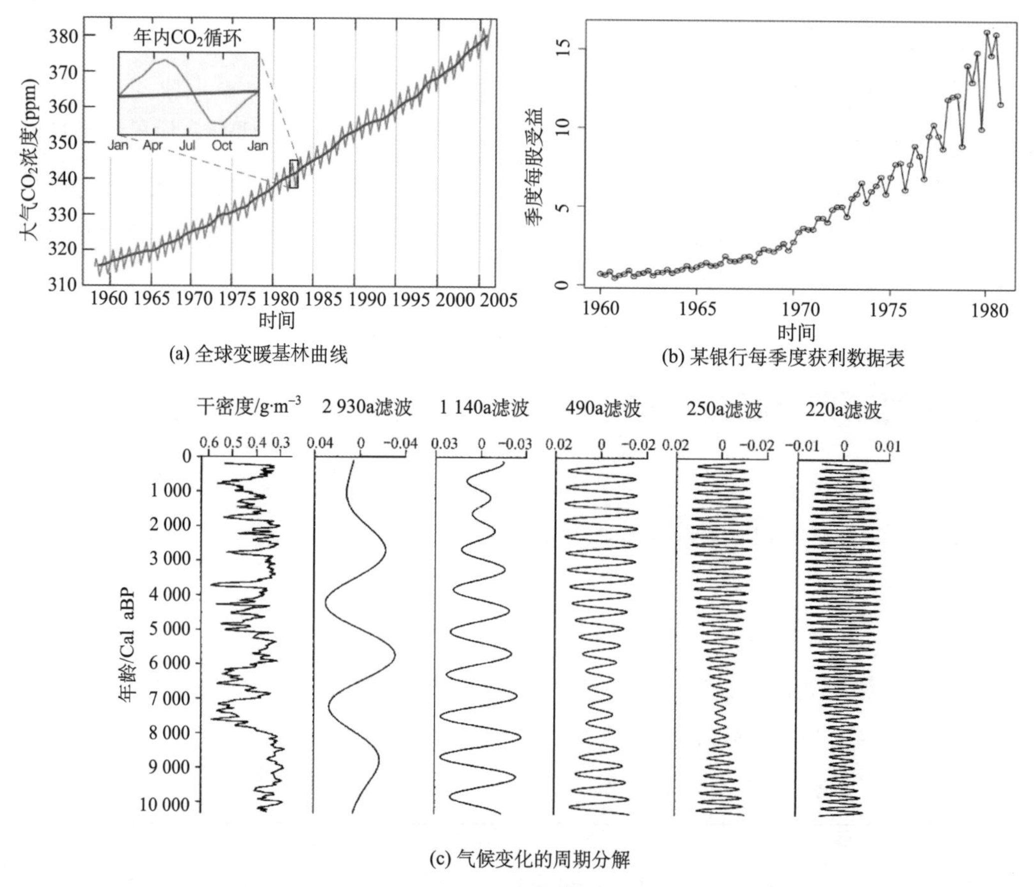

(a) 全球变暖基林曲线

(b) 某银行每季度获利数据表

(c) 气候变化的周期分解

图 3–2　常见的时间序列分析案例

三、三种时间序列模型

基于上述四大分量，常见的确定性时间序列模型有以下几种类型：

加法模型：$y_t = T_t + S_t + C_t + R_t$

乘法模型：$y_t = T_t \times S_t \times C_t \times R_t$

混合模型：$y_t = T_t \times S_t + C_t + R_t$ 或 $y_t = S_t + T_t \times C_t \times R_t$

其中，y_t 是观测目标的观测记录，T_t 表示长期趋势项，S_t 表示季节变动趋势项，C_t 表示循环变动趋势项，R_t 表示随机干扰项，$E(R_t)=0$，$E(R_t^2)=\sigma^2$。若在预测时间范围以内，无突然变动且随机变动的方差 σ^2 较小，则有理由认为过去和现在的演变趋势将继续发展到未来，并可用一些经验方法进行预测。

第二节　趋势分析

一、移动平均法

移动平均法又称滑动平均法、滑动平均模型法（Moving Average, MA）。移动平均法可以作为一种数据平滑的方式，以每天的气温数据为例，今天的天气可能与过去十天的气温有线性关系。基本思想是：根据时间序列资料逐项推移，依次计算包含一定项数的序时平均值，以反映长期趋势。因此，当时间序列的数值受周期变动和随机波动的影响起伏较大、不易显示出事件的发展趋势时，使用移动平均法可以消除这些因素的影响，显示出事件的发展方向与趋势（即趋势线），然后依趋势线分析预测序列的长期趋势。移动平均法有简单移动平均法、加权移动平均法、趋势移动平均法等。

（一）简单移动平均法

设观测序列为 y_1，…，y_r，简单移动平均的各元素的权重都相等。简单移动平均的计算公式如下：

$$y_t = \frac{1}{n}\left(y_{t-1} + y_{t-2} + \cdots + y_{t-n}\right) \quad \text{（公式 3–1）}$$

其中，y_t 是对下一期的预测值，n 是移动平均的时期个数，y_{t-1} 为前一期实际值，y_{t-2}，y_{t-3} 和 y_{t-n} 分别表示前两期、前三期直至前 n 期的实际值。

（二）加权移动平均法

在简单移动平均公式中，每期数据在求平均时的贡献是等同的。但实际上，每期数据所包含的信息量不一样。近期数据通常包含着更多关于未来情况的信息，故把各期数据等同看待是不尽合理的，应考虑各期数据的重要性，对近期数据给予较大的权重，这就是加权移动平均法的基本思想。加权移动平均法的计算公式如下：

$$y_t = \frac{1}{(w_1 + w_2 + \cdots + w_n)}(w_1 y_{t-1} + w_2 y_{t-2} + \cdots + w_n y_{t-n}) \qquad \text{（公式 3–2）}$$

其中，w_1 是第 $t-1$ 期的实际值的权重，w_2 是第 $t-2$ 期的实际值的权重，w_n 是第 $t-n$ 期的实际值的权重。

在加权移动平均法中，w_t 的选择同样具有一定的经验性。一般的原则是：近期数据的权数大，远期数据的权数小。至于大到什么程度和小到什么程度，则需要按照预测者对序列的了解和分析来确定。

（三）趋势移动平均法

简单移动平均法和加权移动平均法，在时间序列没有明显的趋势变动时，能够准确反映实际情况。但当时间序列出现直线增加或减少的变动趋势时，简单移动平均法和加权移动平均的预测就会出现滞后偏差。

趋势移动平均法是在简单移动平均法或加权移动平均法的基础上，计算变动趋势值，并对变动趋势值进行移动平均，求出若干期的变动趋势平均值，再利用此趋势平均值修正简单移动平均法或加权移动平均法的预测值，以消除原预测值滞后影响的一种计算方法。变动趋势值计算公式为：

$$F_t = M_t - M_{t-1} \qquad \text{（公式 3–3）}$$

其中，F_t 是第 t 期的变动趋势值；M_t 是第 t 期的移动平均值；M_{t-1} 是第 $t-1$ 期的移动平均值。利用变动趋势值进行预测时，可按下述模型：

$$Y_{t+T} = M_t + T \cdot \bar{F}_t \qquad \text{（公式 3–4）}$$

其中，Y_{t+T} 是距最后一项间隔期的预测值，T 是间隔期，$\bar{F}_t$ 是最后一项的平均变动趋势值。

以 1957 年到 2010 年，黑河流域莺落峡、正义峡的年径流量为例，分别用简单移动平均法、加权滑动平均法、滑动趋势平均法生成了莺落峡、正义峡年径流量的趋势曲线，如图 3–3 所示。可见，图 3–3(a)的曲线平滑了时间序列的观测曲线，基本反映了观测的总体趋势；而图 3–3(c)的曲线在反映总体趋势的前提下，还能较明显地反映出年际之间的变动。

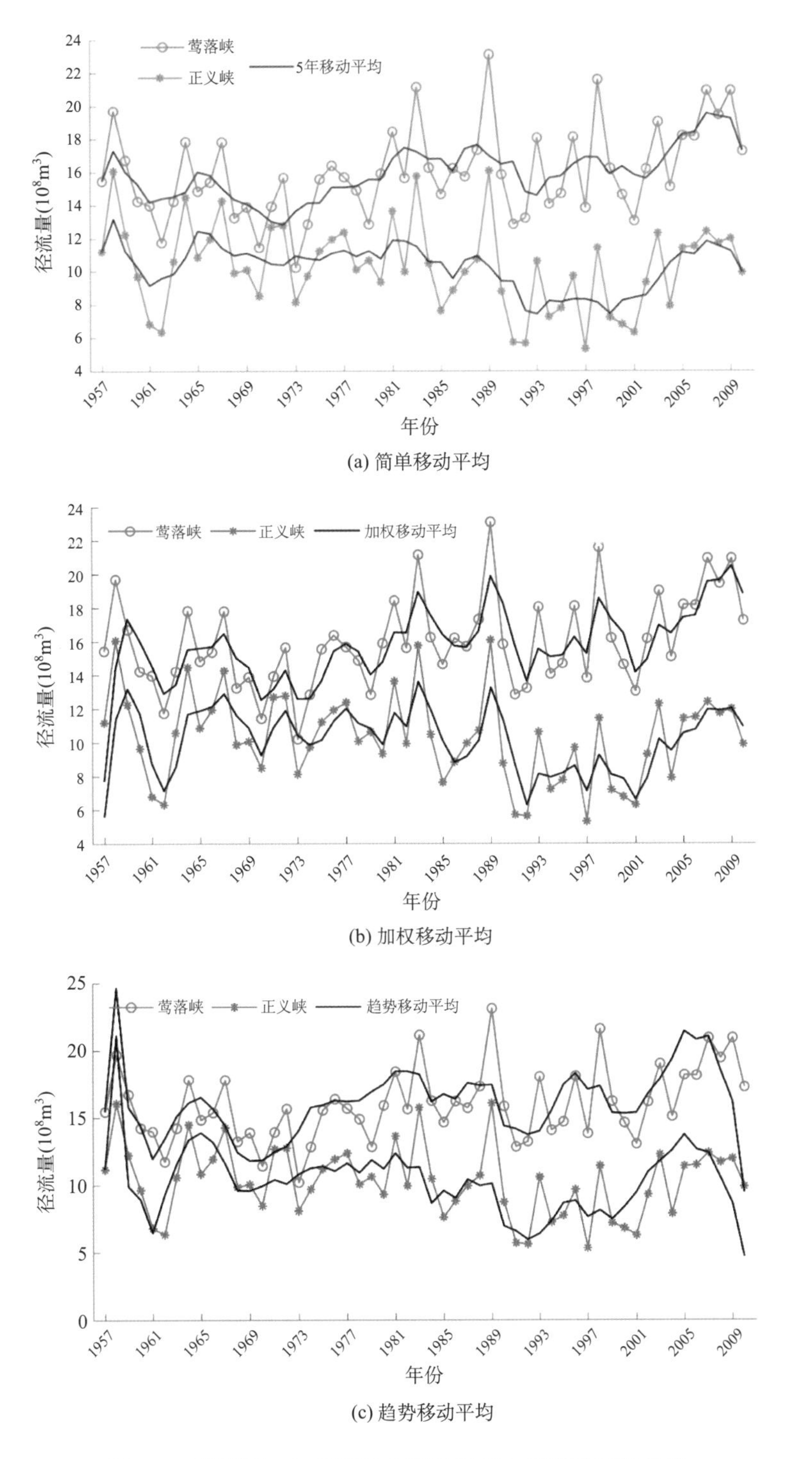

(a) 简单移动平均

(b) 加权移动平均

(c) 趋势移动平均

图 3–3　莺落峡、正义峡的年径流量及各类移动平均曲线

（四）移动平均法的优缺点

移动平均法的基本原理是通过移动平均消除时间序列中的不规则变动和其他变动，从而揭示出时间序列的长期趋势。

移动平均法的特点有以下几个：（1）移动平均对原序列有修匀或平滑的作用，即削弱了原序列的上下波动，而且随平均时距项数n越大，对序列的修匀作用越强。（2）移动平均时距项数n为奇数时，只需一次移动平均，其移动平均值作为移动平均项数的中间一期的趋势代表值；而当移动平均项数n为偶数时，移动平均值代表的是这偶数项的中间位置的水平，无法对正某一时期，则需要再进行一次相邻两项平均值的移动平均，这才能使平均值对正某一时期，这称为移正平均，也称中心化的移动平均数。（3）当序列包含季节变动时，移动平均时距项数n应与季节变动长度一致，才能消除其季节变动；若序列包含周期变动时，平均时距项数n应和周期长度基本一致，才能较好地消除周期波动。（4）移动平均的项数不宜过大。

移动平均法常用于平滑滤波，使用移动平均法进行预测，能平滑掉突然的波动对预测结果的影响。但移动平均法也存在如下问题：（1）加大移动平均法的期数会使平滑波动效果更好，但会使预测值对数据实际变动更不敏感；（2）移动平均值并不能总是很好地反映出趋势。由于是平均值，预测值总是停留在过去的水平上而无法预计将来更高或更低的波动；（3）移动平均需要大量过去的数据记录；（4）它需要引进新数据，不断修改平均值，以之作为预测值。

二、指数平滑法

指数平滑法是由布朗（Robert G. Brown）提出的。布朗认为时间序列的态势具有稳定性或规则性，所以时间序列可被合理地顺势推延。他认为最近的过去态势在某种程度上会持续到最近的未来，所以将较大的权数放在最近的资料。

指数平滑法是生产预测中常用的一种方法，也用于中短期经济发展趋势预测。所有预测方法中，指数平滑是用得最多的一种。简单的全期平均法是对时间数列中过去数据全部加以同等利用；移动平均法则不考虑较远期的数据；加权移动平均法则给予近期资料更大的权重；而指数平滑法则兼容了全期平均和移动平均所长，不舍弃过去的数据，但是仅给予逐渐减弱的影响程度，即随着数据的远离，赋予逐渐收敛为零的权重。也就是说，指数平滑法是在移动平均法的基础上发展起来的一种时间序列分析预测法。它是通过计算指数平滑值，配合一定的时间序列预测模型对现象的未来进行预测。其原理是任一期的指数平滑值都是本期实际观察值与前一期指数平滑值的加权平均。

指数平滑法的基本公式是：

$$S_t = \alpha \cdot y_t + (1-\alpha) S_{t-1} \quad \text{（公式 3–5）}$$

其中，S_t 是时间 t 的平滑值；y_t 是时间 t 的观测值；S_{t-1} 是时间 $t-1$ 的平滑值；α 是平滑常数，其取值范围为$[0,1]$。由该公式可知：（1）S_t 是 y_t 和 S_{t-1} 的加权算数平均数，α 取值的大小变化决定 y_t 和 S_{t-1} 对 S_t 的影响程度，当α 取 1 时，$S_t = y_t$；当α 取 0 时，$S_t - S_{t-1}$。（2）S_t 具有逐期追溯性质，可探源至全部数据。其过程中，平滑常数以指数形式递减，故称之为指数平滑法。指数平滑常数取值至关重要。平滑常数决定了平滑水平以及对预测值与实际结果之间差异的响应速度。平滑常数α 越接近于 1，远期实际值对本期平滑值影响程度的下降越迅速；平滑常数α 越接近于 0，远期实际值对本期平滑值影响程度的下降越缓慢。因此，当时间数列相对平稳时，可取较大的α；当时间数列波动较大时，应取较小的α，以不忽略远期观测值的影响。预测中平滑常数的值取决于地理现象本身和科学家对良好率内涵的理解。（3）尽管S_t 包含全期数据的影响，但实际计算时，仅需要两个数值，即 y_t 和 S_{t-1}，再加上一个常数α。这就使指数滑动平均具有逐期递推性质，从而给预测带来了极大的方便。（4）根据公式 $S_1 = \alpha \cdot y_1 + (1-\alpha) S_0$，当欲用指数平滑法时才开始收集数据，则不存在 y_0。无从产生 S_0，自然无法根据指数平滑公式求出 S_1，指数平滑法定义 S_1 为初始值。初始值的确定也是指数平滑过程的一个重要条件。

如果能够找到 y_1 以前的历史资料，那么，初始值 S_1 的确定不成问题。数据较少时，可用全期平均、移动平均法；数据较多时，可用最小二乘法，但不能使用指数平滑法本身确定初始值，因为数据必会枯竭。如果仅有从 S_1 开始的数据，那么确定初始值的方法有：（1）取 S_1 等于 y_1；（2）待积累若干数据后，取 S_1 等于前面若干数据的简单算术平均数，如：$S_1 = (y_1 + y_2 + y_3)/3$ 等。

（一）指数平滑的预测公式

根据平滑次数不同，指数平滑法分为：一次指数平滑法、二次指数平滑法和三次指数平滑法等。

1. 一次指数平滑预测

当时间数列无明显的趋势变化，可用一次指数平滑预测。其预测公式为：

$$y'_{t+1} = a \cdot y_t + (1-a)y'_t \quad \text{（公式 3–6）}$$

其中，y'_{t+1}为$t+1$期的预测值，即本期（t期）的平滑值$S_t^{(1)}$；y_t为t期的实际值；y'_t为t期的预测值，即上期的平滑值$S_{t-1}^{(1)}$。该公式又可以写作：

$$y'_{t+1} = y'_t + a(y_t - y'_t) \quad \text{（公式 3–7）}$$

可见，下期预测值又是本期预测值与以a为折扣的本期实际值与预测值误差之和。

从时间序列的项数来考虑，若时间序列的观察期n大于 15 时，初始值对预测结果的影响很小，可以方便地以第一期观测值作为初始值；若观察期n小于 15 时，初始值对预测结果影响较大，可以取最初几期观测值的平均数作为初始值，通常取前 3 个观测值的平均值作为初始值。

一次指数平滑法的特点：（1）调整预测值的能力强；（2）预测值包含的信息量是全部历史数据；（3）加权的特点是离预测期较近的权数较大，较远的权数较小，权数之和为 1。

2. 二次指数平滑预测

一次指数平滑法只适用于水平型历史数据的预测，不适用于呈斜坡型线性趋势历史数据的预测。解决步骤：（1）先求出一次指数平滑值和二次指数平滑值的差值；（2）将差值加到一次指数平滑值上；（3）再考虑趋势变动值。因此，二次指数平滑是对一次指数平滑的再平滑。它适用于具有线性趋势的时间数列。

在一次指数平滑的基础上得二次指数平滑的计算公式为：

$$S_t^{(2)} = a \cdot S_t^{(1)} + (1-a)S_{t-1}^{(2)} \quad \text{（公式 3–8）}$$

其中，$S_t^{(2)}$是第t周期的二次指数平滑值；$S_t^{(1)}$是第t周期的一次指数平滑值；$S_{t-1}^{(2)}$是

第 $t-1$ 周期的二次指数平滑值，a 是平滑常数。二次指数平滑法是对一次指数平滑值作再一次指数平滑的方法。它不能单独地进行预测，必须与一次指数平滑法配合，建立预测的数学模型，然后运用数学模型确定预测值。

二次指数平滑的数学模型：

$$y'_{t+T} = a_t + b_t \times T \qquad \text{（公式 3–9）}$$

其中，$a_t = 2S_t^{(1)} - S_t^{(2)}$，$b_t = \dfrac{a}{1-a}\left(S_t^{(1)} - S_t^{(2)}\right)$。显然，二次指数平滑是一直线方程，其截距为 a_t，斜率为 b_t，自变量为预测天数 T。

3. 三次指数平滑预测

若时间序列的变动呈现出二次曲线趋势，则需要采用三次指数平滑法进行预测。三次指数平滑是在二次指数平滑的基础上再进行一次平滑，其计算公式为

$$S_t^{(3)} = a \cdot S_t^{(2)} + (1-a)S_{t-1}^{(3)} \qquad \text{（公式 3–10）}$$

三次指数平滑法的预测模型为：

$$y'_{t+T} = a_t + b_t \times T + c_t \times T^2 \qquad \text{（公式 3–11）}$$

其中，$a_t = 3S_t^{(1)} - 3S_t^{(2)} + S_t^{(3)}$，$b_t = \dfrac{a}{2(1-a)^2}\left[(6-5a)S_t^{(1)} - 2(5-4a)S_t^{(2)} + (4-3a)S_t^{(3)}\right]$，$c_t = \dfrac{a^2}{2(1-a)^2}\left[S_t^{(1)} - 2S_t^{(2)} + S_t^{(3)}\right]$。他们的基本思想都是：预测值是以前观测值的加权和，且对不同的数据给予不同的权。新数据给较大的权，旧数据给较小的权。

（二）指数平滑法的趋势调整

一段时间内收集到的数据所呈现的上升或下降趋势将导致指数预测滞后于实际需求。通过趋势调整，添加趋势修正值，可以在一定程度上改进指数平滑预测结果。调整后的指数平滑法的公式为：

包含趋势预测（YIT_t）=新预测（Y_t）+趋势校正（T_t）　　（公式 3–12）

进行趋势调整的指数平滑预测有三个步骤：（1）利用前面介绍的方法计算第 t 期

的简单指数平滑预测Y_t；（2）计算趋势。其公式为：$T_t = (1-b)T_{t-1} + b(Y_t - Y_{t-1})$，其中，$T_t$是第$t$期经过平滑的趋势；$T_{t-1}$是第$t$期上期经过平滑的趋势；$b$是选择的趋势平滑系数；$Y_t$是对第$t$期简单指数平滑预测；$Y_{t-1}$是对第$t$期上期简单指数平滑预测。（3）计算趋势调整后的指数平滑预测值YIT_t，见公式3–12。

（三）指数平滑预测模型的评价

指数平滑预测模型是以时刻t为起点，综合历史序列的信息，对未来进行预测的。选择合适的加权系数a是提高预测精度的关键环节。根据实践经验，a的取值范围一般以0.1～0.3为宜。a值愈大，加权系数序列衰减速度愈快，所以实际上a取值大小起着控制参加平均的历史数据个数的作用。a值越大意味着采用的数据越少。因此，可以得到选择a值的一些基本准则：

第一，如果序列的基本趋势比较稳，预测偏差由随机因素造成，则a值应取小一些，以减少修正幅度，使预测模型能包含更多历史数据的信息。

第二，如果预测目标的基本趋势已发生系统的变化，则a值应取得大一些。这样，可以偏重新数据的信息对原模型进行大幅度修正，以使预测模型适应预测目标的新变化。

三、曼—肯德尔检验

曼—肯德尔（M–K）检验方法是由曼（Mann）提出并经过肯德尔（Kendall）改进的一种能够对非平稳序列数据进行非参数化检验和分析的方法，其目的在于评估一定时间窗口内变量是否具有单调上升或者单调下降趋势。M–K方法的优点在于要求低，即对分析样本服从的概率分布没有严格限定；应用范围广，即对于类型变量和序列变量都适用；稳健性高，即使序列中包含有少量异常值也不会对检验结果有严重影响；计算简便性高，即算法逻辑清晰且结构简洁。M–K检验方法已经在气候变化、自然灾害、大气、水文学和水资源、环境污染等领域得到的广泛应用。M–K检验方法一般包括趋势检验和突变检验两个部分。

（一）M–K趋势检验

M–K趋势检验方法的具体步骤如下：

第一步，对于一个时间序列$x_1, x_2, \cdots, x_n$，分别代表在时刻$1, 2, \cdots, n$的研究对象观测值。

第二步，确定 $n\times(n-1)/2$ 个数据对 (x_j, x_k)，(x_j, x_k) 之差的符号记作 Sgn $(x_j - x_k)$。

第三步，设 $\text{sgn}(x_j - x_k)$ 的取值分别为–1，0，1。则有：

$$\text{sgn}(x_j - x_k) = \begin{cases} 1, x_j - x_k > 0 \\ 0, x_j - x_k = 0 \\ -1, x_j - x_k < 0 \end{cases} \quad \text{（公式 3–13）}$$

第四步，计算检验统计量 S：

$$S = \sum_{k-1}^{n-1} \sum_{j-k+1}^{n} \text{sgn}(x_j - x_k) \quad \text{（公式 3–14）}$$

曼与肯德尔证明统计量 S 是满足均值为 0、方差为 $\text{Var}(S)$ 的正态分布。$\text{Var}(S)$ 的计算公式如下：

$$\text{Var}(S) = \frac{1}{18}\left[n(n-1)(2n+5) - \sum_{p=1}^{g} t_p(t_p - 1)(2t_p + 5)\right] \quad \text{（公式 3–15）}$$

其中，n 为样本数量；g 为非重复群组数量；t_p 为第 p 群组中的样本数量。

第五步，构造 M–K 趋势检验的统计量 Z_s：

$$Z_S = \begin{cases} \dfrac{S-1}{\sqrt{Var(S)}}, & S > 0 \\ 0, & S = 0 \\ \dfrac{S+1}{\sqrt{Var(S)}}, & S < 0 \end{cases} \quad \text{（公式 3–16）}$$

Z_s 服从标准正态分布。若对 Z_s 进行假设检验，零假设 H_0 为时间序列没有单调趋势，备择假设 H_1 为时间序列有单调上升或下降趋势。在显著性水平 α 分别为 0.1、0.05 和 0.01 时，对应的 $|Z_{S,1-\alpha/2}|$ 分别为 1.64、1.96 和 2.58。当 $|Z_s| > Z_{S,1-\alpha/2}$ 时，则在显著性水平 α 下拒绝零假设，接受备择假设，即时间序列具有显著上升或下降趋势。当统计量 $Z_s > 0$ 时表示时间序列为上升趋势；$Z_s < 0$ 时表示时间序列为下降趋势。

（二）M–K 突变检验

M–K 突变检验方法（也被称为 M–K 秩统计检验或序列 M–K 检验）是由斯尼尔斯

（Sneyers）于 1991 年提出以确定序列显著性趋势的起始年份的非参数分析方法（Some *et al.*，2012；Zarenistanak *et al.*，2014）。其计算过程如下：

第一步，同样对于一个时间序列 $x_1,x_2,\cdots,x_n$，分别比较第 i 时刻元素与第 j 时刻元素的大小，并比较每个元素与其余元素的大小。若 i 时刻的数值大于 j 时刻的数值，则 r_i 为 1；否则为 0。如下式所示：

$$r_i=\begin{cases}1, x_i > x_j\\0, x_i \leqslant x_j\end{cases} \quad \text{（公式 3–17）}$$

其中，$j=1,2,\cdots,i$。

第二步，构造秩序列 S_k，$k=2,3,\cdots,n$

$$S_k=\sum_{i=1}^{k} r_i \quad \text{（公式 3–18）}$$

第三步，对于序列 S_k，其均值 $E(S_k)$ 为方差 $\mathrm{Var}(S_k)$ 分别为：

$$E(S_k)=n(n-1)/4 \quad \text{（公式 3–19）}$$

$$\mathrm{Var}(S_k)=j(j-1)(2j+5)/72 \quad \text{（公式 3–20）}$$

第四步，构造 M–K 突变检验的统计量 UF 为：

$$UF=\frac{S_k-E(S_k)}{\sqrt{\mathrm{Var}(S_k)}} \quad \text{（公式 3–21）}$$

UF 同样服从标准正态分布，其假设检验方法同 Z_S。若 $|UF|>UF_{1-\alpha/2}$，则表明序列存在明显趋势变化。一般地，取 $\alpha=0.05$，$UF_\alpha=\pm 1.96$。

第五步，对时间序列的逆序列重复计算上述过程，得到统计量 UB。其在 0.05 显著性水平下得临界值为 ± 1.96。

若 UF 或 UB 统计量大于 0，则表明序列为上升趋势，反之则为下降趋势。而在确定的显著性水平下（一般为 0.05），当 UF 和 UB 超过临界值时，则表示对应的趋势较为显著。若 UF 曲线与 UB 曲线存在交叉点，且交叉点位于两个临界值之间，则说明交叉点对应时间即为趋势开始改变的时间。

（三）M–K 检验的应用实例

以图 3–4 所示的莺落峡、正义峡的径流量为例，使用 M–K 方法分别检验其变化趋势。图中蓝色连线表示UB统计量，红色连线表示UF统计量，蓝色和红色水平直线分别表示在0.05显著性水平下的$UF_{1-\alpha/2}$或$UB_{1-\alpha/2}$统计量值为1.96和–1.96。黄色水平直线表示0值。根据图3–4，可知莺落峡径流量的UF统计量在1983年开始由负转正，表明其径流量由减少转变为增加。且在2006年莺落峡径流量的UF统计量大于1.96，表明其径流量增加趋势更为显著。但是，正义峡径流量的UF统计量在绝大部分时间段中都是小于0，表明正义峡径流量在大部分时间都是减少趋势。而且在1997年到2006年期间，正义峡径流量减少趋势非常显著。

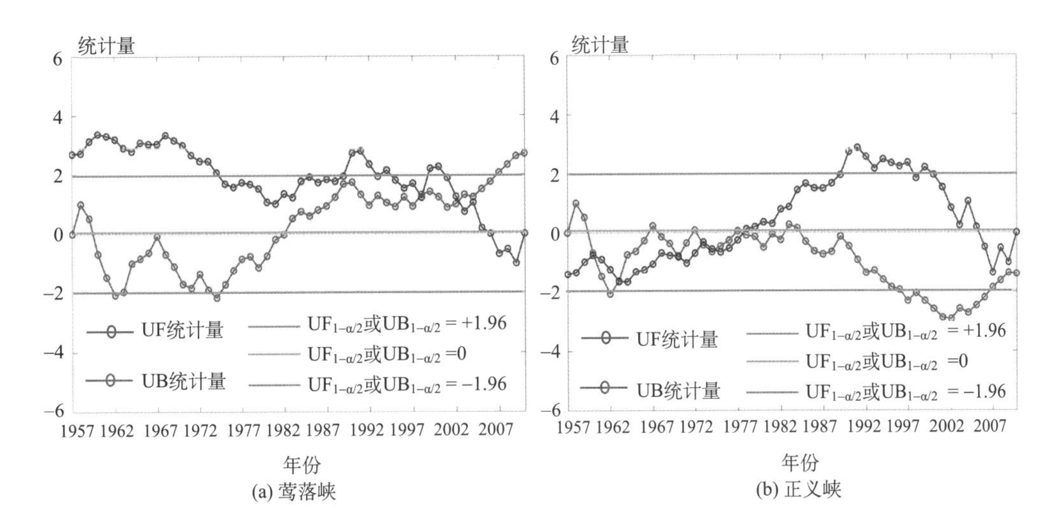

图3–4　莺落峡和正义峡径流的M-K检验结果

四、Sen斜率估计

估计一组成对数据(x, y)元素的线性回归直线斜率的最常用方法是最小二乘估计。但该方法在数据元素不满足直线拟合的时候并不有效，而且对异常值敏感。

Sen斜率估计方法能够更好地估计存在异常值或者不满足正态分布的数据的线性拟合斜率。Sen斜率估计是一种比最小二乘估计方法更稳健的非参数斜率估计方法。对一组时间序列数据$x_1, x_2, \cdots, x_n$，其Sen斜率公式如下：

$$\text{Sen斜率} = \text{Median}\left\{\frac{x_j - x_i}{j - i}\right\} \qquad \text{（公式3–22）}$$

其中，$1 \leqslant i \leqslant j \leqslant N$，$N$ 表示时间序列数据个数，i 和 j 分别是索引值。

以 M-K 检验中径流量数据为例，其 Sen 斜率估计结果如图 3–5 所示。图 3–5 表明对莺落峡和正义峡径流量，其 OLS 和 Sen 斜率估计的差异较小，且莺落峡径流量的线性趋势线的斜率都为正，表明莺落峡的径流量呈现增加趋势，每年增加 0.064 亿立方米。正义峡径流量的线性趋势线的斜率都为负，表明莺落峡的径流量呈现减少趋势，每年减少 0.037 亿立方米。

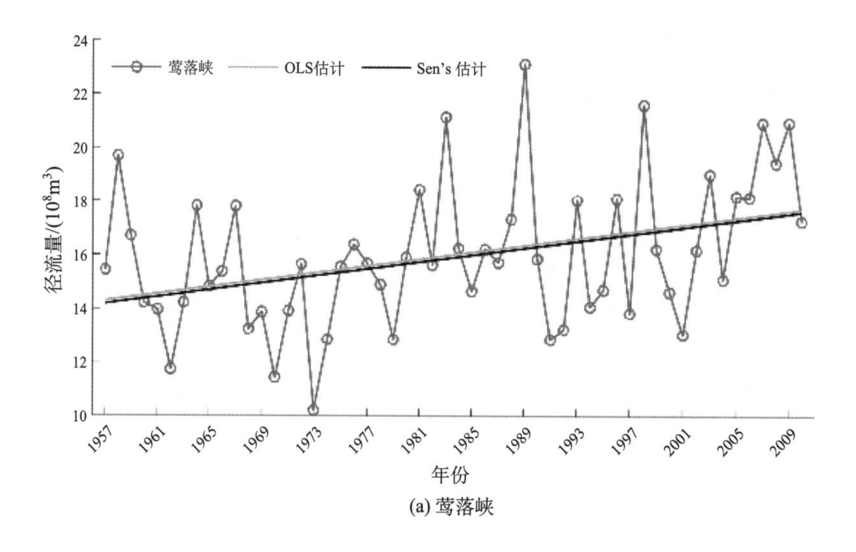

(a) 莺落峡

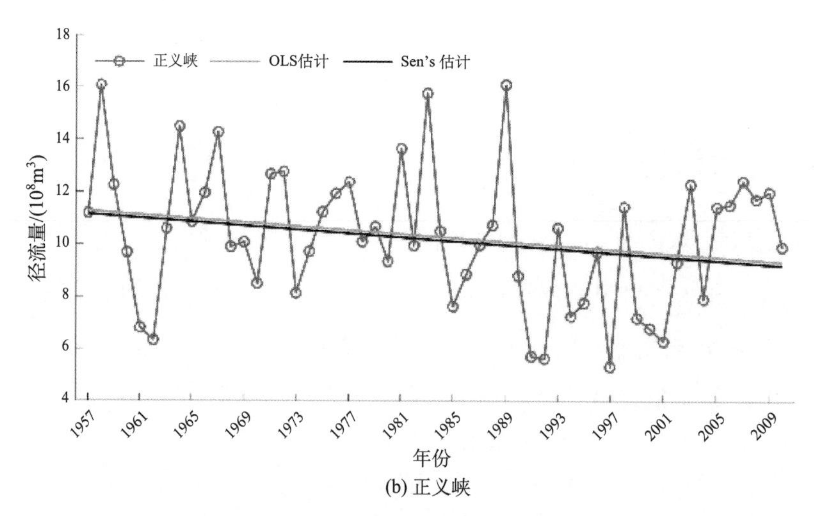

(b) 正义峡

图 3–5 莺落峡和正义峡径流的 Sen 斜率结果

第三节　周 期 分 析

地理现象通常是不同时间尺度（周期）要素现象叠加之后的综合表现。不同地理要素在不同尺度上存在相互作用或影响的关系。例如太阳黑子在 11 年周期上对大气环流和地表径流产生显著的影响。小波分析不仅可以解析研究对象在时间过程上是否存在多个变化周期及其时间特征，还可以分析地理要素间、在哪些时间段内、在多长的周期上存在相互作用的关系，进而探究影响的主要因子。

本节主要介绍小波分析技术（Wavelet Analysis，WA）的基本原理和概念，以及连续小波变换、交叉小波变换和小波相干的基本步骤、功能和作用。

一、傅里叶变换

傅里叶分析的基本原理是利用傅里叶变换将复杂的周期波形分解为多种频率正弦波、余弦波的线性组合。以信号分析为例，对于 $L^2(\mathbb{R})$ 属于希尔伯特空间，即为完备的内积空间。给定任意一个 $f(t)$ 为一维时序信号，且有 $f(t)\in L^2(\mathbb{R})$，对于 $f(t)$ 的标准傅里叶变换如下：

$$\hat{f}(\omega)=\frac{1}{\sqrt{2\pi}}\int_{-\infty}^{+\infty} f(t)e^{-i\omega t}dt \qquad （公式 3–23）$$

傅里叶变换开创性地将复杂的时域信号转换到频域中，使得我们可以从频域的角度观察和分析在时域中复杂不清的信号。傅里叶变换可以将复杂的时域信号分解成若干不同频率正余弦函数（把三角函数当作函数空间的基）信号的积分，如图 3–6(a)所示。积分越大表明包含该频率的三角信号越多。每个频率值对应一个积分值，获得了频域图，如图 3–6(b)所示。

由于傅里叶变换是对全局时序信号的分解，无法描述局部时间段上的频率信息。以图 3–7 所示的三个时序信号为例，第 1 个时序信号频率在全局上是平稳的，第 2、第 3 个信号在不同时间段上的频率显然是变化的。对于这三种不同的信号，傅里叶变换后的频域图却几乎完全一样。所以说，傅里叶变换只可以获得一段信号总体上包含的成分，但是对各成分出现的时间一无所知。因此时域相差很大的信号经过傅里叶变换之后的频域图可能完全相同。

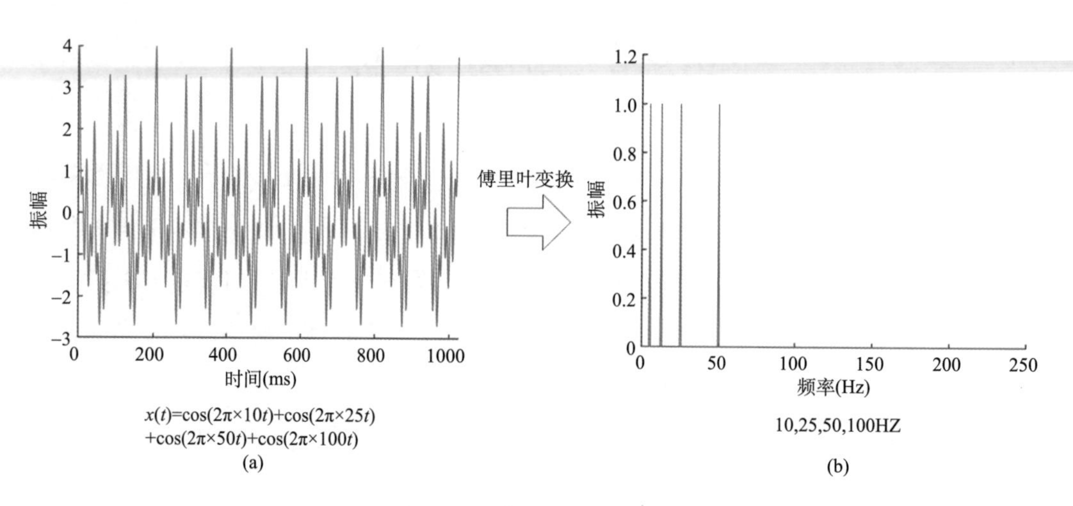

图 3–6　傅里叶变换示意

资料来源：Tantibundhit，2019。

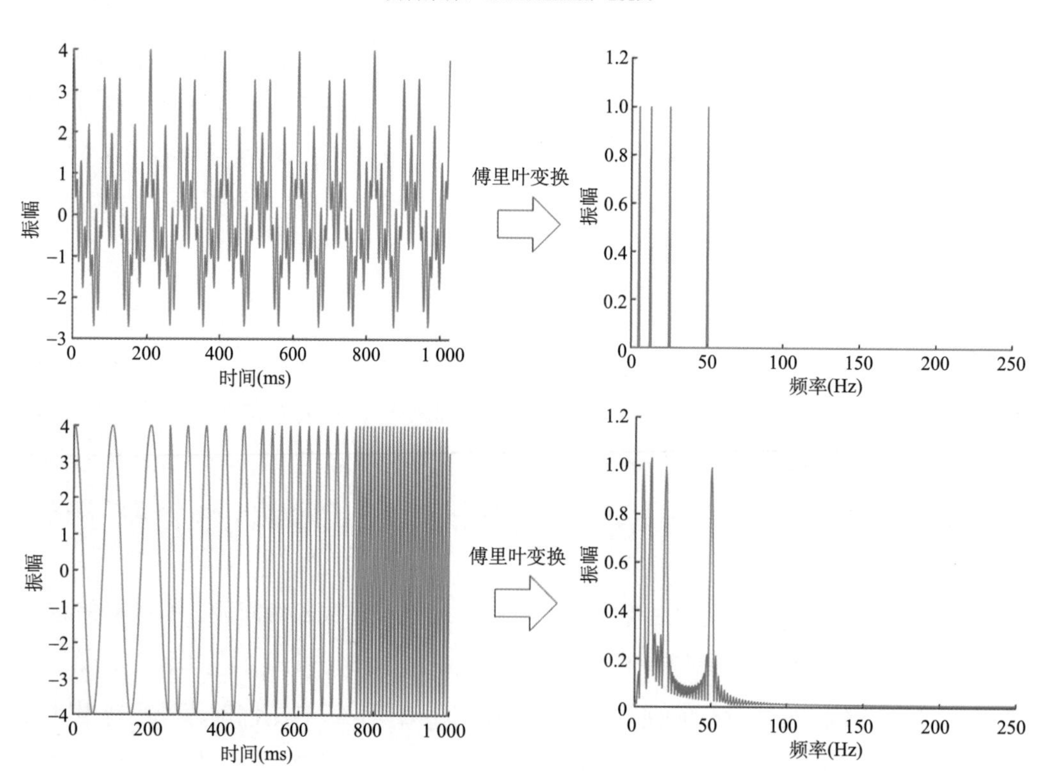

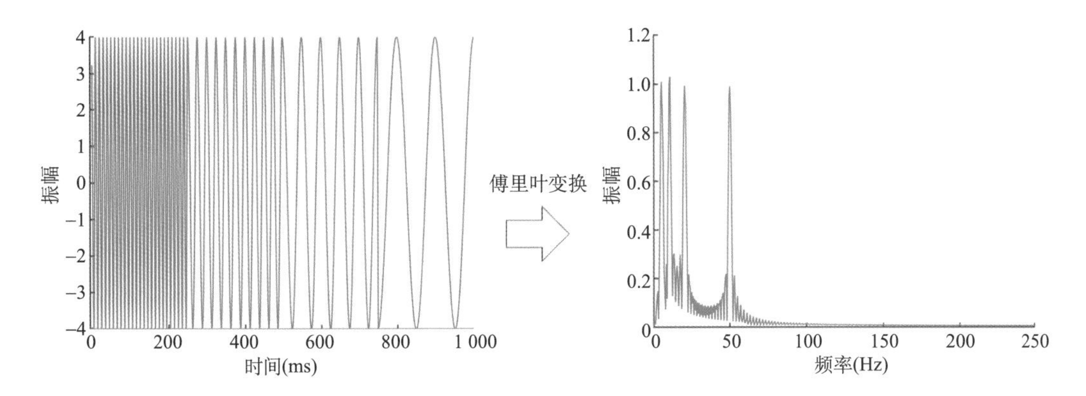

图 3–7　傅里叶变换存在的问题

资料来源：Tantibundhit，2019。

然而，平稳信号大多是人为造出来的，自然界大多信号都是非平稳的，特别是在生物医学信号分析等领域基本看不到单纯的傅里叶变换。

二、短距傅里叶变换

针对标准傅里叶变换无法解决信号的时频局部化问题，丹尼斯·加博尔提出了窗口傅里叶变换，也被称为短时傅里叶变换（Short-Time Fourier Transform，STFT）（Gabor，1946）。该方法首先对时间信号 $f(t)$ 引入一个光滑的函数 $g(t)$，称之为窗口函数；通过平移该函数，可以得到 $f(t)$ 中一段局部的平稳片段；然后再对其进行傅里叶变换，即为窗口傅里叶变换。假定 $g(t)$ 的时间中心为 t'，频率为 ω'，则 $f(t)$ 的窗口傅里叶变换 $\hat{f}^{\text{WIN}}(\omega,t')$ 如下：

$$\hat{f}^{\text{WIN}}(\omega,t')=\int f(t)g(t-t')e^{-i\omega t}dt \qquad \text{（公式 3–24）}$$

当窗口函数的平移是非连续时，即为窗口傅里叶变换的离散化版本。假定 $t'=nt_0$，$\omega'=m\omega_0$，$m,n\in\mathbb{Z}$，且 $t_0,\omega_0>0$ 并为定值。则 $f(t)$ 的离散窗口傅里叶变换 $\hat{f}_{m,n}^{\text{WIN}}$ 如下：

$$\hat{f}_{m,n}^{\text{WIN}}=\int f(t)g(t-nt_0)e^{-im\omega_0 t}dt \qquad \text{（公式 3–25）}$$

简单理解，STFT 就是把整个时域过程分解成无数个等长的小过程。每个小过程近似平稳，再进行傅里叶变换，就知道在哪个时间点上出现什么频率了。以图 3–8(a)给出的时间信号为例，用 STFT 可得该信号的时频图 3–8(b)。图 3–8(b)即能看到 10Hz、25Hz、50Hz、100Hz 四个频域成分，还能看到出现的时间。由于两排峰是对称的，所以只用读一排即可。可见，STFT 是实现信号时频域局部化的标准方法。它不仅给出了时间信号 $f(t)$ 在时间窗口的时域信息，也给出了信号 $f(t)$ 在频率窗口的频域信息。

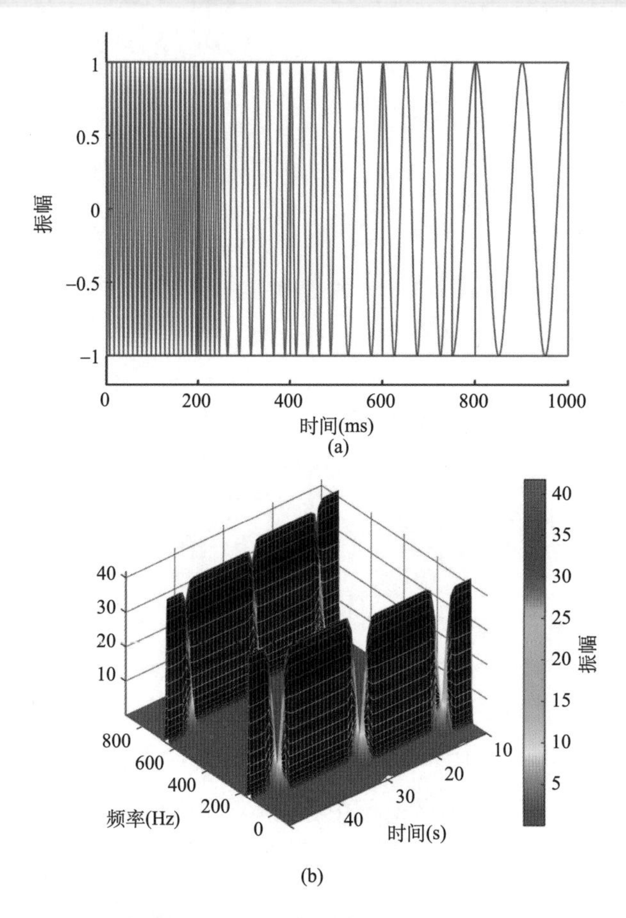

图 3–8　短时傅里叶变换的思想

然而，STFT 的使用存在一个问题，即窗函数的选择。窗太窄，窗内的信号太短，导致频率分析不够精准，频率分辨率差；窗太宽，时域上又不够精细，时间分辨率低，如图 3–9 所示。这个道理可以用海森堡不确定性原理来解释。我们不能同时获取一个粒子的动量和位置，也不能同时获取信号绝对精准的时刻和频率。这也是一对不可兼得的矛盾体。我们不知道在某个瞬间哪个频率分量存在，只能知道在一个时间段内某个频带的分量存在。所以绝对意义的瞬时频率是不存在的。

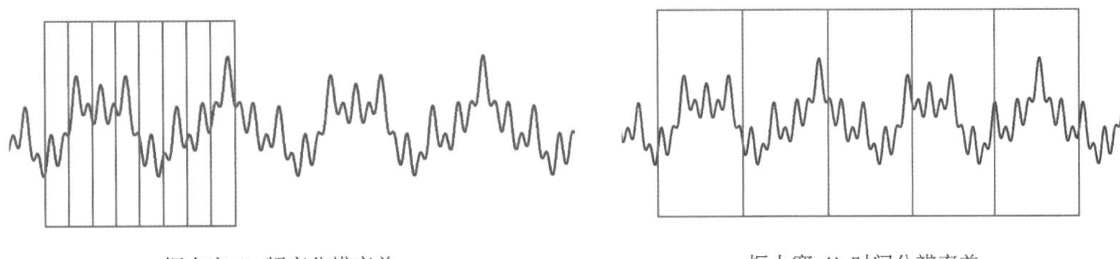

图 3–9　短时傅里叶变换存在的问题

然而，由于海森堡不确定性原理的限制，窗口傅里叶变换的时域和频域窗口不可能同时取得最优，所以窗口傅里叶变换无法同时兼顾时域和频域的分析精度，无法完全满足非平稳时间信号分析的需求。如图 3–10 所示，当时域（窗口）分析的精度较高时，频率的分析精度较差；而当时域（窗口）分析的精度较低时，频率的分析精度较高。

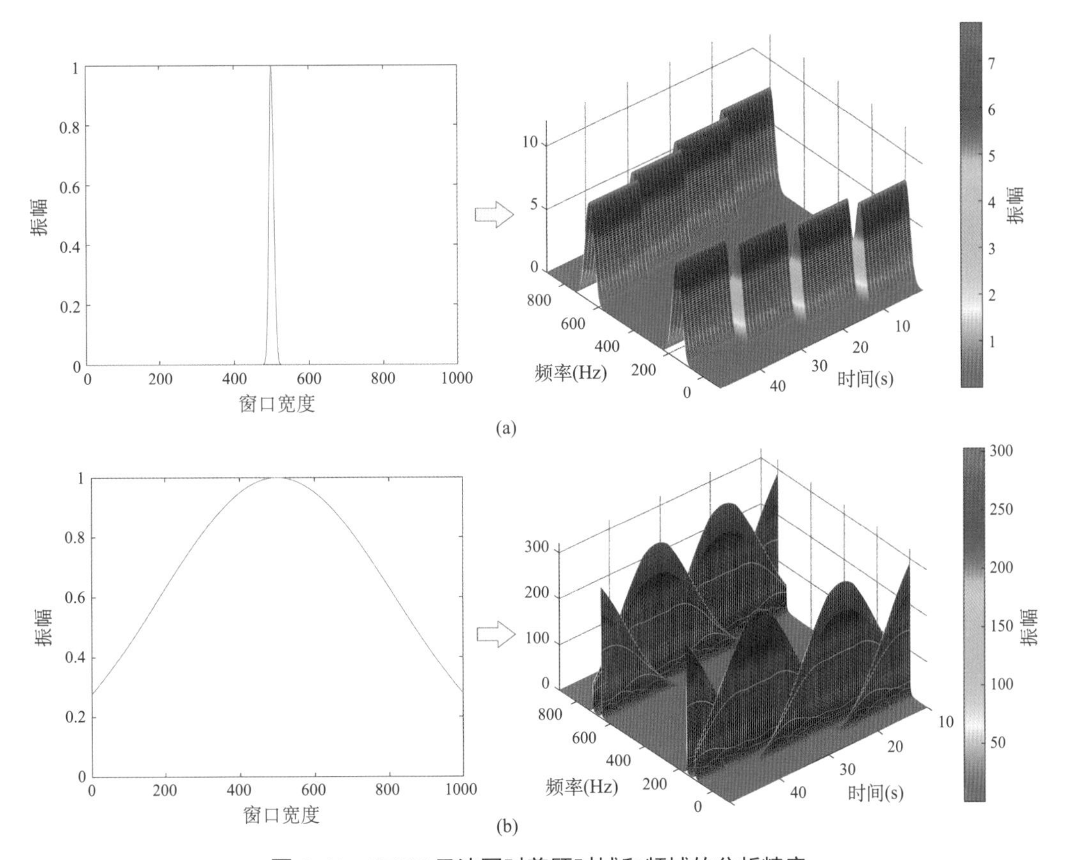

图 3–10　STFT 无法同时兼顾时域和频域的分析精度

此外，傅里叶变换处理信号对于突变信号还存在吉布斯效应：即使是一小段突变信号，也需要大量的三角函数进行拟合。为了解决这些问题，不同领域的学者相继独立发展出小波分析方法。小波分析方法是对傅里叶变换的继承与发展。这一方法的主要思想是将数据分解为不同的频率分量，然后用一种与其尺度相适应的小波来研究每一分量（Daubechies，1998）。小波分析最初分别在纯粹数学（Calder，1964）、工程学（Esteban，1977；Vetterli，1984；Smith，1986）、物理学（Aslaksen，1968）和地震数据分析（Morlet，1983）等领域独立提出，并最终融合发展成非常重要的数学工具和分析方法。

三、小波分析

（一）小波变换

小波变换是小波分析的核心与基础。所谓小波是指小波变换中使用的核函数的有效区间比较窄，波形比较小。因为小波变换的核函数可以通过连续的伸缩和平移参数变换得到一类小波族，因此被称为连续小波变换（Continue Wavelet Transform，CWT）。又因为小波变换是一种积分变换，所以又被称为积分小波变换。

假设函数$\psi(t)\in L^2(\mathbb{R})\cap L(\mathbb{R})$，且满足

$$\int\frac{\left|\hat{\psi}(\omega)\right|^2}{|\omega|}\mathrm{d}\omega<\infty \qquad \text{（公式 3–26）}$$

其中，$\hat{\psi}(\omega)$为$\psi(t)$的标准傅里叶变换：

$$\hat{\psi}(\omega)=\frac{1}{\sqrt{2}}\int\psi(t)e^{-i\omega t}\mathrm{d}t \qquad \text{（公式 3–27）}$$

则$\psi(t)$为母小波或基本小波。母小波函数随着频率绝对值的增大，其时间窗宽度变窄；反之，随着频率绝对值的减小，其时间窗宽度变宽。因此可以通过对母小波的伸缩和平移变换，得到函数族$\psi^{\alpha,\tau}(t)$。

$$\psi^{\alpha,\tau}(t)=|\alpha|^{-\frac{1}{2}}\psi\left(\frac{t-\tau}{\alpha}\right) \qquad \text{（公式 3–28）}$$

其中，α为尺度伸缩因子，τ为时间平移参数，$\psi^{\alpha,\tau}(t)$为依赖α和τ的小波基函数。对于一维连续时间信号$f(t)$，其连续小波变换（Torrence *et al.*，1998）为：

$$WT(\alpha,\tau)=\left\langle f(t),\psi^{a,b}(t)\right\rangle=|a|^{-\frac{1}{2}}\int f(t)\bar{\psi}\left(\frac{t-\tau}{a}\right)\mathrm{d}t \qquad \text{（公式 3–29）}$$

其中，$\langle,\rangle$ 表示内积运算；$\bar{\psi}\left(\frac{t-\tau}{\alpha}\right)$ 为 $\psi^{\alpha,\tau}(t)$ 的复共轭函数；$WT(\alpha,\tau)$ 为小波变换系数，即为信号 $f(t)$ 与小波 $\psi^{\alpha,\tau}(t)$ 在尺度因子α和平移参数 τ 的内积（刘晓琼等，2015）。当α、τ 取值为离散值时，即 $\alpha=\alpha_0^m,\tau=n\tau_0\alpha_0^m,m,n\in\mathbb{Z}$，且 $\alpha_0>1$，$\tau_0>0$ 为定值，即为离散小波变换。

$$\begin{aligned}WT^{m,n}(\alpha,\tau)&=\left\langle f(t),\psi_{m,n}^{\alpha,\tau}(t)\right\rangle\\&=|\alpha|^{-\frac{m}{2}}\int f(t)\bar{\psi}\left(\alpha_0^{-m}t-n\tau_0\right)\mathrm{d}t\end{aligned} \qquad \text{（公式 3–30）}$$

小波变换与傅里叶变换的区别在于将无限长的三角函数基换成了有限长的会衰减的小波基。从小波变换的公式可以看出，不同于傅里叶变换，变量只有频率 ω。小波变换有两个变量：尺度 α 和平移量 τ，如图 3–11 所示。尺度 α 控制小波函数的伸缩，平移量 τ 控制小波函数的平移。尺度就对应于频率（反比），平移量 τ 就对应于时间。

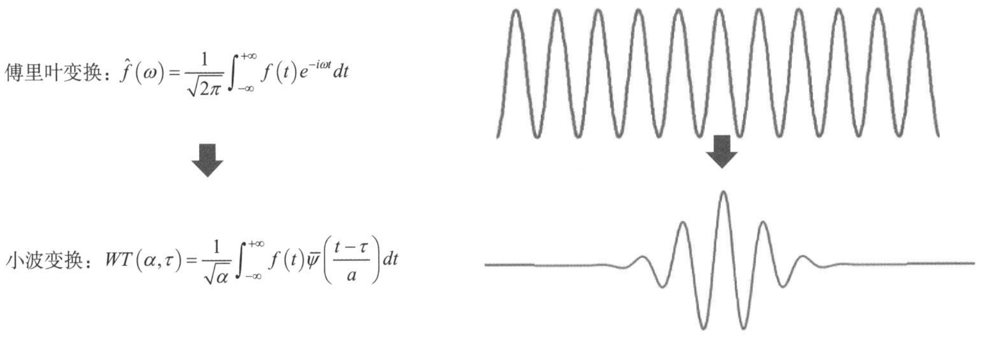

傅里叶变换：$\hat{f}(\omega)=\frac{1}{\sqrt{2\pi}}\int_{-\infty}^{+\infty}f(t)e^{-i\omega t}dt$

小波变换：$WT(\alpha,\tau)=\frac{1}{\sqrt{\alpha}}\int_{-\infty}^{+\infty}f(t)\bar{\psi}\left(\frac{t-\tau}{a}\right)dt$

图 3–11　小波平移和缩放过程

与短时傅里叶变换相比，小波变换的小波基函数可以自适应局部时域的频率，尤其在高频局部，小波变化具有更加精细的窗口，能够放大极短时间尺度内的信号变化。当小波伸缩、平移到一种重合情况时，也会相乘得到一个大的值。这时候和傅里叶变换不同的是，不仅可以知道信号是否有这样频率的成分，而且还知道它在时域上存在的具体位置。当在每个尺度下都平移，并与信号乘过一遍后，我们就知道信号在每个位置都包含哪些频率成分，如图 3–12 所示。

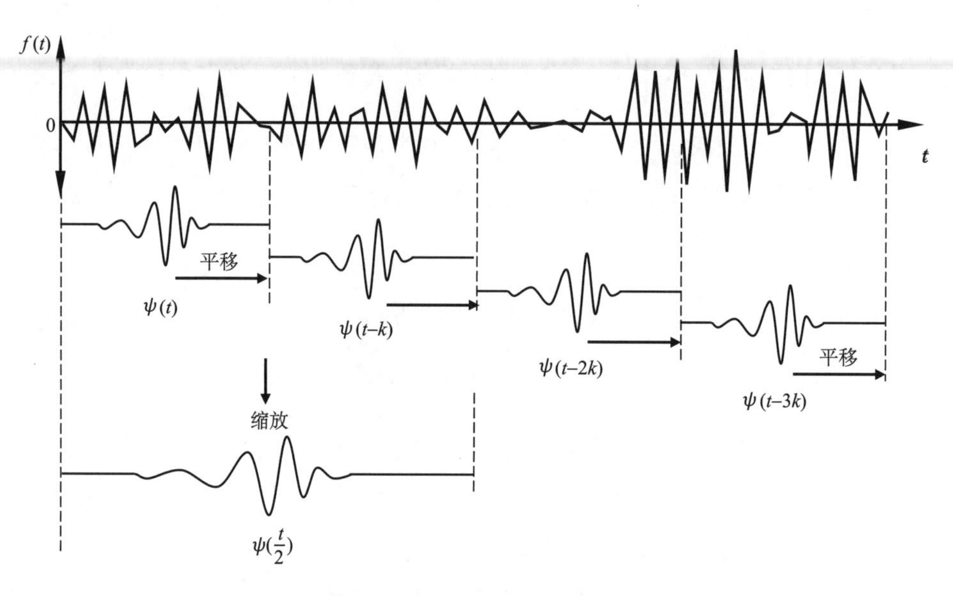

图 3–12　小波平移和缩放过程

对于时域信号，傅里叶变换只能得到一个频谱，而小波变换却可以得到一个时频谱。需要注意的是傅里叶变换中的频率轴，在小波中被标记为尺度。这里的尺度是频率的倒数，即尺度越大频率越低，尺度越小频率越高。当α变化时，小波基函数覆盖频率范围不同。当$|\alpha|$较大时，$\psi^{\alpha,\tau}(t)$覆盖低频部分，此时$\psi^{\alpha,\tau}(t)$为大时间尺度；当$|\alpha|$较小时，$\psi^{\alpha,\tau}(t)$覆盖高频部分，此时$\psi^{\alpha,\tau}(t)$为小时间尺度。当τ变化时，小波基函数的局部时间中心发生平移，中心位置在$t=\tau$。因此小波分析也被称为信号分析中的数学显微镜（王文圣等，2002）。

此外，傅里叶变换存在吉布斯效应：即对于突变信号（即使只有一小段），傅里叶变换不得不用大量的三角波去拟合。然而对于可以衰减的小波就不一样了，对于图 3–13 所示的突变信号，只有信号突变处小波的系数不为 0，其他地方均为 0。

可见，小波变化可以实现非稳定时序信号的细致的时频分析。以图 3–14 的非平稳时序数据为例，通过小波变换，可以分解为a_5、d_5、d_4、d_3、d_2、d_1的叠加，其中，a_5表达数据的主趋势。在小波压缩中，就可以用a_5作为压缩结果替代原始数据。

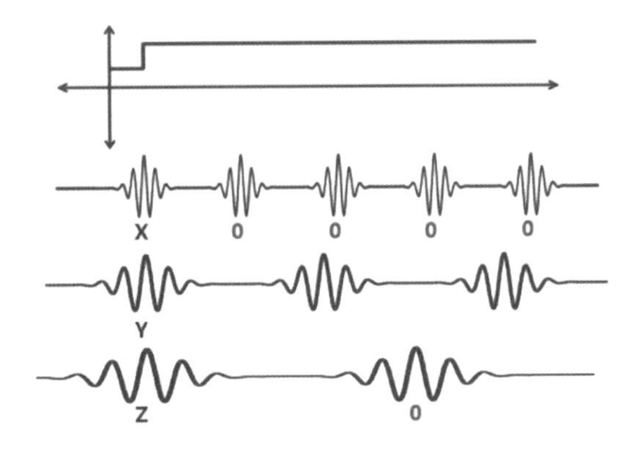

图 3–13　突变信号的小波变化

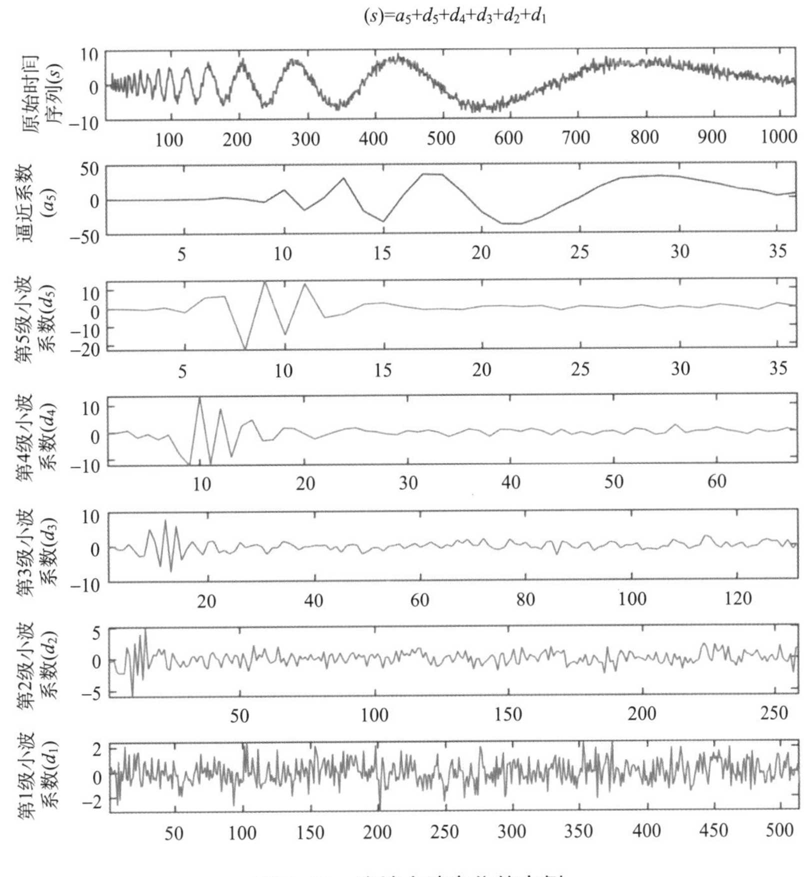

图 3–14　连续小波变化的实例

有限能量的时间信号经小波变换得到的小波能量谱信息对于分析时频域特征也有非常重要的作用。因为小波变换使用的母小波$\psi(t)$是复数，所以小波系数$WT(a,b)$也是复数。一般地，小波系数可被分为实数部分RW_f和虚数部分IW_f，小波能量为$|WT|^2$。

此外，由于连续小波并不是完全局部化的，小波变换也存在着边缘效应。托伦斯（Torrence）和康波（Compo）引入小波影响锥来标识出小波谱中存在的边缘效应[①]的区域（Torrence and Compo，1998；Grinsted *et al.*，2004）；通常边缘效应区域内的结果可信度底。小波影响锥被定义为每个尺度上小波功率谱的自相关函数的指数递减时间（Torrence and Compo，1998）。

（二）小波交叉变换

小波交叉（Cross Wavelet）变换是在连续小波变换的基础上，结合交叉谱分析方法，来研究两个时间序列数据在多时间尺度上的不同时频域上相互关系的方法（Grinsted *et al.*，2004；Hudgins and Huang，1996；Cazelles *et al.*，2008）。给定两个能量有限的时间信号$x(t)$和$y(t)$，其连续小波谱分别是W^X，W^Y，则$x(t)$和$y(t)$的交叉小波谱为：

$$W^{XY}=W^XW^{Y*} \qquad \text{（公式 3–31）}$$

其中，*表示复共轭。小波交叉能量为$\left|W^{XY}\right|$，即小波交叉谱的模。复变量$\arg(\left|W^{XY}\right|)$表示$x(t)$和$y(t)$在局部时频域内的相位关系。

小波交叉变换的目的是为了探测两个时间序列在时域—频域中变化频率（或周期）强度一致的区域。因此交叉小波功率，即两个时间信号的$|W^{XY}|$越高，表明两个时间信号具有共同的高频率区间，两者在此区间上的相似性更高。图 3–15 给出了两个时间信号A和信号B的交叉小波谱结果，图中颜色表明了两个时间信号的交叉小波功率值。从蓝到红，交叉小波功率值依次增加。

---

① 在小波计算中，小波系数是窗口函数和小波卷积而来的，当窗口在信号边缘时，窗口会存在一部分序列没有信息。此时，通常把这部分不完整的信号补零处理。由于边缘被强制补零，导致信号失真，最终导致这部分的分析结果失真。为确定边缘效应的影响，通常绘制一条影响曲线，曲线内部的信号影响小或不受影响，曲线外部的影响大。由于曲线呈锥形，故被称为“影响锥”。

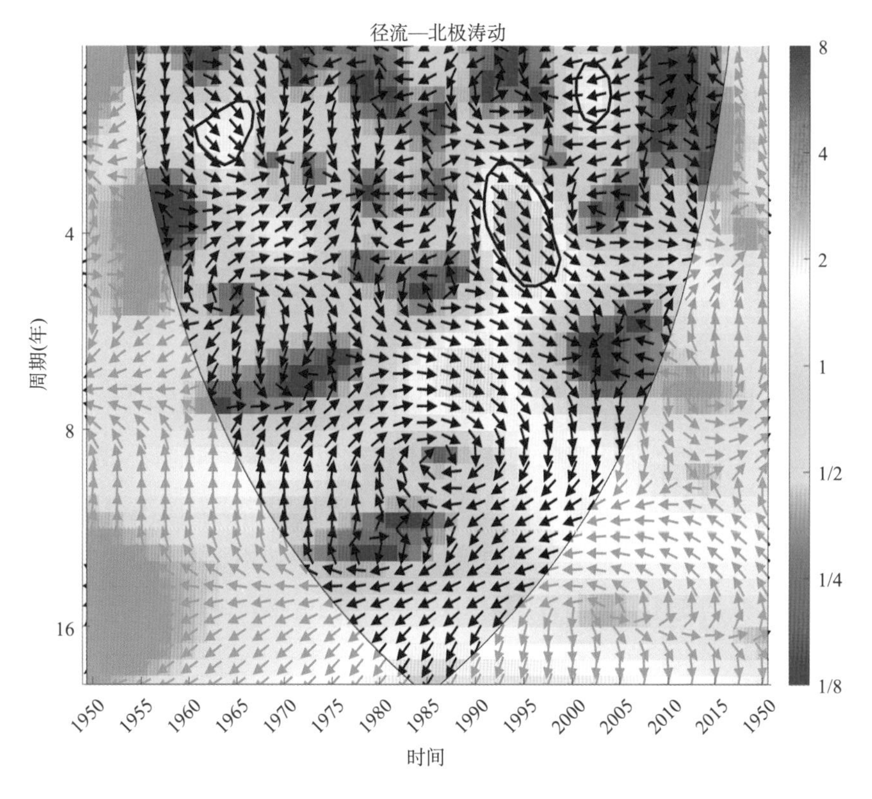

图 3–15 小波交叉

注：颜色为小波交叉能量 $\left|W^{XY}\right|$；箭头为相位差，表示信号滞后程度。

（三）小波相干

小波相干（Waveleet Coherence）是另外一种衡量两个信号在局部时频域相关性的方法。与交叉小波变换揭示两个信号高能量区的相关性不同的是，小波相干反映的是两个信号在低能量区的相关性，而且是一种更直接的相关性度量方法。

在傅里叶分析中，对于两个能量有限的时间信号 $x(t)$ 与 $y(t)$，分别对其进行傅里叶变换，设其频率为 ω，则其相干性为：

$$\rho^2(\omega)=\frac{\left|S_{XY}(\omega)\right|^2}{S_X(\omega)S_Y(\omega)} \quad \text{（公式 3–32）}$$

其中，$\left|S_{XY}(\omega)\right|^2$ 为两个信号的交叉谱密度，$S_X(\omega)$ 与 $S_Y(\omega)$ 分别是两个信号的功率谱

函数。虽然该相干性给出了两个信号的相干性，但是因为傅里叶变换的定义域在全局上，因此在任意局部范围内，该相干性都是一致的。并且对于非平稳的时间信号，傅里叶变换和相应的相干性度量就不适应了。为了度量非平稳时间信号的相干性，就需要在标准化之前对交叉谱进行平滑（Grinsted *et al.*，2004）。小波相干的定义如下：

$$R_f^2(t)=\frac{\left|S\left(s^{-1}W_f^{XY}(t)\right)\right|^2}{S\left(s^{-1}\left|W_f^X(t)\right|^2\right)\cdot S\left(s^{-1}\left|W_f^Y(t)\right|\right)^2} \quad \text{（公式 3–33）}$$

其中，$R_f^2(t)$为小波相干系数，且$0<R_f^2(t)<1$。S表示平滑函数，s^{-1}表示能量密度算子。值得注意，小波相干的定义与相关系数非常类似。我们可以将小波相干理解为刻画了两个信号时频域内的局部相关系数。小波相干分析的结果如图 3–16 所示，其中颜色表明了小波相干系数，从蓝到红系数值依次增加。小波相干的目的是探寻两个时间序列在时频域中共同变化的区间范围，但是其变化强度不一定高。

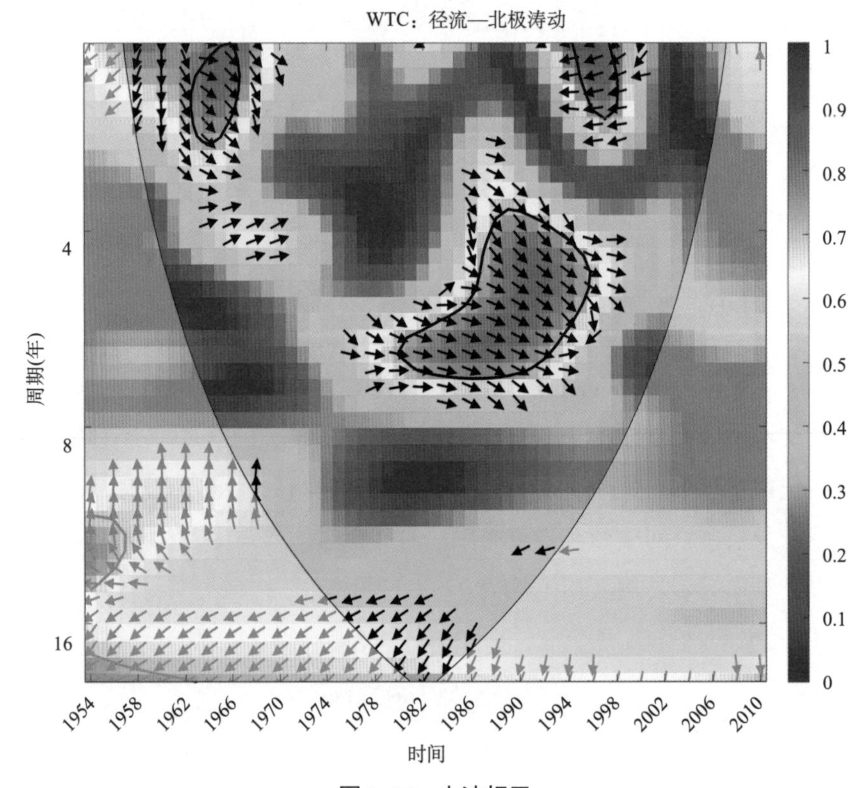

图 3–16　小波相干

（四）应用案例

小波变换的相关软件、实验步骤和实验案例详见第五章。小波变换的相关地学研究案例可参见桑（Sang，2013）、苏璐等（Su *et al.*，2017）、沈石等（Shen *et al.*，2020）人的文献。

四、经验模态分解

经验模态分解（Empirical Mode Decomposition, EMD）是黄锷（N. E. Huang）与他人合作于 1998 年提出的一种新型自适应信号时频处理方法，尤其适用于非线性非平稳信号的分析处理（Huang，1998）。EMD 作为时频域的处理方法，相对于同样是时频域方法的小波分析，其最显著的特点是克服了小波基函数无自适应性的问题。对于小波分析而言，是需要提前选定某个小波基。小波基的选择对整个小波分析的结果影响很大，一旦确定了小波基，在整个分析过程中将无法更换，即使该小波基在全局可能是最佳的，但在某些局部可能并不是，所以小波分析的基函数缺乏适应性。EMD 的优势在于对于一段未知信号，不需要做预先分析与研究，就可以直接分解。这个方法会自动根据一些固有模式按层次分好，而不需要人为设置和干预。

（一）固有模态函数

固有模态函数（Intrinsic Mode Functions，IMF）就是原始信号被 EMD 分解之后得到的各层信号分量。黄锷认为，任何信号都可以拆分成若干个 IMF 之和。而 IMF 有两个约束条件：（1）在整个数据段内，极值点的个数和过零点的个数必须相等或相差最多不能超过一个；（2）在任意时刻，由局部极大值点形成的上包络线和由局部极小值点形成的下包络线的平均值为零，即上、下包络线相对于时间轴局部对称。

条件（1）是显而易见的，它与传统的平稳高斯信号的窄带要求类似。从信号曲线上来看，条件（1）要求图线要反复跨越 x 轴，如图 3–17(a)；而不能像图 3–17(b)在某次穿过零点后出现多个极值点。此外，条件（1）还要求信号曲线如图 3–17(c)所示是以时间轴对称的，而不能如图 3–17(d)是非对称的。条件（2）是一个新的概念，它把经典的全局性要求修改为局部性要求，使瞬时频率不再受对称波形所形成的不必要的波动影响。实际上，这个条件应为数据的局部均值是零。但是对于非平稳数据来说，计算局部均值涉及局部时间尺度的概念，而这是很难定义的。因此，条件（2）使用了局部极大值包络和局部极小值包络的平均为零来代替，使信号的波形局部对称。

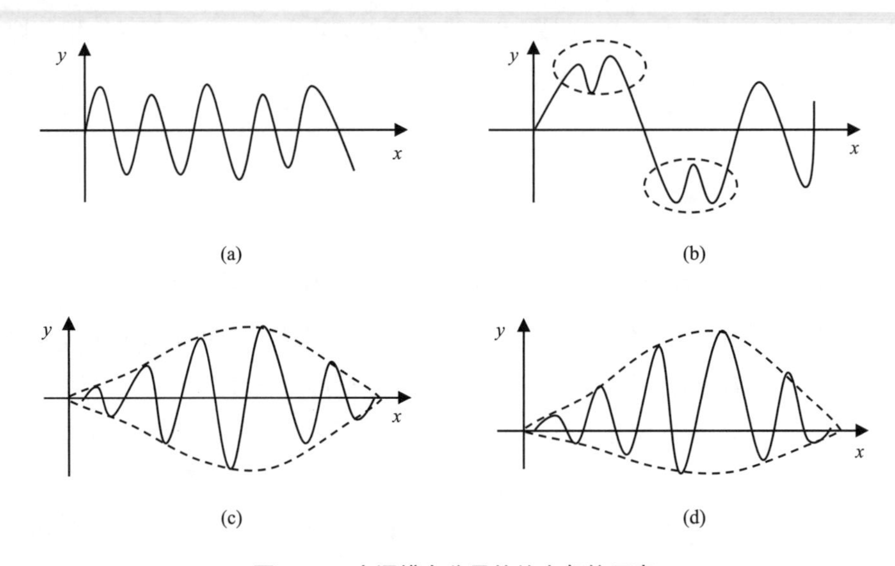

图 3–17 内涵模态分量的约束条件示意

黄锷等人研究表明，在一般情况下，使用这种代替，瞬时频率还是符合所研究系统的物理意义。固有模态函数表征了数据内在的振动模式。由固有模态函数的定义可知，过零点所定义的固有模态函数的每一个振动周期，只有一个振动模式，没有其他复杂的奇波。一个本征模函数没有约束为是一个窄带信号，并且可以是频率和幅值的调制，还可以是非稳态的；单由频率或单由幅值调制的信号也可成为固有模态函数。

（二）EMD 分解步骤

EMD 的分解过程简单直观，主要步骤如下：（1）根据原始信号上下极值点，分别画出上、下包络线；（2）求上、下包络线的均值，画出包络线均值；（3）原始信号减包络线均值，得到中间信号；（4）判断该中间信号是否满足 IMF 的两个条件。如果满足，该信号就是一个 IMF 分量；如果不满足，则以该信号为基础，重新做（1）～（4）的分析。（5）IMF 分量的获取通常需要若干次的迭代后，得到第一个 IMF（IMF_1）后，用原始信号减 IMF_1，作为新的原始信号，再通过（1）～（4）的分析，可以得到 IMF_2，以此类推，完成 EMD 分解。

以图 3–18 中的蓝色时序信号为例，根据（1），可分别画出上下包络线（如图 3–18 中绿色曲线所示；根据（2）画出包络线均值（如图 3–18 中黑色虚线所示）；根据（3）用原始信号减包络线均值，得到中间信号；根据（4）判断中间信号是否满足 IMF 的两个条件。若不满足，则以该信号为基础，重新做（1）～（4）的分析；若满足，则得到第 1 个 IMF，用原始信号减 IMF_1，作为新的原始信号，再通过（1）～（4）的分析，可以得到 IMF_2，以此类推，完成 EMD 分解。

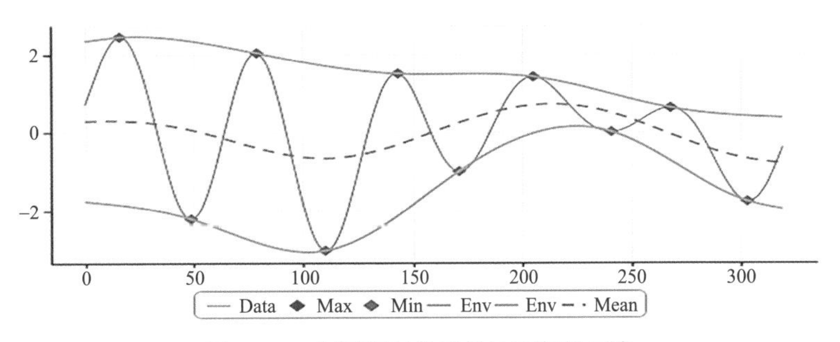

图 3–18　内涵模态分量的约束条件示意

以图 3–19 的第一条时序数据为例，经过上述分解后，分别得到了四个 IMF_1 分量和残差。

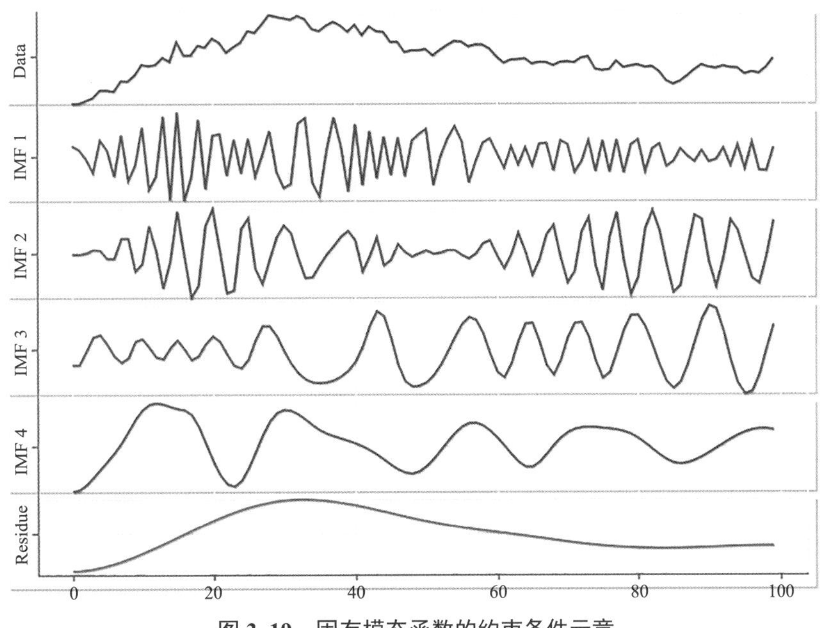

图 3–19　固有模态函数的约束条件示意

可见，傅里叶变换只能处理平稳时间序列；小波可以处理非平稳时间序列信号，但算法复杂；EMD 不仅可以处理非平稳时间序列信号，且算法简单。当然，小波应用领域非常广泛，且在变尺度分析中有非常重要的作用。

第四节　时间的分层异质性

地理学是研究地球表层各种人文与自然要素以及现象发生发展过程、动态演化特征及其地域分异规律的科学。时间区间的划分是认识人文现象和人类活动发生发展过程以及探究其动态演化特征的重要基础手段。而聚类分析是地理学研究中一种重要的数据分析方法。普通的层次聚类在聚类过程中不考虑样本的顺序；而有序聚类过程增加了时序约束的条件，即聚类过程中只能将时序相邻的类别合并，从而保证样本聚类结果的时间连续性，时间约束的有序聚类地层孢粉等时间序列数据时间约束的有序聚类。这里介绍的 CONISS（Constrained Cluster Analysis）有序聚类就是一种基于平方和增量方法的地层约束有序聚类，常用于根据不同地层深度的孢粉含量划分地层分带（宋长青等，1996），在这里拓展到根据时序样本的属性特征划分时间区间。

一、CONISS 有序聚类的基本原理

CONISS 有序聚类的基本思想是先将每个样本看成独立的一类，然后根据合并后类内方差增量最小原则以及相邻合并的约束条件进行凝聚层次聚类，直至所有样本聚成一类（Ward，1963）。根据聚类结果可以进行地层分带划分或时间序列分段。

第 p 类类内误差平方和定义为 SSE：

$$SSE=\sum_{i=1}^{n_p}\sum_{j=1}^{m}\left(x_{pij}-\overline{x}_{pj}\right)^2 \qquad （公式 3–34）$$

其中，n_p 为第 p 类的样本数量；x_{pij} 为第 p 类第 i 个样本的第 j 个变量的观测值；$\overline{x}_{pj}$ 为 p 类中变量 j 的平均值。

按照相邻合并的约束条件，将样本划分为 k 类后总的误差平方和为 SSE：

$$SSE=\sum_{p=1}^{k}SSE_p \quad （公式 3–35）$$

将相邻的 p 类和 q 类合并，组成新的 pq 类，误差增量为 I_{pq}：

$$I_{pq}=SSE_{pq}-SSE_p-SSE_q \quad （公式 3–36）$$

每次合并时，选择合并后方差增量 I_{pq} 最小的两类进行合并，直到最后合并成一类。

基于这一思想，在聚类算法实现过程中会采用更加高效的计算方式。默认每一个样本自成一类，计算原始数据中每对样本间欧氏距离的平方，生成一个相异性矩阵。在聚类的每一步中，通过查询相异性矩阵将相互邻接，且相异性最小（d_{pq} 最小）的两类 pq 合并。合并后误差的增量为 $I_{pq}=d_{pq}/2$，同时更新相异性矩阵中其他类 r 与 p 类和 q 类的距离。r 类与合并后新类 pq 的相异性为：

$$d_{r(pq)}=\frac{\left(n_r+n_p\right)d_{rp}+\left(n_r+n_q\right)d_{rq}-n_r d_{pq}}{n_r+n_p+n_q} \quad （公式 3–37）$$

其中，n_r,n_p,n_q 分别为 r,p,q 类中样本数量。重复上述查询、合并和更新的步骤，直至所有样本合并为一类。在计算欧氏距离前可以对原始数据进行变换，从而产生不同性质的相异性度量，如将样本标准化均值为 0，标准差为 1，或将样本向量进行单位长度归一化、平方根变换等。不同的数据变换会带来不同的效果，应根据样本数据性质权衡采用（Grimm，1987）。

二、应用案例

时间约束聚类的相关软件、实验步骤和实验案例详见第五章。时间约束聚类的相关地理研究案例可参见陈小强等（2019）。

第五节　格兰杰因果检验

格兰杰因果检验不仅可以帮助我们定量解析多要素之间的因果驱动关系，同时还可以帮助我们辨析谁是因、谁是果，进而让我们更清晰地认识到要素间的复杂关系。

一、什么是格兰杰因果检验

格兰杰因果检验方法为诺贝尔经济学奖得主克莱夫·格兰杰（Clive W. J. Granger）所开创，用于分析两变量之间的格兰杰因果关系（Granger，1969；Granger，1980）。对时间序列数据来说，两个变量 X、Y 之间的格兰杰因果关系定义为：在包含了变量 X、Y 过去信息的条件下对变量 Y 的预测，优于只单独由 Y 的过去信息对 Y 的预测，即变量 X 有助于解释变量 Y 将来的变化，则认为变量 X 是导致变量 Y 的格兰杰原因。其另一种表述为：其他条件不变，加上 X 的滞后变量后对 Y 的预测精度存在显著改善，则称 X 对 Y 存在格兰杰因果关系。

格兰杰因果检验基于如下假设：有关 Y 和 X 每个变量的预测信息全部包含在这些变量的时间序列之中。检验要求估计以下的回归：

$$Y_t = \sum_{i=1}^{m} \alpha_i X_{t-i} + \sum_{j=1}^{n} \gamma_j Y_{t-j} + u \qquad \text{（公式 3–38）}$$

$$X_t = \sum_{i=1}^{q} \lambda_i Y_{t-i} + \sum_{j=1}^{r} c_j X_{t-j} + v \qquad \text{（公式 3–39）}$$

其中，白噪音 u 和 v 假定是不相关的。公式 3–38 假定当前 Y 与 Y 自身以及 X 的过去值有关，而公式 3–39 对 X 也假定了类似的行为。

公式 3–38 和公式 3-39 零假设 H_0 分别为 $\alpha_1 = \alpha_2 = \cdots = \alpha_m = 0$ 和 $\lambda_1 = \lambda_2 = \cdots = \lambda_m = 0$。下面分别针对四种情形进行讨论：

第一，若 X 是引起 Y 变化的原因，即存在由 X 到 Y 的单向因果关系，则此时公式 3–38 中滞后的 X 系数（α_i）估计值在统计上整体的显著不为零，同时公式 3–39 中滞后的 Y 系数（λ_i）估计值在统计上整体的显著为零。这种情况下，称 X 是引起 Y 变化的原因。

第二，若 Y 是引起 X 变化的原因，即存在由 Y 到 X 的单向因果关系，则此时公式 3–39 中滞后的 Y 的系数（λ_i）估计值在统计上整体的显著不为零，同时公式 3–38 中滞后的 X 系数（α_i）估计值在统计上整体的显著为零。这种情况下，则称 Y 是引起 X 变化的原因。

第三，若 X 和 Y 互为因果关系，即存在由 X 到 Y 的单向因果关系，同时也存在由

Y 到 X 的单向因果关系，则此时公式 3–38 中滞后的 X 系数估计值（α_i）和公式 3–39 中滞后的 Y 系数（λ_i）估计值在统计上整体的都显著不为零。这种情况下，称 X 和 Y 间存在反馈关系或者双向因果关系。

第四，若 X 和 Y 是独立的或 X 与 Y 间不存在因果关系，则此时公式 3–38 中滞后的 X 系数估计值（α_i）和公式 3–39 中滞后的 Y 系数（λ_i）估计值在统计上整体的都显著为零。这种情况下，则称 X 和 Y 间不存在因果关系。

二、格兰杰因果检验的步骤

（一）平稳性检验

经典回归分析暗含一个重要假设，即时间序列是平稳的。这也是进行格兰杰因果关系检验的一个前提条件。若数据非平稳，则可能会出现伪回归问题，即两个本来没有任何因果关系的变量，却有很高的相关性。

那什么是平稳序列？一个平稳的时间序列在图形上往往表现出一种围绕其均值不断波动的过程，而非平稳序列则往往表现出在不同的时间段具有不同的均值和方差。

因此在进行格兰杰因果关系检验之前，首先应对各个变量时间序列的平稳性进行单位根检验。检验数据序列中是否存在单位根，若存在单位根，则此序列非平稳。下面介绍两种单位根检验的方法，*DF* 检验和 *ADF* 检验。

1. *DF* 检验

单位根检验是随机过程的问题。对于时间序列 X_t，

$$X_t = \rho X_{t-1} + \varepsilon \qquad \text{（公式 3–40）}$$

其中，$\{\varepsilon\}$ 为一平稳序列（白噪音）。特别的，若 $\rho = 1$，则 $\{X_t\}$ 序列存在一个单位根，便是一个随机游走序列。随机游走过程便是一种简单的单位根过程。

该序列的特征方程可写为 $\lambda - \rho = 0$，则特征根为 $\lambda = \rho$。当特征根在单位圆内 $|\rho| < 1$ 时，该序列不平稳。这种检验序列平稳性的方法就称为单位根检验。该检验的零假设为 H_0=$|\rho| \geqslant 1$，备译假设为 $H_1 : |\rho| < 1$。方法采用的是最小二乘法（OLS）进行估计，详细的参数估计方法见 Phillips *et al*., 1998。

2. *ADF* 检验

DF 检验对时间序列进行平稳性检验时，只适用于一阶自回归过程，但在实际检验中，时间序列可能由具有更高阶的自回归过程生成或者随机误差项并非白噪声。这样用 OLS 进行估计得到的 t 统计量的分布会受到无关参数的干扰，导致 *DF* 检验无效。另外，如果时间序列包含明显的随时间变化的某种趋势（上升或者下降），则 *DF* 检验必须保证能够去除这些趋势，否则时间趋势成分会进入干扰项。这两种情况都偏离了随机干扰项为白噪声的情形。统计量的渐近分布随之改变。

为了保证 *DF* 检验中随机误差项为白噪声特征，迪基（Dickey）和富勒（Fuller）对 *DF* 检验进行了扩充，形成了 *ADF* 检验，具体通过如下三个模型完成：

模型 1：$\Delta X_{\mathrm{t}} = \delta X_{t-1} + \sum_{i=1}^{m} \beta_i \Delta X_{t-i} + \epsilon$

模型 2：$\Delta X_{\mathrm{t}} = \alpha + \delta X_{t-1} + \sum_{i=1}^{m} \beta_{\mathrm{i}} \Delta X_{t-i} + \epsilon$，$\alpha$ 为常数项

模型 3：$\Delta X_t = \alpha + \beta t + \delta X_{\mathrm{t}-1} + \sum_{i=1}^{m} \beta_i \Delta X_{t-i} + \epsilon$，$t$ 是时间变量

上述三个模型的零假设都是 H_0：$\delta = 0$，即至少存在一个单位根，非平稳。如果时间序列具有明显的趋势，则应该用模型 3 进行检验；如果时间序列没有明显的趋势，但是围绕着一个非 0 值上下波动，则应该用模型 2 进行检验；如果时间序列围绕 0 值上下波动，则用模型 1 进行检验。

（二）协整检验

在进行时间系列分析时，传统上要求所用的时间系列必须是平稳的，即没有随机趋势或确定趋势，否则会产生伪回归问题①。正是由于数据的非平稳性引起的伪回归问题，使得经典的回归分析受到很大限制。但是，在现实生活中的时间系列（如 GDP）通常是非平稳的。我们可以对它进行差分把它变平稳，但这样会让我们失去总量的长

① 即残差序列是一个非平稳序列的回归。通俗地说，自变量是不能完全解释因变量或者不应该解释因变量，例如 GDP 每年都增长和旁边的树每年都长高。如果你直接用数据回归，那肯定存在正相关，而其实这个是没有意义的回归。

期信息，而这些信息对分析问题来说又是必要的，所以用协整来解决此问题。协整理论为非平稳序列的回归建模提供了一种可行的途径。

那什么是协整检验？检验什么问题？虽然有些时间序列数据本身是非平稳的，但是它们的线性组合却有可能是平稳的，即他们之间的关系表现出不随时间变化的性质，反映了两变量之间长期的、动态的、稳定的、均衡的关系。这种平稳的关系便称为协整关系（比如两者序列存在共同的随机性趋势）。其目的是检验一组非平稳序列的线性组合是否具有稳定的均衡关系，更是两个共同增长的时间序列相互影响及自身演化的动态均衡关系。

协整检验一般用恩格尔-格兰杰两步法进行检验：

第一步，对两个变量进行单位根检验，得出每个变量均为$I(d)$序列，即d阶单整（d阶差分后是平稳序列）。然后选取变量Y_t对X_t进行 OLS 回归，即有协整方程：

$$Y_t = \sigma + \beta X_t + \varepsilon_t \qquad \text{（公式 3–41）}$$

其中，用σ和β表示回归系数的估计值，则模型残差估计值为：

$$\hat{\varepsilon}_t = Y_t - \hat{Y}_t \qquad \text{（公式 3–42）}$$

第二步，对式中的残差项$\hat{\varepsilon}_t$进行单位根检验。若检验结果表明拒绝零假设，即$\hat{\varepsilon}_t$是$I(0)$序列，说明$\hat{\varepsilon}_t$是平稳序列，可得出Y_t和X_t之间是协整关系。

（三）格兰杰因果检验

在通过以上检验后，我们则可以通过构建回归模型分析序列X对序列Y的格兰杰因果关系。其格兰杰因果性的表述为：在其他条件不变，若加上X_t的滞后变量后对Y_t的预测精度存在显著改善，则称X_t对Y_t存在格兰杰因果性关系。

根据以上定义，估计以下两个回归模型：

无约束回归模型（u）：$$Y_t = \sum_{i=1}^{m}\alpha_i X_{t-i} + \sum_{j=1}^{n}\gamma_j Y_{t-j} + \varepsilon \qquad \text{（公式 3–43）}$$

有约束回归模型（r）：$$Y_t = \sum_{j=1}^{n}\gamma_j Y_{t-j} + \varepsilon \qquad \text{（公式 3–44）}$$

其中，m和n分别为变量X和Y的最大滞后期数，ε为白噪声。则检验X_t对Y_t不存在格兰杰因果关系的零假设是H_0：$\alpha_1 = \alpha_2 = \cdots = \alpha_m = 0$。

显然如果回归模型u中，X_t的滞后变量的回归参数估计值全部不存在显著性，则上述假设不能被拒绝。换句话说，如果X_t的任何一个滞后变量的回归参数的估计值存在显著性，则结论应该是X_t对Y_t存在格兰杰因果关系。上述检验可用F统计量完成。

$$F=\frac{\left(SSEr-SSEu\right)/k}{SSEu/\left(T-2k\right)} \quad \text{（公式 3–45）}$$

其中，$SSEr$表示施加约束条件后模型的误差平方和。$SSEu$表示不施加约束条件下模型的残差平方和。k表示最大滞后期，T表示样本容量。在零假设成立条件下，F统计量渐近服从$F\left(k,T-2k\right)$分布。用样本计算的F值，如果落在临界值以内，接受原假设，即X_t对Y_t不存在格兰杰关系。

三、应用案例

格兰杰因果检验的相关软件、实验步骤和实验案例详见第五章。格兰杰因果检验的相关地学研究案例可参见李玲珠等（Lee *et al.*，2011）、利恩和史密斯（Lean and Smyth，2010）、王丰龙和刘云刚（2013）等人的文献。

第六节　其他方法简介

下面简单介绍图 3–1 中出现的一些其他方法。

一、赫斯特指数

赫斯特指数（Hurst exponent，H）由英国水文专家赫斯特（H.E. Hurst）（1900～1978 年）在研究尼罗河水库水流量和贮存能力的关系时，发现用有偏的随机游走（分形布朗运动）能够更好地描述水库的长期存贮能力，并在此基础上提出了用变标度极差（Rescaled Range, R/S）分析方法来建立赫斯特指数，作为判断时间序列数据遵从随机游走还是有偏的随机游走过程的指标。这个指数起初被用来分析水库与河流之间的进出流量，后来被广泛用于各行各业的分形分析。

一个具有赫斯特统计特性的系统，通常不符合概率统计学独立随机事件的假设。

它反映的是一长串相互联系事件的结果。今天发生的事将影响未来，过去的事也会影响现在。这正是我们地理时间过程所需要的理论和方法。传统的概率统计学，对此是难办到的。

赫斯特指数（H）的取值范围为$[0,1]$。当$H=0.5$时，表明时间序列可以用随机游走来描述；当$0.5<H\leqslant 1$时，表明时间序列存在长程记忆性；当$0\leqslant H<0.5$时，表明时间序列存在粉红噪声（反持续性），即均值回复过程。也就是说，只要$H\neq 0.5$，就可以用有偏的布朗运动（分形布朗运动）来描述该时间序列数据。赫斯特是一种指数，可以用聚合方差法、变标度极差分析法、周期图法、绝对值法、残差方差法、小波分解法等方法计算。

英国科学家赫斯特对尼罗河进行长期的水文观测，采用的数据分析方法，称为变标度极差分析法 R/S。通过分析，他认为各年的流量存在着一定的时间相关性，如尼罗河流量的时间系列曲线的赫斯特指数是 0.72，相应的分维分形数为 1.28，具有正的长时间相关效应。用尼罗河流量时间序列的 R/S 分析得到的赫斯特指数与随机时间系列的 R/S 分析得到的赫斯特指数显著不同。

人们做过试验，用计算机产生一个随机时间系列曲线，例如，利用均匀随机数给出随机系列，计算它们的赫斯特指数，其值接近 0.5。如果把尼罗河流量时间序列打乱，再进行 R/S 分析，得到的赫斯特指数值也接近 0.5。说明没有时间相关性的随机时间系列曲线的赫斯特指数为 0.5，R/S 是分析时间序列曲线相关性的有效方法，也是得出时间序列曲线分维D（$D=2-H$）的有效方法。

赫斯特指数还对多种自然现象的时间序列曲线进行了 R/S 分析，如河湖水位$H=0.72$，降雨量$H=0.70$，泥浆沉积$H=0.69$，温度$H=0.68$，气压$H=0.63$，日斑指数$H=0.75$，树木年轮$H=0.80$。这些现象平均$H=0.726$。大多数河流的H为0.65到0.80之间，都具有正效应，表示未来的趋势与过去一致，H愈接近1，持续性愈强。当$H<0.5$时，序列具有负效应，表示未来的趋势与过去相反，H愈接近0，反持续性愈强。

水文序列具有所谓正效应，即干旱越久就可能出现持续的干旱、大洪水年过后仍然会有较大洪水。洪涝干旱与地区的气象、土壤、地质等自然地理条件有关，但赫斯特指数显示出洪涝干旱具有变化的长程效应。在我国部分地区频繁出现的洪旱灾情也具有这种特点，至于相关的规律性，尚需进一步深入研究。R/S 分析法计算简单，用于统计均值、均方差、极差三个参数，然后用手工的方法确定赫斯特指数（关系线的斜率）。该方法适宜有时间序列观测数据的科研工作者开展研究。

关于赫斯特指数的相关研究可以阅读沈石等（Shen *et al.*，2018a）、张婷等（Zhang *et al.*，2018；2019b）、沈石等（2019）人的文献。

二、李雅普诺夫指数

李雅普诺夫指数（Lyapunov Exponent）来自于李雅普诺夫稳定性第一种方法，表示相空间相邻轨迹的平均指数发散率的数值特征，又称李雅普诺夫特征指数，是用于识别混沌[①]运动若干数值的特征之一。不过这里“混沌”的意思并不是说不可预测或者混乱之类的，而是有明确的数学意义。对于服从同样物理定律的系统，如果我们有两个稍微不同的初始条件，它们的差别是 $E(0)$，那么经过时间 t 之后，它们之间的差别将变成：

$$E(t)\sim E(0)*exp(L*t) \qquad \text{（公式 3–46）}$$

其中，L 是这个系统决定的常数，称为李雅普诺夫指数。对于混沌的系统，L 是一个正数。这个关系说明，初始条件的微小差别将随着时间的推移被指数放大。这就是所谓的初值敏感性。这个差别可能来自对系统观察的误差，也可能来自计算机的舍入误差或者算法带来的误差。无论是哪一种情况的误差，混沌理论认为在混沌系统中，初始条件十分微小的变化，经过不断放大，对其未来状态会造成极其巨大的差别。这就是为什么长期天气预报不可靠。而短期天气预报相对准确。而且随着科技发展（初值误差减小、模型改进、算法改进）可以越算越长，但是总是逃不出指数增长的误差。

南美洲亚马逊河流域热带雨林中的蝴蝶，偶尔扇动几下翅膀，可以在两周以后引起美国得克萨斯州的一场龙卷风。这是有关混沌最经典的案例。环顾四周，我们的生存的空间充满了混沌。那么，混沌究竟可否被预测呢？在如今的计算实验中，人工智能算法可以预测混沌系统的未来。半个世纪前，混沌理论的先行者们发现了蝴蝶效应，

---

① 混沌是指现实世界中存在的一种貌似无规律的复杂运动形态。共同特征是原来遵循简单物理规律的有序运动形态，在某种条件下突然偏离预期的规律性而变成了无序的形态。混沌可在相当广泛的一些确定性动力学系统中发生。混沌在统计特性上类似于随机过程，被认为是确定性系统中的一种内禀随机性。

让长期预测变得困难。即使对复杂系统进行微小的干扰，也会触发一系列变化，引起未来的巨变。由于无法精确地预测这些系统的状态以及它们的趋势，我们通常认为生活的世界是不确定的。

此外，混沌系统对外界的刺激反应比非混沌系统快。混沌现象起因于物体不断以某种规则复制前一阶段的运动状态，而产生无法预测的随机效果。这一思想已被另一群数学家和物理学家，其中包括威廉·迪托（William Ditto）、艾伦·加芬科（Alan Garfinkel）和吉姆·约克（Jim Yorke），变成了一项非常有用的实用技术，他们称之为混沌控制。实质上，这一思想就是使蝴蝶效应为你所用。初始条件的小变化产生随后行为的大变化，这可以是一个优点。你必须做的一切是确保得到你想要的大变化。将此想法化为实用技术，用微小的变化开始，造成希望所想的巨大改变。当然，也可以通过合适的策略、方法及途径，有效地抑制混沌行为，使李雅普诺夫指数下降，进而消除混沌，同时选择某一具有期望行为的轨道作为控制目标。

关于混沌的相关研究可以阅读李天岩和约克（Li and Yorke，1975）、马伦松等（Malanson *et al.*，1900）、伊莱等（Eli *et al.*，1994）、朱晓华和毛建明（2000）、洛伦兹（Lorenz，2004）、马建华和楚纯洁（2006）、高剑波等（Gao *et al.*，2011）、余波等（2014）人的文献。

三、隐马尔可夫模型

隐马尔可夫模型（Hidden Markov Model，HMM）是一连串事件接续发生的机率，用以探索看不到的世界/现象/事实的数学工具，是机器学习领域中常常用到的理论模型，在语音识别、手势辨识、生物信息学等领域都有应用。

（一）马尔可夫模型

马尔可夫过程是一类特殊的随机过程，由俄罗斯数学家安德烈·马尔可夫（Андрей Андреевич Марков）开始研究，是用来刻画现实中大量存在的一种随机运动系统（Markov，1906；施仁杰，1992）。该系统在随着时间变化的过程中，每个时刻都处于某一种状态，从目前状态 s（处于 t 时刻）到下一个状态 s'（处于 t' 时刻）的概率由 $q(s \to s')$（或者 $P(s' | s)$）所表示。如果已知 t 时刻的状态 s，那么对于 t 时刻前的所有状态都不会对 t 时候之后的任何状态有影响。通俗地说，在知道“现在”的条件下，

“将来”与“过去”无关。

马尔可夫链是一类特殊的马尔可夫过程，特指该系统中的状态至多是可数的。举一个生活中的简单例子，假如每天的天气是一个状态的话，那么今天是什么状态（晴天/雨天）只依赖于昨天的天气，而与前天的天气没有任何关系。虽然这个例子不是特别严谨，但确实大大地简化了模型，因此也使得马尔可夫链得到广泛地应用。

假设状态序列为…，s_{t-2}，s_{t-1}，s_t，s_{t+1}，s_{t+2}，…，由马尔可夫链定义可知，时刻 t+1 的状态只与时刻 t 有关，用数学公式来描述就是：

$$P(s_{t+1} \mid \cdots, s_{t-2}, s_{t-1}, s_t)=P(s_{t+1} \mid s_t) \quad \text{（公式 3–47）}$$

既然某一时刻状态转移的概率只依赖前一个状态，那么只要计算出系统中任意两个状态之间的转移概率，这个马尔可夫链的模型就定了。接下来，看一个将马尔可夫链应用于天气预报的例子。假设明天是否下雨依赖于今天是否下雨，而与过去的天气无关。每一个状态都以一定的概率转化到下一个状态。设今天下雨的情况下，明天有雨的概率为 a；今天无雨的情况下，明天有雨的概率为 b。如果我们定义矩阵 P 某一位置 $P(i,j)$ 的值为 $P(j|i)$，即从状态 i 变为状态 j 的概率。定义有雨时状态为 0，无雨时状态为 1，这样我们得到了马尔可夫链模型的状态转移矩阵为：

$$\mathrm{P}=\begin{bmatrix} p_{00} & p_{01} \\ p_{10} & p_{11} \end{bmatrix}=\begin{pmatrix} a & 1-a \\ b & 1-b \end{pmatrix} \quad \text{（公式 3–48）}$$

当这个状态转移矩阵 P 确定以后，整个天气预报模型就已经确定。

（二）隐马尔可夫模型

很多时候，马尔可夫过程不足以描述我们发现的问题，比如因为某种原因（脚受伤），不能直接知晓外面的天气，但我们可以通过了解隔壁房间某人 A 每天从事的运动（跑步、健身操或是游泳）和当今的天气情况，建立每种天气状况与他从事各项运动的几率，即某人 A 运动与否及运动形式与天气有某种关联。如果把某人 A 每天从事的运动项目记录下来，即他运动这个事件的马尔可夫链，则我们可以根据某人 A 的运动情况去推测每天的天气。在这个例子里，我们用能观察到的马尔可夫链（某人 A 每天所参加的运动项目）去推测隐藏的马尔可夫链（每天外面的天气）的行为即为隐马尔可夫模型（HMM）。可见，HMM 是描述两个或多个序列关系的统计模型。由此我们将产生两个状态集，一个是可观测的状态集 O 和一个隐藏状态集 S 。我们的目的之一是借由可观测状态预测隐藏状态。模型如图 3–20 所示。

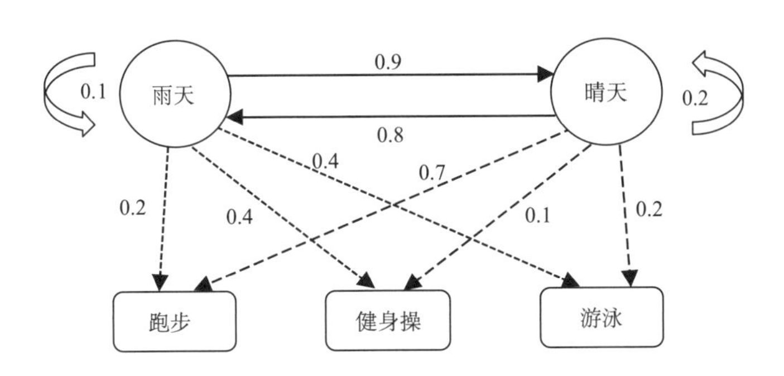

图 3–20　由可观测状态预测隐藏状态

以上面的例子可知：观察到的状态序列和隐藏的状态序列是概率相关的。于是我们可以将这种类型的过程建模为一个隐藏的马尔可夫过程和一个与这个隐藏马尔可夫过程概率相关的并且可以观察到的状态的集合。这就是隐马尔可夫模型。

HMM 是一种统计模型，用来描述一个含有隐含未知参数的马尔可夫过程（Rabiner and Juang，1986；Rabiner，1989）。通过转移矩阵，我们知道怎样表示 $P(S_{t+1}=m \mid S_t=n)$，那么应该怎样表示 $P(O_t \mid S)$ 呢（观测到的状态相当于对隐藏的真实状态的一种估计）？在 HMM 中我们使用另一个矩阵：

$$B=\begin{pmatrix}0.2 & 0.4 & 0.4\\ 0.7 & 0.1 & 0.2\end{pmatrix}$$

该矩阵被称为混淆矩阵。矩阵行代表隐藏状态，列代表可观测的状态，矩阵每一行概率值的和为 1。其中第 1 行第 1 列，$P(O_t=\text{跑步} \mid S_t=\text{雨天})=0.2$，某人在雨天跑步的概率是 0.2。

混淆矩阵可视为马尔可夫模型的另一个假设，即独立性假设。假设任意时刻的观测只依赖于该时刻的马尔可夫链的状态，与其他观测状态无关。

$$P(O_t \mid S_0,\cdots,S_t,O_0,\cdots,O_t)=P(O_t \mid S_t) \qquad \text{（公式 3–49）}$$

一个 HMM 可用一个 5 元组 $\{N,M,\pi,P,B\}$ 表示，其中，N 表示隐藏状态的数量，我们要么知道确切的值，要么猜测该值。M 表示可观测状态的数量，可以通过训练集获得；$\pi_{1\times N}$ 为初始状态概率，代表的是刚开始的时候各个隐藏状态的发生概率；$P_{N\times N}$ 为隐藏状态的转移矩阵；$N \times N$ 维矩阵，代表的是第一个状态到第二个状态发生的概率；$B_{N\times M}$ 为混淆矩阵；$N \times M$ 维矩阵，代表的是处于某个隐状态的条件下，某个观测发生的概率。在上例中，隐藏状态 $N = 2$，可观测状态 $M = 3$，转移矩阵为：

$$P = \begin{pmatrix} 0.1 & 0.9 \\ 0.8 & 0.2 \end{pmatrix}$$

在状态转移矩阵和混淆矩阵中的每个概率都是时间无关的，即当系统演化时，这些矩阵并不随时间改变。对于一个给定 N 和 M 的 HMM 来说，用 $\lambda = \{\pi, P, B\}$ 表示 HMM 参数。

四、收敛交叉映射

收敛交叉映射（Convergent Cross Mapping，CCM）是两个时间序列变量之间的因果关系的统计测试。与格兰杰因果检验一样，它们寻求解决时间滞后的相关性并不直接意味着因果关系。CCM 是两次序列变量之间的统计检验，它与“聚合者因果关系”一样，寻求解决关系不意味着因果关系。虽然格兰杰因果检验最适合纯随机系统，因为因数的影响是可分离的（相互独立），即格兰杰因果检验的前提是事件是完全随机的，但现实情况有很多是非线性、动态且非随机的，格兰杰检验对这一类状况不适用。CCM 则适用于这一类场景，在多组时间序列中构建出因果网络。CCM 基于动态系统理论，可应用于因果变量具有协同效应的系统。埃尼斯（Čenys *et al.*，1991）首次发表了这项测试的基本思想，并用于一系列统计方法。2012 年，美国加利福尼亚州拉霍亚的斯克里普斯海洋学研究所乔治 • 苏吉哈拉实验室进一步阐述了这一研究（Marsha，2012）。

若需确定时间序列 $\{Y\} = \{Y(1), Y(2), \ldots, Y(L)\}$ 是否为 $\{X\} = \{X(1), X(2), \ldots, X(L)\}$ 的因，则可用X交叉映射（Cross map）Y，即$X\ xmap\ Y$，具体步骤如下：

第一步，构造延迟坐标向量 $\underline{x}(t) = X(t), X(t-\tau), X(t-2\tau), \ldots, X(t-(n-1)\tau)$，其中，$n$为相空间的维度，$\tau$ 为时间滞后（采样间隔），t从$1+(n-1)\tau$ 到L；这样就把 $\{X\}$ 重构成了$L-1\ -(n-1)\tau$ 个n维向量。在n维的M_x空间中，每个 $\underline{x}(t)$ 对应一个点，一系列 $\underline{x}(t)$ 则形成“影子流形”；同样，也可以构造Y的延迟坐标向量 $\underline{y}(t)$，形成M_y空间中间中Y的影子流形。

第二步，在M_x空间中，对于每个 $\underline{x}(t)$ 对应的点，可以找到与其距离最近的 $n+1$ 个点，并按距离从小到大的顺序排序，得到$\underline{x}(t_i)$，其中，i从1到$n+1$；再将其距离关系作为权重乘以M_y对应的$\underline{y}(t_i)$，得到$\underline{x}(t)$在M_y空间中的估计值$\hat{\underline{y}}(t)$；

$$\hat{\underline{y}}(t) \mid M_X = \sum w_i \underline{y}(t_i); i = 1 \ldots n+1 \quad \text{（公式 3–50）}$$

其中，$w_i = u_i / \sum u_j\left(j = 1 \ldots \mathrm{n}+1\right)$，$u_i = \exp\left\{-d\left[\underline{x}(t), \underline{x}(t_i)\right] / d\left[\underline{x}(t), \underline{x}(t_1)\right]\right\}$。

第三步，计算$\underline{y}(t)$和$\hat{\underline{y}}(t)$的相关系数，其中$\underline{y}(t)$是$\underline{x}(t)$对应到M_y空间中的真值。若ρ为正且显著，则Y是X的因、X是Y的果，ρ值的大小表征因果关系的强弱。

$$\rho = \mathrm{r}(\underline{y}(t), \ \hat{\underline{y}}(t)) \quad \text{（公式 3–51）}$$

以图3–21为例，左边展示的是由$\{X\}$构造的两维空间M_x，对于该空间内黑色圆圈处的点$\underline{x}(t)$，可以找到其附近的3个点$\left\{\underline{x}(t_1), \underline{x}(t_2), \underline{x}(t_3)\right\}$；这3个点在$M_y$空间中对应右边3个蓝色的点，记为$\underline{y}(t_i)$；利用$M_x$ 空间中3个点的距离关系作为权重乘以相应的$\underline{y}(t_i)$，得到黑色圆圈位置对应到M_y空间中的估计值$\hat{\underline{y}}(t)$，位置如右边红色圆圈所示，最后计算估计值与真值之间的相关系数ρ，发现Y是X的因。

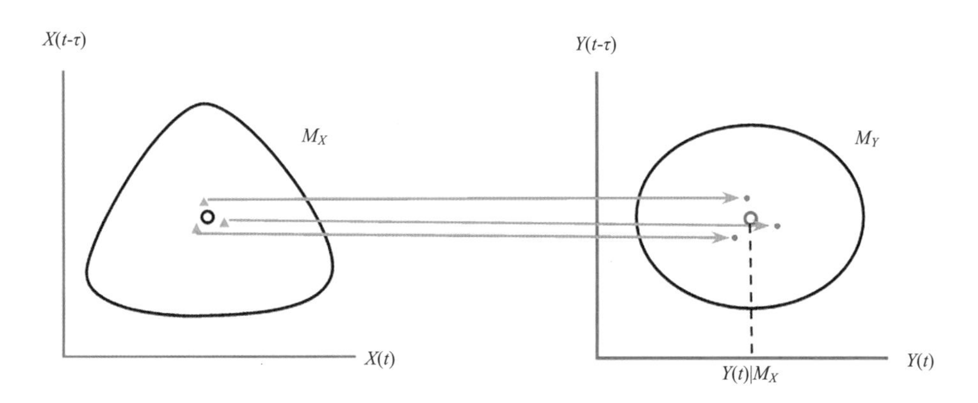

图 3–21：　CCM 算法示意图

关于近些年 CCM 模型在地学领域较热的相关研究案例可参考克拉克（Clark，2015）、特索尼斯和阿纳斯塔西奥斯（Tsonis and Anastasios，2018）、陈子悦等（Chen *et al.*，2019）、刘华军等（2020）、邹芷潇等（Zou *et al.*，2021）人的文献。

五、系列自回归模型

图 3–1 中下半部分的方法是基于时序数据时间自相关或变量间存在时间相关的假设，构建的系列回归模型，实现时间序列数据的插值、归因、趋势预估。1927 年，英国统计学家尤尔（Yule）基于时间相关性提出了自回归（Auto Regressive，AR）模型。1931 年，英国数学家、天文学家沃克（Walker）在分析印度大气规律的时候使用了移动平均模型（Moving Average，MA）模型和自回归移动平均（Auto Regressive Moving Average，ARMA）模型。1970 年，美国统计学家博克斯（Box）和英国统计学家詹金斯（Jenkins）在总结前人的基础上，系统性地阐述了差分整合移动平均自回归（Auto Regressive Integrated Moving Average，ARIMA）模型。1980 年由克里斯托弗·西姆斯（Christopher Sims）提出向量自回归（Vector Auto Regression，VAR）模型，该模型是用模型中所有当期变量对所有变量的若干滞后变量进行回归。上述不同自回归方法适用于不同的时间序列。

（一）平稳时间序列分析

当时间序列为平稳时间序列时，可以用以下模型进行拟合。

1. 自回归模型（AR）

自回归模型也称为 p 阶自回归模型，简记为：

$$X_t = a_0 + a_1 X_{t-1} + a_2 X_{t-2} + \cdots + a_p X_{t-p} + \varepsilon_t \qquad \text{（公式 3–52）}$$

其中，$\{\varepsilon_t\}$是零均值白噪声序列；对于所有 $s<t$，$EX_s\varepsilon_t = 0$，说明当期的随机干扰与过去的序列值无关；a_0，a_1，a_2，⋯，a_p 为自回归系数且 $a_p \neq 0$；时间序列$\{X_t\}$为 p 阶自回归序列。这个模型说明近期的序列值对现时值影响比较明显，越远影响越小，即时间的自相关性。自回归模型被广泛运用在经济学、信息学、自然现象的预测上。

自回归方法的优点是所需资料不多，可用自身变数数列来进行预测。但是这种方法受到一定的限制。首先，必须具有时间上的自相关。如果自相关系数小于 0.5，则不宜采用，否则预测结果极不准确。其次，自回归只能适用于预测与自身前期相关的经济现象，即受自身历史因素影响较大的经济现象，如矿的开采量，各种自然资源产量等。对于受社会因素影响较大的经济现象，不宜采用自回归，而应该采用可纳入其他变数的向量自回归模型。

2. 移动平均模型（MA）

移动平均模型不是在回归中使用预测变量的过去值，而是在类似的回归模型中使用过去的预测误差。设$\{\varepsilon_t\}$为零均值白噪声序列，以ε_t为自变量X_t为因变量的q阶移动平均模型记为：

$$X_t = \mu + \varepsilon_t - \beta_1\varepsilon_{t-1} - \beta_2\varepsilon_{t-2} - \cdots - \beta_q\varepsilon_{t-q} \quad \text{（公式 3–53）}$$

其中，$\beta_q \neq 0$，$\{X_t\}$为q阶移动平均序列。显然，这个序列是一个均值为μ、方差相同的序列。

3. 自回归移动平均模型（ARMA）

ARMA 为p阶自回归模型与q阶移动平均模型的混合，简记为$ARMA(p,q)$，即

$$X_t = a_0 + a_1X_{t-1} + a_2X_{t-2} + \cdots + a_pX_{t-p} + \varepsilon_t - \beta_1\varepsilon_{t-1} - \beta_2\varepsilon_{t-2} - \cdots - \beta_q\varepsilon_{t-q} \quad \text{（公式 3–54）}$$

式中$\{\varepsilon_t\}$是零均值白噪声序列，a_p和β_q的回归系数且对于所有$s<t$，$EX_s\varepsilon_t = 0$，$a_p \neq 0$，$\beta_q \neq 0$。

（二）非平稳时间序列分析：差分整合移动平均自回归模型

不是所有的时间序列都是平稳的时间序列，但是许多非平稳的时间序列在经过差分运算以后会变为平稳的时间序列（如公式 3–55 中的W_t），则可以对差分平稳序列进行 ARIMA 模型的拟合。

对差分后的平稳时间序列做 ARIMA 分析的模型，称为差分整合移动平均模型，简记为$ARIMA(p,d,q)$模型。存在正整数d，令

$$W_t = (1-B)^d X_t \quad \text{（公式 3–55）}$$

此时，$\{W_t\}$满足为平稳可逆$ARMA(p, q)$序列。$\{W_t\}$为对$\{X_t\}d$阶差分后的序列。

ARIMAX 模型的相关案例可以参考穆罕默德等（Mohammed *et al.*，2018）、孔特雷拉斯等（Contreras *et al.*，2009）、谭秀娟和郑钦玉（2009）、瓦利普尔和穆罕默德

（Valipour and Mohammad，2015）、王永斌等（2016）人的文献。

（三）多维时间序列分析：向量自回归模型（VAR）

向量自回归模型是基于数据的统计性质建立模型。VAR 模型把系统中每个内生变量作为系统中所有内生变量的滞后值的函数来构造模型，从而将单变量自回归模型推广到由多元时间序列变量组成的向量自回归模型。以下模型为向量自回归模型，简记为：

$$X_t = A_0 + A_1X_{t-1} + A_2X_{t-2} + \cdots + A_pX_{t-p} + \varepsilon_t \qquad \text{（公式 3–56）}$$

式中$\{\varepsilon_t\}$是多维白噪声序列，且对于所有$s<t$，$EX_s\varepsilon_t = 0$，时间序列$\{X_t\}$为向量自回归模型。在 VAR 内，每个方程的最佳估计为普通最小二乘估计。

VAR 模型是处理多个相关经济指标与预测最容易操作的模型之一，并且在一定的条件下，多元 MA 和 ARMA 模型也可转化成 VAR 模型，因此近年来 VAR 模型受到越来越多的经济工作者的重视。

VAR 模型的相关案例可以参考夏天和程细玉（2006）、科洛尼和马内拉（Cologni and Manera，2008）、朱孔来等（2011）等人的文献。

第四章　地理时空集成分析方法

时间与空间是地理数据中两个非常重要的特征。地理研究中空间格局与时间过程不是完全割裂的，而是相互依存和渗透的。时空一体化分析是全面、综合认知地理格局与过程的重要手段。结合地理问题与统计主题，我们将地理研究中常用的时空一体的分析方法进行归类，如图 4–1 所示。

<table>
<tr><td rowspan="2">地理问题
统计主题</td><td colspan="4">时空格局与过程</td><td rowspan="2">机制</td></tr>
<tr><td>局部异质</td><td>分层异质</td><td colspan="2">时空过程分解</td></tr>
<tr><td>度量和探测</td><td>时空聚集区扫描(SaTscan)</td><td>时空轨迹数据分析
自组织映射(SOM)
多向聚类等</td><td>经验正交函数分解(EOF)</td><td rowspan="3">贝叶斯层次模型(BHM)</td><td rowspan="3">时空分析
+
地理逻辑
⇔
解译机制</td></tr>
<tr><td>插值</td><td colspan="3">基于移动观测站和固定观测站的插值方法</td></tr>
<tr><td>归因</td><td colspan="3">时空地理加权回归模型(GTWR)
多层次时间地理加权回归模型(MGTW)</td></tr>
</table>

图 4–1　时空统计分析方法的分类

在时空一体化的模式探测方面，主要有 SaTScan、轨迹数据分析、多向聚类、经验正交分解（Empirical Orthogonal Function，EOF）等方法。在时空推断上，出现了基于移动观测站和固定观测站的插值方法，其中移动观测站是空间、时间均不固定的观测，例如浮动车；固定观测站则是位置固定、时间变化的观测，例如观测塔。在时空一体化归因方面，目前也出现了时空地理加权回归（Geographical and Temproal Weighted Resgression，GTWR）、多层次时间地理加权回归模型（Mixed Geographically

Temporal Weighted Regression，MGTWR）、贝叶斯层次模型（Bayesian Hierarchy Model，BHM）等方法。

第一节 时空快照法

地理研究中最常见时空过程分析方法是先将时间进行分段，然后绘制出地理现象在不同时间段上的空间分布快照图，最后通过人为观察，发现地理现象在时空上的变化过程。本书将这种方法称为时空快照法。

以降水为例，基于 1951～2002 年中国东部地区 160 个站点（6～8 月）夏季降水量数据，若希望揭示此段时间内降水量异常的时空分异规律，时空快照法通常首先对 160 个站点每年的夏季降水量进行距平处理，即每个气象站点每年夏季降水量减去该站研究期内夏季平均降水量。距平主要是用来确定某个时段的数据相对于该数据的某个长期平均值是高还是低。对每年 160 个站点的降水距平值进行空间插值后，得到 1951～2002 年中国东部地区夏季降水量异常的系列时空快照图，此时就可以通过观察，总结研究期内中国东部地区夏季降水量异常。

图 4–2 仅展示了 1991～2002 年期间的夏季降水量异常分布。通过观察与总结，可以发现以下规律：（1）1991 年和 2000 年表现为经向“负—正—负”分布，即华南地区降水负异常，长江中下游地区降水正异常，华北、内蒙古地区降水负异常；（2）1994 年表现为“正—负—正”分布，即华南、华北和内蒙古地区降水正异常，但是长江中下游地区降水负异常；（3）1997 年、1999 年、2001 年和 2002 年表现为长江以南地区降水偏多，但是长江以北地区降水偏少。当然，类型（1）和类型（2）也可以归为一类，即华南、华北和内蒙古地区降水变化与长江中下游地区降水变化相反，前者增加时后者减少，或者前者减少时后者增加。

时空快照法的优点是简单、直观，是早期地理研究常用的方法。但时空快照法在实际应用中也存在一些不可避免的问题：（1）快照数过多会给规律的总结带来困难；当然，为了避免快照数过多的问题，可根据研究人员对地理现象的先验知识进行时段划分，也可采用第四章时间有序的聚类方法进行时段划分；（2）时空快照法总结的规律较为主观，不同研究者可能得出有差异的结论。此外，对于结论的显著性也无法给出科学的度量。

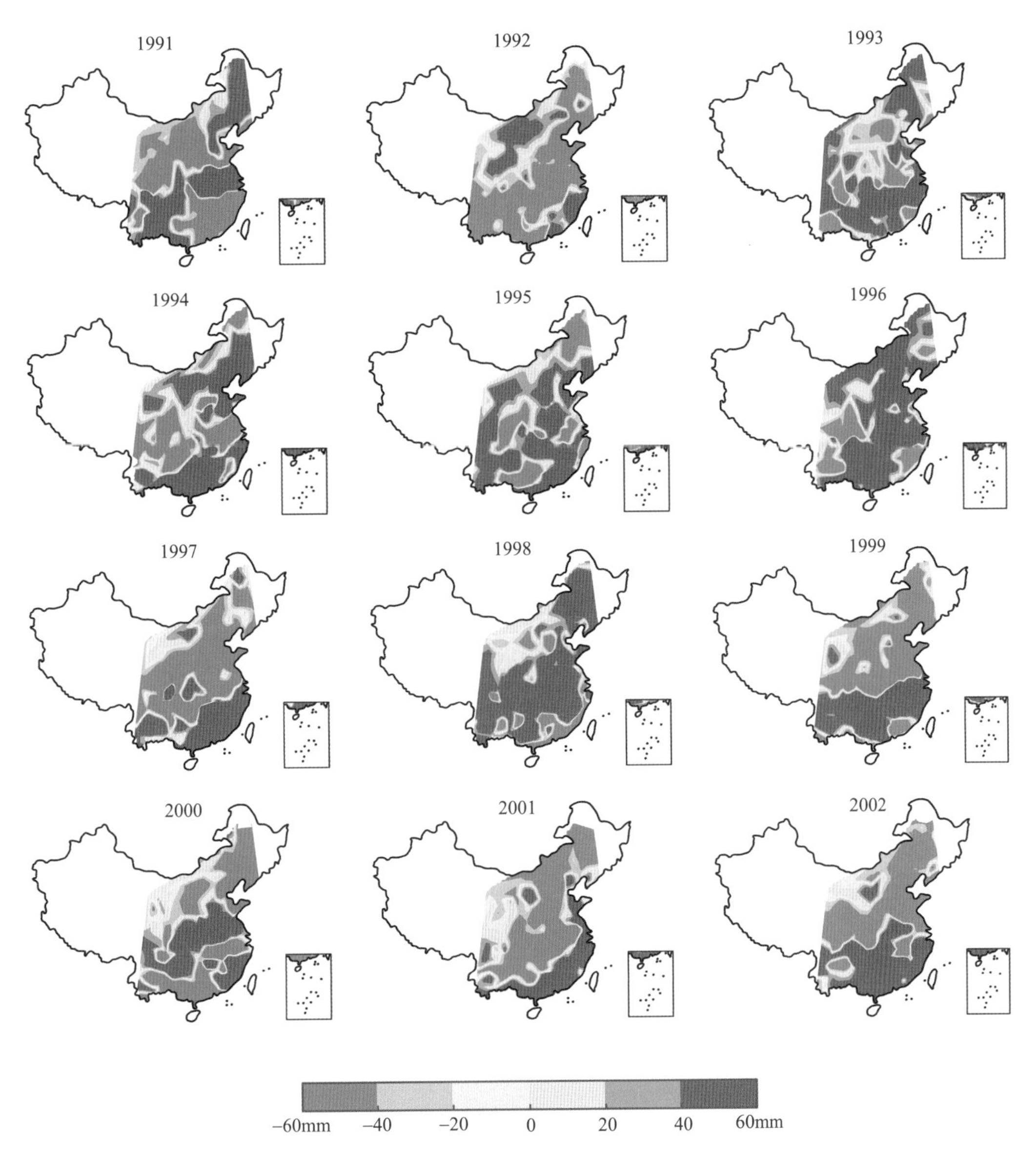

图 4–2 1991～2002 年我国东部地区夏季降水量异常分布

资料来源：龚道溢 PPT，2020。

下面各节分别介绍一些时空一体的分析方法。下述分析方法可以在不依赖先验知识的情况下，探测地理现象的时空分异，同时定量给出结果的显著程度。

第二节 时空局部异质性探测

一、方法介绍

第三章介绍了以圆为扫描区的空间聚集探测原理。针对不同的数据，给出不同的时间窗口定义，就可以采用第三章中类似原理进行时间聚集区的探测。针对时间序列数据，我们可将扫描窗口设置为时间区间（如图 4–3 所示），就可用于时间序列的聚集性探测。

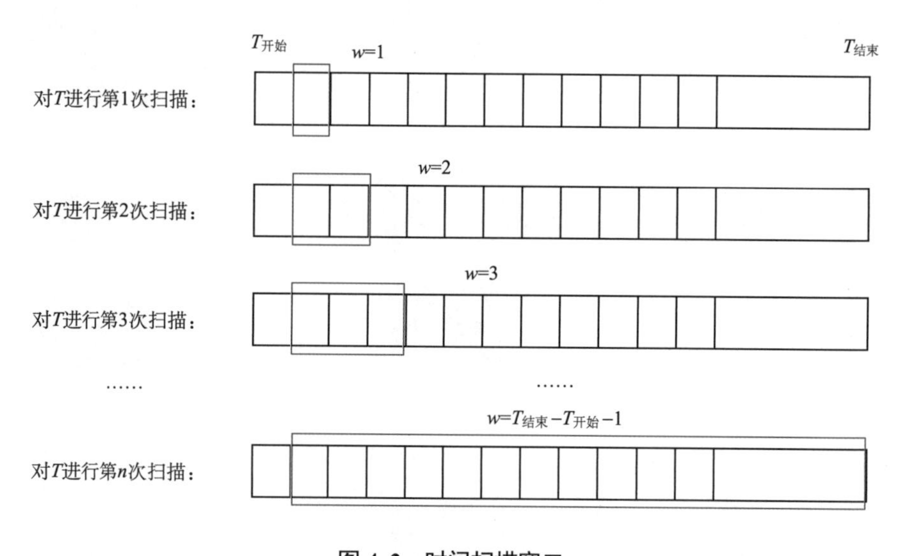

图 4–3 时间扫描窗口

对于时空一体的数据，则也可用不同大小的时空圆柱作为扫描窗口（如图 4–4 所示），采用第三章中空间扫描类似的原理与理论进行时空聚集区的探测。

二、应用案例

以 1979～2017 年 ERA–Interim 再分析数据中全球 2 米气温数据为例，其空间分辨率 0.75°、时间分辨率 6 小时。为全面评价极端气象高温强度，从持续高温日数、高温累积强度和空间聚集程度三个方面，合成了极高温评价指标，并对全球

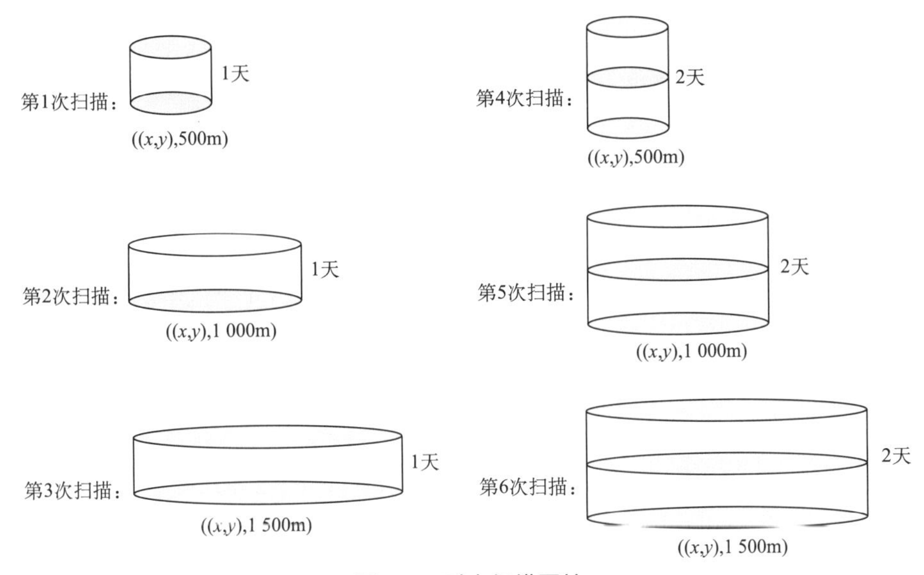

图 4–4　时空扫描圆柱

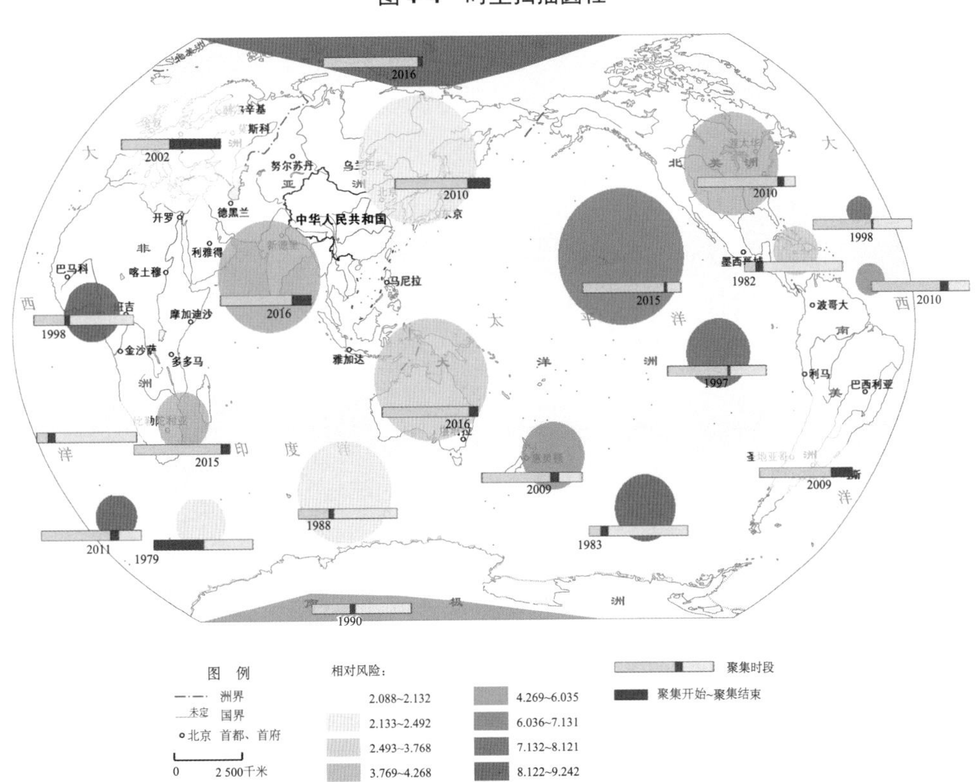

图 4–5　1979～2017 年全球典型极端高温聚集区的时空分布（5%）

资料来源：zhang *et al.*, 2021。

1979～2017 年的极端高温时空聚集区进行探测，详见张婷等人的文献（Zhang *et al.*, 2021）。文献引入时空扫描统计法，通过构建时空柱体扫描窗口提取单指标以及综合指标表征的极端高温时空聚集区。其中，综合指标主导的极端高温时空聚集区通过显著性检验的有 21 个，p 均为 0.001（图 4–5）。其中，圆形覆盖范围对应时空聚集区的空间范围，条带中黑色长度对应时空聚集区持续时间，下方数字对应起始年份，由填充颜色表示聚集区的聚集程度（相对风险，RR）。圆形中侧方数字表示时空聚集区编号（1～21）。图 4–5 中各聚集区空间范围、持续时间及相关统计量整理在表 4–1 中。

表 4–1　1979～2017 年全球典型极端高温时空聚集区描述信息

聚集区	经度（°）	维度（°）	半径（Km）	起始年	终止年	似然比（LLR）	置信度（P）	相对风险（RR）	观测值	期望值	观测期望比
1	–84.75	61.50	1 048.496	1990	1992	10 122.493	0.001	6.035	8584	1 449.960	5.920
2	80.25	76.50	1 247.733	2016	2016	6 761.335	0.001	8.499	4073	483.822	8.418
3	–1.50	69.75	3 547.623	2015	2017	4 923.138	0.001	4.268	6108	1 448.956	4.215
4	21.75	–137.25	3 416.045	2015	2015	4 288.650	0.001	6.735	3233	483.571	6.686
5	45.75	31.50	2 924.272	2002	2017	3 244.078	0.001	2.009	15233	7 741.149	1.968
6	67.00	–71.25	2 302.079	2010	2012	2 992.458	0.001	3.439	4931	1 447.450	3.407
7	57.00	165.75	2 551.431	2010	2017	2 745.055	0.001	2.336	8908	3 865.221	2.305
8	–56.25	–132.00	1 734.796	1983	1983	2 706.073	0.001	8.111	1699	210.292	8.079
9	–3.00	–96.75	1 747.807	1997	1998	2 508.390	0.001	7.453	1709	230.200	7.424
10	–17.25	158.25	3 463.363	2016	2017	2 497.559	0.001	3.768	3620	967.644	3.741
11	–27.75	–54.00	3 163.194	2009	2017	2 077.686	0.001	2.132	8281	3 929.045	2.108
12	–51.00	–9.00	1 268.510	2011	2011	1 657.505	0.001	9.294	910	98.119	9.274
13	–51.75	101.25	2 739.478	1988	1992	1 542.522	0.001	2.250	5398	2 417.854	2.233
14	–32.25	–154.50	1 430.085	2009	2011	1 414.376	0.001	5.115	1414	277.294	5.099
15	10.50	6.75	1 648.049	1998	1998	1 174.060	0.001	7.539	790	104.979	7.525
16	–52.50	27.75	1 248.166	1979	1996	1 155.019	0.001	2.272	3948	1 748.082	2.258
17	–28.50	21.00	1 405.825	2015	2017	826.081	0.001	4.138	1057	255.964	4.129
18	29.25	–53.25	1 331.058	1986	1989	763.255	0.001	3.693	1132	307.157	3.685
19	15.00	–32.25	1 349.792	2010	2010	718.355	0.001	7.131	510	71.603	7.123
20	40.50	–27.75	906.633	1998	1998	506.865	0.001	7.919	325	41.071	7.913
21	–24.00	–6.00	1 238.735	1982	1988	396.901	0.001	2.491	1114	447.937	2.487

根据图 4–5 可知：1999 年前后全球各区域的典型极端高温时空聚集区都呈现出明显空间分布差异，存在明显的空间转型特征。具体时空分布特征大致如下：（1）南极极端高温影响区集中出现在 1992 年之前；（2）北极极端高温影响区域集中出现在 2010 年之后；（3）中低纬度陆地极端高温影响区集中出现在 1999 年之后；（4）中低纬度海洋上极端高温聚集区出现在 1999 年前后的数量基本相当。但整体而言，海洋上的典型极端高温时空聚集区在 1999 年之后的聚集程度更高，空间范围也在扩大。海洋上 1999 年之前的高温时空聚集区持续时间更长。

关于时空一体数据的探测案例，可参见第五章的实验案例。更多研究案例可参见杨静等（Yang *et al.*，2019）、张婷等（2019）人的文献。

第三节　时空分层异质性探测

地理时空分异规律是地理研究的核心问题。地理数据是测度地理特征的基本量化指标，也是理解地理时空分异的核心基础。地理数据获取能力的不断增强，为时空分异规律研究提供了难得的机遇（程昌秀等，2020b）。

根据前文可知，目前各类先进的聚类方法主要集中于机器学习领域。针对空间约束、时间约束的聚类方法相对较浅，面向时空一体的约束聚类方法尚未见报道。目前，地理研究中时空一体的聚类常采用面向高维数据的多向聚类和自组织映射。上述两类聚类方法均不涉及时空约束的概念。

一、多向聚类

随着大数据时代的到来，传统聚类方法面临挑战。近年基因、文本分析等领域开始逐步采用双向聚类分析数据，并取得重要进展，但三向聚类的思想及算法国内尚未报道。过去几十年，传统聚类在科学数据的分类研究中起了重要作用。随着大数据时代的到来，数据的收集越来越容易、数据种类越来越多、体量越来越大。参与分析的数据不仅量大，而且存在数据维度高（属性多）、数据质量低（例如，测量不够精确、数据缺失或稀疏）等特点，向传统聚类方法提出了挑战。最早推进聚类方法进行时代变革的是基因领域。哈迪根等最早提出“块聚类”的双向聚类思想（Hartigan，1972）。

自程和彻奇（Cheng and Church，2000）提出了面向高维基因数据的双向聚类方法以来，双向聚类算法不断发展完善，并广泛应用于基因分析（熊赟等，2008；刘维和陈崚，2009）、医学（吴磊和李舒，2013；徐速和李维，2015；牛玉敬等，2016）、文本分析与自然语言理解（姚强等，2012；苏盼等，2017）等领域。近期双向聚类在生态群落领域的研究也初见端倪（方全等，2015）。

随着地理数据获取能力的不断提升，地理数据也存在量大、维度高、质量参差不齐等特点。同时，从浩如烟海的地理数据中解读时空分异规律时，易犯“横看成岭侧成峰”的错误，且存在“远近高低各不同”的跨尺度解译需求。地理现象或事件是在空间、时间、尺度、属性上的综合体现，以及如何从上述 4 个角度联合解译地理特征成为地理数据分析领域面临的时代挑战。鉴于双向聚类在地理领域鲜有应用，吴晓静等针对荷兰物候时空分异（Wu *et al.*，2015）、全球自然灾害事件时空分异（Shen *et al.*，2018b）、中国春季物候时空分异模式（Wu *et al.*，2020a）等问题，引入双向聚类方法，探索了其对“多空间—多属性”“多空间—多时间—单属性”等地理数据的解译能力。为进一步拓展地理研究的联合解译能力，吴晓静等提出并研发了一种全新的三向聚类算法（Wu *et al.*，2018；Wu *et al.*，2020b），并在北京城区 $PM_{2.5}$ 时空分异模式研究中验证了三向聚类在不同时间尺度下对“多空间—多时间—单属性”的联合解释能力（Wu *et al.*，2020b）。

（一）聚类方法从单向到三向的变革

简单地说，聚类是对大量未知标注的数据集，按数据内在的相似性将其划分为多个类别（称为“簇”或“类”），并使类内数据尽可能相似，而类间数据尽可能不相似。

1. 单向聚类

以层次聚类为代表的传统聚类方法是以样本为研究对象，将样本视为由属性构造的 *n* 维空间中的点，通过测量两点（样本）间的距离或矢量余弦相似度，将接近的样本聚为一类。传统的聚类方法可分为两种：一种是基于所有属性对样本进行聚类，例如根据一些经济指标对中国各城市进行分级；另一种是基于所有样本对属性进行聚类。这类仅对样本或属性进行聚类的方法称为单向聚类，如图 4–6(a)所示。

单向聚类在过去几十年科学分类的研究中起到了重要的作用。但是，来自基因、文本分析领域的大量实践发现了单向聚类的不足。（1）单向聚类仅关注样本在大部分的属性上的相似程度，易造成部分相似极强的特征信息被忽略。特别是当属性数目（维数）过高时，单向聚类通常用主成分分析（Principal Components Analysis，PCA）进行降维并选择主要成分参与聚类，从而进一步证实了单向聚类重视主要信息而忽略次要信息的特点。在物种基因表达的研究中，单向聚类的这一缺点被充分暴露出来。例如，在成千上万的基因中，某些生物功能往往仅在少量基因片段上表现出极强的相似性，而关注大部分基因的单向聚类则无法分辨这些局部相似的信号。（2）单向聚类仅从某个（行或列）角度观察数据，易犯“横看成岭侧成峰”的错误。以图 4–6(b)所示数据片段为例，若对样本进行聚类，样本 1 和样本 2 会被聚成一类。若对指标进行聚类，指标 1 和指标 2 会被聚成一类，但联合观察样本和指标数值分布不难发现：样本 1～3 在指标 1～3 上具有更强的相似度，然而单向聚类不擅长此类数据子集相似性的探测。（3）面对稀疏高维矩阵（数据缺失值多、维数高），距离函数或夹角余弦的计算及其有效性也面临挑战。首先，对于缺失的数值、名义量以及类型量，如何将其转化为数值参与距离和夹角的运算；其次，有研究表明在 2～10 维的低维空间中，用欧氏距离来度量数据之间的相似性是有意义的，但在更高维空间中欧氏距离就逐渐失去了其度量数据相似度的作用。

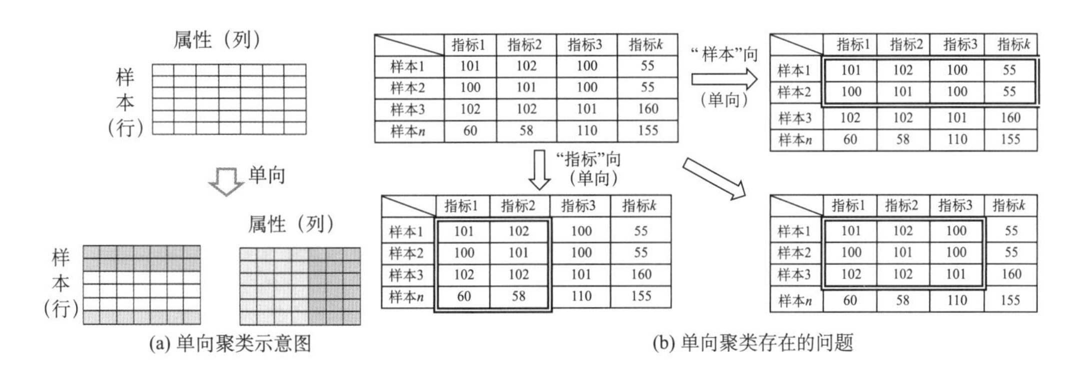

(a) 单向聚类示意图　　(b) 单向聚类存在的问题

图 4–6　单向聚类的意图及案例

资料来源：程昌秀等，2020。

2. 双向聚类

双向聚类是基于数据矩阵内元素值的相似性，形成一个子矩阵分割方案，使子矩阵内的元素尽可能相似，子矩阵间的元素相似度尽可能低，从而实现行列两方向的同时聚类。稀疏双向聚类、谱双向聚类和信息双向聚类是目前常见的双向聚类方法。下面以信息双向聚类为例，介绍双向聚类的特点。

信息双向聚类实质是将行 x 和列 y 视为两随机变量，通过不断移动调整样本在 x 向的位置或属性在 y 向的位置，找到一种分割（聚类）方案，使该分割方案下概化后的数据分布与概化前的分布尽可能接近，以保证子矩阵内元素值尽可能相似，而子矩阵间元素差异尽可能大，如图 4–7(a)所示。算法流程如下：（1）根据用户给定样本向分类数 k 、属性向分类数 l ，随机生成一个 $k\times l$ 的分割（聚类） 方案，将原始数据矩阵划分成 $k\times l$ 子矩阵。（2）将数据矩阵的行和列视为两个随机变量，在不考虑 $k\times l$ 分割的情况下，原始矩阵元素反映了一个非常精细的二元联合分布；若考虑 $k\times l$ 分割方

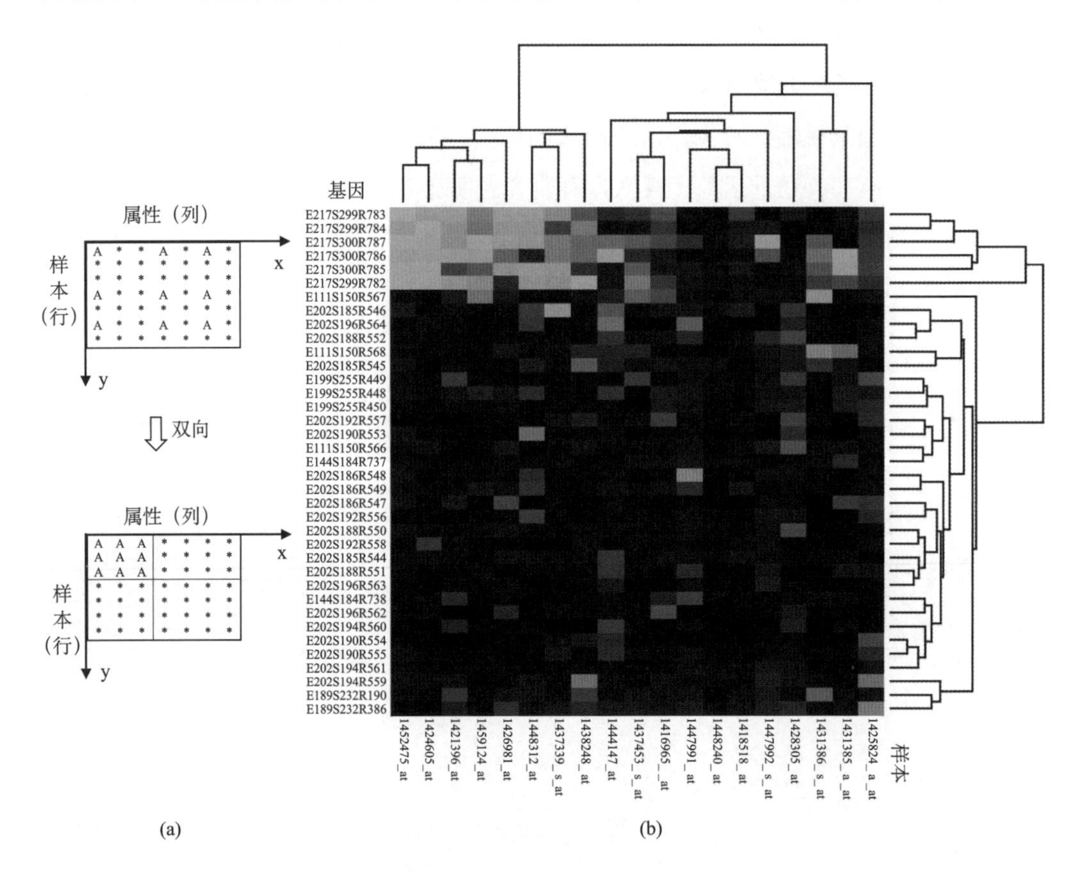

(a) (b)

图 4–7 双向聚类示意及案例

资料来源：程昌秀等，2020。

案，则将各子矩阵内所有元素都赋为该子矩阵所有元素样本数据的均值，形成了一个该聚类结果概化后的数据二元联合分布。（3）计算这两个分布的信息散度，用于衡量两分布的接近程度，即信息散度越小表示两分布越接近，分类后的信息量丢失也越少，聚类效果越好。（4）在当前的分割方案下，尝试着逐步把不同的行或列调换到其他分区中，形成新的$k \times l$分割方案；重复第（2）～（3）步，如果调换后的信息散度小于调换前的信息散度，则调换后的方案更优，保存为当前聚类方案。（5）重复执行第（4）步，直到找不到信息散度更小的方案，则得到了一个较优的数据分割方案。上面仅为信息双向聚类的基本框架，为了尽快收敛、跳出局部最优，还有很多算法值得加入，功能也值得完善。

可见，双向聚类则是对数据块（数据子集）的聚类。双向聚类可以检测出图 4–7(b)所示的样本、指标的局部相似性；也可以检测出图 4–7(b)中亮绿色区域对应的基因在一组亲缘关系密切的亚种（例如细菌）中具有很强的活性。

双向聚类优势如下：（1）联合解译：双向聚类通过对数据子集的聚类，可以实现样本和属性的联合解译，在地理研究中可以实现时间、空间、尺度、属性中任意两方向的联合解译；（2）局部相似性的探测：双向聚类是基于数据块（子集）的聚类，只要在部分属性上存在相似性即可，故双向聚类可以解决一部分单向聚类无法分割的问题，对于发现地理现象的局部异质特征有意义（方全等，2015）。

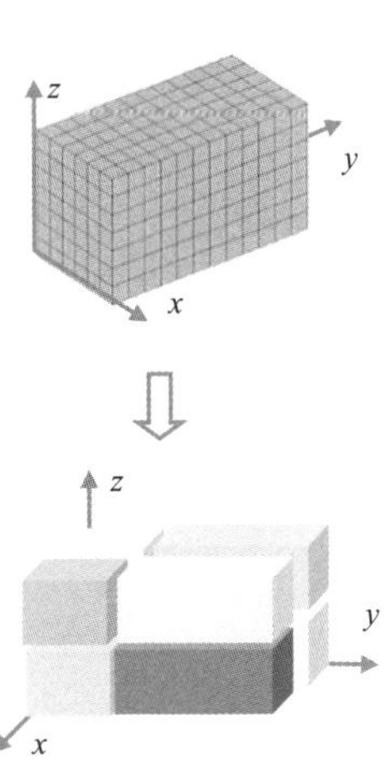

图 4–8 三向聚类示意

资料来源：程昌秀等，2020。

3. 三向聚类

双向聚类可以从两个不同方向联合解译数据的分异性规律。但是地理现象或事件通常是在时间、空间、尺度、属性上的综合体现，因此地理研究往往需要对超出双向的数据进行联合解译。

三向聚类是将数据的行x、列y、高z视为随机变量，通过不断移动或调整研究对象在x、y、z方向上的位置，找到一种数据在三维空间上的分割方案，聚类后使三维子数据体内元素尽可能相似，而子数据体间尽可能保持较大差异，如图 4–8 所示。

三向聚类的核心算法伪代码如表 4–2 所示，算法思路与机器学习中逐步寻优的过程类似。为了避免陷入局部最优，可以选多个随机种子，重复执行表 4–2 的算法，最后选择信息损失最小的分割方案作为聚类方案。

表 4–2 三向聚类核心算法的伪代码

算法：基于信息散度的立方体平均三向聚类算法
输入：O_0(数据立方体)，k(在方向 1 上的聚簇数量)，l(在方向 2 上的聚簇数量)，m(在方向 3 上的聚簇数量)，
输出：优化后的 $k\times l\times m$ 的三向聚类结果
开始：
1. 初始化：基于原始数据 O_0，上方向 1～3 上分别被随机分为 k、l、m 个区域（聚簇），该数据体和数据分割方案，记为 O_i；
2. 对 O_i 各区域内数据求均值，并用均值代替区内各元素，形成该分割方案下聚类结果的概化数据体 $\hat{O}_i$；
3. 计算信息散度（目标函数）：$f_i = D(O_i \parallel \hat{O}_i)$，$f_i$ 表征在该分割方案下的概化后的数据体（$\hat{O}_i$）与概化前的数据体（O_i）的接近程度，值越小越接近；即数据子集内元素越相似、而数据子集间元素差异越大
4. 开始迭代；
（1）以 O_i 数据体及其分割方案为基础，在行或列或高的方向上，按一定规则，逐步尝试将 O_i 中的数据向量在所属方向的不同区间移动或交换，形成新的数据体和分割方案，记为 O_j；
（2）对 O_j 各区域内数据求均值，并用均值代替区内各元素，形成该聚类结果的概化数据体 $\hat{O}_j$；
（3）计算信息散度：$f_j = D(O_j \parallel \hat{O}_j)$
（4）若 $f_j < f_i$，则 $O_i = O_j$，$f_i = f_j$，并进入下一次迭代；否则，直接进入下一次迭代
5. 结束迭代（直到目标函数收敛）
结束

构成三向聚类数据体的 x、y、z 维度可以分别从空间、时间、尺度、属性中选择三个不同方向进行组合。三向聚类的分析方法适用于大数据时代，主要表现在以下三个方面：（1）大数据时代，可能存在数据的维数高且仅关注少数维数据相似性的应用需求。（2）大数据时代，数据可能存在较高比例的缺失值，甚至可能是稀疏矩阵。例如，2013 年 2 月～2014 年 1 月期间北京城区 18 个环境监测站 $PM_{2.5}$ 观测值的缺失率达到 22.54%。在传统基于距离函数的聚类中，如此多的缺失值难以参与运算。而三向聚类是基于数据块的聚类，其信息度量函数是相对熵，因此支持缺失值的聚类，当然也支持名义变量和类型变量的聚类。（3）大数据时代，地理数据维数可能达到数十、数百级别。受“维度效应”影响，传统聚类方法的聚类效果和运算效率都面临挑战。三向聚类专为高维矩阵设计，不受“维度效应”影响。吴晓静等（Wu *et al.*，2020a；

2020b）分别对 74 154 行× 40 列数据矩阵、18 行× 299 列× 24 层数据体进聚类，结果表明三向聚类在聚类效果和运算效率上有较好表现。

（二）三向聚类的应用流程与地理时空数据组织

1. 应用流程

运用三向聚类方法解译地理特征的流程如图 4–9 所示。首先，根据研究涉及的地理问题确定地理时空密度，界定时空尺度，选择多种地理属性，组织参与聚类的时空数据体；然后，采用三向聚类算法得到聚类结果；之后，将聚类结果定位到相应的时间、空间、尺度上制图，根据绘制的图或谱解译地理现象的时空分异规律。

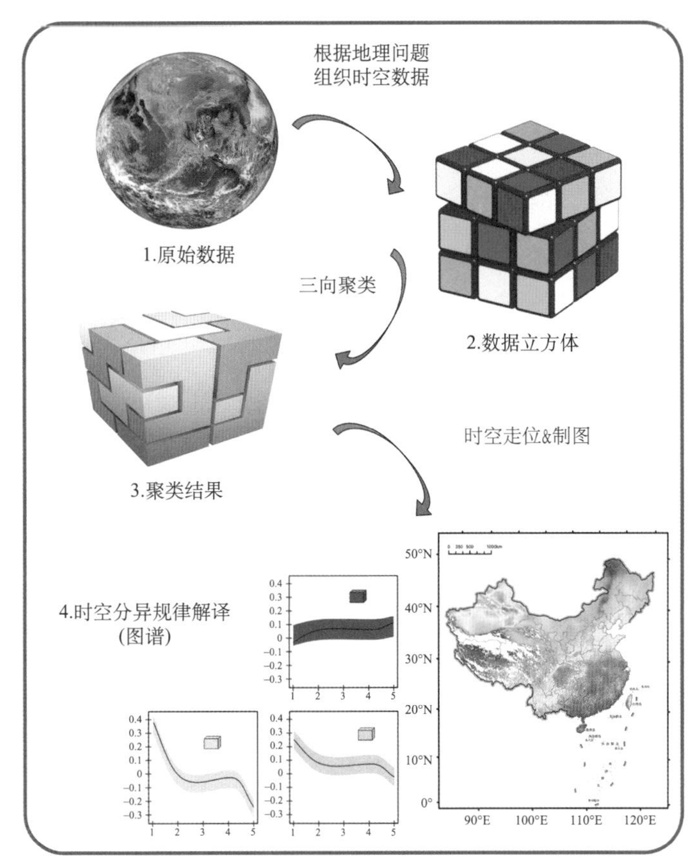

图 4–9　三向聚类研究流程

资料来源：程昌秀等，2020。

三向聚类在算法层面上是通用的，不同之处仅在于根据不同问题涉及的空间、时间、尺度、属性的不同，构建出不同的数据体。不同数据体聚出的结果回答不同的地理问题。

2. 地理时空数据的组织

地理研究通常涉及不同尺度的空间、时间以及时空叠加的问题。特征属性通常涉及单属性、多属性两类。图 4–10(a)和图 4–10(b)分别给出了在单属性、多属性情况下，面向不同空间、时间、尺度问题的数据组织方案。其中，横、纵方向分别给出了对应的空间、时间与尺度问题。图中区域被实线分为左上、左下、右上、右下四个区域，其中后三个区域分别对应空间问题、时间问题、时空叠加问题。不同区内面向尺度又用虚线进行分割。因此，每个单元格对应横、纵表头所联合描述的地理问题。单元格内的矩阵或数据体则是解决对应问题的数据组织形式。图 4–10 中(1)～(5)是二维数据表，适用于双向聚类；(6)～(12)是三维数据体，适用于三向聚类；对于表中右斜下方空白单元格对应的更复杂问题，需要更高向的聚类方法。

结合吴晓静等（Wu *et al.*，2020a）、沈石等（Shen *et al.*，2018b）和吴晓静等（Wu *et al.*，2020b）的相关研究实践，图 4–11 给出了图 4–10 中(2)、(4)、(8)和(12)的典型实例方案。中国春季物候时空分异特征研究中，吴晓静等（2020a）采用图 4–10 中(2)的多空间—多时间—单属性数据组织方案，形成了如图 4–11(a)所示的数据矩阵。其中灰色区域给出了 1979～2018 年期间中国领土内四万余个格网上每年紫丁香开花始期的序日。全球自然灾害频发率空间格局的研究中，沈石等（2018b）采用图 4–10 中(4)的多空间—多属性数据组织方案，形成了如图 4–11(b)所示的数据矩阵。其中灰色区域给出了全球 200 余个国家和地区，对应的 11 种自然灾害每万平方千米的发生率。北京城区 $PM_{2.5}$ 在不同尺度下时空格局与过程的研究中，吴晓静等（2020b）采用了图 4–10 中(8)的双时间尺度下—多空间—单属性的数据组织方案，形成了如图 4–11(c)所示的数据体，给出了不同监测站不同天不同小时 $PM_{2.5}$ 的监测值。此外，为了验证三向聚类在多属性方面的分析能力，后续拟采用图 4–10 中(12)给出的多时间—多空间—多属性的数据组织方案，形成如图 4–11(d)所示的数据体，探讨不同监测站在不同时间各污染物指标的时空分异及相互作用规律。

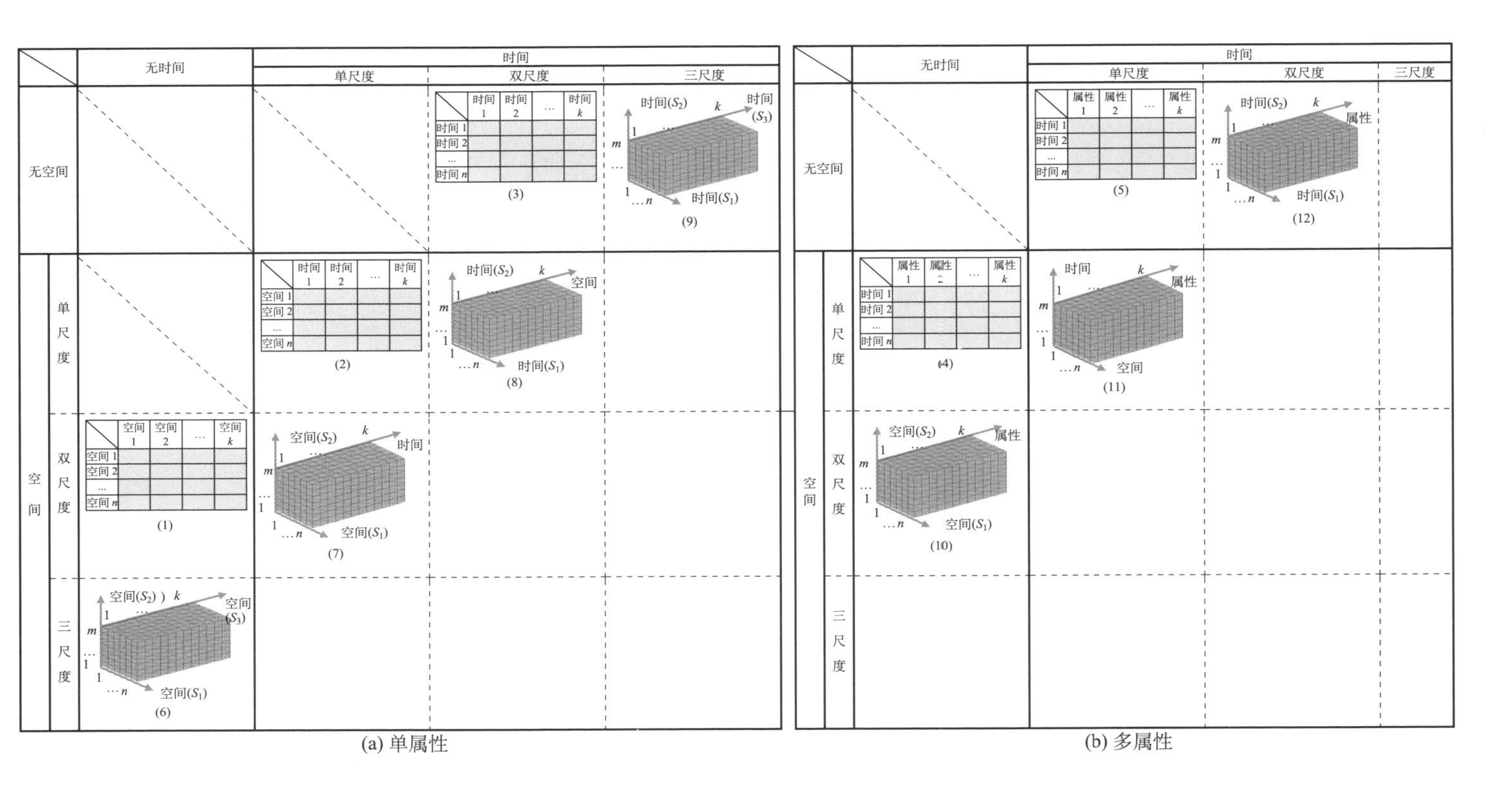

图 4–10　面向空间—时间—尺度—属性聚类数据组织方案

资料来源：程昌秀等，2020。

注：(a)、(b)中部的区域被实线分为左上、左下、右上、右下四个区域，其中后三个区域分别对应空间问题、时间问题、时空叠加问题。不同区域内，面向尺度又用虚线进行分割。单元格内的二维表格适用于双向聚类。三维数据体则适用于三向聚类。白色区域对应更高维度数据需要更高向的聚类方法。图中灰色区域为对应的属性测量值。

当然，目前三向聚类在空间上仅支持网格数据的多尺度研究，如何实现县、市、省、国家这类任意多边形数据的多尺度聚类仍有待深入研究。

3. 实验与实践

相关软件包与实验过程详见第五章。

（三）地理时空分异与叠加效应的解译实践

1. 多方向、多尺度解译北京城区 $PM_{2.5}$ 时空分异特征

以北京城区 $PM_{2.5}$ 在不同尺度下的时空格局与过程研究（Wu *et al.*，2020b）为例，对图 4–11(c)的数据体进行三向聚类后，结果如图 4–12 所示。图 4–12 中不同的色块代表聚类结果中不同数据体子集。扁平化显示的各数据体子集的 $PM_{2.5}$ 均值参见图 4–12 中的条形图例。该聚类结果在空间、天尺度、小时尺度上进行定位后，分别得到图 4–13。

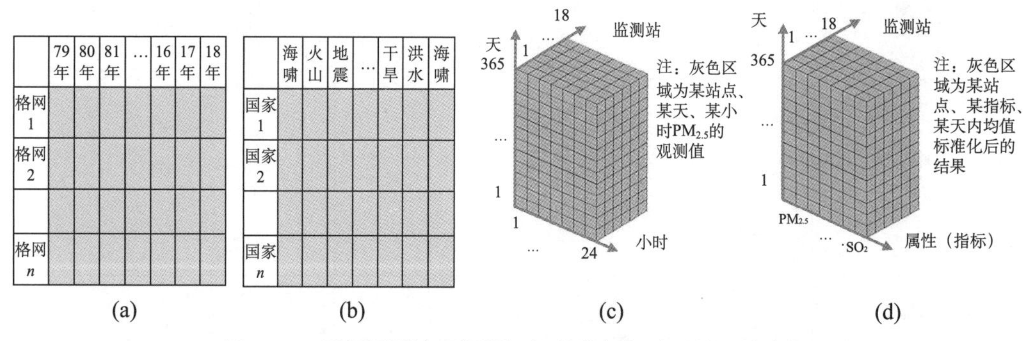

图 4–11 根据不同地理问题组织的数据矩阵（体）的案例

资料来源：程昌秀等，2020。

所谓多方向解译是指既可以沿着聚类结果的各方向分别解译，也可以将多个方向联合在一起进行解译。特别是针对类内方差较小的数据子集，多方向联合解译能更好地体现时空一体化的分异解释。(1) 各方向分别解译：仅从空间方向上看（图 4–13(a)），前门东大街、美国大使馆区的 $PM_{2.5}$ 值相对较低；北京西部的奥体、官园、万寿寺、天坛等区域的 $PM_{2.5}$ 值居中；北四环北路、农展馆、东四、丰台花园、南三环西路、永定门大街等区域 $PM_{2.5}$ 值较高。当然，也可以分别从天尺度（图 4–13(b)）或小时尺

度上（图 4–13(c)）解译聚类结果。（2）多方向联合解译：以图 4–12 中 $PM_{2.5}$ 值最高的数据块 A 为例，可以联合空间尺度、天尺度、小时尺度三张图，联合解译数据块 A。即这种污染最严重的情况通常发生在图 4–13(a)监测站（簇 3）显示地区，且时间上通常集中在图 4–13(b)簇 4 所在的天上，且通常集中于图 4–13(c)簇 6 所示的时间段内。当然，也可以用同样的逻辑解译图 4–12 中 $PM_{2.5}$ 值最低的数据块 B。

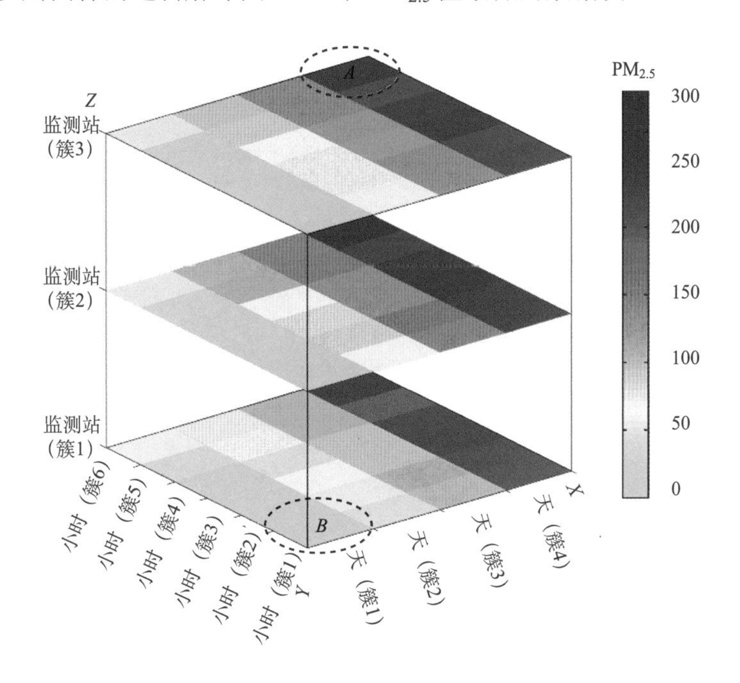

图 4–12　$PM_{2.5}$ 三向聚类热力

资料来源：程昌秀等，2020。

所谓多尺度解译，主要针对数据体中各向存在不同时间尺度的情况（图 4–13(b)），通过多尺度解译可以读出地理特征中“远近高低各不同”的分异规律。根据图 4–13(b)和图 4–13(c)，可知：（1）北京城区 $PM_{2.5}$ 在天尺度上的分异不显著。相对而言 $PM_{2.5}$ 浓度较高的聚簇4 主要分布在2013 年10 月；浓度较低的聚簇1 主要分布在2013 年4 月～5 月、2013 年 11 月至 2014 年 1 月期间（图 4–13(b)）（Wu *et al.*，2020b）。（2）北京城区 $PM_{2.5}$ 在小时尺度上分异相对显著。$PM_{2.5}$ 值较高的簇 5 和簇 6 主要分布于晚 21 点到早 4 点之间；$PM_{2.5}$ 值较低的簇 1 和簇 2 主要位于早 7 点到午 14 点之间（图 4–13(c)）。

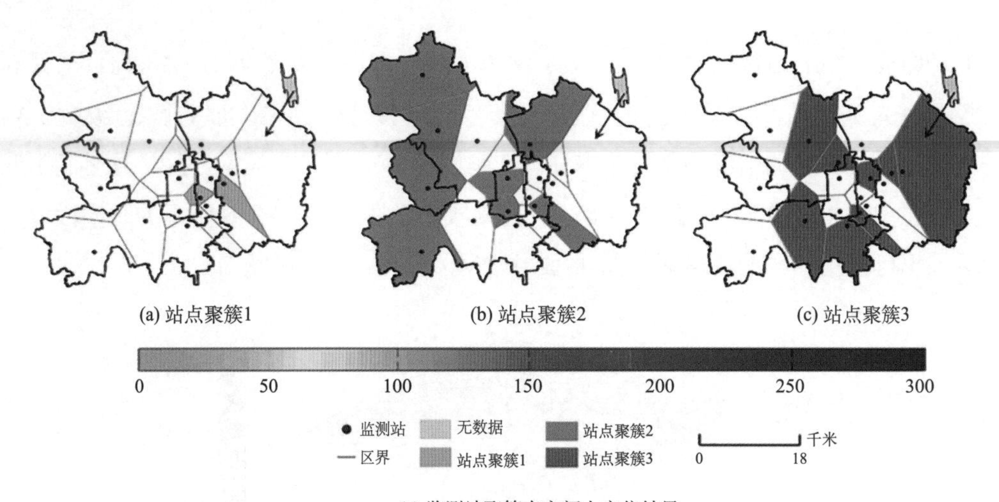

(a) 监测站聚簇在空间上定位结果

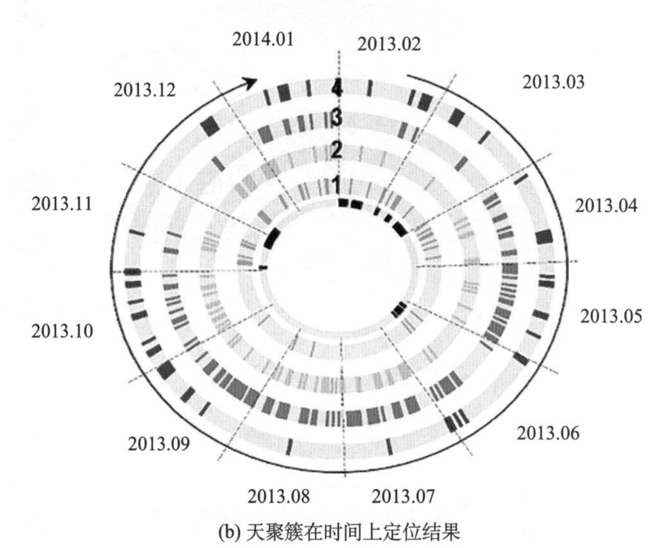

(b) 天聚簇在时间上定位结果

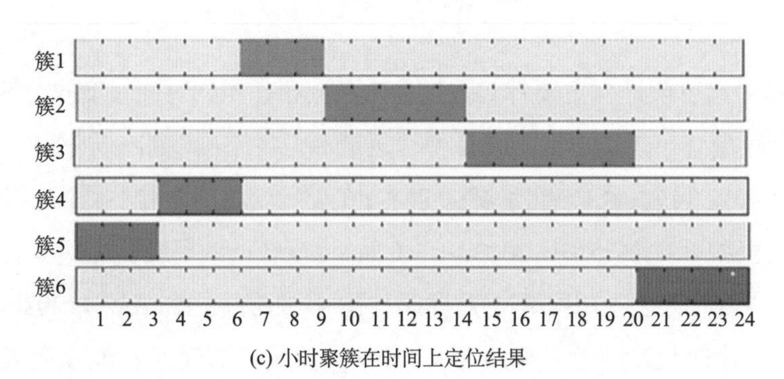

(c) 小时聚簇在时间上定位结果

图 4–13　$PM_{2.5}$ 三向聚类结果及其时空分异规律的解译

资料来源：程昌秀等，2020。

2. 多层次解译 1979 年以来中国春季物候时空分异特征

所谓多层次嵌套解译是指先沿某方向解译聚类结果，然后针对某聚簇再深入分析它在其他方向上的分异规律。下面以中国 1979 年以来春季物候时空分异研究（Wu *et al.*，2020a）为例，介绍多层次嵌套解译的实践。

“先空间再时间”的联合解译：对图 4–11(a)的中国 74 154 个格网上 1979～2018 年紫丁香开花始期序日进行双向聚类。对聚类结果可先进行空间定位，如图 4–14 左部所示；再进行时间定位，如图 4–13 右部所示。图 4–14 左部展示了中国 1979 年以来紫丁香开花始期序日呈现的三种格局（聚类结果）。根据开花序日特早与较早的分界线变化，可知格局 1～3 分别表示花始期序日不断提前的状态。将图 4–14 左部空间解译的结果代入到图 4–14 右部可以实现中国过去 40 年开花始期的时空格局与演化过程的联合解译，并将其时空演化分为四个阶段：（1）普遍较晚期（1978～1995年）：中国开花始期序日在格局 1 和 2 之间波动，开花始期普遍较晚。江西、新疆北部和内蒙古中部开花始期变化频繁。（2）集聚提前期（1996～1998年）：中国开花始期序日集聚提前，呈现从格局 1 到格局 2 再到格局 3 的直线提前趋势。中国西南和东北区域开花始期都呈现大幅提前趋势。（3）波动提前期（1999～2012 年）：中国开花始期序日在格局 2 和格局 3 之间波动。开花始期呈现波动性提前。福建、湖南和黑龙江东部开花始期变化频繁。（4）稳定提前期（2013～2018 年）：中国开花始期序日，呈现稳定提前状态。

“先时间再空间”的联合解译，对于上述聚类结果，也可以采用先时间再空间的方式解译。从时间的聚类结果来看，开花始期的变动趋势被聚成 15 类。根据开花始期趋势线的波形，可将其概括为平稳、先平稳后波动、先波动后平稳、频繁波动和剧烈波动等五类，如图 4–15(a)所示（Wu *et al.*，2020a）。再根据如图 4–15(b)示出的不同时间趋势对应的空间分布，可知绿色区域（中国大部分地区） 的开花始期基本处于平稳态，蓝色区域（贵州北部、湖南和湖北南部等区域） 的开花始期呈现先平稳后波动上升的趋势，而橘黄区域（四川东部、湖南东南部和江西北部等区域）呈现先波动后平稳上升的趋势。

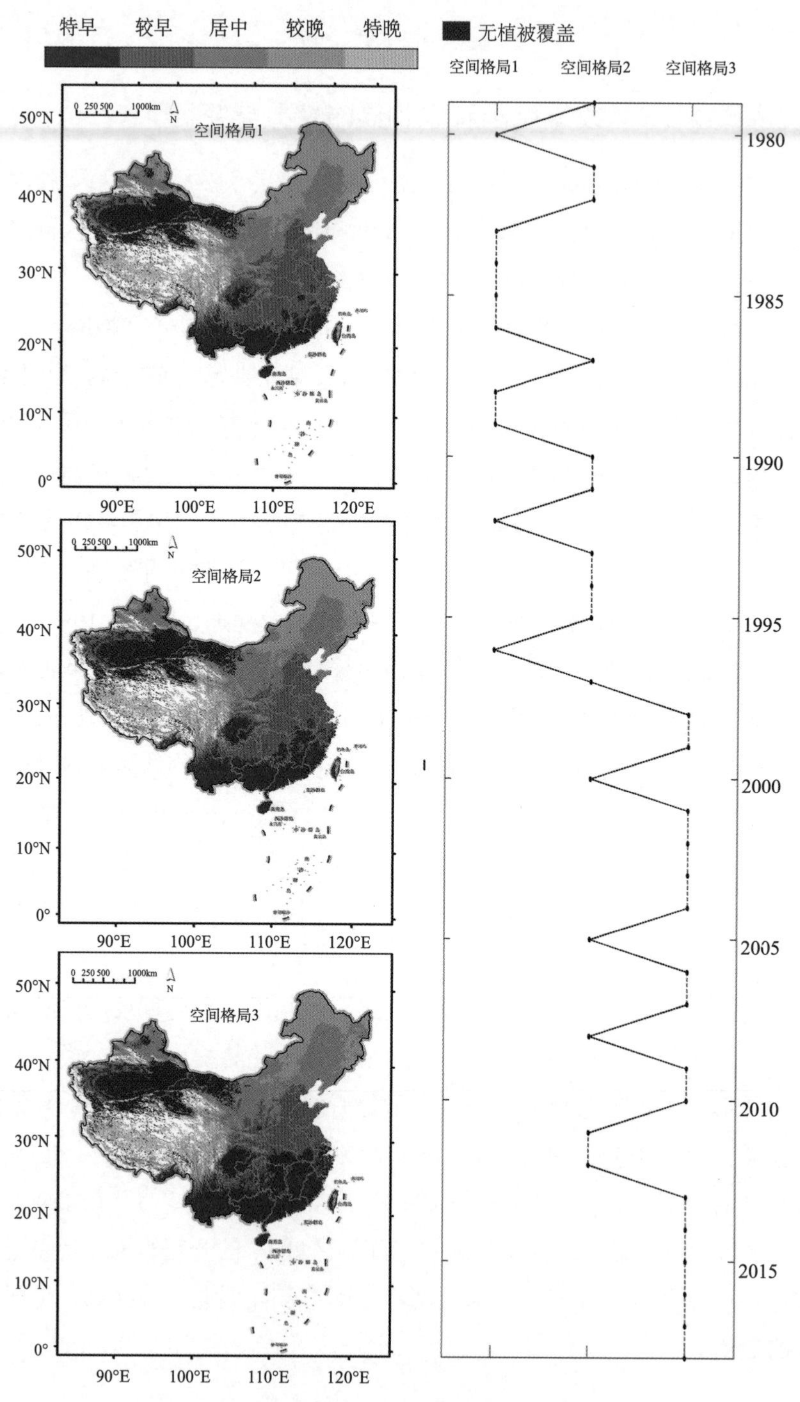

图 4–14　多层次嵌套（先空间再时间）解译案例

资料来源：Wu *et al.*，2020a。

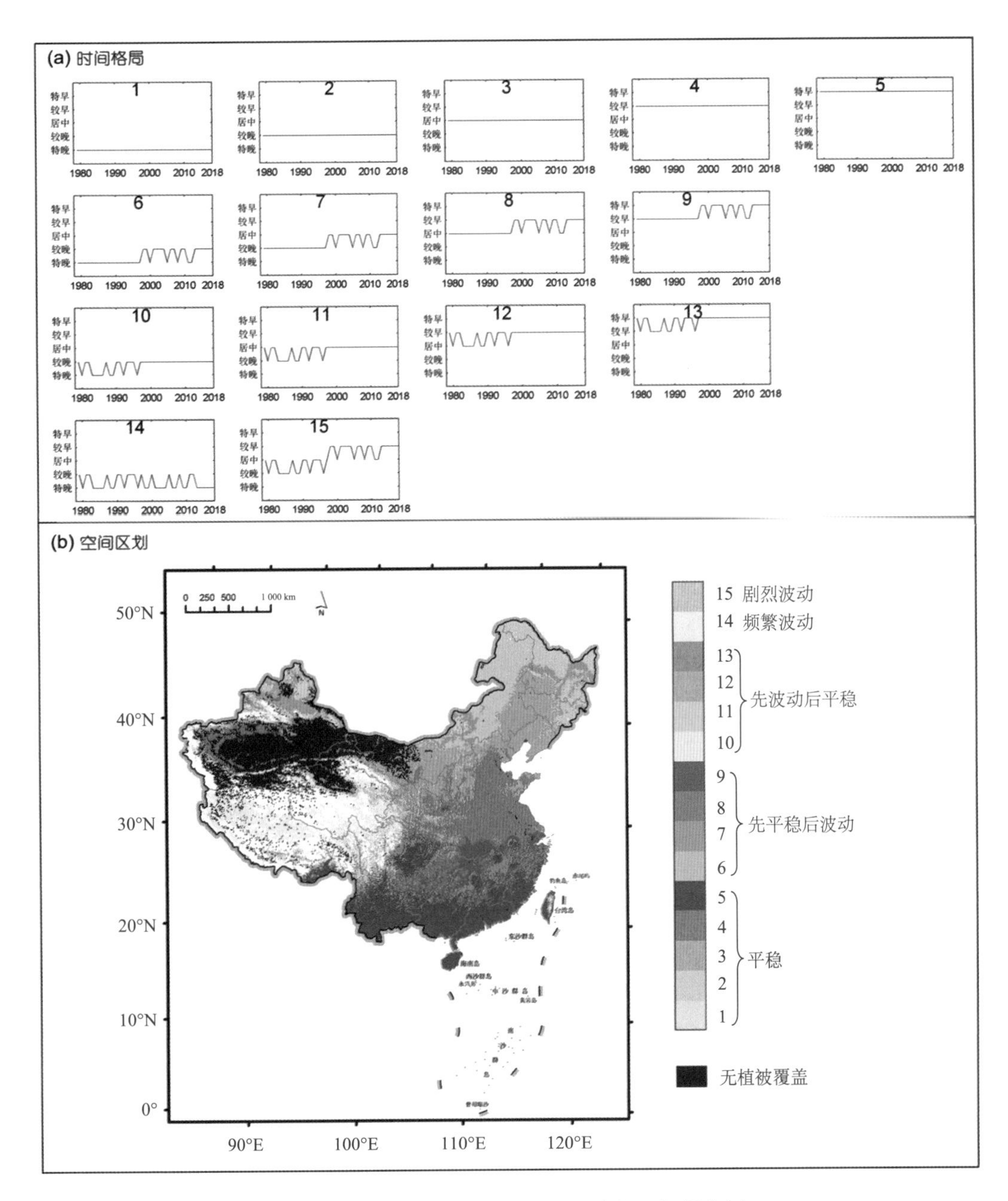

图 4–15　多层次嵌套（先时间再空间）解译案例

资料来源：Wu *et al.*，2020a。

（四）结论与讨论

上述节将基因和文本分析领域双向聚类方法引入到地理学领域，分析了从单向到三向聚类构建思路的变革，系统辨析了三向聚类的优势，给出了利用三向聚类开展地理时空格局与过程研究的流程，并结合实践案例，展示了面向空间—时间—尺度—属性的数据三维矩阵组织思路，展示了如何多方向、多尺度、多层次嵌套的联合解译聚类结果，揭示了地理特征时空分异的叠加效应。结论如下：（1）三向聚类是一种大数据时代探测地理数据时空分异规律的有效方法，可以解决数据维度高、质量低等问题。（2）面对不同的地理问题，三向聚类在算法层面上是通用的，不同之处仅在于根据不同问题涉及的空间、时间、尺度、属性的不同，构建不同的数据体。不同数据体聚出的不同结果回答不同的地理问题。（3）三向聚类可以实现地理数据的时空分异规律多方向、多尺度、多层次的联合解译，揭示地理特征时空尺度叠加效应。

二、自组织映射

关于 SOM 的原理可参见第二章的相关内容。由于 SOM 可以处理多维数据，按图 4–10(1)~(5)的方式组织数据后，SOM 也可用于时空聚类的研究中。关于 SOM 在时空聚类中的应用可参考文献 Wu *et al.*，2013。相关的数据、软件和实验环节详见第五章。

除理解三向聚类的核心思想和理论外，对地理问题的深入理解以及数据三维矩阵的组织范式是运用三向聚类开展地理问题研究的基础和关键。研究者可以参照图 4–10 给出的地理问题数据组织方案开展研究。如何探索和发展出更多适用不同地理问题的数据组织方案是未来研究的重要方向和基础之一，期待未来能够提升三向聚类方法在多空间尺度、多属性方面的地理研究实践。

第四节　时空过程分解

以第一节提到的 1951～2002 年中国东部地区夏季（6～8 月）降水量异常分布的问题为例，采用经验正交分解方法（EOF）分析气象要素的可能空间模态及其随时间变化的过程。EOF 由统计学家皮尔逊（Pearson）于 1902 年提出，1956 年洛伦兹将其引入气象问题分析中（Lorenz，2004）。该方法以场的时间序列为分析对象，由于计算条件要求甚高，直到 20 世纪 60 年代后期才在实际工作中得到广泛应用。近 30 年来，出现了适合于各种分析目的的 EOF 分析方法，例如扩展 EOF（EEOF, Extended EOF）方法、旋转 EOF（REOF, Rotated EOF）方法、风场 EOF（EOFW, EOF of Wind Fields）方法，复变量 EOF（CEOF, Complex EOF）方法。

一、EOF 原理与算法

EOF 也称特征向量分析或者主成分分析（PCA），是一种分析矩阵数据中的结构特征，提取主要数据特征量的一种方法。EOF 分析广泛用于气象要素的可能空间模态及其随时间变化的过程。EOF 分析产生特征向量和主成分。通常认为，特征向量对应的是空间样本，也称空间特征向量或空间模态（EOF），在一定程度上反映了要素场的空间分布特点。主成分对应的是时间变化，也称时间系数（PC），反映了相应空间模态随时间的权重变化。因此也将 EOF 称为时空分解，即 $X = EOF_{m\times n} \times PC_{m\times n}$，$m$ 为站点数，n 为年数。

EOF 分析的算法如下：

第一步，对数据进行预处理，通常处理成距平的形式，得到一个数据矩阵 $X_{m\times n}$，m 为站点数，n 为年数。

第二步，计算 X 与其转置矩阵 X^{T} 的交叉积，得到方阵：

$$C_{m\times m} = \frac{1}{n} XX^{\mathrm{T}} \quad \text{（公式 4–1）}$$

如果 $X_{m\times n}$ 是距平形式，则 $C_{m\times m}$ 称为协方差阵；如果 $X_{m\times n}$ 已经标准化（每行数据的平均值为 0，标准差为 1），则 $C_{m\times m}$ 称为相关系数阵。

第三步，计算 $C_{m\times m}$ 的特征根（$\lambda_1,\dots,\lambda_m$）和特征向量 $V_{m\times m}$，二者满足

$$C_{m\times m} \times V_{m\times m} = V_{m\times m} \times \Lambda_{m\times m} \quad \text{（公式 4–2）}$$

其中，Λ 是对角阵，对角线上依次从 λ_1 到 λ_m。一般特征根按从大到小顺序排列，因为数据 X 是真实的观测值，所以应该大于或者等于 0。

$$\Lambda=\begin{bmatrix}\lambda_1 & \cdots & 0\\ \vdots & \ddots & \vdots\\ 0 & \cdots & \lambda_m\end{bmatrix} \quad \text{（公式 4–3）}$$

每个非 0 的特征根对应一列特征向量值，也称 EOF。λ_1 对应的特征向量值称为“第一个 EOF 模态”，也就是 V 的第一列；即 $\mathrm{EOF}_1=V(:,1)$。依次类推，第 λ_k 对应的特征向量是的第 k 列，即 $\mathrm{EOF}_k=V(:,k)$。

第四步，计算主成分。将 EOF 投影到原始资料矩阵 X 上，就得到所有空间特征向量对应的时间系数（即主成分），即

$$PC_{m\times n}=V_{m\times m}^{\mathrm{T}}\times X_{m\times n} \quad \text{（公式 4–4）}$$

其中，PC 中每行数据就是对应每个特征向量的时间系数，即相应空间模态随时间的权重变化。第一行 PC 就是第一个 EOF 的时间系数，其他依次类推。

上面是对数据矩阵 X 进行计算得到的 $\mathrm{EOF}_{m\times m}$ 和 $\mathrm{PC}_{m\times n}$，因此利用 EOF 和 PC 可以完全恢复原来的数据矩阵 X，即

$$X_{m\times n}=\mathrm{EOF}_{m\times m}\times \mathrm{PC}_{m\times n} \quad \text{（公式 4–5）}$$

有时用前面最突出的几个 EOF 模态就可以拟合出矩阵 X 的主要特征。此外，EOF 和 PC 都具有正交性的特点，可以证明 $\frac{1}{n}PC\times PC^{\mathrm{T}}=\Lambda$，即不同的 PC 之间相关系数为 0。这表明各个模态之间相关为 0，是独立的。矩阵 X 的方差大小可以简单地用特征根的大小来表示。λ 越高，说明其对应的空间模态越重要，对总方差的贡献越大。第 k 个模态对总方差的贡献为：

$$\frac{\lambda_k}{\sum_{i=1}^{m}\lambda_i}\times 100\% \quad \text{（公式 4–6）}$$

由上面计算过程可以看出，EOF 分析的核心是计算协方差矩阵 C 的特征根和特征向量。通常情况下主成分是有单位的，即反映的是矩阵 X 的单位，而空间特征向量是无量纲的。导出的特征值提供了每种模式所解释的方差百分比的度量。空间模态应该与主成分配合进行分析，二者符号是相对应的。分析中选取的空间模态的数目，没有严格规定，一般取决于分析目的是否满足诺斯准则（North *et al.*，1982）和明确的物理意义。

二、显著性检验

实际分析中，需要对空间模态进行显著性检验。这是因为即使是随机数据或者虚假数据，放在一起进行 EOF 分析，也可以将其分解成一系列的空间特征向量和主成分。因此实际资料中得到的空间模态是否是随机的，需要进行统计检验。诺斯等（North *et al.*，1982）的研究指出，在 95%置信度水平下特征根的误差范围为：

$$\Delta\lambda=\lambda\sqrt{\frac{2}{N^*}} \quad \text{（公式 4–7）}$$

λ 是特征根，N^* 是数据有效自由度（Leith，1973）。将 λ 按顺序依次检查，标上误差范围。如果前后两个 λ 之间的误差范围有重叠，那么这两个 λ 之间没有显著差别。因此选择 EOF 分析空间模态需要依据特征根的误差范围是否重叠进行选择。另外还可以根据是否有具体的物理意义，以及空间模态的解释率是否大于 10%进行判断。

三、时空转换

当空间样本 m 远大于时间序列长度 n，计算协方差矩阵 $C_{m\times m}$ 的特征根很困难，可以考虑对其进行时空转换。矩阵 $A=\frac{1}{n}XX^{\mathrm{T}}$ 和 $B=XX^{\mathrm{T}}$ 的特征根不同，但是特征向量是一样的。而可以证明 $C=XX^{\mathrm{T}}$ 和 $C=X^{\mathrm{T}}X$ 有相同的特征根，但特征向量不同。因此通过时空转换可以求 $C=X^{\mathrm{T}}X$，进而计算 $B=XX^{\mathrm{T}}$ 矩阵的特征向量。即有：

$$C^*\times V^*=V^*\times \Lambda \quad \text{（公式 4–8）}$$

很显然 V^* 是 C^* 的特征向量，Λ 是特征根对角矩阵。根据 V^* 求出 C 的特征向量，首先计算 $V_a=X\times V^*$，对 V_a 进行处理得到 C 的前 n 个特征向量 V_k

$$V_k=\frac{1}{\sqrt{\lambda_k}}V_a(:,k) \quad \text{（公式 4–9）}$$

得到特征向量 V 后，就可以计算相应的主成分

$$\mathrm{PC}=V^{\mathrm{T}}\times X \quad \text{（公式 4–10）}$$

前面计算得到的 EOF 维数是 $m\times m$，而通过时空转换得到的 EOF 维数只有 $m\times n$。即只能得到前 n 个特征向量。不过实际应用中对结果影响并不大，因为我们只关心前几个最重要的模态。

四、应用案例

以 1951～2002 年中国东部地区 160 个站点（6～8 月）夏季降水量数据为例，首先，得到 160 个站点各年的夏季降水量的距平，然后，采用 EOF 分析，得到 EOFs 和 PCs 的方差解释率；最后对 EOF_1 和 EOF_2 的 160 个站点进行插值，分别绘制 EOF_1 和 EOF_2、对应的 PC_1 和 PC_2、特征根及其 95%置信度检验。结果如图 4–16 所示。

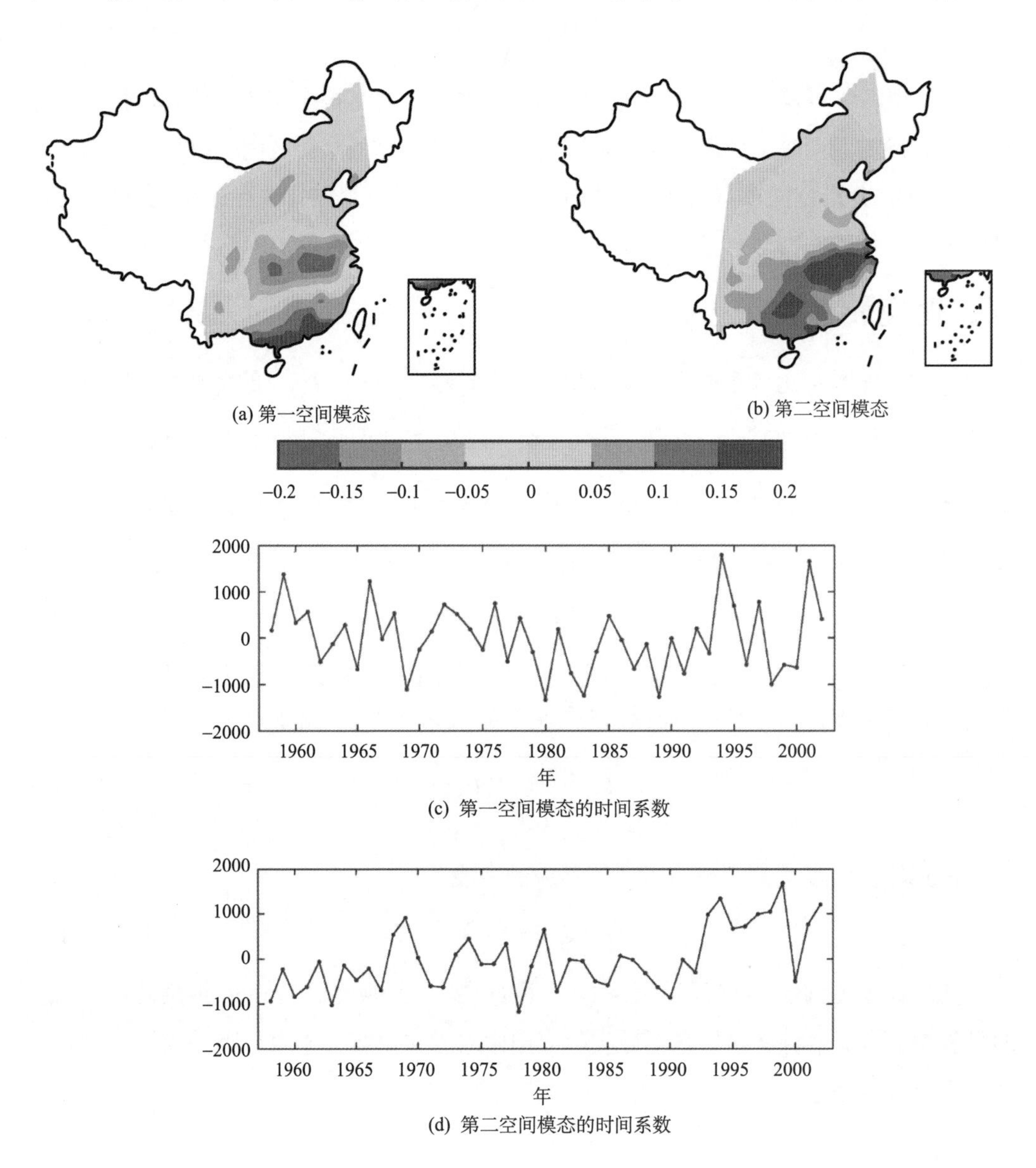

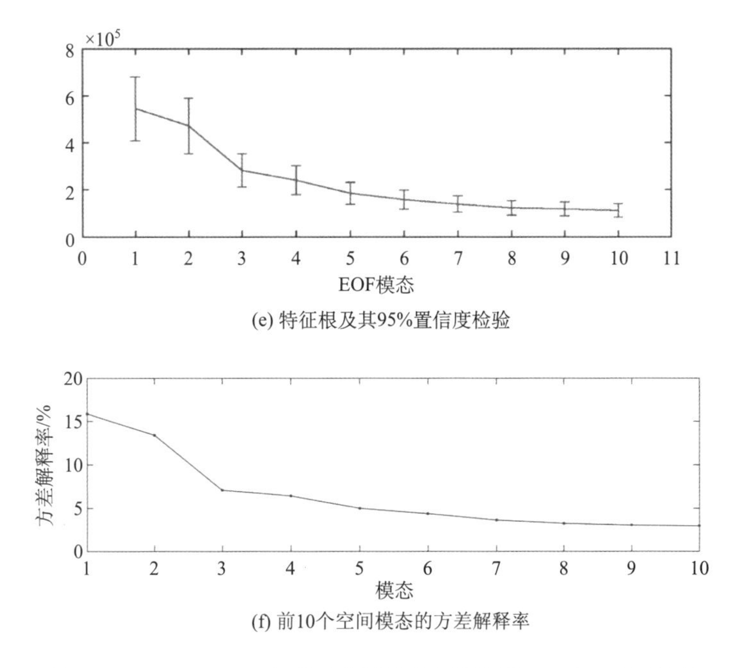

(e) 特征根及其95%置信度检验

(f) 前10个空间模态的方差解释率

图 4–16　1951～2002 年我国东部季风区夏季降水量的 EOF 结果

根据图 4–16(e)特征根的标准误差范围判断，第一空间模态和第二空间模态的特征根误差范围之间有重叠，即第一和第二空间模态之间不存在显著差别，应该只分析第一空间模态。但是第一、第二空间模态的方差解释率均大于 10%，如图 4–16(f)所示。而且根据经验，第一和第二空间模态能够反映真实的降水异常分布，因此分析中采用第一和第二空间模态。注意当时间系数为正值时，空间模态中正值区域增加且负值区域减少；当时间系数为负值时，空间模态中正值区域减少且负值区域增加。

图 4–16(a)和(c)是我国东部地区 1951～2002 年夏季降水变化的第一空间模态（EOF_1）及其相对应的时间系数。可以看到，当我国东部地区夏季降水在华南沿海地区和内蒙古、华北等地为正异常时，长江中下游地区为负异常，从南到北呈现“正—负—正”经向“三极子型”分布。该空间模态的方差解释率达到15.8%。该模态反映了图 4–2 反应的规律(1)和规律(2)。这种分布表明当长江中下游降水减少时，华南沿海、内蒙古和华北等地降水增加，反之亦然。从图 4–15(c)中可以看出，EOF_1 的时间系数表现出明显的年代际变化。从 20 世纪 50 年代到 70 年代中后期（约 1951～1977 年），EOF_1 的时间系数为正，这时期华南、华北和东北南部地区夏季降水偏多，而长江、淮

河流域夏季降水偏少；从 20 世纪 70 年代中后期到 90 年代初（约在 1978～1992 年），EOF_1的时间系数为负，这时期华南和华北地区夏季降水偏少，而长江流域夏季降水偏多。

图 4–16(b)和(d)是第二空间模态（EOF_2）及其相对应的时间系数。该空间模态反映了图 4–2 反应的规律(3)。正异常主要分布在长江及其以南地区，而长江以北地区为负异常。从南到北呈现“正—负”经向“偶极子型”分布，方差解释率达到 13.3%。这种分布表明当长江及其以南降水增加时，长江以北降水减少，反之亦然。从 4–16(d)可以看到，EOF_2 的时间系数具有更显著的年代际变化，特别是从 20 世纪 90 年代末到 21 世纪初，EOF_2 的时间系数从负数变成较大的正数。这表明了从 20 世纪 90 年代末起到 21 世纪初我国东部夏季降水异常模态从经向“三极子型”模态占有优势变成经向“偶极子型”模态占优势。具体结果分析可以参考黄荣辉等（2013）。

五、注意事项

EOF 分析对分析区域敏感，不同分析区域，所得的空间模态不同。此外，不同的输入矩阵，即采用原始场、距平场、偏差百分比场和标准化场，EOF 分析的结果存在差异。以图 4–17 为例，采用原始资料场进行 EOF 分析，可以看出第一空间模态表现出一致信号。高值区主要位于东南沿海地区（图 4–17(a)），表明中国东部地区降水同时增加或者同时减少。采用距平场与图 4–16 结果一样，即中国东部地区从北向南表现为“负—正—负”的经向“三极子型”模态（图 4–17(b)）。采用距平百分率和标准化值的结果相似，即我国东部地区从北向南表现为“负—正—负”的经向“三极子型”模态。与距平场相比，距平百分率和标准化值结果中我国内蒙古地区的特征向量值与长江中下游和华南地区的特征向量值强度相近。

产生上述差异的原因是输入矩阵中方差最大区域的位置不同。EOF 分析所得的空间模态中高特征向量值区域总是落在输入矩阵中方差最大的区域。在原始场中，华南沿海地区降水量最大，因此是方差最大的区域。在距平场结果中，降水异常值的方差最大区域位于我国华南地区和长江中下游地区，而内蒙古地区降水异常值的方差较小，因此第一空间模态中内蒙古地区的特征向量值要小于华南地区和长江中下游地区。在距平百分率和标准化值的结果中，尤其是标准化值的结果，由于输入场所有区域的方差都为1，所以内蒙古地区特征向量值与长江中下游和华南地区相近。理解了上述规律，依据具体问题选择具体的输入场进行 EOF 分析。

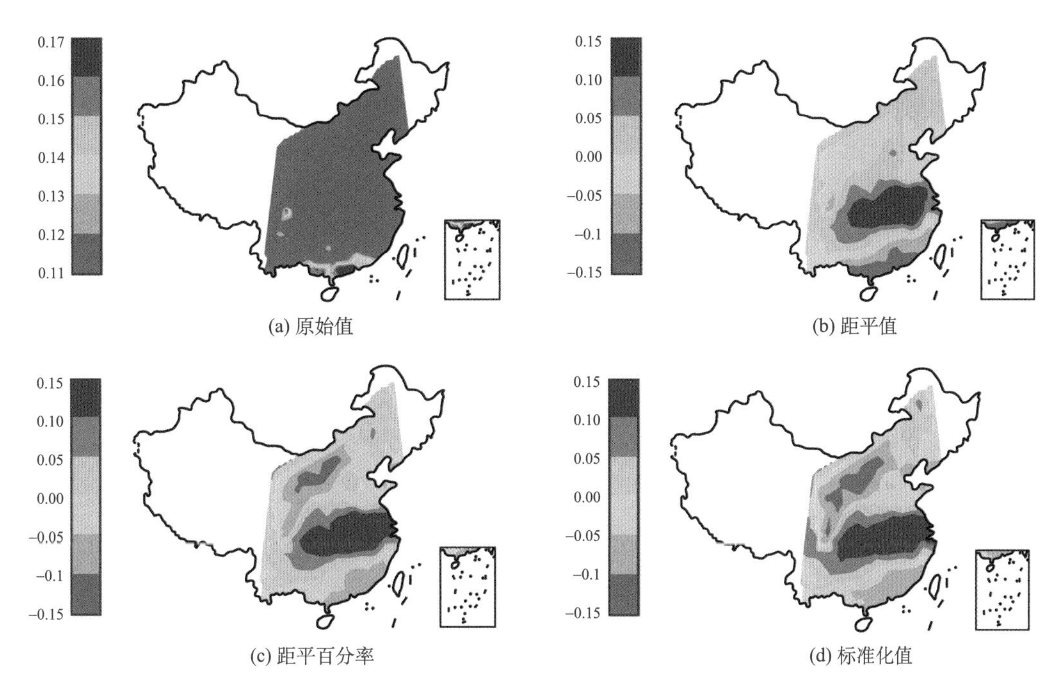

图 4–17　不同输入矩阵情况下我国东部夏季降水量 EOF 分析第一空间模态

在处理半球尺度数据时，由于极地地区单位面积的格点多，所以 EOF 结果往往更多强调高纬度要素变化特征，而降低了低纬度要素变化特征的贡献。对于这种情况，通常需要对输入数据进行面积加权。对于格点数据乘以 $\sqrt{\cos(\alpha)}$，α 是该站点的纬度，这样在计算协方差的时候，站点数据的方差相当于乘以 $\cos(\alpha)$。这样处理考虑到纬度长度基本不变，而经度长度发生变化，乘以 $\cos(\alpha)$ 得到真实的长度，这样对面积进行了加权。

最后，一些研究将时间系数 PC 标准化，使其平均值为 0，标准差为 1，再将它与输入矩阵进行回归，这样就得到 PC 变化一个标准差，然后再分析变量变化的空间特征及其强度。这样得到的回归系数的空间分布与空间模态是相似的，但是回归系数可以看出变量变化相应的数量大小。

六、EOF 的 MATLAB 的数据代码

上述 EOF 研究案例中 MATLAB 的数据和代码见随书附赠光盘中\EOF 的目录下读者可以结合自己的研究需求，参照该代码进行改写。

第五节　时空回归模型

一、局部时空回归模型

由于 GWR 不涉及时间的非稳定、时空自相关与时空非稳定的影响，香港中文大学黄波等将时间维融入 GWR 技术，提出了时空地理加权回归分析技术（GTWR），其模型表达式如下：

$$y_i = \sum_{k=1}^{m} \beta_k (u_i, v_i, t_i) x_{k,i} + \varepsilon_i; \quad i = 1, 2, \cdots, n \qquad \text{（公式 4–11）}$$

从式中可看出，GTWR 模型估计是关于时空回归分析点的解算，即：

$$\beta(u_i,\ v_i,\ t_i) = \left(X^{\mathrm{T}} W(u_i,\ v_i,\ t_i) X\right)^{-1} X^{\mathrm{T}} W(u_i,\ v_i,\ t_i) Y \qquad \text{（公式 4–12）}$$

其中，针对权重矩阵 W 的计算，吴波等（Wu *et al.*，2014）、福廷汉姆等（Fotheringham *et al.*，2015）提出了时空椭球坐标系，以计算时空距离：

$$d_{ij}^{ST} = \sqrt{\lambda\left[\left(u_i - u_j\right)^2 + \left(v_i - v_j\right)^2\right] + \mu\left(t_i - t_j\right)^2} \qquad \text{（公式 4–13）}$$

其中，λ 和 μ 为时间和空间距离的比例调整系数。这种距离定义可操作性较强，能够与基础 GWR 技术无缝结合，但调整系数相对难以确定。时空距离一定程度上较为抽象，会为结果解读带来一定困难。福廷汉姆等提出了另一版本的 GTWR 技术，在假设时间维和空间维相互独立的基础上，分别计算时间权重和空间权重，通过下式计算时空权重：

$$w_{ij}^{t} = K_S(d_{s_{ij}}, b_s) \times K_T(d_{t_{ij}}, b_T) \qquad \text{（公式 4–14）}$$

其中，各参数的具体意义见原文。此算法保留了时间和空间距离的原始值特征，利于 GTWR 结果解读，但算法复杂度高，需要对两种带宽分别进行优选。随后，吴波等（Wu and Huang，2014）又考虑了自相关性，提出了地理时间加权自回归模型（Geographically and Temporally Weighted Autoregressive Regression Model，GTWAR）。由于 GTWAR 模型包含空间滞后因变量，因此普通最小二乘法不能直接应用，应该使用两阶段最小二乘法，并以深圳市的案例数据比较了不同模型的回归效果，发现GTWAR能够同时解释时空自相关与非稳定，从而得到最高的回归精度。

经过GTWR技术的不断演化，杜震洪等（Du *et al.*，2018）综合考量时间维度的周期性特征，提出了周期性时空地理加权回归分析技术。赵阳阳等（2016）提出了一种基于局部多项式求解的GTWR分析方法。刘杨等（Liu *et al.*，2018）提出了时空地理加权相关逻辑回归分析技术。

随着时空数据场景的不断涌现，GTWR技术应用范围日趋扩大，但它也面临较大的挑战，一方面时空数据一般体量较大，对模型解算能力和效率造成非常大困难，乃至成为了当前GTWR技术重要瓶颈之一；另一方面，GTWR模型是关于时间和空间维度的解算。参数估计结果的有效展示与分析异常困难。

除时间非稳定、时空自相关与时空非稳定的影响外，如何将社会距离因子引入模型中，是未来GWR系列模型拓展到社会行为领域需要研究的问题之一。

二、时空过程分解与归因

经典推断分析模型、空间回归、空间面板模式都具有同样的问题。模型求解完全依赖所采集的样本信息。然而，在收集样本前，研究者往往会对研究对象的变化或分布规律有一定认识。这些认识或是来自长期积累的经验或是来自合理的假设。由于这些认识没有经过样本的建议，所以被称为先验知识。例如，我们要研究某地某疾病月发病人数的概率分布。即使没有进行统计调查，根据一些定理和合理假设，也可以知道发病数服从泊松分布。甚至根据医院日常接诊的经验，可以推算出发病人数大概在哪个区间。对于发病人数分布形态和大致区间的认识都属于先验知识。先验知识对我们探索研究对象的变化规律有很大帮助。而经典的推断分析模型、空间回归模型、空间面板模型都没有利用先验知识，导致了信息利用的不充分。本节介绍的层次贝叶斯模型（BHM）会结合先验知识和样本信息，对数据进行推断分析。由于层次贝叶斯模型能有效利用先验知识和样本信息，因此可以提高推断的准确度或降低抽样的成本。

（一）贝叶斯统计的基本原理

贝叶斯统计的基础是贝叶斯公式。在介绍层次贝叶斯模型前，先简单回顾贝叶斯统计的基本原理。

$$P(A|B)=\frac{P(B|A)P(A)}{P(B)} \quad （公式 4–15）$$

其中，$P(A)$是事件A的先验概率（例如，某专家通过经验或之前的研究得出乙肝发病率为10%）；$P(B)$是事件B发生的概率，且$P(B)\neq 0$；$P(A|B)$是给出事件B后事件A的后验概率。$P(B|A)/P(B)$是事件A发生对事件B的支持程度。若$P(B|A)/P(B)=n$，则表示“事件A发生的条件下，事件B发生的概率”是“不知A是否发生的条件下，事件B发生的概率”的n倍。

使用贝叶斯方法的一个重要目的，就在于得出随机变量的概率分布及各因素对分布的影响。要实现这一目的，首先按以下公式进行参数估计：

$$f(\theta|D)=Cf(D|\theta)f(\theta) \quad （公式 4–16）$$

其中，θ是待估参数，D为观测数据，$f(\theta)$为θ的先验概率密度函数，$f(D|\theta)$为已知数据D时，参数θ的似然函数，C为归一化常数。$f(\theta|D)$是参数的后验概率密度函数。通过$f(\theta|D)$可以分析因素对参数分布的影响。

（二）层次贝叶斯模型的构造

当待研究总体可以分为互相存在异质性的多个子总体时，就可以根据所研究地理现象可能存在的不同效应构建层次贝叶斯模型。下面以时空效应为例，简单介绍几种层次贝叶斯模型的构建。

1. 简单的层次贝叶斯模型

在时空数据中，每个时空子集内的子总体，可能有着各自不同的统计特征，并且各子总体之间还可能存在着相关性。贝叶斯时空层次模型通过结合贝叶斯层次模型和时空交互模型，将时空耦合的过程分解为空间效应、时间效应、时空交互效应三个子部分（Li *et al.*，2014)。层次贝叶斯模型的一个基本架构如下：

$$\varphi(\theta_{it})=\alpha+A_i+B_t+\delta_{it} \quad （公式 4–17）$$

其中，i为空间标记，t为时间标记，θ_{it}为空间中i处、t时刻的待估参数值，φ为某种变换（如恒等变换或对数变换），α为截距项。$A_i=u_i+v_i$，描述空间效应。其中，

u_i为空间相关性；v_i为空间异质性；B_t为时间效应，也可以分解为时间相关性r_t和时间异质性s_t两部分，即$B_t = r_t + s_t$。δ_{it}为时空交互效应。当有些效应不明显时，可以在模型中删除相应的项。在这一基本模型之上，还可以考虑不同时空尺度的影响，以及其他协变量的影响。模型中的诸项都需要为其指定先验分布。先验分布的指定，依赖于已知的信息和各种模型。

以一个简单的层次贝叶斯模型为例。设Z_i是某地区i患有某种疾病的人数。Z_i的先验分布是参数为λ_i的泊松分布。其中，$\lambda_i = E_i r_i$，E_i为地区i总人口期望值，r_i为地区i该种疾病的发生率。r_i的先验分布为对数正态分布，参数为u_i和σ_i^2，即$Inr_i \sim N\left(u_i, \sigma_i^2\right)$。构建层次贝叶斯模型：

$$Inr_i = \alpha + u_i + v_i \tag{公式 4–18}$$

其中，α为截距项，先验分布为$U\left(0,1\right)$。u_i描述空间相关性。其先验分布指定如下：

$$u_i \sim N\left(0, K^2\right)$$

$$u_i \mid u_j \sim N\left(\frac{\sum_{j=1}^{n} w_{ij} u_j}{\sum_{j=1}^{n} w_{ij}}, \frac{K^2}{\sum_{j=1}^{n} w_{ij}}\right) \tag{公式 4–19}$$

其中，w_{ij}为空间权重矩阵因子。这里使用了条件自回归（Conditional Auto Regressive，CAR）模型。v_i描述空间异质性，先验分布为$N\left(0, \sigma^2\right)$。$1/K^2$、$1/\sigma^2$的先验分布都是$\text{Gamma}\left(0.001, 0.001\right)$。

2. 不同空间尺度的层次贝叶斯模型

关于具有不同空间尺度的层次贝叶斯模型，可以假设：

$$X_{it1} \sim \text{Poisson}\left(\theta_{it1}\right) \quad , \quad X_{jt2} \sim \text{Poisson}\left(\theta_{jt2}\right) \tag{公式 4–20}$$

其中，i，j为地点标记，t为时间标记，下标 1 表示较小的空间尺度（如区县），简称水平 1。下标 2 表示较大的空间尺度（如地市），简称水平 2。两种不同的空间尺度之间存在嵌套关系，即对于任意区域i，总存在区域j，使i是j的一部分。构建层次贝叶斯模型：

$$\mathrm{Ln}\left(\theta_{it1}\right)=\alpha_1+A_{i1}+\underbrace{A_{j2}}_{i\in j}+B_{t1}+\delta_{it1}+\underbrace{\delta_{jt2}}_{i\in j} \quad \text{（公式 4–21）}$$

$$\mathrm{Ln}\left(\theta_{jt2}\right)=\alpha_2+A_{j2}+B_{t2}+\delta_{jt2} \quad \text{（公式 4–22）}$$

其中，α_1和α_2为截距项，A_{i1}和A_{j2}分别是水平 1 和水平 2 的空间效应。$A_{i1}=u_{i1}+v_{i1}$，$A_{j2}=u_{j2}+v_{j2}$。u_{i1}和u_{j2}分别是水平 1 和水平 2 的空间相关性，v_{i1}和v_{j2}分别是水平 1 和水平 2 的空间异质性。$\underbrace{A_{j2}}_{i\in j}$是水平 2 作用在水平 1 上的空间背景效应。$\underbrace{A_{j2}}_{i\in j}=\underbrace{u_{j2}}_{i\in j}+\underbrace{v_{j2}}_{i\in j}$，$\underbrace{u_{j2}}_{i\in j}$和$\underbrace{v_{j2}}_{i\in j}$分别是水平 2 作用在水平 1 上的空间相关性和空间异质性。B_{t1}和B_{t2}分别是水平 1 和水平 2 的时间效应。δ_{it1}和δ_{jt2}分别是水平 1 和水平 2 上的时空交互效应。$\underbrace{\delta_{jt2}}_{i\in j}=\underbrace{u_{jt2}}_{i\in j}+\underbrace{v_{jt2}}_{i\in j}$，$\underbrace{u_{jt2}}_{i\in j}$和$\underbrace{v_{jt2}}_{i\in j}$分别是水平 2 作用于水平 1 的随时间变化的空间相关性和空间异质性。下面给出各变量的先验分布。

空间相关性和时空交互项的先验分布为：

$$u_i\sim N\left(0,\sigma_u^2\right)$$

$$u_i\mid\underbrace{u_k}_{k\neq i}\sim N\left(\frac{\sum_{k=1}^{n}w_{ik}u_k}{\sum_{k=1}^{n}w_{ik}},\frac{\sigma_u^2}{\sum_{k=1}^{n}w_{ij}}\right) \quad \text{（公式 4–23）}$$

其中，w_{ik}为空间权重矩阵因子，n为相应尺度的地区总数。

空间异质性的先验分布为：

$$v_i\sim N\left(0,\sigma^2\right) \quad \text{（公式 4–24）}$$

时间效应的先验分布为：

$$B_t=\rho B_{t-1}+\varepsilon_t,\quad \rho\sim U\left(-1,1\right),\quad \varepsilon_t\sim N\left(0,\sigma_B^2\right) \quad \text{（公式 4–25）}$$

截距项的先验分布为：

$$\alpha_1,\alpha_2\sim U\left(0,100\right) \quad \text{（公式 4–26）}$$

超参数的先验分布为：

$$1/\sigma_u^2、1/\sigma_v^2、1/\sigma_B^2\sim U(0,10) \quad \text{（公式 4–27）}$$

3. 带有协变量的层次贝叶斯模型

以手足口病发病率的时空分布的研究为例，需要考虑季节效应、时间趋势效应和地区效应。此外，发现手足口病发病率的影响因素还有：气温 F_1、降雨量 F_2、气压 F_3、风速 F_4。这四个因素是协变量。考虑这四个变量，有助于预测手足口病发病率。设某地区某年某月的手足口病患者人数为 x_{ijk}，其中，i 为月份编号（考虑季节效应），j 为年份编号（考虑时间趋势效应），k 为地区编号（考虑地区效应）。设 $x_{ijk} \sim \text{Poisson}\left(\theta_{ijk}\right)$，$\theta_{ijk}$ 服从对数正态分布。于是构造层次贝叶斯模型如下：

$$ln\left(\theta_{ijk}\right) = s_{ijk} + \beta_{0jk} + \beta_{1ijk}F_{1ijk} + \beta_2 F_{2ijk} + \beta_3 F_{3ijk} + \beta_4 F_{4ijk} \quad \text{（公式 4–28）}$$

其中，$\beta_{0jk} = \beta_0 + v_{0k} + u_{0jk}$，$\beta_{1jk} = \beta_1 + v_{1k} + u_{1jk}$。各参数的先验分布如下：

$$\begin{pmatrix} v_{0k} \\ v_{1k} \end{pmatrix} \sim \mathrm{N}\left(0, \begin{bmatrix} \sigma_{v_0}^2 & \\ \sigma_{v_{01}} & \sigma_{v_1}^2 \end{bmatrix}\right)$$

$$\begin{pmatrix} u_{0k} \\ u_{1k} \end{pmatrix} \sim \mathrm{N}\left(0, \begin{bmatrix} \sigma_{u_0}^2 & \\ \sigma_{u_{01}} & \sigma_{u_1}^2 \end{bmatrix}\right)$$

$$\beta_h \sim N\left(0, \sigma_h^2\right), \ h = 0,1,2,3,4, \quad \text{（公式 4–29）}$$

各方差、协方差服从 $\text{Gamma}\left(0.001, 0.001\right)$。

（三）层次贝叶斯模型的求解

构造完层次贝叶斯模型后，则需进行求解。然而，大量的层次贝叶斯模型以及其他很多层次贝叶斯模型，很难通过解析方式求解。这时需要通过精心设计的抽样方法实现对解的逼近。解决这类问题的最常用方法便是马尔可夫链—蒙特卡洛方法（Markov Chain Monte Carlo，MCMC）。这种方法是一种抽样机制，它从收敛角度保证了随机采样来自目标的后验分布。MCMC 方法包含多种具体的抽样方法，如 MH 抽样、DRAM 抽样、Gibbs 抽样等。通过 MCMC 方法得出样本后，可以计算样本的统计特征，从而向总体的统计特征逼近。上述过程是一个往复迭代的过程，需要借助计算机实现。

关于层次贝叶斯模型的具体求解过程可以参考贝萨格等（Besag *et al.*，1991）、盖尔曼等（Gelman *et al.*，2006）人的文献。

（四）层次贝叶斯模型的特点总结

层次贝叶斯模型的主要特点：（1）层次贝叶斯模型通过给出变量先验分布的方法，使先验信息得到充分利用，提高了信息利用的效率；（2）层次贝叶斯模型形式灵活，可以反映极为复杂的规律，适用于各种复杂情形；（3）层次贝叶斯模型的缺点在于计算求解十分复杂。英国剑桥公共卫生研究所的医学研究会生物统计学团队（MRC Biostatistics Unit）推出的用马尔可夫—蒙特卡洛方法进行贝叶斯推断的专用软件包WINBUGS（Bayesian Inference Using Gibbs Sampling）可以用于求解复杂的层次贝叶斯模型。

（五）应用案例

手足口病是一种世界性的传染病。近些年，手足口病已成为人类健康的重大威胁之一。量化手足口病的时空异质性，并检测潜在气象因子对其发病率的影响，对疾病的防控意义重大。张湘雪等（Zhang *et al.*，2018）利用贝叶斯时空层次模型（Bayesian Spatial-Temproal Hierarchy Model，BSTHM）探测河南省手足口病的时空演变规律，揭示气象因子对其发病率的影响。

研究使用2012年至2013年河南省126个区县24个月手足口病数据作为时空数据，定义了相应的时空过程效应，如下：

$$y_{it} \sim \text{Poission}\left(n_i, u_{it}\right) \quad \text{（公式 4–30）}$$

$$\log\left(u_{it}\right) = \alpha + s_i + \left(b_0 t^* + v_t\right) + b_{1i} t^* + \sum_{n=1}^{N} \beta_n x_{nit} + \varepsilon_{it} \quad \text{（公式 4–31）}$$

其中，u_{it}表示区域i和t月份中手足口病的潜在风险的固定效应。α是研究区域在选定时期内的总体疾病风险。空间项s_i表示区县i的疾病风险。总体时间趋势由$b_0 t^* + v_t$表示。它由线性趋势$b_0 t^*$和高斯噪声v_t组成。在研究期内相对于中点t_{mid}的时间跨度用$t^* = t - t_{mid}$表示。$b_{1i} t^*$允许每个区县都有自己的趋势。具体而言，b_0代表疾病风险的总体变化，而b_{1i}则衡量每个县与b_0的偏离。例如，如果b_{1i}大于0，则局部变化强度高于整体变化趋势；如果b_{1i}小于 0，则局部变化强度低于整体变化趋势。风险因素的回归系数为β；x_{nit}是区县i和月份t的第n个风险因子；高斯噪声随机变量由ε_{it}表示。

用 WINBUGS 可以估算出总体的空间效应参数 $\exp(s_i)$、总体时间变化趋势参数 b_0t+v_t、风险因子弹性系数 β，详细程序与步骤参考第五章。图 4–18 表示的是总体空间效应参数 $\exp(s_i)$ 的后验均值的估计结果，由 ArcGIS 软件编制出图。总体空间效应参数 $\exp(s_i)$ 值的大小测度了第 i 个空间单元手足口病发病率与整个河南省手足口病发病率总体水平的相对程度，若大于 1，则说明其手足口病发病率高于河南省总体水平，反之亦然。

图 4–19 显示的是 BSTHM 估计的河南省在 2012～2013 年期间的总体时间变化趋势，由参数 b_0t+v_t 定量测度。总体变化趋势反映了时空过程的演化总体态势。

除了总体空间效应和总体时间效应之外，BSTHM 还可以估计出气象因子对手足口病的影响（归因分析）。表 4–3 给出了 2012～2013 年河南省气象因子对手足口病的解释力。根据表 4–3 可知，平均温度和手足口病发病率之间呈现正相关关系。即温度每升高 1℃，手足口病风险增加 4.09%（95%置信区间：1.12～7.27）（RR：1.04； 95%置信区间：1.01～1.08）。另外，手足口病与相对湿度之间存在正相关关系。相对湿度增加 1%与手足口病风险增加 1.77%（95%置信区间：0.68～2.77）有关（RR：1.02; 95%置信区间：1.01～1.03）。

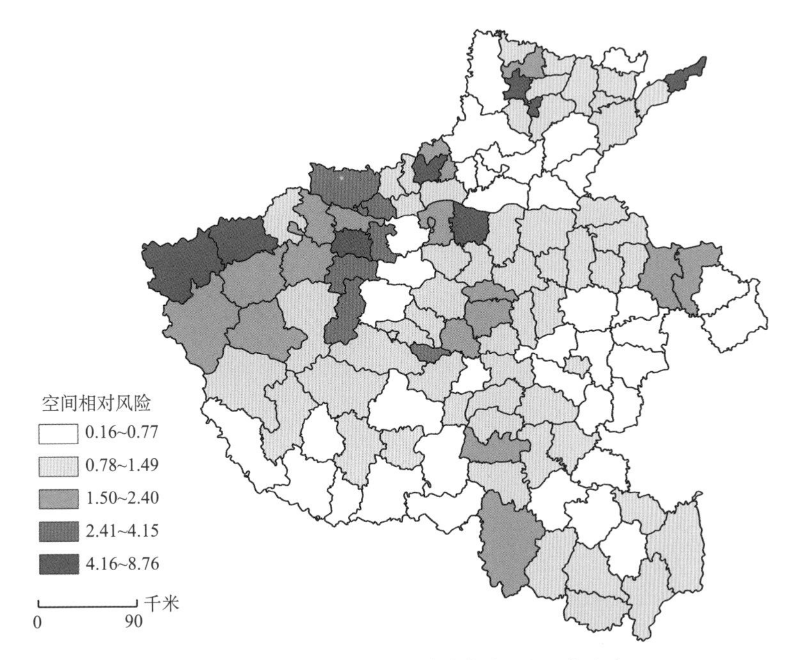

图 4–18　河南省手足口病空间相对风险分布

资料来源：Zhang *et al.*，2018。

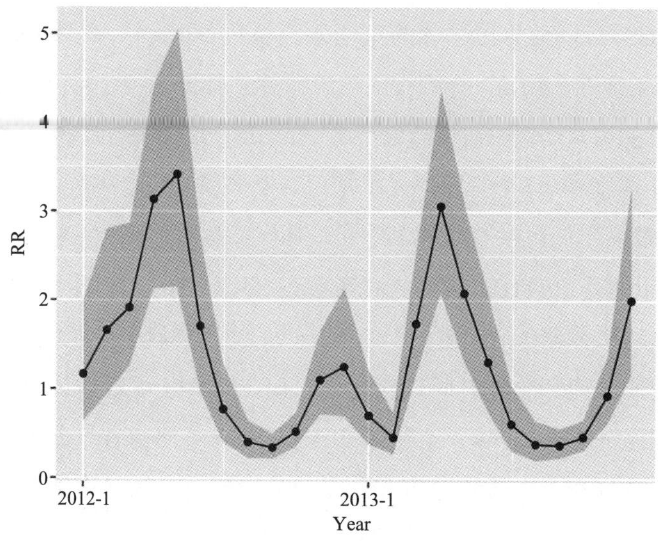

图 4–19 河南省手足口病发病率的时间变化趋势

资料来源：Zhang *et al.*，2018。

表 4–3 气象因子的后验均值和相对风险

气象因子	后向均值（95%置信区间）（100%）	相对风险（95%置信区间）
平均温度 （℃）	4.09 （1.12～7.27）	1.04 （1.01～1.08）
相对湿度（%）	1.77 （0.68～2.77）	1.02（1.01～1.03）

此外，张湘雪等（Zhang *et al.*，2020）利用 BSTHM 探测我国华北地区 $PM_{2.5}$ 的时空演变规律。BSTHM 在公共健康、大气污染、地学等领域有着广泛应用。

第五章　时空统计分析工具与实践

第一节　GeoDa

GeoDa 是经典的探索性空间数据分析 （Exploratory Spatial Data Analysis，ESDA）工具。GeoDa 提供了友好的图形用户界面，可以直接对 Shapefile 文件进行分析，自主定义空间权重文件，具有空间自相关分析、局部自相关分析、顾及空间约束的聚类分析以及全局空间自相关回归等功能（胡青峰等，2007；刘聪粉等，2008）。

GeoDa 由芝加哥大学空间数据科学中心卢卡·安塞林团队领衔开发（Anselin，1994），在全球拥有数十万用户，在空间统计分析领域享有盛名。GeoDa 是一种免费的开源软件。软件存储于\Part1\Software，详情参见 http://geodacenter.github.io。软件中的全局 Moran’s *I* 指数具有界定空间数据全局相关性的优势（张松林等，2007）。目前全局空间自相关性分析主要应用于计量经济学（万鲁河等，2011）和流行病或传染病等公共卫生领域（Getis and Ord，1992；陈炳为等，2003；姚保栋等，2012）。局部空间自相关性分析则可以描述各地理对象空间自相关性的空间分布差异（Anselin，1995），能够很好地确定具有空间正相关性或空间负相关性的聚集区域，并量化其聚集程度（王培安等，2012；傅靖等，2016）。

GeoDa 中的空间划分是考虑空间约束关系的空间约束聚类。其聚类算法可以使得划分结果在某一属性特征上的同区内部表现出均质性，不同区之间表现出异质性，同时保证每个区域的分布空间连续（Assuncao *et al.*，2006）。实验部分主要介绍三种不同的空间约束聚类方法：空间层次聚类、Skater 算法和 Max–*P* 算法。

GeoDa 中的回归分析构建了考虑空间依赖性（空间自相关性）的全局回归模型（Anselin *et al.*，2010）。将空间依赖性考虑进来以后，在建立模型进行空间回归分析研究之前，必须先进行空间相关性的预检验。如果空间效应在发挥作用，则需要将空间效应纳入模型分析框架之中，并采用适合于空间回归模型估计的方法（如空间误差模型、空间滞后模型等）进行估计（欧变玲等，2010）；如果没有表现出空间效应，则可直接采用一般估计方法（如 OLS）估计模型参数。

一、实验 1：中国前期新冠疫情全局自相关性的度量

（一）实验目的

由于受到地域分布上具有连续性过程的影响，地理现象在空间上具有自相关性。如流行病发病率等很多数据都表现出空间自相关的特征。本实验中，以中国 2020 年新冠疫情数据为例，使用 GeoDa 软件进行空间全局自相关性分析，进而度量其自相关性强弱。通过对确诊人数指标进行空间相关性分析，可以弥补传统分析中重视数量分析而忽略空间关联性的缺陷。分析结果可以为全面认识中国不同阶段疫情空间分布特征提供帮助。

通过本实验，希望读者可以熟悉空间自相关性的原理与应用，掌握 GeoDa 软件中常用的全局空间自相关性工具，熟悉该软件进行全局空间自相关性分析的流程，了解输出结果中各评价指标的算法，体会全局空间自相关性分析在具体应用中的价值。

（二）实验数据

2020 年 1 月 24 日～2 月 3 日、2 月 4 日～2 月 16 日两阶段内中国平均新冠疫情数据。数据存储于：\Part1\EXP1 data\covid19.gdb。空间自相关分析使用以下变量：

• OBJECTID_2：各省级行政区的唯一标识码；

• c2log：第一阶段（2020 年 1 月 24 日～2 月 3 日）各省级行政区日均新增确诊人数的对数值；

• c3log_1：第二阶段（2020 年 2 月 4 日～2 月 16 日）各省级行政区日均新增确诊人数的对数值。

其中，日均新增确诊人数来源于 COVID–19 疫情时空数据集（https://github.com/Estelle0217/COVID-19-Epidemic-Dataset.git），为了让数据服从正态分布，本实验对日均新增确诊人数进行了对数处理。

（三）实验步骤

在 GeoDa 软件中进行空间自相关性分析需要两个重要的步骤：对分析文件设置空间权重，以及全局自相关性分析。

1. 空间权重矩阵

GeoDa 中提供了三类空间邻接性的定义方式：

（1）基于面状要素拓扑关系的邻接矩阵：车式（Rook）邻接，表示共边为邻接，与 ArcGIS 中的 Polygon contiguity (edges only)对应；后式（Queen）邻接，表示共边或共点为邻接，与 ArcGIS 中的 Polygon contiguity (edges and corners)对应。

（2）基于拓扑和距离综合测度的 *K*-Nearest（*K* 阶最邻近）表示指定某多边形周围的多边形个数（$K=3,4,5,6,\cdots$）。

（3）基于面状要素中心距离的距离邻接矩阵（Precision Threshold）表示既定距离下的相关，软件一般给定一个默认最小值，但可视实际情况调整（一般应大于最小值）。

在建立空间权重矩阵过程中，对关键字变量（ID 变量）的选择十分重要，因为 ID 用于判别每个变量位置的唯一性，所以每个变量的 ID 都不一样。ID 在多数情况下以数字表示。通常空间权重矩阵 W 的表达形式如下：

$$W=\begin{bmatrix} w_{11} & w_{12} & \cdots & w_{1n} \\ w_{21} & w_{22} & \cdots & w_{2n} \\ \vdots & \vdots & \vdots & \vdots \\ w_{n1} & w_{n2} & \cdots & w_{nn} \end{bmatrix} \qquad \text{（公式 5–1）}$$

其中，n 表示空间个案数，w_{ij} 表示个案 i、j 的邻接关系，当且仅当个案 i、j 符合所定义的空间临界条件时，$w_{ij}=1$，其他情况 $w_{ij}=0$。

打开 GeoDa 软件后，在 Connect to Data Source 界面的 Input file 输入框选择文件 covid19.gdb，在弹出的 Layer names 对话框中选择 covid19，点击 OK，加载图层。在菜单栏中选择 Tools→Weights Manager→Create，Select ID Variable 为 OBJECTID_2，选择 Contiguity Weight 选项卡里的 Queen contiguity 选项，Order of contiguity 设为 1，如图 5–1(a)所示。创建空间权重矩阵后，点击图 5–1(b)中的 Histogram，得到权重统计结果，如图 5–2(a)所示。

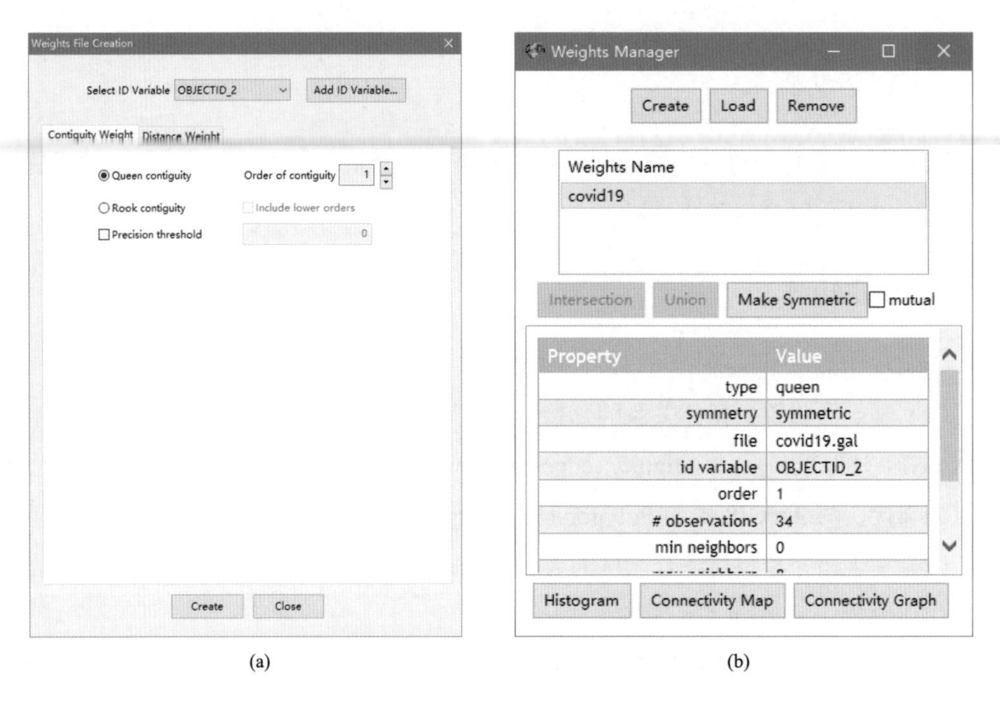

(a)　　　　　　　　(b)

图 5–1　Queen 空间权重设置与结果

该研究区大部分省级行政区的邻接单位集中在 3～7 个，有 2 个省级行政区在仪式邻接条件定义下不存在邻接单位（图 5–2 (b)中涤绿色的海南、台湾两省）。由于数据缺失的原因，本案例的研究区域不涉及西藏自治区、香港特别行政区、澳门特别行政区、台湾省四个省级行政区。因此，需要对生成的空间权重矩阵进行修改。

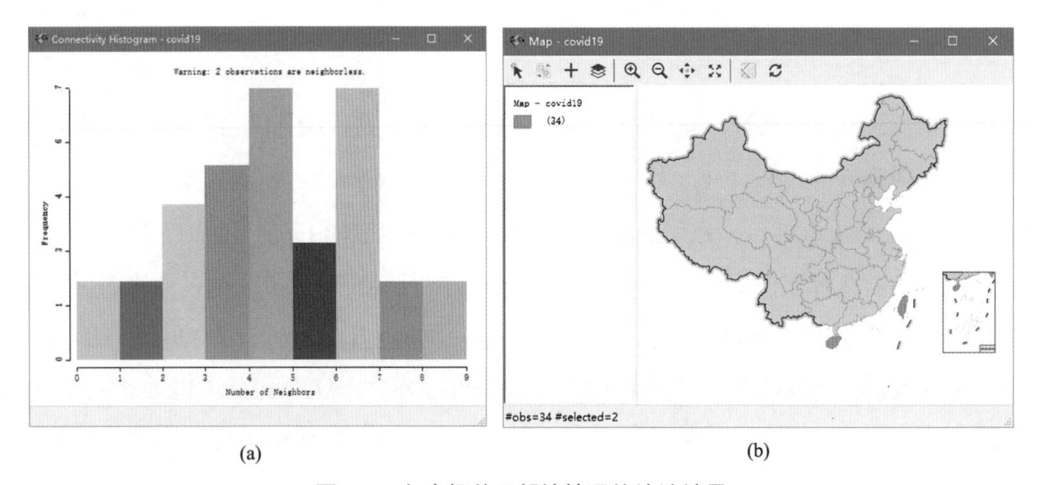

(a)　　　　　　　　(b)

图 5–2　各空间单元邻接情况的统计结果

用记事本打开空间权重矩阵 covid19.gal 文件（图 5–3），可以看到第一行表示：观测单元为 34 个，基于.shp 文件 covid19 生成，识别单元的变量为 OBJECTID_2；第 2 行表示 OBJECTID_2 编号为 1 的单元有 2 个邻居；第 3 行给出邻居的编号，分别为 2 和 3；第 4 行表示 OBJECTID_2 编号为 2 的单元有 2 个邻居；第 5 行是编号为 2 的邻居，以此类推。海南省（OBJECTID_2 为 34）没有邻居，因此其邻居数为 0，下面一行为空。在实际研究中，海南省会与其最近的广东省和广西壮族自治区产生联系，因此我们改写海南省（OBJECTID_2 为 34）、广东省（OBJECTID_2 为 19）和广西壮族自治区（OBJECTID_2 为 20）的邻居信息，同时将西藏自治区（OBJECTID_2 为 25）、香港特别行政区（OBJECTID_2 为 32）、澳门特别行政区（OBJECTID_2 为 33）、台湾省（OBJECTID_2 为 31）相关的邻居信息删除，最终的权重文件见\Part1\EXP1 data\covid19.gal。

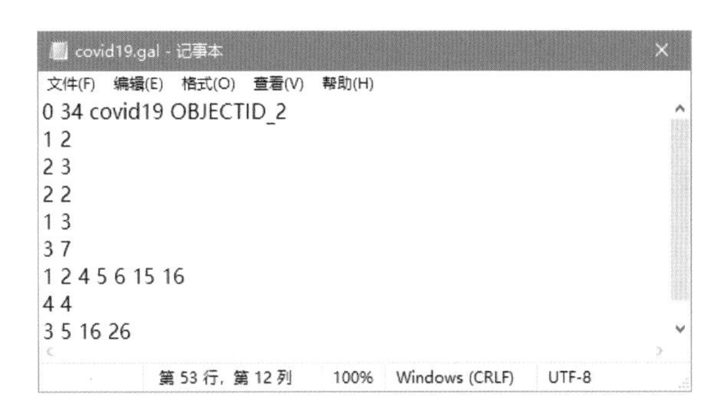

图 5–3　空间权重矩阵文件

2. 全局自相关性分析

对实验数据文件进行 Moran's *I* 指数的全局自相关性检测。全局 Moran's *I* 指数从整个研究区尺度反映个案的空间相关性，Moran's *I* 值在–1 到 1 区间内。从建立好空间权重的实验数据中选择属性字段，进行全局空间自相关分析。在菜单栏 Space 分析工具组中选择 Univariate Moran's I 工具进行全局自相关性分析，全局自相关性参数设置见图 5–4(a)，并绘制出散点图，如图 5–4(b)所示，可见 Moran's *I* 为 0.436。

Variable Settings
First Variable (X)
OBJECTID_2
response_i
migratio_1
c2log
c3log_1
whlog_1
SHAPE_Length
SHAPE_Area
Weights covid19
OK
Cancel

(a) 全局自相关性参数设置

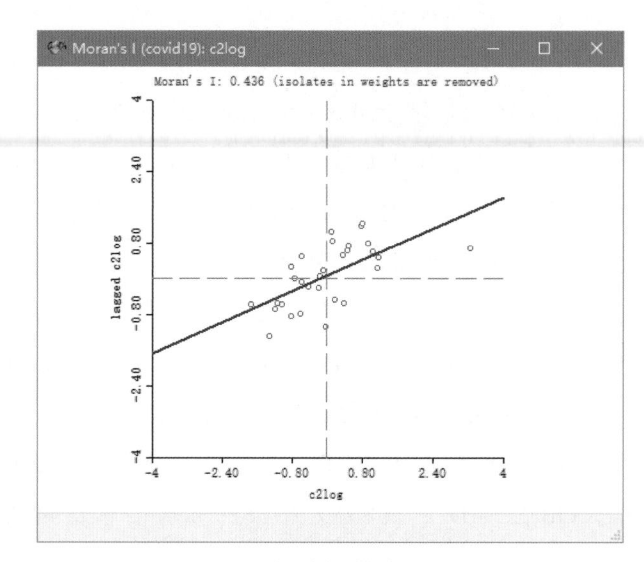

(b) 全局自相关散点图结果

图 5–4 GeoDa 软件全局自相关性分析

为使得统计结果更有意义，应在 GeoDa 软件中使用蒙特卡洛法进行模拟数据集测试。右击散点图界面，选择蒙特卡洛模拟次数为 999 次的模拟数据集实验。蒙特卡洛模拟设置见图 5–5。具体实验方法如下：使用和真实数据集相同的方法对 999 个模拟数据集进行指标值的计算，然后对真实数据集的结果和模拟数据集的结果进行从小到大排序。如果真实数据集的结果排第一位，则 $p=1/(1+999)=0.001$。将统计结果的置信度 p 值设置为0.001，即认为 $p\leqslant 0.001$ 的扫描结果为具有统计意义的可靠提取区域。

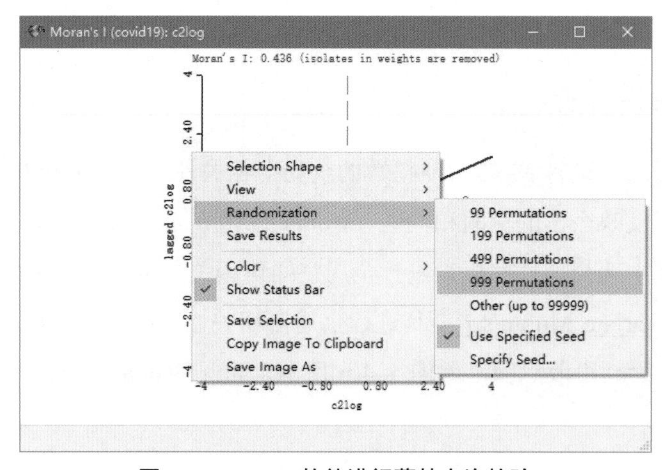

图 5–5 GeoDa 软件进行蒙特卡洛检验

（四）实验结果与解译

对第一阶段各省级行政区日均新增确诊人数进行全局空间自相关性分析。根据上述全局自相关性分析方法绘制散点图可知，各省级行政区日均新增确诊人数的莫兰指数约为 0.436，具有空间自相关性。蒙特卡洛检验结果（图 5–6）$p = 0.001$，说明在 99.9%置信度下该阶段的日均新增确诊人数的空间自相关性显著。

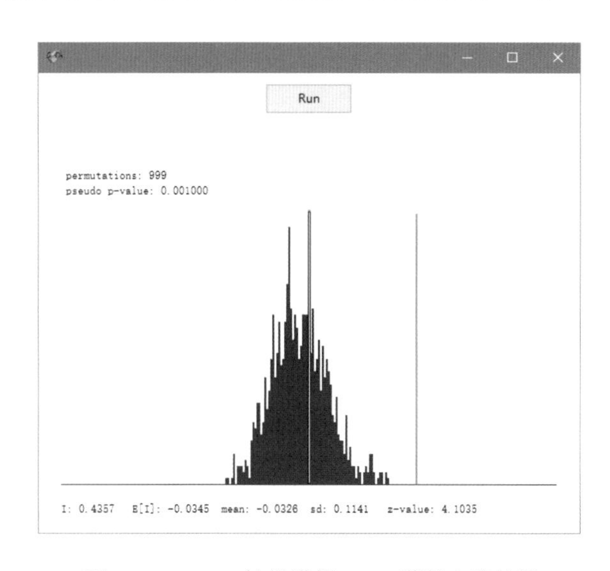

图 5–6　GeoDa 软件进行 c2log 蒙特卡洛检验

对第二阶段各省级行政区日均新增确诊人数进行如上分析，其莫兰指数约为 0.317，如图 5–7(a)所示。蒙特卡洛检验结果（图 5–7(b)）显示 $p = 0.001$，说明在 99.9%置信度下该阶段的日均新增确诊人数的空间自相关性显著。

二、实验 2：中国前期新冠疫情局部自相关性的度量

（一）实验目的

本实验继续以 2020 年的中国新冠疫情数据为例，使用 GeoDa 软件局部空间自相关性分析工具来进一步划分具有统计意义的日均新增确诊人数高值和低值的空间聚集区域。

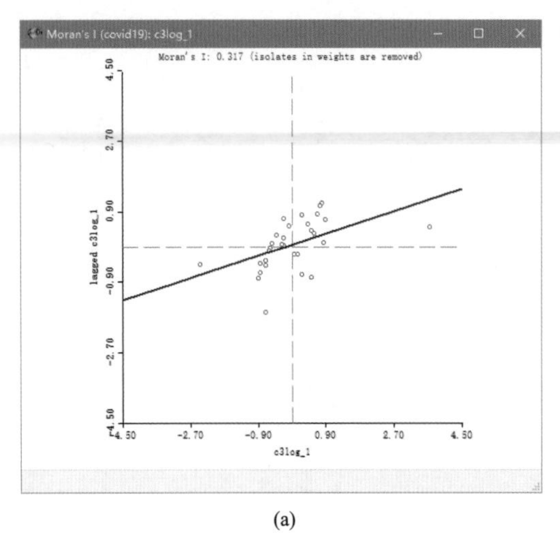

(a)

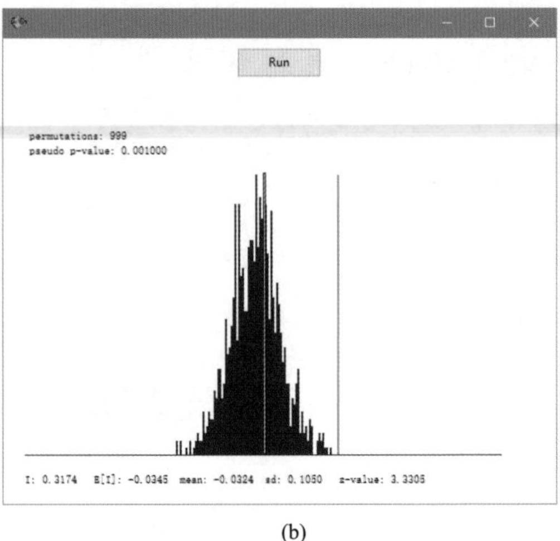

(b)

图 5–7　GeoDa 软件进行 c3log 全局自相关性分析

本实验主要学习局部自相关分析的流程，体会局部空间自相关性分析的实用价值。在上一实验各阶段日均新增确诊人数全局空间自相关性度量的基础上（全局 Moran's *I* 指标），本实验从局部分析各阶段日均新增确诊人数的空间分布差异，并根据局部 Moran's *I* 指标确定显著的空间聚集区域。

（二）实验数据

本实验使用的数据及字段变量同本节实验 1。

（三）实验步骤

在上一实验全局自相关性分析结果的基础上，进一步分析不同指标局部自相关性（Local Indicators of Spatial Association, LISA）的空间分布。当各省级行政区在某属性上的数据具有全局空间自相关性时，可对研究区在该属性上的各省级行政区继续计算局部空间自相关指标。每个点的 LISA（局部自相关指标）表示全局空间自相关指数分解到各个事件点上的自相关度，也反映了一个行政单元与邻近区域的行政单元在该属性上的空间聚集程度。

在局部自相关性分析前，仍然需确保空间权重矩阵构建完成。这里我们采用上一实验中设置的权重矩阵。

在菜单栏的Space分析工具组中选择Univariate Local Moran's I工具进行局部自相关性分析，根据图5–8中的设置选择要进行空间自相关分析的属性字段，绘制出各省级行政区的局部自相关性分析结果图。

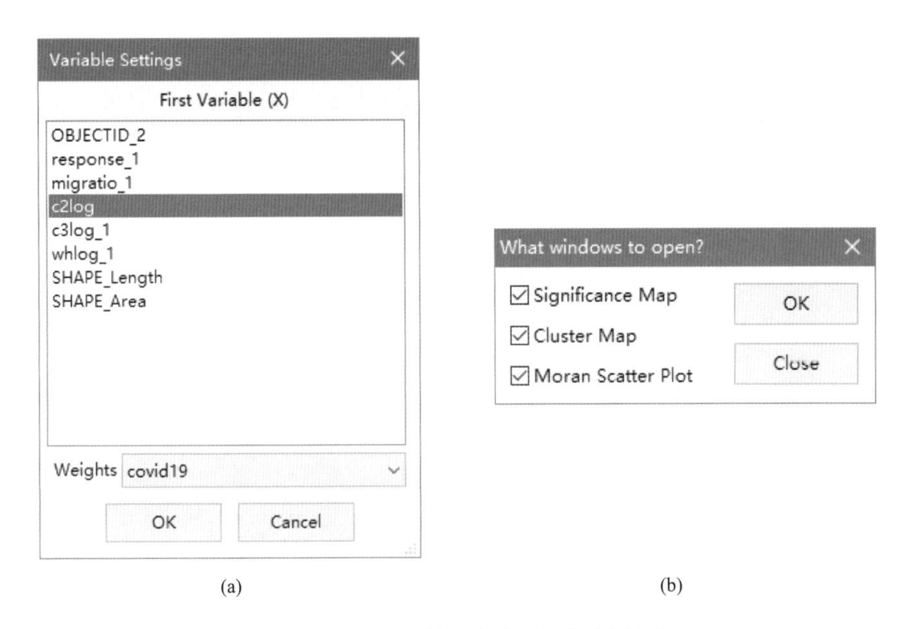

(a)　(b)

图5–8　GeoDa软件局部自相关性参数设置

（四）实验结果与解译

对第一阶段各省级行政区日均新增确诊人数进行局部空间自相关性分析，其空间自相关性散点图如图5–9所示。Moran's I散点图分为四个象限，分别表示四种局部空间相关关系。落入第一象限（H–H）的省级行政区及其周围省级行政区的新增确诊人数都高于均值；落入第二象限（L–H）的省级行政区新增确诊人数低于均值，但其周围省级行政区的新增确诊人数高于均值；落入第三象限（L–L）的省级行政区及其周围省级行政区的新增确诊人数均低于均值；落入第四象限（H–L）的省级行政区新增确诊人数高于均值，但其周围省级行政区的新增确诊人数低于均值。

高—高（H–H）区、低—低（L–L）区、高—低（H–L）区和低—高（L–H）区的空间分布如图5–10(a)所示。根据LISA的显著性检验结果，如图5–10(b)所示；图5–10(a)将没通过显著性检验的省级行政区绘制为浅灰色；对于通过显著性检验的省级行政区，则根据其在 Moran's I 散点图所处的区域标注出不同的颜色。第一阶段高值空间聚集区为江西（p 为 0.001）、湖北（p 为 0.01）、安徽（p 为 0.01）、湖南（p 为 0.01）、福建（p 为 0.01）；低值空间聚集区为内蒙古（p 为 0.01）、甘肃（p 为 0.01）、新疆（p 为 0.05）、黑龙江（p 为 0.05）。

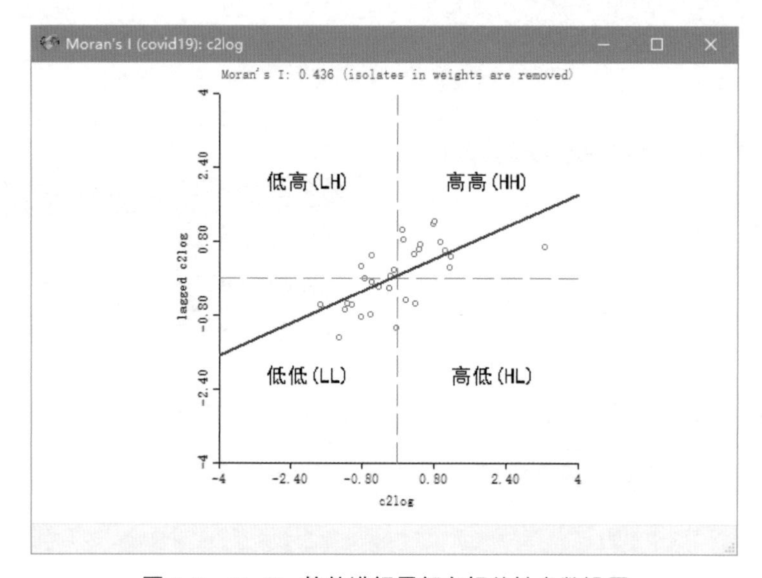

图 5–9　GeoDa 软件进行局部自相关性参数设置

同样对第二阶段各省级行政区日均新增确诊人数进行如上分析。其高高（HH）区、低低（LL）区、高低（HL）区和低高（LH）区的空间分布如图 5–11(a)所示。根据 LISA 的显著性检验结果，如图 5–11(b)所示；图 5–11(a)将没通过显著性检验的省级行政区绘制为浅灰色；对于通过显著性检验的省级行政区，则根据其在 Moran's I 散点图所处的区域标注出不同的颜色。第二阶段高值空间聚集区为江西（p 为 0.001）、安徽（p 为 0.001）、湖北（p 为 0.01）、湖南（p 为 0.01）、河南（p 为 0.05）；低值空间聚集区为新疆（p 为 0.01）、甘肃（p 为 0.01）。

（五）注意事项

在使用 GeoDa 进行局部自相关分析的时候，权重矩阵的确定具有一定的人为不确定性，使用邻接准则（Rook 邻接、Queen 邻接、K–Nearest 邻接）进行空间自相关分析时，不同邻接方法提取出的局部聚集范围结果差异较大，可靠性和稳定性有待考证。

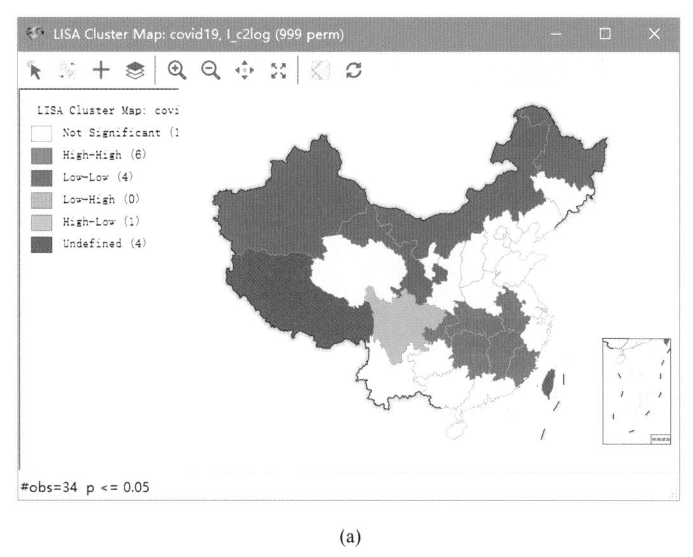

(a)

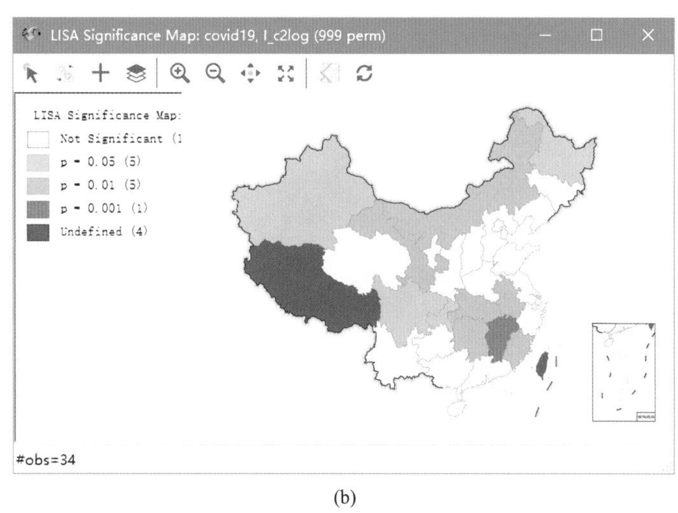

(b)

图 5–10　c2log 的局部自相关性结果及显著性分析

三、实验 3：基于空间层次聚类的法国道德水平分层异质性的探测

（一）实验目的

由于同一区域内的道德水平通常具有较强的相似性，本实验采用自下而上的空间层次聚类方法对法国道德水平程度进行聚类。

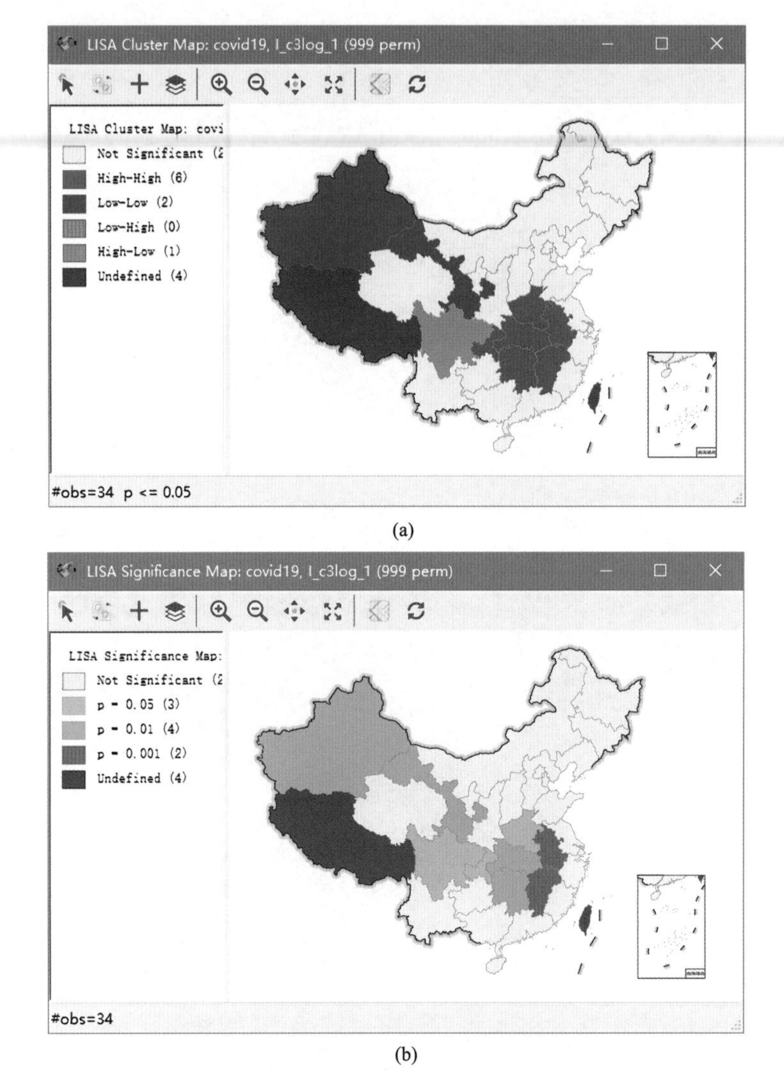

图 5–11 c3log_1 的局部自相关性结果及显著性分析

本实验主要学习 GeoDa 中空间层次聚类方法的使用，通过实例深入理解空间层次聚类算法的原理与特点。

（二）实验数据

古瑞（Guerry）数据集来源于 1833 年法国的道德统计数据集（Moral statistics of France）。它统计了法国 85 个市的人口、犯罪率、自杀率等 23 项指标，数据来源为 https://geodacenter.github.io/data-and-lab/Guerry。数据存储于\Part1\EXP2data\Guerry.shp。本实

验所用到的变量如下：

- Dept：法国各省的编号；
- Crm_prs：参与人身犯罪案件的人数；
- Crm_prp：参与财产犯罪案件的人数；
- Litercy：应征入伍士兵的识字率；
- Donatns：向穷人捐款的数目；
- Infants：非法出生人数；
- Suicids：自杀的人数。

（三）实验步骤

1. 设置空间权重矩阵，本实验选择的是一阶邻接的后式邻接矩阵。打开 GeoDa 软件后，在 Connect to Data Source 界面的 Input file 输入框选择文件 Guerry.shp，打开后如图 5–12(a)所示。在菜单栏中选择 Tools→Weights Manager→Create，如图 5–12(b) 所示，Select ID Variable 为 dept，Contiguity Weight 选项卡中选择 Queen contiguity，Order of contiguity 设为 1。

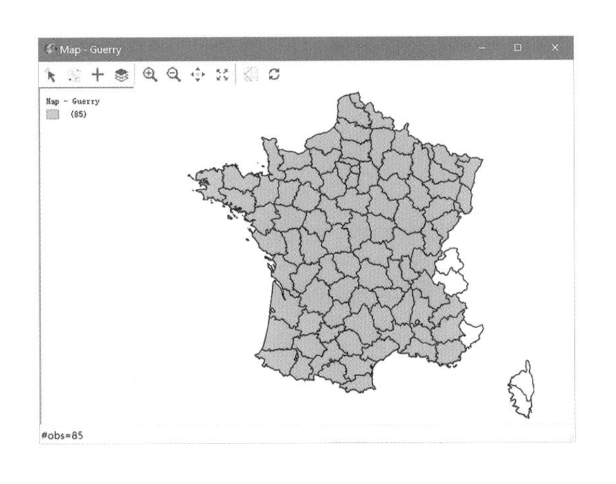

(a)

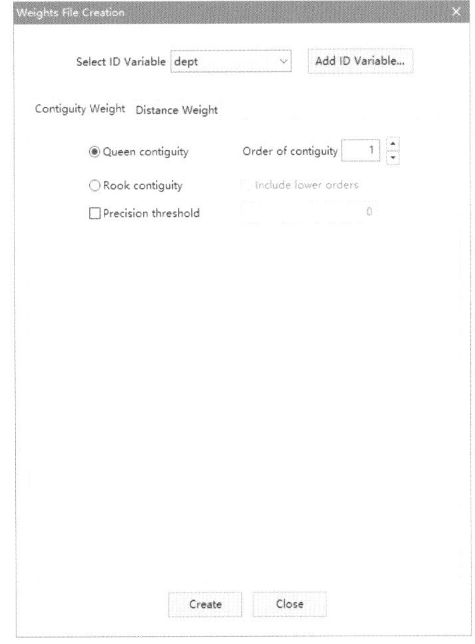

(b)

图 5–12　Guerry 数据集地图和空间权重矩阵设置

2. 选择空间层次聚类方法。在菜单栏中选择 Clusters→Hierarchical，进入图 5–13 所示的层次聚类设置界面。

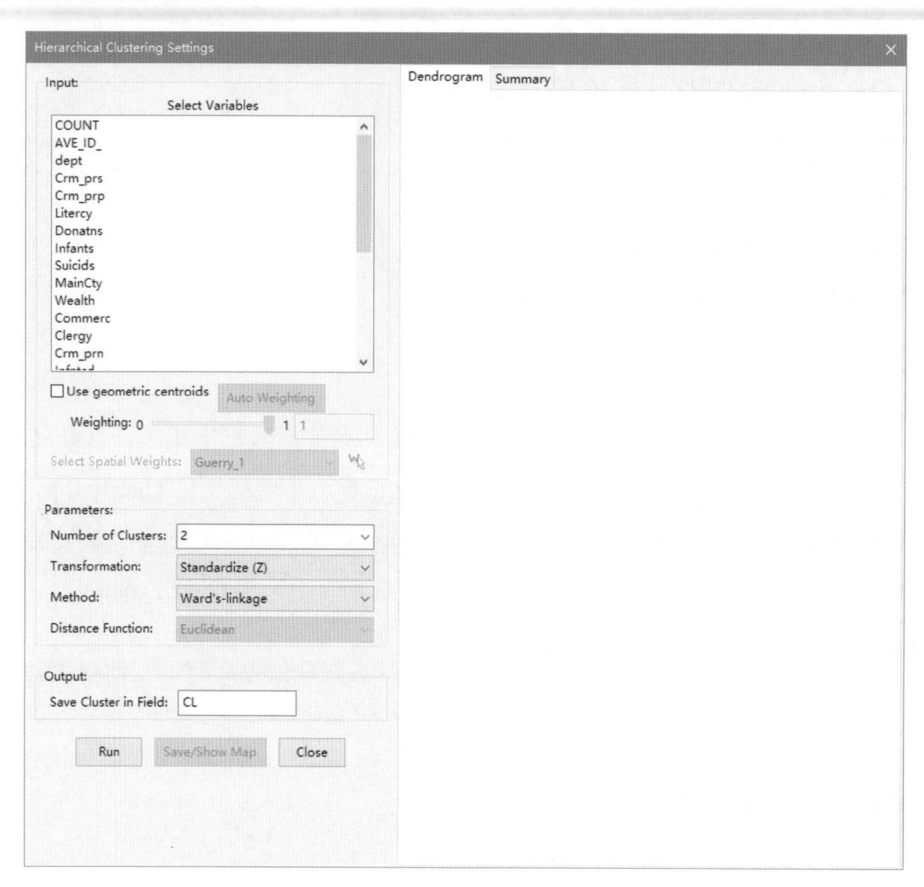

图 5–13 层次聚类设置

3. 选择参与聚类的属性变量。在 Input 对话框中选择图 5–14(a)所示 Crm_prs、Crm_prp、Litercy、Donatns、Infants 和 Suicids 六个变量作为 Select Variables。

4. 设置参与聚类的空间变量。本实验选择图斑的几何中心参与样本间距离的计算，且其权重系数设为 0.4。在 Input 对话框中勾选 Use geometric centroids 选项，如图 5–14(b)所示设置权重。

5. 设置聚类参数。实验的聚类结果数为 5，标准化选用 Z-score 转换，簇间距离选用离差平方和，距离函数选用欧氏距离。在 Parameters 对话框设置 Number of Clusters，选择 Transformation、Method 和 Distance Function，如图 5–14(c)所示。

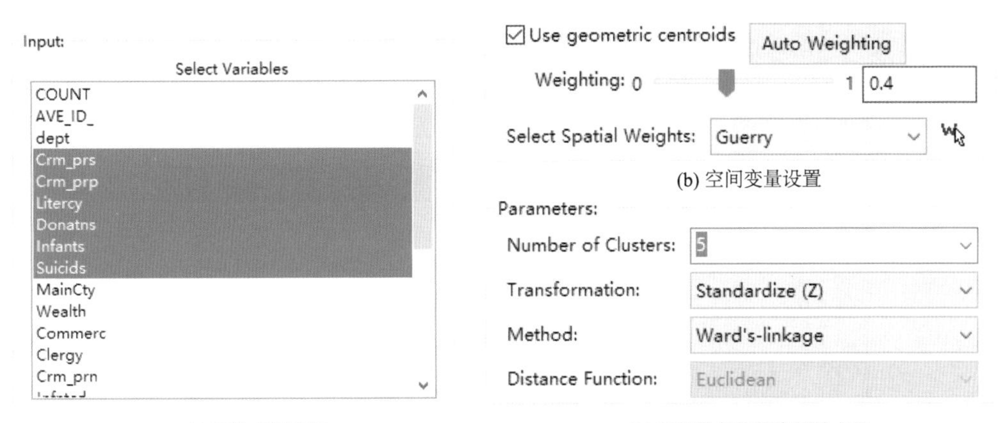

(a) 属性变量选择　　(b) 聚簇数与相似度评价方法

图 5–14　聚类参数设置

6. 运行聚类，生成聚类报告。单击 Run，在操作界面右侧查看聚类过程的树状图，如图 5–15 所示。图 5–15 中虚线的位置右边的 5 棵小树表示聚类得到的 5 个簇。

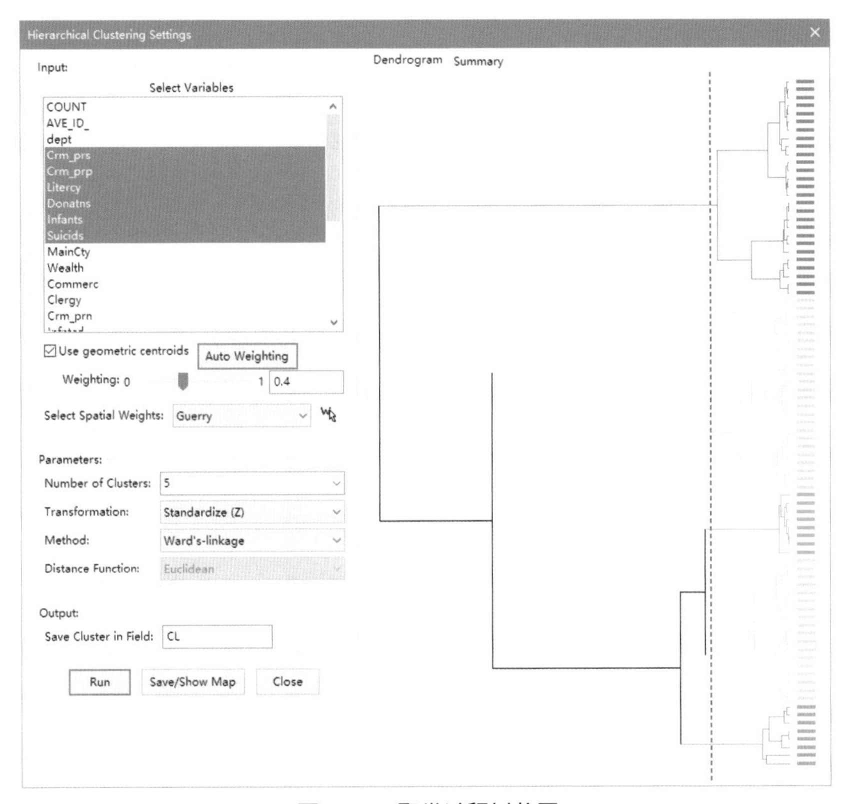

图 5–15　聚类过程树状图

7. 聚类结果的空间可视化。单击 Save/Show Map 按钮，将聚类结果进行地图展示，如图 5–16 所示。

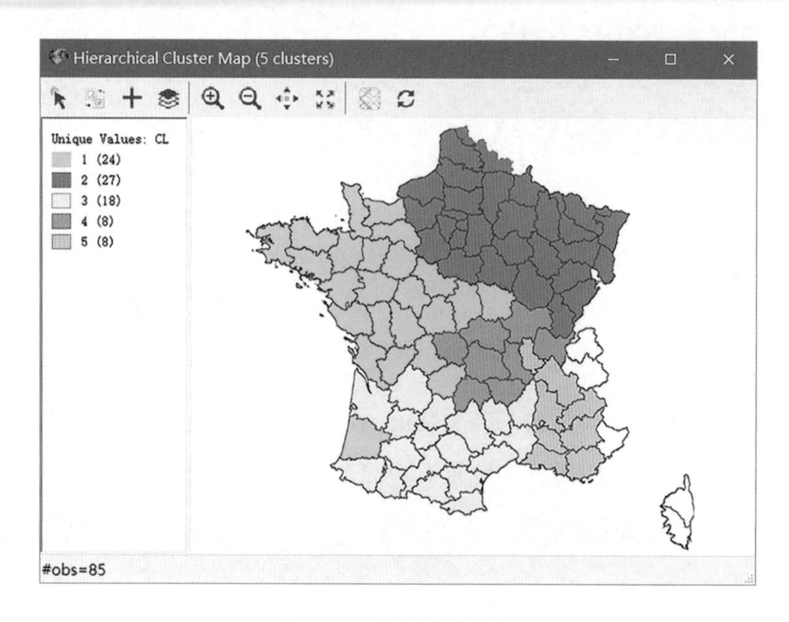

图 5–16　初始聚类地图

8. 聚类报告的生成。单击 Summary 选项卡，可查看聚类过程和结果的总结报告，如图 5–17 所示。报告给出了聚类前的相关参数设置，如聚类数、数据的标准化方法、簇间距离的定义、距离计算函数、参与聚类的属性及其权重；也给出了聚类的结果和评价，如聚出的 5 个类在属性空间中的类中心点坐标、总离均差平方、5 个类的类内离均差平方和、类内的总离均差平方和、类间离均差平方和、类间离均差平方和与总离均差平方之比。总体来说，类内离均差平方和越小、类间离均差平方和越大、类间离均差平方和与总离均差平方之比越大，类的聚簇性越好。

9. 若出现聚类结果在空间上不连续的情况，可以提高第 4 步中的几何中心权重，再运行；也可重新设置 Number of Clusters 后选择 Auto Weighting，得到较为空间连续的聚类结果，如图 5–18 所示。

```
------
Number of clusters:     5
Transformation: Standardize (Z)
Method: Ward's-linkage
Distance function:      Euclidean
Use geometric centroids (weighting):
  Centroid (X) 0.2
  Centroid (Y) 0.2
  Crm_prs 0.1
  Crm_prp 0.1
  Litercy 0.1
  Donatns 0.1
  Infants 0.1
  Suicids 0.1

Cluster centers:
|  |Crm_prs|Crm_prp|Litercy|Donatns|Infants|Suicids|
|--|-------|-------|-------|-------|-------|-------|
|C1|23297.2|7760.67|26.3333|11209.9|23239.7|33169.6|
|C2|21020.1|5984.41|58.5556|5854.07|13925.9|17097.7|
|C3|13803.8|8676.72|32.2222|4042.5 |20887.3|58274.8|
|C4|25001.1|13656.5|25.625 |5878.25|22984.3|81157.3|
|C5|15190.9|7080.75|41.125 |3074.13|14994  |18501.8|

The total sum of squares:       504
Within-cluster sum of squares:
|  |Within cluster S.S.|
|--|-------------------|
|C1|115.522            |
|C2|63.8454            |
|C3|60.6028            |
|C4|42.6899            |
|C5|12.7896            |

The total within-cluster sum of squares:        295.45
The between-cluster sum of squares:     208.55
The ratio of between to total sum of squares:   0.413791
```

图 5–17　聚类总结报告

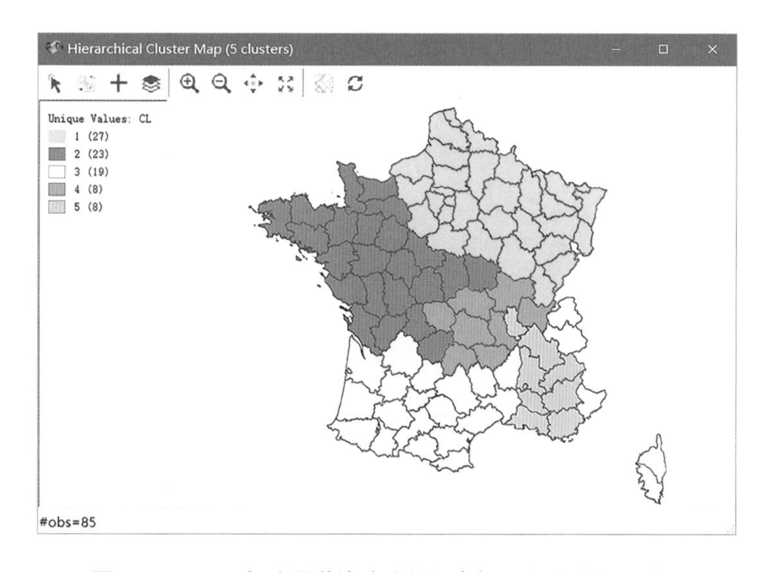

图 5–18　1833 年法国道德统计数据空间限制层次聚类结果

（四）实验的结果与解译

对 1833 年法国 85 个市的犯罪率、识字率和自杀率等六项指标进行空间层次聚类的结果如图 5–18 所示。根据各市的犯罪率、识字率等指标，选择将法国划分成五个区：东北区、西北区、东南区、西南区和中部区。

在本案例中将聚类数设置为 5，设置不同的几何质心权重，对比聚类结果如图 5–19 所示。可以发现空间层次聚类的特点是：空间连续性的达成以降低属性相似性为代价。随着几何质心权重的提高，聚类结果的空间连续性不断提高，但与此同时表征聚类结果属性相似性的方差比也越来越低。

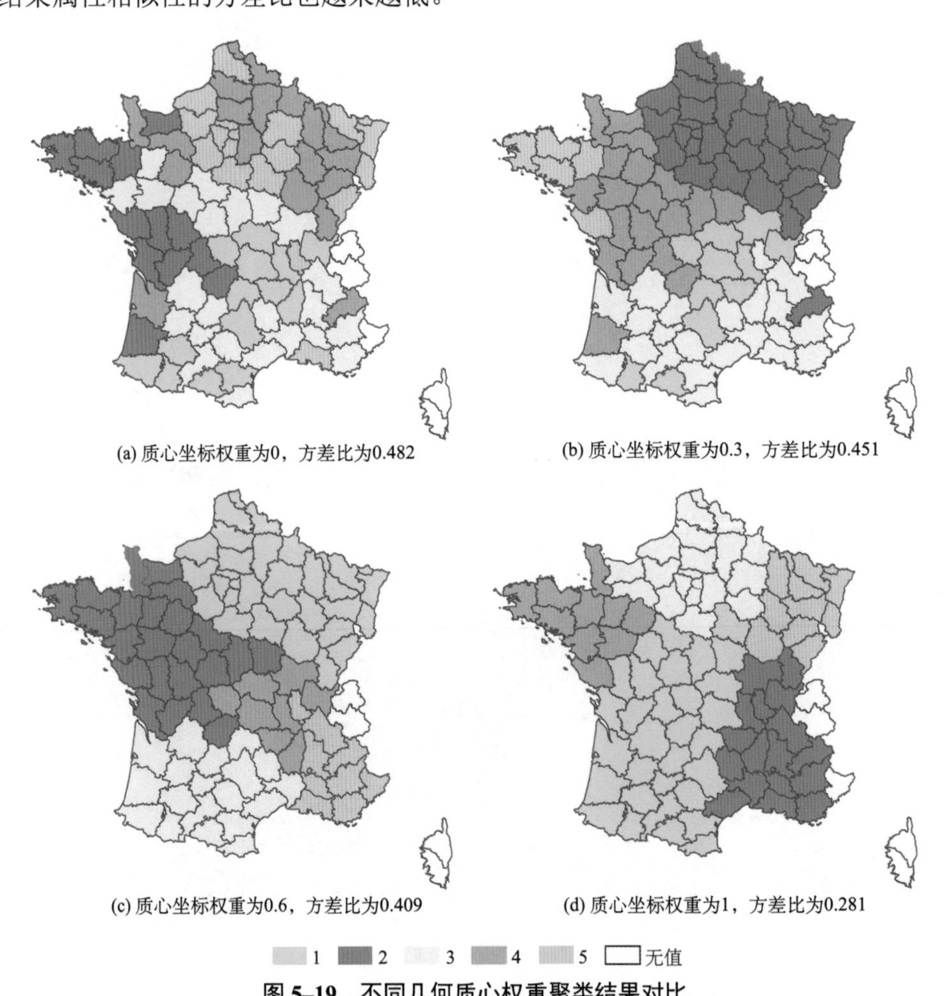

(a) 质心坐标权重为0，方差比为0.482

(b) 质心坐标权重为0.3，方差比为0.451

(c) 质心坐标权重为0.6，方差比为0.409

(d) 质心坐标权重为1，方差比为0.281

图 5–19　不同几何质心权重聚类结果对比

四、实验 4：基于 Skater 方法的法国道德水平分层异质性的探测

（一）实验目的

由于同一区域内的道德水平有一定的相似性，本实验采用 Skater 方法对法国道德水平程度进行聚类。

本实验主要学习 GeoDa 中 Skater 方法的使用，熟悉和理解 Skater 方法的原理与特点。

（二）实验数据

本实验使用的数据及字段变量同本节实验 3。

（三）实验步骤

1. 设置空间权重矩阵，本实验选择的是一阶邻接的后式邻接矩阵。打开 GeoDa 软件后，在 Connect to Data Source 界面的 Input file 输入框选择文件 Guerry.shp，打开后如图 5–12(a)所示。设置 Queen 邻接的空间权重矩阵，如图 5–12(b)所示。

2. 选择 Skater 聚类方法。在菜单栏中选择 Clusters→Skater，进入图 5–20 所示的聚类设置界面。

3. 选择参与聚类的属性变量和空间邻近矩阵。在 Input 对话框中选择 Crm_prs、Crm_prp、Litercy、Donatns、Infants 和 Suicids 六个变量作为 Select Variables，点击 Select Spatial Weights，选择之前创建的后式邻接矩阵，如图 5–21(a)所示。

4. 设置聚类参数，本实验的聚类结果数为 5，标准化选用 Z–score 转换，距离函数选用欧氏距离。在 Parameters 对话框设置 Number of Regions，可以选择设置 Minimum Bound（各聚簇中所选指标的最低阈值）和 Min Region Size（每个聚类至少包括的空间单元数），选择 Distance Function 和 Transformation，如图 5–21(b)所示。

5. 运行聚类，生成聚类报告。单击 Run，在操作界面右侧查看聚类 Summary，如图 5–22 所示。报告内容的解读可以参照实验 3，但 Skater 方法可以输出它的完全生成树（Complete Spanning Tree）。

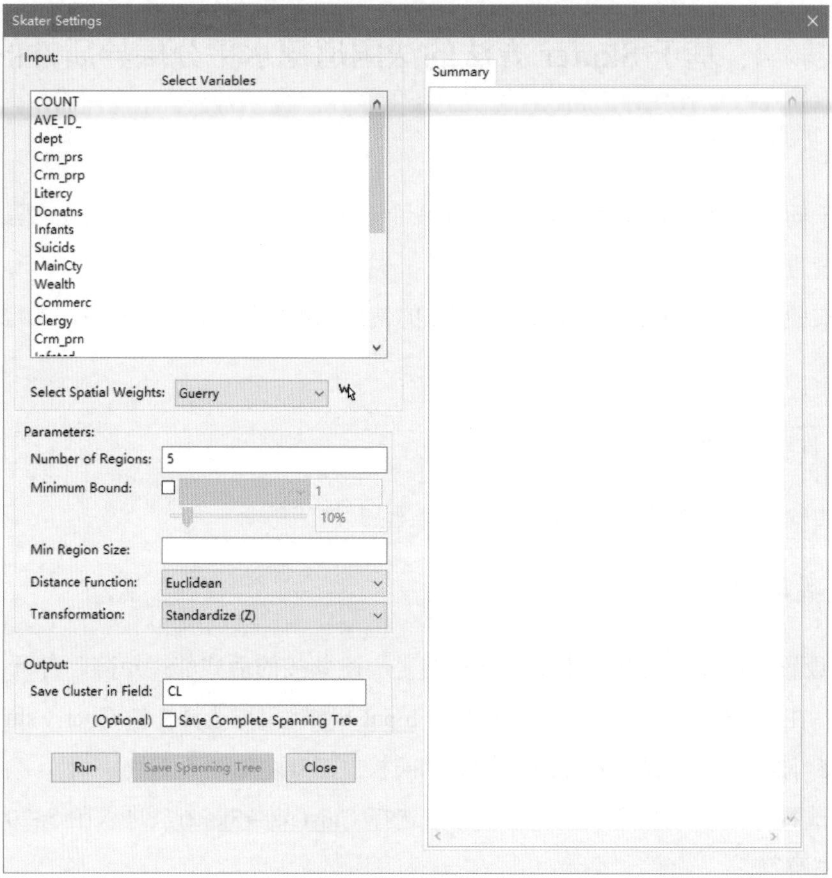

图 5–20　Skater 设置

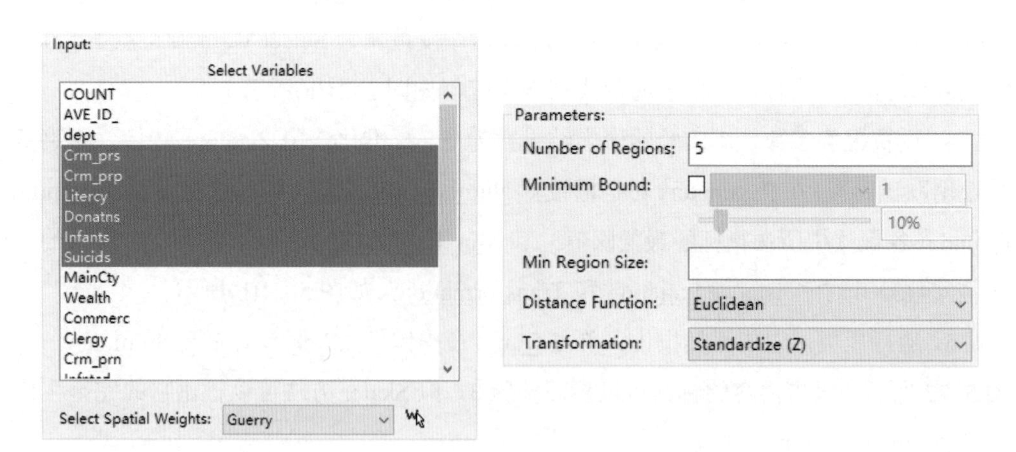

(a) 变量选择　　(b) 参数设置

图 5–21　聚类变量选择与参数设置

图 5–22　聚类总结报告

6. 生成聚类结果的地图展示，如图 5–23 所示。

（四）实验的结果与解译

对 1833 年法国 85 个市的犯罪率、识字率和自杀率等六项指标进行 Skater 算法聚类的结果如图 5–23 所示。根据各市的犯罪率、识字率等指标，将法国划分成五个区：东北区、西北区、中西区、中东区和南部区。

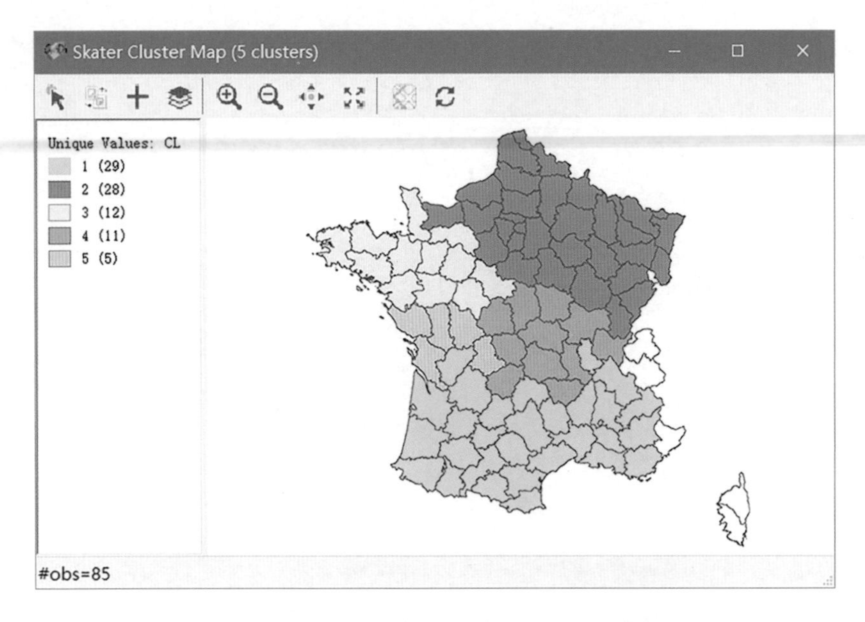

图 5–23　1833 年法国道德统计数据 Skater 算法聚类结果

保持本实验中其他参数不变，通过改变聚类数得到不同的聚类结果进行对比，如图 5–24 所示。从对比结果可以发现，新聚类的产生源自旧聚类的分解。由于 Skater 算法原理的特性，它的特点是在聚类过程中保持了层次性并且严格保证了空间连续性。

五、实验 5：基于 Max–*P* 方法的法国道德水平分层异质性的探测

（一）实验目的

由于同一区域内的道德水平通常具有较强的相似性，本实验采用空间优化分区的 Max–*P* 方法对法国道德水平程度进行聚类。

本实验主要学习 GeoDa 中的 Max–*P* 方法的使用，通过实例深入理解 Max–*P* 算法的原理与特点。

（二）实验数据

本实验使用的数据及字段变量同本节实验 3。

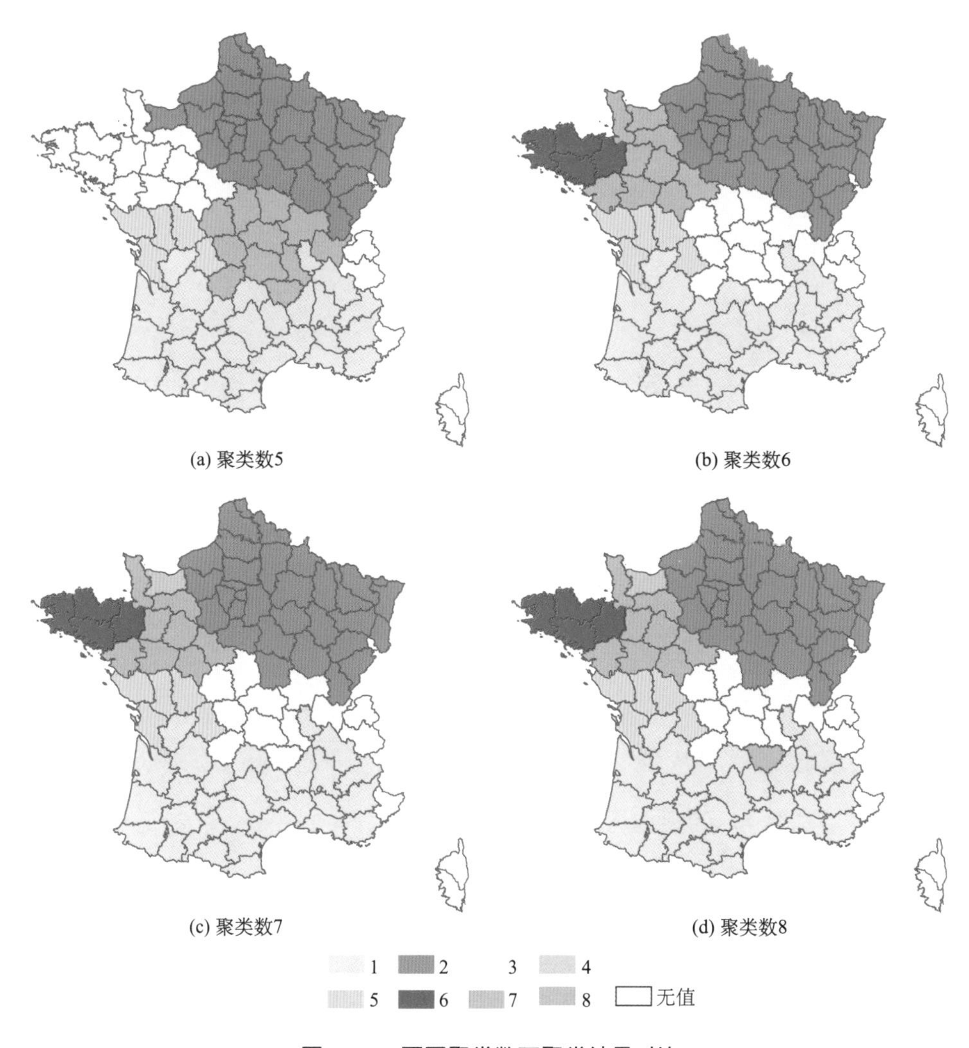

图 5–24 不同聚类数下聚类结果对比

（三）实验步骤

1. 设置空间权重矩阵，本实验选择的是一阶邻接的后式邻接矩阵。打开 GeoDa 软件后，在 Connect to Data Source 界面的 Input file 输入框选择文件 Guerry.shp，打开后如图 5–12(a)所示。设置 Queen 邻接的空间权重矩阵，如图 5–12(b)所示。

2. 选择 Max–P 聚类方法。在菜单栏中选择 Clusters→Max–P，进入图 5–25 所示的 Max–P 工具设置界面。

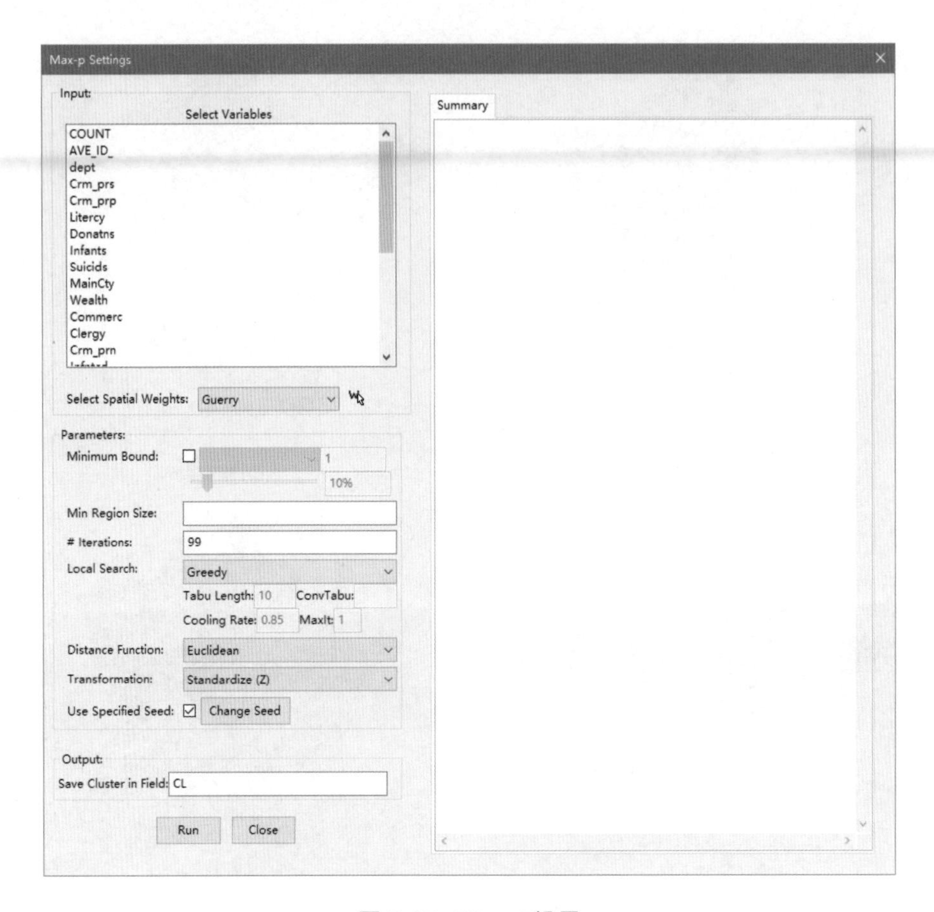

图 5–25 Max–*P* 设置

3. 选择参与聚类的属性变量和空间邻近矩阵。在 Input 对话框中选择 Crm_prs、Crm_prp、Litercy、Donatns、Infants 和 Suicids 六个变量作为 Select Variables，点击 Select Spatial Weights，选择之前创建的空间权重，如图 5–21(a)所示。

4. 设置迭代参数和聚类距离函数等参数。本实验的约束条件是各聚簇中 Pop1831 字段值之和不少于 3 236.67；迭代次数设为 999，即迭代超过 999 次则停止；局部搜索策略选择贪婪法（Greedy），可供选择的还有禁忌搜索法（Tabu Search）和模拟退火法（Simulated Annealing），其中，Tabu Length 和 ConvTabu 对应的文本框用于设置禁忌搜索法的相关参数，Cooling Rate 和 MaxIt 对应的文本框用于设置模拟退火法中的退火率和迭代次数；相似度计算选用欧氏距离；标准化方法选用 Z–score；如果需要指定种子（初始值），则在 Use Specified Seed 后面打勾，点击 Change Seed 修改初始种子的值。

不同初始值可能得到不同的聚类结果，通常选择最优或相对稳健（多数种子都能收敛）的结果。在界面中 Minimum Bound 后的部分用于设置各聚簇中所选指标的最低阈值，设置 Iterations 处设为 999，Local Search、Distance Function 和 Transformation 的设置如图 5–26 所示。

图 5–26　聚类参数设置

5. 运行聚类，生成聚类报告。单击 Run，在右侧界面查看 Max–*P* 聚类的总结报告，如图 5–27 所示。报告内容的解读可以参照实验 3。

6. 生成聚类结果的地图展示，如图 5–28 所示。

（四）实验的结果与解译

对 1833 年法国 85 个市的犯罪率、识字率和自杀率等六项指标进行 Max–*P* 算法聚类的结果如图 5–28 所示。根据各市的犯罪率、识字率等指标，自动将法国划分成八个区。

在本实验中保持其他参数不变，通过改变迭代次数得到不同的聚类结果进行对比，如图 5–29 所示。从对比结果可以发现，随着迭代次数的增加，聚类结果的属性相似性越来越高，到达一定迭代次数之后趋于稳定。当空间单元数量增多时，Max–*P* 算法的迭代次数会大大增加，从而延长计算时间。

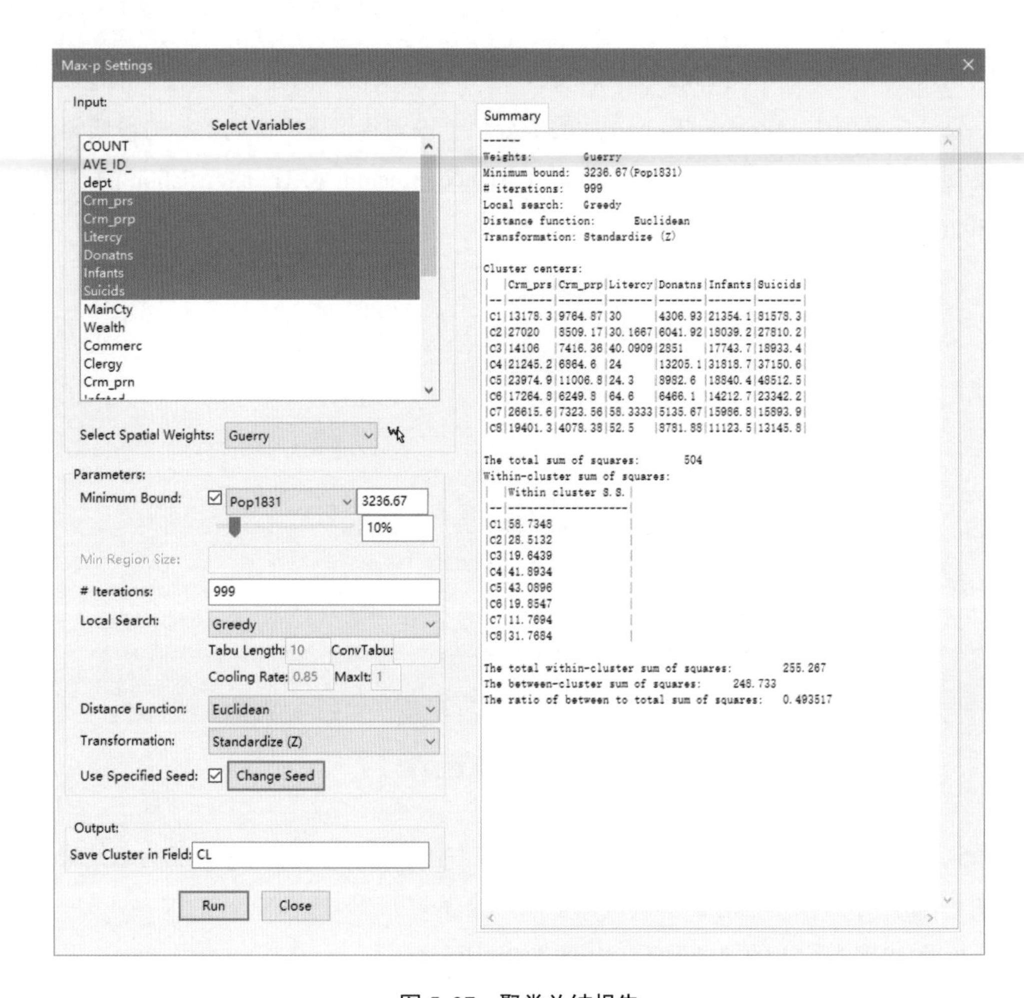

图 5–27 聚类总结报告

六、实验 6：中国前期新冠疫情的全局归因

（一）实验目的

使用 GeoDa 软件对第一阶段（2020 年 1 月 24 日～2 月 3 日）新冠疫情、人口迁徙和应急响应数据进行数据统计、探索以及空间相关性分析，最后对数据建立空间回归模型。通过回归分析，建立变量之间的回归方程。通过该方程构建自变量与因变量的定量关系，从而进行相关的自变量预测等分析。

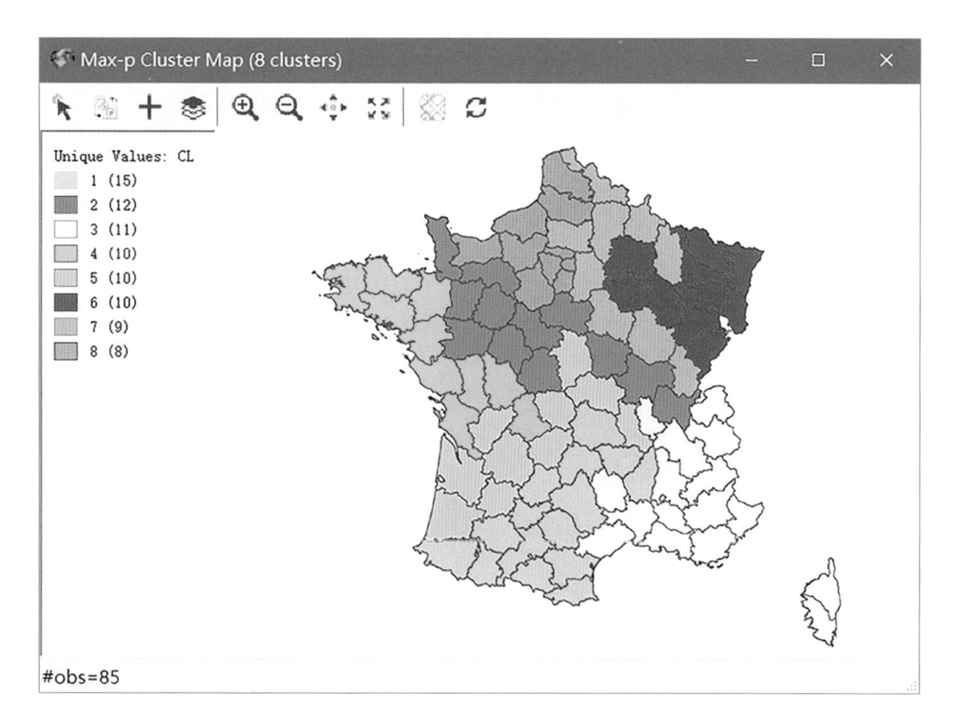

图 5–28 1833 年法国道德统计数据 Max-*P* 算法聚类结果

本实验重点熟悉空间回归的原理与应用，了解不同空间回归模型的相似与差别，掌握 GeoDa 软件中的常用空间回归模型（空间滞后模型、空间误差模型），熟悉该软件进行空间回归分析的基本流程，了解输出结果中各评价指标的算法，体会空间回归分析在具体应用中的价值。

（二）实验数据

中国第一阶段日平均新冠疫情及影响因素数据。数据存储于\Part1\EXP1 data\covid19.gdb。空间自相关分析使用以下变量：

- OBJECTID_2：各省级行政区的唯一标识码；
- c2log：第一阶段各省级行政区日均新增确诊人数对数值；
- response_1：各省级行政区一级响应启动时长（天）；
- migratio_1：省级行政区迁入规模指数；
- whlog_1：省级行政区武汉人口流入比例的对数值。

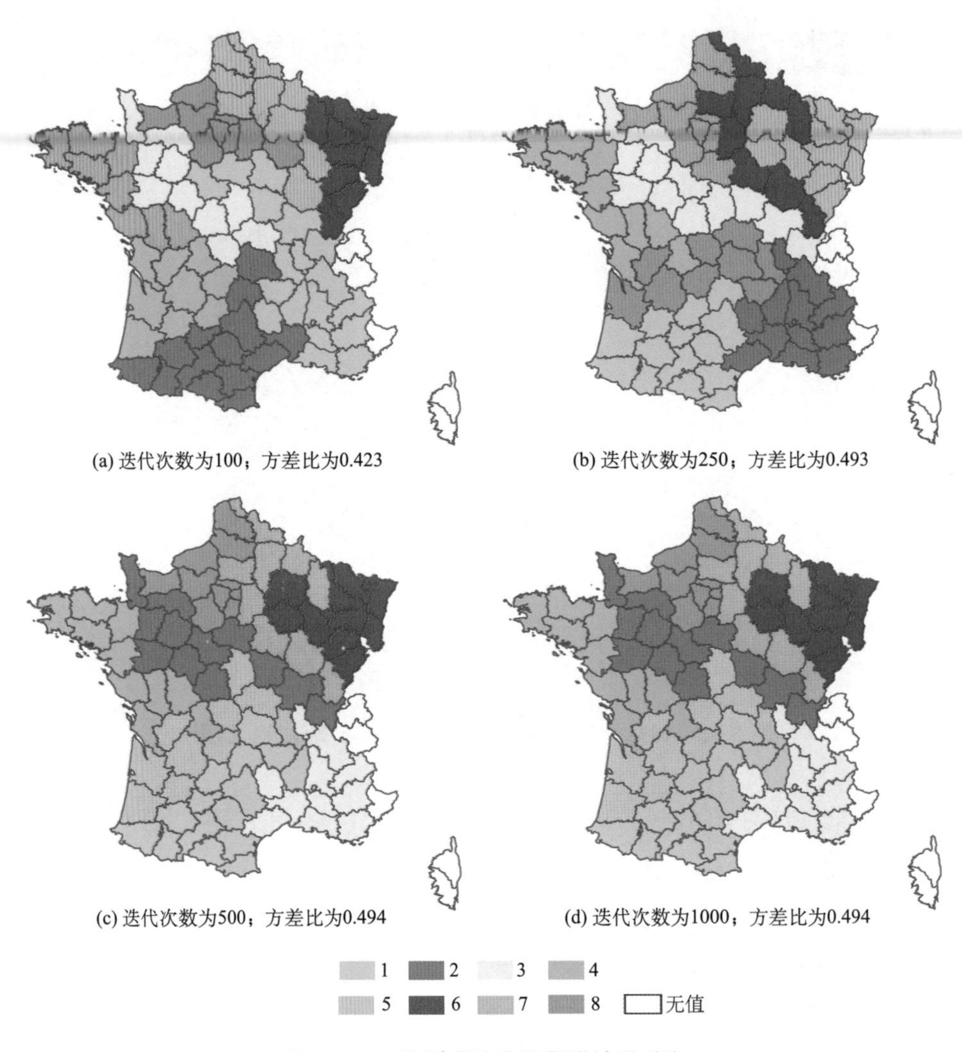

图 5–29　不同迭代次数下聚类结果对比

其中，日均新增确诊人数来源于 COVID-19 疫情时空数据集（https://github.com/Estelle0217/COVID-19-Epidemic-Dataset.git），响应启动时长数据来源于国家地球系统科学数据共享平台“疫情大事件”（http://www.geodata.cn/ sari2020/web/yiqingdsj.html），武汉人口流入比例和迁入规模指数来源于百度迁徙数据（http://qianxi.baidu.com）。为了让数据服从正态分布，本实验对日均新增确诊人数和武汉人口流入比例进行了对数处理 。

（三）实验步骤

在 GeoDa 软件中进行空间自相关性分析需要三个重要的步骤：分析文件的变量数据预览和预分析、数据相关性和数据分布的探索性分析、空间回归建模。

1. 日均新增确诊人数重分类式统计分析

打开 GeoDa 软件后，在 Connect to Data Source 界面的 Input file 输入框选择文件 covid19.gdb，在弹出的 Layer names 对话框中选择 covid19，点击 OK，加载图层。按照百分比分级法（菜单栏 Map→Percentile Map）对 c2log 变量进行空间分布的可视化，结果见图 5–30。湖北省、浙江省和广东省的日均新增确诊人数明显多于其他地区，说明这三个省疫情相对全国而言比较严重。

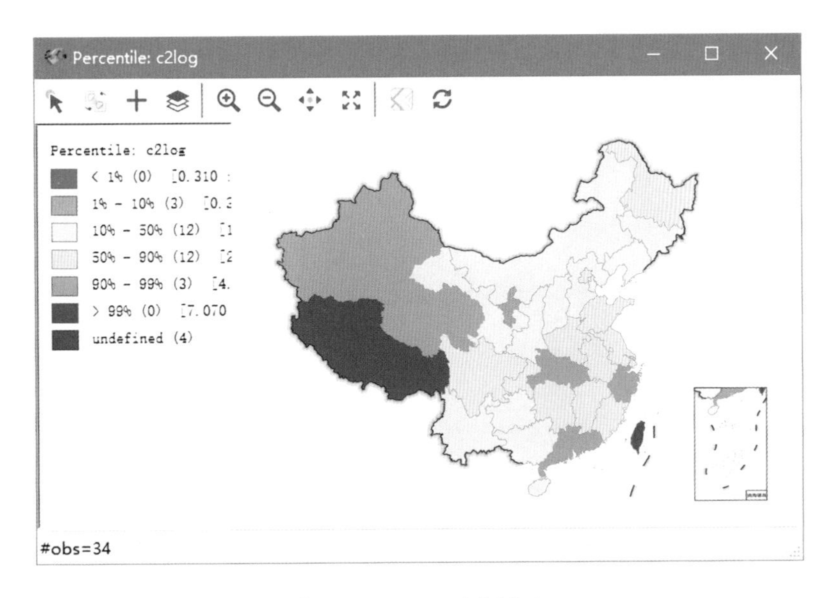

图 5–30　c2log 空间分布

2. 数据探索分析

GeoDa 的数据探索功能主要是从统计学角度，对数据的整体分布情况进行分析。一般用多变量散点图（菜单栏 Explore→Scatter Plot Matrix）探索多个变量间两变量的相关性。基于散点图的相关性分析通常是回归分析的基础。这里以因变量 c2log、自变量 response_1、migratio_1、whlog_1 四个变量为例，展示 GeoDa 多维散点图的分析结果（图 5–31）。多维散点图从左至右对角线上的图表示变量本身的分布情况。对角线外的散点图表示变量两两之间的相关性。以 c2log 和 response_1 的关系为例，见图 5–31 的第 1 行、第 2 列散点图，图中数字 1.349 表示两变量线性拟合的斜率，**表示 p 值水平<0.01，即 c2log 和 response_1 呈现显著正相关。类似的，c2log 和 migratio_1、whlog_1 两个变量均分别呈现显著的正相关关系，分别见图 5–31 的第 1 行、第 3 列和第 4 列散点图。

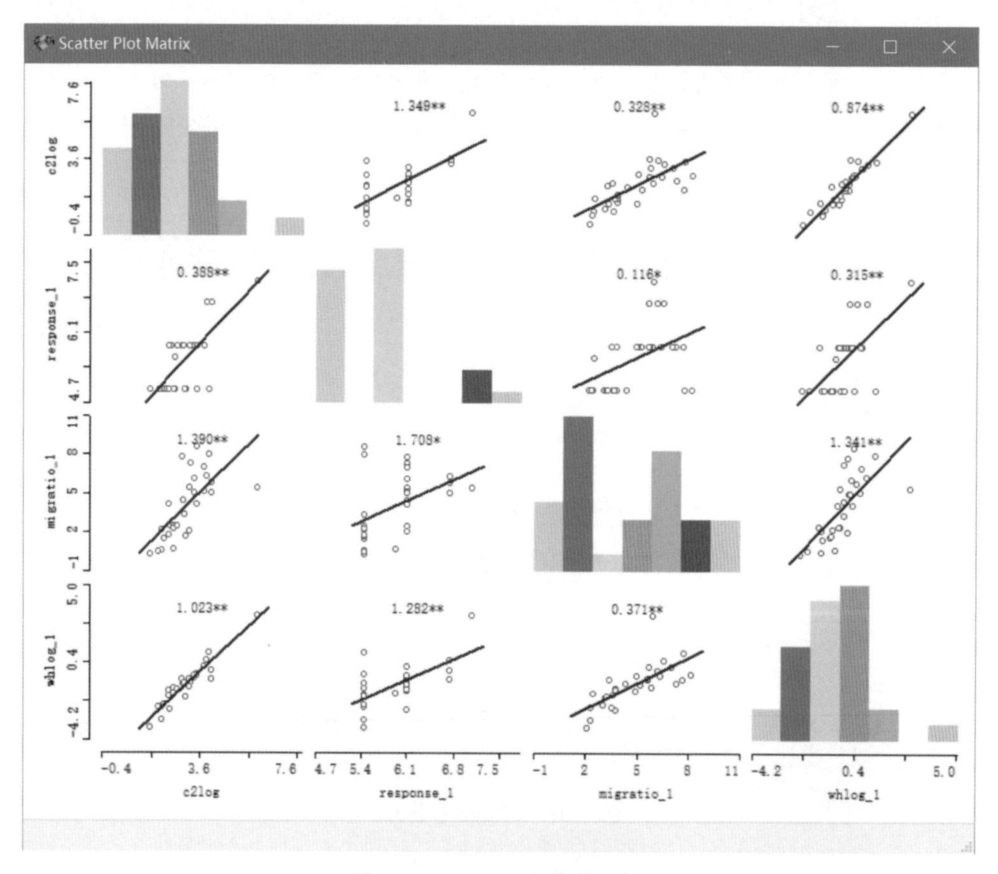

图 5–31　GeoDa 多维散点图

箱形图（菜单栏 Explore→Box Plot）主要用来反映数据的分布形式。由图 5–32 可以看出，各项指标中 c2log、response_1、migratio_1 和 whlog_1 在各个行政单位的变化基本均在 1.5 倍方差之内，没有明显的地区差异。

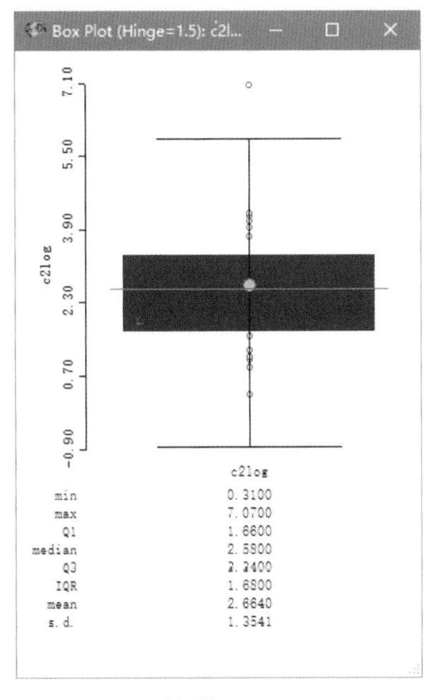

(a) c2log

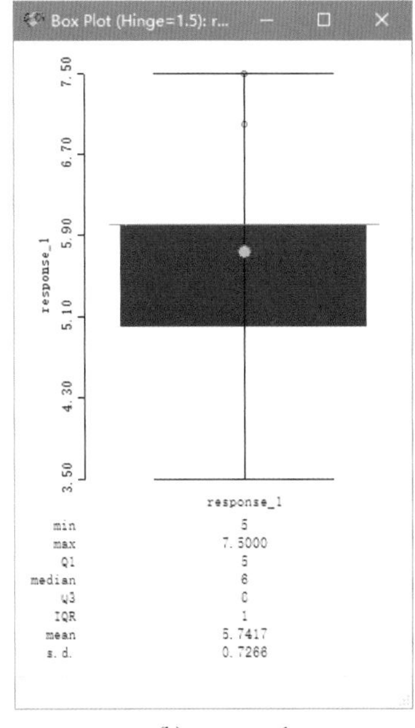

(b) response_1

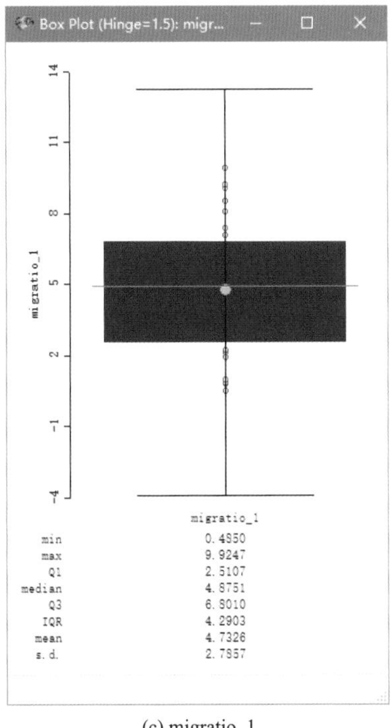

(c) migratio_1

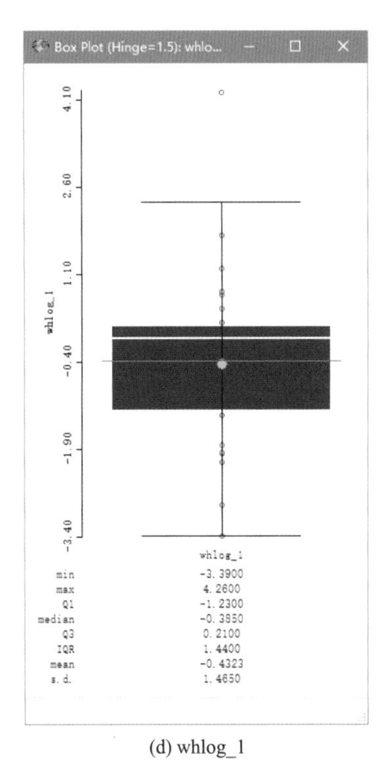

(d) whlog_1

图 5–32　c2log、response_1、migratio_1 和 whlog_1 的箱型图

3. 建立空间回归模型

传统的统计理论是一种建立在独立观测值假定基础上的理论。然而，在现实世界中，特别是遇到空间数据问题时，独立观测值在现实生活中并不是普遍存在的。正如著名的托布勒地理学第一定律所说：“任何事物之间均相关，而离得较近事物总比离得较远的事物相关性要高。”地区之间的行为一般都存在一定程度的空间相关性。一般而言，分析中涉及的空间单元越小，离得近的单元越有可能在空间上密切关联。在空间问题研究中出现不恰当的模型识别和设定所忽略的空间效应主要有两个来源：空间依赖性和空间异质性。

上述空间自相关性的存在打破了回归模型中的独立条件。本次研究选用的空间滞后模型（SLM）的数学表达式为：

$$y = \rho Wy + X\beta + \varepsilon \qquad \text{（公式 5–2）}$$

式中，ε 为随机误差项向量，ρ 为 $n \times 1$ 阶的截面因变量向量的空间滞后效应系数，β 为参数向量。

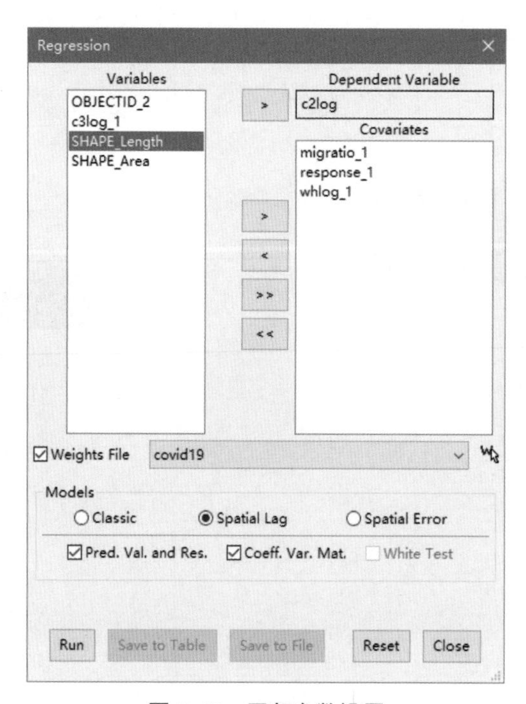

图 5–33　回归参数设置

SLM 中参数 β 反映了自变量 X 对因变量 y 的影响。参数 ρ 衡量了样本观察值中的空间滞后作用，反映了空间距离对区域行为的作用。在菜单栏中选择 Regression，构建 c2log（因变量为 Dependent Variable）与 response_1、migratio_1 和 whlog_1（自变量为 Covariates）的回归方程（图 5–33），进而分析各因素对日均新增确诊人数的贡献。Weights File 选择 Queen 邻接的空间权重矩阵（空间权重矩阵构建过程见图 5–1），Models 选择 Spatial Lag，点击 Run，生成回归结果。点击 Save to Table，将回归结果保存在属性表中。

（四）实验结果与解译

基于空间滞后模型的 c2log 全局回归结果如下框内的文字所示。可以认为主要影响 c2log 空间分布情况的影响因素为：response_1（各省级行政区响应启动时长）和 whlog_1（武汉人口流入比例）。

REGRESSION

SUMMARY OF OUTPUT: SPATIAL LAG MODEL - MAXIMUM LIKELIHOOD ESTIMATION

Data set : covid19

（回归模型的空间权重矩阵）

Spatial Weight : covid19（即根据文件中数据分布预先设定好的空间权重矩阵）

（回归模型的响应变量）

Dependent Variable	: **c2log**	Number of Observations	: 30
Mean dependent var	: 2.664	Number of Variables	: 5
S.D. dependent var	: 1.33135	Degrees of Freedom	: 25

Lag coeff. (Lambda) : **-0.0218961**（空间误差的回归系数）

R-squared : **0.920353** （解释度 R^2）

Sq. Correlation	: -	Log likelihood	: -13.2035
Sigma-square	: 0.141175	**Akaike info criterion**	: **36.407**（赤池信息准则）
S.E of regression	: 0.375733	**Schwarz criterion**	: **43.413** （施瓦茨准则）

下表给出解释变量的系数以及显著性sig值：

	Variable	Coefficient	Std.Error	z-value	Probability
W_c2log		-0.0218961	0.102663	-0.213282	0.83111
	CONSTANT	0.761239	0.761701	0.999394	0.31760

response_1	0.390225	0.129859	3.00498	0.00266
migratio_1	0.00965802	0.0356117	0.271203	0.78623
whlog_1	0.747395	0.0811065	9.21499	0.00000

REGRESSION DIAGNOSTICS

DIAGNOSTICS FOR HETEROSKEDASTICITY

RANDOM COEFFICIENTS

TEST	DF	VALUE	PROB
Breusch-Pagan test	3	1.7908	0.61695

DIAGNOSTICS FOR SPATIAL DEPENDENCE

SPATIAL LAG DEPENDENCE FOR WEIGHT MATRIX : covid19

TEST	DF	VALUE	PROB
Likelihood Ratio Test	1	0.0510	0.82130

除去非显著变量**migratio_1**的新回归模型，可见解释变量均显著有效

R-squared	:	0.920155	Log likelihood	:	-13.2401
Sq. Correlation	: -		Akaike info criterion	:	34.4802
Sigma-square	:	0.141525	Schwarz criterion	:	40.085
S.E of regression	:	0.376198			

Variable	Coefficient	Std.Error	z-value	Probability
W_c2log	-0.0183361	0.102295	-0.179248	0.85774
CONSTANT	0.809267	0.740749	1.0925	0.27461
response_1	0.389006	0.129839	2.99607	0.00274
whlog_1	0.759266	0.0680802	11.1525	0.00000

除了拟合优度 R^2 检验以外，常用的检验准则还有：自然对数似然函数值（LogL）、似然比率（LR）、赤池信息准则（AIC）、施瓦茨准则（SC）。其中对数似然值越大，AIC 和 SC 值越小，模型拟合效果越好。这几个指标也用来比较 OLS 估计的经典线性回归模型和 SLM、SEM 等模型。

接下来将模型的估计误差以及模型估计值保存到表中，对模型估计值与真值进行分析。图 5–34(a)为 c2log 的真实值百分位分布情况（菜单栏 Map→Percentile Map→First Variable→选择 c2log）；图 5–34(b)为 c2log 空间回归模型估计值百分位分布情况（菜单

栏 Map→Percentile Map→First Variable→选择 ERR_PREDIC)。从可估计出的值中可以看出，估计值和真实值的分布情况大致吻合，没能估计到广东、浙江等距离湖北省较远的高疫情水平区。

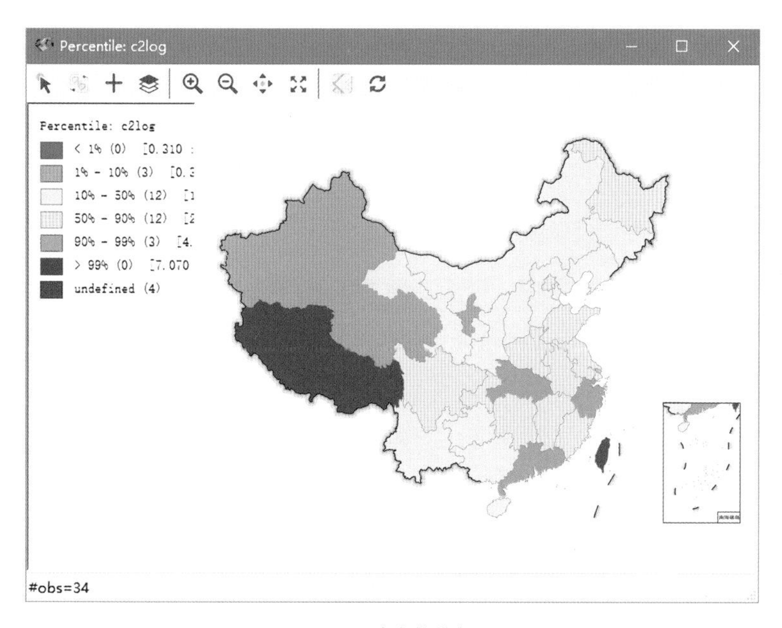

(a) c2log真实值分布

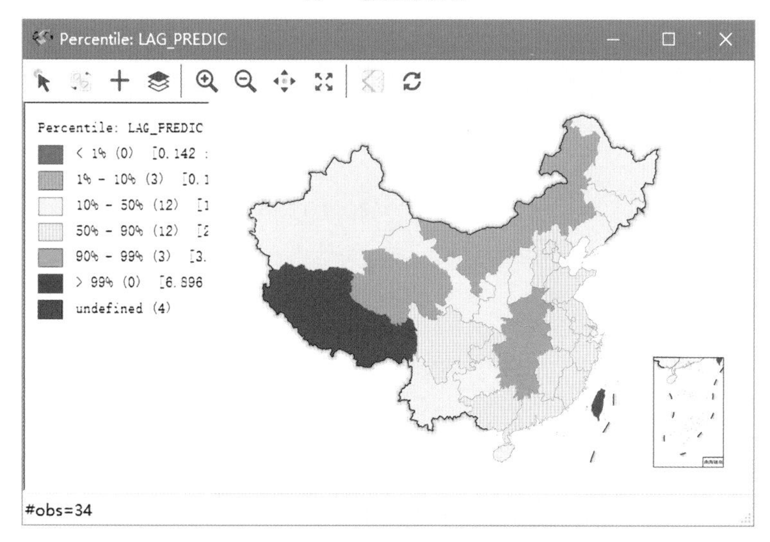

(b) c2log空间回归模型估计值空间分布

图 5–34　基于百分位分级的空间分布

选择菜单栏中 Explore→Scatter Plot，Independent Var X 选择 c2log，Dependent Var Y 选择 ERR_RESIDU。点击 OK，得到 c2log 的真实值与 c2log 空间回归模型估计值的误差随 c2log 真实值变化的散点图，如图 5–35 所示。线性拟合表示其具有显著的线性相关性，说明在回归模型中除具有解释变量之外还具有其他显著的影响因素可以解释 c2log 的空间分布情况。

此外，还可通过地理加权回归（Geographically Weighted Regression Model, GWR）的方法探究不同地区影响各阶段疫情发展的机制，相关详细研究参见程昌秀等人的文献（Cheng *et al.*, 2019）。

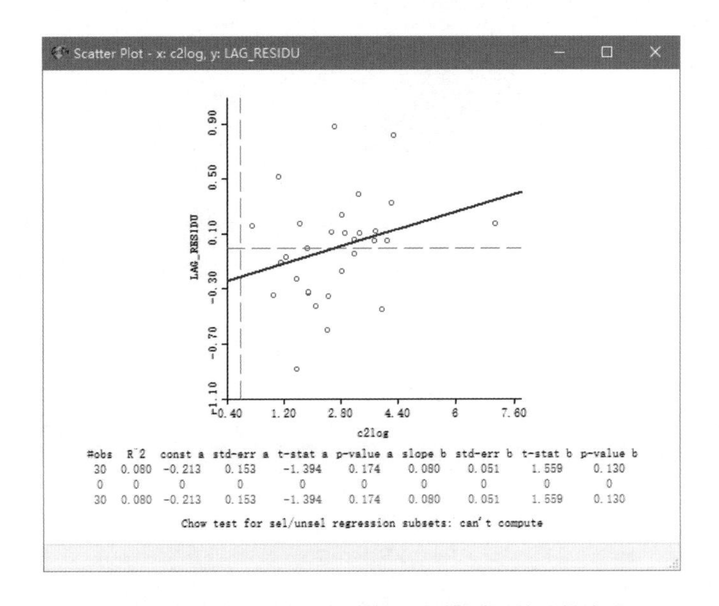

图 5-35　c2log 真实值与空间回归模型误差的散点图

第二节　SaTScan

SaTScan 扫描统计软件是一个用于对时间序列数据、空间数据或时空数据进行时间、空间或时空扫描统计的软件（Kulldorff，1997）。主要功能包括（Kulldorff *et al.*，2005；郭鹏飞等，2011）：执行疾病地理监测，探索疾病的空间或者时空聚集区，同时探索对应的数据是否存在显著性相关；探索疾病在时间、空间或者时空上的分布是离散还是聚集的；评估疾病聚集区的统计学显著性特征；进行多种时间周期性疾病监测，以便及早发现疾病暴发。软件介绍参见 https://www.satscan.org。软件存储于\Part2\Software。

一、实验 1：基于泊松模型的纽约乳腺癌患者空间聚集区探测

（一）实验目的

本实验主要利用 SaTScan 中回溯性分析（Retrospective analysis）提供的纯空间分析工具（Purely Spatial），对纽约乳腺癌患者的空间聚集性进行探测。判断 2009 年纽约乳腺癌患者分布是否存在显著的空间聚集区，提取空间聚集的区域，并对各个空间聚集区进行评价。

通过本实验，掌握 SaTScan 中泊松统计模型的原理及其在空间聚集性分析的实现过程；熟悉 SaTScan 软件数据输入格式，了解软件中空间扫描探测各项参数设置的意义及对结果的影响；体会空间扫描探测研究方法在空间分析的具体应用价值。

（二）实验数据

数据存储于\Part2\EXP1 data\NYSCancer_region.shp。该文件为 2009 年纽约乳腺癌患者的空间分布数据。数据来源：https://www.satscan.org/datasets/nyscancer/index.html。空间扫描探测使用的变量为：

- LATITUDE：各观测单元的纬度；
- LONGITUDE：各观测单元的经度；
- YEAR：各观测单元的观测年份（时间数据）；
- OBREAST：各观测单元的癌症事件（观测事件）；
- EBREAST：各观测单元的癌症事件期望数据。

（三）实验步骤

SaTScan 软件的事件提取过程需要三个重要的步骤：输入文件的生成（输入文件路径不要带中文字符）、扫描分析参数设置、扫描分析及其结果的输出。

1. 输入文件的生成

（1）Case File 的生成。在图 5–36(a)界面中选择 Case File 右侧的按钮，进入图 5–36(b)所示界面，选择 NYSCancer_region.shp，点击打开。

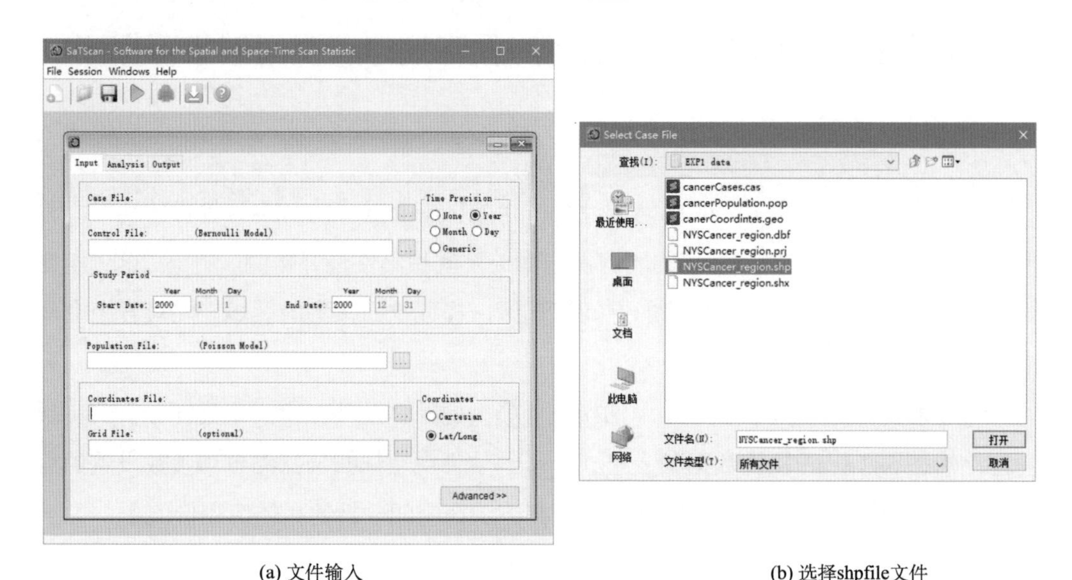

(a) 文件输入　　　　(b) 选择shpfile文件

图 5–36　SaTScan 文件输入界面

进入图 5–37(a)所示界面，点击 Next；进入图 5–37(b)所示界面，由于本实验选用离散的泊松模型，故在 Display SaTScan Variables For 中选择 discreate Poisson model，Location ID 选择数据中的区域编号 DOHREGION，Number of Cases 选择观察到的乳腺癌事件 OBREAST，Date/Time 选择数据中的时间列 YEAR，点击 Next；进入图 5–37(c)所示界面，在 Save imported input file as 选项中将 Cases.cas 文件输出到非中文路径下，以方便后续重复实验时使用该数据，点击 Import，完成 Case File 的生成和导入。生成文件为 Cases.cas，其中，第 1～3 列分别为事件 ID、事件数据、时间数据。

（2）Population File 的生成。在图 5–36(a)界面中选择 Population File 右侧的按钮；进入图 5–36(b)所示界面，选择 NYSCancer_region.shp，点击打开；进入图 5–38(a)所示界面，点击 Next：进入图 5–38(b)所示界面，Location ID 选择数据中的区域编号 DOHREGION，Date/Time 选择数据中的时间列 YEAR，Population 选择期望事件

EBREAST，点击 Next；进入图 5–38(c)所示界面，在 Save imported input file as 选项卡中将 Population.pop 文件输出到非中文路径下，以方便后续重复实验时使用该数据，点击 Import，完成 Population File 的生成与导入。生成文件为 Population.pop，其中，第 1～3 列分别为事件 ID、时间数据、期望数据。

(a) 导入Case File　　(b) 字段选择

(c) 生成Case File

图 5–37　Case File 的导入与生成

（3）Coordinates File 的生成。在图 5–36(a)界面中选择 Coordinates File 右侧的按钮； 进入图 5–36(b)所示界面，选择 NYSCancer_region.shp，点击打开；进入图 5–39(a)所示界面，点击 Next：进入图 5–39(b)所示界面，将 Location ID选择数据中的区域编

号 DOHREGION，Latitude 选择数据中的纬度列 LATITUDE，Longitude 选择数据中的经度列 LONGITUDE，点击 Next；进入图 5–39(c)所示界面，在 Save imported input file as 选项中将 Coordinates.geo 文件输出到非中文路径下，以方便后续重复实验时使用该数据，点击 Import，完成 Coordinates File 的生成与导入。生成文件为 Coordinates.geo，其中，第 1～3 列分别为事件 ID、纬度数据、经度数据。将这些文件保存好后，后续扫描分析时可以重用这些已生成的输入文件。

Import File Wizard
Population File:
D:\Users\Desktop\EXP1 data\NYSCancer_region.shp
The expected format of the population file is:
<Location ID> <Date/Time> <Population> <Covariate 1> ... <Covariate N>
If the selected file is not SaTScan formatted (whitespace delimited) or fields are not in the expected order, select the 'Next' button to specify how to read this file.
Ok　Clear Import　Next >

(a) 导入Population File

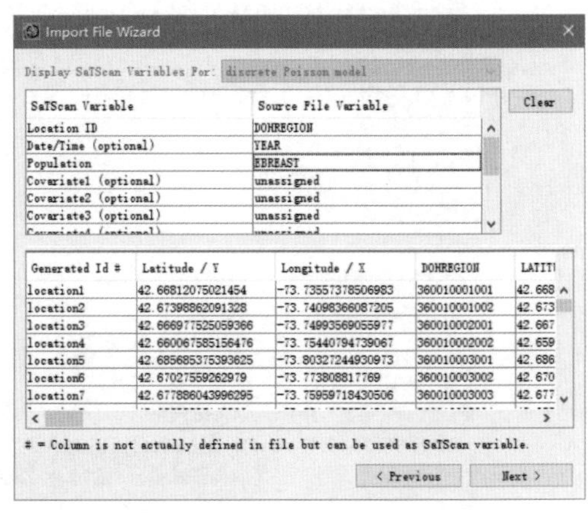

(b) 字段选择

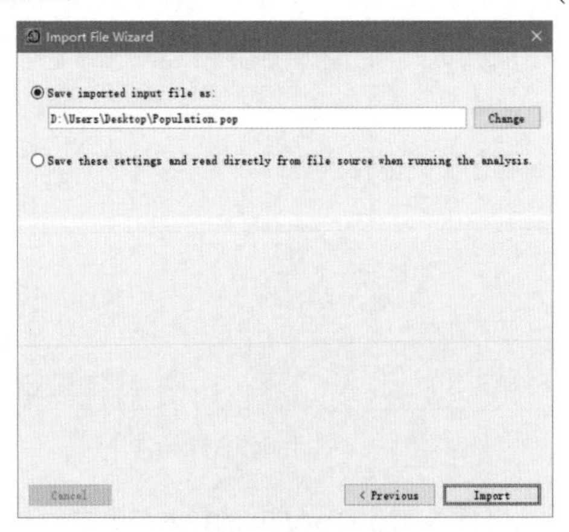

(c) 生成Population文件

图 5–38　Population File 的导入与生成

(a) 导入Coordinates File (b) 字段选择

(c) 生成Coordinates File

图 5–39 Coordinates File 的导入与生成

（4）其他参数输入：输入完成上述三个文件后，修改其他参数。由于数据中的时间仅涉及到 2009 年，在 Time Precision 中选择 Year 选项，Study Period 中的 Start Date Year 和 End Date Year 填入 2009。Coordinates 选择 Lat/Long。设置好的 Input 选项卡界面见图 5–40。

2. 扫描分析参数设置

Analysis 选项卡界面的参数选择如图 5–41。对于 Type of Analysis 部分，由于本实验旨在对过去时间序列上所有已发生的聚集区进行提取，因而选择回顾性空间扫描分析（Retrospective Analysis→Purely Spatial）。在 Probability Model 部分，本次实验的数据为离散点文件，因此在 Discrete Scan Statistics 中选用基于泊松模型的空间扫描分析方法（Discrete Scan Statistics→Poisson）。在 Scan For Areas With 部分设置扫描类型为高值聚类区（High Rates）。

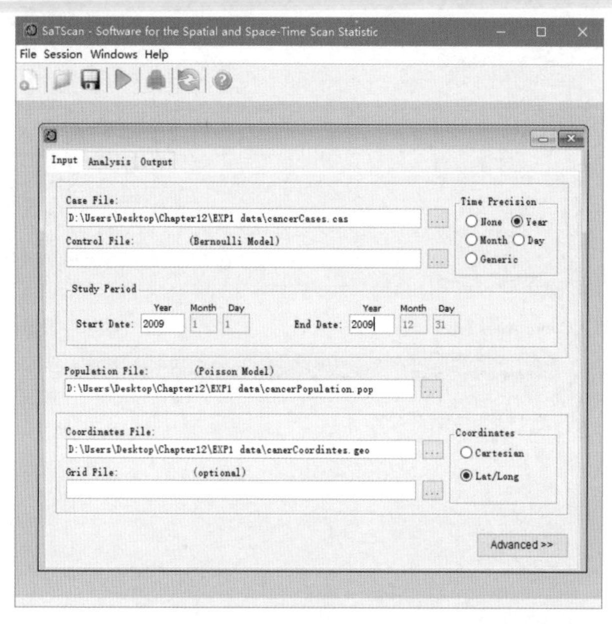

图 5–40　SaTScan 软件文件输入界面

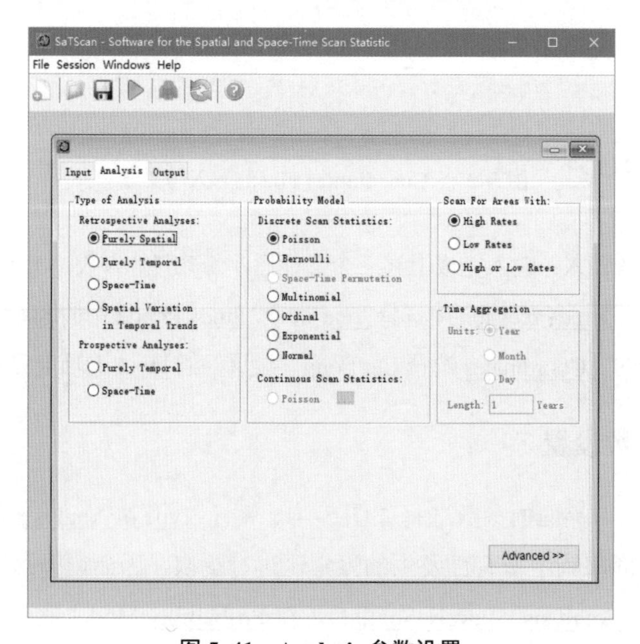

图 5–41　Analysis 参数设置

点击 Advanced，进入高级设置，如图 5–42。在 SaTScan 软件中，空间聚类区提取半径根据癌症事件数目与总癌症事件数的比值来确定，波动范围是 0～50%。空间扫描的聚类区半径最大值为癌症事件数达到总体癌症事件数目的 50%，但该空间范围往往过宽。本实验设置空间聚集扫描的窗口大小为不超过研究区范围 25%之内的圆形窗口。在 Spatial Window 选项卡中的 Maximum Spatial Cluster Size 部分，在“percent of the population at risk (<=50%, default=50%)”前的输入框中输入 25。

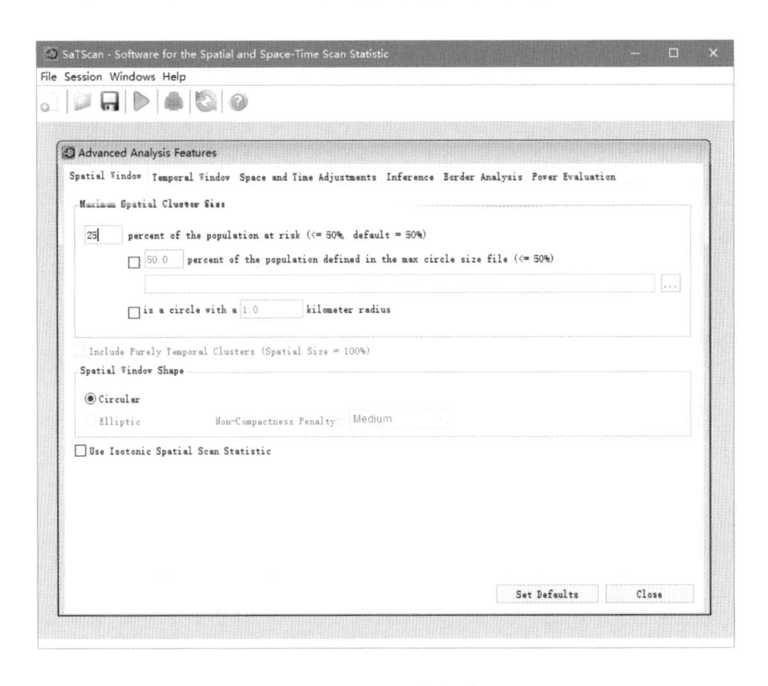

图 5–42 SaTScan 软件高级设置

为使得统计结果更有意义，应使用蒙特卡洛法进行模拟数据集测试。在 Inference 选项卡中的 Monte Carlo Replications 部分，在“Maximum number of replications (0, 9, 999, or value ending in 999):”后的输入框中输入 999，如图 5–43 所示，设置 999 次蒙特卡洛模拟数据集实验。点击 Close，结束高级设置。

3. 扫描分析及其结果的输出

输出设置参见图 5–44，结果输出包含 Google Earth 环境下的 KML 文件、ArcGIS 环境下的 ShapeFile 文件以及记录实验过程、参数设置和详细扫描结果的 txt 文件。其中 KML 文件和 ShapeFile 文件均为空间可视化文件，加载进对应软件环境后，可以直观展现扫描结果的空间位置。点击上面的绿色箭头，开始运行程序。

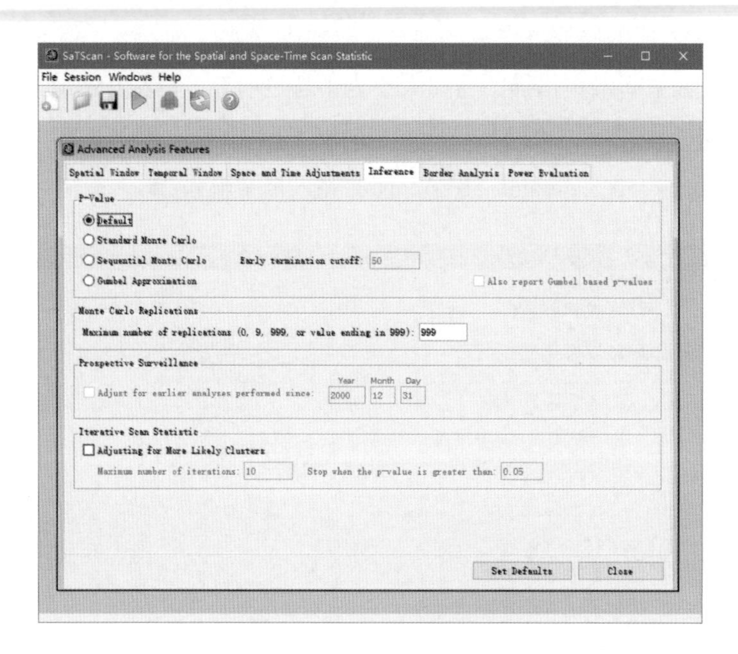

图 5–43　**Inference 参数设置**

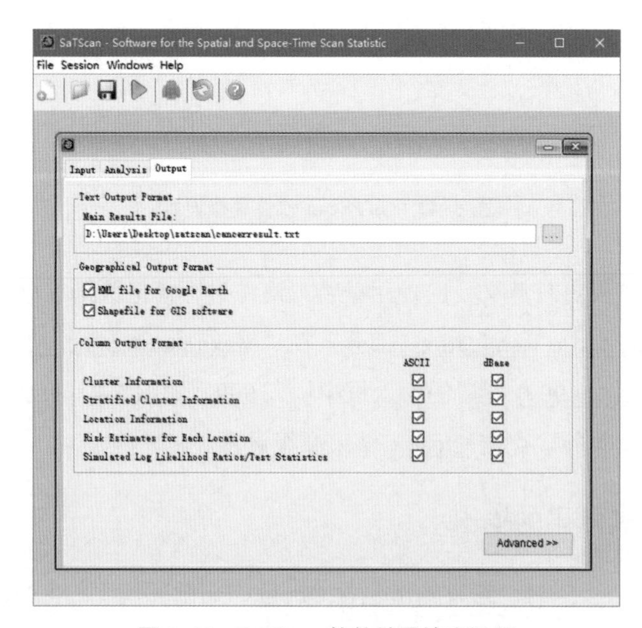

图 5–44　**SaTScan 软件结果输出设置**

（四）实验结果与解译

对研究区2009年的SaTScan扫描结果在ArcGIS软件中进行空间扫描结果可视化，如图 2-53(c)所示；空间扫描结果各参数的详细统计见表 5–1。在整个研究区域中有五个癌症事件的空间聚集区。在聚类分析中，首先被扫描出来且其 LLR 值最大的聚集区为一级聚类区，是研究区域内最不可能随机分布的聚类圆，其他具有统计意义的空间扫描结果均为二级聚类区。

表 5–1　纽约 2009 年乳腺癌 SaTScan 空间扫描结果聚集性分析表

聚类区域	聚集范围内的癌症事件数	聚集范围内的癌症期望事件数	事件比	对数似然比	相对风险	P 值
1	15 019	13 415.96	1.12	114.192 032	1.15	0.001
2	9 453	8 368.82	1.13	76.623 558	1.15	0.001
3	3 648	2 973.73	1.23	74.532 005	1.24	0.001
4	7 984	7 098.18	1.12	59.152 688	1.14	0.001
5	6 330	5 683.61	1.11	38.583 924	1.12	0.001

二、实验 2：基于泊松模型的地震能量时空聚集区探测

（一）实验目的

受地质环境的影响，地震能量在时空范围内呈现不同程度的聚集性。本实验将使用时空扫描统计方法探测全球地震能量的时空聚集区，相关详细研究参见杨静等人的文献（Yang *et al.*, 2019）。

通过本实验，掌握 SaTScan 中泊松模型的原理及其在时空聚集性分析的实现过程，熟悉 SaTScan 时空扫描探测分析中数据输入格式，了解软件中各项参数设置的意义及对结果的影响；体会基于泊松模型的时空扫描统计法在具体应用中的价值。

（二）实验数据

数据存储于\Part2\EXP2 data\EnResult0_5.txt。该文件为 1960～2014 年全球地震能

量数据。时空扫描探测使用以下变量：

- Lat：各观测单元的纬度；
- Lon：各观测单元的经度；
- Time：统计时间段，1960 即为统计 1960 年释放的地震能量；
- Energy：对应网格区域在某一时间段释放的实际地震能量；
- Exp：对应网格区域在某一时间段释放的地震能量期望，本实验依据泊松分布开展实验，所用期望为能量在单位时间单位网格的平均值（只统计历年来发生过地震的网格）。

（三）实验步骤

SaTScan 软件的事件提取过程需要三个重要的步骤：输入文件的生成（输入文件路径不要带中文字符）、扫描分析参数设置、扫描分析及其结果的输出。

1. 输入文件的生成

（1）Case File 的生成。在图 5–36(a)界面中选择 Case File 右侧的按钮，进入图 5–45 所示界面，选择 EnResult0_5.txt，点击打开：

图 5–45　选择 txt 文件

进入图 5–46(a)所示界面，点击 Next：进入图 5–46(b)所示界面，由于读入的是 txt 文件，因此需要将 txt 文件按照规定的格式导入 SaTScan，文件第一行是字段名，勾选上 First row is column name 的复选框，Field Separator 选择 Whitespace，Group Indicator 选择默认的 Double Quotes，点击 Next；进入图 5–46(c)所示界面。由于本实验选用离散的泊松模型，故在 Display SaTScan Variables For 中选择 discreate Poisson model，Location ID 选择数据中的区域编号 ID，Number of Cases 选择观察到的地震事件 NUM，Date/Time 选择数据中的时间列 YEAR，点击 Next；进入图 5–46(d)所示界面，在 Save imported input file as 选项中将 Case.cas 文件输出到非中文路径下，以方便后续重复实验时使用该数据，点击 Import，完成 Case File 的生成与导入。生成文件为 Cases.cas，其中，第 1～3 列分别为事件 ID、事件数据、时间数据。

(a) 导入Case File　(b) 规范txt数据的输入格式

(c) 字段选择　(d) 生成Case File

图 5–46　生成与导入 Case File

（2）Population File 的生成。在图 5–36(a)界面中选择 Population File 右侧的按钮，进入图 5–45 所示界面，选择 EnResult0_5.txt，点击打开；进入图 5–47(a)所示界面，点击 Next：进入图 5–47(b)所示界面，由于读入的是 txt 文件，因此需要将 txt 文件按照规定的格式导入 SaTScan；文件第一行是字段名，勾选上 First row is column name 的复选框。Field Separator 选择 Whitespace，Group Indicator 选择默认的 Double Quotes，点击 Next；进入图 5–47(c)所示界面，Location ID 选择数据中的区域编号 ID，Date/Time 选择数据中的时间列 YEAR，Population 选择期望事件 POP，点击 Next；进入图 5–47(d)所示界面，在 Save imported input file as 选项中将 Population.pop 文件输出到非中文路径下，以方便后续重复实验时使用该数据，点击 Import，完成 Population File 的生成与导入。生成文件为 Populanon.pop，其中，第 1～3 列分别为事件 ID、时间数据、期望数据。

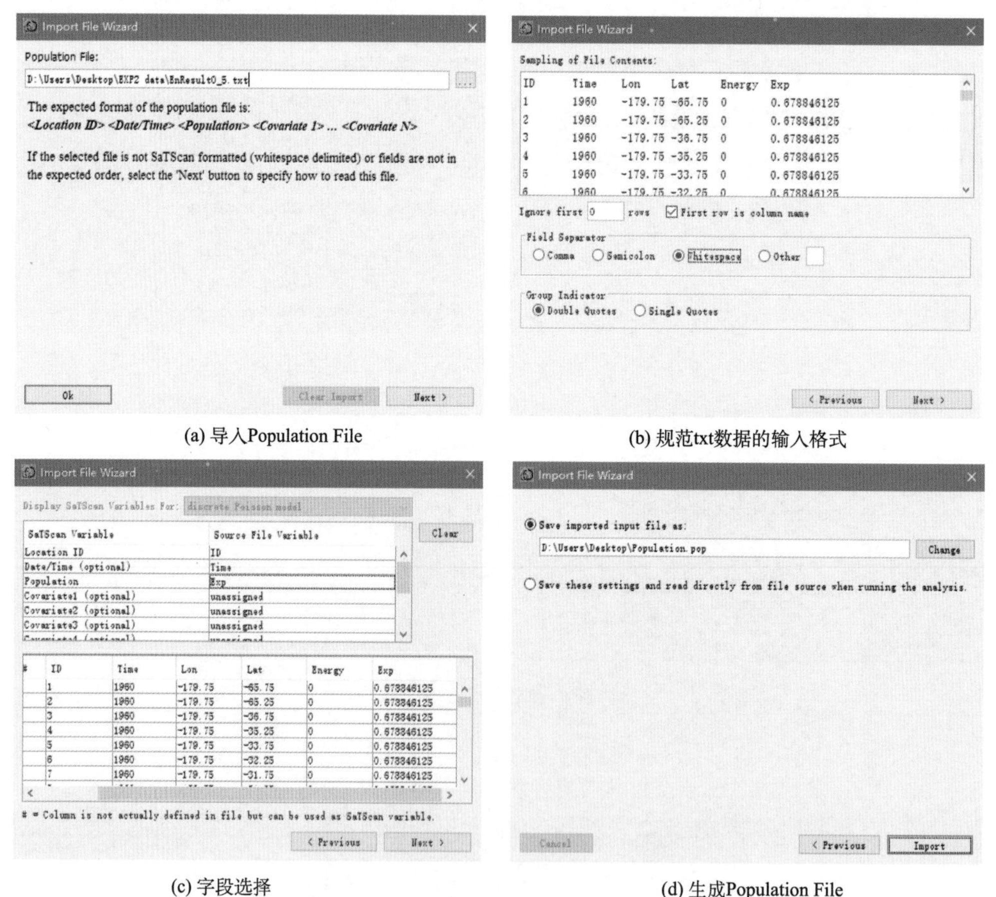

(a) 导入Population File　　(b) 规范txt数据的输入格式

(c) 字段选择　　(d) 生成Population File

图 5–47　生成与导入 Population File

（3）Coordinates File 的生成。在图 5–36(a)界面中选择 Coordinates File 右侧的按钮，进入图 5–45 所示界面，选择 EnResult0_5.txt，点击打开；进入图 5–48(a)所示界面，点击 Next；进入图 5–48(b)所示界面。由于读入的是 txt 文件，因此需要将 txt 文件按照规定的格式导入 SaTScan，文件第一行是字段名，勾选上 First row is column name 的复选框，Field Separator 选择 Whitespace，Group Indicator 选择默认的 Double Quotes，点击 Next；进入图 5–48(c)所示界面，Location ID 选择数据中的区域编号 ID，Latitude 选择数据中的纬度列 LAT，Longitude 选择数据中的经度列 LON，点击 Next；进入图 5–48(d)所示界面，在 Save imported input file as 选项中将 Coordinates.geo 文件输出到非中文路径下，以方便后续重复实验时使用该数据，点击 Import，完成 Coordinates File 的导入。将这些文件保存好后，后续扫描分析时可以重用这些已生成的输入文件。

(a) 导入Coordinates File　　(b) 规范txt数据的输入格式

(c) 字段选择　　(d) 生成Coordinates File

图 5-48　生成与导入 Coordinates File

（4）其他参数输入：输入完成上述三个文件后，修改其他参数。在 Time Precision 中选择 Year 选项，Study Period 中的 Start Date Year 填入 1960，End Date Year 填入 2014。Coordinates 选择 Lat/Long。设置好的 Input 选项卡界面见图 5–49。

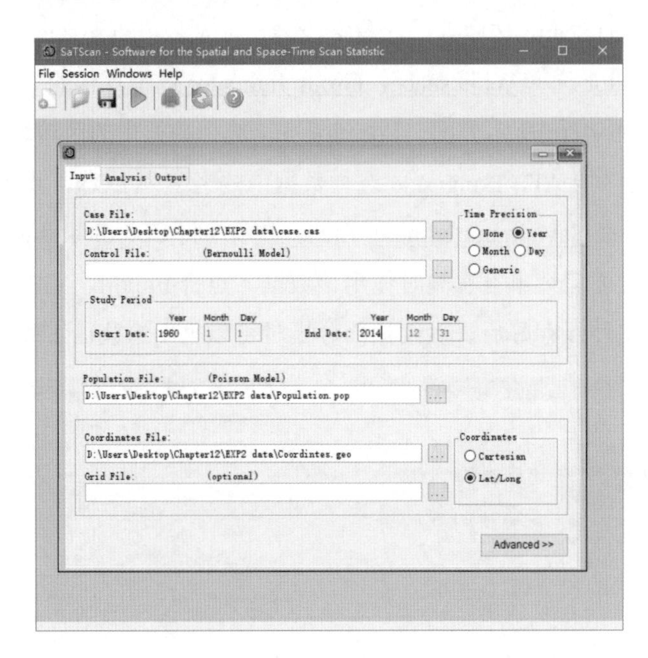

图 5–49　SaTScan 软件文件输入界面

2. 扫描分析参数设置

Analysis 选项卡界面的参数选择如图 5–50。对于 Type of Analysis 部分，由于本实验旨在对过去时间序列上所有已发生的聚集区进行提取，因而选择回顾性时空扫描分析（Retrospective Analysis→Space-Time）。在 Probability Model 部分，由于地震能量是离散的数值型时空数据，这符合泊松分布的前提假设，因此本实验选择基于泊松模型的时空扫描分析方法，在 Discrete Scan Statistics 中选用泊松模型（Discrete Scan Statistics→Poisson）。在 Scan For Areas With 部分设置扫描类型为高值聚类区（High Rates）。

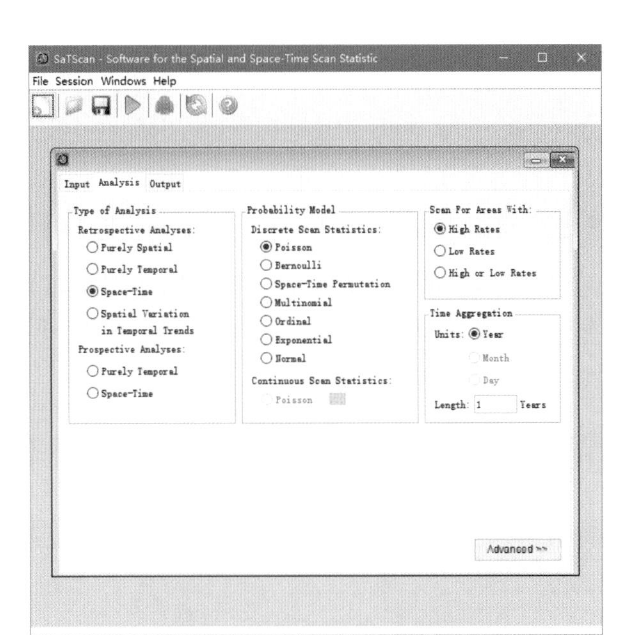

图 5–50　**Analysis 参数设置**

点击 Advanced，进入高级设置，如图 5–51。在 Spatial Window 选项卡中的 Maximum Spatial Cluster Size 部分，勾选 is a circle with a __ kilometer radius 的复选框，输入框中输入 1 000，设置扫描窗口的最大半径为 1 000 千米。

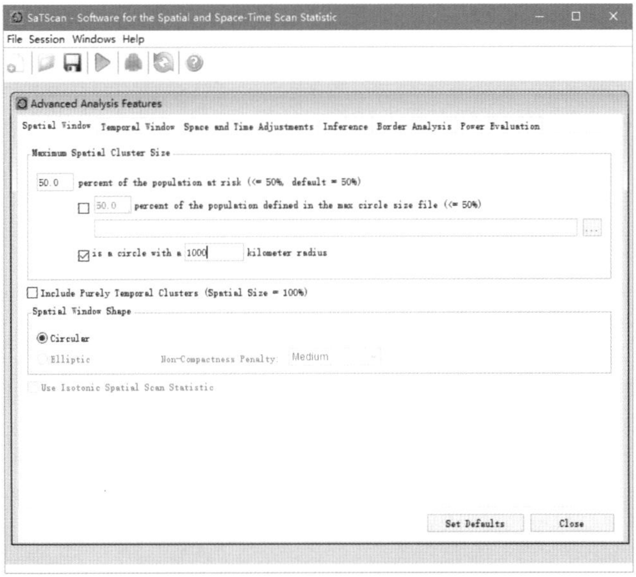

图 5–51　**SaTScan 软件高级设置**

如图 5–52 所示，在 Temporal Window 选项卡中的 Maximum Temporal Cluster Size 部分里，勾选 is ＿ percent of the study period (<=90%, default=50%)的复选框，输入框中输入 70，表示最长时间为研究时间段的 70%（37.8 年）。为使得统计结果更有意义，应使用蒙特卡洛法进行模拟数据集测试。在 Inference 选项卡中的 Monte Carlo Replications 部分，在 Maximum number of replications (0, 9, 999, or value ending in 999): 后的输入框中输入 999，如图 5–43 所示，设置 999 次蒙特卡洛模拟数据集实验。点击 Close，结束高级设置。

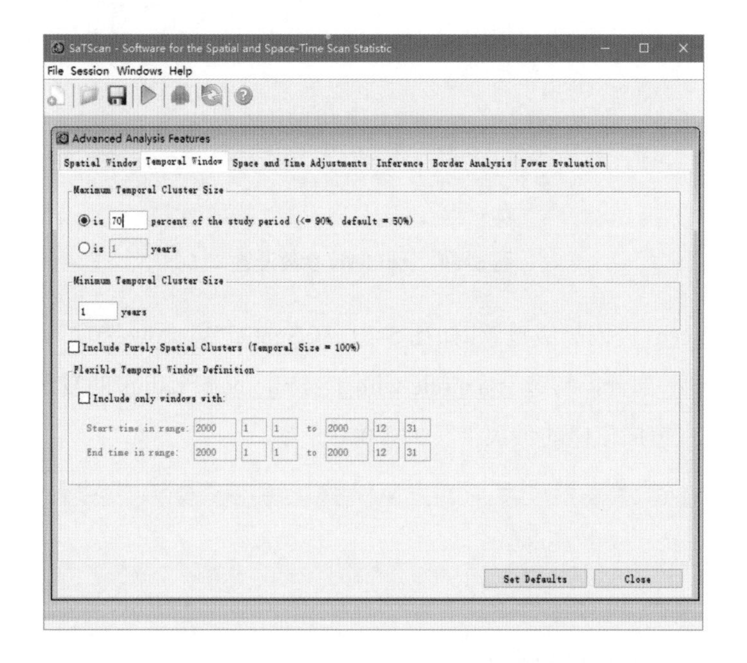

图 5–52　Temporal Window 参数设置

3. 扫描分析及其结果的输出

输出设置参见图 5–53。为便于后续研究，本实验选择 Shapefile 文件进行分析，结果输出包含 ArcGIS 环境下的 ShapeFile 文件以及记录实验过程、参数设置和详细扫描结果的 txt 文件。点击上面的绿色箭头，开始运行程序。

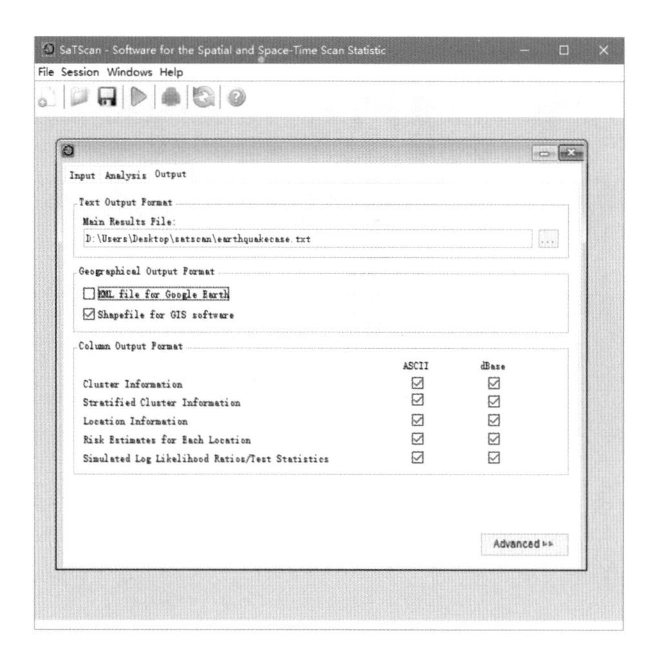

图 5–53　**SaTScan** 软件结果输出设置

（四）实验结果与解译

实验筛选了 $p \leqslant 0.01$ 的聚集置信度较高的聚集区作为研究对象，最终共保留了 390 个全球地震能量时空聚集区，结果数据见\Part2\EXP2 data\Spa_Tem.xlsx。然后，在 MATLAB 软件中打开\Part2\EXP2 code\ThreeD_All.m，将这些聚集区在 MATLAB 软件中进行时空可视化，如图 5–54 所示。图中圆圈及圆柱分别为聚集区的空间聚集范围和时间聚集范围。圆柱的高度为聚集区的持续时长；圆柱的颜色为聚集区从开始聚集到结束聚集的时间演化过程。对应的圆柱越高，聚集区的持续时间越长；颜色越红表示开始或结束时间离现在越近；颜色越蓝表示距离现在越久远。在相同的扫描条件下，这些聚集区表现出不同的时空聚集范围。

研究表明，从聚集区的持续时间上来看，聚集区可分为持续和突发两种类型；从聚集区的空间分布来看，太平洋西岸的地震能量聚集范围广且持续时间长。

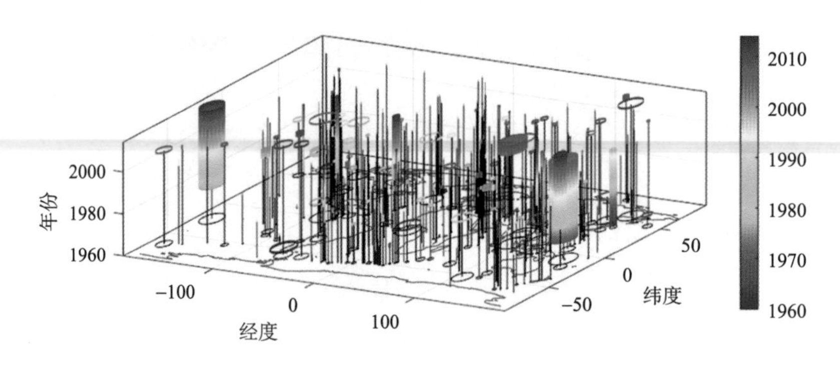

图 5–54 全球地震能量时空聚集区

三、实验 3：基于伯努利模型的极高温时间时空聚集区探测

（一）实验目的

本实验利用 SaTScan 提供的时空分析工具，对 2013 年 7 月的极端高温事件进行时空聚集性探测，寻找显著的时空聚集区。相关详细研究参见张婷等（Zhang *et al*., 2019）人的文献。

通过本实验，掌握 SaTScan 中伯努利模型的原理及其在时空聚集性分析的实现过程，熟悉 SaTScan 时空扫描探测分析中的数据输入格式，了解软件中各项参数设置的意义及对结果的影响，体会基于伯努利模型的时空扫描统计法在具体应用中的价值。

（二）实验数据

数据存储于\Part2\EXP3 data\Pmaxday0131_Merge.shp。该文件为 2013 年 7 月 1 日～7 月 31 日的极端高温事件判断结果。其中，

- POINT_Y：各观测单元的纬度；
- POINT_X：各观测单元的经度；
- year：为方便后续实验，这里只记录各观测单元的发生日期 d+1900，以此表示 2013 年 7 月 d 日，如用 1926 表示 2013 年 7 月 26 日；
- Hotcase：极端高温事件发生数据（1：发生，0：未发生）；
- Noncase：极端高温事件未发生数据（0：发生，1：未发生），作为控制文件。

（三）实验步骤

SaTScan 软件的事件提取过程需要三个重要的步骤：输入文件的生成（输入文件路径不要带中文字符）、扫描分析参数设置、扫描分析及其结果的输出。

1. 输入文件的生成

按照 SaTScan 软件对输入数据的要求，从 Pmaxday0131_Merge.shp 文件中生成相应格式的扫描输入文件。

（1）Case File 的生成。在图 5–36(a)界面中选择 Case File 右侧的按钮，进入图 5–55 所示界面，选择 Pmaxday0131_Merge.shp，点击打开。

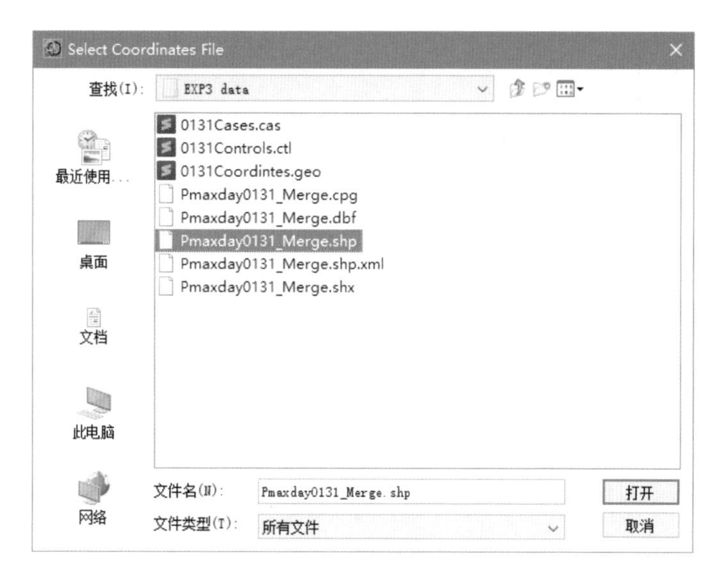

图 5–55　选择 shpfile 文件

进入图 5–56(a)所示界面，点击 Next：进入图 5–56(b)所示界面，由于本实验选用伯努利模型，故在 Display SaTScan Variables For 中选择 Bernoulli model，Location ID 选择数据中的区域编号 POINTID，Number of Cases 选择观察到的高温事件 Hotcase，Date/Time 选择数据中的时间列 year，点击 Next；进入图 5–56(c)所示界面，在 Save imported input file as 选项中将 Case.cas 文件输出到非中文路径下，以方便后续重复实验时使用该数据，点击 Import，完成 Case File 的生成与导入。生成文件为 Cases.cas，其中，第 1～3 列分别为事件 ID、事件数据、时间数据。

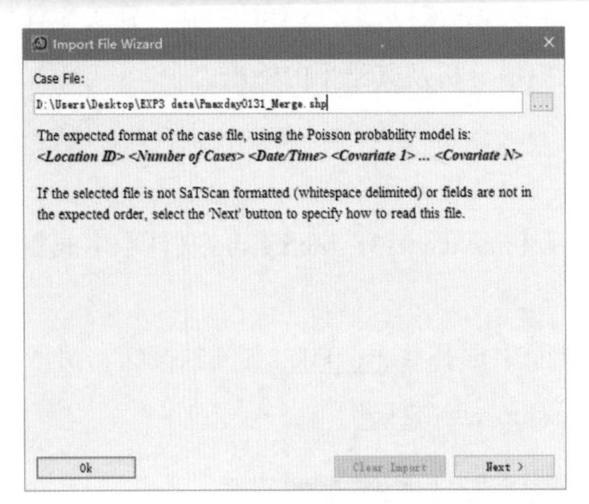

(a) 导入Case File

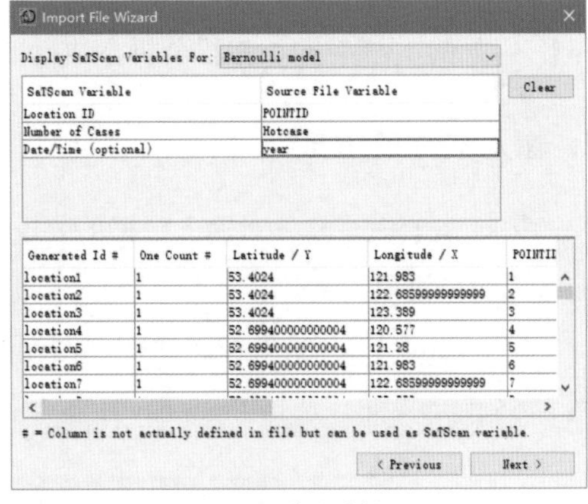

(b) 字段选择

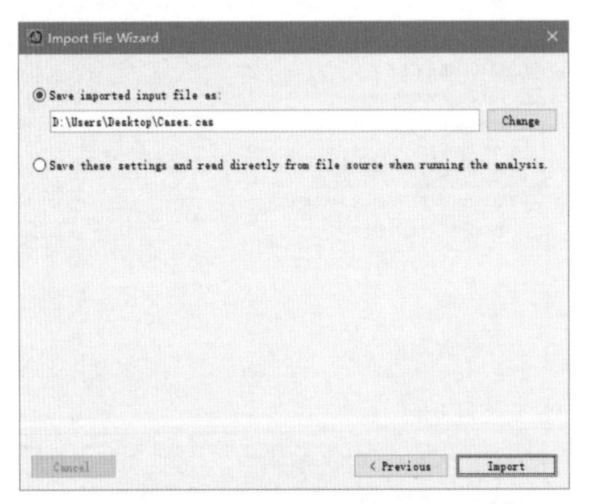

(c) 生成Case File

图 5–56　Case File 的导入与生成

（2）Control File 的生成。在图 5–36(a)界面中选择 Case File 右侧的按钮，进入图 5–55 所示界面，选择 Pmaxday0131_Merge.shp，点击打开；进入图 5–57(a)所示界面，点击 Next；进入图 5–57(b)所示界面，Location ID 选择数据中的区域编号 POINTID，Number of Controls 选择控制事件 Noncase，Date/Time 选择数据中的时间列 year，点击 Next；进入图 5–57(c)所示界面，在 Save imported input file as 选项中将 Controls.ctl 文

件输出到非中文路径下，以方便后续重复实验时使用该数据，点击 Import，完成 Control File 的生成与导入。生成文件为 Controls.ctl，其中，第 1～3 列分别为事件 ID、非事件数据、时间数据。

(a) 导入Control File　　(b) 字段选择

(c) 生成Control

图 5–57　Control File 的导入与生成

（3）Coordinates File 的生成。在图 5–36(a)界面中选择 Case File 右侧的按钮，进入图 5–55 所示界面，选择 Pmaxday0131_Merge.shp，点击打开；进入图 5–58(a)所示界面，点击 Next；进入图 5–58(b)所示界面，Location ID 选择数据中的区域编号 POINTID，Latitude 选择数据中的纬度列 POINT_Y，Longitude 选择数据中的经度列 POINT_X，

点击 Next；进入图 5–58(c)所示界面，在 Save imported input file as 选项中将 Coordinates.geo 文件输出到非中文路径下，以方便后续重复实验时使用该数据，点击 Import，完成 Coordinates File 的生成并导入。生成文件为 Coordintes.geo，其中，第 1～3 列分别为事件 ID、纬度数据、经度数据。将这些文件保存好后，后续扫描分析时可以重用这些已生成的输入文件。

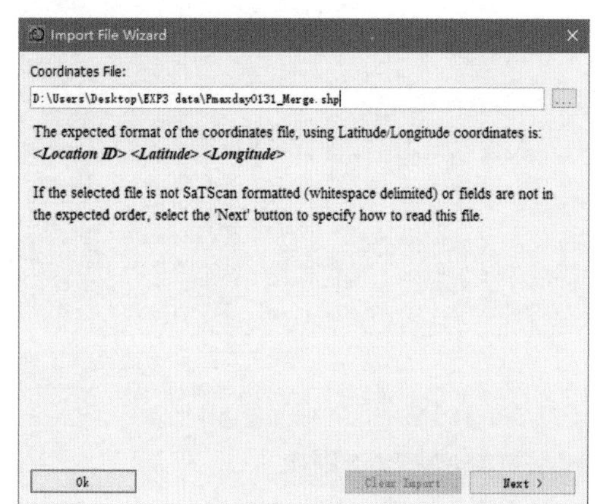

(a) 导入Coordinates File

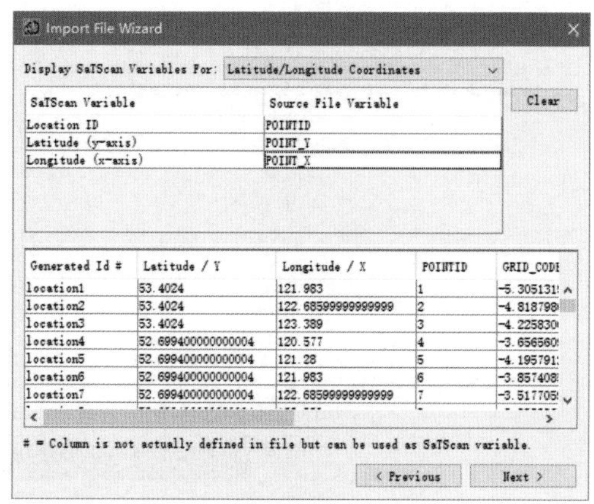

(b) 字段选择

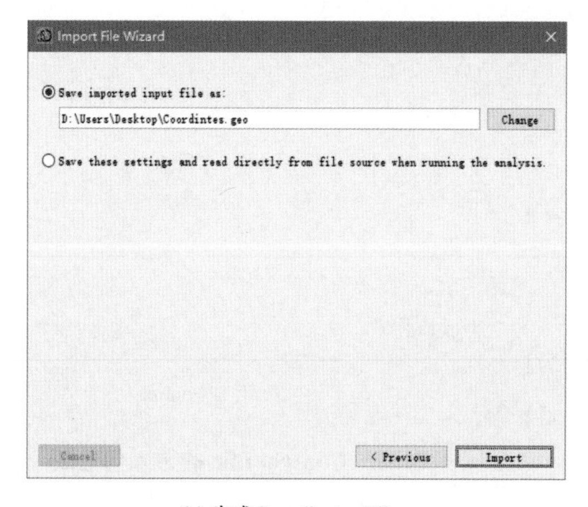

(c) 生成Coordinates File

图 5-58 Coordinates File 的导入与生成

（4）其他参数输入：输入完成上述三个文件后，修改其他参数。本实验的日期以年的形式区别了 7 月的 31 天，因此在 Time Precision 中选择 Year 选项，在 Study Period

中的 Start Date Year 填入 1901，End Date Year 填入 1931。Coordinates 选择 Lat/Long。设置好的 Input 选项卡界面见图 5–59。

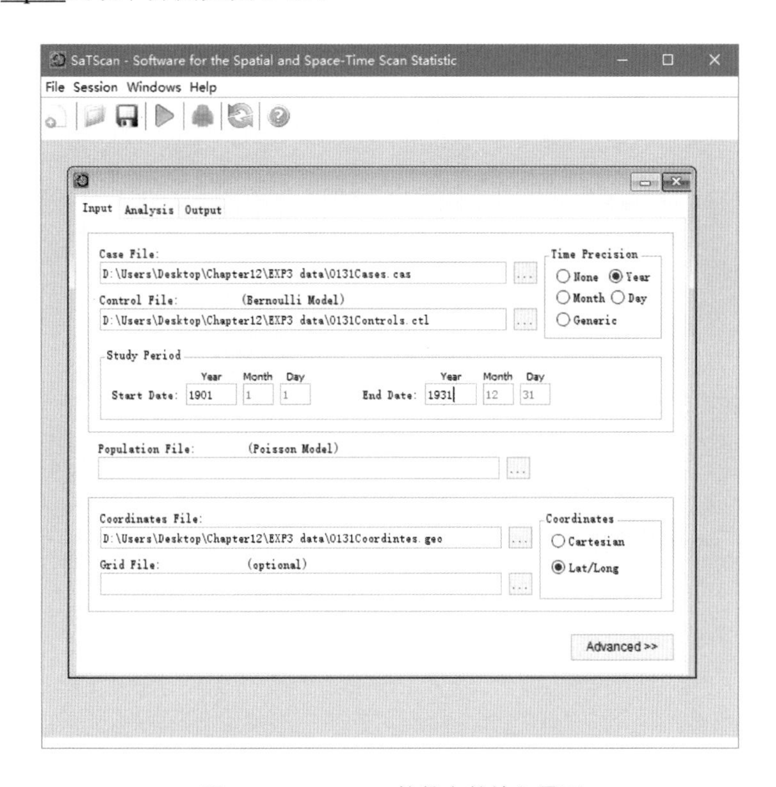

图 5–59　SaTScan 软件文件输入界面

2. 扫描分析参数设置

Analysis 选项卡界面的参数选择如图 5–60。对于 Type of Analysis 部分，由于本实验旨在对过去时间序列上所有已发生的聚集区进行提取，因而选择回顾性时空扫描分析（Retrospective Analysis→Space-Time）。对于 Probability Model 部分，本实验选用基于伯努利模型的时空扫描分析方法，因此在 Discrete Scan Statistics 中选用伯努利模型（Discrete Scan Statistics→Bernoulli）。在 Scan For Areas With 部分设置扫描类型为高值聚类区（High Rates）。

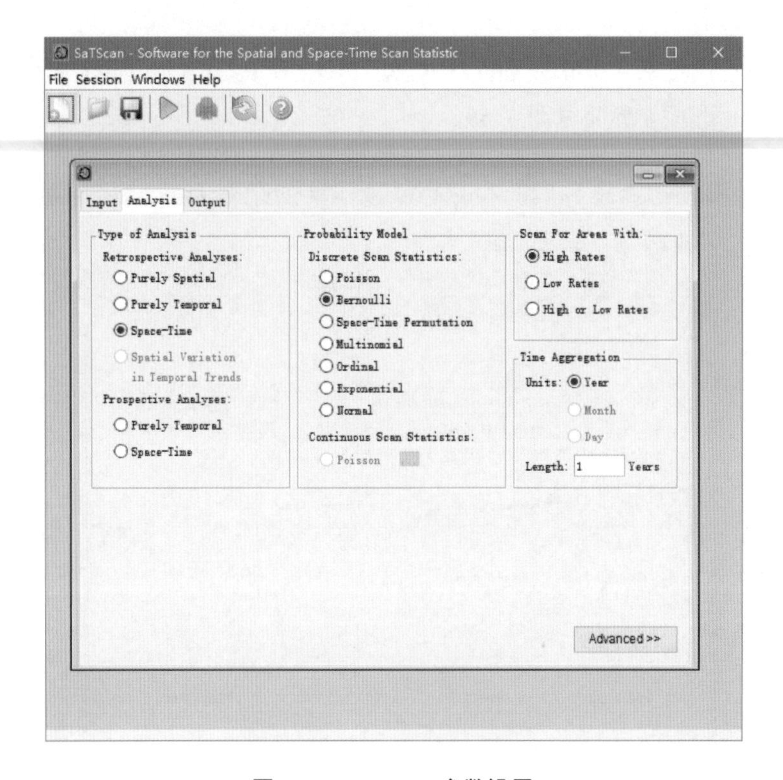

图 5–60　Analysis 参数设置

点击 Advanced，进入高级设置，如图 5–61。在 Spatial Window 选项卡中的 Maximum Spatial Cluster Size 部分，在 percent of the population at risk (<=50%, default=50%)前的输入框中输入 25。勾选 is a circle with a __ kilometer radius 前的复选框，输入框中输入 700，设置扫描窗口的最大半径为 700 千米。

如图 5–62 所示，在 Temporal Window 选项卡中的 Maximum Temporal Cluster Size 部分，勾选 is __ percent of the study period (<=90%, default=50%)前的单选框，在框中输入 90。在 Minimum Temporal Cluster Size 部分，在__ years 输入框中输入 3，将时间窗帘下限设置为 3 天。为使得统计结果更有意义，应使用蒙特卡洛法进行模拟数据集测试。在 Inference 选项卡中的 Monte Carlo Replications 部分，在 Maximum number of replications (0, 9, 999, or value ending in 999)后的输入框中输入 999，如图 5–43 所示，设置 999 次蒙特卡洛模拟数据集实验。点击 Close，结束高级设置。

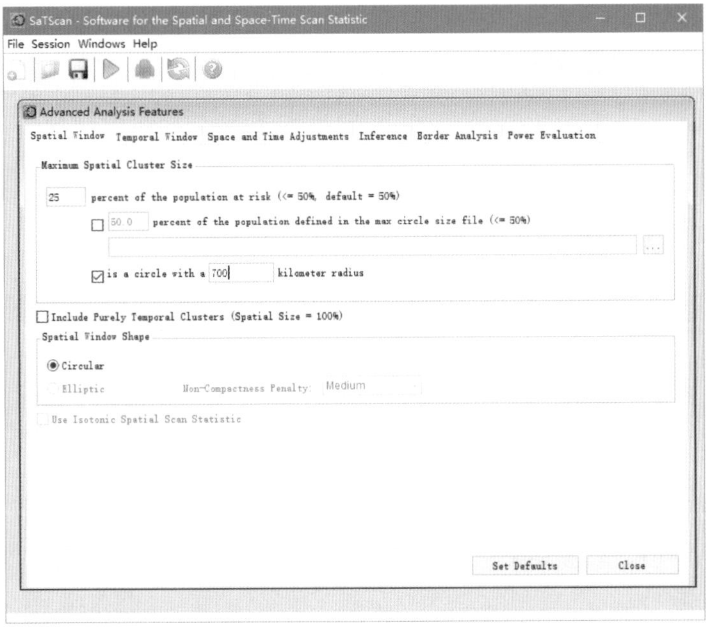

SaTScan - Software for the Spatial and Space-Time Scan Statistic
File Session Windows Help
Advanced Analysis Features
Spatial Window　Temporal Window　Space and Time Adjustments　Inference　Border Analysis　Power Evaluation
Maximum Spatial Cluster Size
25 percent of the population at risk (<= 50%, default = 50%)
50.0 percent of the population defined in the max circle size file (<= 50%)
is a circle with a 700 kilometer radius
Include Purely Temporal Clusters (Spatial Size = 100%)
Spatial Window Shape
Circular
Elliptic　Non-Compactness Penalty: Medium
Use Isotonic Spatial Scan Statistic
Set Defaults　Close

图 5–61　SaTScan 软件高级设置

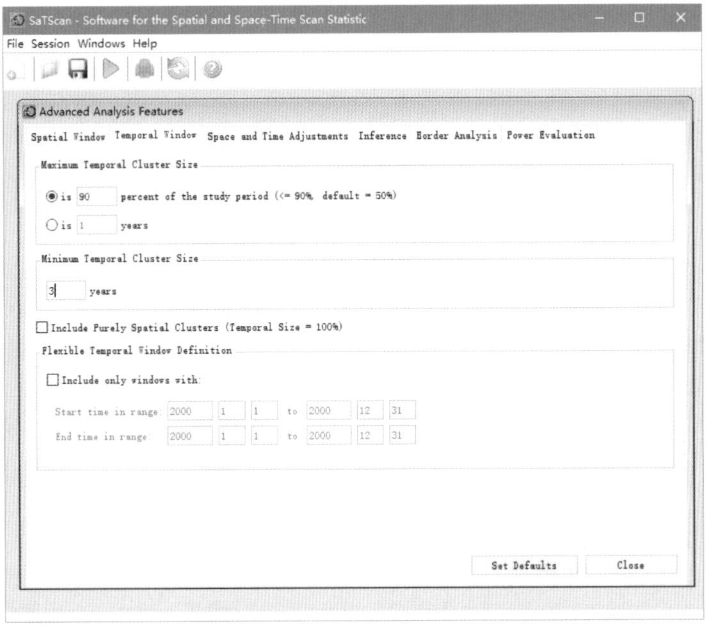

SaTScan - Software for the Spatial and Space-Time Scan Statistic
File Session Windows Help
Advanced Analysis Features
Spatial Window　Temporal Window　Space and Time Adjustments　Inference　Border Analysis　Power Evaluation
Maximum Temporal Cluster Size
is 90 percent of the study period (<= 90%, default = 50%)
is 1 years
Minimum Temporal Cluster Size
3 years
Include Purely Spatial Clusters (Temporal Size = 100%)
Flexible Temporal Window Definition
Include only windows with:
Start time in range: 2000 1 1 to 2000 12 31
End time in range: 2000 1 1 to 2000 12 31
Set Defaults　Close

图 5–62　Temporal Window 参数设置

3. 扫描分析及其结果的输出

输出设置见图 5–63。为便于后续研究，本实验选择 ShapeFile 文件进行分析，结果输出包含 ArcGIS 环境下的 ShapeFile 文件以及记录实验过程、参数设置和详细扫描结果的 txt 文件。点击上面的绿色箭头，开始运行程序。

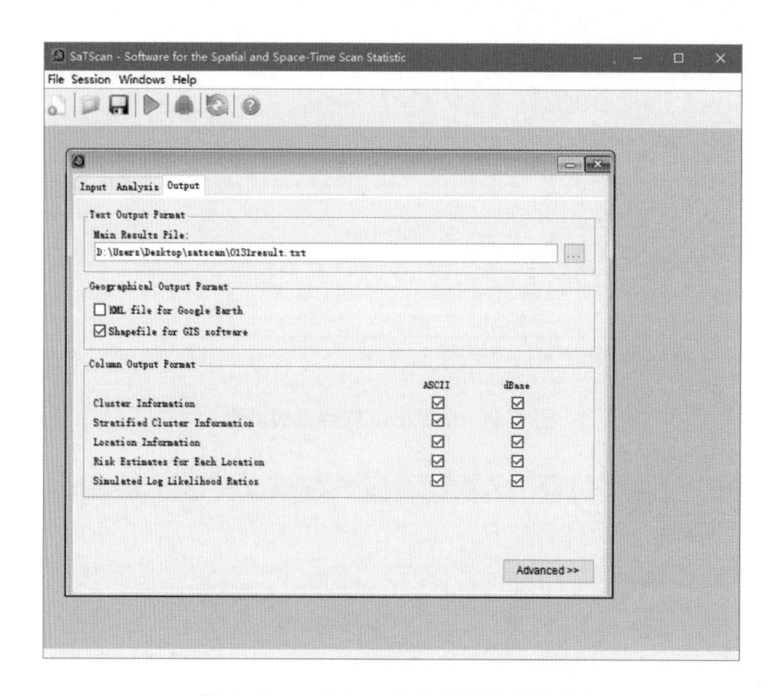

图 5–63　SaTScan 软件结果输出设置

（四）实验结果与解译

对 7 月整月的温度差值数据进行时空聚集性扫描分析。实验筛选了 $p \leqslant 0.001$ 的置信度较高的聚集区作为研究对象，最终共保留了七个时空聚集区，时空提取结果见图 5–64。各聚集区时空扫描结果参数统计详见表 5–2。由图 5–64 可见，在整个研究区域中有七个具有统计意义的极端高温事件时空聚集区。这些聚集区可以根据其时间累积区段划分为六类，分别为：3～7 日、4～6 日、6～31 日、12～14 日、13～15 日以及 28～31 日。

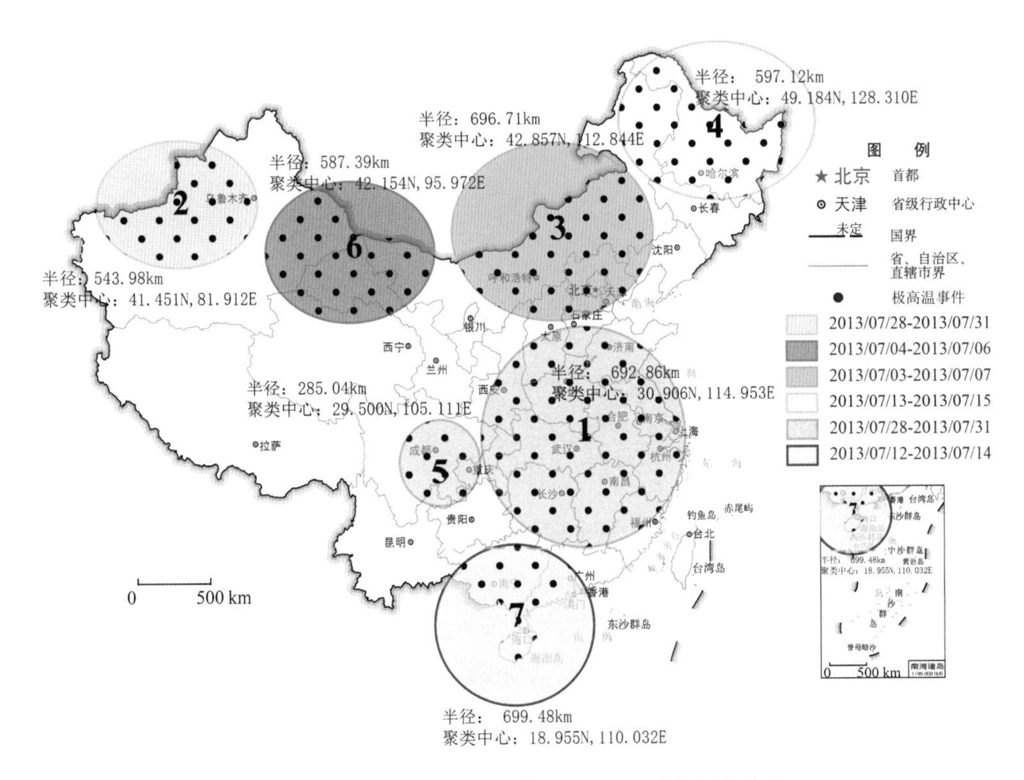

图 5–64　7 月 1 日～31 日的 SaTScan 时空扫描结果

表 5–2　7 月 1 日～31 日的 SaTScan 时空扫描结果聚集性分析表

聚集日期	聚类区域	聚集范围内的温度事件数	聚集范围内的极端高温事件数	事件比	对数似然比	相对风险	*P* 值
2013/07/06～2013/07/31	1	7 254	3 426	2.5	1 767.261 741	3.14	0.001
	5	1 040	496	2.53	225.997 008	2.6	0.001
2013/07/28～2013/07/31	2	640	482	3.99	486.191 067	4.12	0.001
2013/07/03～2013/07/07	3	1 090	586	2.85	338.042 352	2.95	0.001
2013/07/13～2013/07/15	4	495	311	3.33	233.001 957	3.39	0.001
2013/07/04～2013/07/06	6	495	275	2.94	166.309 239	2.99	0.001
2013/07/12～2013/07/14	7	204	86	2.23	29.323 152	2.24	0.001

第二节 GWR

MGWR 软件由福廷汉姆团队研发。该软件可以实现地理加权回归（GWR）和多尺度地理加权回归（MGWR）的构建。GWR 是一种空间分析技术，广泛应用于地理学及涉及空间模式分析的相关学科（Brunsdon *et al.*，1996）。GWR 是典型的局部回归模型，是对普通线性回归模型的扩展，并将空间位置信息集成到回归参数的估计中。对每一个空间位置通过借助邻近空间位置的观测信息构建单独的局部加权回归模型，然后逐点估计参数（Fotheringham and Brunsdon，2001；Nakaya *et al.*，2010）。GWR 通过建立空间范围内每个点处的局部回归方程，探索研究对象在某一尺度下的空间变化及相关驱动因素，并可用于对未来结果的预测。由于它考虑到了空间对象的局部效应，因此具有更高的准确性（应龙根等，2005）。当前 GWR 和 MGWR 模型已被应用到医学（Liu and Wen，2011）、自然资源（Wang *et al.*，2014；Wu *et al.*，2017；Nazeer and Bilal，2018）、空气污染（Luo *et al.*，2017）和经济（吴玉鸣、李建霞，2006）等多个研究领域。

MGWR 软件详情参见 https://sgsup.asu.edu/sparc/mgwr。软件存储于\Part3\Software。

一、实验 1：基于 GWR 模型分析高学历人群占比的影响因素

（一）实验目的

本实验基于 GWR 官网（https://sgsup.asu.edu/sparc/mgwr）提供的数据分析美国佐治亚州教育程度影响因素以及各因素影响的空间分异。

通过本实验，学习 GWR 建模的基本流程，掌握 GWR 软件中数据的输入格式以及 MGWR 软件中基于高斯模型的回归原理以及适用场合，了解输出结果中各评价指标的算法，体会基于高斯模型的回归原理在具体应用中的价值。

（二）实验数据

实验数据存储于\Part3\EXP1 data\GData_utm.csv。其中使用以下变量：

• PctBach：拥有学士学位及以上的居民百分比；
• TotPop90：1990 年总人口；
• PctRural：农村人口比例；
• PctEld：老年人百分比；
• PctFB：外国出生人口百分比；
• PctPov：生活在贫困线以下的居民百分比；
• PctBlack：非裔美国人百分比。

本实验中 PctBach 为因变量，其它为自变量。

（三）实验步骤

MGWR 软件主界面如图 5–65 所示，GWR 分析与 MGWR 分析均可在 MGWR 软件中完成。MGWR 在构建模型时操作简单，用户只需要确定基本回归模型，将回归模型中需要的自变量和因变量添加至软件的对应位置，最后设置结果的输出位置即可。注意实验数据不要放在中文路径文件夹下。

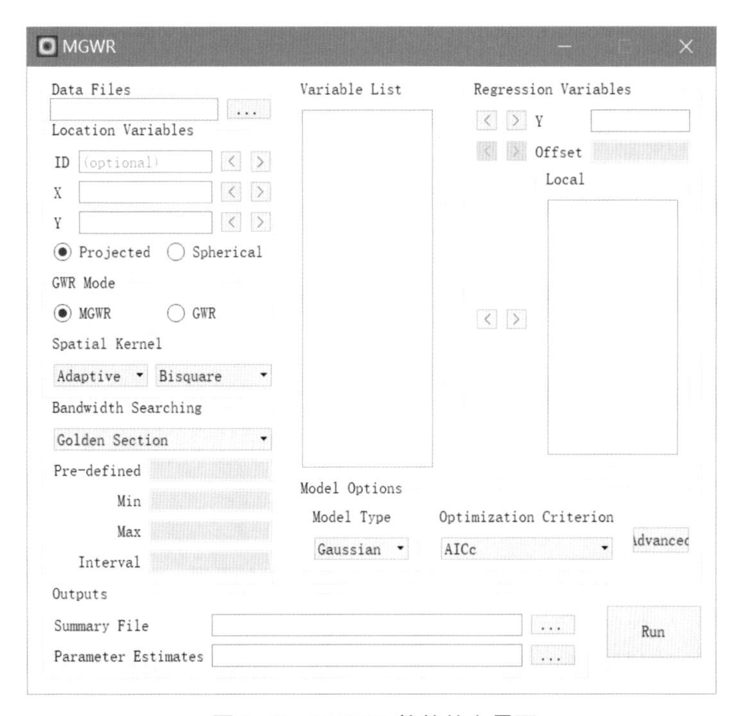

图 5–65　MGWR 软件的主界面

本实验使用 GData_utm.csv 作为输入文件构建回归模型。在图 5–65 的 Data Files 中点击输入框右侧的按钮，选择 GData_utm.csv 文件，见图 5–66(a)，可用的变量会出现在 Variable List 中，见图 5–66(b)。首先确定坐标类型（地理坐标为 Spherical，投影坐标为 Projected），并添加观测单元的唯一标识码（ID）以及空间位置坐标（5-66(c)）。若选择 Spherical，空间位置坐标按经纬度输入；若选择 Projected，空间位置坐标则按投影坐标输入。接下来，添加回归模型中的因变量（Y）和自变量（Local），如图 5–66(d)。

(a) 数据文件输入

(c) 空间位置的设置

(b) 变量列表

(d) 模型变量的设置

图 5–66　GWR 回归模型参数的设置

接下来，确定回归模型。本案例基于高斯（Gaussian）模型构建 GWR 模型（图 5–67(a)），权重计算的核函数（Spatial Kernel）使用选用 Adaptive Bisquare（图 5–67(b)）。

AICc 指标作为最优带宽（Optimaztion Criterion）的确定方法（图 5–67(c)）。AICc 最小的带宽为模型的最优带宽。

(a) GWR回归的模型设置

(b) GWR回归模型的核函数设置

(c) GWR回归模型的最优带宽确定方法设置

图 5–67　GWR 回归模型参数设置

接下来，点击 Advanced 按钮，进入图 5–68 所示界面，确定是否进行数据标准化，以及是否用蒙特卡洛进行检验等选项，点击 Apply 按钮，返回主界面。

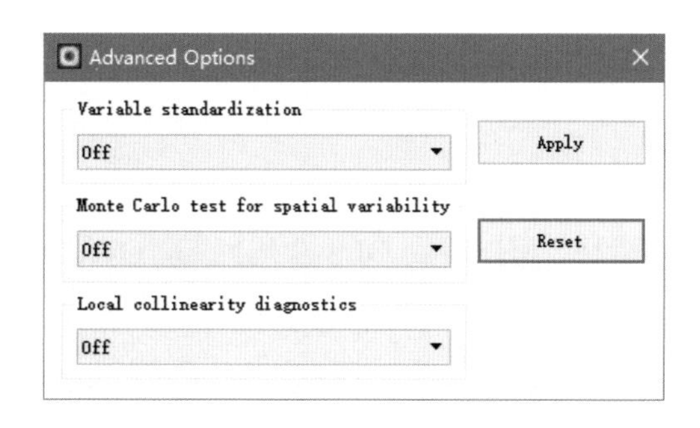

图 5–68　GWR 回归模型的高级设置

最后，确定计算结果输出文件的存储路径与文件名，如图 5–69 所示。点击 Run，运行模型。

运行过程如图 5–70 所示。软件计算了不同带宽下的 AICc，找到 AICc 最小的带宽作为模型最终的核函数参数。通过对各空间观测单元进行地理加权，构建出每一个观测单元处的回归模型，至此 GWR 模型构建完成，弹出图 5–70 所示的运行耗时的对话框后，点击 OK，弹出图 5–71 所示的 GWR 回归的结果报告。

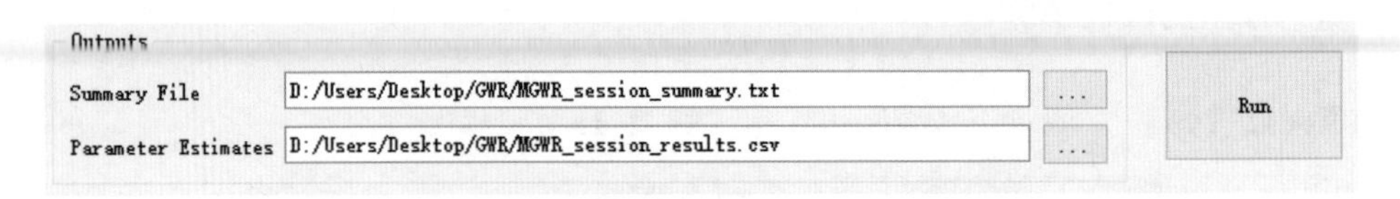

图 5–69　GWR 回归模型结果的输出设置

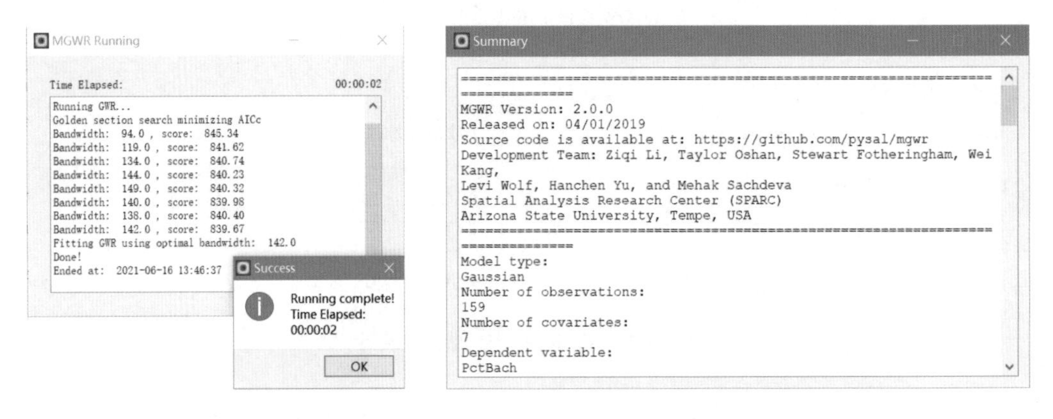

图 5–70　最优带宽的选择过程

图 5–71　GWR 回归的结果报告

（四）实验结果与解译

1. 结果报告的解读

移动图 5–71 右侧的滑块，可以看到 OLS 全局回归、GWR 局部回归的结果分别如图 5–72(a)、(b)所示，详细内容存储于 MGWR_session_summary.txt 中。根据图 5–72(a)可知，OLS 全局回归的 AICc 为 855.439，调整后的 R^2 为 0.632；根据图 5–74(b)可知，GWR 选择 142 为最优带宽（用周围最邻近的 142 个空间观测单元拟合）时，AICc 为 839.671，调整后的 R^2 为 0.685，总体看来 GWR 的回归精度高于 OLS。

根据图 5–72(a)可知，OLS 各变量在全局空间上拥有统一的回归系数（β），见图 5–72(a)中的 Est.列；其显著性程度见图 5–72(a)中的 p-value 列。根据图 5–72(a)可知，在全局空间上与受高等教育人数占比有显著关系的变量是 TotPop90（1990 年总人口），PctRural（农村人口比例），PctFB（外国出生人口百分比）；显著性较低的变量为 PctPov（生活在贫困线以下的居民百分比）；其他变量没有显著的关系。

Summary

Global Regression Results

Residual sum of squares:	1816.164
Log-likelihood:	-419.240
AIC:	852.479
AICc:	855.439
R2:	0.646
Adj. R2:	0.632

Variable	Est.	SE	t(Est/SE)	p-value
Intercept	14.777	1.706	8.663	0.000
TotPop90	0.000	0.000	4.964	0.000
PctRural	-0.044	0.014	-3.197	0.001
PctEld	-0.062	0.121	-0.510	0.610
PctFB	1.256	0.310	4.055	0.000
PctPov	-0.155	0.070	-2.208	0.027
PctBlack	0.022	0.025	0.867	0.386

(a) OLS全局回归模型

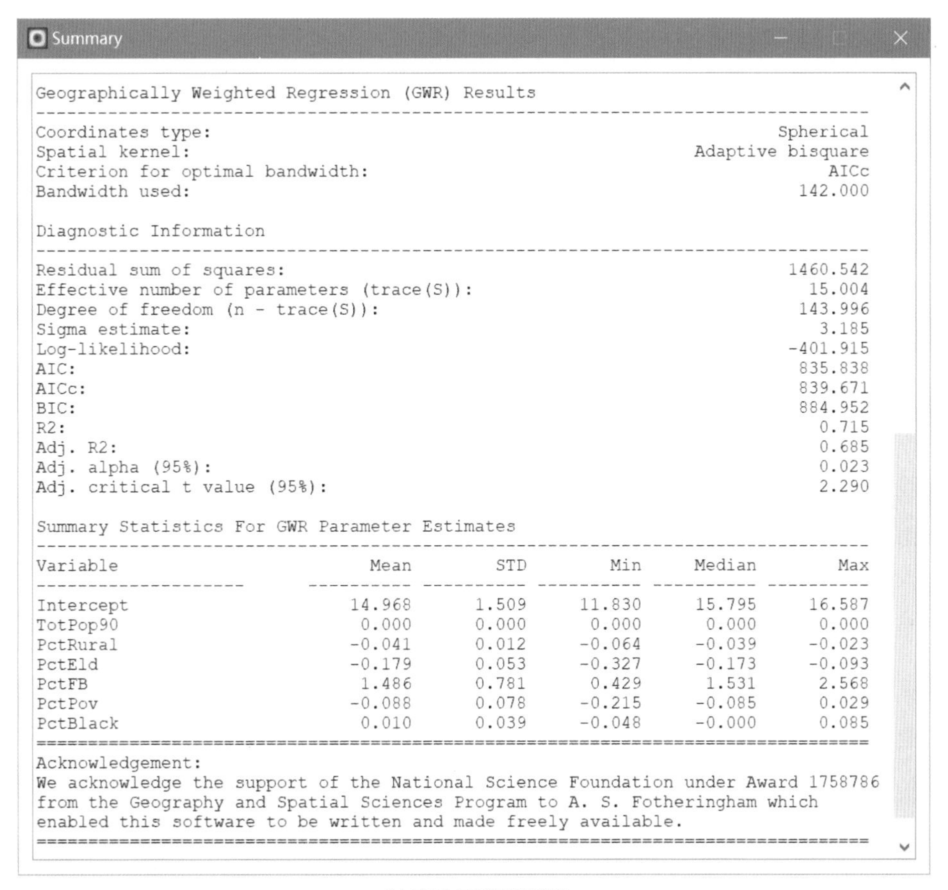

Summary

Geographically Weighted Regression (GWR) Results

Coordinates type:	Spherical
Spatial kernel:	Adaptive bisquare
Criterion for optimal bandwidth:	AICc
Bandwidth used:	142.000

Diagnostic Information

Residual sum of squares:	1460.542
Effective number of parameters (trace(S)):	15.004
Degree of freedom (n - trace(S)):	143.996
Sigma estimate:	3.185
Log-likelihood:	-401.915
AIC:	835.838
AICc:	839.671
BIC:	884.952
R2:	0.715
Adj. R2:	0.685
Adj. alpha (95%):	0.023
Adj. critical t value (95%):	2.290

Summary Statistics For GWR Parameter Estimates

Variable	Mean	STD	Min	Median	Max
Intercept	14.968	1.509	11.830	15.795	16.587
TotPop90	0.000	0.000	0.000	0.000	0.000
PctRural	-0.041	0.012	-0.064	-0.039	-0.023
PctEld	-0.179	0.053	-0.327	-0.173	-0.093
PctFB	1.486	0.781	0.429	1.531	2.568
PctPov	-0.088	0.078	-0.215	-0.085	0.029
PctBlack	0.010	0.039	-0.048	-0.000	0.085

Acknowledgement:
We acknowledge the support of the National Science Foundation under Award 1758786 from the Geography and Spatial Sciences Program to A. S. Fotheringham which enabled this software to be written and made freely available.

(b) GWR局部回归模型

图 5–72　回归模型输出结果

根据图 5–72(b)可知，GWR 各变量在全局空间上拥有不同的回归系数（β）和显著性，相关结果存储于 MGWR_session_results.csv 中。图 5–72(a)的 Mean、STD 等列仅给出了各变量不同空间位置 β 的均值、方差等统计量。根据 MGWR_session_results.csv 可知，在局部空间上与受高等教育人数占比有显著关系的变量也是 TotPop90（1990 年总人口），PctRural（农村人口比例），PctFB（外国出生人口百分比）；其他变量没有显著的关系。

2. GWR 残差的空间自相关性检验

为了进一步验证 GWR 回归是否能很好地拟合空间自相关性，可以用 GeoDa 检验 GWR 的残差是否存在空间自相关性。不同空间位置回归模型的残差存储在 MGWR_session_summary.csv 文件的 residual 列。

接下来，用 GeoDa 可视化 GWR 残差空间分布，首先在 Connect to Data Source 界面的 Input file 输入框选择结果文件 MGWR_session_results.csv，出现图 5–73(a)的对话框，在 Longitude/X 栏中选择 x_coor，在 Latitude/Y 栏中选择 y_coor，将下方 ID 的 Data Type 改为 Integer。点击 OK，加载图层。在菜单栏中选择 Tools→Weights Manager→Create，Select ID Variable 设为 ID，Contiguity Weight 选项卡中选择 Queen contiguity，Order of contiguity 设为 1，如图 5–73 (b)所示。

点击 Map→Natural Breaks Map，将模型拟合残差（residual）采用自然断点法分为四类，如图 5–74(a)；并进行空间自相关分析，Moran's I 结果为 0.06，如图 5–74(b)。可见残差基本不存在空间自相关性，表明 GWR 回归模型已较好地拟合研究对象的空间自相关性。

3. GWR 中 TotPop90、PctRural 和 PctFB 三个主导变量 β 系数的空间分布

点击 Map→Natural Breaks Map，将主要影响变量 TotPop90（1990 年总人口）的回归系数（β）采用自然断点法分为四类，如图 5–75 所示；可见 TotPop90 的回归系数为正，在空间上具有一阶效应，自北向南回归系数逐渐增加，南部地区的 TotPop90 对受高等教育人数占比的影响更大。

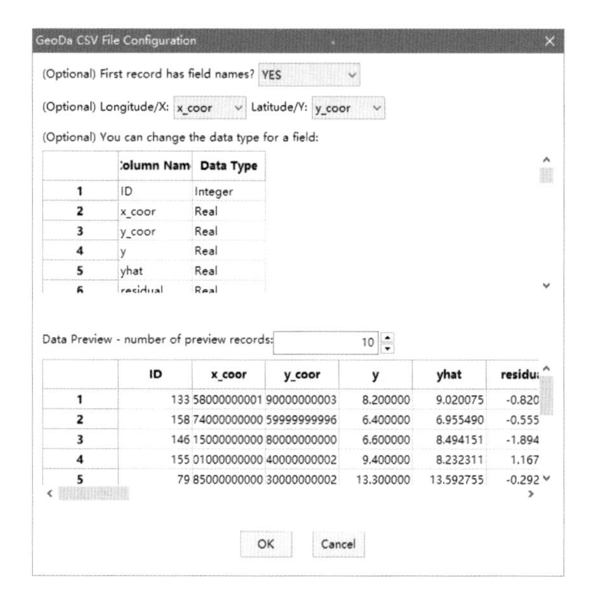

(a) 在GeoDa中打开结果文件

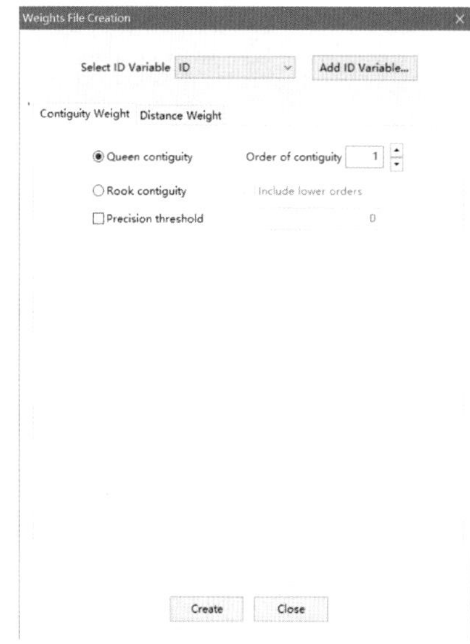

(b) 权重矩阵的建立

图 5–73　结果文件的 GeoDa 软件输入界面

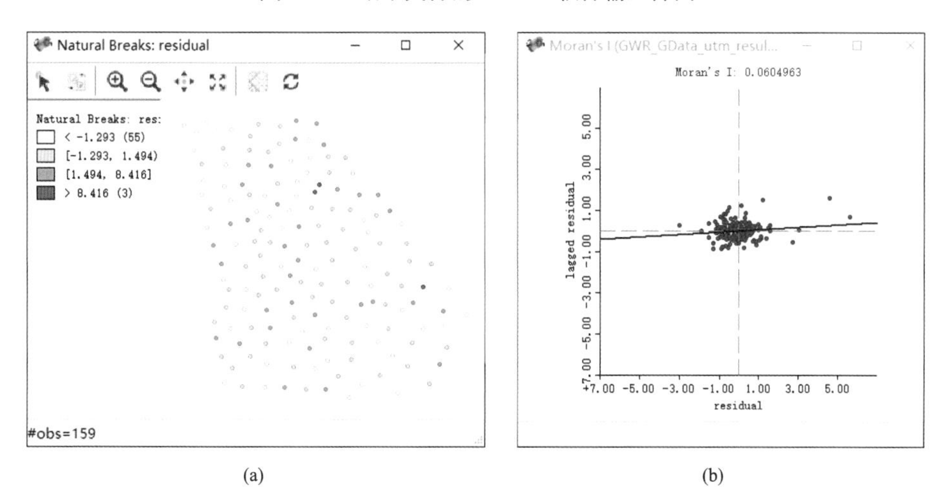

(a)　　　　(b)

图 5–74　GWR 回归残差的空间分布及其空间自相关性

用上面的方法对 PctRural（农村人口比例）、PctFB（外国出生人口百分比）两变量可视化后，如图 5–76(a)、(b)所示。由图 5–76 的空间分布结果来看，PctRural（农村人口比例）的回归系数为负，自北向南回归系数逐渐减小，南部地区的 PctRural 对受高等教育人数占比的影响更大；PctFB（外国出生人口百分比）的回归系数为正，自北向南回归系数逐渐减小，北部地区的 PctFB 对受高等教育人数占比的影响更大。

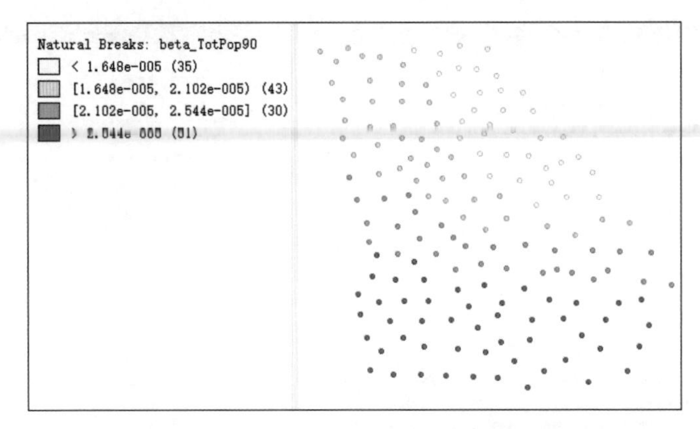

图 5–75　GWR 局部回归 TotPop90 系数的空间分布

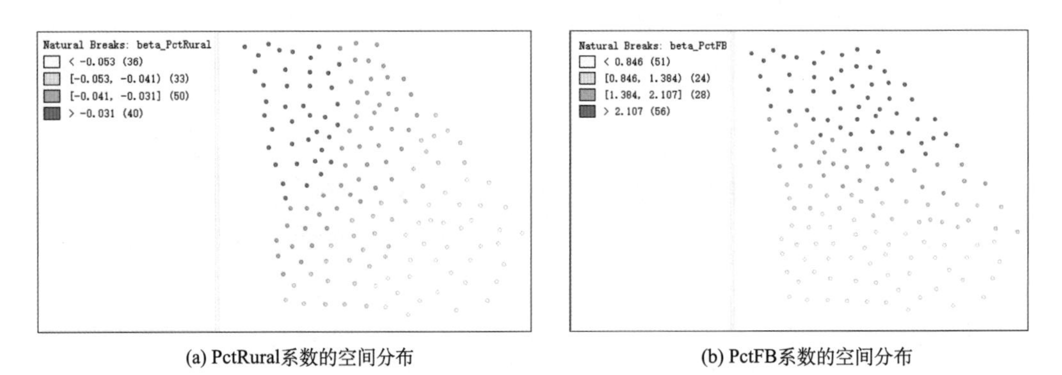

(a) PctRural系数的空间分布　　(b) PctFB系数的空间分布

图 5–76　GWR 其他主要变量的回归系数空间分布

二、实验 2：基于 MGWR 模型分析高学历人群占比的影响因素

（一）实验目的

本实验基于 GWR 官网（https://sgsup.asu.edu/sparc/mgwr）提供的数据分析美国佐治亚州教育程度影响因素以及各因素影响的空间分异。

通过本实验，学习 MGWR 建模的基本流程，掌握 MGWR 软件中数据的输入格式以及 MGWR 中基于高斯模型的回归原理以及适用场合，了解输出结果中各评价指标的算法，体会多尺度地理加权回归模型在具体应用中的价值。

（二）实验数据

本实验使用的数据及字段变量同本节实验 1。本实验依然以 PctBach 为因变量，其它为自变量。

（三）实验步骤

MGWR 软件主界面如图 5–65 所示。本实验中使用 GData_utm.csv 文件作为输入文件开始构建回归模型。空间位置信息的设置采用投影坐标（Projected）。按图 5–77 中的顺序添加回归模型中的因变量（Y）和自变量（Local）。

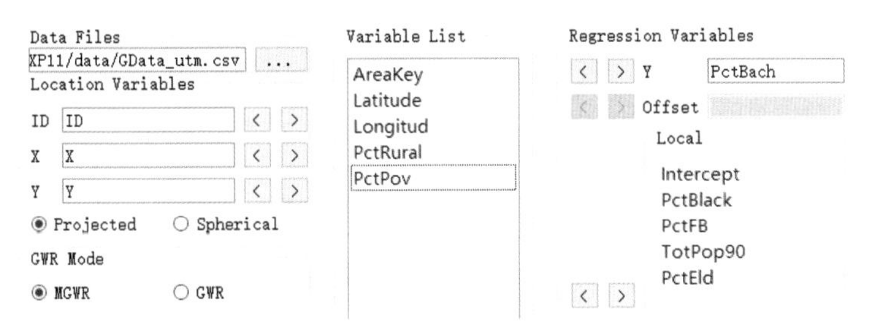

图 5–77　MGWR 回归模型变量设置

接下来，确定回归模型。本实验基于高斯（Gaussian）模型构建 MGWR 模型（图 5–78）。权重计算的核函数（Saptial Kernel）选用 Adaptive Bisquare。采用 Golden Section（黄金比例搜索）法搜索带宽；AICc 指标作为最优带宽（Optimazation Criterion）的确定方法，即 AICc 最小的带宽为模型的最优带宽。

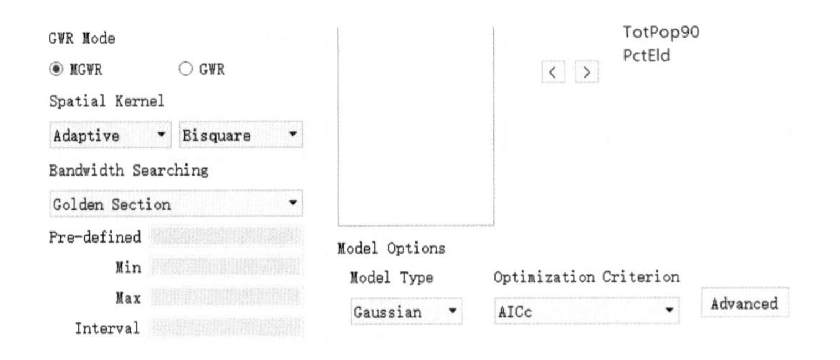

图 5–78　MGWR 回归模型参数设置

接下来，如图 5–79 所示设置高级选项中的参数，首先确定是否进行数据标准化，以及是否用蒙特卡洛进行检验等，点击 Apply，返回主界面。最后，确定计算结果输出文件的存储路径与文件名，如图 5–80 所示。点击 Run，运行模型。

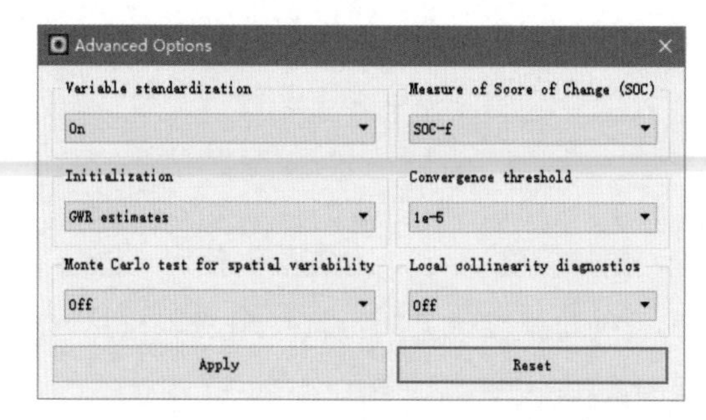

图 5–79　MGWR 回归模型的高级设置

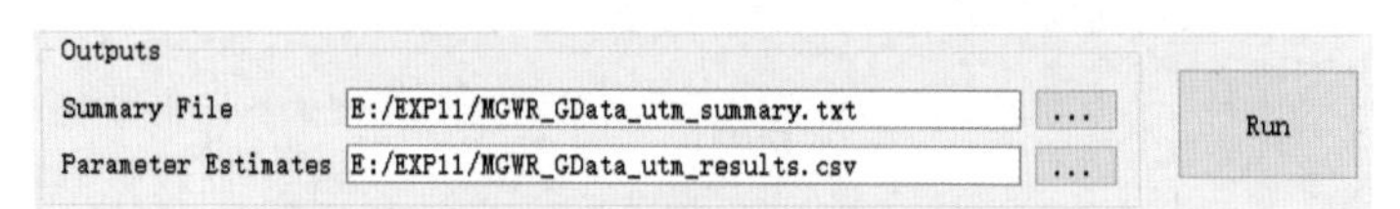

图 5–80　MGWR 回归模型结果的输出设置

运行过程如图 5–81 所示。软件采用 AICc 最小原则，对不同的变量找到最佳拟合带宽，至此 MGWR 模型构建完成，弹出图 5–81 所示的运行耗时对话框后，点击 OK，弹出 MGWR 回归的结果报告。

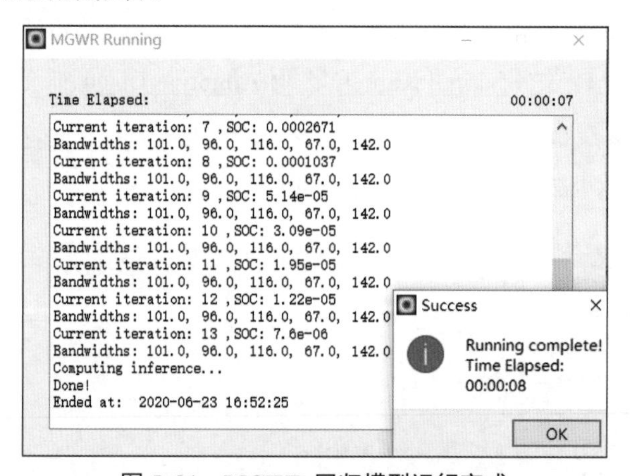

图 5–81　MGWR 回归模型运行完成

（四）实验结果与解译

OLS 全局回归、MGWR 局部回归的结果分别如图 5–82(a)、(b)所示，详细内容存储于 MGWR_session_summary.txt 中。根据图 5–82(a)可知，OLS 全局回归的 AICc 为 313.199。调整后的 R^2 为 0.602；根据图 5–82(b)可知，MGWR 的 AICc 为 289.441，调整后的 R^2 为 0.684；可见，MGWR 的局部回归模型解释度高于全局回归模型。

```
Summary

Global Regression Results
---------------------------------------------------------------------------
Residual sum of squares:                                             61.675
Log-likelihood:                                                    -150.323
AIC:                                                                310.646
AICc:                                                               313.199
R2:                                                                   0.612
Adj. R2:                                                              0.602

Variable                                   Est.         SE  t(Est/SE)    p-value
---------------------------------- ---------- ---------- ---------- ----------
Intercept                                 0.000      0.050      0.000      1.000
PctBlack                                 -0.028      0.053     -0.523      0.601
PctFB                                     0.315      0.068      4.627      0.000
TotPop90                                  0.471      0.064      7.376      0.000
PctEld                                   -0.135      0.060     -2.258      0.024
```

(a) OLS全局回归

```
Summary

Multiscale Geographically Weighted Regression (MGWR) Results
---------------------------------------------------------------------------
Coordinates type:                                                 Projected
Spatial kernel:                                           Adaptive bisquare
Criterion for optimal bandwidth:                                       AICc
Score of change (SOC) type:                                     Smoothing f
Termination criterion for MGWR:                                     1.0e-05
Number of iterations used:                                               13

MGWR bandwidths
---------------------------------------------------------------------------
Variable             Bandwidth      ENP_j   Adj t-val(95%)   Adj alpha(95%)
Intercept              101.000      3.116            2.434            0.016
PctBlack                96.000      3.445            2.472            0.015
PctFB                  116.000      2.705            2.380            0.018
TotPop90                67.000      4.446            2.565            0.011
PctEld                 142.000      2.244            2.308            0.022

Diagnostic Information
---------------------------------------------------------------------------
Residual sum of squares:                                             45.194
Effective number of parameters (trace(S)):                           15.957
Degree of freedom (n - trace(S)):                                   143.043
Sigma estimate:                                                       0.562
Log-likelihood:                                                    -125.605
AIC:                                                                285.123
AICc:                                                               289.441
BIC:                                                                337.163
R2:                                                                   0.716
Adj. R2:                                                              0.684

Summary Statistics For MGWR Parameter Estimates
---------------------------------------------------------------------------
Variable                   Mean        STD        Min     Median        Max
-------------------- ---------- ---------- ---------- ---------- ----------
Intercept                 0.090      0.058      0.019      0.071      0.225
PctBlack                 -0.031      0.082     -0.164     -0.030      0.126
PctFB                     0.386      0.160      0.135      0.437      0.586
TotPop90                  0.593      0.372      0.264      0.399      1.696
PctEld                   -0.146      0.028     -0.213     -0.143     -0.095
===========================================================================
Acknowledgement:
We acknowledge the support of the National Science Foundation under Award 1758786
from the Geography and Spatial Sciences Program to A. S. Fotheringham which
enabled this software to be written and made freely available.
===========================================================================
```

(b) MGWR局部回归

图 5–82　回归模型输出结果

根据图 5–82(b)中部表格的 Bandwidth 列可知，TotPop90 的最优带宽为 67，PctFB 的最优带宽为 116，PctEld 的最优带宽为 142，PctBlack 的最优带宽为 96。TotPop90 对受高等教育人数占比的影响具有最明显的局部性效应，PctEld 对受高等教育人数占比的影响具有最明显的全局性效应。

图 5–82(b)中下半部分的表格给出了 MGWR 回归系数的描述性统计结果；其中回归系数最大的变量为 TotPop90，回归系数最小的变量为 PctEld，因此根据 MGWR 模型可以确定 TotPop90（1990 年总人口）对受高等教育人数占比影响最大。

第四节　GeoDetector

地理探测器是探测空间分异性，以及揭示其背后驱动力的统计学方法。地理探测器既可以检验单变量的空间分异性，也可以通过检验两个变量空间分布的耦合性来探测两变量之间可能的因果关系（王劲峰等，2017）。地理探测器主要包括：风险探测器（把相关的数据进行叠加，然后对比差异性是否显著，显著的因素对风险起主要作用）；因子探测器（用因子的解释力判断）；生态探测器（用方差比较）；交互探测器（协同作用、双协同作用、拮抗作用、单拮抗作用、相互独立）。许多地理现象是多因子交互作用的结果。但是，多因子交互作用识别是一个理论难题，缺少有效方法。王劲峰等提出了因子力（Power of Determinant）度量指标，结合 GIS 空间叠加技术和集合论，形成地理探测器模型，可以有效地识别多因子之间的关系（Wang *et al.*，2016）。

地理探测器是一款免费获取的软件(http://geodetector.cn)，根据数据样本量有 Excel 和 R 语言两种软件形式可供选择。下面的实验将在 Excel 环境下运行。Excel 环境下的软件存储于\Part4\Software。

一、实验 1：新生儿神经管畸形空间变异的环境因子识别

（一）实验目的

探明导致山西省和顺县部分村 1998～2006 年的神经管畸形出生缺陷（Nearal Tube Defects, NTDs）的环境风险因子。相关研究详见文献 Wang *et al.*, 2010b。

通过本实验，学习地理探测器的使用，深入理解地理探测器的原理与特点。

（二）实验数据

实验数据包括神经管畸形出生缺陷（NTDs）发病率和环境风险因子。其中环境风险因子包括高程、土壤类型和流域分区等环境变量。数据存储于\Part4\EXP1 data\EXP1.xlsx。其中，

- NTD(Y)：神经管畸形出生缺陷（NTDs）发病率；
- Elevation (X1)：高程；
- Soiltype (X2)：土壤类型；
- Watershed (X3)：流域分区。

实验数据的空间分布如图 5–83 所示。

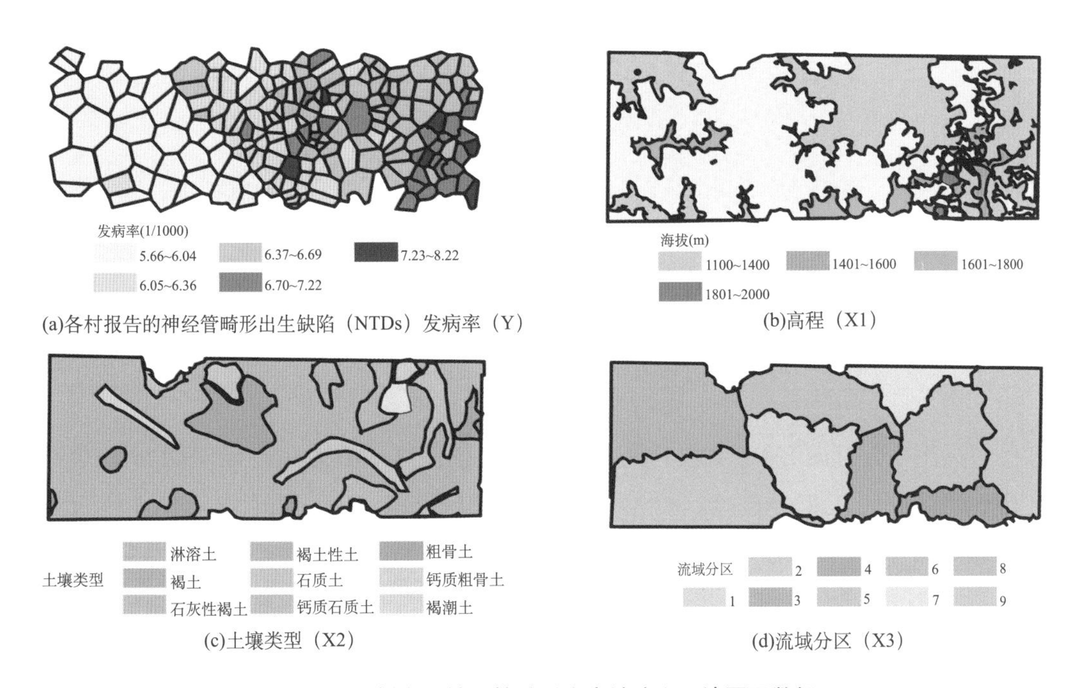

图 5–83　新生儿神经管畸形出生缺陷和环境因子数据

资料来源：Wang *et al.*, 2010b。

（三）实验步骤

实验步骤包括数据组织和计算两部分。

1. 数据组织

在将数据输入软件之前，需要将因变量 Y（数值量）和自变量 X（类型量）匹配起来，组织成软件分析所需的 Excel 格式。本实验借助如图 5–84 所示的网格点匹配 X 和 Y。X 对 Y 为 1 对多的关系，如\Part4\EXP1 data\EXP1.xlsx 所示。在组织好的数据中第一列为 NTDs（Y），后面几列依次为高程（X1）、土壤类型（X2）和流域分区（X3）等环境风险影响因子。

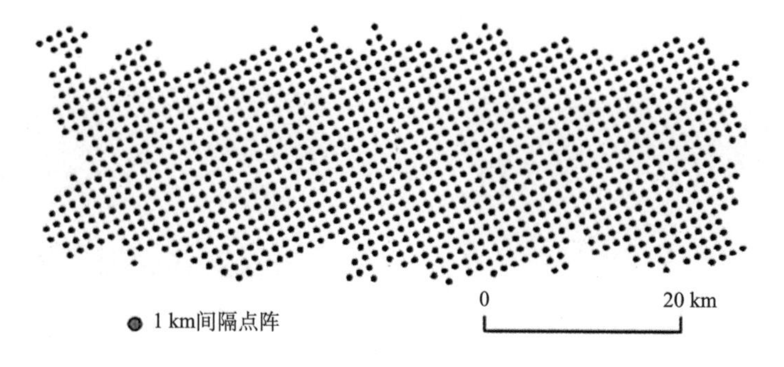

图 5–84　新生儿神经管畸形的环境风险因子分析中用到的网格点

资料来源：Wang *et al.*，2010b。

然后用匹配好的 Excel 数据替换 Geodetector 软件（GeoDetector.xlsm）的 Input Data 工作表中的数据，通过点击启用内容按钮来打开软件分析界面，如图 5–85。界面分为 variables、Y 和 X 几个对话框。其中 variables 为 Input Data 工作表中的所有变量名，Y 和 X 分别为因变量和自变量，为 variables 的子变量集。通过点击界面的 Read Data 将 Input Data 工作表中的所有字段显示在 variables 对话框中，然后通过选中该对话框中的对应变量，将因变量（NTDs）输入到 Y 对话框中，将自变量（高程、土壤类型和流域分区）输入到 X 对话框中。

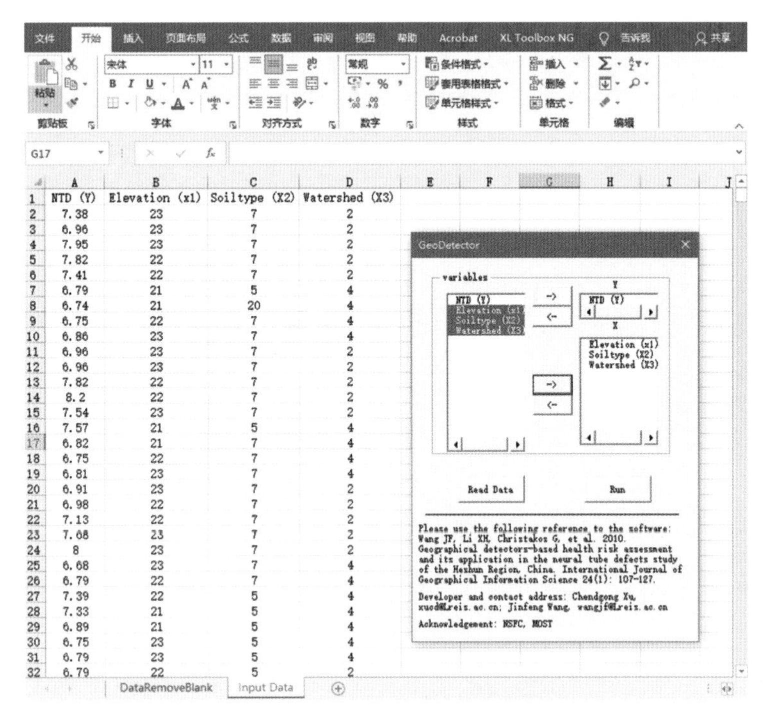

图 5–85　数据输入格式及运行界面

2. 数据计算

在因变量 Y 和自变量 X 分别输入到对应的对话框中之后，点击图 5–85 中的 Run 即开始数据计算。当界面出现 Finish 对话框之后，表明结果运行完成。

（四）实验结果与解译

最后运行所得的因子探测结果在 Interaction_Detector 工作表中，环境风险因子对新生儿神经管畸形的解释程度如图 5–86。图中分别显示了三个因子独立对 NTDs 发病率的解释度，以及它们两两交互作用下对 NTDs 发病率的解释度。例如，高程对 NTDs 发病率的解释度约为 0.08；高程和土壤类型的交互作用对发病率的解释度约为 0.21。

Interaction_detector			
	Elevation (x1)	Soiltype (X2)	Watershed (X3)
Elevation (x1)	0.084197705		
Soiltype (X2)	0.21413674	0.144436297	
Watershed (X3)	0.71537404	0.72395784	0.691720584

图 5–86　环境风险因子对新生儿神经管畸形的交互作用

结果显示，任何两种环境风险因子对 NTDs 的交互作用都要大于任意一种变量的独自作用，说明相对于单因子，环境因子交互作用后解释程度有所增强。单独的土壤类型变量对 NTDs 发病率的解释程度约为 0.14，但是不同高程或流域的土壤对 NTDs 发病率的解释程度分别达到了 0.21 和 0.72。这说明这些环境因子的两两组合极大地增加了该地 NTDs 的发生风险。

二、实验 2：板块活动和构造特征对全球地震聚集区的影响

（一）实验目的

全球地震聚集区表现出不同的聚集属性。这种聚集性与板块活动和构造特征有关。本实验将探测板块活动和构造特征对地震聚集区相对风险的影响程度，以及两种因素是否对聚集区相对风险产生交互作用。相关研究详见文献 Yang *et al*., 2019 和 Cheng *et al*., 2020。

通过本实验，学习地理探测器的使用，深入理解地理探测器的原理与特点。

（二）实验数据

本实验包括全球地震聚集区危险度以及由板块活动和构造特征组成的影响因子，共两部分数据。数据存储于\Part4\EXP2 data\EXP2.xlsx。其中，

- REL_RISK(Y)：全球地震聚集区危险度；
- Plate space(X1)：板块活动；
- Tectonic style(X2)：构造特征。

实验数据的空间分布如图 5–87 所示。图中每个三角形表示一个地震聚集区。不同的条带表示 15 个板块活动区。三种颜色的线条分别表示三种构造特征。

（三）实验步骤

实验步骤包括数据组织和计算两部分。

1. 数据组织

数据组织阶段需要将地震聚集区与板块活动和构造特征两种影响因子分别对应起

来，生成数据分析所需的 Excel 格式。地震聚集区与板块活动根据地理位置的包含关系进行对应。构造特征根据空间邻近距离进行对应，最终生成\Part4\EXP2 data\EXP2.xlsx 中所示的数据集。数据集第一列是聚集区的相对危险度（Y），后两列分别是在空间上与聚集区相对应的板块空间（X1）和构造特征（X2）。

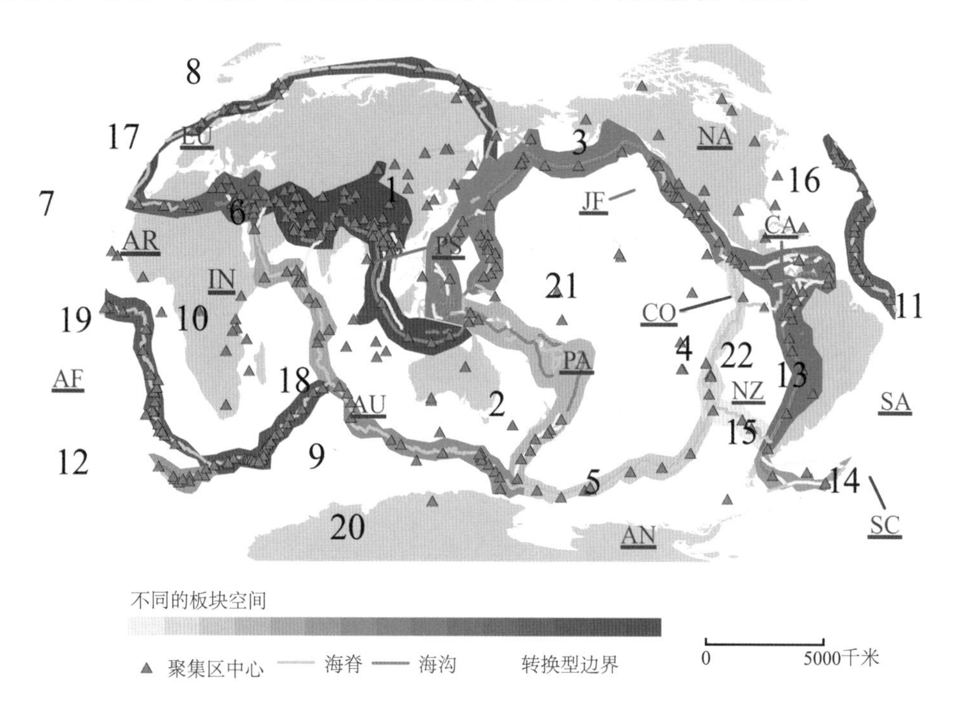

图 5–87 全球地震聚集区以及其影响因子（板块活动和构造特征）的空间分布

与本节实验 1 类似地，用匹配好的 Excel 数据替换 Geodetector 软件（GeoDetector.xlsm）的 Input Data 工作表中的数据，通过点击启用内容按钮来打开软件分析界面，如图 5–88。通过点击界面的 Read Data 将 Input Data 工作表中的所有字段显示在 variables 对话框中，然后通过选中该对话框中的对应变量，将因变量（相对危险度）输入到 Y 对话框中，将自变量（板块空间和构造特征）输入到 X 对话框中。

2. 数据计算

将因变量 Y 和自变量 X 分别输入到对应的对话框中之后，点击图 5–88 中的 Run 即开始数据计算。当界面出现 Finish 对话框之后，表明结果运行完成。

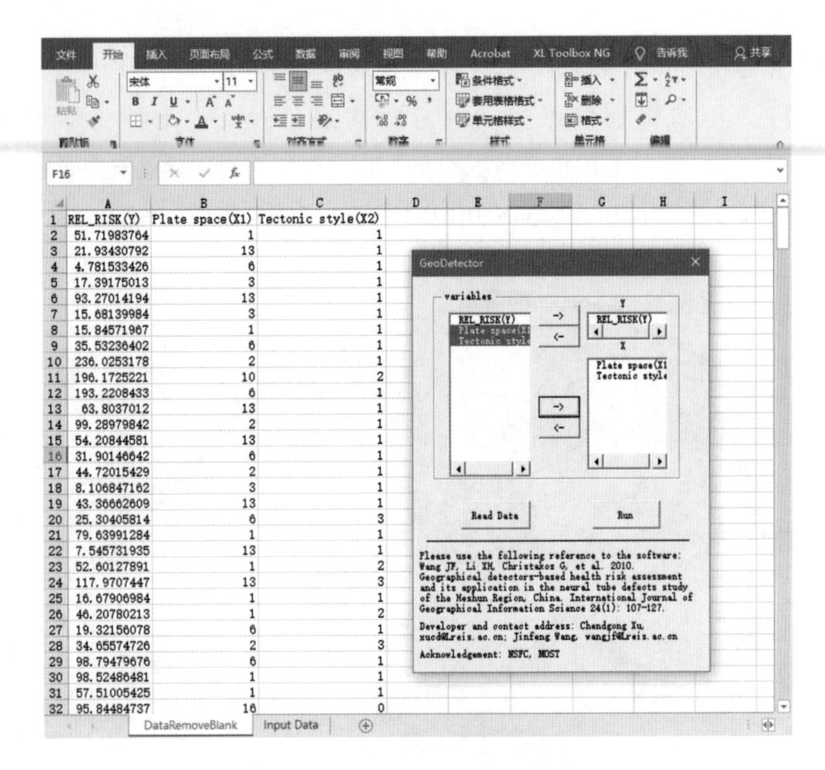

图 5–88 数据输入格式及运行界面

(四)实验结果与解译

板块活动和构造特征对全球地震危险性的影响结果在 Interaction_Detector 工作表中，如表 5–3 所示。结果显示，板块活动和构造特征均对聚集区相对风险产生一定的解释力（0.157 和 0.052），不过解释程度均较低，但是在两因子的交互作用下，解释程度显著提升。q 值（0.260）大于两因子单独影响之和（0.157+0.052），属于非线性增强。

表 5–3 板块活动和构造特征对地震聚集区属性的影响

	PS	TS	PS∩TS
RR	0.157	0.052	0.260

注：PS=板块活动（Plate space），TS=构造特征（Tectonic style），RR=相对风险（Relative risk）。

第五节　Tilia 时间分层（分段）

地理学是研究地球表层各种人文与自然要素和现象发生发展过程、动态演化特征及其地域分异规律的科学。时间区间的划分是认识人文现象和人类活动的发生发展过程与探究其动态演化特征的重要基础手段。而聚类分析是地理学研究中一种重要的数据分析方法。普通的层次聚类在聚类过程中不考虑样本的顺序，而有序聚类过程增加了限制条件，在聚类过程中只能将相邻的类别合并，保证样本聚类结果的连续性，十分适合地层孢粉数据和时间序列数据等有序样本的分析。这里介绍的 CONISS 有序聚类就是一种基于平方和增量方法的地层约束有序聚类。该方法原用于根据不同地层深度的孢粉含量划分地层分带（宋长青等，1996；杨志荣等，1997），在这里拓展用于根据时序样本的属性特征划分时间区间。

Tilia 软件介绍参见：https://www.tiliait.com，可以在该网站免费获取学生版许可。

一、实验：中国及其周边国家新闻报道数据的时间异质性探测

（一）实验目的

本实验根据中国及其周边国家新闻报道的多维时间序列数据，分析不同国家对外合作得分的组合特征，探测不同国家对外合作数据的时间异质性，识别和划分中国及其周边国家对外合作态势的不同阶段，探究中国与周边国家地缘关系的演变过程。相关研究详见陈小强等（2019）的文献。

通过本实验，学习 Tilia 中约束有序聚类方法的使用，深入理解约束有序聚类方法的原理与特点，体会约束有序聚类在时段划分中的意义和价值。

（二）实验数据

1979～2017 年中国及其周边国家对外新闻报道数据。该数据涉及中国及其周边共 21 个国家，包含 1979～2017 年各个国家每年与其他国家合作类型的新闻报道事件总得分。

数据来源于大众媒体数据库（Global Database of Events, Language and Tone，GDELT）。GDELT 每时每刻监控着每个国家几乎所有角落的包括印刷、广播和网页等形式的大众媒体，识别和提取发生过或正在发生的事件，包括事件的时间、地点和行为主体等信息（沈石等，2020）。GDELT 按事件性质分成合作与冲突两大类。两大类之下又将其分成 20 个中类，每个中类又分成诸多小类，共计 300 多种小类，涵盖了政治、经济、文化等多个领域，并对每一小类事件赋分值，称为戈尔德斯坦量表（Goldstein Scale）（Goldstein，1992）。对于积极的正面的事件类型赋正分，分数越高表示该类事件的正面影响越大，最高为+10；对于消极的负面的事件类型赋负分，最低为–10。分数越低表示该类事件负面影响越大。比如两国间发生交战，则该事件得分为–10；而两国撤军，则该事件得分为+10。此次实验数据是 1979～2017 年中国及其周边国家每年与其他国家合作类型的新闻报道事件总得分。

数据存储于 Part5\EXP1 data\data_news.xlsx。数据如图 5–89 所示，第一列表示各个国家，第 2～40 列分别表示 1979～2017 年各个国家每年与其他国家合作类型的新闻报道事件总得分。

	A	B	C	D	E	F	G	H	I	J	K	L	M	N	O	P	Q	R	S	
1		1979	1980	1981	1982	1983	1984	1985	1986	1987	1988	1989	1990	1991	1992	1993	1994	1995	1996	
2	CHN	22665.9	12907.7	10805.9	12558.2	12333.4	14712	16788.3	12492.1	11231.6	14167.4	15907.4	14897.8	23337.1	22409.4	14327.2	27185	32594.5	68946.8	10
3	JPN	10190.1	10161	7935.5	6593	10750.6	10034.2	11969.5	12751.6	10879.2	12143.2	11033.8	17852.7	29557.4	24072.6	19535	25663.1	25438.9	44045.3	8
4	KOR	1724.1	1861.9	2150.9	2481	5503.8	5287.4	5157.3	4130.9	2962	5510.9	7380.5	11395.9	13846.3	13389.6	12830.2	25304.4	19181.2	35330.1	5
5	IDN	2566.6	1328.5	1884	1596	1409.7	2115.6	3427.7	2888.5	4449.4	4430.4	3201.3	5011.3	5201.8	3981.7	5545	8108.6	6651.5	15059.2	1
6	RUS	12984.3	23594.1	12920.2	9458.6	10702.4	11317.2	16658.8	18756.9	22392.3	46121.5	26832.9	13898.9	34287.1	30533.1	24460.6	30244.2	27447.6	56504.9	9
7	MYS	2512.9	1787.4	1722	1205.7	1622.6	1655.8	2495.1	2092.3	3991.8	3154.9	2776.2	1965.2	4780.5	5011.8	5194.2	6832.8	6123.8	13232.7	1
8	IND	539.2	1618.1	1124.2	1357.2	568.3	1052.4	2055.4	1608.9	1689.9	2353.8	1855.4	1815.2	1466.6	1187.4	1545.9	1684.6	1502.8	2836.2	
9	VNM	18325.8	7599.8	5307.6	4501.2	5892.1	5449.7	7062.7	4844.7	7394.4	8876	6497.4	6293.4	9052	9096.3	5639.5	8849.5	10343	13050.3	1
10	PHL	1530.9	1355.7	1876.4	1192	1475.6	948.3	1767.1	4821.4	4150	4512.2	3410.5	2611.2	3565.4	4763.6	5074	8136.3	9439	14737.3	
11	KAZ	127.3	193.3	132	121.3	128.8	138.1	219.5	206	395.5	342.1	190	377.7	5172.4	6372.6	5197.3	6463.8	6410.1	18327.8	2
12	BRN	99.9	101.4	117.2	63.1	213	475.2	528.5	754.3	1547.7	1105.7	1049.5	556.9	1617.5	1597.4	1239	1727.4	2263.3	3069.3	
13	PAK	2921.8	7528.7	7098.8	4163.7	5222.1	5603.1	7526.4	10558.9	16175.5	30601.9	15312.1	6127.4	10374	13830.6	8237.8	9753.9	8788.5	21366.4	2
14	MNG	812.4	748.2	726.3	378.1	776.1	768.1	781	2198.3	2225.3	1018.9	1718.7	2704.6	3324.2	2303.7	1021.7	1401.8	2008.5	2803.2	
15	MMR	1099.7	647.1	719.5	495	939.9	862.4	892.4	589.1	1069.1	970.2	868.1	1019.9	1781.5	1478.9	1191.1	3233.7	4122.7	5905.3	1
16	PRK	1832.5	2622.9	2039.8	1988.9	2820.3	4704.7	4966.9	3774.4	3956.7	5258.1	7375.1	10485.7	13739.5	7997.2	8345.7	22053	17123.5	25957.2	5
17	KGZ	49	26.4	72	0	21.5	41.5	88.7	86.6	137.7	70.3	37.1	128.4	1706.4	3725.2	2152.5	2755.6	3364.1	14724.3	1
18	NPL	481.4	660.6	406.3	295.8	996.7	483.6	1020.3	1791.9	1178.1	1599.6	1474.6	1014.2	1336.3	2039.8	1960.5	1790.3	1612.9	3824	
19	AFG	3437.4	20853.4	9780.7	5188.2	6736	6079.2	8696.9	14621.2	20316.7	51505	24585.2	5457.2	10323.2	12255.1	9880.6	6169.6	7258.7	18217.3	1
20	TJK	113	68.8	36.6	85.3	54.3	82.4	112.7	109.3	93.2	236.4	58.4	104.1	1933.9	5643.1	8804.9	4437.4	6062.9	17487.1	2
21	LAO	3431.8	1871.9	1834.8	1329.8	1651.6	1632.1	2332.4	1898.4	1995.3	1797.5	1667	2465.5	2230.5	2650.8	1505.4	2309.7	2376.8	3385.8	
22	BTN	9.4	41.5	100.3	14.1	168	59.8	595	423.3	234.2	367.6	182	344.8	255.8	1140.7	924.9	475.3	482.7	715.9	

Sheet1

图 5–89 数据概览

（三）实验步骤

1. 输入数据文件

点击菜单栏 File→New，将数据复制进 Tilia 中（图 5–90）。

C:\Users\chenxiaoqiang\Desktop\中国周边国家有序聚类\21hzwd\21hzwd.tlx

Data　Metadata

	A	B	C	D	E	G	H	I	J	K
1	pollen						1979	1980	1981	19
2	Code	Name	Element	Units	Context	Group				
3	CHN	CHN				1	22665.9	12907.7	10805.9	1255
4	JPN	JPN				1	10190.1	10161	7935.5	65
5	KOR	KOR				1	1724.1	1861.9	2150.9	24
6	IDN	IDN				1	2566.6	1328.5	1884	15
7	RUS	RUS				1	12984.3	23594.1	12920.2	945
8	MYS	MYS				1	2512.9	1787.4	1722	120
9	IND	IND				1	539.2	1618.1	1124.2	1357
10	VNM	VNM				1	18325.8	7599.8	5307.6	4501
11	PHL	PHL				1	1530.9	1355.7	1876.4	11
12	KAZ	KAZ				1	127.3	193.3	132	121
13	BRN	BRN				1	99.9	101.4	117.2	63
14	PAK	PAK				1	2921.8	7528.7	7098.8	4163
15	MNG	MNG				1	812.4	748.2	726.3	378
16	MMR	MMR				1	1099.7	647.1	719.5	4
17	PRK	PRK				1	1832.5	2622.9	2039.8	1988
18	KGZ	KGZ				1	49	26.4	72	
19	NPL	NPL				1	481.4	660.6	406.3	295
20	AFG	AFG				1	3437.4	20853.4	9780.7	518
21	TJK	TJK				1	113	68.8	36.6	85
22	LAO	LAO				1	3431.8	1871.9	1834.8	1329
23	BTN	BTN				1	9.4	41.5	100.3	14
24										

图 5–90　数据输入界面

2. 选择 CONISS 聚类方法

在 Data 工作表下选择 Insert→Worksheet→CONISS，选择需要进行聚类的类型（图 5–91），点击 Ok。

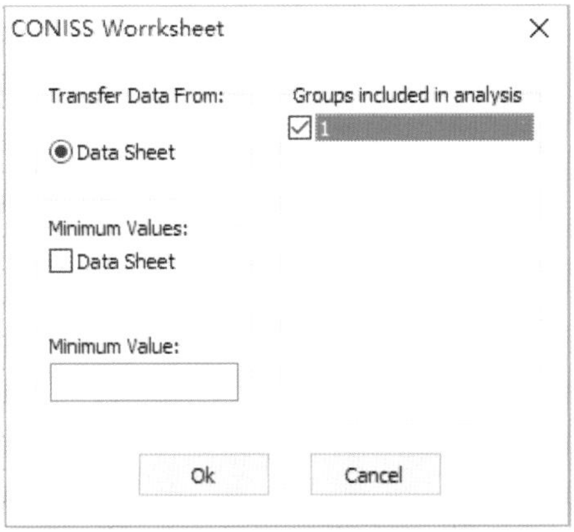

CONISS Worrksheet

Transfer Data From:　　Groups included in analysis

◉ Data Sheet　　☑ 1

Minimum Values:

☐ Data Sheet

Minimum Value:

Ok　Cancel

图 5–91　Worksheet 对话框

3. 设置 CONISS 聚类的参数

在 CONISS 工作表中选择 Tools→Cluster Analysis，弹出 Constrained Incremental Sum of Squares 对话框（图 5–92）。在 Type of Data 中，若 CONISS 表的数值为计数量，则选择 Counts；若为百分比，则选择 Percentages；聚类时如需将数据转换成百分比格式，可以在 Convert to Proportions 前的复选框中打钩。由于样本遵循一定顺序，在聚类过程中相邻样本应尽可能聚在一起，因此在 Type of Analysis，选择 Stratigraphically constrained。Tilia 支持四种数据转换和相似性评价方式（Data Transformation/Dissimilarity Coefficient），具体包括：平方根转换（爱德华兹和卡瓦利 • 斯福扎的弦距离）、样本矢量标准化为单位长度（奥里奥奇的弦距离）、变量标准化到均值为 0 且方差为 1（标准化后的欧氏距离）和无数据转换（欧氏距离）。此处默认选第一个。此外，还需在 Output file for diagram(*.dgx)下面的文本框中设置聚类结果的文件路径和文件名。

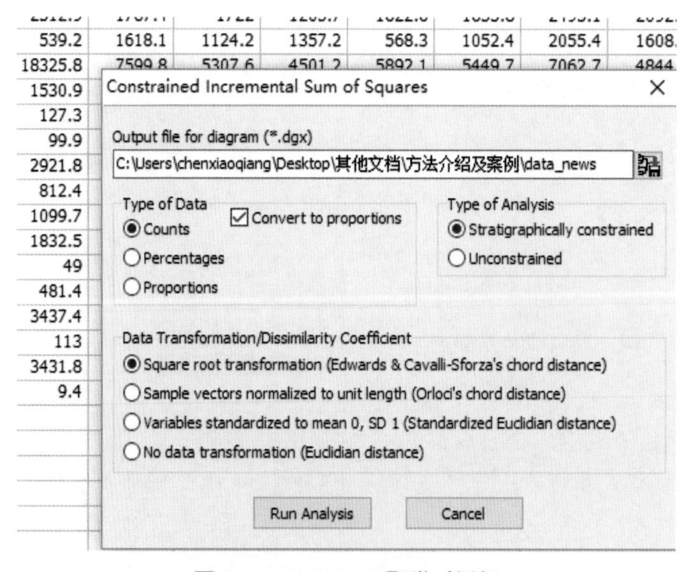

图 5–92 CONISS 聚类对话框

4. 数据格式转化

点击图 5–92 中的 Run Analysis 按钮，然后确认将数据转化为百分比（图 5–93）。

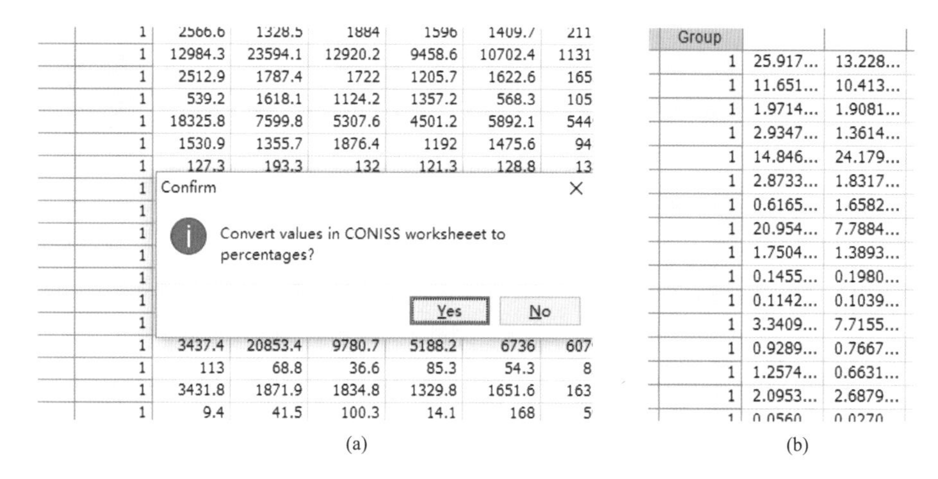

(a)　　　　　　　　　　(b)

图 5–93　数据转化前后对比

5. 绘制聚类图

进行制图（图 5–94）。

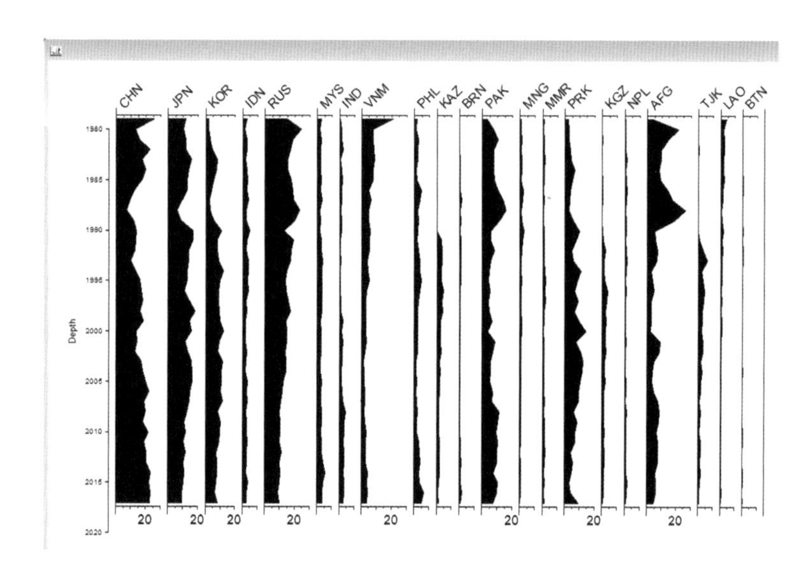

图 5–94　中国及其周边国家合作得分 CONISS 聚类图

6. 结果分析

导入 COINSS 聚类结果进行分析（导入文件为步骤 4 中生成的 data_news. dgx）

（图 5–95）。

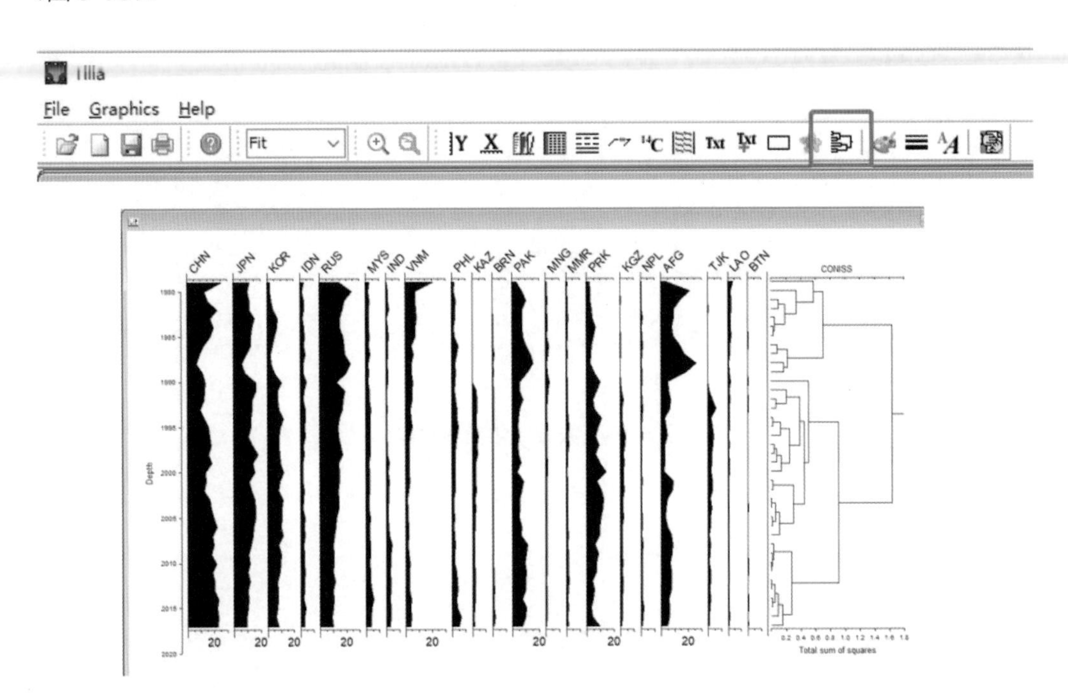

图 5–95　CONISS 加载制图界面

（四）实验的结果与解译

对中国及其周边国家合作类型的新闻报道事件总得分数据进行 CONISS 聚类的结果，如图 5–96 所示。图中左侧纵坐标表示不同的年份，上侧表示不同的国家，下侧坐标表示该国家对外合作得分的占比，右侧是表示聚类过程的树状图。

通过有序聚类方法将中国及其周边国家合作水平的时间序列划分为三个阶段：第一阶段 1979～1989 年；第二阶段 1990～2007 年；第三阶段 2008～2017 年。第一阶段，合作分数占比高的国家包括中国、俄罗斯、日本、阿富汗和越南等国家，并呈现出深幅波动；其他国家的占比很小。第二阶段，俄罗斯与阿富汗以及巴基斯坦等国家的占比逐渐下降；中国、日本两国的占比稳步上升；韩国、朝鲜、哈萨克斯坦、吉尔吉斯斯坦和塔吉克斯坦等国家的占比也显著上升。第三阶段，中国跃升为合作分数占比最大的国家；占比较大的国家还有俄罗斯、日本等。

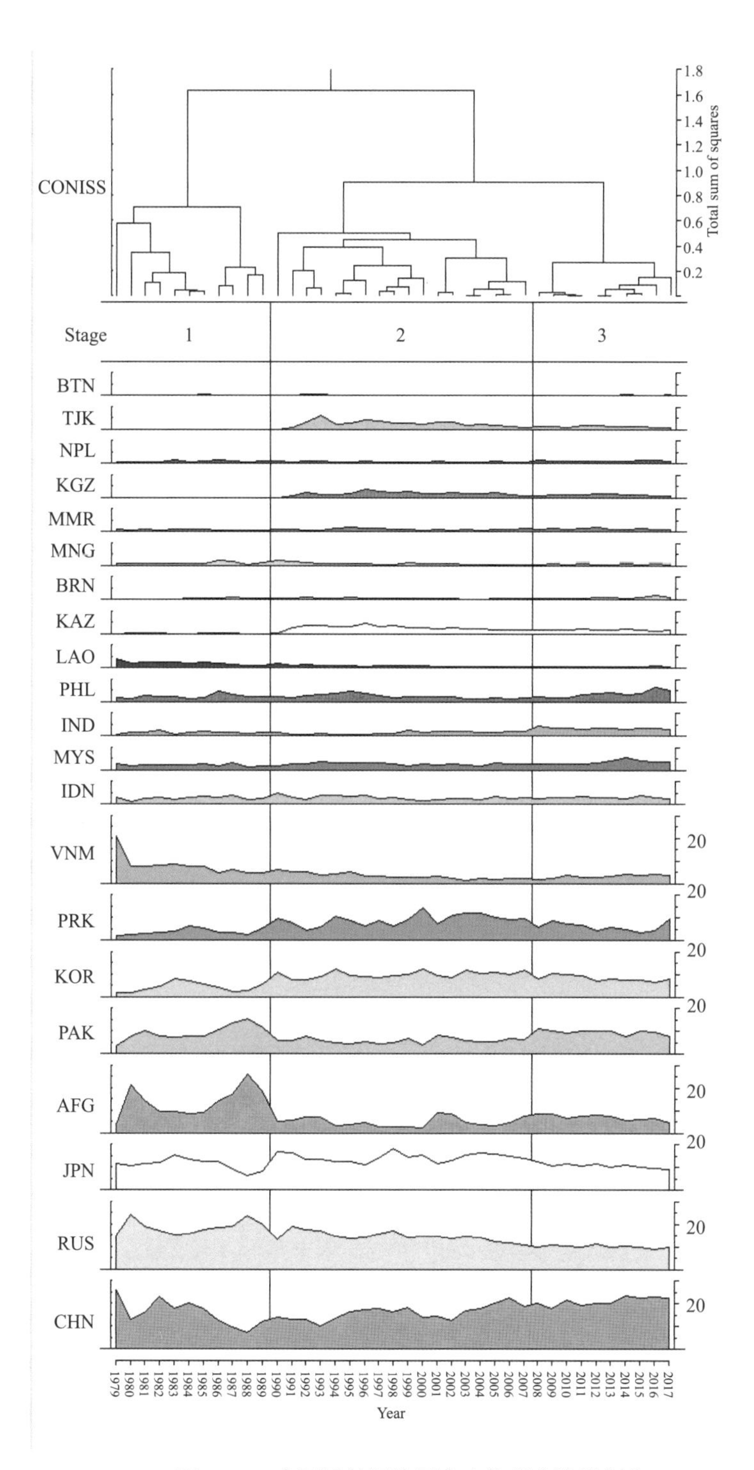

图 **5–96**　中国及其周边国家合作得分阶段划分

第六节 EViews 格兰杰检验

地理要素之间具有非常复杂的相互作用和驱动关系，但是这种驱动关系的方向大多是通过专家知识定义的，而没有通过定量的方法刻画出来。典型例子如一个区域的教育投入和这个区域的经济水平之间呈现怎样的驱动关系。格兰杰因果检验不仅可以帮助我们定量解析多要素之间的驱动关系，同时还可以帮助我们解析某个要素在空间上的传播特点，进而让我们更清晰地认识到研究对象之间的相互关系（Granger，1969；Granger，1980）。

本实验的软件为 EViews 软件，软件下载地址：https://www.eviews.com/home.html。可以在该网站免费获取学生版许可。

一、实验 1：中国经济增长与论文发文量之间的相互关系

（一）实验目的

本实验探讨中国经济增长与论文发文量之间的相互关系。通过本实验，学习 EViews 中格兰杰因果检验的使用，深入理解格兰杰因果检验的原理与特点，体会格兰杰因果检验在地理研究中的价值与意义。

（二）实验数据

1990～2017 年中国的 GDP 和 SCI 发文量数据见表 5–4。数据存储于\Part6\EXP1 data\EXP1.xlsx。

表 5–4 1990～2017 年中国 GDP 和 SCI 发文量

年份	GDP（万亿美元）	SCI 发文量
1990	0.360 9	8 034
1991	0.383 4	8 559
1992	0.426 9	9 479
1993	0.444 7	10 001

续表

年份	GDP（万亿美元）	SCI 发文量
1994	0.564 3	10 837
1995	0.734 5	13 855
1996	0.863 7	15 621
1997	0.961 6	21 693
1998	1.029 0	26 838
1999	1.094 0	29 266
2000	1.211 3	39 494
2001	1.339 4	46 812
2002	1.470 6	53 563
2003	1.660 3	65 918
2004	1.955 3	83 478
2005	2.286 0	103 742
2006	2.752 1	128 457
2007	3.522 2	151 854
2008	4.598 2	180 710
2009	5.110	211 815
2010	6.100 6	216 103
2011	7.572 6	260 290
2012	8.560 5	297 289
2013	9.607 2	326 428
2014	10.482 4	357 587
2015	11.064 7	399 740
2016	11.191 0	441 162
2017	12.237 7	467 050

（三）实验步骤

1. 数据输入

软件打开后，点击图 5–97(a)中 Create a new EViews workfile，进入图 5–97(b)的界面。根据数据的时间频率，在 Workfile structure type 中选择 Dated - regular frequency。

本实验使用的是年际数据，所以在 Data specification 中选择 Annual。Start data 和 End data 分别设置为 1990、2017。然后点击 OK。

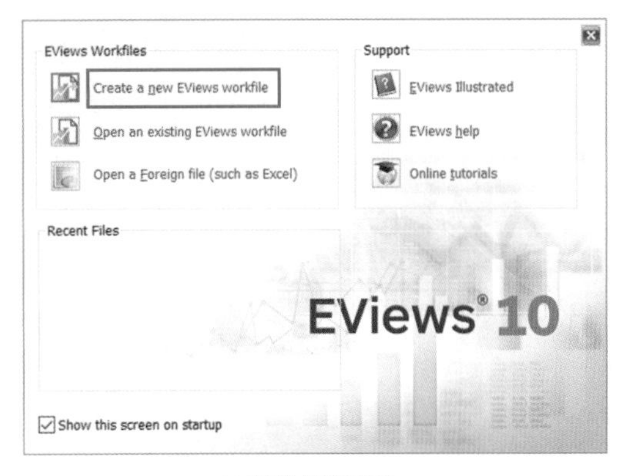

(a) 软件打开界面

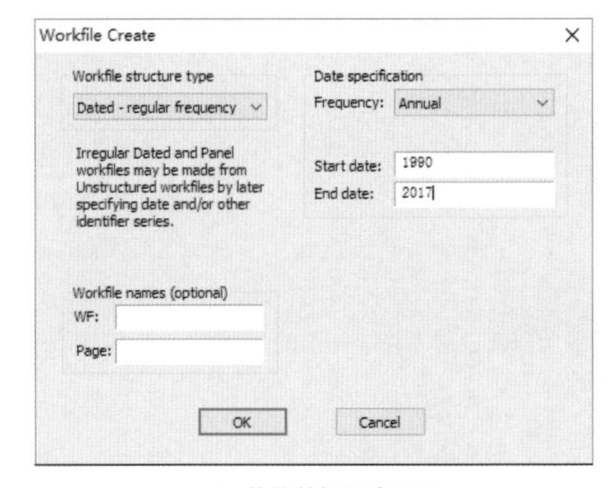

(b) 软件数据创建界面

图 5–97　软件启动与数据创建

在 Command 命令行中，输入命令，格式为“data 数据标题 1 数据标题 2…”。本命令可以根据数据的字段多少进行数据添加，注意：data 和数据标题之间应有空格。本数据只有 GDP 和 SCI 两字段数据，所以此部分输入 data GDP SCI（图 5–98(a)），然后回车。回车后结果中 Group 窗口如图 5–98(b)所示，其中，GDP 和 SCI 数据均为空值。根据数据可以手动输入对应值；也可以在 Excel 中复制数据值，并粘贴到 Group 中相应区域，然后关闭 Group 窗口。

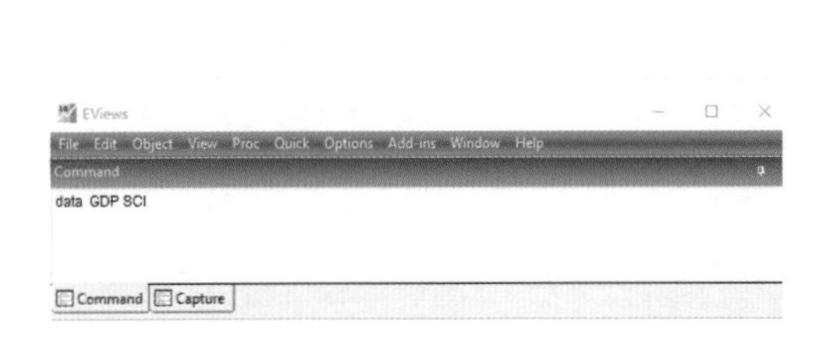

(a) 数据创建

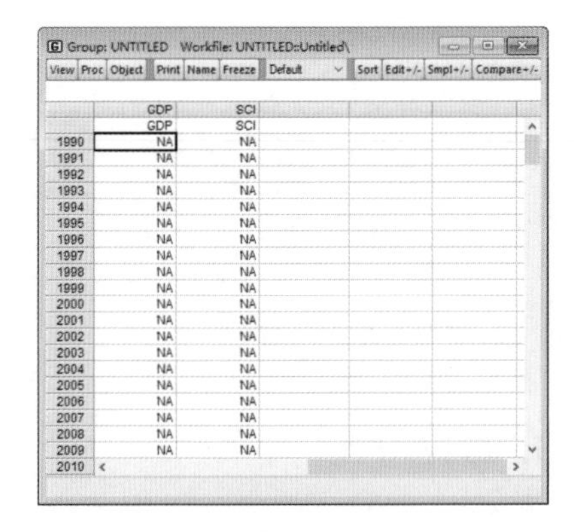

(b) 数据输入

图 5–98　数据创建与输入界面

2. 数据的平稳性检验

下面分别用单位根检验的方法检验数据的平稳性。单位根检验的原假设是时间序列存在单位根（即数据是非平稳的），若 $p<0.05$ 时，拒绝原假设、数据平稳。若两时间序列数据在同阶上通过了单位根检验，则两时间序列数据是同阶平稳的，即同阶单整的。同阶单整的两时间序列数据可直接进行格兰杰因果检验。EViews 提供了 None、Intercept、Trend and intercept 三种不同的检验方法。其中，None 是对原始时间序列数据的检验，Intercept 是包含截距项的检验，Trend and intercept 是包含截距项和趋势项的检验。

以 GDP 数据为例，在图 5–99(a)的 Workfile 窗口中，双击 gdp 打开 GDP 数据，如图 5–99(a)中 Series 窗口所示；随后点击 Series 窗口 View→Unit Root Test，则弹出图 5–99(b)中所示的对话框。

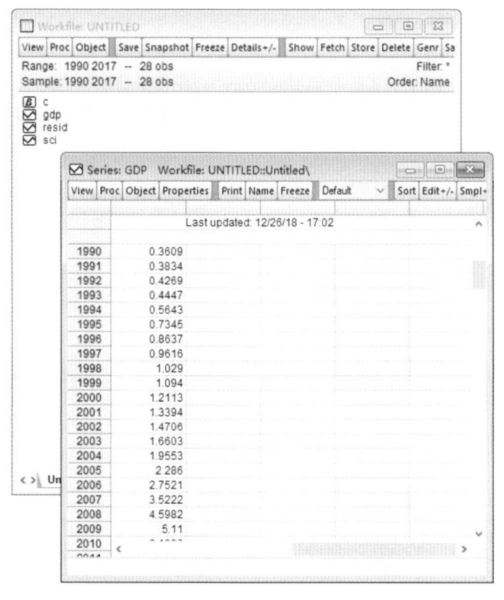

(a) 数据示例

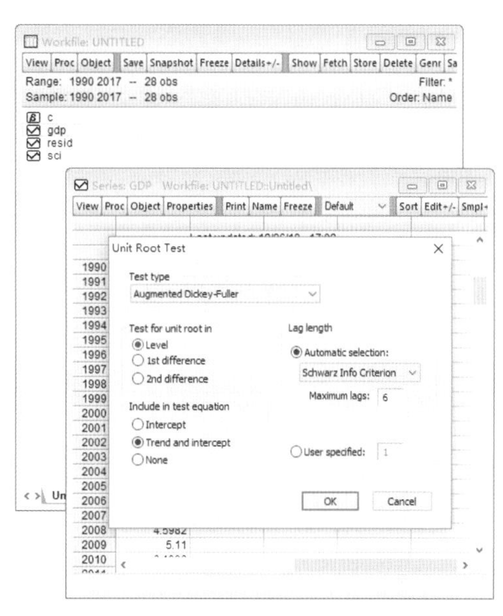

(b) 单位根检验参数设置

图 5–99 对 GDP 数据进行单位根检验的设置

Test for unit root in 是指对数据进行差分与否。首先应该对原始数据（Level）进行单位根检验，分别选择 Trend and intercept、Intercept、None 三种不同的方法，点击 OK

后，得到检验结果，如图 5–100(a)～(c)所示。三种检验得到的 p 值分别为 0.940 1、0.998 4、0.981 5，则接受原假设，说明中国 GDP 原始数据为非平稳序列。

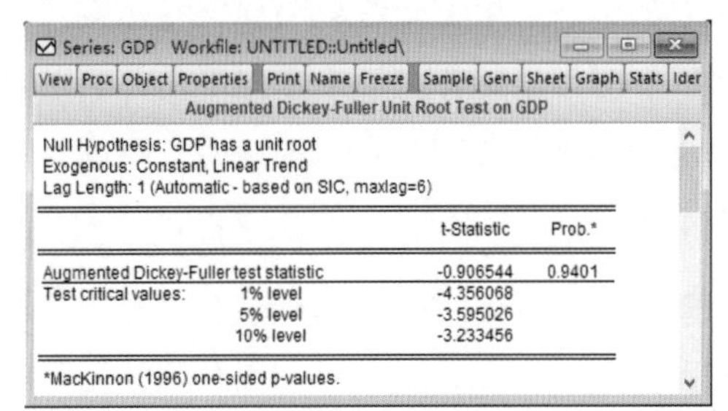

(a) Trend and intercept

Series: GDP Workfile: UNTITLED::Untitled\
Augmented Dickey-Fuller Unit Root Test on GDP
Null Hypothesis: GDP has a unit root
Exogenous: Constant
Lag Length: 1 (Automatic - based on SIC, maxlag=6)
t-Statistic Prob.*
Augmented Dickey-Fuller test statistic 1.395967 0.9984
Test critical values: 1% level -3.711457
5% level -2.981038
10% level -2.629906
*MacKinnon (1996) one-sided p-values.

(b)Intercept

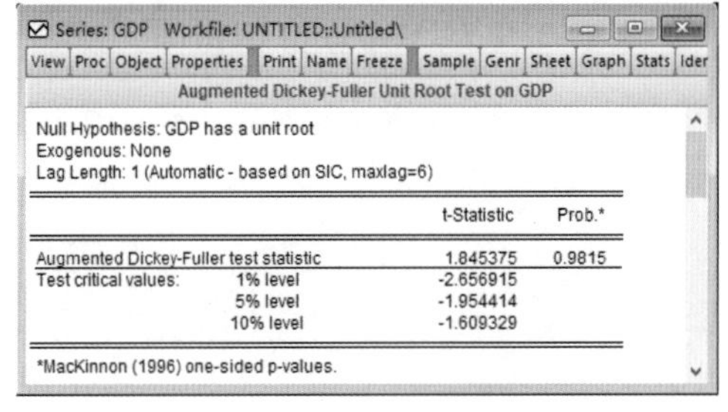

(c) None

图 5–100 对 GDP 数据进行单位根检验的结果

然后，对一阶差分后的 GDP 数据进行平稳性检验。在图 5–101(a)的 Test for unit root in 中选择 1st difference。分别选择 Trend and intercept、Intercept、None 三种不同的方法，点击 OK 后，得到检验结果，如图 5–101(b)～(d)所示。三种检验得到其 p 值分别为 0.136 0、0.395 4、0.393 6，则接受原假设，说明中国 GDP 数据的一阶差分序列也为非平稳序列。

然后，对二阶差分后的 GDP 数据进行平稳性检验。在图 5–101(a)的 Test for unit root in 中选择 2st difference。分别选择 Trend and intercept、Intercept、None 三种不同的方法，点击 OK 后，得到检验结果，如图 5–102(a)～(c)所示。三种检验得到其 p 值分别为 0.002 9、0.001、0.000 0，则拒绝原假设，说明中国 GDP 数据的二阶差分序列在三种情况下都是平稳序列。

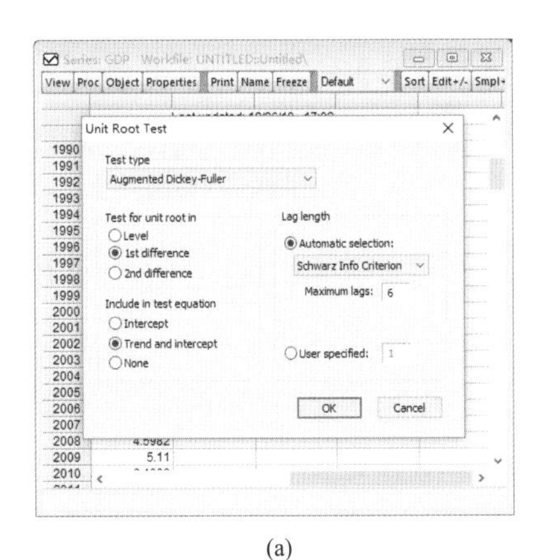

(a)

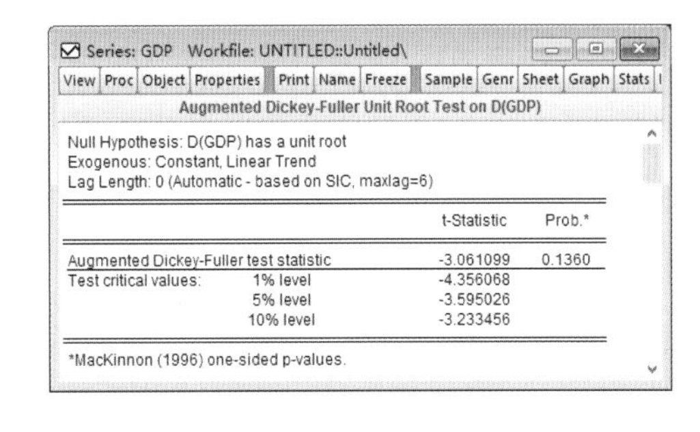

Series: GDP Workfile: UNTITLED::Untitled\

Augmented Dickey-Fuller Unit Root Test on D(GDP)

Null Hypothesis: D(GDP) has a unit root
Exogenous: Constant, Linear Trend
Lag Length: 0 (Automatic - based on SIC, maxlag=6)

		t-Statistic	Prob.*
Augmented Dickey-Fuller test statistic		-3.061099	0.1360
Test critical values:	1% level	-4.356068	
	5% level	-3.595026	
	10% level	-3.233456	

*MacKinnon (1996) one-sided p-values.

(b)

Series: GDP Workfile: UNTITLED::Untitled\

Augmented Dickey-Fuller Unit Root Test on D(GDP)

Null Hypothesis: D(GDP) has a unit root
Exogenous: Constant
Lag Length: 0 (Automatic - based on SIC, maxlag=6)

		t-Statistic	Prob.*
Augmented Dickey-Fuller test statistic		-1.750418	0.3954
Test critical values:	1% level	-3.711457	
	5% level	-2.981038	
	10% level	-2.629906	

*MacKinnon (1996) one-sided p-values.

(c)

Series: GDP Workfile: UNTITLED::Untitled\

Augmented Dickey-Fuller Unit Root Test on D(GDP)

Null Hypothesis: D(GDP) has a unit root
Exogenous: None
Lag Length: 0 (Automatic - based on SIC, maxlag=6)

		t-Statistic	Prob.*
Augmented Dickey-Fuller test statistic		-0.723026	0.3936
Test critical values:	1% level	-2.656915	
	5% level	-1.954414	
	10% level	-1.609329	

*MacKinnon (1996) one-sided p-values.

(d)

图 5–101　对 GDP 数据一阶差分后单位根检验参数的设置与结果

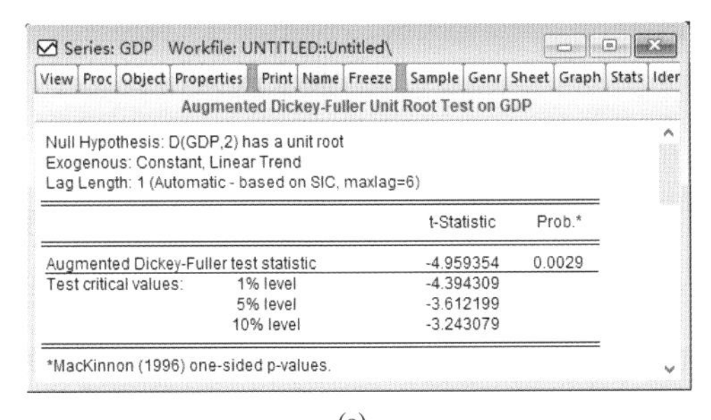

Series: GDP Workfile: UNTITLED::Untitled\

Augmented Dickey-Fuller Unit Root Test on GDP

Null Hypothesis: D(GDP,2) has a unit root
Exogenous: Constant, Linear Trend
Lag Length: 1 (Automatic - based on SIC, maxlag=6)

		t-Statistic	Prob.*
Augmented Dickey-Fuller test statistic		-4.959354	0.0029
Test critical values:	1% level	-4.394309	
	5% level	-3.612199	
	10% level	-3.243079	

*MacKinnon (1996) one-sided p-values.

(a)

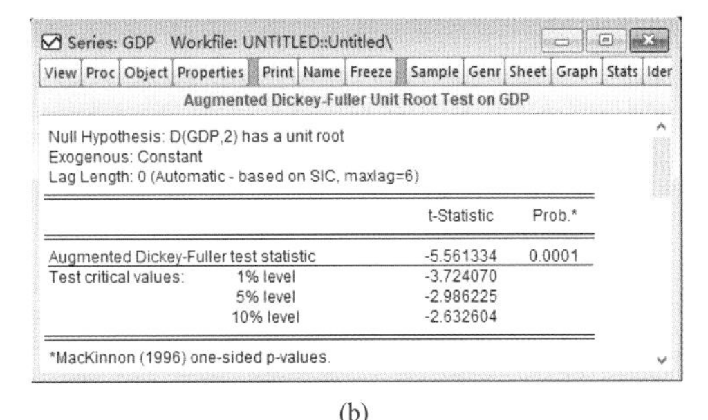

Series: GDP Workfile: UNTITLED::Untitled\

Augmented Dickey-Fuller Unit Root Test on GDP

Null Hypothesis: D(GDP,2) has a unit root
Exogenous: Constant
Lag Length: 0 (Automatic - based on SIC, maxlag=6)

		t-Statistic	Prob.*
Augmented Dickey-Fuller test statistic		-5.561334	0.0001
Test critical values:	1% level	-3.724070	
	5% level	-2.986225	
	10% level	-2.632604	

*MacKinnon (1996) one-sided p-values.

(b)

Series: GDP Workfile: UNTITLED::Untitled\

Augmented Dickey-Fuller Unit Root Test on GDP

Null Hypothesis: D(GDP,2) has a unit root
Exogenous: None
Lag Length: 0 (Automatic - based on SIC, maxlag=6)

		t-Statistic	Prob.*
Augmented Dickey-Fuller test statistic		-5.614813	0.0000
Test critical values:	1% level	-2.660720	
	5% level	-1.955020	
	10% level	-1.609070	

*MacKinnon (1996) one-sided p-values.

(c)

图 5–102　对 GDP 数据二阶差分后单位根检验参数的设置与结果

同样，运用上述该平稳性检验步骤，检验中国 SCI 发文量的平稳性，发现其二阶差分序列也是平稳的，即为二阶平稳过程。由于 GDP 和 SCI 发文量两序列在相同阶上通过了平稳性检验，则可直接进行格兰杰因果检验。

3. 格兰杰检验

同时选择 GDP 和 SCI 数据，右键点击 Open→as VAR，如图 5–103 (a)所示。然后

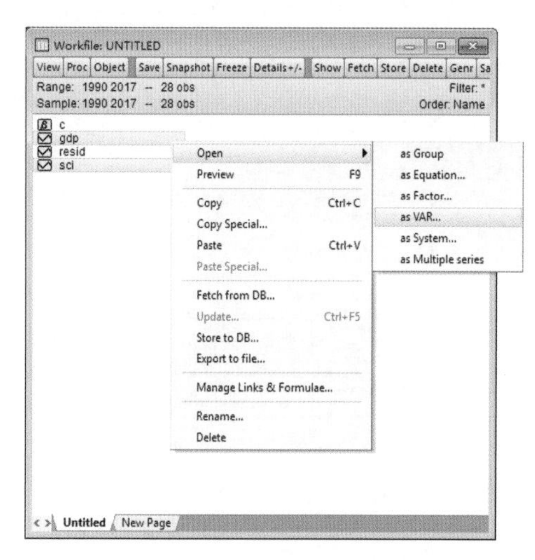

(a) 格兰杰检验方法的选择

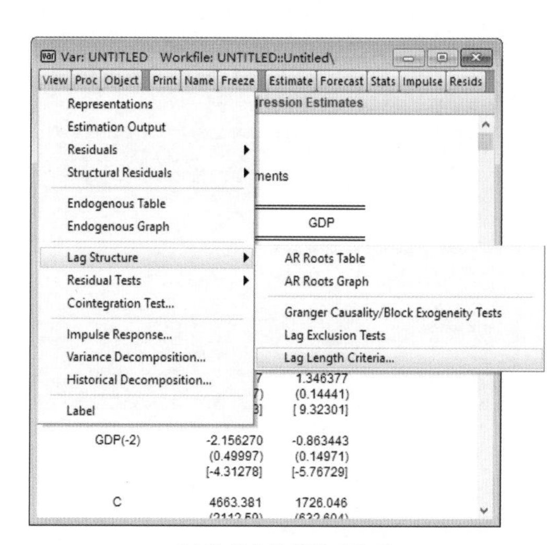

(b) 格兰杰检验滞后选项

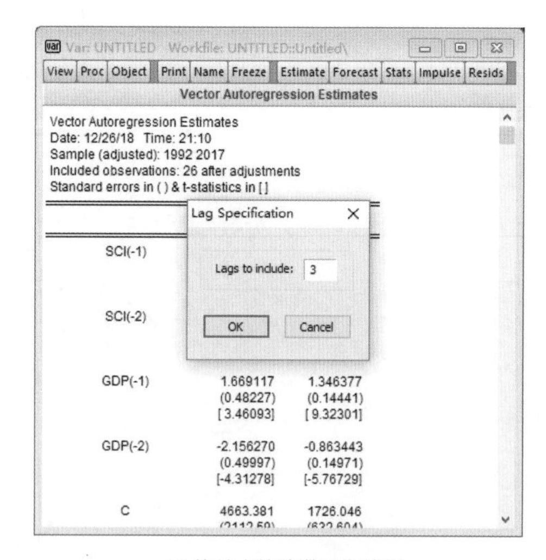

(c) 格兰杰检验滞后期选择

图 5–103 格兰杰检验参数设置界面

在弹出的对话框中点击确定。确定后，在弹出的框中，选择 View→Lag Structure→Lag Length Criteria，如图 5–103(b)所示。在弹出的对话框中，Lags to include 输入 3，点击 Ok，如图 5–103(c)。

结果中，LR、FPE、AIC、SC、HQ 分别为五种推荐最优滞后期的方法。带星标的 Lag 为该方法推荐的最优滞后期。一般选择带星标最多的方法认为是该数据对应的最优滞后期，如图 5–104(a)。此时应该选择 3 为最优 Lag。但是由于 3 也是我们人为设定的最长 Lag，实际上可能有更长的 Lag 是最优 Lag，因此，需要将上一步设定的 Lag 加长。选择 View→Lag Structure→Lag Length Criteria，在弹出的对话框中，设置 Lags to include 为 4，点击 OK。结果发现五种方法中有四种推荐 3 为最优滞后期（图 5–104(b)），因此，判定 3 即为对应此数据的最优滞后期。

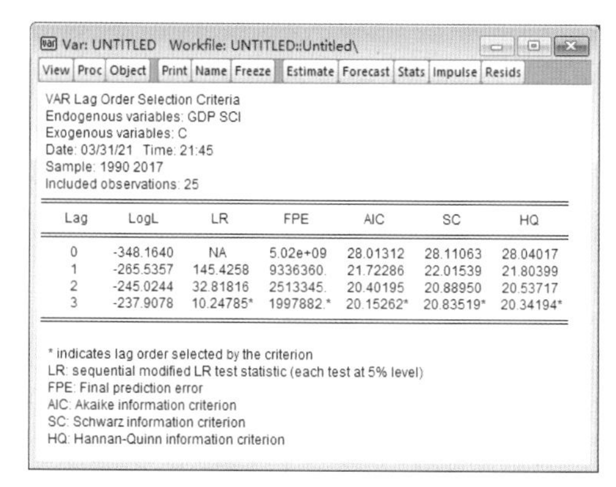

Var: UNTITLED　Workfile: UNTITLED::Untitled\

View | Proc | Object | Print | Name | Freeze | Estimate | Forecast | Stats | Impulse | Resids

VAR Lag Order Selection Criteria
Endogenous variables: GDP SCI
Exogenous variables: C
Date: 03/31/21　Time: 21:45
Sample: 1990 2017
Included observations: 25

Lag	LogL	LR	FPE	AIC	SC	HQ
0	-348.1640	NA	5.02e+09	28.01312	28.11063	28.04017
1	-265.5357	145.4258	9336360.	21.72286	22.01539	21.80399
2	-245.0244	32.81816	2513345.	20.40195	20.88950	20.53717
3	-237.9078	10.24785*	1997882.*	20.15262*	20.83519*	20.34194*

* indicates lag order selected by the criterion
LR: sequential modified LR test statistic (each test at 5% level)
FPE: Final prediction error
AIC: Akaike information criterion
SC: Schwarz information criterion
HQ: Hannan-Quinn information criterion

(a)滞后期为3的结果

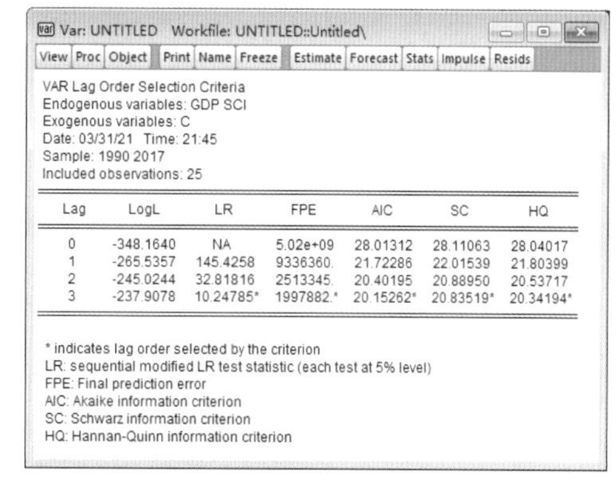

Var: UNTITLED　Workfile: UNTITLED::Untitled\

View | Proc | Object | Print | Name | Freeze | Estimate | Forecast | Stats | Impulse | Resids

VAR Lag Order Selection Criteria
Endogenous variables: GDP SCI
Exogenous variables: C
Date: 03/31/21　Time: 21:45
Sample: 1990 2017
Included observations: 25

Lag	LogL	LR	FPE	AIC	SC	HQ
0	-348.1640	NA	5.02e+09	28.01312	28.11063	28.04017
1	-265.5357	145.4258	9336360.	21.72286	22.01539	21.80399
2	-245.0244	32.81816	2513345.	20.40195	20.88950	20.53717
3	-237.9078	10.24785*	1997882.*	20.15262*	20.83519*	20.34194*

* indicates lag order selected by the criterion
LR: sequential modified LR test statistic (each test at 5% level)
FPE: Final prediction error
AIC: Akaike information criterion
SC: Schwarz information criterion
HQ: Hannan-Quinn information criterion

(b) 滞后期为3的结果

图 5–104　格兰杰检验不同滞后期的检验结果

选择 Estimate，将 Lag Intervals for Endogeous 中的 2 改为 3，点击确定，如图 5–105(a)。然后，选择 View→Lag Structure→Granger Causality/Block Exogeneity Tests，步骤如图 5–105(b)所示。

（四）实验的结果与解译

当 3 为最优滞后期时，格兰杰检验结果图 5–106 所示。图中上半部分的表格中 p 值为 0.000，小于 0.05，表示拒绝原假设，说明 SCI 发文量是 GDP 的格兰杰原因；同理，图中下半部分的表格中 p 值为 0.000，小于 0.05，表示拒绝原假设，说明 GDP 也是 SCI

发文量的格兰杰原因；故 GDP 和 SCI 发文量间存在相互的因果关系。说明在中国 GDP 的发展会带动 SCI 科技论文的发表，同时科技进步也推动经济的进步。两者相互促进。

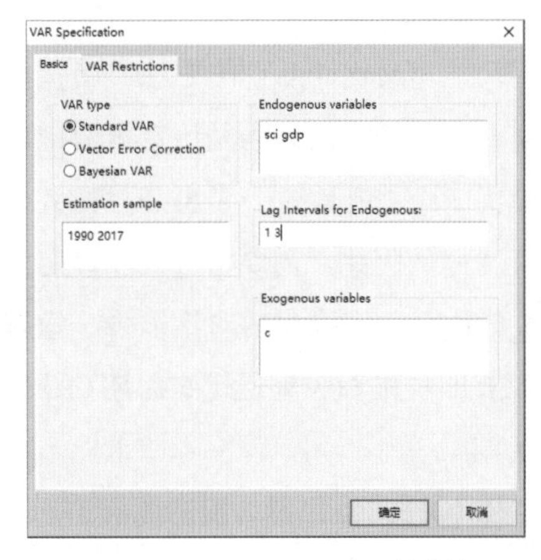

(a) Lag Intervals for Endogeous的选择

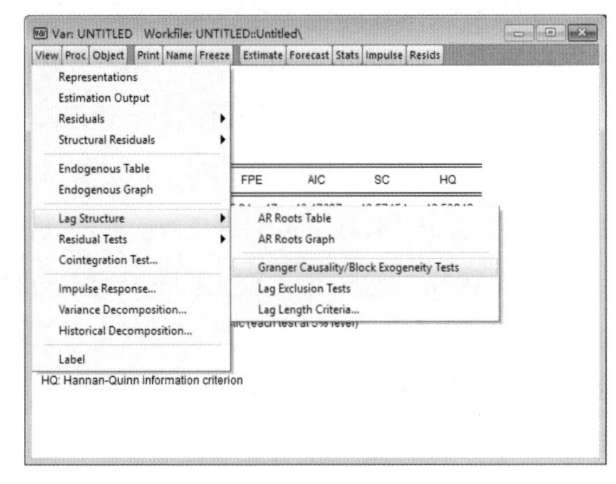

(b)格兰杰检验方法的选择

图 5–105 格兰杰检验的参数设置

Var: UNTITLED Workfile: UNTITLED::Untitled\

View Proc Object Print Name Freeze Estimate Forecast Stats Impulse Resids

VAR Granger Causality/Block Exogeneity Wald Tests
Date: 04/01/21 Time: 13:33
Sample: 1990 2017
Included observations: 25

Dependent variable: GDP

Excluded	Chi-sq	df	Prob.
SCI	27.50421	3	0.0000
All	27.50421	3	0.0000

Dependent variable: SCI

Excluded	Chi-sq	df	Prob.
GDP	40.04595	3	0.0000
All	40.04595	3	0.0000

图 5–106 格兰杰检验结果界面

为了进一步验证两变量间是否存在一种长期动态的均衡关系，还可对两变量进行协整检验。特别是两变量非平稳时，可以用协整检验验证两时间序列的线性组合是否平稳，即呈现长期稳定的相互关系。这个关系也称协整关系。协整检验的原假设是两序列数据不存在协整关系，若 $p<0.05$ 时，拒绝原假设，即两序列数据存在协整关系。

协整检验的方法较多，本实验仅介绍 EViews 中的恩格尔—格兰杰（Engle-Granger）方法。如图 5–107(a)所示，同时选定 GDP 和 SCI 数据，右键单击 Open→as Equation。在弹出的对话框中，Equation specification 框中输入“sci gdp c”，在 Method 中选择 COINTREG，然后点击确定。如图 5–107(b)所示。确定后，在弹出的对话框中选择 View→Cointegration Tests，然后在弹出的对话框中选择 Engle-Granger，点击 OK，如图 5–107(c)。

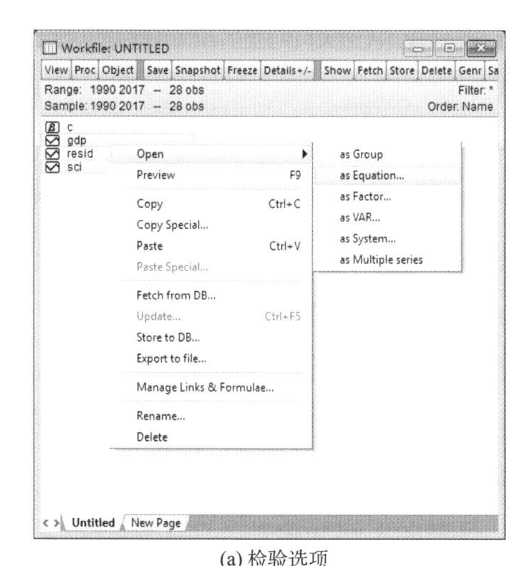

(a) 检验选项

(b) COINTREG方法选择

(c) Engle-Granger方法选择

图 5–107　协整检验的设置

二、实验 2：探讨菲律宾板块边界能量释放的转移关系

（一）实验目的

本实验运用格兰杰因果检验探讨菲律宾板块边界能量释放的转移关系。通过本实验，学习 EViews 中格兰杰因果检验的使用，深入理解格兰杰因果检验的原理与特点，体会格兰杰因果检验在地理研究中的价值与意义。

（二）实验数据

菲律宾板块的数据见 Part6\EXP2 data\EXP2.xlsx；其中，第一列表示年份，第二列表示左边界处能量释放（序列 X），第三列表示右边界处能量释放（序列 Y）数据。

（三）实验步骤

1. 创建数据

软件打开后，如图 5–97(a)所示，点击 Create a new EViews workfile，出现如图 5–108(a)的界面。根据数据的时间频率，在 Workfile structure type 中选择 Dated - regular frequency。本实验使用的是年际数据，所以在 Data specification 中选择 Annual。Start data 和 End data 分别设置为 1904、2014。然后点击 OK。在 Command 命令行中，输入命令“data X Y”，然后回车。从 EXP2.xlsx 中复制数据值，并粘贴到下图相应区域，如图 5–108(b)。

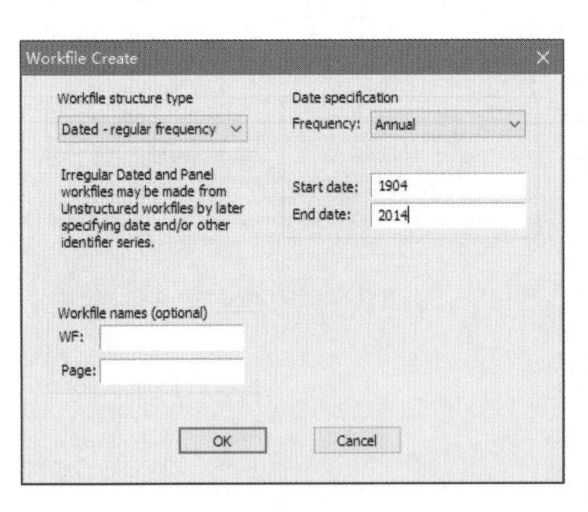

(a) 数据创建

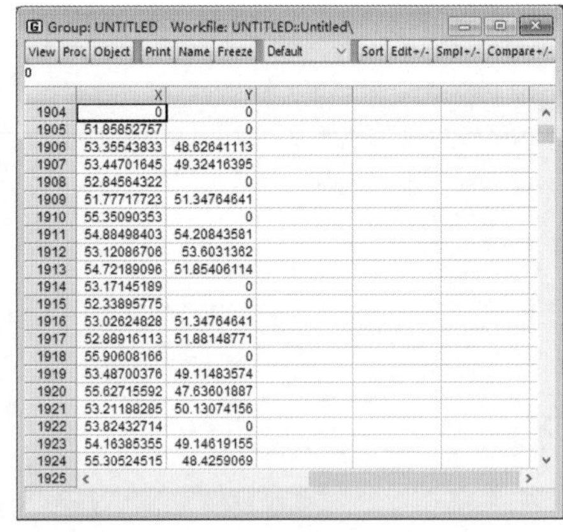

	X	Y
1904	0	0
1905	51.85852757	0
1906	53.35543833	48.62641113
1907	53.44701645	49.32416395
1908	52.84564322	0
1909	51.77717723	51.34764641
1910	55.35090353	0
1911	54.88498403	54.20843581
1912	53.12086706	53.6031362
1913	54.72189096	51.85406114
1914	53.17145189	0
1915	52.33895775	0
1916	53.02624828	51.34764641
1917	52.88916113	51.88148771
1918	55.90608166	0
1919	53.48700376	49.11483574
1920	55.62715592	47.63601887
1921	53.21188285	50.13074156
1922	53.82432714	0
1923	54.16385355	49.14619155
1924	55.30524515	48.4259069
1925		

(b) 数据加载

图 5–108 软件数据创建与加载

2. 平稳性检验

根据实验 1 的步骤对 X、Y 两时间序列数据做平稳性检验，发现序列 X 和序列 Y 为含有截距项和趋势项（Trend and intercept）的平稳过程，结果如图 5–109 所示。

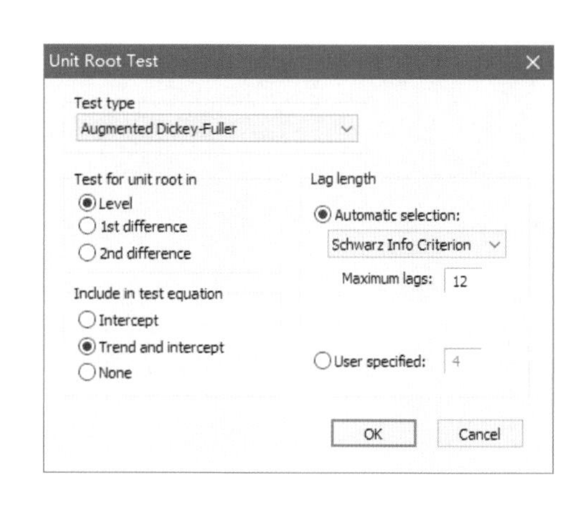

(a) 序列X平稳性假设检验输入界面

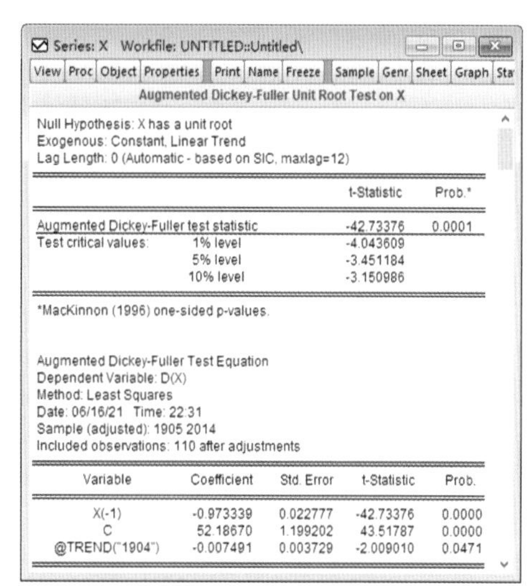

(b) 序列X平稳性假设检验结果界面

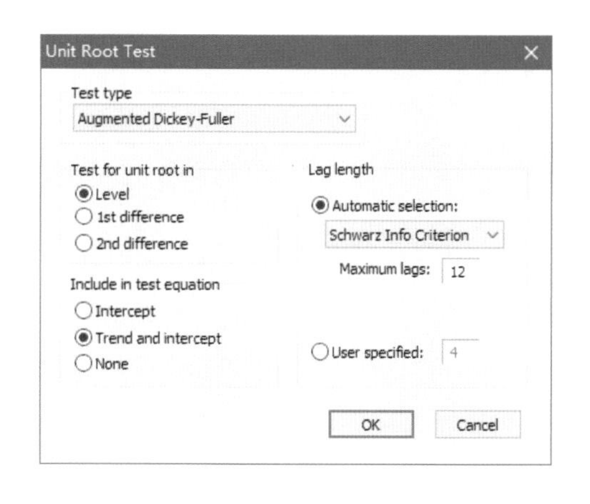

(c) 序列Y平稳性假设检验输入界面

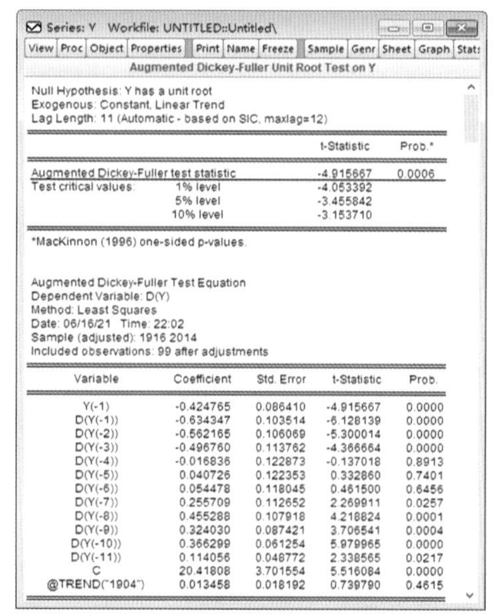

(d) 序列Y平稳性假设检验结果界面

图 5–109　平稳性假设检验输入和结果界面

3. 格兰杰因果检验

选定序列 X 和序列 Y 数据后，构建 VAR 模型，发现五种滞后期推荐方法中三种推荐了 7 为最佳滞后期，结果如图 5–110 所示。

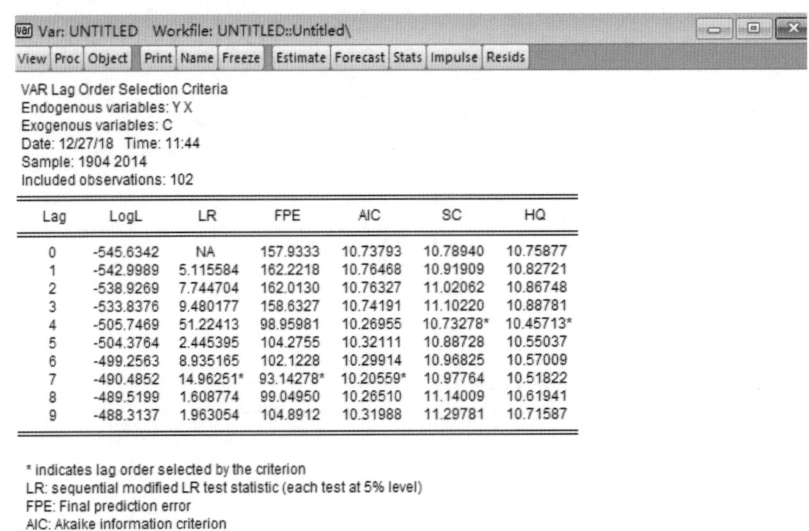

Var: UNTITLED Workfile: UNTITLED::Untitled\

View | Proc | Object | Print | Name | Freeze | Estimate | Forecast | Stats | Impulse | Resids

VAR Lag Order Selection Criteria
Endogenous variables: Y X
Exogenous variables: C
Date: 12/27/18 Time: 11:44
Sample: 1904 2014
Included observations: 102

Lag	LogL	LR	FPE	AIC	SC	HQ
0	-545.6342	NA	157.9333	10.73793	10.78940	10.75877
1	-542.9989	5.115584	162.2218	10.76468	10.91909	10.82721
2	-538.9269	7.744704	162.0130	10.76327	11.02062	10.86748
3	-533.8376	9.480177	158.6327	10.74191	11.10220	10.88781
4	-505.7469	51.22413	98.95981	10.26955	10.73278*	10.45713*
5	-504.3764	2.445395	104.2755	10.32111	10.88728	10.55037
6	-499.2563	8.935165	102.1228	10.29914	10.96825	10.57009
7	-490.4852	14.96251*	93.14278*	10.20559*	10.97764	10.51822
8	-489.5199	1.608774	99.04950	10.26510	11.14009	10.61941
9	-488.3137	1.963054	104.8912	10.31988	11.29781	10.71587

* indicates lag order selected by the criterion
LR: sequential modified LR test statistic (each test at 5% level)
FPE: Final prediction error
AIC: Akaike information criterion
SC: Schwarz information criterion
HQ: Hannan-Quinn information criterion

图 5–110 格兰杰检验滞后期选择界面

（四）实验的结果与解译

选择 7 为最佳滞后期，进行格兰杰因果检验，结果如图 5–111 所示。图中上半部分的表格中 p 值为 0.005，小于 0.05，表示拒绝原假设，说明菲律宾板块左边界地震能量（X）是右边界地震能量（Y）的格兰杰原因；同理，图中下半部分的表格中 p 值为 0.307，大于 0.05，表示接受原假设，说明菲律宾板块右边界地震能量（Y）不是左边界地震能量（X）的格兰杰原因。从统计因果的角度可以认为，菲律宾板块的左边界处能量首先释放，经过复杂的地球物理关系，进而引发了右边界处能量释放。

Var: UNTITLED　Workfile: UNTITLED::Untitled\

View | Proc | Object | Print | Name | Freeze | Estimate | Forecast | Stats | Impulse | Resids

VAR Granger Causality/Block Exogeneity Wald Tests
Date: 12/27/18　Time: 11:45
Sample: 1904 2014
Included observations: 104

Dependent variable: Y

Excluded	Chi-sq	df	Prob.
X	20.30140	7	0.0050
All	20.30140	7	0.0050

Dependent variable: X

Excluded	Chi-sq	df	Prob.
Y	8.290653	7	0.3077
All	8.290653	7	0.3077

图 **5–111**　格兰杰检验结果界面

检验结果如图 5–112 所示，看 Engle-Granger tau-statistic 的 p 值，发现 p 值小于 0.05。因此，得出结论，序列 X 和序列 Y 之间存在协整关系。

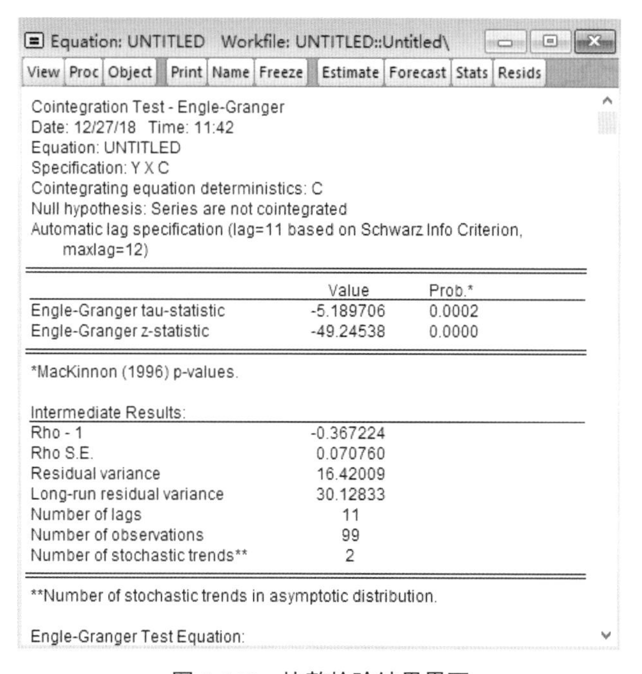
Equation: UNTITLED　Workfile: UNTITLED::Untitled\

View | Proc | Object | Print | Name | Freeze | Estimate | Forecast | Stats | Resids

Cointegration Test - Engle-Granger
Date: 12/27/18　Time: 11:42
Equation: UNTITLED
Specification: Y X C
Cointegrating equation deterministics: C
Null hypothesis: Series are not cointegrated
Automatic lag specification (lag=11 based on Schwarz Info Criterion, maxlag=12)

	Value	Prob.*
Engle-Granger tau-statistic	-5.189706	0.0002
Engle-Granger z-statistic	-49.24538	0.0000

*MacKinnon (1996) p-values.

Intermediate Results:	
Rho - 1	-0.367224
Rho S.E.	0.070760
Residual variance	16.42009
Long-run residual variance	30.12833
Number of lags	11
Number of observations	99
Number of stochastic trends**	2

**Number of stochastic trends in asymptotic distribution.

Engle-Granger Test Equation:

图 **5–112**　协整检验结果界面

（五）注意事项

第一，格兰杰本人在其 2003 年获诺奖演说中强调了其应用的局限性，以及由此导致了“很多荒谬论文的出现”。格兰杰因果关系检验的结论只是一种统计估计，不是真正意义上的因果关系，不能作为肯定或否定因果关系的根据。因此，在分析因果检验结果时，必须加入先验知识进行解释。

第二，平稳性检验、协整检验等有多种不同的检验方法。本实验仅介绍了最常用的方法，其他方法请自行查阅和学习。

第三，可以进行此因果检验的软件除 EViews 以外，还有 Stata 软件、MATLAB 等，请自行查阅和学习。

第七节　MATLAB 小波分析

地理要素或现象通常是不同时间尺度（周期）综合叠加之后的表现。同时，不同地理要素之间在不同尺度上存在相互作用或影响的关系。典型例子如太阳黑子在 11 年周期上对大气环流和地表径流产生显著的影响。小波分析不仅可以帮助我们解析研究对象在时间变化是否有多个变化周期，以及这些变化周期的时间特征。同时，小波分析还可以帮助我们分析地理要素两两之间在哪些时间段内、在多长的周期上存在着相互关系，进而探究地理现象的主要影响因子。

MATLAB 软件是一款商用的数据分析软件（https://www.mathworks.com/products/matlab.html）。本章的小波分析程序将在 MATLAB 的环境下运行。小波分析的具体算法和程序介绍参见格林斯特德等（Grinsted *et al.*，2004）以及托伦斯和康波（Torrence and Compo, 1998）的研究。

一、实验 1：基于小波变换的径流不同尺度变化特征

（一）实验目的

基于某条河流的年径流数据，利用连续小波变换方法分析该河流在不同时间尺度

的年径流量变化特征。研究的详细情况见沈石等人的文献（Shen *et al.*, 2020）。

通过本实验，学习 MATLAB 中小波变换的使用，深入理解小波变换的原理与特点，体会小波变换在地理研究中的价值与意义。

（二）实验数据和代码

代码存储于\Part7\Code。数据存储于\Part7\EXP1 data\runoff.mat。该文件为我国西北某河流 1957～2010 年径流数据，其中，第一列表示年份，第二列表示径流数据（亿立方米）。

（三）实验步骤

1. 将\Part7 文件夹拷贝到本机任一路径下，然后打开 MATLAB，点击 HOME→Set Path→Add with Subfolders，加载\Part7 文件夹及其所有子文件夹。

2. 在 MATLAB 界面上点击 Browse for Folder 图标，找到\Part7 文件夹后点击选择文件夹，这时文件夹会呈现在左边的界面上。然后点击 HOME→Import Data，选择\Part7\EXP1 data\runoff.mat，然后点击 Finish，数据就会出现在 Workspace 窗口中（通常在右侧）。这个数据即大小为 57×2 的径流数据。双击即可打开数据进行查看。

3. 双击打开 MATLAB 界面 Current Folder 下的\Code\CWT_Exp.m。此文件对原始数据进行标准化，并且赋予时间标签，然后设置连续小波变换的母小波为莫雷特（Morlet）小波，利用连续小波谱分析函数 *wt*( )对径流量数据进行分析。代码的具体含义请参见代码中的注释。点击 Run 图标，即可得到我国西北某河流在不同时间尺度的年径流量变化特征。

（四）实验结果与解译

1957～2010 年径流数据的连续小波分析结果如图 5–113 所示。图 5–113(a)为原始径流年际变化过程。

图 5–113(b)为径流的连续小波分析结果，其中圆锥型曲线代表小波影响锥，即圆锥外阴影区域的结果会受到小波边缘效应的影响，可信度较低。黑色包络线表示置信度为 95%的红噪声检验区域，表明黑色区域的结果通过红噪声检验，且是非随机的，其结果可信度高。连续小波谱的横轴为径流的时间范围，纵轴为时间尺度（年）。不同

颜色代表了连续小波的能量，即小波系数绝对值的平方。从图 5–113(b)中可以看出，该条河流的年径流量在 1960～1975 年和 1980～2004 年有两个 1～6 年的震荡周期。这表明这个时间段内径流时间序列变化的强度是非随机的，而且能量最大。

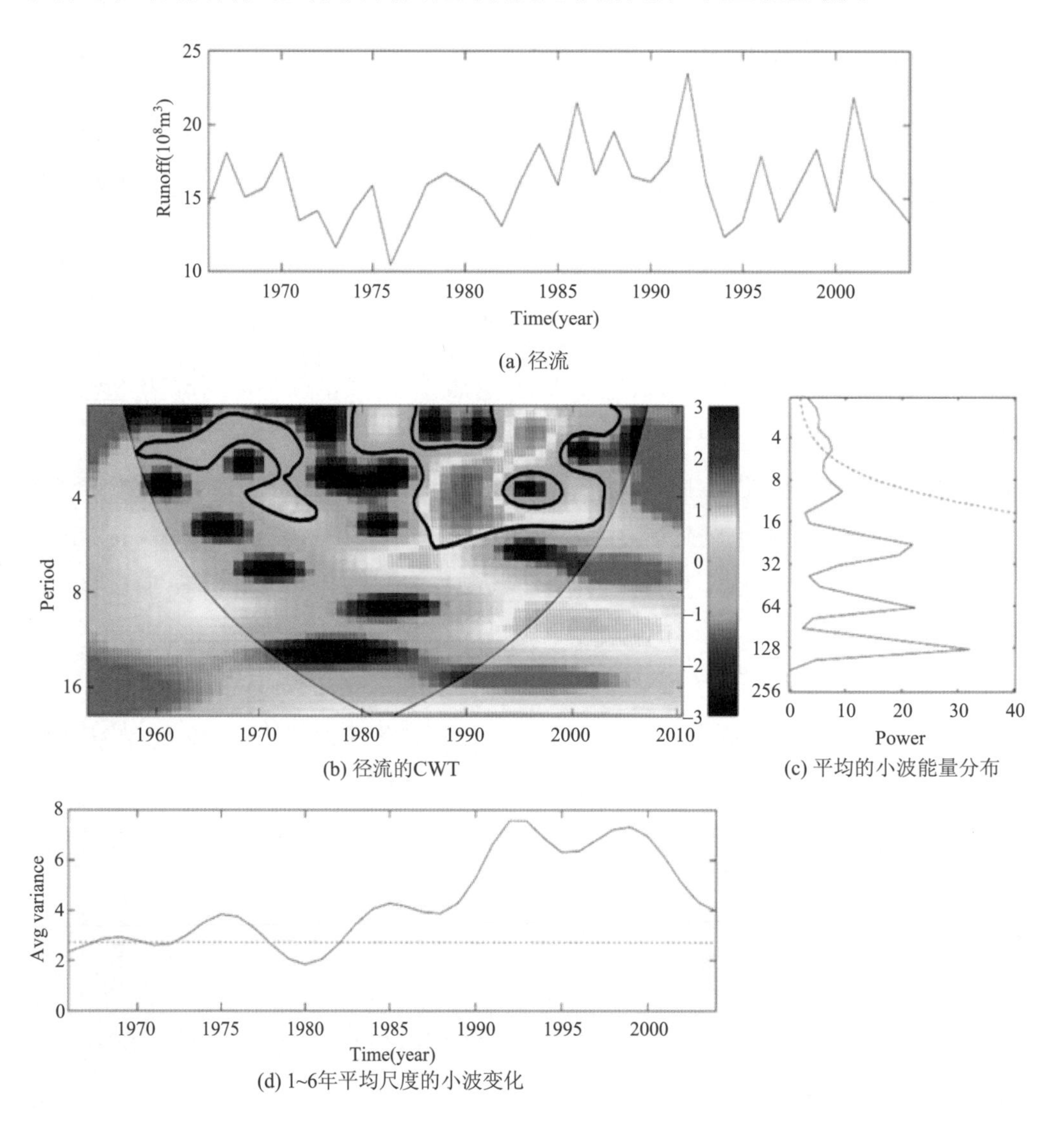

图 5–113　1957～2010 年某河流连续小波分析结果

图 5–113(c)为全局小波能量谱，其中横坐标表示小波能量；纵坐标表示时间尺度；虚线代表红噪声检验的 95%置信范围。图 5–113(c)表明了在不同时间尺度下，在全部

时间段内平均的小波能量分布。从图 5–113(c)中可以看到，径流在 20a、64a、128a 尺度上有明显的峰值，但是并没有通过显著性检验。因此，我们可以认为在 95%置信度内，径流有 1～6 年的震荡周期。

图 5–113(d)为 1～6 年平均尺度的小波变化，其中横轴表示时间范围；纵轴表示 1～6 年尺度径流平均的小波方差；虚线代表红噪声检验的 95%置信范围。从图 5–113(d)中可以看出，在 1972～1978 年和 1982～2014 年，1～6 年尺度径流的小波方差都通过了显著性检验。尤其在 1982～2014 年，小波能量变高，表明该条河流的径流增加，进入明显的丰水期。

二、实验 2：基于小波相干的气候因子对径流的影响

（一）实验目的

本实验基于北极涛动（Arctic Oscillation，AO）指数和年径流数据，如图 5–114(a)、(b)，利用交叉小波分析和小波相干方法分析气候因子对该条河流的在多时间尺度上的影响。

通过本实验，学习 MATLAB 中交叉小波分析和小波相干方法的使用，深入理解交叉小波分析和小波相干方法的原理与特点，体会它们在多要素时序数据分析中的价值与意义。

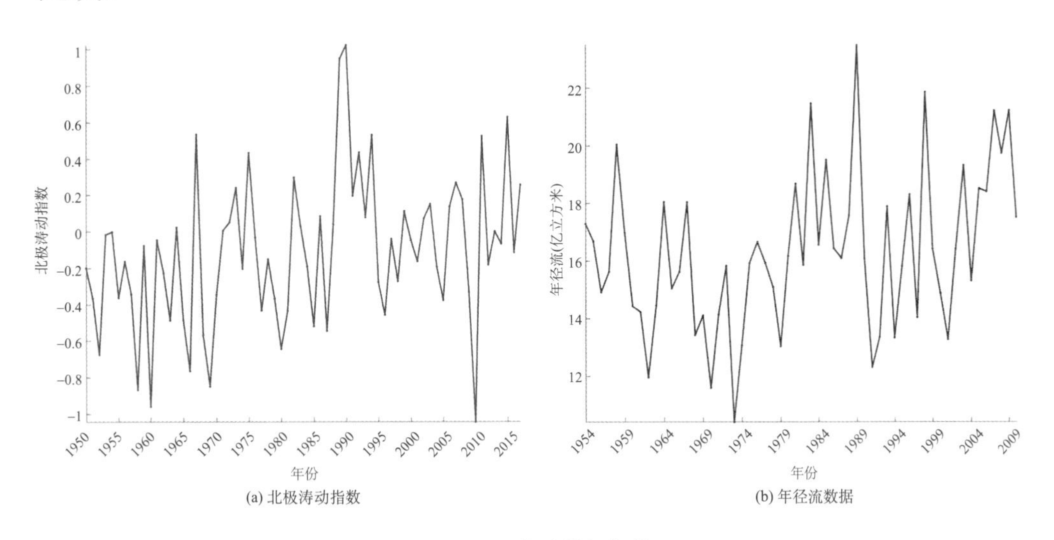

(a) 北极涛动指数　　(b) 年径流数据

图 5–114　实验数据概览

（二）实验数据与代码

代码存储于\Part7\Code。数据存储于\Part7\EXP2 data。

• runoff.mat 文件为我国西北某河流 1957～2010 径流数据，其中，第一列表示年份，第二列表示径流数据（亿立方米）。

• Annual_AO.mat 文件为 1950～2017 年 AO 指数数据，其中，第一列表示年份，第二列表示 AO 指数。

（三）实验步骤

1. 将\Part7 文件夹拷贝到本机任一路径下，然后打开 MATLAB，点击 HOME→Set Path→Add with Subfolders，加载\Part7 文件夹及其所有子文件夹。

2. 在 MATLAB 界面上点击 Browse for Folder 图标，找到\Part7 文件夹后点击选择文件夹，这时文件夹会呈现在左边的界面上。然后点击 HOME→Import Data，选择 EXP2 data\runoff.mat 和 Annual_AO.mat，然后点击 Finish，数据就会出在 Workspace 窗口中（通常在右侧）。

3. 交叉小波分析：双击打开 MATLAB 界面 Current Folder 下的\Code\XWT_Exp.m。此文件对 AO 指数和径流数据进行标准化处理，并构造带时间标签的数据，然后调用交叉小波分析函数 xwt(Fx,Fy) 在多时间尺度上分析气候因子对我国西北某河流径流的影响，其中 Fx 为径流，Fy 为 AO 指数数据。代码的具体含义请参见代码中的注释。点击 Run 图标，运行代码。

4. 小波相干分析：双击打开 MATLAB 界面当前文件夹下的\Code\WTC_Exp.m。此文件对 AO 和径流数据进行标准化处理，并构造带时间标签的数据，然后调用小波相干分析函数 wtc(Fx,Fy) 在多时间尺度上分析气候因子对我国西北某河流径流的影响，其中 Fx 为径流，Fy 为 AO 指数数据。代码的具体含义请参见代码中的注释。点击 Run 图标，运行代码。

（四）实验的结果与解译

北极涛动指数（AO）与年径流的交叉小波谱的结果如图 5–14 所示。其中，横轴代表径流变化的时间范围，纵轴代表时间尺度。不同的颜色代表了 AO 与年径流的交叉小波能量，即两者小波系数乘积的绝对值。它代表了两个时间序列在不同时间尺度下和时间范围内的相似程度。箭头代表了两个时间序列的相位关系，右箭头（→）表示气候要素与径流量之间是同相位，说明二者为正相关关系；左箭头（←）表示气候要素与径流量之间为反相位，说明二者为负相关关系。

此外，交叉小波谱中的圆锥线同样代表了小波影响锥的范围，表示圆锥外的区域受边缘效应的影响，结果可信度较低。黑色包络线内的区域代表通过95%置信度的红噪声检验。从图3-15中可以看出，在1962～1966年、1986～1993年和1994～1997年，AO与年径流在1～6a尺度上存在较高的交叉小波区域，并通过显著性检验。这表明在这些时间范围和时间尺度上，AO与径流的两者能量较高的信号间存在较大的相似性，即AO对径流存在显著的影响。

北极涛动指数（AO）与年径流的小波相干谱的结果如图3-16所示；其中，横轴代表径流变化的时间范围，纵轴代表时间尺度。不同的颜色代表了AO与年径流的小波相干系数，即两者标准化的小波系数乘积的绝对值。小波相干系数表明了两个时间序列的小波变换在标准化之后的不同时间尺度下和时间范围内的相似程度。箭头代表了两个时间序列的相位关系。右箭头（→）表示气候要素与径流量之间为同相位，说明二者存在正相关关系；左箭头（←）表示气候要素与径流量之间为反相位，说明二者存在负相关关系。

此外，小波相干谱中的圆锥线同样代表了小波影响锥的范围，即圆锥外的区域受边缘效应的影响，结果可信度较低。黑色包络线内的区域代表了通过95%置信度的红噪声检验。从图3-16中可以看出，在1962～1966年、1978～1994年和1994～1997年，AO与年径流在1～6a尺度上存在较高的小波相干区域，并通过显著性检验，进一步证实了这些时间范围和时间尺度上，AO与径流的信号存在较大的相似性，即AO对径流存在显著的影响。

第八节　MATLAB高维、多向聚类分析

当前研究中的聚类算法根据尺度大致可以分为三个类型：单向聚类方法、双向聚类方法、三向聚类方法。

单向聚类方法，也称为传统聚类，指的是沿着空间或时间维度将时空数据划分为相似元素的集合。单向聚类分析可分为空间聚类和时间聚类。对于需要聚类的数据矩阵（图 5–115(a)），空间聚类（图 5–115(b)）将数据集中的地点和时间分别看作对象及其属性。聚类结果是在所有时间上均具有相似值的地点聚簇，而时间聚类（图 5–115(c)）则将数据集中的时间和地点分别看作对象及其属性。聚类结果是在所有地点上均具有相似值的时间聚簇。

双向聚类方法（图 5–115(d)）对地点和时间同时进行聚类。通过将数据集中的地点和时间同时划分到地点聚簇和时间聚簇，双向聚类得到数据元素相似的时空双向聚簇，也就是每个地点聚簇和时间聚簇的交叉。在双向聚簇内部任意地点和时间上的值均相似。

三向聚类方法适用于分析数据立方体（图 5–115(e)）并同时沿着立方体中的空间位置、时间点和属性方向进行一体化划分。具体来说，三向聚类分析方法根据属性值或属性变化的相似性将时空数据中的空间位置划分为空间聚簇的同时，也将时间点划分为时间点聚簇以及属性划分为属性聚簇。其中每个空间聚簇、时间点聚簇和属性聚簇的交叉沿着空间、时间和属性方向都有相似的属性值或属性变化特征（图 5–115(f)）。

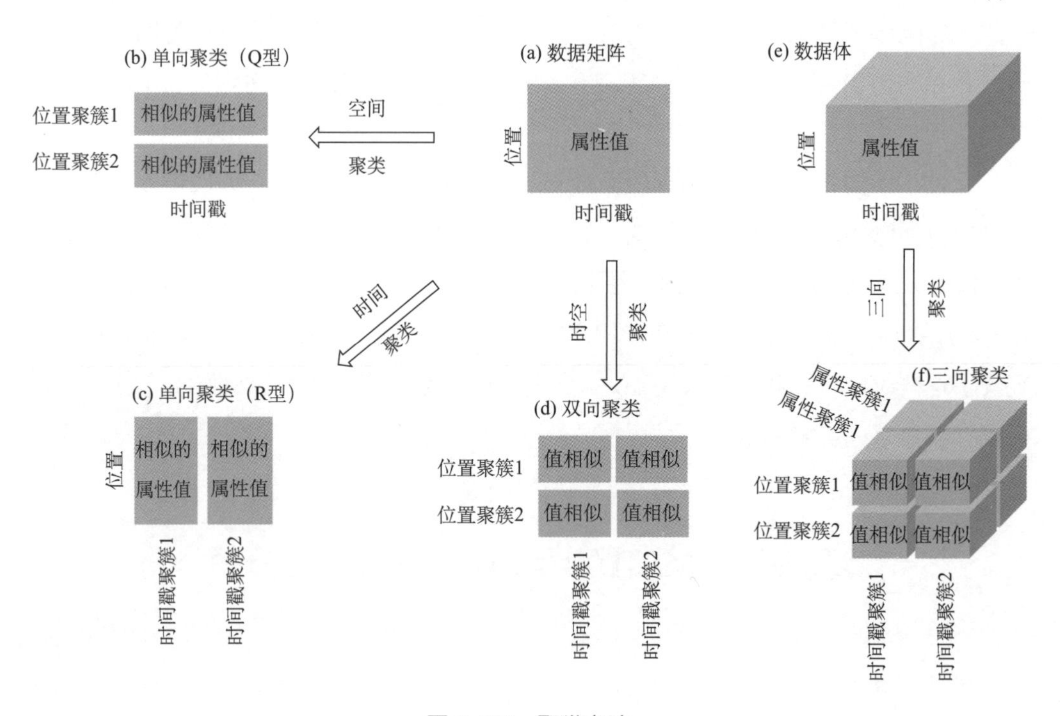

图 5–115　聚类方法

本章的实验软件包括：MATLAB，SOM-Toolbox-master（MATLAB 工具箱）和ArcGIS（地图渲染）。

一、实验1：基于SOMs的荷兰气象站点日平均气温的时空分异

（一）实验目的

本实验采用SOMs方法实现荷兰气象站点日平均气温的时空分异聚类。

通过本实验，掌握MATLAB中SOMs方法的使用，掌握SOMs方法中数据的输入格式，深入理解SOMs聚类的基本原理以及适用场合，了解SOMs结果的各种可视化方法。

（二）实验数据和代码

本实验基于吴晓静等（Wu *et al.*，2013）文献使用荷兰采集的日平均气温数据进行SOMs分析。数据可以免费从荷兰皇家气象局网站上获取（www.knmi.nl）。

实验代码存储于\Part8\EXP1 code。数据存储于\Part8\EXP1 data。

• 气温数据（data.mat）：荷兰28个气象站点20年（1992～2011）采集的日平均气温，数据格式为28×7 300（20年×365天），每行表示一个站点，每列表示一天的日平均气温。

• 地图数据（Stations_polygons.shp）：荷兰泰森多边形地图。

（三）实验步骤

1. 安装SOMs工具箱。首先将SOM-Toolbox-master文件夹拷贝到本机任一路径下。然后打开MATLAB，点击HOME→Set Path→Add Folder，加载SOM-Toolbox-master文件夹，点击Save和Close。然后在HOME→Preferences→General点击Update Toolbox Path Cache。然后点击OK完成SOMPAK工具箱的加载和保存。如果运行代码时显示找不到函数，则建议再将SOM-Toolbox-master文件夹下的SOM文件夹进行加载。

2.导入温度数据。将\Part8\EXP1 data文件夹拷贝到电脑某路径下。在MATLAB界面上点击Browse for Folder，找到EXP1 data文件夹后，点击选择文件夹。这时文件夹里的代码和数据都会呈现界面左侧。然后点击HOME→Import Data，选择data.mat，

然后点击 Finish，数据就会出现界面上的 Workspace 窗口中（通常在右侧）。这个数据即大小为 28×7 300 的气温数据。双击即可打开数据进行查看。

3.设置 SOMs 网络参数并对网络进行训练。在 MATLAB 界面上点击 Browse for Folder，找到 EXP1 code 文件夹后，点击选择文件夹，文件夹下的内容呈现在 MATLAB 左边的当前文件夹中。双击打开 MATLAB 界面当前文件夹下的\matlab code\station_based_training。此文件主要是对 SOMs 网络进行训练。在训练过程中，可以对 SOMs 网络参数进行设置，比如网络的大小和训练中的邻域半径等。具体参数的设置参见代码中的注释。读者可以尝试修改参数[①]设置，并查看不同参数对训练结果的影响。注意，使用相同参数训练，每次得到的结果可能会不完全一致。当设置完所有参数后，点击 Run 图标，待训练完成后，即可得到对训练结果进行图形化展示的统一距离矩阵（Unified Distance Matrix Map，U-Matrix Map）。图 5–116 上的数字为荷兰气象站的 ID。从 U-Matrix Map 上可以看出站点分别投射到输出层的同一或不同的神经元上。

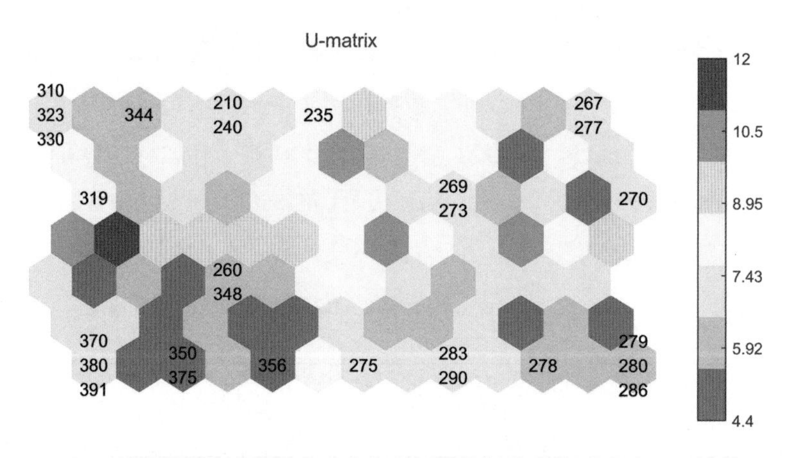

图 5–116 SOMs 训练结果进行图形化

4. 通过 U-Matrix Map 确定最终站点分类数目。为了不对数据进行硬性的分类，可使用 U-Matrix Map 对聚类结果进行可视化后，再手动地确定最终的站点分类数目。使用 U-Matrix Map 确定分类数目的基本原理是：根据图例显示，红色表示两个神经元之

① 对于网络训练中参数的意义请参考 http://www.cis.hut.fi/projects/somtoolbox/package/docs2/somtoolbox.html。

间的距离较大，而蓝色表示神经元之间的距离较小。因此我们可以将神经元颜色均为蓝色或青色的站点划分为同一个聚簇，而神经元颜色为红色或者黄色的站点划分为不同的聚簇。据此我们可以将所有的站点划分为聚簇。

（四）实验结果与解译

得到站点分类结果后，可以使用 SOMs 聚簇图和趋势图（Trend plot）对最终聚类结果进行可视化。在 Workspace 中右键点击然后选择 New 来新建一个名为 id 的变量。然后将从 U-Matrix Map 中得到的最终站点分类结果从第一个站点 210 到最后一个站点 391（站点顺序见 station_based_training 文件中的变量 s_names）填入到变量 id 中，比如 1,1,1,…,3,3。为便于参考，EXP1 data 文件夹中有个已经创建好的 id。读者可以使用自己创建新的 id，也可以使用文件夹下的 id。然后将 EXP1 data 文件夹下的 colors 变量导入到 Workspace 中（Import Data）用于可视化表达。

接下来，运行 matlab code 文件夹中的 station_based_output，绘制 SOMs 聚簇图和趋势图（Trend plot），对最终聚类结果进行可视化。SOMs 聚簇图使用同样的颜色来渲染划分在同一个聚簇中的神经元。通过颜色可以清楚地看到气象站点的聚簇归属。

点击 Run 之后，首先会显示 SOMs 聚簇图（图 5–117），然后按任意键可显示趋势图。聚簇图和趋势图中颜色的含义是一致的，其中蓝色表示平均温度较低的聚簇，黄色或者红色表示平均温度较高的聚簇。从聚簇图和趋势图中，可以读出荷兰气温的时空变化规律。在 matlab code 文件夹中同时生成了名为 SOM_cluster_results.xls 的文件。该文件记录了荷兰气象站所述的簇号，可用于地图渲染。

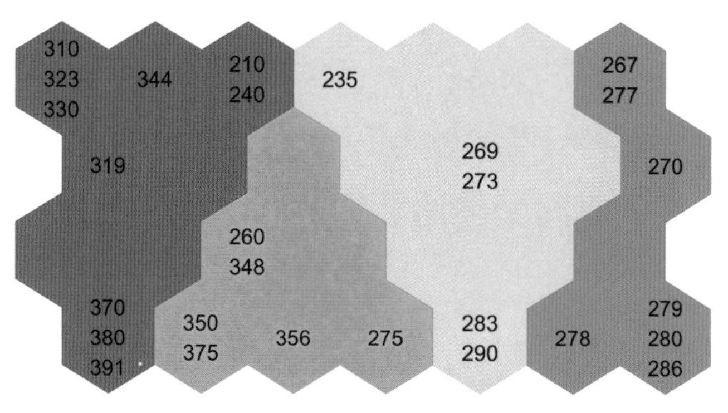

图 5–117　SOMs 聚簇图

趋势图（Trend plot）描述了每个聚簇的趋势。例如，图 5–118 给出了每个聚簇的温度在 1992 年～2011 年期间的变化趋势。

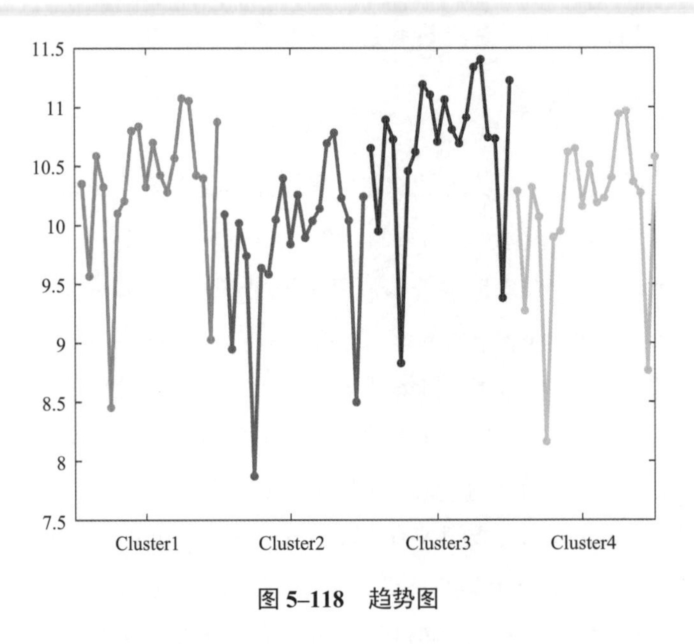

图 5–118　趋势图

如果点击 Run 之后，窗口中出现 The Number of Clusters should be Decreased，说明最终聚类结果中的聚簇数目过少，建议重新对 SOMs 网络参数设置后再进行训练。

在 ArcGIS 中根据分类结果渲染地图。打开 ArcGIS，加载地图文件文件夹下的 Stations_polygons.shp 和 Stations_points.shp 文件。这时我们就可以看到荷兰地图。然后再将上面生成的 SOM_cluster_results.xls 文档加载进来。使用 Join 根据 Number_字段将 Excel 文档中站点所属聚簇关联到 Stations_polygon 的属性表中。然后打开 Properties 中的 Style 选择 Categorized，Column 选择 cluster，完成地图渲染。不同的站点聚簇由不同的颜色来表示，如图 5–119。

二、实验 2：基于双向聚类的北京市 $PM_{2.5}$ 时空分异

（一）实验目的

本实验采用基于 *I*–差异的布雷格曼块平均联合聚类算法（Bregman block average co-clustering algorithm with I-divergence，BBAC_I），从空间和时间两个方向实现北京

市 PM2.5 时空分异的双向聚类。

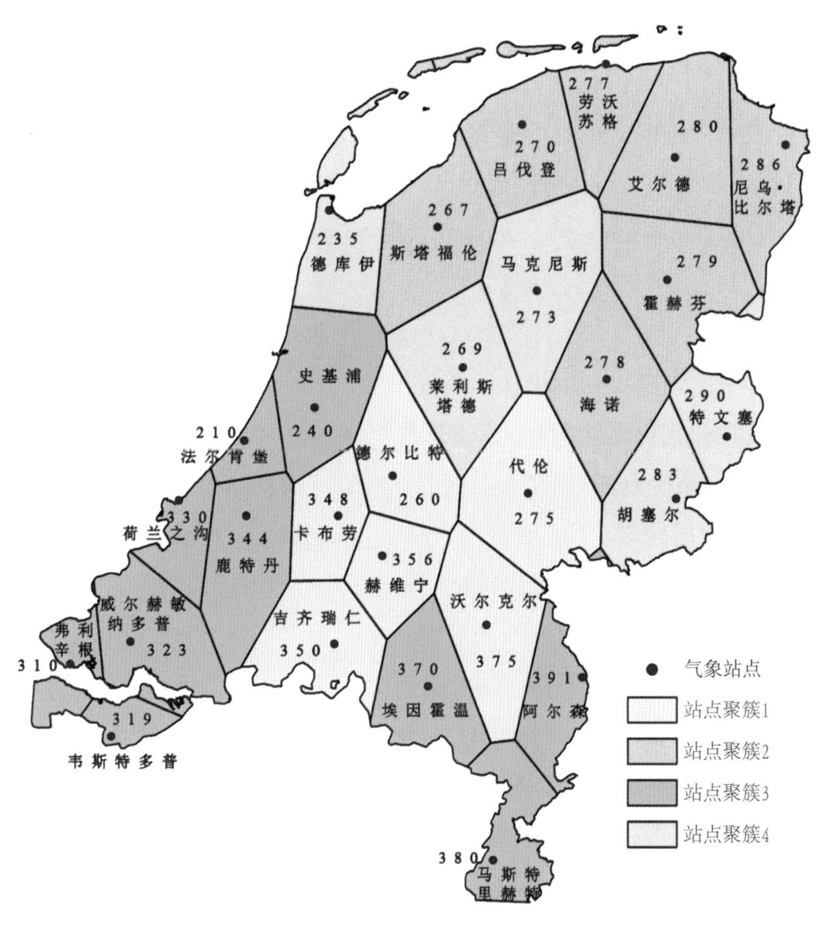

图 5–119　聚类结果空间分布

通过本实验，掌握 MATLAB 中 BBAC_I 的使用，掌握算法数据的输入格式，深入理解 BBAC_I 的基本原理以及适用场合，了解 BBAC_I 聚类结果的一些可视化方法。

（二）实验数据和代码

本实验基于吴晓静等（Wu *et al.*，2020）人的文献，使用 BBAC_I 分析北京市环境监测站的 $PM_{2.5}$ 观测数据，原始数据见\Part8\EXP2 data\airQuality.txt。由于实验数据的缺失，我们对原始数据进行了处理：从原始 36 个站点的数据中选取北京市中心 18 个站点的数据，并提取 2013 年 7 月 1 日～2013 年 9 月 30 日的数据，去除空值，得到

北京城区夏季 $PM_{2.5}$ 时间序列，对一小时内的多个数据取均值，保证每小时对应一个 $PM_{2.5}$ 值。最后，将数据整理为18个站点×92天的二维矩阵（\Part8\EXP2 data\data.mat）。

实验代码存储于\Part8\EXP3 code。实验数据存储于\Part8\EXP3 data。

• $PM_{2.5}$ 数据（data.mat）：北京市 18 个站点 92 天的 $PM_{2.5}$ 观测值，数据格式为 18×92，每行表示一个站点，每列表示一天的 $PM_{2.5}$ 观测值。

• 地图数据（Thiessen.shp）：北京市泰森多边形地图。

（三）实验步骤

1. 将数据和代码拷贝到本机任一路径下。在 MATLAB 界面上点击 Browse for Folder，找到数据和代码文件夹后，点击选择文件夹。这时文件夹里的代码和数据都会呈现在界面左侧。然后点击 HOME→Import Data，选择 EXP2 data\data.mat，然后点击 Finish，将 $PM_{2.5}$ 数据导入，数据就会出现在 Workspace 窗口（通常在右侧），这个数据为大小为 18×92 的 $PM_{2.5}$ 数据。双击 data 即可打开数据进行查看。

2. 设置 BBAC_I 参数并运行双向聚类算法。双击打开 MATLAB 界面当前文件夹下的 main 函数，此文件主要是运行 BBAC_I。我们可以对 BBAC_I 参数进行设置，比如行聚簇和列聚簇的数目等。读者可以尝试设置不同参数并观察参数结果的影响。注意，使用相同参数训练，每次得到的聚类顺序可能不同，但聚类结果一致。当设置完所有参数后点击 Run 图标，待训练完成后，即可得到双向聚类结果。将行（站点）聚簇结果输出为 BBACI_cluster_results.xls。

（四）实验结果和解译

对双向聚类结果进行可视化。首先得到双向聚类结果的热力图（图 5–120）。其中 x 坐标轴表示 92 天分别属于哪个天聚簇，按照属于相同天聚簇的顺序进行排列。y 坐标轴表示数据集中的 18 个站点分别属于哪个站点聚簇，按照属于相同站点聚簇的顺序进行排列。

然后在 ArcGIS 中根据分类结果渲染地图，对双向聚类结果中的站点聚簇结果进行可视化。打开 ArcGIS，加载地图文件夹下的 Shp 文件。这时我们就可以看到北京 18 个站点的地图 stations_prjed.shp 及其泰森多边形地图 Thiessen.shp。然后将上面生成的 BBACI_cluster_results.xls 文档加载进来。使用 Join 根据 station_id 将 Excel 文档中站点所属聚簇关联到 Thiessen.shp 的属性表中。然后打开 Properties 中的 Style 选择 Categorized，在 column 中选择 cluster 后，完成地图渲染，可以看到不同的站点聚簇由不同的颜色来表示（图 5–121）。

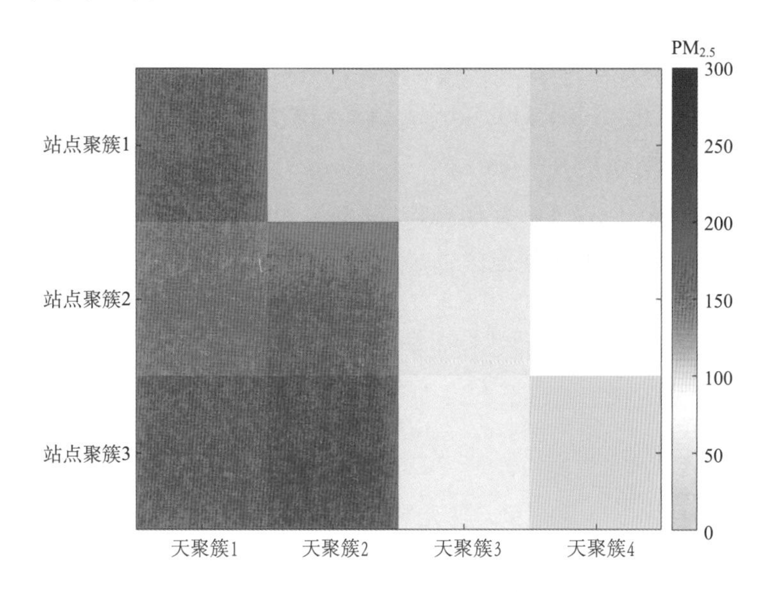

图 5–120　双向聚类结果热力图

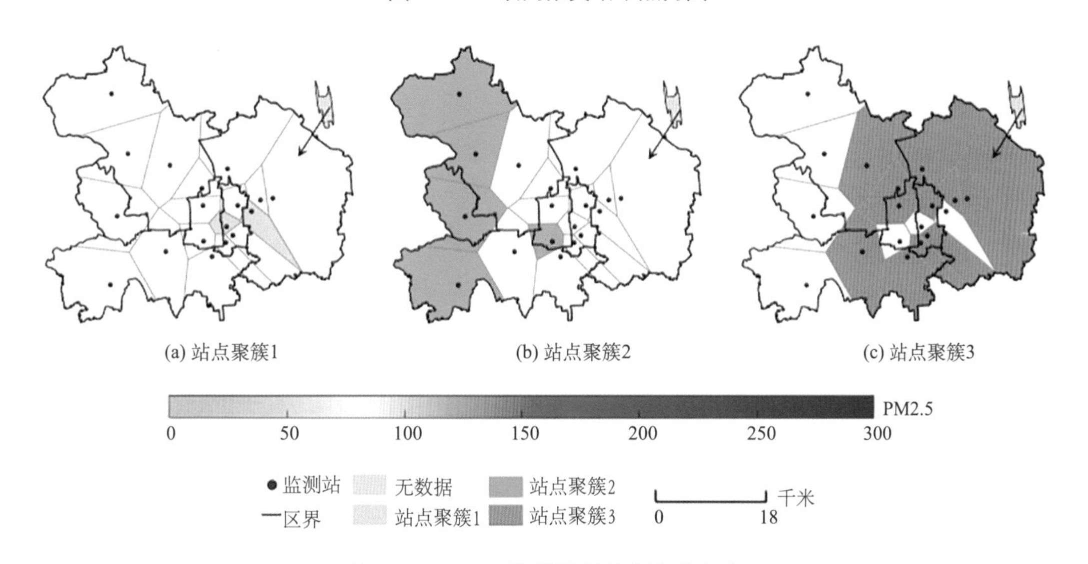

图 5–121　双向聚类结果站点聚簇分布

三、实验 3：基于三向聚类的北京市 $PM_{2.5}$ 时空分异

（一）实验目的

本实验采用基于 *I*–差异的布雷格曼库博伊德平均三聚类算法（Bregman cuboid average tri-clustering algorithm with I-divergence，BCAT_I），从站点、天、小时三个方向实现北京 $PM_{2.5}$ 时空分异的三向聚类。

通过本实验掌握 MATLAB 中 BCAT_I 三向聚类的使用，掌握算法数据的输入格式，深入理解 BCAT_I 的基本原理以及适用场合，了解 BCAT_I 聚类结果的一些可视化方法。

（二）实验数据和代码

本实验基于吴晓静等（Wu *et al.*，2020）文献，使用 BCAT_I 分析北京市环境监测站的 $PM_{2.5}$ 观测数据作为应用案例，原始数据见\Part8\EXP3 data\airQuality.txt。由于实验数据的缺失，我们对原始数据进行了处理：从原始 36 个站点的数据中选取北京市中心 18 个站点的数据，并提取 2013 年 7 月 1 日～2013 年 9 月 30 日的数据，去除空值，得到北京城区夏季 $PM_{2.5}$ 时间序列，对一小时内的多个数据取均值，保证每小时对应一个 $PM_{2.5}$ 值。最后，将数据整理为 18 站点×24 小时×92 天的三维矩阵（\Part8\EXP3 data\data.mat）。

实验代码存储于\Part8\EXP3 code。实验数据存储于\Part8\EXP3 data。

• $PM_{2.5}$ 数据（data.mat）：北京市 18 个站点 92 天的 $PM_{2.5}$ 观测值，数据格式 18×24×92，每一页表示一天的 $PM_{2.5}$ 观测值，一页内的每行表示一个站点，每列表示一个小时的 $PM_{2.5}$ 观测值。

• 地图数据（Thiessen.shp）：北京市泰森多边形地图。

（三）实验步骤

1. 将文件夹拷贝到本机任一路径下。在 MATLAB 界面上点击 Browse for Folder，找到文件夹后点击选择文件夹。这时文件夹里的代码和数据都会呈现在界面左侧。然后点击 HOME→Import Data，选择 EXP3 data\data.mat，然后点击 Finish，将 $PM_{2.5}$ 数

据导入，数据就会出现界面上的 Workspace 窗口（通常在右侧）。这个数据即为大小为 18×24×92 的 $PM_{2.5}$ 数据。双击 data 即可打开数据进行查看。

2. 设置 BCAT_I 参数并运行三向聚类算法。双击打开 MATLAB 界面当前文件夹下的 main 函数，此文件主要是运行 BCAT_I。我们可以对 BCAT_I 参数进行设置，比如行聚簇、列聚簇和深度聚簇的数目等。读者可以尝试修改参数设置，并查看不同参数对训练结果的影响。注意，使用相同参数训练，每次得到的聚类顺序可能不同，但聚类结果是一致的。当设置完所有参数后点击 Run 图标，待训练完成后，即可得到三向聚类结果。将行（站点）聚簇结果输出为 BCATI_cluster_results.xls。天聚类结果输出为 BCATI_day_cluster_results.xls。

（四）实验结果和解译

对三向聚类结果进行可视化。首先得到三向聚类结果每个站点聚簇的热力图（图 5–122）。每个子图表示不同的站点聚簇，子图内的 x 坐标轴表示 92 天分别属于哪个天聚簇，y 坐标轴表示 24 小时分别属于哪个小时聚簇。

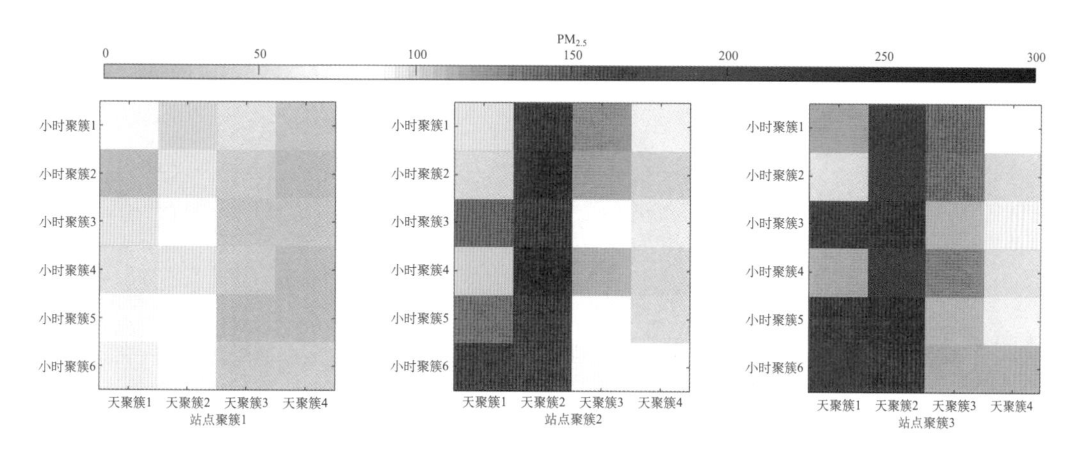

图 5–122　三向聚类结果站点聚簇分布

然后，使用环形图对三向聚类结果中的天聚簇结果（BCATI_cluster_day_results.xls）进行可视化。环形图时间线由多个同心环组成，其中每一个环用于展示和时间相关的一个实体的值。在此使用多组环形图时间线来分别展示从天聚簇分析出来的多属性随着时空变化的模式。每组环形图时间线中的环形时间线的数目为 BCAT_I 三向聚类算法结果中天聚簇的数目，而每个环形时间线展示了三向聚类结果中天聚簇的时间分布。用 PyCharm 等 Python 编辑器运行\Part8\EXP3 code 文件夹下的 circos.py，可以得到展示聚类结果中天聚簇的环形图（图 5–123(a)）。

使用条状时间线对三向聚类结果中的小时聚簇结果进行可视化。条状时间线的数目为三向聚类结果中小时聚簇的数目，而每个条状时间线展示了三向聚类结果中小时聚簇的时间分布（图 5–123(b)）。

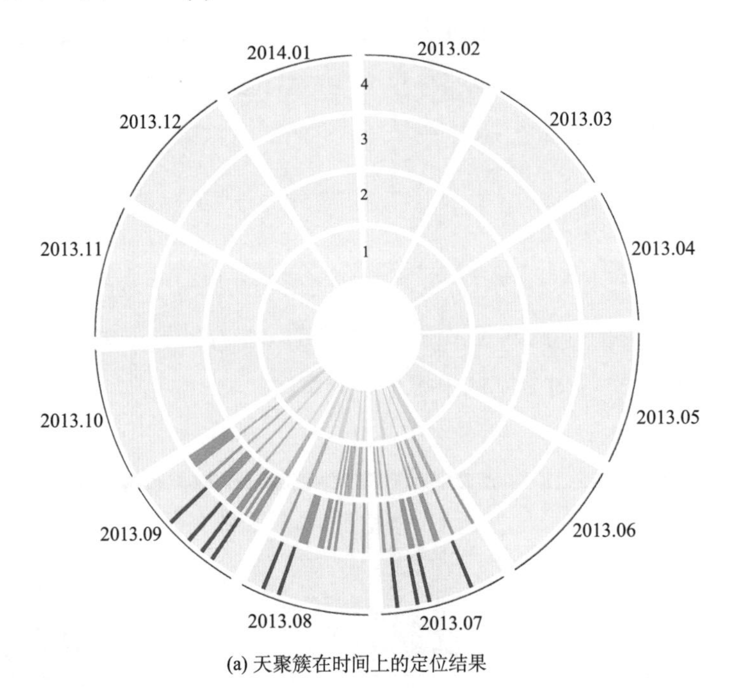

(a) 天聚簇在时间上的定位结果

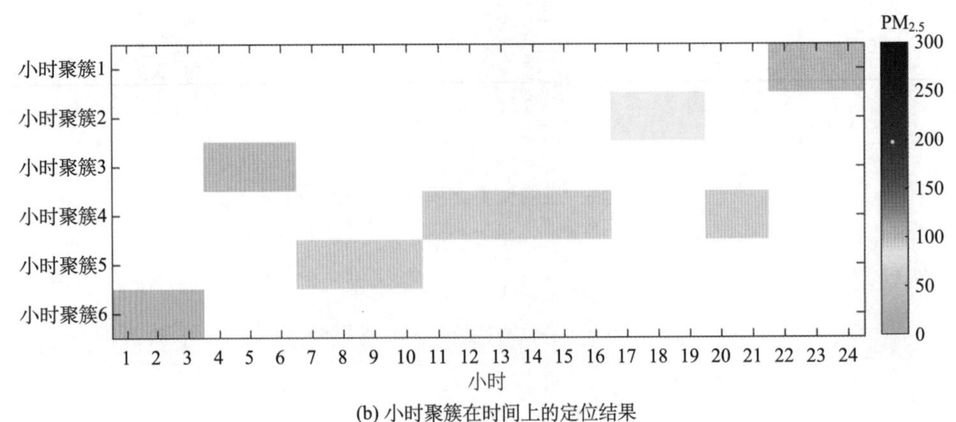

(b) 小时聚簇在时间上的定位结果

图 5–123　$PM_{2.5}$ 三向聚类天与小时聚簇结果

最后，在 ArcGIS 中根据分类结果渲染地图，对双向聚类结果中的站点聚簇结果进行可视化。打开 ArcGIS，加载地图文件夹下的 shp 文件。这时我们就可以看到北京 18 个站点的地图 stations_prjed.shp 及其泰森多边形地图 Thiessen.shp。加载前面生成的 BCATI_cluster_results.xls 文档。使用 Join 根据 station_id 将 Excel 文档中站点所属聚簇关联到 Thiessen.shp 的属性表中。然后打开 Properties 中的 Style 选择 Categorized，在 column 中选择 cluster，完成地图渲染，可以看到不同的站点聚簇由不同的颜色来表示（图 5–121）。

第九节 WinBUGS 贝叶斯层次分析

层次贝叶斯模型是具有结构化层次的统计模型。它可以为复杂的统计问题建立层次模型，从而避免参数过多导致的过拟合问题。贝叶斯时空模型基于贝叶斯理论，结合时空建模的思想，用于分析时空数据资料中蕴含的时间和空间信息，即可将一个复杂的时空变化过程分解为总体空间过程、总体时间过程和时空交互过程，其能够精细、科学地刻画时空演化过程。贝叶斯时空层次模型即将贝叶斯层次模型和时空交互模型两者相结合，在一定程度上可以克服时空数据小样本和自相关的缺陷，并充分利用总体信息、样本信息和先验信息，估计推断时空参数的后验分布。因此利用贝叶斯时空层次模型分析时空现象具有较为充分的合理性和科学性。另外，贝叶斯时空层次模型区别于其他的时空分析方法之处在于，其可以不受信息量多少的限制，将各种来源的结果，包括主观判断和有限的客观信息，综合未知参数的先验概率分布，得到关于参数的后验概率，使结果更为稳健，置信度更高。目前，贝叶斯时空层次模型已在公共健康、大气污染、地学等领域得到了广泛应用。

贝叶斯时空层次模型的缺点在于计算求解十分复杂。WinBUGS 是英国剑桥公共卫生研究所的医学研究会生物统计学团队（MRC Biostatistics Unit）推出的用马尔可夫—蒙特卡洛方法进行贝叶斯推断的专用软件包，可以用于求解复杂的贝叶斯时空层次模型。WinBUGS 是 Windows 平台下的一款免费软件，集成了用于空间数据分析的 GeoBUGS 模块。关于 WinBUGS 的下载和安装，请参见网站 http://www.mrc-bsu.cam.ac.uk/software/bugs/the-bugs-project-winbugs 及相应的参考手册。

一、实验：中国老龄化的时空演变规律

（一）实验目的

本实验利用贝叶斯时空层次模型（BSTHM）分析 1995～2014 年中国老龄化的时空演变规律。

通过本实验，掌握 WinBUGS 中 BSTHM 方法的使用，掌握 BSTHM 方法中数据的输入格式，深入理解 BSTHM 的基本原理以及适用条件，了解 BSTHM 结果的可视化方法。

（二）实验数据与代码

以中国大陆 31 个省级行政区为空间研究基础，研究中国老龄化的时空演化趋势与特征，时间跨度为 20 年。即 1995～2014 年。对应年份的人口结构数据来源于《中国人口与就业统计年鉴》，其中 2000 年和 2010 年的数据分别来源于第五次和第六次全国人口普查主要数据。本实验中的老龄化率是指某地区城镇和农村总体常住人口中，年龄在 65 岁及以上的人口所占比重。数据来源于 http://www.sssampling.org/201sdabook/data.html。

软件存储于\Part9\Software。实验数据和代码存储于\Part9\Code\Chinese Prov Aging Pop Data for BHM.txt；其中，

- 第 43～73 行为 1995～2014 年各省 65 岁及以上的人口数量；
- 第 75～105 行为 1995～2014 年各省常住人口数量；
- 第 156～200 行为程序输入参数的初始值。

（三）实验步骤

1. 实验代码

具体的 WinBUGS 编程规则可从其帮助文件中学习，在此不再赘述。以下是关于利用贝叶斯时空层次模型分析 1995～2014 年中国老龄化的时空演变特征的 WinBUGS 程序实例代码（这里仅呈现\Part9\Code\Chinese Prov Aging Pop Data for BHM.txt 中的代

码部分）：

```
#MODEL
model {
    for (i in 1:N) {        # looping through spatial units
        for (t in 1:T) {        # looping through years
            y[i,t] ~ dpois(mu[i,t])
            log(mu[i,t])<-log(n[i,t])+log.rates[i,t]
            log.rates[i,t] ~dnorm(theta[i,t],tau)I(,0)
            theta[i,t] <-U[i]+b0*(t-(1+T)/2) + v[t]+b1[i]*(t-(1+T)/2)
        }
        mu.u[i]<-alpha+S[i]
        U[i]~dnorm(mu.u[i],tau_U)            # the spatially-unstructured random effects
    }
    for (i in 1:N) {
        pp.b1.gt.zero[i] <- step(b1[i])          # posterior prob. that the area slope is above 0
      }
    #### overall intercept
    alpha~dflat()
    #### overall slope
    b0~dflat()
    v[1:T] ~ car.normal(adj.tm[], weights.tm[], num.tm[], prec.v)
    prec.v ~ dgamma(0.001,0.001)        # prior on the RW1 variance
    #### spatially-structured random effects on slopes
    b1[1:N] ~ car.normal(adj.sp[], weights.sp[], num.sp[], prec.S)
    prec.S~ dgamma(0.001,0.001)        # prior on precision of spatial-structured RE
    #### spatially-structured random effects
    S[1:N]~car.normal(adj.sp[], weights.sp[], num.sp[], tau_s)
    tau_s~ dgamma(0.001,0.001)
    #### variance of spatially-unstructured random effects
    sigma_U~dnorm(0,10)I(0,)
    tau_U<-pow(sigma_U,-2)
    #### variance of overdispersions
    sigma~dnorm(0,10)I(0,)
    tau<-pow(sigma,-2)
    for (i in 1:N) {
        resid.RR[i] <- exp(S[i])
        pp.resid.RR[i] <- step(resid.RR[i]-1)
```

```
    }
    for (t in 1:T) {
        temporal.RR[t] <- exp(b0*(t-(1+T)/2) + v[t])
    }
}
```

2. 代码编译与执行

（1）检查模型

点击菜单 Model→Specification，弹出一个 Specification Tool 窗口（图 5–124）。在代码窗口中，鼠标左键选择 model 关键字高亮后，点击 check model。若 WinBUGS 左下角状态栏上显示 model is syntactically correct，则建模正确。

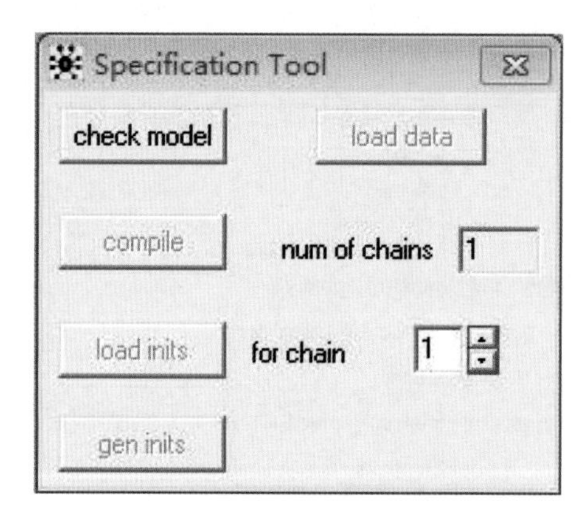

图 5–124　检查模型和更新窗口示例

（2）加载数据

在代码窗口中，双击 list，点击 Specification Tool 窗口上的 load data，若 WinBUGS 左下角状态栏上显示 data loaded，则数据加载完毕。

（3）模型编译

点击 Specification Tool 窗口上的 compile，如果 WinBUGS 左下角状态栏上显示 model compiled，则表示模型和数据加载并匹配完成。对话框中 num of chains 表示抽样是马尔可夫链的数量，这里保持默认值 1。

（4）加载初始值

双击初值定义 INITS 中的 list，再点击 Specification Tool 窗口上的 load inits，如果 WinBUGS 左下角状态栏显示 model is initialized，则初始值加载成功。

（5）预烧过程

点击菜单 Model→Update，弹出 Update Tool 窗口，修改 Update Tool 窗口中的 updates，如 15 000，然后点 update 按钮，即开始计算（图 5–125）。

（6）设定参数变量

点击菜单 Inference→Samples，弹出 Sample Monitor Tool 窗口，如图 5–126 所示；在 node 后面的文本框内逐一填写需要估计的参数名称，并点击 set。本实验需要逐一填写的参数名称分别是 resid.RR、temporal.RR、b1，它们分别代表总体空间风险趋势、总体时间风险趋势、从总体趋势中分离出的局部变化趋势。

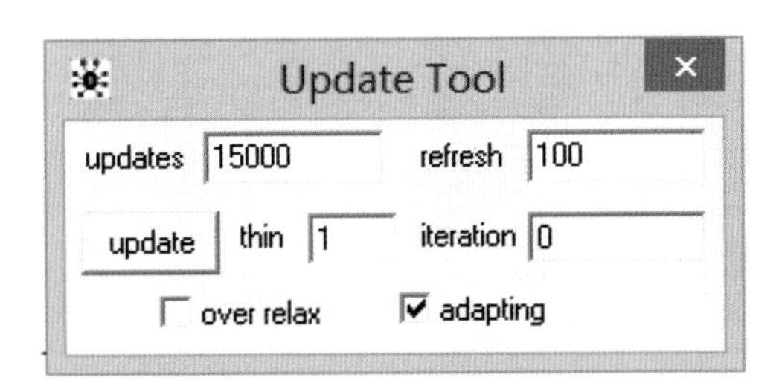

图 5–125 检查模型和更新窗口示例

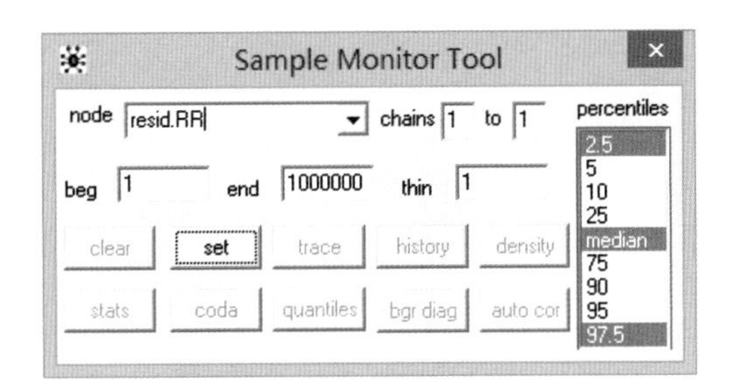

图 5–126 参数设定窗口示例

（7）估算参数的后验分布

在 update Tool 窗口中的 updates 中输入次数，如 15 000，然后单击 update 按钮，同步骤（5）。

（8）检验收敛性与整理估计结果

点击菜单 Inference→Samples，在弹出的 Sample Monitor Tool 窗口上选一个参数变量（如 b1），可通过点击以下各按钮显示不同的分析结果。各按钮的功能如下：history 显示参数变量取样的历史曲线，density 显示参数核密度曲线，stats 显示参数的统计结果（后验均值、后验方差等），coda 显示参数每步的取值，auto cor 显示参数自相关性。例如，点击 stats 得到参数 b1 的贝叶斯估计结果，如图 5–127。

Node statistics

node	mean	sd	MC error	2.5%	median	97.5%	start	sample
b1[1]	-0.01846	0.002549	5.469E-5	-0.02344	-0.01845	-0.01337	5001	5000
b1[2]	-0.005682	0.002569	4.529E-5	-0.01071	-0.005643	-5.196E-4	5001	5000
b1[3]	-5.64E-4	0.002265	3.835E-5	-0.004995	-5.605E-4	0.003886	5001	5000
b1[4]	-0.002357	0.002379	3.848E-5	-0.00703	-0.002373	0.002307	5001	5000
b1[5]	0.008795	0.002328	3.886E-5	0.004299	0.008804	0.01336	5001	5000
b1[6]	0.005298	0.002282	4.022E-5	8.123E-4	0.005305	0.009734	5001	5000
b1[7]	0.007034	0.00243	4.093E-5	0.002411	0.007042	0.0118	5001	5000
b1[8]	0.01839	0.00239	3.308E-5	0.01374	0.01837	0.02306	5001	5000
b1[9]	-0.03508	0.002439	4.026E-5	-0.03973	-0.03512	-0.0303	5001	5000
b1[10]	-0.001973	0.002327	3.319E-5	-0.006482	-0.001961	0.002599	5001	5000
b1[11]	-0.01857	0.002305	3.411E-5	-0.02303	-0.01857	-0.01396	5001	5000
b1[12]	0.005909	0.0023	3.537E-5	0.001359	0.005955	0.01047	5001	5000
b1[13]	-0.009419	0.002383	3.827E-5	-0.01416	-0.00944	-0.00474	5001	5000
b1[14]	-0.001423	0.002314	3.054E-5	-0.005928	-0.001408	0.003112	5001	5000
b1[15]	-2.79E-4	0.002297	4.083E-5	-0.0048	-3.157E-4	0.004235	5001	5000
b1[16]	-0.004542	0.002272	2.947E-5	-0.008953	-0.004534	-1.745E-5	5001	5000
b1[17]	0.009957	0.002311	3.174E-5	0.005525	0.009981	0.01449	5001	5000
b1[18]	0.004163	0.002245	3.747E-5	-2.233E-4	0.004144	0.008604	5001	5000
b1[19]	-0.02136	0.002297	3.315E-5	-0.02591	-0.02132	-0.01685	5001	5000
b1[20]	-0.003673	0.002294	3.513E-5	-0.00813	-0.003666	8.722E-4	5001	5000
b1[21]	-0.007499	0.002773	6.095E-5	-0.01298	-0.007461	-0.001992	5001	5000
b1[22]	0.01198	0.002258	3.144E-5	0.0075	0.01201	0.01633	5001	5000
b1[23]	0.01961	0.002287	3.514E-5	0.01495	0.01964	0.02404	5001	5000
b1[24]	0.008042	0.002385	3.62E-5	0.003393	0.008027	0.01271	5001	5000

图 5–127 参数估计结果输出

（四）实验结果解释

如前所述，BSTHM 可以估算出总体空间效应参数 $exp(S_i)$、总体时间变化趋势参数 b_0t+v_t、时空交互的局部变化趋势参数 b_{1i}。图 5–128 是总体空间效应参数 $exp(S_i)$ 的后验中位数估计的空间分布。$exp(S_i)$ 测度了第 i 个空间单元老龄化程度与全国老龄化总体水平的相对程度，若大于 1，则说明其老龄化程度高于全国总体水平，反之亦然。

图 5–129 显示的是 BSTHM 估计的中国老龄化在 1995～2014 年期间的总体变化趋势，由总体变化参数 b_0t+v_t 定量测度。总体变化趋势反映了所研究时空过程的演化总

体态势。

除了总体空间效应和总体时间效应之外，BSTHM 还可以估计出时空交互效应——局部变化趋势，在模型中以参数 b_{1i} 定量测度。若 $b_{1i} > 0$，表明第 i 省份的老龄化局部变化趋势强于全国总体趋势，反之亦然。图 5–130 显示的是 1995～2014 年全国老龄化局部变化趋势估计结果图。

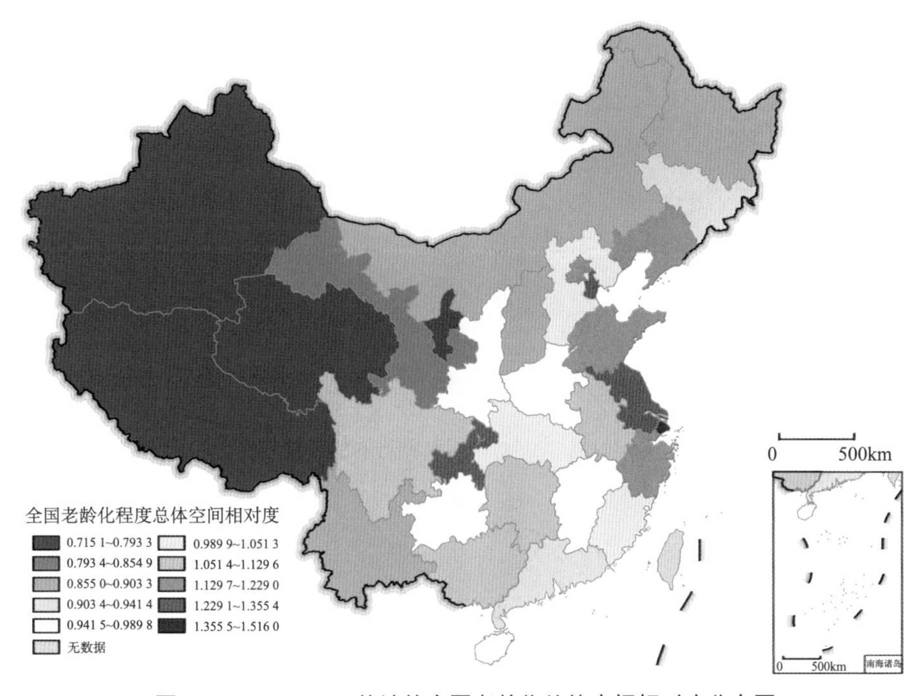

图 5–128　BSTHM 估计的全国老龄化总体空间相对度分布图

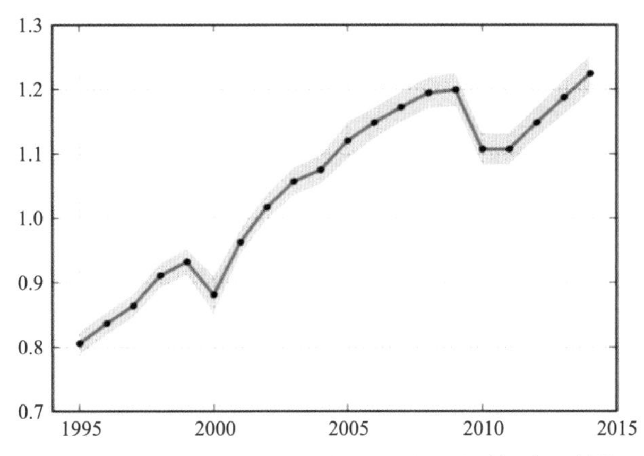

图 5–129　BSTHM 估计的全国老龄化的时间变化趋势

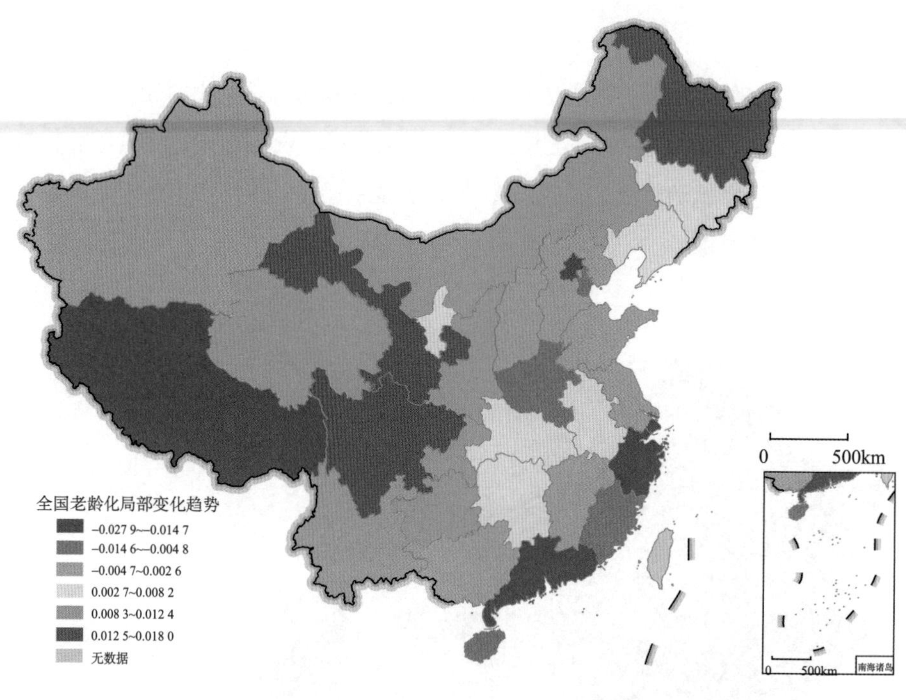

图 5–130 **BSTHM** 估计的全国老龄化局部变化趋势分布图

第十节 收敛交叉映射

收敛交叉映射（Convergent Cross Mapping, CCM）是对两个时间序列变量之间因果关系的统计检验，类似于格兰杰（Granger）因果关系检验，但是 Granger 因果检验适用于因果变量的影响是可分离（彼此独立）的纯随机系统，而 CCM 则基于动力学系统，可以应用于因果变量具有协同效应的复杂系统，用来区分因果关系和相关性。CCM 的基本思想最早于 1991 年由塞尼斯（Cenys）等人发表并用一系列统计方法。斯克里普斯海洋学研究所的乔治·杉基拉（George Sugihara）实验室在 2012 年对其进行了进一步阐述。

CCM 方法需要通过 R 语言的软件包 rEDM 编程实现。rEDM 包中关于 CCM 的函数详见杉基拉（Sugihara）等人的论文。关于 R 语言的软件包 rEDM 的下载和安装，请参见网站 https://cran.r-project.org/web/packages/rEDM/index.html 及相应的参考手册 https://cran.r-project.org/web/packages/rEDM/rEDM.pdf。读者需要提前下载安装 R 和 RStudio。

一、实验：2019 年西宁市第五水厂站点气象数据与 $PM_{2.5}$ 的统计因果关系

（一）实验目的

利用 CCM 分析 2019 年西宁市第五水厂站点冬季气象因子与 $PM_{2.5}$ 的耦合关系，并完成可视化。

（二）实验数据

以西宁市 2019 年 10 月 15 日～2020 年 3 月 15 日第五水厂站点 $PM_{2.5}$ 数据和气象数据为基础，研究 2019 年西宁市第五水厂站点冬季气象数据与 $PM_{2.5}$ 的因果关系。$PM_{2.5}$ 数据来源于青悦开放环境数据中心（http://data.epmap.org），气象数据来自于中国气象数据网（http://data.cma.cn）。

代码存储于\Part10\Code。实验所需气象因子数据存储于\Part10\Data\20140101-202005.csv，实验所用主要因子变量如下：

- 降水量：20～次日 20 时累积降水量；
- 风速：包括极大风速、最大风速、平均 2 分钟风速；
- 风向：包括极大风速的风向、最大风速的风向；
- 气压：包括平均气压、最低气压、最高气压；
- 气温：包括平均气温、最低气温、最高气温；
- 水汽压：平均水汽压；
- 日照时数：日照时数；
- 相对湿度：平均相对湿度、最小相对湿度。

第五水厂站点 $PM_{2.5}$ 数据存储于：\Part10\Data\第五水厂.csv，实验所用变量如下：

- pm2_5_24h：$PM_{2.5}$ 日浓度。

（三）实验步骤

本实验分三步：选择影响 $PM_{2.5}$ 的主要气象因子（代码见\Part10\Code\相关分析.R），探测主要气象因子与 $PM_{2.5}$ 的因果关系（代码见\Part10\Code\RHO_DWSC.R）、绘制主要气象因子与 $PM_{2.5}$ 的耦合关系（代码见\Part10\Code\network.R）。

1. 选择影响 $PM_{2.5}$ 的主要气象因子

（1）打开 RStudio，点击 File→Open File，选择\Part10\Code\相关分析.R，打开代码。

（2）解决注释乱码的问题：点击 File→Reopen with Encoding，选择 UTF–8，点击 OK。

（3）执行相关分析过程，计算筛选后的气象因子与 $PM_{2.5}$ 之间的影响关系。选中所有代码，点击代码区上方的 Run 按钮，得到与 $PM_{2.5}$ 相关性显著的气象因子，并得到相关分析热力图，如图 5–131 所示；其中，红色表示正相关，蓝色代表负相关，*表示在 0.05 的显著性水平下相关性显著，**表示在 0.01 的显著性水平下相关性显著，***表示在 0.001 的显著性水平下相关性显著。

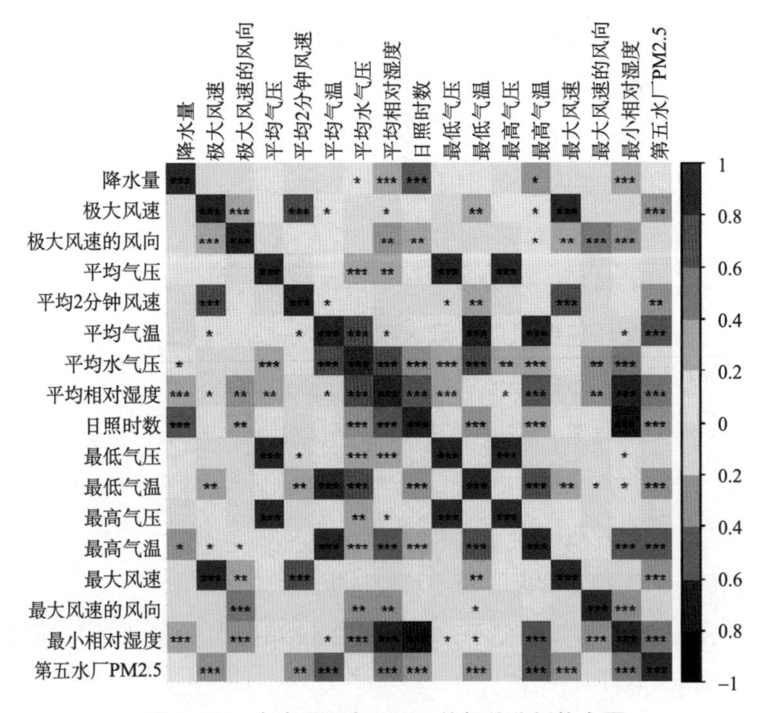

图 5–131　气象因子与 $PM_{2.5}$ 的相关分析热力图

（4）筛选影响 $PM_{2.5}$ 的影响因子：由图 5–131 可知，极大风速、平均 2 分钟风速、平均气温、平均相对湿度、日照时数、最低气温、最高气温、最大风速和最小相对湿度均与 $PM_{2.5}$ 具有显著的相关关系，其中极大风速、平均 2 分钟风速、平均气温、日照时数、最低气温、最高气温、最大风速与 $PM_{2.5}$ 呈负相关，平均相对湿度和最小相对湿度呈正相关。

2. 探测主要气象因子与 $PM_{2.5}$ 的因果关系

（1）打开 RStudio，点击 File→Open File，选择\Part10\Code\RHO_DWSC.R，打开代码。

（2）解决注释乱码的问题：点击 File→Reopen with Encoding，选择 UTF–8，点击 OK。

（3）执行 CCM 过程，求筛选后的气象因子与 $PM_{2.5}$ 之间的影响关系。选中所有代码，点击代码区上方的 Run 按钮，得到气象因子和 $PM_{2.5}$ 之间及气象因子之间的 cross-mapping（交叉映射）的 ρ 值，并保存在\Part10\Code\rho_dwsc.csv（见图 5–132）；其中，第一列为指标序号，第二列 k 为所有气象因子的名称，第 3～10 列为其他气象因子对本列气象因子的 ρ 值。ρ 值表示其他气象因子对本列气象因子的影响，取值范围为(0, 1]，ρ 值越大表示影响越大。$\rho<0.01$ 或表格里的值为 NA 时，表示该气象因子对本列气象因子无影响。由图 5–132 的 pm2_5_24h 行可知，气象因子对于 $PM_{2.5}$ 的影响程度大小，主要影响的气象指标类型有风速、气温、相对湿度和日照时数。对于有影响的气象指标，我们选择该类指标下 ρ 值最大的气象因子去代表这类指标：选择极大风速去代表风速，选择最高气温代表气温，选择平均相对湿度代表相对湿度。

metro_dw	35]	极大风速	平均2分钟风速	平均气温	平均相对湿度	日照时数	最低气温	最高气温	最大风速	最小相对湿度	pm2_5_24h
1	X20.20时降水量	NA	NA	NA	NA	NA	NA	NA	NA	NA	NA
2	极大风速	NA	0.577859115	0.162162	0.232390923	0.008262	0.146731	0.242475	0.907953	0.216188266	0.203627
3	极大风速的风向	NA	NA	NA	NA	NA	NA	NA	NA	NA	NA
4	平均气压	NA	NA	NA	NA	NA	NA	NA	NA	NA	NA
5	平均2分钟风速	0.567282	NA	0.155565	0.209854692	0.06406	0.165621	0.291502	0.565778	0.243835707	0.156148
6	平均气温	0.199368	0.080694975	NA	0.072776307	-0.01759	0.838452	0.900911	0.172997	0.026230784	0.341917
7	平均水气压	NA	NA	NA	NA	NA	NA	NA	NA	NA	NA
8	平均相对湿度	0.162104	0.013180281	0.412406	NA	0.499745	0.153322	0.468286	0.136374	0.846565072	0.430851
9	日照时数	0.004363	0.01657518	0.015996	0.461736089	NA	0.189014	0.373708	0.011745	0.520073237	0.142226
10	最低气压	NA	NA	NA	NA	NA	NA	NA	NA	NA	NA
11	最低气温	0.191024	0.129291324	0.857667	0.04116077	0.165155	NA	0.733487	0.140788	0.071585809	0.215199
12	最高气压	NA	NA	NA	NA	NA	NA	NA	NA	NA	NA
13	最高气温	0.177879	0.062644559	0.850465	0.30952232	0.108702	0.513069	NA	0.186613	0.280031214	0.400124
14	最大风速	0.903476	0.568316139	0.116911	0.210684888	0.010298	0.136087	0.239239	NA	0.213688257	0.175176
15	最大风速的风向	NA	NA	NA	NA	NA	NA	NA	NA	NA	NA
16	最小相对湿度	0.15296	0.032099441	0.330211	0.829594187	0.628784	0.138157	0.537506	0.164464	NA	0.300404
17	pm2_5_24h	0.188676	0.08678698	0.24495	0.346966453	0.266454	0.192875	0.368234	0.176531	0.291213616	NA

图 5–132　各因子的 ρ 值与指标筛选结果

3. 绘制主要气象因子与 $PM_{2.5}$ 的耦合关系

（1）整理耦合图的输入文件：将文件 rho_dwsc.csv 整理为 network.xlsx 中的格式，如图 5–133 所示。from 为箭头起始点的变量（因果关系中的因），to 为箭头终点的变量（因果关系中的果），weight 为箭头的宽度（用箭头的粗细表示 ρ 值的大小，所以这一列填 ρ 值。由于 ρ 值过小，所以使用 ρ 值的 12 倍作为 weight），color 为曲线的颜色，curve 为曲线的曲率，lty 为线的类型（1 为实线，3 为长虚线）。

from	to	weight	color	curve	lty
极大风速	PM2.5	2.26411	#003399	0.2	1
最高气温	PM2.5	4.418803	#990000	0.2	1
日照时数	PM2.5	3.197444	#003399	0.2	1
平均相对湿	PM2.5	4.163597	#003399	0.2	1
PM2.5	极大风速	2.443526	#003399	0.2	1
PM2.5	平均相对湿	5.17021	#990000	0.2	1
PM2.5	最高气温	4.80149	#003399	0.2	1
PM2.5	日照时数	1.706706	#003399	0.2	1
极大风速	平均相对湿	1.945252	#6666FF	0.2	3
平均相对湿	极大风速	2.788691	#6666FF	0.2	3
极大风速	最高气温	2.134542	#FF9999	0.2	3
最高气温	极大风速	2.909698	#FF9999	0.2	3
平均相对湿	最高气温	3.714268	#6666FF	0.2	3
最高气温	平均相对湿	5.619431	#6666FF	0.2	3
平均相对湿	日照时数	5.540833	#6666FF	0.2	3
日照时数	平均相对湿	5.996936	#6666FF	0.2	3
最高气温	日照时数	4.48449	#FF9999	0.2	3
日照时数	最高气温	1.304421	#FF9999	0.2	3

图 5–133　耦合图数据输入格式

（2）打开 RStudio，点击 File→Open File，选择\Part10\Code\network.R，打开代码。

（3）解决注释乱码的问题：点击 File→Reopen with Encoding，选择 UTF–8，点击 OK。

（4）执行耦合图绘制代码：选中所有代码，点击代码区上方的 Run 按钮，得到 $PM_{2.5}$ 和各气象因子之间的耦合关系图，见图 5–134。

（四）实验结果与解译

图 5–134 为冬季第五水厂站点各个气象因子与 $PM_{2.5}$ 浓度的耦合图。其中，红色代表正相关，蓝色代表负相关），线的粗细表示 ρ 值大小，线越粗表示 ρ 值越大，线越细表示 ρ 值越小。实线表示气象因子与 $PM_{2.5}$ 的关系，虚线表示气象因子之间的关系。箭头起始点为因果关系中的因，箭头终点为因果关系中的果。从图 5–161 可看出，单

个气象因子不仅会直接影响 $PM_{2.5}$，还会通过其它气象因子间接影响 $PM_{2.5}$。年均相对湿度和最高温度对于 $PM_{2.5}$ 影响比较大。

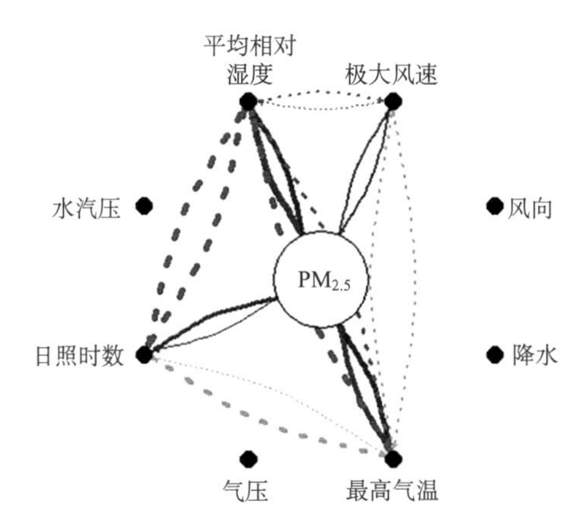

图 5–134　冬季第五水厂站点主要气象因子与 $PM_{2.5}$ 浓度的耦合图

参考文献

Alex, R., L. Alessandro, 2014. Clustering by fast search and find of density peaks. *Science*, 344(6191).

Amrhein, C. G., R. Flowerdew, 1992. The effect of data aggreation on a Poisson regression model of Canadian migration. *Environment and Planning A*, 24(10).

Anselin, L., 1994. Exploratory spatial data analysis and geographic information systems. *New tools for spatial analysis*, (17).

Anselin, L., 1988. Lagrange Multiplier Test Diagnostics for Spatial Dependence and Spatial Heterogeneity. *Geographical Analysis*, 20(1).

Anselin, L., 1995. Local Indicators of Spatial Association-LISA. *Geographical Analysi*s, 27(2).

Anselin, L., 2001. Spatial Econometrics. A companion to theoretical econometrics.

Anselin, L., 1988. *Spatial Econometrics:Methods and Models: The Formal Expression of Spatial Effects*. Kluwer academic Publisher.

Anselin, L., 2010. Thirty years of spatial econometrics. *Papers in Regional Science*, 89(1).

Anselin, L., R. J. G. M. Florax, 1995. *New Directions in Spatial Econometrics: Introduction*. Springer.

Anselin, L., A. Getis, 1992. Spatial statistical analysis and geographic information systems. *Annals of Regional Science*, 26(1).

Anselin, L., S. Rey, 2010. Properties of Tests for Spatial Dependence in Linear Regression Models. *Geographical Analysis*, 23(2).

Aslaksen, E. W., J. R. Klauder, 1968. Unitary Representations of the Affine Group. *Journal of Mathematical Physics*, 9(2).

Assuncao, R. M., M. C. Neves, G. Camara, *et al.*, 2006. Efficient regionalization techniques for socio-economic geographical units using minimum spanning trees. *International Journal of Geographical Information Science*, 20(7).

Baddeley, A., R. Turner, 2005. Spatstat: An R package for analyzing spatial point patterns. *Journal of Statal Software*, 12(6).

Bailey, T. C., A. C. Gatrell, 1995. Interactive spatial data analysis. *Ecology*, 22(8).

Besag, J., J. York and A. Mollié, 1991. Bayesian image-restoration, with 2 applications in spatial statistics. *Annals of the Institute of Statistical Mathematics*, 43(1).

Bian, L., S. J. Walsh, 2010. Scale Dependencies of Vegetation and Topography in a Mountainous Environment of Montana. *Professional Geographer*, 45(1).

Bolstad, W. M., J. M. Curran, 2007. *Introduction to Bayesian Statistics*. Wiley.

Bradshaw, G. A., T. A. Spies, 1992. Characterizing canopy gap structure in forests using wavelet analysis. *Journal of Ecology*, 80(2).

Brunsdon, C., A. S. Fotheringham and M. E. Charlton, 1996. Geographically Weighted Regression: A Method for Exploring Spatial Nonstationarity. *Geographical Analysis*, 28(4).

Calder, A. P., 1964. Intermediate spaces and interpolation, the complex method. *Matematika*, 24(5).

Cao, K., M. Batty, B. Huang, *et al.*, 2011. Spatial multi-objective land use optimization: extensions to the non-dominated sorting genetic algorithm-II. *International Journal of Geographical Information Science*, 25(12).

Cao, K., B. Huang, S. Wang, *et al.*, 2012. Sustainable land use optimization using Boundary-based Fast Genetic Algorithm. *Computers Environment & Urban Systems*, 36(3).

Cazelles, B., M. Chavez, D. Berteaux, *et al.*, 2008. Wavelet analysis of ecological time series. *Oecologia*, 156(2).

Čenys, A., G. Lasiene and K. Pyragas, 1991. Estimation of interrelation between chaotic observables. *Physica D Nonlinear Phenomena*, 52(2~3).

Chen, Z., R. Li, D. Chen, *et al.*, 2019. Understanding the causal influence of major meteorological factors on ground ozone concentrations across China. *Journal of Cleaner Production*, 242.

Cheng, C., C. Hui, J. Yang, *et al.*, 2020. The relationship between heat flow and seismicity in global tectonically active zones. *Open Geosciences*, 12.

Cheng, C., T. Zhang, K. Su, *et al.*, 2019. Assessing the Intensity of the Population Affected by a Complex Natural Disaster Using Social Media Data. *ISPR IJGI*, 8(8).

Cheng, C., T. Zhang, C. Song, *et al.*, 2020. The coupled impact of emergency responses and population flows on the COVID - 19 pandemic in China. *GeoHealth*, 4, e2020GH000332.

Cheng, C., X. Song, J. Yang, et al.,2015. A CDT-Based Heuristic Zone Design Approach for Economic Census Investigators. *Mathematical Problems in Engineering*, 2015(1-14).

Cheng, Y., G. M. Church, 2000. Biclustering of expression data. *Eighth International Conference on Intelligent Systems for Molecular Biology*. AAAI Press.

Church, R., C. R. ReVelle, 1974. The maximal covering location problem. *Papers in Regional Science*, 1974, 32.

Clark, A. T., H. Ye, F. Isbell, *et al.*, 2015. Spatial convergent cross mapping to detect causal relationships from short time series. *Ecology*, 96.

Cliff, A. D., J. K. Ord, 1971. Evaluating the Percentage Points of a Spatial Autocorrelation Coefficient. *Geographical Analysis*, 3(1).

Cliff, A. D., J. K. Ord, 1977. Large Sample - Size Distribution of Statistics Used in Testing for Spatial Correlation: A Comment. *Geographical Analysis*, 9(3).

Cologni, A., M. Manera, 2008. Oil prices, inflation and interest rates in a structural cointegrated VAR model for the G-7 countries. *Energy Economics*, 30(3).

Contreras, J., R. Espinola, F. J. Nogales, *et al.*, 2003. ARIMA Models to Predict Next-Day Electricity Prices. *IEEE Transactions on Power Systems*, 18(3).

Cressie, N. A. C., 1993. *Statistics for Spatial Data(Revised Eidition)*. John Wiley & Sons, Inc.

Daubechies, I., 1998. Ten Lectures on Wavelets. *Computers in Physics*, 6(3).

David, O. S., J. U. David, 2010. *Geographic Information Analysis, 2nd Edition*. Wiely and Sons.

Wong, D. W. S., J. Lee, 2005. *Statistical Analysis of Geographic Information with ArcView GIS and ArcGIS*. John Wiley and Sons.

Diggle, P. J., 1990. A Point Process Modelling Approach to Raised Incidence of a Rare Phenomenon in the Vicinity of a Prespecified Point. *Journal of the Royal Statal Society: Series A (Stats in Society)*, 153.

Diggle, P. J., 2003. *The Statistical Analysis of Spatial Point Patterns*. Arnold.

Du, Z., S. Wu, F. Zhang, *et al.*, 2018. Extending geographically and temporally weighted regression to account for both spatiotemporal heterogeneity and seasonal variations in coastal seas. *Ecological Informatics*, 43.

Duque, J. C., L. Anselin and S. J. Rey, 2012. The Max-p-region problem. *Journal of Regional Science*, 52(3).

Dutilleul, P. R. L., 2011. *Spatio-Temporal Heterogeneity: Concepts and Analyses*. Cambridge University Press.

Edwards, A. W. F., 1993. Likelihood, Expanded Edition. *Biometrics*, 49(4).

Eli, T., S. Lewi, A. C. Mark, *et al.*, 1994. El Nino Chaos: Overlapping of Resonances Between the Seasonal Cycle and the Pacific Ocean-Atmosphere Oscillator. *Science*, 264(5155).

Esteban, D., C. Galand, 1977. Application of quadrature mirror filters to split band voice coding schemes. *ICASSP 77th. IEEE International Conference on Acoustics, Speech, and Signal Processing*. IEEE.

Fotheringham, A. S., 2019a. Training Docmentaion:Day 1 Lecture 2 Intro to GWR.pdf

Fotheringham, A. S., 2019b. Training Docmentaion:Day 2 Lecture 1 Further Issues in GWR.pdf

Fotheringham, A. S., 2019c. Training Docmentaion:Day 3 Lecture 2 MGWR.pdf

Fotheringham, A. S., C. Brunsdon, 2010. Local Forms of Spatial Analysis. *Geographical Analysis*, 31(4).

Fotheringham, A. S., M. E. Charlton and C. Brunsdon, 2001. Spatial Variations in School Performance: A Local Analysis Using Geographically Weighted Regression. *Geographical and Environmental Modelling*, 5(1).

Fotheringham, A. S., M. E. Charlton and C. Brunsdon, 1998. Geographically weighted regression: a natural evolution of the expansion method for spatial data analysis. *Environment and Planning A*, 30(11).

Fotheringham, A. S., D. W. S. Wong, 1991. The modifiable areal unit problem in multivariate statistical analysis. *Environment & Planning A*, 23.

Fotheringham, A. S., C. Brunsdon and M. E. Charlton, 2020. *Geographically Weighted Regression*. Wiley.

Fotheringham, A. S., R. Crespo and J. Yao, 2015. Geographical and Temporal Weighted Regression (GTWR). *Geographical Analysis*, 47(4).

Fotheringham, A. S., T. M. Oshan, 2016. Geographically weighted regression and multicollinearity: dispelling the myth. *Journal of Geographical Systems*, 18(4).

Fotheringham, A. S., W. Yang and W. Kang, 2017. Multiscale Geographically Weighted Regression (MGWR). *Annals of the American Association of Geographers*, 107(6).

Fotheringham, A. S., 1997. Trends in Quantitative Methods I: Stressing the Local. *Progress in Human Geography*, 21(1).

Gabor, D., 1946. Theory of Communication. *Journal of the Institute of Electrical Engineers of Japan*, 93.

Gao, J., J. Hu, W. W. Tung, *et al.*, 2011. Multiscale Analysis of Biological Data by Scale-Dependent Lyapunov Exponent. *Frontiers in Physiology*, 2.

van Gastel, R. A. J. J., J. H. P. Paelinck, 1995. *Computation of Box-Cox Transform Parameters: A New Method and its Application to Spatial Econometrics. New Directions in Spatial Econometrics.* Springer.

Geary, R. C., 1954. The Contiguity Ratio and Statistical Mapping. *Incorporated Statian*, 5(3).

Gehlke, C. E., K. Biehl, 1934. Certain Effects of Grouping upon the Size of the Correlation Coefficient in Census Tract Material. *Journal of the American Statistical Association*, 29(185).

Gelman, A., 2006. Prior distributions for variance parameters in hierarchical models. *Econometrics*, 1(EERI_RP_2004_06).

Getis, A., 1997. Theory of markets: Trade and space-time patterns of price fluctuations. A study in analytical economics. *Journal of Retailing and Consumer Services*, 4(3).

Getis, A., J. K. Ord, 1992. The analysis of spatial assocaition by use of distance statistics. *Geographical Analysis*, 24(3).

Goldstein, J. S., 1992. A Conflict-Cooperation Scale for WEIS Events Data. *Journal of Conflict Resolution*, 36(2).

Goodchild, M. F., 1986. *Spatial Autocorrelation (CATMOG)*. Geo Books.

Goodchild, M. F., 2004. The Validity and Usefulness of Laws in Geographic Information Science and Geography. *Annals of the Association of American Geographers*, 94(2).

Goovaerts, P., 1997. *Geostatistics for Natural Resources Evaluation (Applied Geostatistics)*. Oxford University Press.

Granger, C. W. J., 1969. Investigating Causal Relations by Econometric Models and Cross-Spectral Methods. *Econometrica*, 37(3).

Granger, C. W. J., 1980. Testing for causality : A personal viewpoint. *Journal of Economic Dynamics and Control*, 2.

Grimm, E. C., 1987. CONISS: A FORTRAN 77 Program for Stratigraphically Constrained Cluster Analysis by the Method of Incremental Sum of Squares. *Computers & Geosciences*, 13(1).

Grinsted, A., J. C. Moore and S. Jevrejeva, 2004. Application of the cross wavelet transform and wavelet coherence to geophysical time series. *Nonlinear Processes in Geophysics*, 11(5/6).

Haining, R., S. Wise and J. Ma, 2000. Designing and implementing software for spatial statistical analysis in a GIS environment. *Journal of Geographical Systems*, 2(3).

Haining, R., 2003. *Spatial Data Analysis: Theory and Practice*. Cambridge University Press.

Hartigan, J. A., 1972. Direct Clustering of a Data Matrix. *Journal of the American Statistical Association*, 67(337).

Heasman, M. A., I. W. Kemp, J. D. Urquhart, *et al*., 1986. Childhood leukaemia in Northern Scotland. *The Lancet*, 327(84575).

Hu, X., H. Xu, 2019. Spatial variability of urban climate in response to quantitative trait of land cover based on GWR model. *Environmental Monitoring and Assessment*, 191.

Huang, N. E., 1998. The empirical mode decomposition and the Hilbert spectrum for nonlinear and non-stationary time series analysis. *Proceedings of Royal Society of London*, 454.

Hudgins, L., J. Huang, 1996. Bivariate wavelet analysis of Asia monsoon and ENSO. *Advances in atmospheric sciences*, 13(3).

Jia, D., C. Song, C. Cheng, *et al*., 2020. A Novel Deep Learning-Based Spatiotemporal Fusion Method for Combining Satellite Images with Different Resolutions Using a Two-Stream Convolutional Neural Network. *Remote Sensing*, 12(4).

Jiang, J., C. Qin, J. Yu, *et al*., 2020. Obtaining Urban Waterlogging Depths from Video Images Using Synthetic Image Data. *Remote Sensing*, 12(6).

Jongman, R. H. G., C. J. F. Ter Braak and O. F. R. van Tongeren, 1995. *Data Analysis in Community and Landscape Ecology*. Cambirdge University Press.

Kavasseri, R. G., K. Seetharaman, 2009. Day-ahead wind speed forecasting using f-ARIMA models. *Renewable Energy*, 34(5).

Kohonen, T., M. R. Schroeder and T. S. Huang, 1997. *Self-Organizing Maps*. Springer.

Kohonen, T., 1982. Self-organized formation of topologically correct feature maps. *Biological cybernetics*, 43(1).

Kulldorff, M., N. Nagarwalla, 1995. Spatial disease clusters: detection and inference. *Stats in Medicine*, 14(8).

Kulldorff, M., 1997. A spatial scan statistic. *Communications in Statistics*, 26(6).

Kulldorff, M., W. F. Athas, E. J. Feurer, *et al*., 1998. Evaluating cluster alarms: a space-time scan statistic and brain cancer in Los Alamos, New Mexico. *American Journal of Public Health*, 88(9).

Kulldorff, M., R. Heffernan, J. Hartman, *et al*., 2005. A space-time permutation scan statistic for disease outbreak detection. *PLoS medicine*, 2(3).

Kulldorff, M., 2001. Prospective Time Periodic Geographical Disease Surveillance Using a Scan Statistic. *Journal of the Royal Statistical Society*, 164(1).

Lean, H. H., R. Smyth, 2010. Multivariate Granger causality between electricity generation, exports, prices and GDP in Malaysia. *Energy*, 35(9).

Lee, L. C., P. H. Lin, Y. W. Chuang, *et al*., 2011. Research output and economic productivity: A Granger causality test. *Scientometrics*, 89(2).

Lee, S., I., 2001. Developing a bivariate spatial association measure: an integration of pearson's r and moran's i. Journal of Geographical Systems, 3(4).

Leith, C. E., 1973. The Standard Error of Time-Average Estimates of Climatic Means. *Journal of Applied Meteorology*, 12(6).

Levine, N., 2004. *CrimeStat III: A spatial statistics program for the Crime incident Locations(version 3. 0)*. National Institute of Justice, Ned Levine and Associates.

Li, G., R. Haining, S. Richardson, *et al*., 2014. Space-time variability in burglary risk: a Bayesian spatio-temporal modelling approach. *Spatial Statistics*, 9.

Li, T., J. Yorke, 1975. Period Three Implies Chaos. *The American Mathematical Monthly*, 82(10).

Lin, C. H., T. H. Wen, 2011. Using Geographically Weighted Regression (GWR) to Explore Spatial Varying Relationships of Immature Mosquitoes and Human Densities with the Incidence of Dengue. *International Journal of Environmental Research and Public Health*, 8(7).

Liu, Y., K. F. Lam, J. T. Wu, *et al*., 2018. Geographically weighted temporally correlated logistic regression model. *Scientific Reports*, 8(1).

Lorenz, E. N., 2004. Deterministic Nonperiodic Flow. *Journal of Atmospheric Sciences*, 2004, 20(2).

Luo, J., P. Du, A. Samat, *et al*., 2017. Spatiotemporal Pattern of $PM_{2.5}$ Concentrations in Mainland China and Analysis of Its Influencing Factors using Geographically Weighted Regression. *Scientific Reports*, 7(1).

Malanson, G. P., D. R. Butler, S. J. Walsh, *et al.*, 1990. Chaos theory in physical geography. *Physical Geography*, 11(4).

Markov, A. A., 2021. Rasprostranenie zakona bol'shih chisel na velichiny, zavisyaschie drug ot druga. *Bull. Soc. Phys. Math*, 15;

Marshall, M., 2012. Causality test could help preserve the natural world. *New entist*, 215(2884).

Meisel, J. E., M. G. Turner, 1998. Scale detection in real and artificial landscapes using semivariance analysis. *Landscape Ecology*, 13(6).

Miller, H., J. Han, 2009. *Geographic Data Mining and Knowledge Discovery*. CRC Press.

Elshendy, M., A. F. Colladon, E. Battistoni, *et al.*, 2018. Using four different online media sources to forecast the crude oil price. *Journal of Information Science*, 44(3).

Moran, P. A. P., 1948. The Interpretations of statistical maps. *Journal of the Royal Statistical Society*, B(10).

Morlet, J., 1983. Sampling Theory and Wave Propagation. *Nato Asi*, 47(4).

Murzintcev, N., Cheng C., 2017. Disaster Hashtags in Social Media. *ISPRS International Journal of Geo-Information*, 6(7).

Murzintcev, N., Shen S. and Cheng C., 2017. Propagation of Disaster Information about Typhoon Haiyan. *Research in Computing Science*, 143.

Nakaya, T., A. S. Fotheringham, C. Brunsdon, *et al.*, 2010. Geographically weighted Poisson regression for disease association mapping. *Stats in Medicine*, 24(17).

Naus. J. I., 1965. The Distribution of the Size of the Maximum Cluster of Points on a Line. *Journal of the American Statistical Association*, 60(310).

Nazeer, M., M. Bilal, 2018. Evaluation of Ordinary Least Square (OLS) and Geographically Weighted Regression (GWR) for Water Quality Monitoring: A Case Study for the Estimation of Salinity. *Journal of Ocean University of China*, 17(2).

Ning, L. X., C. Hui, C. X. Cheng. 2021. Exploring the Dynamics of Global Plate Motion Based on the Granger Causality Test. *Applied Sciences*, 110(7).

North, G. R., T. L. Bell, R. F. Cahalan, *et al.* Sampling Errors in the Estimation of Empirical Orthogonal Functions. *Monthly Weather Review*, 110(7).

Numata, M., 1961. Forest vegetation in the vicinity of Choshi. Coastal flora and vegetation at Choshi, Chiba Pre- fecture IV. *Bulletin of Choshi Marine Laboratory Chiba University*, 3.

Openshaw, S., M. Charlton, A. W. Craft, *et al.*, 1988. Investigation of Leukemia Clusters by Use of a Geographical Analysis Machine. *The Lancet*, 331(8580).

Openshaw, S., 1984. The modifiable areal unit problem.Norwich:Geo Books, 38.

Openshaw, S., M. Charlton, C. Wymer, *et al.*, 1987. Developing a mark Geographical Analysis Machine for the automated analysis of point data sets. *International Journal of Geographical Information*

Systems, 1.

Openshow, S., 1979. A million or so correlation coefficients, three experiments on the modifiable areal unit problem. *Statistical Applications in the Spatial Sciences*.

Openshaw, S., 1977. A Geographical Solution to Scale and Aggregation Problems in Region-Building, Partitioning and Spatial Modeling. *Transactions of the Institute of British Geographers*, 2 (3).

Ord, K., A. Getis, 2018. A Retrospective Analysis of the Spatial and Temporal Patterns of the West African Ebola Epidemic, 2014–2015. *Geographical Analysis*, (3).

Palmer, M.W., 1988. Fractal Geometry: A tool for describing spatial patterns of plant communities. *Vegetatio*, 75.

Pei, T., X. Gong, S. L. Shaw, *et al.*, 2013. Clustering of temporal event processes. *International Journal of Geographical Information*, 27(3-4).

Pei, T., W. Wang, H. Zhang, *et al.*, 2015. Density-based clustering for data containing two types of points. *International Journal of Geographical Information Science*, 29(2).

Perry, G. L. W., B. P. Miller and N. J. Enright, 2006. A comparison of methods for the statistical analysis of spatial point patterns in plant ecology. *Plant Ecology*, 187(1).

Phillips, J. D., 1986. Measuring complexity of environmental gradients. *Plant Ecology*, 64.

Phillips, P. C. B., P. Pierre, 1988. Testing for a Unit Root in Time Series Regression. *Biometrika*, 75(2).

Putman, S. H., S. H. Chung, 1989. Effects of spatial system design on spatial interaction models. I: The spatial system definition problem. *Environment and Planning A*, 21(1).

Rabiner, L., B. Juang, 1986. An introduction to hidden markov models. *IEEE ASSP Magazine*, 3(1).

Rabiner, L., 1989. A tutorial on hidden Markov models and selected applications in speech recognition. *Proceedings of the IEEE*, 77(2).

Revelle, C. S., R. W. Swain, 2010. Central Facilities Location. *Geographical Analysis*, 2(1).

Ripley, B. D., 1977. Modelling Spatial Patterns. *Journal of the Royal Statal Society*, 39(2).

Robertson, G. P., K. L. Gross, 1994. *Exploitation of Environmental Heterogeneity by Plants*. Academic Press .

Rushton, G., P. Lolonis, 1996. Exploratory spatial analysis of birth defect rates in an urban population. *Stats in Medicine*, 15(7-9).

Sang, Y. F., 2013. A review on the applications of wavelet transform in hydrology time series analysis. *Atmospheric Research*, 122(MAR).

Shen, S., C. Cheng, C. Song, *et al.*, 2018. Spatial distribution patterns of global natural disasters based on biclustering. *Natural Hazards*, 92(3).

Shen, S., C. Song, C. Cheng, *et al.*, 2020. The coupling impact of climate change on streamflow complexity in the headwater area of the northeastern Tibetan Plateau across multiple timescales. *Journal of*

Hydrology, 123(17).

Shen, S., S. Ye, C. Cheng, *et al.*, 2018. Persistence and Corresponding Time Scales of Soil Moisture Dynamics During Summer in the Babao River Basin, Northwest China. *Journal of Geophysical Research Atmospheres*, 123(17).

Smith, M., T. Barnwell, 1986. Exact reconstruction techniques for tree-structured subband coders. *IEEE Transactions on Acoustics, Speech, and Signal Processing*, 34(3).

Sneyers, R., 1990. On the Statistical Analysis of Series of Observations. *Journal of Biological Chemistry*, 258(22).

Some'e, B. S., A. Ezani and H. Tabari, 2012. Spatiotemporal trends and change point of precipitation in Iran. *Atmospheric Research*, 113.

Strauss, D. J., 1975. A model for clustering. *Biometrika*, 63.

Su, L., C. Miao, A. G. L. Borthwick, *et al.*, 2017. Wavelet-based variability of Yellow River discharge at 500-, 100-, and 50-year timescales. *Gondwana Research*, 49.

Sxbx：“中国地理学的合法性刍议”，https://wenku.baidu.com/view/af11d54bcf84b9d528ea7a0c.html，2004年。

Tantibundhit, C., 2019. *The Wavelet Tutorial: Part3 The Discrete Wavelet Transform*. http://slideplayer.com/slide/7001396/.

Tobler, W. R., 1970. A computer movie simulating urban growth in the Detroit region. *Economic geography*, 46(sup1).

Tobler, W. R., 2004. On the first law of geography: A reply. *Annals of the Association of American Geographers*, 94(2).

Tobler, W. R., 1979. Smooth pycnophylactic interpolation for geographical regions. *Publications of the American Statistical Association*, 74(367).

Tong, D., W. Mu and C. Li, 2019. *Population, Place, and Spatial Interaction.* Springer.

Torrence, C., G. P. Compo, 1998. A Practical Guide to Wavelet Analysis. *Bulletin of the American Meteorological Society*, 79(1).

Tsonis, A. A., 2018. *Advances in Nonlinear Geosciences*. Springer.

Valipour, M., 2015. Long - term runoff study using SARIMA and ARIMA models in the United States. *Meteorological Applications*, 22(3).

Vetterli, M., 1984. Multi-dimensional sub-band coding: Some theory and algorithms. *Signal Processing*, 6(2).

Wang, J., C. Jiang, M. Hu, *et al.*, 2013. Design based spatial sampling: theory and implementation. *Environmental Modeling and Software*, 40.

Wang, J., T. Zhang and B. Fu, 2016. A measure of spatial stratified heterogeneity. *Ecological Indicators*, 67.

Wang, J., J. Liu, D. Zhuang, *et al.*, 2002. Spatial sampling design for monitoring cultivated land. *International Journal of Remote Sensing*, 23(2).

Wang, J., R. Haining, Z. Cao, *et al.*, 2010. Sample surveying to estimate the mean of a heterogeneous surface Reducing the error variance through zoning. *International Journal of Geographical Information Science*, 24(4).

Wang, J., X. Li, G. Christakos, *et al.*, 2010. Geographical Detectors-Based Health Risk Assessment and its Application in the Neural Tube Defects Study of the Heshun Region, China. *International Journal of Geographical Information Science*, 24(1).

Wang, S., C. Fang, H. Ma, *et al.*, 2014. Spatial differences and multi-mechanism of carbon footprint based on GWR model in provincial China. *Journal of Geographical Sciences*, 24(4).

Wang, S., S. Gao, X. Feng, *et al.*, 2018. A context-based geoprocessing framework for optimizing meetup location of multiple moving objects along road networks. *International Journal of Geographical Information Science*, 32(7).

Ward, J. H., 1963. Hierarchical Grouping to Optimize an Objective Function. *Publications of the American Statal Association*, 58(301).

Wiegand, T., K. A. Moloney, 2004. Rings, circles, and null-models for point pattern analysis in ecology. *Oikos*, 104(2).

Wilks, D., 2006. Statistical Methods in the Atmospheric Sciences. *Technometrics*, 102(477).

Wu, B., R. Li and B. Huang, 2014. A geographically and temporally weighted autoregressive model with application to housing prices. *International Journal of Geographical Information Science*, 28(5).

Wu, S., H. Yang, F. Guo, *et al.*, 2017. Spatial patterns and origins of heavy metals in Sheyang River catchment in Jiangsu, China based on geographically weighted regression. *Science of The Total Environment*, 580.

Wu, X., R. Zurita-Milla, M. J. Kraak, 2015. Co-clustering geo-referenced time series: Exploring spatio-temporal patterns in Dutch temperature data. *International Journal of Geographic Information Science*, 29(4).

Wu, X., C. Cheng, C. Qiao, *et al.*, 2020. Spatio-temporal differentiation of spring phenology in China driven by temperatures and photoperiod from 1979 to 2018. *Science China Earth Sciences*, 63.

Wu, X., C. Cheng, R. Zurita-Milla, *et al.*, 2020. An overview of clustering methods for geo-referenced time series: from one-way clustering to co- and tri-clustering. *International Journal of Geographic Information Science*, 34(9).

Wu, X., R. Zurita-Milla, E. Izquierdo-Verdiguier, *et al.*, 2018. Triclustering georeferenced time series for analyzing patterns of intra-annual variability in temperature. *Annals of the American Association of Geographers*, 108(1).

Wu, X., R. Zurita-Milla, M. J. Kraak, 2013. Visual discovery of synchronization in weather data at multiple temporal resolutions. *The Cartographic Journal*, 50(3).

Yamada, I., P. A. Rogerson, 2003. An empirical comparison of edge effect correction methods applied to K-function analysis. *Geographical Analysis*, 35(2).

Yang, D., X. Wang, J. Xu, *et al.*, 2018. Quantifying the influence of natural and socioeconomic factors and their interactive impact on $PM_{2.5}$ pollution in China. *Environmental Pollution*, 241.

Yang, J., C. Cheng, C. Song, *et al.*, 2019. Spatial-temporal Distribution Characteristics of Global Seismic Clusters and Associated Spatial Factors. *Chinese Geographical Science*, 29(4).

Yeung, W. C., 2019. Rethinking mechanism and process in the geographical analysis of uneven development. *Dialogues in Human Geography*, 9(3).

Yule, G., M. Kendall, 1950. *An introduction to the theory of statistics*. Charles Griffin and Company Limited.

Zarenistanak, M., A. G. Dhorde and R. H. Kripalani, 2014. Trend analysis and change point detection of annual and seasonal precipitation and temperature series over southwest Iran. *Journal of Earth System Science*, 123(2).

Zhang, L., W. Liu, K. Hou, *et al.*, 2019. Air pollution exposure associates with increased risk of neonatal jaundice. *Nature Communications*, 10(1).

Zhang, T., S. Shen, C. Cheng, *et al.*, 2018. Long - Range Correlation Analysis of Soil Temperature and Moisture on A'rou Hillsides, Babao River Basin. *Journal of Geophysical Research: Atmospheres*, 123(22).

Zhang, T., C. Cheng and P. Gao, 2019. Permutation Entropy-Based Analysis of Temperature Complexity Spatial-Temporal Variation and Its Driving Factors in China. *Entropy*, 21(10).

Zhang, T., C. Cheng and C. Song, 2020. The spatial transformation process and critical time node detection in globalextreme high temperature clusters. Earth and Space Science. https://doi.org/10.1029/2020EA001282.

Zhang, T., S. Shen and C. Cheng, 2019. Impact of radiations on the long-range correlation of soil moisture: A case study of the A'rou superstation in the Heihe River Basin. *Journal of Geographical Sciences*, 29(9).

Zhang, X., X. Gu, C. Cheng, *et al.*, 2017. Spatiotemporal heterogeneity of $PM_{2.5}$ and its relationship with urbanization in North China from 2000 to 2017. *Science of the Total Environment*, 744.

Zhang, X., C. Xu and G. Xiao, 2018. Space-time heterogeneity of hand, foot and mouth disease in children and its potential driving factors in Henan, China. *BMC Infectious Diseases*, 18.

Zimmermann, R. S., U. Parlitz, 2018. Observing spatio-temporal dynamics of excitable media using reservoir computing. *Chaos*, 28(4).

陈炳为、李德云、倪宗瓒："四川省碘缺乏病的空间自相关性"，《现代预防医学》，2003 年第 2 期。

陈小强、袁丽华、沈石等：" 中国及其周边国家间地缘关系解析"，《地理学报》，2019 年第 8 期。

程昌秀等译：《促进地理科学的变革性研究》，商务印书馆，2021。

程昌秀、史培军、宋长青等："地理大数据为地理复杂性研究提供新机遇"，《地理学报》，2018 年第 8 期。

程昌秀、宋长青、吴晓静等："地理时空三向聚类分析方法的构建与实践"，《地理学报》，2020 年第 5 期。

程昌秀、沈石、李强坤："黄河流域人地系统研究的大数据支撑与方法探索"，《中国科学基金》，2021 年第 4 期。

邓特、黄勇、顾菁等："空间分析中空间自相关性的诊断"，《中国卫生统计》，2013 年第 3 期。

方全、刘以珍、林朝晖等："云居山栓皮栎群落特征及多样性研究"，《植物科学学报》，2015 年第 3 期。

傅伯杰.："地理学:从知识-科学到决策"，《地理学报》，2017 年第 11 期。

傅靖、羊秀丹："全国建设用地占用耕地的空间相关性与热点分析"，《安徽农业科学》，2016 年第 9 期。

郭鹏飞、何红燕、张韬等："扫描统计量模型在地方病流行病学中的应用初探"，《现代预防医学》，2011 年第 2 期。

胡青峰、张子平、何荣等："基于 Geoda 095i 区域经济增长率的空间统计分析研究"，《测绘与空间地理信息》，2007 年第 2 期。

黄荣辉、刘永、冯涛："20 世纪 90 年代末中国东部夏季降水和环流的年代际变化特征及其内动力成因"，《科学通报》，2013 年第 58 期。

解焱、李典谟、John MacKinnon："中国生物地理区划研究"，《生态学报》，2002 年第 10 期。

李双成、蔡运龙："地理尺度转换若干问题的初步探讨"，《地理研究》，2005 年第 1 期。

李小文、曹春香、常超："地理学第一定律与时空邻近度的提出"，《自然杂志》，2007 年第 2 期。

刘聪粉、柯大钢、张瑞荣："基于 Geoda095i 的陕西省人口分布空间统计分析"，《西北人口》，2008 年第 6 期。

刘华军、王耀辉、雷名雨等："中美大气污染的空间交互影响——来自国家和城市层面 $PM_{2.5}$ 的经验证据"，《中国人口·资源与环境》，2020 年第 3 期。

刘维、陈崚："基因表达数据的并行双向聚类算法"，《小型微型计算机系统》，2009 年第 4 期。

刘晓琼、刘彦随、李同昇等："基于小波多尺度变换的渭河水沙演变规律研究"，《地理科学》，2015 年第 2 期。

卢宾宾、葛咏、秦昆等："地理加权回归分析技术综述"，《武汉大学学报（信息科学版）》，2020 年第 9 期。

马建华、楚纯洁："黄河流域动力系统泥沙时序混沌特征分析——地理系统综合研究的一种尝试"，《地理研究》，2006 年第 6 期。

孟小峰、李勇、祝建华："社会计算:大数据时代的机遇与挑战"，《计算机研究与发展》，2013 年第 12 期。

牛玉敬、胡亚平、黎莉："全科医学研究热点双向聚类计量分析"，《中国全科医学》，2016 年第 36 期。
欧变玲、龙志和、林光平："空间滞后模型中 Moran's Ⅰ统计量的 Bootstrap 检验"，《系统工程理论与实践》，2010 年第 9 期。
裴姣、马越、张兴裕等："前瞻性时空扫描统计量在传染病预警中的基线选择研究"，《现代预防医学》，2012 年第 9 期。
裴韬、刘亚溪、郭思慧等："地理大数据挖掘的本质"，《地理学报》，2019 年第 3 期。
沈石、宋长青、程昌秀等："GDELT:感知全球社会动态的事件大数据"，《世界地理研究》，2020 年第 1 期。
沈石、袁丽华、叶思菁等："近 40 年中美地缘政治关系波动及背景解析"，《地理科学》，2019 年第 7 期。
沈体雁、于瀚辰：《空间计量经济学》，北京大学出版社，2019 年。
施仁杰.:《马尔可夫链基础及其应用》，西安电子科技大学出版社，1992 年。
史培军、孙劭、汪明等："中国气候变化区划（1961～2010 年）"，《中国科学：地球科学》，2014 年第 10 期。
宋辞、裴韬："基于特征的时间序列聚类方法研究进展"，《地理科学进展》，2012 年第 10 期。
宋晓眉、程昌秀、周成虎等："利用 k 阶空间邻近图的空间层次聚类方法"，《武汉大学学报(信息科学版)》，2010 年第 12 期。
宋长青、程昌秀、史培军："新时代地理复杂性的内涵"，《地理学报》，2018 年第 7 期。
宋长青、程昌秀、杨晓帆等："理解地理'耦合'实现地理'集成'"，《地理学报》，2020 年第 1 期。
宋长青、王琫瑜、孙湘君："内蒙古大青山 DJ 钻孔全新世古植被变化指示"，《植物学报》，1996 年第 7 期。
宋长青、张国友、程昌秀等："论地理学的特性与基本问题"，《地理科学》，2020 年第 1 期。
宋长青："地理学研究范式的思考"，《地理科学进展》，2016 年第 1 期。
宋晓眉、程昌秀、周成虎等："利用 k 阶空间邻近图的空间层次聚类方法"，《武汉大学学报(信息科学版) 》，2010 年第 12 期。
苏凯、程昌秀、Nikita Murzintcev 等："主题模型在基于社交媒体的灾害分类中的应用及比较"，《地球信息科学学报》，2019 年第 6 期。
苏盼、王安妮、张杰："基于文献计量学的家庭照顾者相关研究现状及热点分析"，《中华医学图书情报杂志》，2017 年第 9 期。
覃文忠："地理加权回归基本理论与应用研究"（博士论文），同济大学，2007 年。
谭秀娟、郑钦玉："我国水资源生态足迹分析与预测"，《生态学报》，2009 年第 7 期。
万鲁河、王绍巍、陈晓红："基于 GeoDA 的哈大齐工业走廊 GDP 空间关联性"，《地理研究》，2011 年第 6 期。
王丰龙、刘云刚："中国城市建设用地扩张与财政收入增长的面板格兰杰因果检验"，《地理学报》，2013 年第 12 期。

王劲峰、廖一兰、刘鑫：《空间数据分析教程》，科学出版社，2019 年。

王劲峰、徐成东：“地理探测器：原理与展望”，《地理学报》，2017 年第 1 期。

王培安、罗卫华、白永平：“基于空间自相关和时空扫描统计量的聚集比较分析”，《人文地理》，2012 年第 2 期。

王文圣、丁晶、向红莲：“小波分析在水文学中的应用研究及展望”，《水科学进展》，2002 年第 4 期。

王秀红：“多元统计分析在分区研究中的应用”，《地理科学》，2003 年第 1 期。

王永斌、柴峰、李向文等：“ARIMA 模型与残差自回归模型在手足口病发病预测中的应用”，《中华疾病控制杂志》，2016 年第 3 期。

邬建国：《景观生态学——格局、过程与等级（第二版）》，高等教育出版社，2007 年。

吴炳方、张淼：“从遥感观测数据到数据产品”，《地理学报》，2017 年第 11 期。

吴磊、李舒：“基于双向聚类方法的中医治疗中风病方剂配伍规律知识发现”，《中国中医药信息杂志》，2013 年第 11 期。

吴玉鸣、李建霞：“基于地理加权回归模型的省域工业全要素生产率分析”，《经济地理》，2006 年第 5 期。

夏天、程细玉：“国内外期货价格与国产现货价格动态关系的研究——基于 DCE 和 CBOT 大豆期货市场与国产大豆市场的实证分析”，《金融研究》，2006 年第 2 期。

熊赟、邱伯仁, 张坤等：“Gen-Cluster：一个基因表达数据的高维聚类算法”，《复旦大学学报（自然科学版）》，2008 年第 2 期。

熊志斌：“基于 ARIMA 与神经网络集成的 GDP 时间序列预测研究”，《数理统计与管理》，2011 年第 2 期。

徐速、李维：“精准医学研究热点的双向聚类计量分析”，《医学与哲学》，2015 年第 6B 期。

杨志荣、史培军、方修琦：“大青山调角海子地区 11ka B.P.以来的植被与生态环境演化”，《植物生态学报》，1997 年第 6 期。

姚保栋、周艺彪、王增亮等：“湖沼地区行政村尺度的洲滩阳性钉螺空间分布特征及变化趋势”，《中华流行病学杂志》，2012 年第 7 期。

姚强、张研、张士靖：“双向聚类在文献计量学中的应用初探——以医院绩效评价为例”，《情报杂志》，2012 年第 3 期。

叶超：“地理学中的机制”，《地理教学》，2019 年第 13 期。

应龙根、宁越敏：“空间数据：性质、影响和分析方法”，《地球科学进展》，2005 年第 1 期。

余波、周英、刘祖涵等 ：“基于混沌理论的兰州市近 10a 空气污染指数时间序列分析”，《干旱区地理》，2014 年第 3 期。

张娜：“生态学中的尺度问题: 内涵与分析方法”，《生态学报》，2006 年第 7 期。

张松林、张昆：“全局空间自相关 Moran 指数和 G 系数对比研究”，《中山大学学报（自然科学版）》，2007 年第 4 期。

张婷、程昌秀、杨山力等："时空聚集性探测方法在极端高温事件聚集分析中的应用研究"，《地理与地理信息科学》，2019年第3期。

张婷、程昌秀："顾及空间集聚程度的中国高温灾害危险性评价"，《地球信息科学学报》，2019年第6期。

张晓祥："地理系在哈佛的灭亡与计量革命"，http://blog.sina.com.cn/s/blog_53dbe24b0101be6t.html，2016年。

赵天保、符淙斌、柯宗建："全球大气再分析资料的研究现状与进展"，《地球科学进展》，2010年第3期。

赵阳阳、刘纪平、张福浩等："贪心算法的地理加权回归特征变量选择方法"，《测绘科学》，2016年第7期。

郑度、欧阳、周成虎："对自然地理区划方法的认识与思考"，《地理学报》，2008年第6期。

郑度："关于地理学的区域性和地域分异研究"，《地理研究》，1998年第1期。

周丽君、张兴裕、马越等："前瞻性时空扫描统计量与时空重排扫描统计量在传染病聚集性探测中的适用性探讨"，《现代预防医学》，2012年第5期。

朱孔来、李静静、乐菲菲："中国城镇化进程与经济增长关系的实证研究"，《统计研究》，2011年第9期。

朱晓华、毛建明："经济混沌研究的非线性科学方法"，《经济地理》，2000年第2期。

常用主题词对照表

AGNES	AGglomerative NESting	凝聚
AI	Artificial Intelligence	人工智能
AIC	Akaike Information Criterion	赤池信息准则
ANN	Artificial Neural Network	人工神经网络
ANOVA	Analysis of Variance	方差分析
AP	Affinity Propagation	近邻传播
AR	Auto Regressive	自回归
AZP	Automatic Zoning Procedure	自动区划过程
BHM	Bayesian Hierarchy Model	贝叶斯层次模型
BBAC_I	Bregman block average co-clustering algorithm with I-divergence	基于I-差异的布雷格曼块平均双向聚类算法
BCAT_I	Bregman cuboid average tri-clustering algorithm with I-divergence	基于I-差异的布雷格曼库博伊德平均三向聚类算法
BSTHM	Bayesian Spatial-temproal Hierarchy Model	贝叶斯时空层次模型
CAR	Conditional Auto Regressive	条件自回归
CCDF	Complementary Cumulative Distribution Function	互补累计分布函数
CCM	Convergent Cross Mapping	交叉映射
CFSFDP	Clustering by Fast Search and Find of Density Peaks	密度峰值聚类
CLIQUE	Clustering In QUEst	网格和密度联合的聚类方法（基于网格的聚类方法，用于发现子空间中基于密度的簇）
CNN	Convolutional Neural Networks	卷积神经网络

CONISS	CONstraIned cluSter analysiS	约束有序聚类
CP	Cluster Pattern	空间聚集模式
CSR	Complete Spatial Randomness	完全空间随机过程
CURE	Clustering Using Reprisentatives	使用代表点的聚类
CV	Cross-Validation	交叉验证
CWT	Continue Wavelet Transform	连续小波变换
DBN	Deep Belief Networks	深度置信网络
DBSCAN	Densit-based Spatial Clustering of Application with Noise	高密度连通聚类
DEM	Digital Elevation Model	数字高程模型
DIANA	Divisive ANAlysis	分裂
DNN	Deep Neural Networks	深度神经网络
EOF	Empirical Orthogonal Function	经验正交分解
ESDA	Exploratory Spatial Data Analysis	探索性空间数据分析
ESRI	Environmental Systems Research Institute	美国环境系统研究所
GAM	Geographical analysis machine	地理分析机
GAN	Generative Adversarial Network	生成对抗网络
GIS	Geographic Information System	地理信息系统
GMM	Gaussian Mixture Model	高斯混合模型
GNS	Generalizaed Nesting Spatial Model	广义空间嵌套模型
GSAC	General Spatial Autocorrelation Regression	广义空间模型
GTWR	Geographical and Temproal Weighted Resgression	时空地理加权回归
GWL	Geographically Weighted Lasso	地理加权拉索回归
GWR	Geographic Weighted Regression	地理加权回归
GWRR	Geographically Weighted Ridge Regression	地理加权岭回归分析
DBSCAN	Density-Based Spatial Clustering of Applications with Noise	基于密度的聚类算法
HDBSCAN	Hierarchical Density-Based Spatial Clustering of Applications with Noise	基于密度的层次聚类算法
HMM	Hidden Markov Model	隐马尔可夫模型
i.i.d	Independent Identical Distribution	独立同分布
IDW	Inverse Distance Weight	反距离加权
IMF	Intrinsic Mode Functions	固有模态函数

IPCC	Intergovernmental Panel on Climate Change	联合国政府间气候变化专门委员会
IRCH	Balanced Iterative Reducing and Clustering using Hierarchies	利用层次方法的平衡迭代规约和聚类
IRP	Independent Random Process	独立随机过程
ISODATA	Iterative Selforganizing Data Analysis	迭代自组织数据分析
LISA	Local Indicators of Spatial Association	局部空间关联指标
LLR	Log Likelihood Ratio	对数似然比值
LogL	Log Likelihood	自然对数似然函数值
LR	Likelihood Ratio	似然比
LSCP	Location Set Covering Problem	集合覆盖问题
MAUP	the Moidfiab Areal Unit problem	可塑性面积单元问题
Max-P	Max-P regions model	最大化 P 分区模型
MCLP	Maximum Covering Location Problem	最大覆盖模型
MCMC	Markov Chain Monte Carlo	马尔可夫链—蒙特卡洛方法
MGTWR	Mixed Geographically Temporal Weighted Regression	多层次时间地理加权回归模型
MGWR	Multi-Scale Geographic weighted regression	多尺度地理加权回归
MSN	Mean of Surface with Non-homogeneity	分层非均质区域均值无偏最优估算公式
MST	Minimum Spanning Tree	最小生成树
NN	Neural Network	神经网络
OGC	Open Geospatial Consortium	开放地理空间信息联盟
OLS	Ordinary Least Square	最小二乘法
PCA	Principal Components Analysis	主成分分析
QA	Quadrat Analysis	样方分析
RNN	Recurrent Neural Networks	循环神经网络
ROCK	Robust Clustering using Links	利用聚类间的连接进行聚类合并
RP	Ruler Pattern	空间规则（均匀）模式
RR	Relativie Risk	相对风险
RSS	Residual Sum of Squares	残差平方和
SAC	Spatial AutoCorrelation	空间自相关
SC	Schwartz Criterion	施瓦茨准则
SCHC	Spatially Constrained Hierarchical Clustering	空间约束的凝聚层次聚类
SDEM	Spatial Durbin Error Model	空间杜宾误差模型

SDM	Spatial Durbin Model	空间杜宾模型
SEM	Spatial Error Model	空间误差模型
SSHq	Spatial Stratified Heterogeneity q-statistics	q 统计量
Skater	Spatial ‘K’luster Analysis by Tree Edge Removal	基于剪枝的空间 k 聚类分析
SLM	Spatial Lag Model	空间滞后模型
SLM/SAR	Spatial Lag Model/Spatial Autoregressive Model	空间滞后模型/空间自回归模型
SLX	Spatial Lag of X Model	自变量空间滞后模型
SOM	Self Organized Maps	自组织映射
SPA	Single Point Area Estimation	单点统计模型
STAC	SpaceTime Attribute Create	时空属性创建
STFT	Short-Time Fourier Transform	短时傅里叶变换
STING	Statistical Information Grid	基于网格的多分辨率聚类
TFL	Tobler’s First Law of Geography	托布勒第一定律
TIN	Triangulated Irregular Network	规则三角网
VAR	Vector Auto regression	向量自回归
VMR	Variance/Mean Ration	方差均值比
WA	Wavelet Analysis	小波分析技术
WTC	Wavelet Coherence	小波相干
XWT	Cross-Wavelet Transform	交叉小波变换